선형대수학

LINEAR ALGEBRA

임영빈 · 조영덕 · 조덕빈 · 문성환

북스힐

머리말

변화하는 기술과 새로운 지식에 대응하기 위하여 수학의 모든 분야뿐만 아니라 자연과학을 비롯한 이공계의 여러 분야 및 인문·사회과학 분야에서 응용되고 있는 선형대수학은 필수적이다. 선형대수학은 추상적인 개념으로 이론을 전개하기 때문에 처음 공부하는 사람은 그 개념을 정확하게 이해하고 응용하는 데 어려움을 겪을 수 있다. 따라서 수학에 대한 기초지식이 부족한 독자도 이해할 수 있도록 처음 다루는 내용에 대해서는 상세한 설명과 함께 많은 예제를 수록하여 새로운 개념을 이해하는 데 도움이 되게 하였으며, 연습문제를 자세히 풀이하여 좀 더 쉽고 분명하게 내용을 파악할 수 있게 하였다. 학생의 선행학습 수준을 고려하고 전공분야에 필요한 내용을 적절히 선택하면 한 학기 또는 두 학기용 교재로 활용할 수 있도록 구성하였다.

좋은 책을 만들려는 일념으로 심혈을 기울였지만 여전히 부족한 점이 있을 것이다. 앞으로 계속하여 수정하고 보완하고자 한다. 선형대수학을 공부하는 학생 여러분의 학업 성취에 많은 도움이 되기를 바라며 출간을 위하여 수고하신 북스힐 편집부 여러분께 감사드린다.

2017년 8월

저자 씀

차례

01 행렬과 연립일차방정식

02 행렬식

03 벡터공간

04 선형변환

05 고윳값과 고유벡터

06 복소벡터공간

07 이차형식

01

행렬과 연립일차방정식

복잡한 문제를 어떤 연립일차방정식으로 나타낼 수 있을 때 행렬을 이용하여 풀면 편리하다. 이 장에서는 연립일차방정식의 해를 구하는 방법을 알아보고 행렬과의 관계를 살펴본다.

1.1 행렬과 행렬연산

실수 또는 복소수를 직사각형 모양으로 배열한 것을 **행렬**(matrix)이라 하고, 그 각각의 수를 행렬의 **성분**(entry)이라 하며 다음과 같이 대문자 A, B, C, $\cdots$로 나타낸다.

$$A = \begin{bmatrix} a_{11} & a_{12} & \cdots & a_{1n} \\ a_{21} & a_{22} & \cdots & a_{2n} \\ \vdots & \vdots & \vdots & \vdots \\ a_{m1} & a_{m2} & \cdots & a_{mn} \end{bmatrix}$$

행렬 A의 $(i,\ j)$ 성분은

$$a_{ij} \quad (1 \le i \le m;\ 1 \le j \le n)$$

로 나타낸다. 행렬 A에서

$$[\, a_{i1} \;\; a_{i2} \;\; \cdots \;\; a_{in} \,] \quad (1 \le i \le m)$$

을 A의 i**행**(ith row of A)이라 하고

$$\begin{bmatrix} a_{1j} \\ a_{2j} \\ \vdots \\ a_{mj} \end{bmatrix} \quad (1 \le j \le n)$$

을 A의 j**열**(jth column of A)이라 한다. 또 m개의 행과 n개의 열을 갖는 행렬 A를 **크기**(size)가 $m \times n$인 행렬이라 한다. 특히, $m = n$이면 n차 **정사각행렬**(square matrix)이라 한다. 그리고 n차 정사각행렬 A의 성분 $a_{11},\ a_{22},\ \cdots,\ a_{nn}$을 **주대각선 성분**(main diagonal entries)이라 한다. 행렬 A를 다음과 같이 간단히 나타내기도 한다.

$$A = [a_{ij}]_{m \times n} \text{ 또는 } A = [a_{ij}]$$

예 제 1.1.1

$$A = \begin{bmatrix} 3 & -1 & 2 \\ 1 & 2 & 4 \end{bmatrix}, \qquad B = [\, 3 \;\; 1 \;\; 2 \;\; 4 \,], \qquad C = \begin{bmatrix} 4 & 1 \\ 3 & -5 \end{bmatrix}$$

$$D = \begin{bmatrix} 3 \\ 1 \\ 4 \end{bmatrix}, \qquad E = \begin{bmatrix} -3 & 1 & 2 \\ 2 & 5 & 0 \\ 4 & -1 & 1 \end{bmatrix}, \qquad F = [\, 3 \,]$$

에서 A는 2×3행렬, B는 1×4행렬, C는 2차 정사각행렬, D는 3×1행렬, E는 3차 정사각행렬, F는 1×1행렬이고 $F = [3] = 3$으로 쓴다. ■

정사각행렬에서 주대각선 성분 이외의 모든 성분이 0일 때 **대각행렬**(diagonal matrix)이라 하고 주대각선 성분이 모두 같은 대각행렬을 **스칼라행렬**(scalar matrix)이라 한다. 주대각선 성분이 $a_{11},\ a_{22},\ \cdots,\ a_{nn}$인 대각행렬 A를

$$\mathrm{diag}\{a_{11},\ a_{22},\ \cdots,\ a_{nn}\}$$

으로 나타내기도 한다. 즉

$$A = \mathrm{diag}\{a_{11},\ a_{22},\ \cdots,\ a_{nn}\} = \begin{bmatrix} a_{11} & 0 & \cdots & 0 \\ 0 & a_{22} & \cdots & 0 \\ \vdots & \vdots & \ddots & \vdots \\ 0 & 0 & \cdots & a_{nn} \end{bmatrix}$$

이다. 정사각행렬에서 주대각선 성분 아래의 성분이 모두 0일 때 **상삼각행렬**(upper triangular matrix)이라 하고, 주대각선 성분 위의 성분이 모두 0일 때 **하삼각행렬**(lower triangular matrix)이라 한다. 상삼각행렬이거나 하삼각행렬이면 **삼각행렬**(triangular matrix)이라 한다. 특히, 대각행렬에서 주대각선 성분이 모두 1인 행렬을 **단위행렬**(identity matrix)이라 하고 I 또는 행렬의 크기에 따라 I_1, I_2, I_3, $\cdots$로 나타낸다.

$$I_n = \begin{bmatrix} 1 & 0 & \cdots & 0 \\ 0 & 1 & \cdots & 0 \\ \vdots & \vdots & \ddots & 0 \\ 0 & 0 & \cdots & 1 \end{bmatrix}$$

을 n차 단위행렬이라 한다. 또한 모든 성분이 0인 행렬을 **영행렬**(zero matrix)이라 하고 O으로 나타낸다.

예제 1.1.2 다음 행렬

$$A=\begin{bmatrix} -1 & 0 \\ 0 & 3 \end{bmatrix},\quad B=\begin{bmatrix} -3 & 0 & 0 \\ 0 & 5 & 0 \\ 0 & 0 & 1 \end{bmatrix},\quad C=\begin{bmatrix} 3 & 0 \\ 0 & 3 \end{bmatrix}$$

$$D=\begin{bmatrix} 1 & 0 & 0 \\ 0 & 1 & 0 \\ 0 & 0 & 1 \end{bmatrix},\quad U=\begin{bmatrix} -3 & 1 & 2 \\ 0 & 5 & 4 \\ 0 & 0 & 1 \end{bmatrix},\quad L=\begin{bmatrix} 3 & 0 & 0 \\ 1 & 5 & 0 \\ -2 & 4 & 1 \end{bmatrix}$$

에서 A, B, C, D 모두 대각행렬이고 C, D는 스칼라행렬이다. 특히, D는 3차 단위행렬이다. 또 A, B는 $A=\mathrm{diag}\{-1,\ 3\}$, $B=\mathrm{diag}\{-3,\ 5,\ 1\}$과 같이 나타낼 수 있다. U는 상삼각행렬이고 L는 하삼각행렬이다. ■

정의 두 행렬 $A=[a_{ij}]$와 $B=[b_{ij}]$가 $m\times n$행렬이고 모든 i, j에 대하여 $a_{ij}=b_{ij}$이면 A와 B는 **상등**(equal)이라 하고 $A=B$로 나타낸다.

예제 1.1.3 행렬

$$A=\begin{bmatrix} -3 & 1 & -2 \\ 2 & 5 & 4 \\ 0 & 6 & 1 \end{bmatrix},\quad B=\begin{bmatrix} -3 & 1 & x \\ 2 & y & 4 \\ z & 6 & 1 \end{bmatrix}$$

에서 $A=B$이기 위한 필요충분조건은 $x=-2$, $y=5$, $z=0$이다. ■

정의 두 행렬 $A=[a_{ij}]$와 $B=[b_{ij}]$가 $m\times n$행렬이고 k가 실수일 때 A와 B의 **합**(sum) $A+B$와 A의 **스칼라 곱**(scalar multiple) kA는 다음과 같다.

$$A+B=[a_{ij}+b_{ij}],\ kA=[ka_{ij}]$$

예제 1.1.4 행렬 $A=\begin{bmatrix}-4&2&1\\3&1&-3\end{bmatrix}$, $B=\begin{bmatrix}-2&1&3\\-1&4&-4\end{bmatrix}$, $C=\begin{bmatrix}-3&1&-2\\2&5&4\\1&3&1\end{bmatrix}$에서

$$A+B=\begin{bmatrix}-4+(-2)&2+1&1+3\\3+(-1)&1+4&-3+(-4)\end{bmatrix}=\begin{bmatrix}-6&3&4\\2&5&-7\end{bmatrix}$$

이다. 그러나 A와 C, B와 C는 크기가 다르므로 합을 구할 수 없다. 또

$$2A=\begin{bmatrix}-8&4&2\\6&2&-6\end{bmatrix},\ (-1)C=\begin{bmatrix}3&-1&2\\-2&-5&-4\\-1&-3&-1\end{bmatrix}$$

이다. $(-1)C$는 $-C$로 쓴다. ■

정의 두 행렬 $A=[a_{ij}]_{m\times p}$와 $B=[b_{ij}]_{p\times n}$에 대하여 A와 B의 **곱**(product)은 다음과 같이 정의한다.

$$AB=[c_{ij}]_{m\times n},\ c_{ij}=a_{i1}b_{1j}+a_{i2}b_{2j}+\cdots+a_{ip}b_{pj}=\sum_{k=1}^{p}a_{ik}b_{kj}\ \ (1\le i\le m;\ 1\le j\le n)$$

위의 정의에서 AB의 $(i,\ j)$ 성분은 A의 i행에 있는 각 성분에 B의 j열에 있는 성분을 차례로 곱하여 모두 더한 것이다. 따라서 A와 B의 곱은 A의 열 개수와 B의 행 개수가 같을 때 정의된다.

$$AB=\begin{bmatrix} a_{11} & a_{12} & \cdots & a_{1p} \\ \vdots & \vdots & \cdots & \vdots \\ a_{i1} & a_{i2} & \cdots & a_{ip} \\ \vdots & \vdots & \cdots & \vdots \\ a_{m1} & a_{m2} & \cdots & a_{mp} \end{bmatrix} \begin{bmatrix} b_{11} & \cdots & b_{1j} & \cdots & b_{1n} \\ b_{21} & \cdots & b_{2j} & \cdots & b_{2n} \\ \vdots & \cdots & \vdots & \cdots & \vdots \\ b_{p1} & \cdots & b_{pj} & \cdots & b_{pn} \end{bmatrix} = \begin{bmatrix} c_{11} & c_{12} & \cdots & \cdots & \cdots & c_{1n} \\ \vdots & \vdots & \vdots & \vdots & \vdots & \vdots \\ \cdots & \cdots & \cdots & c_{ij}=\sum_{k=1}^{p} a_{ik}b_{kj} & \cdots & \cdots \\ \vdots & \vdots & \vdots & \vdots & \vdots & \vdots \\ c_{m1} & c_{m2} & \cdots & \cdots & \cdots & c_{mn} \end{bmatrix}$$

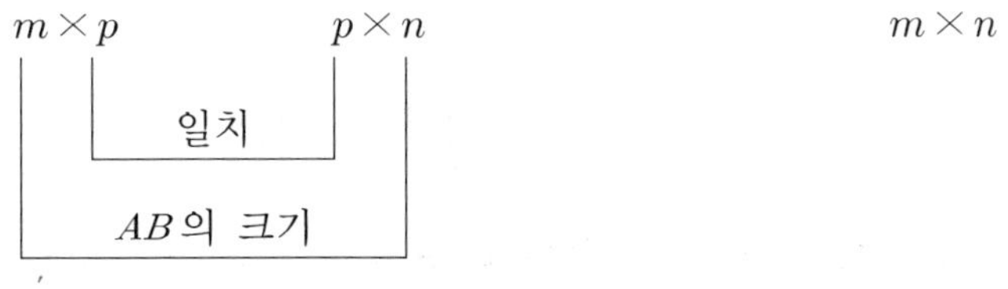

$1\times n$행렬 $A=[a_1\ a_2\ \cdots\ a_n]$와 $n\times 1$행렬 $X=\begin{bmatrix} x_1 \\ x_2 \\ \vdots \\ x_n \end{bmatrix}$의 곱 AX는 1×1행렬로 다음과 같다.

$$AX=[a_1\ a_2\ \cdots\ a_n]\begin{bmatrix} x_1 \\ x_2 \\ \vdots \\ x_n \end{bmatrix}=[a_1x_1+a_2x_2+\cdots+a_nx_n]=\left[\sum_{i=1}^{n} a_ix_i\right]=\sum_{i=1}^{n} a_ix_i$$

행렬연산의 성질은 실수의 연산성질과 유사하지만 예외가 있다. 실수 α, β에 대하여 곱의 교환법칙이 성립하여 $\alpha\beta=\beta\alpha$이지만 행렬 A, B에 대하여 곱의 교환법칙이 성립하지 않는다. AB 또는 BA가 정의되지 않는 경우와 AB와 BA가 정의되더라도 $AB\neq BA$인 경우가 있다.

예제 1.1.5 $A=\begin{bmatrix} 4 & 2 & 1 \\ 3 & 1 & -3 \end{bmatrix}$, $B=\begin{bmatrix} -3 & 1 & -2 & 2 \\ 1 & 5 & 4 & 1 \\ 3 & 1 & -1 & -4 \end{bmatrix}$, $C=\begin{bmatrix} -1 & 0 \\ 2 & 1 \end{bmatrix}$, $D=\begin{bmatrix} 1 & -3 \\ 2 & 0 \end{bmatrix}$에서

$$AB=\begin{bmatrix} 4 & 2 & 1 \\ 3 & 1 & -3 \end{bmatrix}\begin{bmatrix} -3 & 1 & -2 & 2 \\ 1 & 5 & 4 & 1 \\ 3 & 1 & -1 & -4 \end{bmatrix}=\begin{bmatrix} c_{11} & c_{12} & c_{13} & c_{14} \\ c_{21} & c_{22} & c_{23} & c_{24} \end{bmatrix}$$

AB의 성분 c_{23}은 A에서 2행을 B에서 3열의 대응하는 성분끼리 곱하여 모두 더한다.

$$c_{23}=3(-2)+1(4)+(-3)(-1)=1$$

같은 방식으로

$$c_{11}=4(-3)+2(1)+1(3)=-7, \quad c_{12}=4(1)+2(5)+1(1)=15$$

$$c_{13}=4(-2)+2(4)+1(-1)=-1, \quad c_{14}=4(2)+2(1)+1(-4)=6$$

$$c_{21}=3(-3)+1(1)+(-3)(3)=-17, \quad c_{22}=3(1)+1(5)+(-3)(1)=5$$

$$c_{24}=3(2)+1(1)+(-3)(-4)=19$$

이므로

$$AB=\begin{bmatrix} -7 & 15 & -1 & 6 \\ -17 & 5 & 1 & 19 \end{bmatrix}$$

이다. 그러나 BA는 정의되지 않으므로 구할 수 없다. 또 CD와 DC를 구하면

$$CD=\begin{bmatrix} -1 & 0 \\ 2 & 1 \end{bmatrix}\begin{bmatrix} 1 & -3 \\ 2 & 0 \end{bmatrix}=\begin{bmatrix} -1 & 3 \\ 4 & -6 \end{bmatrix}, \quad DC=\begin{bmatrix} 1 & -3 \\ 2 & 0 \end{bmatrix}\begin{bmatrix} -1 & 0 \\ 2 & 1 \end{bmatrix}=\begin{bmatrix} -7 & -3 \\ -2 & 0 \end{bmatrix}$$

이므로 $CD \neq DC$이다. ■

정리 1.1.1

행렬 A, B, C가 각 연산이 정의될 수 있는 크기의 행렬이면 $\alpha, \beta \in \mathbb{R}$에 대하여 다음이 성립한다.

(1) $A+B=B+A$ (합의 교환법칙)

(2) $A+(B+C)=(A+B)+C$ (합의 결합법칙)

(3) $A(BC)=(AB)C$ (곱의 결합법칙)

(4) $A(B+C)=AB+AC$, $(A+B)C=AC+BC$ (분배법칙)

(5) $\alpha(A+B)=\alpha A+\alpha B$

(6) $(\alpha+\beta)A=\alpha A+\beta A$

(7) $(\alpha\beta)A=\alpha(\beta A)$

(8) $\alpha(AB)=(\alpha A)B=A(\alpha B)$

증명 위 등식을 증명하려면 좌변과 우변 행렬의 크기가 같고 각각에 대응하는 성분이 같음을 보이면 된다. 여기서 (3), (4), (5)를 증명하고 나머지는 연습문제로 남긴다.

(3) $A=[a_{ij}]_{m\times p}$, $B=[b_{ij}]_{p\times r}$, $C=[c_{ij}]_{r\times n}$이라 하면

$$
\begin{aligned}
A(BC) &= [a_{ij}]_{m\times p}\left[\sum_{h=1}^{r} b_{ih}c_{hj}\right]_{p\times n} = \left[\sum_{k=1}^{p} a_{ik}\left(\sum_{h=1}^{r} b_{kh}c_{hj}\right)\right]_{m\times n} \\
&= \left[\sum_{h=1}^{r}\sum_{k=1}^{p} a_{ik}(b_{kh}c_{hj})\right]_{m\times n} = \left[\sum_{h=1}^{r}\sum_{k=1}^{p} (a_{ik}b_{kh})c_{hj}\right]_{m\times n} \\
&= \left[\sum_{h=1}^{r}\left(\sum_{k=1}^{p} a_{ik}b_{kh}\right)c_{hj}\right]_{m\times n} = \left[\sum_{k=1}^{p} a_{ik}b_{kh}\right]_{m\times r}[c_{ij}]_{r\times n} \\
&= (AB)C
\end{aligned}
$$

(4) $A=[a_{ij}]_{m\times p}$, $B=[b_{ij}]_{p\times n}$, $C=[c_{ij}]_{p\times n}$이라 하면

$$
\begin{aligned}
A(B+C) &= [a_{ij}][b_{ij}+c_{ij}] = \left[\sum_{k=1}^{p} a_{ik}(b_{kj}+c_{kj})\right] \\
&= \left[\sum_{k=1}^{p} a_{ik}b_{kj} + \sum_{k=1}^{p} a_{ik}c_{kj}\right] = \left[\sum_{k=1}^{p} a_{ik}b_{kj}\right] + \left[\sum_{k=1}^{p} a_{ik}c_{kj}\right] \\
&= AB + AC
\end{aligned}
$$

(5) $A=[a_{ij}]_{m\times n}$, $B=[b_{ij}]_{m\times n}$이라 하면

$$
\begin{aligned}
\alpha(A+B) &= \alpha[a_{ij}+b_{ij}] = [\alpha(a_{ij}+b_{ij})] = [\alpha a_{ij}+\alpha b_{ij}] \\
&= [\alpha a_{ij}] + [\alpha b_{ij}] = \alpha[a_{ij}] + \alpha[b_{ij}] \\
&= \alpha A + \alpha B
\end{aligned}
$$

이다. 나머지 증명은 독자에게 남긴다. ■

예제 1.1.6 다음 행렬에 대하여 $(AB)C = A(BC)$임을 보이라.

$$
A=\begin{bmatrix} -1 & 0 \\ 2 & 1 \end{bmatrix},\quad B=\begin{bmatrix} 4 & 2 & 1 \\ 3 & 1 & -3 \end{bmatrix},\quad C=\begin{bmatrix} -3 & 1 & 2 \\ 2 & 1 & -1 \\ 2 & -2 & -1 \end{bmatrix}
$$

풀이 $AB=\begin{bmatrix} -4 & -2 & -1 \\ 11 & 5 & -1 \end{bmatrix}$, $BC=\begin{bmatrix} -6 & 4 & 5 \\ -13 & 10 & 8 \end{bmatrix}$이며 $(AB)C$는 2×3행렬과 3×3행렬의 곱이고 $A(BC)$는 2×2행렬과 2×3행렬의 곱이므로 모두 2×3행렬이 된다. 그리고

$$
(AB)C=\begin{bmatrix} 6 & -4 & -5 \\ -25 & 18 & 18 \end{bmatrix},\quad A(BC)=\begin{bmatrix} 6 & -4 & -5 \\ -25 & 18 & 18 \end{bmatrix}
$$

이다. 따라서 $(AB)C = A(BC)$이다. ■

정리 1.1.2

행렬 A와 영행렬 O에 대하여 다음이 성립한다.

(1) $A+O=O+A=A$ (2) $A-A=O$

(3) $O-A=-A$ (4) $AO=OA=O$

증명은 독자에게 맡긴다.

영행렬 O는 실수의 0과 같은 역할을 하는 행렬이라 할 수 있다. 그러나 실수연산에서 성립하는 다음 두 가지 성질은 행렬연산에서 일반적으로 성립하지 않는다.

(1) $a \neq 0,\ ab=ac \Rightarrow b=c$

(2) $ab=0 \Rightarrow a=0$ 또는 $b=0$

예제 1.1.7 행렬

$$A=\begin{bmatrix}0&2\\0&1\end{bmatrix},\quad B=\begin{bmatrix}2&2\\3&2\end{bmatrix},\quad C=\begin{bmatrix}5&4\\3&2\end{bmatrix},\quad D=\begin{bmatrix}7&4\\0&0\end{bmatrix}$$

에 대하여

$$AB=\begin{bmatrix}6&4\\3&2\end{bmatrix}=AC$$

이고 $A\neq O$이지만 $B\neq C$이다. 또한 $AD=O$이지만 $A\neq O,\ D\neq O$이다. ■

A가 $m\times n$행렬일 때 단위행렬 $I_m,\ I_n$에 대하여 다음이 성립한다.

$$I_m A = A I_n = A$$

예제 1.1.8 행렬

$$A=\begin{bmatrix}-2&4&3\\2&0&5\end{bmatrix}$$

에 대하여

$$I_2A=\begin{bmatrix}1&0\\0&1\end{bmatrix}\begin{bmatrix}-2&4&3\\2&0&5\end{bmatrix}=\begin{bmatrix}-2&4&3\\2&0&5\end{bmatrix}=A$$

$$AI_3 = \begin{bmatrix} -2 & 4 & 3 \\ 2 & 0 & 5 \end{bmatrix} \begin{bmatrix} 1 & 0 & 0 \\ 0 & 1 & 0 \\ 0 & 0 & 1 \end{bmatrix} = \begin{bmatrix} -2 & 4 & 3 \\ 2 & 0 & 5 \end{bmatrix} = A$$

이다. ■

정의 행렬 A가 n차 정사각행렬일 때 A의 거듭제곱은 다음과 같이 정의한다.

$$A^0 = I_n, \quad A^k = \underbrace{AA\cdots A}_{k\text{ 개}}$$

위의 정의로부터 다음 정리를 얻는다.

정리 1.1.3

행렬 A가 정사각행렬이고 s, t가 음이 아닌 정수일 때 다음이 성립한다.

$$A^s A^t = A^{s+t}, \quad (A^s)^t = A^{st}$$

증명은 독자에게 맡긴다.

정의 행렬 $A = [a_{ij}]_{m\times n}$에 대하여 A의 **전치행렬**(transpose matrix of A)을 A^T로 나타내고 다음과 같이 정의한다.

$$A^T = [b_{ij}]_{n\times m}, \quad b_{ij} = a_{ji}$$

위의 정의로부터 행렬 A의 전치행렬 A^T는 A의 행과 열을 바꾸어 얻은 행렬임을 알 수 있다.

$$A = \begin{bmatrix} a_{11} & a_{12} & \cdots & a_{1n} \\ a_{21} & a_{22} & \cdots & a_{2n} \\ \vdots & \vdots & \vdots & \vdots \\ a_{m1} & a_{m2} & \cdots & a_{mn} \end{bmatrix}, \quad A^T = \begin{bmatrix} b_{11} & b_{12} & \cdots & b_{1m} \\ b_{21} & b_{22} & \cdots & b_{2m} \\ \vdots & \vdots & \vdots & \vdots \\ b_{n1} & b_{n2} & \cdots & b_{nm} \end{bmatrix} = \begin{bmatrix} a_{11} & a_{21} & \cdots & a_{m1} \\ a_{12} & a_{22} & \cdots & a_{m2} \\ \vdots & \vdots & \vdots & \vdots \\ a_{1n} & a_{2n} & \cdots & a_{mn} \end{bmatrix}$$

$$(b_{ij} = a_{ji};\ 1 \le j \le m, 1 \le i \le n)$$

예제 1.1.9 다음 행렬의 전치행렬을 구하라.

$$A=\begin{bmatrix}2 & 4 & -3\\ 2 & 0 & 5\end{bmatrix},\ B=\begin{bmatrix}-3 & 4 & 2\\ 2 & 1 & -1\\ 3 & -2 & -1\end{bmatrix},\ C=\begin{bmatrix}3 & 4\\ 2 & -1\\ 1 & 3\end{bmatrix},\ D=\begin{bmatrix}3\\ 0\\ 1\end{bmatrix},\ E=[-3\ 0\ 2]$$

풀이 $A^T=\begin{bmatrix}2 & 2\\ 4 & 0\\ -3 & 5\end{bmatrix},\ B^T=\begin{bmatrix}-3 & 2 & 3\\ 4 & 1 & -2\\ 2 & -1 & -1\end{bmatrix},\ C^T=\begin{bmatrix}3 & 2 & 1\\ 4 & -1 & 3\end{bmatrix},\ D^T=[3\ 0\ 1],\ E^T=\begin{bmatrix}-3\\ 0\\ 2\end{bmatrix}$ ■

정리 1.1.4

α가 실수이고, A와 B가 연산이 가능한 크기의 행렬일 때 다음이 성립한다.

(1) $(A^T)^T=A$ (2) $(A+B)^T=A^T+B^T$

(3) $(AB)^T=B^TA^T$ (4) $(\alpha A)^T=\alpha A^T$

증명 (3) $A=[a_{ij}]_{m\times p}$, $B=[b_{ij}]_{p\times n}$ 이라 하면 $AB=\left[\sum_{k=1}^{p}a_{ik}b_{kj}\right]_{m\times n}$ 이고

$(AB)^T=\left[\sum_{k=1}^{p}a_{jk}b_{ki}\right]_{n\times m}$ 이다. 또한 $A^T=[a_{ji}]_{p\times m}$, $B^T=[b_{ji}]_{n\times p}$ 이고

$B^TA^T=\left[\sum_{k=1}^{p}a_{jk}b_{ki}\right]_{n\times m}$ 이므로 $(AB)^T=B^TA^T$이다.

나머지 증명은 독자에게 맡긴다. ■

예제 1.1.10 다음 행렬 A, B에 대하여 $(AB)^T=B^TA^T$임을 보이라.

$$A=\begin{bmatrix}2 & 4 & -3\\ 1 & 2 & 5\end{bmatrix},\ B=\begin{bmatrix}-3 & 4\\ 2 & 1\\ 3 & -2\end{bmatrix}$$

풀이 $A^T=\begin{bmatrix}2 & 1\\ 4 & 2\\ -3 & 5\end{bmatrix},\ B^T=\begin{bmatrix}-3 & 2 & 3\\ 4 & 1 & -2\end{bmatrix}$이고 $AB=\begin{bmatrix}2 & 4 & -3\\ 1 & 2 & 5\end{bmatrix}\begin{bmatrix}-3 & 4\\ 2 & 1\\ 3 & -2\end{bmatrix}=\begin{bmatrix}-7 & 18\\ 16 & -4\end{bmatrix}$이므로

$$(AB)^T=\begin{bmatrix}-7 & 16\\ 18 & -4\end{bmatrix}$$

이다. 따라서

$$B^TA^T = \begin{bmatrix} -3 & 2 & 3 \\ 4 & 1 & -2 \end{bmatrix} \begin{bmatrix} 2 & 1 \\ 4 & 2 \\ -3 & 5 \end{bmatrix} = \begin{bmatrix} -7 & 16 \\ 18 & -4 \end{bmatrix} = (AB)^T$$

이다. ■

정의 정사각행렬 A가 $A = A^T$이면 A를 **대칭행렬**(symmetric matrix)이라 하고, $A^T = -A$이면 A를 **반대칭행렬**(skew symmetric matrix)이라 한다.

위의 정의로부터 정사각행렬 $A = [a_{ij}]$가 대칭행렬이면 모든 i, j에 대하여

$$a_{ij} = a_{ji}$$

이고 정사각행렬 $A = [a_{ij}]$가 반대칭행렬이면 모든 i, j에 대하여

$$a_{ij} = -a_{ji}$$

이다. 따라서 반대칭행렬의 주대각선 성분은 모두 0이다.

한편, 대칭행렬이면서 반대칭행렬은 영행렬이다.

예제 1.1.11 다음 행렬

$$A = \begin{bmatrix} 1 & -2 & 1 \\ -2 & 6 & -3 \\ 1 & -3 & 4 \end{bmatrix},\ I_3 = \begin{bmatrix} 1 & 0 & 0 \\ 0 & 1 & 0 \\ 0 & 0 & 1 \end{bmatrix},\ B = \begin{bmatrix} 0 & 2 & -1 \\ -2 & 0 & 3 \\ 1 & -3 & 0 \end{bmatrix}$$

에서 A와 I_3는 $A = A^T$, $I_3 = I_3^T$이므로 대칭행렬이고, B는 $B^T = -B$이므로 반대칭행렬이다. ■

예제 1.1.12 A가 정사각행렬일 때 $A + A^T$는 대칭행렬이고, $A - A^T$는 반대칭행렬임을 보이라.

풀이 $(A + A^T)^T = A^T + (A^T)^T = A^T + A = A + A^T$이므로 $A + A^T$는 대칭행렬이다.

그리고 $A - A^T$는 $(A - A^T)^T = A^T - (A^T)^T = A^T - A = -(A - A^T)$이므로 반대칭행렬이다. ■

예제 1.1.13 행렬 A의 크기가 $m \times n$일 때 A^TA와 AA^T가 대칭행렬임을 보이라.

풀이 A^TA는 $(A^TA)^T = A^T(A^T)^T = A^TA$이므로 대칭행렬이다.

그리고 $(AA^T)^T = (A^T)^TA^T = AA^T$이므로 AA^T도 대칭행렬이다. ■

정리 1.1.5

정사각행렬 A는 대칭행렬 $B = \frac{1}{2}(A + A^T)$와 반대칭행렬 $C = \frac{1}{2}(A - A^T)$의 유일한 합으로 나타난다.

증명 유일함을 보이기 위하여 $A = B + C = B^* + C^*$인 대칭행렬 B^*와 반대칭행렬 C^*가 있으면

$$B - B^* = C^* - C$$

이다. $(B - B^*)^T = B^T - B^{*T} = B - B^*$이므로 $B - B^*$는 대칭행렬이고 $(C^* - C)^T = C^{*T} - C^T = -C^* + C = -(C^* - C)$이므로 $C^* - C$는 반대칭행렬이다. 대칭행렬이면서 반대칭행렬은 영행렬이므로 $B = B^*$, $C^* = C$이다. ■

정의 정사각행렬 A의 주대각선 성분을 모두 더한 값을 **대각합**(trace)이라 하고 $\text{tr}(A)$로 나타낸다. 행렬

$$A = \begin{bmatrix} a_{11} & a_{12} & \cdots & a_{1n} \\ a_{21} & a_{22} & \cdots & a_{2n} \\ \vdots & \vdots & \ddots & \vdots \\ a_{n1} & a_{n2} & \cdots & a_{nn} \end{bmatrix}$$

의 대각합은 $\text{tr}(A) = a_{11} + a_{22} + \cdots + a_{nn}$이다.

예제 1.1.14 행렬 $A = \begin{bmatrix} 1 & 2 & 3 \\ 5 & 6 & 7 \\ 9 & 10 & 11 \end{bmatrix}$의 대각합은 $\text{tr}(A) = 1 + 6 + 11 = 18$이다. ■

정리 1.1.6

k는 실수이고 행렬 A와 B가 n차 정사각행렬일 때 다음이 성립한다.

(1) $\text{tr}(A^T)=\text{tr}(A)$ (2) $\text{tr}(kA)=k\,\text{tr}(A)$

(3) $\text{tr}(A+B)=\text{tr}(A)+\text{tr}(B)$ (4) $\text{tr}(AB)=\text{tr}(BA)$

증명 (1) A와 A^T는 주대각선 성분이 같으므로 같은 $\text{tr}(A^T)=\text{tr}(A)$이다.

(2) $A=[a_{ij}]$가 n차 정사각행렬이면

$$\text{tr}(kA)=ka_{11}+ka_{22}+\cdots+ka_{nn}=k(a_{11}+a_{22}+\cdots+a_{nn})=k\,\text{tr}(A)$$

(3) $A=[a_{ij}]$와 $B=[b_{ij}]$가 n차 정사각행렬이면

$$\begin{aligned}\text{tr}(A)+\text{tr}(B)&=(a_{11}+a_{22}+\cdots+a_{nn})+(b_{11}+b_{22}+\cdots+b_{nn})\\&=(a_{11}+b_{11})+(a_{22}+b_{22})+\cdots+(a_{nn}+b_{nn})=\text{tr}(A+B)\end{aligned}$$

(4) $A=[a_{ij}]$와 $B=[b_{ij}]$가 n차 정사각행렬이면 $AB=\left[\sum_{k=1}^{n}a_{ik}b_{kj}\right]$에서 $\sum_{k=1}^{n}a_{ik}b_{ki}$은 AB의 주대각선 성분이고, $\sum_{k=1}^{n}b_{ki}a_{ik}$는 BA의 주대각선 성분이다. 따라서

$$\begin{aligned}\text{tr}(AB)&=\sum_{k=1}^{n}a_{1k}b_{k1}+\sum_{k=1}^{n}a_{2k}b_{k2}+\cdots+\sum_{k=1}^{n}a_{nk}b_{kn}\\&=\sum_{k=1}^{n}b_{k1}a_{1k}+\sum_{k=1}^{n}b_{k2}a_{2k}+\cdots+\sum_{k=1}^{n}b_{kn}a_{nk}=\text{tr}(BA)\end{aligned}$$

이다. ■

행과 열이 많은 행렬의 연산을 쉽게 할 수 있는 방법을 알아보자. 행렬 A를 가로선과 세로선을 이용하여 몇 개의 **블록**(block)으로 분할할 수 있다. 각각의 블록들을 행렬로 나타내면 이를 A의 **부분행렬**(submatrix)이라 하고, 부분행렬을 성분으로 나타낸 행렬 A를 **블록행렬**(block matrix)이라 한다. 예를 들면 $A=[a_{ij}]_{3\times 4}$에서

$$A = \left[\begin{array}{ccc:c} a_{11} & a_{12} & a_{13} & a_{14} \\ a_{21} & a_{22} & a_{23} & a_{24} \\ \hdashline a_{31} & a_{32} & a_{33} & a_{34} \end{array}\right]$$

와 같이 4개의 블록으로 분할할 수 있고 블록들을 행렬로 나타내면 4개의 부분행렬이 만들어진다.

$$A_{11} = \begin{bmatrix} a_{11} & a_{12} & a_{13} \\ a_{21} & a_{22} & a_{23} \end{bmatrix},\ A_{12} = \begin{bmatrix} a_{14} \\ a_{24} \end{bmatrix},\ A_{21} = \begin{bmatrix} a_{31} & a_{32} & a_{33} \end{bmatrix},\ A_{22} = \begin{bmatrix} a_{34} \end{bmatrix}$$

이 부분행렬들을 성분으로 A를 나타내면

$$A = \begin{bmatrix} A_{11} & A_{12} \\ A_{21} & A_{22} \end{bmatrix}$$

와 같은 블록행렬이 된다.

$$A = \left[\begin{array}{cc:c} a_{11} & a_{12} & a_{13} \\ a_{21} & a_{22} & a_{23} \\ \hdashline a_{31} & a_{32} & a_{33} \end{array}\right] = \begin{bmatrix} A_{11} & A_{12} \\ A_{21} & A_{22} \end{bmatrix},\ B = \left[\begin{array}{cc} b_{11} & b_{12} \\ b_{21} & b_{22} \\ \hdashline b_{31} & b_{32} \end{array}\right] = \begin{bmatrix} B_{11} \\ B_{21} \end{bmatrix}$$

에 대하여 AB를 다음과 같이 부분행렬들의 곱을 성분으로 갖는 블록행렬로 나타낼 수 있다.

$$AB = \begin{bmatrix} A_{11}B_{11} + A_{12}B_{21} \\ A_{21}B_{11} + A_{22}B_{21} \end{bmatrix}$$

예제 1.1.15 다음 행렬 A와 B를 블록행렬을 이용하여 AB를 구하라.

$$A = \left[\begin{array}{cc:cc} 1 & -1 & 0 & 0 \\ 0 & 2 & 0 & 0 \\ \hdashline 0 & 0 & -2 & 3 \\ 0 & 0 & 1 & 1 \end{array}\right],\ B = \left[\begin{array}{cc:cc} 2 & 1 & 2 & 0 \\ 0 & 1 & 1 & 1 \\ \hdashline 0 & 0 & 1 & 1 \\ 0 & 0 & 2 & -3 \end{array}\right]$$

풀이 A의 부분행렬은 $A_{11} = \begin{bmatrix} 1 & -1 \\ 0 & 2 \end{bmatrix}$, $A_{12} = \begin{bmatrix} 0 & 0 \\ 0 & 0 \end{bmatrix} = O$, $A_{21} = \begin{bmatrix} 0 & 0 \\ 0 & 0 \end{bmatrix} = O$, $A_{22} = \begin{bmatrix} -2 & 3 \\ 1 & 1 \end{bmatrix}$이고, B의 부분행렬은 $B_{11} = \begin{bmatrix} 2 & 1 \\ 0 & 1 \end{bmatrix}$, $B_{12} = \begin{bmatrix} 2 & 0 \\ 1 & 1 \end{bmatrix}$, $B_{21} = \begin{bmatrix} 0 & 0 \\ 0 & 0 \end{bmatrix} = O$, $B_{22} = \begin{bmatrix} 1 & 1 \\ 2 & -3 \end{bmatrix}$이므로

$$AB=\begin{bmatrix}A_{11} & A_{12}\\ A_{21} & A_{22}\end{bmatrix}\begin{bmatrix}B_{11} & B_{12}\\ B_{21} & B_{22}\end{bmatrix}=\begin{bmatrix}A_{11} & O\\ O & A_{22}\end{bmatrix}\begin{bmatrix}B_{11} & B_{12}\\ O & B_{22}\end{bmatrix}=\begin{bmatrix}A_{11}B_{11} & A_{11}B_{12}\\ O & A_{22}B_{22}\end{bmatrix}$$

$$=\left[\begin{array}{c:c}\begin{bmatrix}1 & -1\\ 0 & 2\end{bmatrix}\begin{bmatrix}2 & 1\\ 0 & 1\end{bmatrix} & \begin{bmatrix}1 & -1\\ 0 & 2\end{bmatrix}\begin{bmatrix}2 & 0\\ 1 & 1\end{bmatrix}\\ \hdashline \begin{bmatrix}0 & 0\\ 0 & 0\end{bmatrix}\begin{bmatrix}0 & 0\\ 0 & 0\end{bmatrix} & \begin{bmatrix}-2 & 3\\ 1 & 1\end{bmatrix}\begin{bmatrix}1 & 1\\ 2 & -3\end{bmatrix}\end{array}\right]=\left[\begin{array}{cc:cc}2 & 0 & 1 & -1\\ 0 & 2 & 2 & 2\\ \hdashline 0 & 0 & 4 & -11\\ 0 & 0 & 3 & -2\end{array}\right]$$ ■

예제 1.1.16 다음 행렬 A와 B를 블록행렬을 이용하여 AB를 구하라.

$$A=\left[\begin{array}{ccc:cc}2 & -3 & 1 & 0 & -4\\ 1 & 5 & -2 & 3 & -1\\ \hdashline 0 & -4 & -2 & 7 & 1\end{array}\right],\quad B=\left[\begin{array}{cc}6 & 4\\ -2 & 1\\ -3 & 7\\ \hdashline -1 & 3\\ 5 & 2\end{array}\right]$$

풀이 A의 부분행렬은 $A_{11}=\begin{bmatrix}2 & -3 & 1\\ 1 & 5 & -2\end{bmatrix}$, $A_{12}=\begin{bmatrix}0 & -4\\ 3 & -1\end{bmatrix}$, $A_{21}=[0\ -4\ -2]$, $A_{22}=[7\ 1]$이고, B의 부분행렬은 $B_{11}=\begin{bmatrix}6 & 4\\ -2 & 1\\ -3 & 7\end{bmatrix}$, $B_{21}=\begin{bmatrix}-1 & 3\\ 5 & 2\end{bmatrix}$이므로

$$AB=\begin{bmatrix}A_{11} & A_{12}\\ A_{21} & A_{22}\end{bmatrix}\begin{bmatrix}B_{11}\\ B_{21}\end{bmatrix}=\begin{bmatrix}A_{11}B_{11}+A_{12}B_{21}\\ A_{21}B_{11}+A_{22}B_{21}\end{bmatrix}$$

이다. 따라서

$$A_{11}B_{11}=\begin{bmatrix}2 & -3 & 1\\ 1 & 5 & -2\end{bmatrix}\begin{bmatrix}6 & 4\\ -2 & 1\\ -3 & 7\end{bmatrix}=\begin{bmatrix}15 & 12\\ 2 & -5\end{bmatrix},\quad A_{12}B_{21}=\begin{bmatrix}0 & -4\\ 3 & -1\end{bmatrix}\begin{bmatrix}-1 & 3\\ 5 & 2\end{bmatrix}=\begin{bmatrix}-20 & -8\\ -8 & 7\end{bmatrix}$$

이고

$$A_{11}B_{11}+A_{12}B_{21}=\begin{bmatrix}15 & 12\\ 2 & -5\end{bmatrix}+\begin{bmatrix}-20 & -8\\ -8 & 7\end{bmatrix}=\begin{bmatrix}-5 & 4\\ -6 & 2\end{bmatrix}$$

이다. 또한

$$A_{21}B_{11}=[0\ -4\ -2]\begin{bmatrix}6 & 4\\ -2 & 1\\ -3 & 7\end{bmatrix}=[14\ -18],\quad A_{22}B_{21}=[7\ 1]\begin{bmatrix}-1 & 3\\ 5 & 2\end{bmatrix}=[-2\ 23]$$

이고

$$A_{21}B_{11}+A_{22}B_{21}=[14\ -18]+[-2\ 23]=[12\ 5]$$

이므로

$$AB = \begin{bmatrix} A_{11}B_{11} + A_{12}B_{21} \\ A_{21}B_{11} + A_{22}B_{21} \end{bmatrix} = \begin{bmatrix} -5 & 4 \\ -6 & 2 \\ 12 & 5 \end{bmatrix}$$

이다. ■

$A = [a_{ij}]_{m \times p}$, $B = [b_{ij}]_{p \times n}$ 에서 A_j 는 행렬 A의 j 열의 부분행렬이라 하고 B_i 는 행렬 B의 i 행의 부분행렬이라 하면

$$AB = [A_1 \ A_2 \ \cdots \ A_p] \begin{bmatrix} B_1 \\ B_2 \\ \vdots \\ B_p \end{bmatrix} = A_1B_1 + A_2B_2 + \cdots + A_pB_p$$

이다.

예제 1.1.17 다음 행렬 A, B의 곱을 구하라.

$$A = \begin{bmatrix} 1 & -4 & 5 \\ 2 & 1 & -3 \end{bmatrix}, \quad B = \begin{bmatrix} 2 & 3 \\ 0 & 4 \\ 1 & -2 \end{bmatrix}$$

풀이 $A_1 = \begin{bmatrix} 1 \\ 2 \end{bmatrix}$, $A_2 = \begin{bmatrix} -4 \\ 1 \end{bmatrix}$, $A_3 = \begin{bmatrix} 5 \\ -3 \end{bmatrix}$, $B_1 = [2 \ 3]$, $B_2 = [0 \ 4]$, $B_3 = [1 \ -2]$ 이므로

$$\begin{aligned} AB &= [A_1 \ A_2 \ A_3] \begin{bmatrix} B_1 \\ B_2 \\ B_3 \end{bmatrix} = A_1B_1 + A_2B_2 + A_3B_3 \\ &= \begin{bmatrix} 1 \\ 2 \end{bmatrix} [2 \ 3] + \begin{bmatrix} -4 \\ 1 \end{bmatrix} [0 \ 4] + \begin{bmatrix} 5 \\ -3 \end{bmatrix} [1 \ -2] \\ &= \begin{bmatrix} 2 & 3 \\ 4 & 6 \end{bmatrix} + \begin{bmatrix} 0 & -16 \\ 0 & 4 \end{bmatrix} + \begin{bmatrix} 5 & -10 \\ -3 & 6 \end{bmatrix} = \begin{bmatrix} 7 & -23 \\ 1 & 16 \end{bmatrix} \end{aligned}$$

■

연습문제 1.1

01. $A=\begin{bmatrix}-2 & 1 & 3\\ 4 & 0 & -1\end{bmatrix}$, $B=\begin{bmatrix}-1 & -3\\ 2 & -1\\ 0 & 6\end{bmatrix}$, $C=\begin{bmatrix}2 & 5 & -1\\ 1 & 3 & 0\\ 6 & -7 & 4\end{bmatrix}$에서 다음을 구하라.

(1) a_{13}, a_{22}, a_{23} (2) b_{21}, b_{32} (3) c_{12}, c_{23}, c_{32} (4) C의 주대각선 성분

02. $A=\begin{bmatrix}-2 & 1 & 3\\ 1 & 2 & -1\end{bmatrix}$, $B=\begin{bmatrix}-1 & -3\\ 2 & -1\\ 1 & 6\end{bmatrix}$, $C=\begin{bmatrix}2 & 5 & 1\\ 0 & 3 & 1\\ 6 & -4 & 3\end{bmatrix}$, $D=\begin{bmatrix}2 & 5 & -1\\ 1 & 2 & 0\\ 4 & -3 & 1\end{bmatrix}$, $E=\begin{bmatrix}2 & 5\\ -7 & 4\end{bmatrix}$,

$F=\begin{bmatrix}2 & 3\\ 1 & -4\end{bmatrix}$에서 정의가 되면 다음을 구하라.

(1) $2A$, $-3B$ (2) $A+B$, $C+D$, $2E-F$

(3) AB, BA, BC, CB (4) $(AB)E$, $A(BF)$, $A(EF)$

(5) $A(C+D)$, $A(E+F)$ (6) $AB+EF$, $BA+D$

(7) $(CD)^T$, A^TE (8) A^2, C^2, E^2

03. $A=\begin{bmatrix}\sqrt{2} & 0 & 0\\ 0 & -1 & 0\\ 0 & 0 & 1\end{bmatrix}$일 때 A^2과 A^6을 구하라.

04. 두 행렬 $A=\begin{bmatrix}a+2b & 2a-b\\ 2c+d & c-2d\end{bmatrix}$, $B=\begin{bmatrix}2 & -1\\ 1 & -2\end{bmatrix}$이 $A=B$이기 위한 a, b, c, d를 구하라.

05. $A=\begin{bmatrix}-1 & 2\\ 1 & 0\end{bmatrix}$, $B=\begin{bmatrix}x & y\\ z & w\end{bmatrix}$, $C=\begin{bmatrix}1 & -2\\ -1 & 2\end{bmatrix}$에 대하여 다음을 구하라.

(1) $A+B=C$일 때 x, y, z, w를 구하라.

(2) $AB=C$일 때 x, y, z, w를 구하라.

06. 정리 1.1.1의 (1), (2)를 증명하라.

07. $X=[1\ 3\ -1]$, $Y=\begin{bmatrix}-1\\ 4\\ 3\end{bmatrix}$일 때 XY와 YX를 구하라.

08. 대각행렬들의 합과 곱이 각각 대각행렬임을 보이라.

09. 행렬 A가 반대칭행렬이면 A^2은 대칭행렬임을 보이라.

10. $A=\begin{bmatrix} 2 & 3 & 1 \\ -1 & 3 & 0 \\ 1 & 2 & 1 \end{bmatrix}$를 대칭행렬과 반대칭행렬의 합으로 나타내라.

11. 다음 행렬 A와 B를 블록행렬을 이용하여 AB를 구하라.

$$A=\left[\begin{array}{cc:cc} 2 & -1 & 0 & 0 \\ 0 & 3 & 0 & 0 \\ \hdashline 0 & 0 & -2 & 3 \\ 0 & 0 & 2 & 1 \end{array}\right],\quad B=\left[\begin{array}{cc:cc} 2 & 1 & 2 & 0 \\ 0 & 3 & 1 & 2 \\ \hdashline 0 & 0 & 1 & 4 \\ 0 & 0 & 2 & -2 \end{array}\right]$$

1.2 연립일차방정식

계수 $a_1,\ a_2,\ \cdots,\ a_n$과 b가 실수일 때 미지수 $x_1,\ x_2,\ \cdots,\ x_n$에 대하여

$$a_1x_1+a_2x_2+\cdots+a_nx_n=b$$

꼴의 방정식을 **일차방정식**(linear equation)이라 한다. 예를 들면 방정식

$$3x_1-4x_2-1=x_1$$

을 정리하면

$$2x_1-4x_2=1$$

과 같이 나타낼 수 있으므로 일차방정식이다. 반면에 방정식

$$x_1-3x_2=x_1x_2$$

는 일차방정식이 아니다.

일반적으로 미지수 $x_1,\ x_2,\ \cdots,\ x_n$에 대한 유한개의 일차방정식의 집합

$$\begin{cases} a_{11}x_1 + a_{12}x_2 + \cdots + a_{1n}x_n = b_1 \\ a_{21}x_1 + a_{22}x_2 + \cdots + a_{2n}x_n = b_2 \\ \vdots \qquad\quad \vdots \qquad\qquad\quad \vdots \qquad\quad \vdots \\ a_{m1}x_1 + a_{m2}x_2 + \cdots + a_{mn}x_n = b_m \end{cases}$$

을 **연립일차방정식**(system of linear equation)이라 한다.

$$x_1 = s_1,\ x_2 = s_2,\ \cdots,\ x_n = s_n$$

이 일차방정식을 모두 만족하면 $(s_1,\ s_2,\ \cdots,\ s_n)$을 이 연립일차방정식의 **해**(solution)라고 한다. 예를 들면

$$\begin{cases} 4x_1 - x_2 - 3x_3 = 5 \\ 3x_1 + x_2 - 2x_3 = 7 \end{cases}$$

의 $x_1,\ x_2,\ x_3$에 각각 $1,\ 2,\ -1$을 대입하면 일차방정식이 모두 성립하므로 $(1,\ 2,\ -1)$은 연립일차방정식의 해이다.

연립일차방정식의 모든 해의 집합을 연립일차방정식의 **해집합**(solution set)이라 하고 같은 해집합을 가지는 두 연립일차방정식을 **동치**(equivalent)라고 한다.

모든 연립일차방정식이 해를 갖는 것은 아니다. 다음 연립일차방정식을 살펴보자.

(1) $\begin{cases} x_1 - x_2 = -1 \\ x_1 - x_2 = \ \ 0 \end{cases}$ (2) $\begin{cases} x_1 + x_2 = 1 \\ x_1 - x_2 = 0 \end{cases}$ (3) $\begin{cases} \ x_1 - \ x_2 = -1 \\ 2x_1 - 2x_2 = -2 \end{cases}$

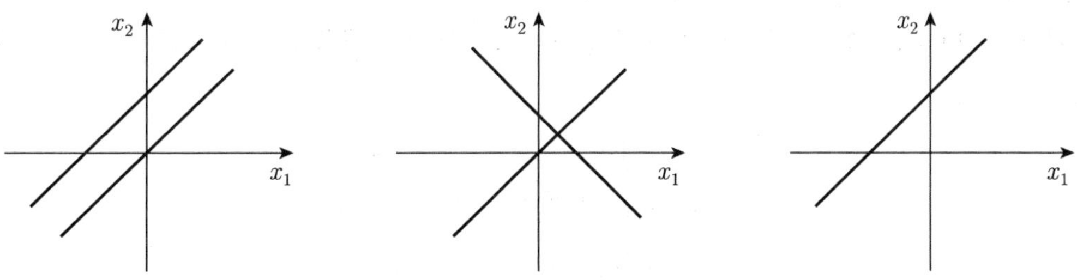

이들 일차방정식의 그래프는 직선이고 연립일차방정식의 해는 두 직선의 만나는 점에 대응한다. 두 직선이 (1) 만나지 않거나, (2) 한 점에서 만나거나, (3) 일치할 수도 있다. 따라서 연립일차방정식에 대하여 다음 중 하나가 성립한다.

(1) 두 직선이 평행할 때 해를 갖지 않는다.

(2) 두 직선이 한 점에서 만날 때 유일한 해를 갖는다.

(3) 두 직선이 일치할 때 무수히 많은 해를 갖는다.

연립일차방정식의 기초적인 해법은 같은 해집합을 갖는 쉬운 연립일차방정식으로 바꾸어 가는 것이다. 연립일차방정식의 미지수는 역할은 위치를 나타내는 것 이외에는 없으므로 계수만 이용하여도 해를 얻을 수 있다. 행렬을 이용하면 편리하다.

n개의 미지수를 갖는 m개의 일차방정식으로 이루어진 연립일차방정식

$$\begin{cases} a_{11}x_1 + a_{12}x_2 + \cdots + a_{1n}x_n = b_1 \\ a_{21}x_1 + a_{22}x_2 + \cdots + a_{2n}x_n = b_2 \\ \qquad\qquad\vdots \\ a_{m1}x_1 + a_{m2}x_2 + \cdots + a_{mn}x_n = b_m \end{cases}$$

에서

$$A = \begin{bmatrix} a_{11} & a_{12} & \cdots & a_{1n} \\ a_{21} & a_{22} & \cdots & a_{2n} \\ \vdots & \vdots & \cdots & \vdots \\ a_{m1} & a_{m2} & \cdots & a_{mn} \end{bmatrix}, \quad X = \begin{bmatrix} x_1 \\ x_2 \\ \vdots \\ x_n \end{bmatrix}, \quad B = \begin{bmatrix} b_1 \\ b_2 \\ \vdots \\ b_m \end{bmatrix}$$

이라 하면, 위의 연립일차방정식은 행렬의 곱을 이용하여 다음과 같이

$$AX = B$$

로 나타낼 수 있다. 행렬 A를 연립일차방정식의 **계수행렬**(coefficient matrix)이라 하고 A에 B를 덧붙인 행렬 $[A \mid B]$을 연립일차방정식의 **확대행렬**(augmented matrix)이라 한다.

$$[A \,\vdots\, B] = \left[\begin{array}{cccc:c} a_{11} & a_{12} & \cdots & a_{1n} & b_1 \\ a_{21} & a_{22} & \cdots & a_{2n} & b_2 \\ \vdots & \vdots & \cdots & \vdots & \vdots \\ a_{m1} & a_{m2} & \cdots & a_{mn} & b_m \end{array}\right]$$

예제 1.2.1 다음 연립일차방정식의 계수행렬을 구하고 행렬의 곱으로 나타내라. 그리고 확대행렬로 나타내라.

$$\begin{cases} x_1 + 3x_2 - x_3 = 1 \\ 2x_1 + 5x_2 + x_3 = 5 \\ 2x_1 + 2x_2 + 2x_3 = 6 \end{cases}$$

풀이 $A=\begin{bmatrix}1&3&-1\\2&5&1\\2&2&2\end{bmatrix}$는 계수행렬이고 $X=\begin{bmatrix}x_1\\x_2\\x_3\end{bmatrix}$, $B=\begin{bmatrix}1\\5\\6\end{bmatrix}$이다. 그러면 $\begin{bmatrix}1&3&-1\\2&5&1\\2&2&2\end{bmatrix}\begin{bmatrix}x_1\\x_2\\x_3\end{bmatrix}=\begin{bmatrix}1\\5\\6\end{bmatrix}$과

같이 $AX=B$로 나타낼 수 있다. 그리고 확대행렬은

$$[A\,|\,B]=\left[\begin{array}{ccc:c}1&3&-1&1\\2&5&1&5\\2&2&2&6\end{array}\right]$$

이다. ■

연습문제 1.2

01. 다음 연립일차방정식에서 해를 갖지 않을 때와 하나의 해를 가질 때, 그리고 무수히 많은 해를 가질 때의 k를 구하라.

(1) $\begin{cases}x_1+2x_2-3x_3=4\\3x_1-x_2+5x_3=2\\4x_1+x_2+(k^2-14)x_3=k+2\end{cases}$ (2) $\begin{cases}x_1+x_3=4\\2x_1+x_2+3x_3=7\\-3x_1-3x_2+(k^2-5k)x_3=k-11\end{cases}$

02. 다음 연립일차방정식의 계수행렬을 구하고 행렬의 곱으로 나타내라. 그리고 확대행렬로 나타내라.

(1) $\begin{cases}2x_1-x_4=7\\2x_1+3x_2-4x_3+3x_4=3\\x_1+3x_3=5\end{cases}$ (2) $\begin{cases}x_1+3x_2-x_3=1\\2x_1+5x_2+x_3=5\\x_1+x_2+x_3=3\end{cases}$

03. 다음 확대행렬을 연립일차방정식으로 나타내라. (미지수는 $x_1, x_2, \cdots, x_n$)

(1) $\left[\begin{array}{cccc:c}1&1&3&-3&0\\1&0&2&-1&-1\\0&2&1&-3&3\end{array}\right]$ (2) $\left[\begin{array}{ccc:c}1&1&0&3\\1&1&1&0\\0&1&1&1\end{array}\right]$

1.3 Gauss-Jordan 소거법

연립일차방정식을 푸는 기초적인 방법은 같은 해집합을 갖는 풀기 쉬운 연립일차방정식으로 바꾸어 가는 것이다. 이 방법은 연립일차방정식의 확대행렬로부터 다른 형태의 행렬을 만들어 가는 것으로 이 새로운 형태의 행렬은 주어진 연립일차방정식과 동치인 연립일차방정식을 나타낸다. 연립일차방정식을 푸는 데 행렬을 어떻게 이용하는지 다음 예제로 알아보자.

예제 1.3.1 다음 연립일차방정식에서 왼쪽은 연립일차방정식에 연산하는 과정이고, 오른쪽은 이에 따른 확대행렬의 변화를 나타낸다.

$$\begin{cases} \quad\;\; 2x_2 + 4x_3 = \;\; 2 \cdots ① \\ x_1 + 2x_2 + 2x_3 = \;\; 3 \cdots ② \\ 3x_1 + 4x_2 + 6x_3 = -1 \cdots ③ \end{cases} \qquad \left[\begin{array}{ccc:c} 0 & 2 & 4 & 2 \\ 1 & 2 & 2 & 3 \\ 3 & 4 & 6 & -1 \end{array}\right]$$

(1) ①과 ②를 바꾼다.

$$\begin{cases} x_1 + 2x_2 + 2x_3 = \;\; 3 \cdots ① \\ \quad\;\; 2x_2 + 4x_3 = \;\; 2 \cdots ② \\ 3x_1 + 4x_2 + 6x_3 = -1 \cdots ③ \end{cases} \qquad \left[\begin{array}{ccc:c} 1 & 2 & 2 & 3 \\ 0 & 2 & 4 & 2 \\ 3 & 4 & 6 & -1 \end{array}\right]$$

(2) $-3\times$①을 ③에 더한다.

$$\begin{cases} x_1 + 2x_2 + 2x_3 = \;\; 3 \cdots ① \\ \quad\;\; 2x_2 + 4x_3 = \;\; 2 \cdots ② \\ \quad -2x_2 \qquad\;\; = -10 \cdots ③ \end{cases} \qquad \left[\begin{array}{ccc:c} 1 & 2 & 2 & 3 \\ 0 & 2 & 4 & 2 \\ 0 & -2 & 0 & -10 \end{array}\right]$$

(3) ②를 ③에 더한다.

$$\begin{cases} x_1 + 2x_2 + 2x_3 = \;\; 3 \cdots ① \\ \quad\;\; 2x_2 + 4x_3 = \;\; 2 \cdots ② \\ \qquad\qquad 4x_3 = -8 \cdots ③ \end{cases} \qquad \left[\begin{array}{ccc:c} 1 & 2 & 2 & 3 \\ 0 & 2 & 4 & 2 \\ 0 & 0 & 4 & -8 \end{array}\right]$$

(4) ②에는 $\frac{1}{2}$을 곱하고 ③에는 $\frac{1}{4}$을 곱한다.

$$\begin{cases} x_1 + 2x_2 + 2x_3 = \;\; 3 \cdots ① \\ \qquad x_2 + 2x_3 = \;\; 1 \cdots ② \\ \qquad\qquad\; x_3 = -2 \cdots ③ \end{cases} \qquad \left[\begin{array}{ccc:c} 1 & 2 & 2 & 3 \\ 0 & 1 & 2 & 1 \\ 0 & 0 & 1 & -2 \end{array}\right]$$

따라서 $x_3=-2$, $x_2=-2x_3+1=5$, $x_1=-2x_2-2x_3+3=-3$이므로 주어진 연립일차 방정식의 해는

$$x_1=-3,\ x_2=5,\ x_3=-2$$

■

정의 행렬 $A=[a_{ij}]_{m\times n}$에 대한 다음 연산을 **기본 행 연산**(elementary row operation)이라 한다.

kR_i: A의 i행에 0이 아닌 상수 k를 곱한다.
$R_i \leftrightarrow R_j$: A의 i행과 j행을 바꾼다.
kR_i+R_j: A의 i행에 k배하여 j행에 더한다.

정의 행렬 A에 기본 행 연산을 유한번 시행하여 얻은 행렬을 B라 하면 A와 B를 **행 동치**(row equivalent)라 한다.

예제 1.3.2 다음 행렬은 모두 행 동치이다.

$$A=\begin{bmatrix}3&4\\1&2\end{bmatrix},\ B=\begin{bmatrix}1&2\\3&4\end{bmatrix},\ C=\begin{bmatrix}1&2\\-3&-4\end{bmatrix},\ D=\begin{bmatrix}1&2\\-2&-2\end{bmatrix},\ E=\begin{bmatrix}1&2\\0&2\end{bmatrix},\ F=\begin{bmatrix}1&0\\0&1\end{bmatrix}$$

■

정의 행렬 $A=[a_{ij}]$가 다음 조건을 만족시키면 **행 사다리꼴**(row echelon form)이라 한다.

(a) 성분이 모두 0인 행은 행렬의 아래에 있다.
(b) 각 행에서 처음으로 나타나는 0이 아닌 성분은 1이다. [그것을 **선행 1**(leading 1)이라 한다.]
(c) i행과 $i+1$행에 선행 1이 있으면 $i+1$행의 선행 1은 i행의 선행 1보다 오른쪽에 있다.

행렬 A가 행 사다리꼴이고, 다음 조건을 만족시키면 **기약 행 사다리꼴**(reduced row echelon form)이라 한다.

(d) 선행 1을 포함한 열의 다른 성분은 모두 0이다.

예제 1.3.3 다음 행렬에서 A, B, C는 행 사다리꼴이고 D는 행 사다리꼴이 아니다. E와 F는 기약 행 사다리꼴이다.

$$A=\begin{bmatrix}1&1&2&6\\0&1&1&0\\0&0&1&3\end{bmatrix},\quad B=\begin{bmatrix}1&2&3&4\\0&1&0&7\\0&0&0&0\end{bmatrix},\quad C=\begin{bmatrix}0&0\\0&0\end{bmatrix},$$

$$D=\begin{bmatrix}1&-2&-3&4\\0&2&-2&5\\0&0&1&2\end{bmatrix},\quad E=\begin{bmatrix}1&0&0\\0&1&0\\0&0&0\end{bmatrix},\quad F=\begin{bmatrix}1&0&0&6\\0&1&0&2\\0&0&1&3\end{bmatrix}$$ ■

예제 1.3.4 다음 행렬 A와 행동치인 행 사다리꼴과 기약 행 사다리꼴을 구하라.

$$A=\begin{bmatrix}1&3&-2&0&3\\2&6&-2&4&18\\0&1&1&3&10\end{bmatrix}$$

풀이

$$A=\begin{bmatrix}1&3&-2&0&3\\2&6&-2&4&18\\0&1&1&3&10\end{bmatrix}\xrightarrow{(-2)R_1+R_2}\begin{bmatrix}1&3&-2&0&3\\0&0&2&4&12\\0&1&1&3&10\end{bmatrix}\xrightarrow{R_2\leftrightarrow R_3}\begin{bmatrix}1&3&-2&0&3\\0&1&1&3&10\\0&0&2&4&12\end{bmatrix}$$

$$\xrightarrow{\frac{1}{2}R_3}\begin{bmatrix}1&3&-2&0&3\\0&1&1&3&10\\0&0&1&2&6\end{bmatrix}$$ 은 행 사다리꼴이고

$$\xrightarrow[2R_3+R_1]{(-1)R_3+R_2}\begin{bmatrix}1&3&0&4&15\\0&1&0&1&4\\0&0&1&2&6\end{bmatrix}\xrightarrow{(-3)R_2+R_1}\begin{bmatrix}1&0&0&1&3\\0&1&0&1&4\\0&0&1&2&6\end{bmatrix}$$ 은 기약 행 사다리꼴이다. ■

정리 1.3.1

확대행렬이 행 동치인 두 연립일차방정식은 동치이다.

위의 정리에서 연립일차방정식의 확대행렬을 행 사다리꼴로 변형하여 해를 구할 수

있다. 이러한 방법을 **Gauss 소거법**(Gauss elimination)이라 한다.

예제 1.3.5 다음 연립일차방정식의 해를 Gauss 소거법으로 구하라.

$$\begin{cases} \quad\quad\;\; x_2 + x_3 = -1 \\ 2x_1 + 4x_2 - 2x_3 = 2 \\ 3x_1 + 5x_2 - 5x_3 = 1 \end{cases}$$

풀이 확대행렬 $\left[\begin{array}{ccc|c} 0 & 1 & 1 & -1 \\ 2 & 4 & -2 & 2 \\ 3 & 5 & -5 & 1 \end{array}\right]$에 기본 행 연산을 시행하여 행 사다리꼴을 구하면

$$\left[\begin{array}{ccc|c} 0 & 1 & 1 & -1 \\ 2 & 4 & -2 & 2 \\ 3 & 5 & -5 & 1 \end{array}\right] \xrightarrow{R_1 \leftrightarrow R_2} \left[\begin{array}{ccc|c} 2 & 4 & -2 & 2 \\ 0 & 1 & 1 & -1 \\ 3 & 5 & -5 & 1 \end{array}\right] \xrightarrow{\frac{1}{2}R_1} \left[\begin{array}{ccc|c} 1 & 2 & -1 & 1 \\ 0 & 1 & 1 & -1 \\ 3 & 5 & -5 & 1 \end{array}\right]$$

$$\xrightarrow{(-3)R_1 + R_3} \left[\begin{array}{ccc|c} 1 & 2 & -1 & 1 \\ 0 & 1 & 1 & -1 \\ 0 & -1 & -2 & -2 \end{array}\right] \xrightarrow{R_2 + R_3} \left[\begin{array}{ccc|c} 1 & 2 & -1 & 1 \\ 0 & 1 & 1 & -1 \\ 0 & 0 & -1 & -3 \end{array}\right] \xrightarrow{(-1)R_3} \left[\begin{array}{ccc|c} 1 & 2 & -1 & 1 \\ 0 & 1 & 1 & -1 \\ 0 & 0 & 1 & 3 \end{array}\right]$$

이 행렬을 확대행렬로 갖는 연립일차방정식은

$$\begin{cases} x_1 + 2x_2 - x_3 = 1 \\ \quad\quad\; x_2 + x_3 = -1 \\ \quad\quad\quad\quad\; x_3 = 3 \end{cases}$$

이므로 $x_3 = 3$, $x_2 = -1 - x_3 = -4$, $x_1 = 1 - 2x_2 + x_3 = 12$이다. 따라서 주어진 연립일차방정식의 해는

$$x_1 = 12, \; x_2 = -4, \; x_3 = 3$$

이다. ■

정리 1.3.1에 의하여 연립일차방정식의 확대행렬을 기약 행 사다리꼴로 변형하여 해를 구할 수도 있다. 이러한 방법을 **Gauss-Jordan 소거법**(Gauss-Jordan elimination)이라 한다.

예제 1.3.6 다음 연립일차방정식의 해를 Gauss-Jordan 소거법으로 구하라.

$$\begin{cases} 2x_1 + 4x_2 + 6x_3 = 18 \\ 4x_1 + 5x_2 + 6x_3 = 24 \\ 3x_1 + x_2 - 2x_3 = 4 \end{cases}$$

풀이 확대행렬 $\left[\begin{array}{ccc:c} 2 & 4 & 6 & 18 \\ 4 & 5 & 6 & 24 \\ 3 & 1 & -2 & 4 \end{array}\right]$에 기본 행 연산을 시행하여 기약 행 사다리꼴을 구하면

$$\left[\begin{array}{ccc:c} 2 & 4 & 6 & 18 \\ 4 & 5 & 6 & 24 \\ 3 & 1 & -2 & 4 \end{array}\right] \xrightarrow{\frac{1}{2}R_1} \left[\begin{array}{ccc:c} 1 & 2 & 3 & 9 \\ 4 & 5 & 6 & 24 \\ 3 & 1 & -2 & 4 \end{array}\right] \xrightarrow[(-3)R_1+R_3]{(-4)R_1+R_2} \left[\begin{array}{ccc:c} 1 & 2 & 3 & 9 \\ 0 & -3 & -6 & -12 \\ 0 & -5 & -11 & -23 \end{array}\right]$$

$$\xrightarrow{-\frac{1}{3}R_2} \left[\begin{array}{ccc:c} 1 & 2 & 3 & 9 \\ 0 & 1 & 2 & 4 \\ 0 & -5 & -11 & -23 \end{array}\right] \xrightarrow[5R_2+R_3]{(-2)R_2+R_1} \left[\begin{array}{ccc:c} 1 & 0 & -1 & 1 \\ 0 & 1 & 2 & 4 \\ 0 & 0 & -1 & -3 \end{array}\right]$$

$$\xrightarrow{(-1)R_3} \left[\begin{array}{ccc:c} 1 & 0 & -1 & 1 \\ 0 & 1 & 2 & 4 \\ 0 & 0 & 1 & 3 \end{array}\right] \xrightarrow[(-2)R_3+R_2]{R_3+R_1} \left[\begin{array}{ccc:c} 1 & 0 & 0 & 4 \\ 0 & 1 & 0 & -2 \\ 0 & 0 & 1 & 3 \end{array}\right]$$

는 기약 행 사다리꼴이다. 이 행렬을 확대행렬로 갖는 연립일차방정식은

$$\begin{cases} x_1 \quad\quad\quad = 4 \\ \quad x_2 \quad\;\; = -2 \\ \quad\quad x_3 = 3 \end{cases}$$

이다. 따라서 주어진 연립일차방정식의 해는

$$x_1 = 4,\ x_2 = -2,\ x_3 = 3$$

이다. ■

예제 1.3.7 다음 연립일차방정식의 해를 Gauss-Jordan 소거법으로 구하라.

$$\begin{cases} x_1 - 2x_2 + x_3 - x_4 = 4 \\ 2x_1 - 3x_2 + 2x_3 - 3x_4 = -1 \\ 3x_1 - 5x_2 + 3x_3 - 4x_4 = 3 \\ -x_1 + x_2 - x_3 + 2x_4 = 5 \end{cases}$$

풀이 확대행렬 $\left[\begin{array}{cccc:c} 1 & -2 & 1 & -1 & 4 \\ 2 & -3 & 2 & -3 & -1 \\ 3 & -5 & 3 & -4 & 3 \\ -1 & 1 & -1 & 2 & 5 \end{array}\right]$에 기본 행 연산을 시행하여 기약 행 사다리꼴을 구하면

$$\left[\begin{array}{cccc:c} 1 & -2 & 1 & -1 & 4 \\ 2 & -3 & 2 & -3 & -1 \\ 3 & -5 & 3 & -4 & 3 \\ -1 & 1 & -1 & 2 & 5 \end{array}\right] \xrightarrow[(-3)R_1+R_3]{(-2)R_1+R_2} \left[\begin{array}{cccc:c} 1 & -2 & 1 & -1 & 4 \\ 0 & 1 & 0 & -1 & -9 \\ 0 & 1 & 0 & -1 & -9 \\ -1 & 1 & -1 & 2 & 5 \end{array}\right]$$

$$\xrightarrow[(-1)R_2+R_3]{R_1+R_4}\left[\begin{array}{cccc:c}1&-2&1&-1&4\\0&1&0&-1&-9\\0&0&0&0&0\\0&-1&0&1&9\end{array}\right]\xrightarrow[2R_2+R_1]{R_2+R_4}\left[\begin{array}{cccc:c}1&0&1&-3&-14\\0&1&0&-1&-9\\0&0&0&0&0\\0&0&0&0&0\end{array}\right]$$

는 기약 행 사다리꼴이다. 이 행렬을 확대행렬로 갖는 연립일차방정식은

$$\begin{cases}x_1 \quad + x_3 - 3x_4 = -14\\ \quad x_2 \quad - x_4 = -9\end{cases}$$

이다. 따라서 s와 t가 실수일 때 $x_3=s$, $x_4=t$라 하면 주어진 연립일차방정식의 해는

$$x_1=-s+3t-14,\ x_2=t-9,\ x_3=s,\ x_4=t$$

이다. ■

예제 1.3.8 다음 연립일차방정식의 해를 Gauss-Jordan 소거법으로 구하라.

$$\begin{cases}x_1+3x_2-2x_3 \qquad = 3\\ 2x_1+6x_2-2x_3+4x_4=18\\ \qquad x_2+x_3+3x_4=10\end{cases}$$

풀이 확대행렬 $\left[\begin{array}{cccc:c}1&3&-2&0&3\\2&6&-2&4&18\\0&1&1&3&10\end{array}\right]$에 기본 행 연산을 시행하여 기약 행 사다리꼴을 구하면

$$\left[\begin{array}{cccc:c}1&3&-2&0&3\\2&6&-2&4&18\\0&1&1&3&10\end{array}\right]\xrightarrow{(-2)R_1+R_2}\left[\begin{array}{cccc:c}1&3&-2&0&3\\0&0&2&4&12\\0&1&1&3&10\end{array}\right]$$

$$\xrightarrow{R_2\leftrightarrow R_3}\left[\begin{array}{cccc:c}1&3&-2&0&3\\0&1&1&3&10\\0&0&2&4&12\end{array}\right]\xrightarrow{\frac{1}{2}R_3}\left[\begin{array}{cccc:c}1&3&-2&0&3\\0&1&1&3&10\\0&0&1&2&6\end{array}\right]$$

$$\xrightarrow[2R_3+R_1]{(-1)R_3+R_2}\left[\begin{array}{cccc:c}1&3&0&4&15\\0&1&0&1&4\\0&0&1&2&6\end{array}\right]\xrightarrow{(-3)R_2+R_1}\left[\begin{array}{cccc:c}1&0&0&1&3\\0&1&0&1&4\\0&0&1&2&6\end{array}\right]$$

은 기약 행 사다리꼴이다. 이 행렬을 확대행렬로 갖는 연립일차방정식은

$$\begin{cases}x_1 \qquad + x_4=3\\ \quad x_2 \quad + x_4=4\\ \qquad x_3+2x_4=6\end{cases}$$

이다. 따라서 t가 실수일 때 $x_4=t$라 하면 주어진 연립일차방정식의 해는

$$x_1 = 3 - t,\ x_2 = 4 - t,\ x_3 = 6 - 2t,\ x_4 = t$$

이다. ■

연습문제 1.3

01. 다음 행렬의 기약 행 사다리꼴을 구하라.

(1) $\begin{bmatrix} 3 & 2 & -1 & 2 \\ 4 & -3 & 2 & 7 \\ 1 & 0 & 3 & 10 \end{bmatrix}$ (2) $\begin{bmatrix} 1 & 1 & 0 & 0 \\ 3 & 3 & 1 & -1 \\ -2 & -2 & 1 & 0 \end{bmatrix}$

(3) $\begin{bmatrix} 0 & 1 & 0 & 0 & 5 \\ 0 & 0 & 1 & 0 & 4 \\ 0 & 1 & 0 & -2 & 3 \end{bmatrix}$ (4) $\begin{bmatrix} 0 & 0 & -2 & 0 & 7 & 12 \\ 2 & 4 & -10 & 6 & 12 & 28 \\ 2 & 4 & -5 & 6 & -5 & -1 \end{bmatrix}$

02. 다음 연립일차방정식의 해를 Gauss 소거법으로 구하라.

(1) $\begin{cases} x_1 - 2x_2 + x_3 = 0 \\ 2x_2 - 8x_3 = 8 \\ -4x_1 + 5x_2 + 9x_3 = -9 \end{cases}$ (2) $\begin{cases} x_2 + x_3 = 6 \\ 3x_1 - x_2 + x_3 = -7 \\ x_1 + x_2 - 3x_3 = -13 \end{cases}$

(3) $\begin{cases} x_1 + x_2 + x_3 = 3 \\ -3x_1 - 17x_2 + x_3 + 2x_4 = 1 \\ 4x_1 - 17x_2 + 8x_3 - 5x_4 = 1 \\ -5x_2 - 2x_3 + x_4 = 1 \end{cases}$ (4) $\begin{cases} 2x_1 + 4x_2 + 6x_3 = 18 \\ 2x_1 - x_2 + x_3 = 8 \\ 3x_1 - x_3 = 3 \end{cases}$

(5) $\begin{cases} 2x_1 + 8x_2 + 4x_3 = 2 \\ 2x_1 + 5x_2 + x_3 = 5 \\ 4x_1 + 10x_2 - x_3 = 1 \end{cases}$ (6) $\begin{cases} 2x_1 + x_2 + x_3 - 2x_4 = 1 \\ 3x_1 - 2x_2 + x_3 - 6x_4 = -2 \\ x_1 + x_2 - x_3 - x_4 = -1 \\ 5x_1 - x_2 + 2x_3 - 8x_4 = 3 \end{cases}$

03. 다음 연립일차방정식의 해를 Gauss-Jordan 소거법으로 구하라.

(1) $\begin{cases} x_1 - 3x_2 + x_3 = 2 \\ 3x_1 - 8x_2 + 2x_3 = 5 \end{cases}$ (2) $\begin{cases} x_1 + x_2 + 2x_3 = -1 \\ x_1 - 2x_2 + x_3 = -5 \\ 3x_1 + x_2 + x_3 = 3 \end{cases}$

(3) $\begin{cases} x_1 - 4x_2 - 3x_3 - 3x_4 = 4 \\ 2x_1 - 6x_2 - 5x_3 - 5x_4 = 5 \\ 3x_1 - x_2 - 4x_3 - 5x_4 = -7 \end{cases}$ (4) $\begin{cases} x_1 + 3x_2 - 5x_3 + x_4 = 4 \\ 2x_1 + 5x_2 - 2x_3 + 4x_4 = 6 \end{cases}$

(5) $\begin{cases} x_1+2x_2-x_3=2 \\ 2x_1+3x_2+5x_3=5 \\ -x_1-3x_2+8x_3=-1 \end{cases}$

(6) $\begin{cases} 2x_1+4x_2+6x_3=18 \\ 4x_1+5x_2+6x_3=24 \\ 2x_1+7x_2+12x_3=40 \end{cases}$

(7) $\begin{cases} x_1+2x_2-x_3=2 \\ x_1-x_2+x_3=4 \\ 2x_1+x_2-x_3=5 \end{cases}$

(8) $\begin{cases} -2x_3+7x_5=12 \\ 2x_1+4x_2-10x_3+6x_4+12x_5=28 \\ 2x_1+4x_2-5x_3+6x_4-5x_5=-1 \end{cases}$

1.4 역행렬

정사각행렬에서 실수의 역수와 같은 역할을 하는 행렬을 역행렬이라 한다. 기본행렬과 기본 행 연산을 이용하여 역행렬을 구하는 방법을 알아보자.

정의 n차 정사각행렬 A에 대하여 다음을 만족시키는 행렬 B가 존재하면 A를 **정칙행렬** 또는 **가역행렬**(nonsingular matrix or invertible matrix)이라 하고 B를 A의 **역행렬**(inverse matrix)이라 한다.

$$AB = I_n = BA$$

이러한 행렬 B가 존재하지 않으면 A를 **특이행렬** 또는 **비가역행렬**(singular matrix or noninvertible matrix)이라 한다.

예제 1.4.1 다음 행렬에서 B는 A의 역행렬이고 C는 특이행렬이다.

$$A=\begin{bmatrix}2&5\\1&3\end{bmatrix},\quad B=\begin{bmatrix}3&-5\\-1&2\end{bmatrix},\quad C=\begin{bmatrix}2&3\\0&0\end{bmatrix}$$

풀이 $AB=\begin{bmatrix}2&5\\1&3\end{bmatrix}\begin{bmatrix}3&-5\\-1&2\end{bmatrix}=\begin{bmatrix}1&0\\0&1\end{bmatrix}=I_2$, $BA=\begin{bmatrix}3&-5\\-1&2\end{bmatrix}\begin{bmatrix}2&5\\1&3\end{bmatrix}=\begin{bmatrix}1&0\\0&1\end{bmatrix}=I_2$이므로 A는 가역이다. 따라서 B는 A의 역행렬이다.

그런데 임의의 2×2행렬 $D=\begin{bmatrix}a&b\\c&d\end{bmatrix}$에 대하여 $CD=\begin{bmatrix}2&3\\0&0\end{bmatrix}\begin{bmatrix}a&b\\c&d\end{bmatrix}=\begin{bmatrix}2a+3d&2b+3d\\0&0\end{bmatrix}$ $\neq I_2$이므로 C는 특이행렬이다. ■

정리 1.4.1

n차 정사각행렬 A가 가역이면 A의 역행렬은 유일하다.

증명 행렬 B와 C가 A의 역행렬이라 하면

$$AB = I_n = BA, \quad AC = I_n = CA$$

이므로

$$B = BI_n = B(AC) = (BA)C = I_nC = C$$

이다. 따라서 A의 역행렬은 유일하다. ■

n차 정사각행렬 A가 가역이면 A의 역행렬을 A^{-1}로 나타낸다.

$$AA^{-1} = I_n = A^{-1}A$$

특히, 2×2행렬 $A = \begin{bmatrix} a & b \\ c & d \end{bmatrix}$에서 $ad - bc \neq 0$이면

$$\begin{bmatrix} a & b \\ c & d \end{bmatrix} \begin{bmatrix} \frac{d}{ad-bc} & \frac{-b}{ad-bc} \\ \frac{-c}{ad-bc} & \frac{a}{ad-bc} \end{bmatrix} = \begin{bmatrix} 1 & 0 \\ 0 & 1 \end{bmatrix} = \begin{bmatrix} \frac{d}{ad-bc} & \frac{-b}{ad-bc} \\ \frac{-c}{ad-bc} & \frac{a}{ad-bc} \end{bmatrix} \begin{bmatrix} a & b \\ c & d \end{bmatrix}$$

이므로

$$A^{-1} = \frac{1}{ad-bc} \begin{bmatrix} d & -b \\ -c & a \end{bmatrix} = \begin{bmatrix} \frac{d}{ad-bc} & \frac{-b}{ad-bc} \\ \frac{-c}{ad-bc} & \frac{a}{ad-bc} \end{bmatrix}$$

이다.

정리 1.4.2

n차 정사각행렬 A와 B가 가역이고 α가 0이 아닌 실수이면 다음이 성립한다.

(1) A^{-1}은 가역이고 $(A^{-1})^{-1} = A$

(2) AB는 가역이고 $(AB)^{-1} = B^{-1}A^{-1}$

(3) A^k은 가역이고 $(A^k)^{-1} = (A^{-1})^k$, $k = 1, 2, 3, \cdots$

(4) A^T는 가역이고 $(A^T)^{-1} = (A^{-1})^T$

(5) αA는 가역이고 $(\alpha A)^{-1} = \dfrac{1}{\alpha}A^{-1}$

증명 (1) $A^{-1}A = I_n = AA^{-1}$이므로 A^{-1}은 가역이고 A는 A^{-1}의 역행렬이다. 역행렬의 유일성에 의하여

$$(A^{-1})^{-1} = A$$

(2) $AA^{-1} = I_n = A^{-1}A$이고 $BB^{-1} = I_n = B^{-1}B$이므로

$$(AB)(B^{-1}A^{-1}) = A(BB^{-1})A^{-1} = AI_nA^{-1} = AA^{-1} = I_n$$

이고

$$(B^{-1}A^{-1})(AB) = B^{-1}(A^{-1}A)B = B^{-1}I_nB = B^{-1}B = I_n$$

이므로 AB는 가역이고 $B^{-1}A^{-1}$은 AB의 역행렬이다. 따라서 $(AB)^{-1} = B^{-1}A^{-1}$

(3)
$$\begin{aligned} A^k(A^{-1})^k &= AA\cdots A(A^{-1}A^{-1}\cdots A^{-1}) = AA\cdots A(AA^{-1})A^{-1}\cdots A^{-1} \\ &= \cdots = AI_nA^{-1} = I_n \end{aligned}$$

이고

$$\begin{aligned} (A^{-1})^kA^k &= (A^{-1}A^{-1}\cdots A^{-1})AA\cdots A = A^{-1}A^{-1}\cdots A^{-1}(A^{-1}A)A\cdots A \\ &= \cdots = A^{-1}I_nA = I_n \end{aligned}$$

이므로 A^k는 가역이고 $(A^{-1})^k$은 A^k의 역행렬이다. 따라서 $(A^k)^{-1} = (A^{-1})^k$

(4) $I_n = I_n^T = (AA^{-1})^T = (A^{-1})^TA^T$, $I_n = I_n^T = (A^{-1}A)^T = A^T(A^{-1})^T$이므로 A^T는 가역이고 $(A^{-1})^T$은 A^T의 역행렬이다. 따라서 $(A^T)^{-1} = (A^{-1})^T$이다.

(5) $(\alpha A)\left(\dfrac{1}{\alpha}A^{-1}\right) = \left(\dfrac{1}{\alpha}\alpha\right)AA^{-1} = I_n$, $\left(\dfrac{1}{\alpha}A^{-1}\right)(\alpha A) = \left(\alpha\dfrac{1}{\alpha}\right)A^{-1}A = I_n$이므로 αA는 가역이고 $\dfrac{1}{\alpha}A^{-1}$은 αA의 역행렬이다. 따라서 $(\alpha A)^{-1} = \dfrac{1}{\alpha}A^{-1}$이다. ■

정의 단위행렬 I_n에 기본 행 연산을 한 번 하여 얻어진 행렬을 **기본행렬**(elementary matrix)이라 한다.

예제 1.4.2 다음 행렬 E_1, E_2, E_3이 기본행렬임을 보이라.

$$E_1 = \begin{bmatrix} 0 & 0 & 1 \\ 0 & 1 & 0 \\ 1 & 0 & 0 \end{bmatrix}, \quad E_2 = \begin{bmatrix} 1 & 0 & 0 \\ 0 & 2 & 0 \\ 0 & 0 & 1 \end{bmatrix}, \quad E_3 = \begin{bmatrix} 1 & 0 & 0 \\ 0 & 1 & 0 \\ 0 & -3 & 1 \end{bmatrix}$$

풀이

$$I_3 = \begin{bmatrix} 1 & 0 & 0 \\ 0 & 1 & 0 \\ 0 & 0 & 1 \end{bmatrix} \xrightarrow{R_1 \leftrightarrow R_3} E_1 = \begin{bmatrix} 0 & 0 & 1 \\ 0 & 1 & 0 \\ 1 & 0 & 0 \end{bmatrix},$$

$$I_3 = \begin{bmatrix} 1 & 0 & 0 \\ 0 & 1 & 0 \\ 0 & 0 & 1 \end{bmatrix} \xrightarrow{2R_2} E_2 = \begin{bmatrix} 1 & 0 & 0 \\ 0 & 2 & 0 \\ 0 & 0 & 1 \end{bmatrix},$$

$$I_3 = \begin{bmatrix} 1 & 0 & 0 \\ 0 & 1 & 0 \\ 0 & 0 & 1 \end{bmatrix} \xrightarrow{(-3)R_2 + R_3} E_3 = \begin{bmatrix} 1 & 0 & 0 \\ 0 & 1 & 0 \\ 0 & -3 & 1 \end{bmatrix}$$

■

기본행렬 E와 $m \times n$행렬 A의 곱 EA는 A에 기본 행 연산하여 얻어진 행렬과 같다.

예제 1.4.3 $A = \begin{bmatrix} 1 & 3 & 2 \\ 0 & 1 & 2 \\ 1 & 1 & 1 \end{bmatrix}$에 대하여, A의 2행과 3행을 교환한 행렬을 A_1, A의 3행에 2를 곱한 행렬을 A_2, A의 3행에 3을 곱하여 2행에 더해준 행렬을 A_3라 할 때, A_1, A_2, A_3는 각각 A에 적당한 기본행렬을 곱해서 얻어짐을 보이라.

풀이

$$A = \begin{bmatrix} 1 & 3 & 2 \\ 0 & 1 & 2 \\ 1 & 1 & 1 \end{bmatrix} \xrightarrow{R_2 \leftrightarrow R_3} A_1 = \begin{bmatrix} 1 & 3 & 2 \\ 1 & 1 & 1 \\ 0 & 1 & 2 \end{bmatrix} = \begin{bmatrix} 1 & 0 & 0 \\ 0 & 0 & 1 \\ 0 & 1 & 0 \end{bmatrix} \begin{bmatrix} 1 & 3 & 2 \\ 0 & 1 & 2 \\ 1 & 1 & 1 \end{bmatrix}$$

$$A = \begin{bmatrix} 1 & 3 & 2 \\ 0 & 1 & 2 \\ 1 & 1 & 1 \end{bmatrix} \xrightarrow{2R_3} A_2 = \begin{bmatrix} 1 & 3 & 2 \\ 0 & 1 & 2 \\ 2 & 2 & 2 \end{bmatrix} = \begin{bmatrix} 1 & 0 & 0 \\ 0 & 1 & 0 \\ 0 & 0 & 2 \end{bmatrix} \begin{bmatrix} 1 & 3 & 2 \\ 0 & 1 & 2 \\ 1 & 1 & 1 \end{bmatrix}$$

$$A = \begin{bmatrix} 1 & 3 & 2 \\ 0 & 1 & 2 \\ 1 & 1 & 1 \end{bmatrix} \xrightarrow{3R_3 + R_2} A_3 = \begin{bmatrix} 1 & 3 & 2 \\ 3 & 4 & 5 \\ 1 & 1 & 1 \end{bmatrix} = \begin{bmatrix} 1 & 0 & 0 \\ 0 & 1 & 3 \\ 0 & 0 & 1 \end{bmatrix} \begin{bmatrix} 1 & 3 & 2 \\ 0 & 1 & 2 \\ 1 & 1 & 1 \end{bmatrix}$$

■

예제 1.4.4 $A = \begin{bmatrix} 0 & 1 & 3 \\ 2 & 3 & 1 \\ 4 & 5 & 2 \end{bmatrix}$에 기본 행 연산하여 상삼각행렬 U를 만든 다음, $U = BA$인 행렬 B를 구하라.

풀 이 $A=\begin{bmatrix}0&1&3\\2&3&1\\4&5&2\end{bmatrix}\xrightarrow{R_1\leftrightarrow R_2}A_1=\begin{bmatrix}2&3&1\\0&1&3\\4&5&2\end{bmatrix}=\begin{bmatrix}0&1&0\\1&0&0\\0&0&1\end{bmatrix}\begin{bmatrix}0&1&3\\2&3&1\\4&5&2\end{bmatrix}=E_1A$

$$A_1=\begin{bmatrix}2&3&1\\0&1&3\\4&5&2\end{bmatrix}\xrightarrow{(-2)R_1+R_3}A_2=\begin{bmatrix}2&3&1\\0&1&3\\0&-1&0\end{bmatrix}=\begin{bmatrix}1&0&0\\0&1&0\\-2&0&1\end{bmatrix}\begin{bmatrix}2&3&1\\0&1&3\\4&5&2\end{bmatrix}=E_2A_1$$

$$A_2=\begin{bmatrix}2&3&1\\0&1&3\\0&-1&0\end{bmatrix}\xrightarrow{R_2+R_3}U=\begin{bmatrix}2&3&1\\0&1&3\\0&0&3\end{bmatrix}=\begin{bmatrix}1&0&0\\0&1&0\\0&1&1\end{bmatrix}\begin{bmatrix}2&3&1\\0&1&3\\0&-1&0\end{bmatrix}=E_3A_2$$

이고 U는 상삼각행렬이고

$$U=E_3A_2=E_3(E_2A_1)=E_3(E_2(E_1A))=(E_3E_2E_1)A$$

이다. 따라서 $B=E_3E_2E_1=\begin{bmatrix}1&0&0\\0&1&0\\0&1&1\end{bmatrix}\begin{bmatrix}1&0&0\\0&1&0\\-2&0&1\end{bmatrix}\begin{bmatrix}0&1&0\\1&0&0\\0&0&1\end{bmatrix}=\begin{bmatrix}0&1&0\\1&0&0\\1&-2&1\end{bmatrix}$ 라 두면 $U=BA$이다.

■

단위행렬 I에 기본 행 연산하여 얻은 기본행렬을 E라 하면, 역으로 E에 적당한 기본 행 연산하면 단위행렬 I가 된다.

(i) $I\xrightarrow{R_i\leftrightarrow R_j}E\xrightarrow{R_i\leftrightarrow R_j}I,\ \ EE=I,\ \ E^{-1}=E$

(ii) $I\xrightarrow{kR_i}E\xrightarrow{\frac{1}{k}R_i}I\xrightarrow{\frac{1}{k}R_i}E',\ \ EE'=I=E'E,\ \ E^{-1}=E'$

(iii) $I\xrightarrow{kR_i+R_j}E\xrightarrow{(-k)R_i+R_j}I\xrightarrow{(-k)R_i+R_j}E',\ \ EE'=I=E'E,\ \ E^{-1}=E'$

따라서 모든 기본행렬은 가역이고, 그 역행렬도 기본행렬이다.

예제 1.4.5 다음 기본행렬의 역행렬을 구하라.

$$E_1=\begin{bmatrix}1&0&0\\0&0&1\\0&1&0\end{bmatrix},\ \ E_2=\begin{bmatrix}2&0&0\\0&1&0\\0&0&1\end{bmatrix},\ \ E_3=\begin{bmatrix}1&0&3\\0&1&0\\0&0&1\end{bmatrix}$$

풀 이 E_1은 I_3에 기본 행 연산 $R_2\leftrightarrow R_3$이므로 $E_1^{-1}=E_1$이고 E_2은 I_3에 기본 행 연산 $2R_1$이므

로 E_2^{-1}는 I_3에 기본 행 연산 $\frac{1}{2}R_1$하면 $E_2^{-1}=\begin{bmatrix}\frac{1}{2} & 0 & 0\\ 0 & 1 & 0\\ 0 & 0 & 1\end{bmatrix}$이다. 그리고 E_3은 I_3에 기본 행 연산 $3R_3+R_1$이므로 E_3^{-1}는 I_3에 기본 행 연산 $(-3)R_3+R_1$하면 $E_3^{-1}=\begin{bmatrix}1 & 0 & -3\\ 0 & 1 & 0\\ 0 & 0 & 1\end{bmatrix}$ 이다. ■

예제 1.4.6 다음 세 기본행렬 곱의 역행렬을 구하라.

$$E_1E_2E_3=\begin{bmatrix}1 & 0 & 0\\ 0 & 0 & 1\\ 0 & 1 & 0\end{bmatrix}\begin{bmatrix}2 & 0 & 0\\ 0 & 1 & 0\\ 0 & 0 & 1\end{bmatrix}\begin{bmatrix}1 & 0 & 3\\ 0 & 1 & 0\\ 0 & 0 & 1\end{bmatrix}$$

풀이 $E_1^{-1}=\begin{bmatrix}1 & 0 & 0\\ 0 & 0 & 1\\ 0 & 1 & 0\end{bmatrix}$, $E_2^{-1}=\begin{bmatrix}\frac{1}{2} & 0 & 0\\ 0 & 1 & 0\\ 0 & 0 & 1\end{bmatrix}$, $E_3^{-1}=\begin{bmatrix}1 & 0 & -3\\ 0 & 1 & 0\\ 0 & 0 & 1\end{bmatrix}$이고 $(E_1E_2E_3)^{-1}=E_3^{-1}E_2^{-1}E_1^{-1}$이므로

$$E_3^{-1}E_2^{-1}E_1^{-1}=\begin{bmatrix}1 & 0 & -3\\ 0 & 1 & 0\\ 0 & 0 & 1\end{bmatrix}\begin{bmatrix}\frac{1}{2} & 0 & 0\\ 0 & 1 & 0\\ 0 & 0 & 1\end{bmatrix}\begin{bmatrix}1 & 0 & 0\\ 0 & 0 & 1\\ 0 & 1 & 0\end{bmatrix}=\begin{bmatrix}\frac{1}{2} & -3 & 0\\ 0 & 0 & 1\\ 0 & 1 & 0\end{bmatrix}$$
이다. ■

n차 정사각행렬 A의 역행렬이 존재하면 기본 행 연산하여 A를 단위행렬 I_n 으로 만들 수 있다. 그러면 $E_k\cdots E_2E_1A=I_n$ 인 기본행렬 $E_1, E_2, \cdots, E_k$ 가 존재한다. 따라서

$$A^{-1}=E_k\cdots E_2E_1$$

이고 $A^{-1}=E_k\cdots E_2E_1I_n$ 이므로 A를 단위행렬 I_n 으로 만드는 기본 행 연산을 I_n 에 적용하면 A^{-1}가 된다.

이제 n차 정사각행렬 A의 역행렬을 구하는 방법을 알아보자.

I_n 을 첨가하여 확대행렬 $[A \,\vdots\, I_n]$을 만들고 이 확대행렬을 Gauss-Jordan 소거법을 이용하여 기약 행 사다리꼴 $[C \,\vdots\, D]$로 변형한다. 그러면 다음이 성립한다.

(a) $C=I_n$ 이면 A는 가역이고 $D=A^{-1}$이다.

(b) $C\neq I_n$ 이면 A는 비가역이고 A^{-1}은 존재하지 않는다.

예제 1.4.7 다음 행렬의 역행렬을 구하라.

(1) $A=\begin{bmatrix}1&2&3\\2&3&5\\1&0&2\end{bmatrix}$ (2) $B=\begin{bmatrix}1&-3&4\\2&-5&7\\0&-1&1\end{bmatrix}$

풀이 (1) $[A \,\vdots\, I_3]$을 만들면

$$[A \,\vdots\, I_3]=\left[\begin{array}{ccc|ccc}1&2&3&1&0&0\\2&3&5&0&1&0\\1&0&2&0&0&1\end{array}\right]$$

이고 Gauss-Jordan 소거법으로 기약 행 사다리꼴 $[C \,\vdots\, D]$로 변형한다.

$$[A \,\vdots\, I_3]=\left[\begin{array}{ccc|ccc}1&2&3&1&0&0\\2&3&5&0&1&0\\1&0&2&0&0&1\end{array}\right]\xrightarrow[(-1)R_1+R_3]{(-2)R_1+R_2}\left[\begin{array}{ccc|ccc}1&2&3&1&0&0\\0&-1&-1&-2&1&0\\0&-2&-1&-1&0&1\end{array}\right]$$

$$\xrightarrow{(-1)R_2}\left[\begin{array}{ccc|ccc}1&2&3&1&0&0\\0&1&1&2&-1&0\\0&-2&-1&-1&0&1\end{array}\right]\xrightarrow{2R_2+R_3}\left[\begin{array}{ccc|ccc}1&2&3&1&0&0\\0&1&1&2&-1&0\\0&0&1&3&-2&1\end{array}\right]$$

$$\xrightarrow[(-1)R_3+R_2]{(-3)R_3+R_1}\left[\begin{array}{ccc|ccc}1&2&0&-8&6&-3\\0&1&0&-1&1&-1\\0&0&1&3&-2&1\end{array}\right]\xrightarrow{(-2)R_2+R_1}\left[\begin{array}{ccc|ccc}1&0&0&-6&4&-1\\0&1&0&-1&1&-1\\0&0&1&3&-2&1\end{array}\right]=[C \,\vdots\, D]$$

$C=I_3$이므로 $D=A^{-1}$이다. 따라서 $A^{-1}=\begin{bmatrix}-6&4&-1\\-1&1&-1\\3&-2&1\end{bmatrix}$이다.

(2) $[B \,\vdots\, I_3]$을 만들면

$$[B \,\vdots\, I_3]=\left[\begin{array}{ccc|ccc}1&-3&4&1&0&0\\2&-5&7&0&1&0\\0&-1&1&0&0&1\end{array}\right]$$

이고 Gauss-Jordan 소거법으로 기약 행 사다리꼴 $[C \,\vdots\, D]$로 변형한다.

$$[B \,\vdots\, I_3]=\left[\begin{array}{ccc|ccc}1&-3&4&1&0&0\\2&-5&7&0&1&0\\0&-1&1&0&0&1\end{array}\right]\xrightarrow{(-2)R_1+R_2}\left[\begin{array}{ccc|ccc}1&-3&4&1&0&0\\0&1&-1&-2&1&0\\0&-1&1&0&0&1\end{array}\right]$$

$$\xrightarrow[R_2+R_3]{3R_2+R_1}\left[\begin{array}{ccc|ccc}1&0&1&-5&3&0\\0&1&-1&-2&1&0\\0&0&0&-2&1&1\end{array}\right]=[C \,\vdots\, D]$$

$C\neq I_3$이므로 A^{-1}는 존재하지 않는다. 따라서 B는 특이행렬이다. ■

연습문제 1.4

01. 다음 행렬의 역행렬을 구하라.

(1) $\begin{bmatrix} 3 & 2 \\ 1 & 2 \end{bmatrix}$ (2) $\begin{bmatrix} -2 & 2 \\ 3 & -5 \end{bmatrix}$ (3) $\begin{bmatrix} 1 & 2 \\ 3 & 5 \end{bmatrix}$

(4) $\begin{bmatrix} 6 & 7 \\ 8 & 9 \end{bmatrix}$ (5) $\begin{bmatrix} 3 & 2 & 1 \\ 0 & 2 & 2 \\ 0 & 0 & -1 \end{bmatrix}$ (6) $\begin{bmatrix} 1 & 6 & 4 \\ 2 & 4 & -1 \\ -1 & 2 & 5 \end{bmatrix}$

(7) $\begin{bmatrix} 1 & 2 & 3 \\ 2 & 5 & 3 \\ 1 & 0 & 8 \end{bmatrix}$ (8) $\begin{bmatrix} 1 & 3 & -2 \\ 2 & 5 & -3 \\ -3 & 2 & -4 \end{bmatrix}$ (9) $\begin{bmatrix} 1 & 0 & 1 \\ 0 & 1 & 1 \\ 0 & 0 & -1 \end{bmatrix}$

(10) $\begin{bmatrix} 1 & 1 & -1 \\ 2 & 0 & 3 \\ -3 & 1 & -7 \end{bmatrix}$ (11) $\begin{bmatrix} 1 & -1 & 2 \\ -1 & 0 & 2 \\ -6 & 4 & 11 \end{bmatrix}$ (12) $\begin{bmatrix} 1 & 0 & 0 & 0 \\ 1 & 2 & 0 & 0 \\ 0 & 2 & 4 & 0 \\ 1 & 2 & 4 & 8 \end{bmatrix}$

02. 다음 기본행렬의 역행렬을 구하라.

$$E_1 = \begin{bmatrix} 0 & 1 & 0 \\ 1 & 0 & 0 \\ 0 & 0 & 1 \end{bmatrix}, \quad E_2 = \begin{bmatrix} 3 & 0 & 0 \\ 0 & 1 & 0 \\ 0 & 0 & 1 \end{bmatrix}, \quad E_3 = \begin{bmatrix} 1 & 0 & 4 \\ 0 & 1 & 0 \\ 0 & 0 & 1 \end{bmatrix}$$

03. 다음 세 기본행렬 곱의 역행렬을 구하라.

$$E_1E_2E_3 = \begin{bmatrix} 1 & 0 & 0 \\ 0 & 1 & 0 \\ 0 & -2 & 1 \end{bmatrix}\begin{bmatrix} 1 & 0 & 0 \\ 0 & 1 & 0 \\ -3 & 0 & 1 \end{bmatrix}\begin{bmatrix} 1 & 0 & 0 \\ -4 & 1 & 0 \\ 0 & 0 & 1 \end{bmatrix}$$

04. $\begin{bmatrix} k & -3 \\ 4 & 1-k \end{bmatrix}$이 가역이 되지 않는 k를 구하라.

05. 다음 행렬에서 가역이 되는 k를 구하라.

(1) $\begin{bmatrix} 2 & 4 & 2 \\ 1 & k & 3 \\ 1 & 2 & 1 \end{bmatrix}$ (2) $\begin{bmatrix} 2 & 4 & 2 \\ 1 & k & 3 \\ 1 & 1 & 2 \end{bmatrix}$ (3) $\begin{bmatrix} 1 & 1 & 0 \\ 1 & 0 & 0 \\ 1 & 2 & k \end{bmatrix}$

06. $k \neq 0$, $\begin{bmatrix} k & 0 & 0 & 0 \\ 1 & k & 0 & 0 \\ 0 & 1 & k & 0 \\ 0 & 0 & 1 & k \end{bmatrix}$의 역행렬을 구하라.

07. $A=\begin{bmatrix}1&0&a\\0&1&b\\0&0&1\end{bmatrix}$가 $A+A^{-1}=2I_3$ 임을 보이라.

08. 행렬 A가 가역일 때 다음을 증명하라.

(1) $A+A^T$가 가역이다.

(2) $A+A$가 가역이다.

1.5 연립일차방정식의 해와 행렬

연립일차방정식의 해를 구하는 데 역행렬이 어떻게 이용되는지 알아보고 동차연립일차방정식에 대하여 살펴본다.

정리 1.5.1

n차 정사각행렬 A가 가역이고 B가 $n\times 1$행렬일 때 연립일차방정식 $AX=B$는 유일한 해 $X=A^{-1}B$를 갖는다.

증명 A가 가역이므로 역행렬 A^{-1}이 존재한다. $AX=B$의 양변에 A^{-1}을 곱하면

$$A^{-1}(AX)=A^{-1}B \Rightarrow (A^{-1}A)X=A^{-1}B \Rightarrow I_nX=A^{-1}B \Rightarrow X=A^{-1}B$$

이므로 $X=A^{-1}B$는 연립일차방정식 $AX=B$의 해이다. A의 역행렬은 유일하므로 $A^{-1}B$는 유일한 해이다. ■

예제 1.5.1 다음 연립일차방정식의 해를 역행렬을 이용하여 구하라.

(1) $\begin{cases}2x_1+9x_2=-5\\ x_1+4x_2=7\end{cases}$

(2) $\begin{cases}x_1+2x_2+3x_3=1\\ 2x_1+5x_2+3x_3=3\\ x_1+8x_3=-1\end{cases}$

풀이 (1) $A=\begin{bmatrix}2&9\\1&4\end{bmatrix}$, $X=\begin{bmatrix}x_1\\x_2\end{bmatrix}$, $B=\begin{bmatrix}-5\\7\end{bmatrix}$이라 하면 $AX=B$이고 $A^{-1}=\begin{bmatrix}-4&9\\1&-2\end{bmatrix}$이므로

$$X=A^{-1}B=\begin{bmatrix}-4&9\\1&-2\end{bmatrix}\begin{bmatrix}-5\\7\end{bmatrix}=\begin{bmatrix}83\\-19\end{bmatrix}$$

이다. 따라서 $x_1=83$, $x_2=-19$이다.

(2) $A=\begin{bmatrix}1&2&3\\2&5&3\\1&0&8\end{bmatrix}$, $X=\begin{bmatrix}x_1\\x_2\\x_3\end{bmatrix}$, $B=\begin{bmatrix}1\\3\\-1\end{bmatrix}$이라 하면 $AX=B$이고

$$\left[\begin{array}{ccc|ccc}1&2&3&1&0&0\\2&5&3&0&1&0\\1&0&8&0&0&1\end{array}\right]\xrightarrow[(-1)R_1+R_3]{(-2)R_1+R_2}\left[\begin{array}{ccc|ccc}1&2&3&1&0&0\\0&1&-3&-2&1&0\\0&-2&5&-1&0&1\end{array}\right]\xrightarrow{2R_2+R_3}\left[\begin{array}{ccc|ccc}1&2&3&1&0&0\\0&1&-3&-2&1&0\\0&0&-1&-5&2&1\end{array}\right]$$

$$\xrightarrow{(-1)R_3}\left[\begin{array}{ccc|ccc}1&2&3&1&0&0\\0&1&-3&-2&1&0\\0&0&1&5&-2&-1\end{array}\right]\xrightarrow[(-3)R_3+R_1]{3R_3+R_2}\left[\begin{array}{ccc|ccc}1&2&0&-14&6&3\\0&1&0&13&-5&-3\\0&0&1&5&-2&-1\end{array}\right]$$

$$\xrightarrow{(-2)R_2+R_1}\left[\begin{array}{ccc|ccc}1&0&0&-40&16&9\\0&1&0&13&-5&-3\\0&0&1&5&-2&-1\end{array}\right]$$

이므로 $A^{-1}=\begin{bmatrix}-40&16&9\\13&-5&-3\\5&-2&-1\end{bmatrix}$이다. 따라서

$$X=A^{-1}B=\begin{bmatrix}-40&16&9\\13&-5&-3\\5&-2&-1\end{bmatrix}\begin{bmatrix}1\\3\\-1\end{bmatrix}=\begin{bmatrix}-1\\1\\0\end{bmatrix}$$

이고 $x_1=-1$, $x_2=1$, $x_3=0$이다. ■

n개의 미지수를 갖는 m개의 일차방정식으로 이루어진 연립일차방정식

$$\begin{cases}a_{11}x_1+a_{12}x_2+\cdots+a_{1n}x_n=b_1\\a_{21}x_1+a_{22}x_2+\cdots+a_{2n}x_n=b_2\\\qquad\vdots\\a_{m1}x_1+a_{m2}x_2+\cdots+a_{mn}x_n=b_m\end{cases}$$

에서 b_1, b_2, $\cdots$, b_m 이 모두 0이면 **동차연립일차방정식**(homogeneous system of linear equation)이라 한다. 그렇지 않으면 **비동차연립일차방정식**(nonhomogeneous system of linear equation)이라 한다. 동차연립일차방정식

$$\begin{cases} a_{11}x_1 + a_{12}x_2 + \cdots + a_{1n}x_x = 0 \\ a_{21}x_1 + a_{22}x_2 + \cdots + a_{2n}x_n = 0 \\ \qquad\qquad\vdots \\ a_{m1}x_1 + a_{m2}x_2 + \cdots + a_{mn}x_n = 0 \end{cases}$$

에 대하여

$$A = \begin{bmatrix} a_{11} & a_{12} & \cdots & a_{1n} \\ a_{21} & a_{22} & \cdots & a_{2n} \\ \vdots & \vdots & \cdots & \vdots \\ a_{m1} & a_{m2} & \cdots & a_{mn} \end{bmatrix}, \quad X = \begin{bmatrix} x_1 \\ x_2 \\ \vdots \\ x_n \end{bmatrix}, \quad O = \begin{bmatrix} 0 \\ 0 \\ \vdots \\ 0 \end{bmatrix}$$

이라 하면 이 연립방정식은 다음과 같이 나타낼 수 있다.

$$AX = O$$

동차연립일차방정식은 $x_1 = 0$, $x_2 = 0$, $\cdots$, $x_n = 0$이 해가 되기 때문에 적어도 한 개의 해를 갖는다. 이 해를 **자명한 해**(trivial solution)라 한다. $X \neq O$인 해를 **자명하지 않은 해**(nontrivial solution)라고 한다. 일반적으로 연립일차방정식의 해는 없거나 유일하게 있거나 또는 무수히 많이 있다. 그러나 동차연립일차방정식은 자명한 해만을 갖거나 무수히 많은 해를 갖는다.

동차연립일차방정식이 어떤 조건에서 자명하지 않은 해를 갖는지 다음 정리로 알아보자.

정리 1.5.2

n개의 미지수를 갖는 m개의 일차방정식으로 이루어진 동차연립일차방정식은 $m < n$이면 자명하지 않은 해를 갖는다.

증명 동차연립일차방정식을 $AX = O$라 하고 행렬 C를 A와 행동치인 기약 행 사다리꼴이라 하자. 그러면 $AX = O$와 $CX = O$는 동치이고 C의 0이 아닌 행의 개수를 k라 하면 $k \leq m$이다.

$m < n$이면 $k < n$이고 $(n-k)$개의 미지수를 실수로 하여 $CX = O$의 해를 구할 수

있다. 이 해는 실수이므로 자명하지 않은 해이다. $AX=O$와 $CX=O$는 동치이므로 동차연립일차방정식 $AX=O$는 자명하지 않은 해를 갖는다. ■

예제 1.5.2 다음 동차연립일차방정식의 해를 구하라.

$$\begin{cases} x_1+2x_2+\ x_3+3x_4=0 \\ 2x_1+4x_2+3x_3+\ x_4=0 \\ 3x_1+6x_2+6x_3+2x_4=0 \end{cases}$$

풀이 확대행렬 $\left[\begin{array}{cccc:c} 1&2&1&3&0 \\ 2&4&3&1&0 \\ 3&6&6&2&0 \end{array}\right]$에 기본 행 연산을 시행하여 기약 행 사다리꼴을 구하면

$$\left[\begin{array}{cccc:c} 1&2&1&3&0 \\ 2&4&3&1&0 \\ 3&6&6&2&0 \end{array}\right] \xrightarrow[(-3)R_1+R_3]{(-2)R_1+R_2} \left[\begin{array}{cccc:c} 1&2&1&3&0 \\ 0&0&1&-5&0 \\ 0&0&3&-7&0 \end{array}\right] \xrightarrow{(-3)R_2+R_3} \left[\begin{array}{cccc:c} 1&2&1&3&0 \\ 0&0&1&-5&0 \\ 0&0&0&8&0 \end{array}\right]$$

$$\xrightarrow[\frac{1}{8}R_3]{(-1)R_2+R_1} \left[\begin{array}{cccc:c} 1&2&0&8&0 \\ 0&0&1&-5&0 \\ 0&0&0&1&0 \end{array}\right] \xrightarrow[5R_3+R_2]{(-8)R_3+R_1} \left[\begin{array}{cccc:c} 1&2&0&0&0 \\ 0&0&1&0&0 \\ 0&0&0&1&0 \end{array}\right]$$

는 기약 행 사다리꼴이다. 이 행렬을 확대행렬로 갖는 동차연립일차방정식은

$$\begin{cases} x_1+2x_2 \qquad\qquad =0 \\ \qquad\qquad x_3 \qquad =0 \\ \qquad\qquad\qquad x_4=0 \end{cases}$$

이고

$$\begin{cases} x_1=-2x_2 \\ x_3=0 \\ x_4=0 \end{cases}$$

이다. 따라서 t가 실수일 때 $x_2=t$라 하면 주어진 연립일차방정식의 해는

$$x_1=-2t,\ x_2=t,\ x_3=0,\ x_4=0$$

여기서 $t=0$이면 자명한 해이고 $t\neq 0$이면 자명하지 않은 해이다. ■

연습문제 1.5

01. 다음 동차연립일차방정식의 해를 구하라.

(1) $\begin{cases} x_1 + x_2 + x_3 + x_4 = 0 \\ x_1 + x_4 = 0 \\ x_1 + 2x_2 + x_3 = 0 \end{cases}$
(2) $\begin{cases} x_1 + x_2 + 2x_3 + 3x_4 = 0 \\ x_1 - 2x_2 + x_3 + x_4 = 0 \\ 3x_1 + x_2 + x_3 - x_4 = 0 \end{cases}$

(3) $\begin{cases} x_1 - 2x_2 + x_3 - x_4 = 0 \\ 2x_1 - 3x_2 + 4x_3 - 3x_4 = 0 \\ 3x_1 - 5x_2 + 5x_3 - 4x_4 = 0 \\ -x_1 + x_2 - 3x_3 + 2x_4 = 0 \end{cases}$
(4) $\begin{cases} 2x_1 + 2x_2 - x_3 + x_5 = 0 \\ -x_1 - x_2 + 2x_3 - 3x_4 + x_5 = 0 \\ x_1 + x_2 - 2x_3 - x_5 = 0 \\ x_3 + x_4 + x_5 = 0 \end{cases}$

02. $A = \begin{bmatrix} 1 & 0 & 5 \\ 1 & 1 & 1 \\ 0 & 1 & -4 \end{bmatrix}$에 대하여 동차연립일차방정식 $(2I_3 - A)X = O$의 해를 구하라.

03. 연립일차방정식 $\begin{cases} x_1 + 2x_2 = k_1 \\ 3x_1 + 6x_2 = k_2 \end{cases}$가 해를 갖기 위한 k_1, k_2를 구하라.

1.6 *LDU* 분해

정사각행렬을 하삼각행렬과 상삼각행렬의 곱으로 나타내는 방법과 상삼각행렬을 대각행렬과 간단한 상삼각행렬의 곱으로 나타내는 방법을 알아본다.

> **정의** 단위행렬 I_n에서 행(열)을 교환하여 얻은 행렬을 **치환행렬**(permutation matrix)이라 한다.

예를 들면 $\begin{bmatrix} 0 & 1 & 0 \\ 0 & 0 & 1 \\ 1 & 0 & 0 \end{bmatrix}$과 $\begin{bmatrix} 0 & 1 & 0 & 0 \\ 1 & 0 & 0 & 0 \\ 0 & 0 & 0 & 1 \\ 0 & 0 & 1 & 0 \end{bmatrix}$은 치환행렬이다.

n차 정사각행렬 A의 행 사다리꼴을 U라 하면 U는 상삼각행렬이고 A와 기본행렬들의 곱으로 나타낼 수 있다.

$$E_k E_{k-1} \cdots E_2 E_1 A = U$$

기본행렬 E_1, E_2, $\cdots$, E_k는 가역이므로

$$A = E_1^{-1} E_2^{-1} \cdots E_k^{-1} U$$

이다. 여기서 E_i는 치환행렬 또는 대각행렬 또는 하삼각행렬이다. 하삼각행렬들의 곱은 하삼각행렬이고 하삼각행렬의 역행렬도 하삼각행렬이므로 모든 i에 대하여 E_i가 치환행렬이 아니라면 A를 하삼각행렬 L과 상삼각행렬 U의 곱 $A = LU$로 나타낼 수 있다. 그러면 L이 주대각선 성분이 1인 하삼각행렬이고 U가 상삼각행렬이거나 L이 하삼각행렬이고 U는 주대각선 성분이 1인 상삼각행렬이다. 이를 ***LU* 분해**(factorization)라고 한다. 예를 들면

$$A = \begin{bmatrix} l_1 & 0 & \cdots & 0 \\ a & l_2 & \cdots & 0 \\ \vdots & \vdots & \ddots & \vdots \\ b & c & \cdots & l_n \end{bmatrix} \begin{bmatrix} u_1 & s & \cdots & t \\ 0 & u_2 & \cdots & r \\ \vdots & \vdots & \ddots & \vdots \\ 0 & 0 & \cdots & u_n \end{bmatrix} = LU$$

이다.

예제 1.6.1 $A = \begin{bmatrix} 2 & 6 & 2 \\ 3 & 8 & 0 \\ 4 & 9 & 2 \end{bmatrix}$를 LU 분해하고 이를 이용하여 $\begin{cases} 2x_1 + 6x_2 + 2x_3 = 1 \\ 3x_1 + 8x_2 \qquad\quad = 2 \\ 4x_1 + 9x_2 + 2x_3 = 3 \end{cases}$의 해를 구하라.

풀이

$$A = \begin{bmatrix} 2 & 6 & 2 \\ 3 & 8 & 0 \\ 4 & 9 & 2 \end{bmatrix} \xrightarrow{\frac{1}{2}R_1} \begin{bmatrix} 1 & 3 & 1 \\ 3 & 8 & 0 \\ 4 & 9 & 2 \end{bmatrix} \quad E_1 = \begin{bmatrix} \frac{1}{2} & 0 & 0 \\ 0 & 1 & 0 \\ 0 & 0 & 1 \end{bmatrix} \quad E_1^{-1} = \begin{bmatrix} 2 & 0 & 0 \\ 0 & 1 & 0 \\ 0 & 0 & 1 \end{bmatrix}$$

$$\xrightarrow{(-3)R_1 + R_2} \begin{bmatrix} 1 & 3 & 1 \\ 0 & -1 & -3 \\ 4 & 9 & 2 \end{bmatrix} \quad E_2 = \begin{bmatrix} 1 & 0 & 0 \\ -3 & 1 & 0 \\ 0 & 0 & 1 \end{bmatrix} \quad E_2^{-1} = \begin{bmatrix} 1 & 0 & 0 \\ 3 & 1 & 0 \\ 0 & 0 & 1 \end{bmatrix}$$

$$\xrightarrow{(-1)R_2} \begin{bmatrix} 1 & 3 & 1 \\ 0 & 1 & 3 \\ 4 & 9 & 2 \end{bmatrix} \quad E_3 = \begin{bmatrix} 1 & 0 & 0 \\ 0 & -1 & 0 \\ 0 & 0 & 1 \end{bmatrix} \quad E_3^{-1} = \begin{bmatrix} 1 & 0 & 0 \\ 0 & -1 & 0 \\ 0 & 0 & 1 \end{bmatrix}$$

$$\xrightarrow{(-4)R_1+R_3}\begin{bmatrix}1&3&1\\0&1&3\\0&-3&-2\end{bmatrix}\quad E_4=\begin{bmatrix}1&0&0\\0&1&0\\-4&0&1\end{bmatrix}\quad E_4^{-1}=\begin{bmatrix}1&0&0\\0&1&0\\4&0&1\end{bmatrix}$$

$$\xrightarrow{3R_2+R_3}\begin{bmatrix}1&3&1\\0&1&3\\0&0&7\end{bmatrix}\quad E_5=\begin{bmatrix}1&0&0\\0&1&0\\0&3&1\end{bmatrix}\quad E_5^{-1}=\begin{bmatrix}1&0&0\\0&1&0\\0&-3&1\end{bmatrix}$$

$$\xrightarrow{\frac{1}{7}R_3}\begin{bmatrix}1&3&1\\0&1&3\\0&0&1\end{bmatrix}=U\quad E_6=\begin{bmatrix}1&0&0\\0&1&0\\0&0&\frac{1}{7}\end{bmatrix}\quad E_6^{-1}=\begin{bmatrix}1&0&0\\0&1&0\\0&0&7\end{bmatrix}$$

$E_6E_5E_4E_3E_2E_1A=\begin{bmatrix}1&3&1\\0&1&3\\0&0&1\end{bmatrix}=U$, $L=E_1^{-1}E_2^{-1}E_3^{-1}E_4^{-1}E_5^{-1}E_6^{-1}=\begin{bmatrix}2&0&0\\3&-1&0\\4&-3&7\end{bmatrix}$ 이므로 $A=LU$ 로 나타내면

$$A=LU=\begin{bmatrix}2&0&0\\3&-1&0\\4&-3&7\end{bmatrix}\begin{bmatrix}1&3&1\\0&1&3\\0&0&1\end{bmatrix}=\begin{bmatrix}2&6&2\\3&8&0\\4&9&2\end{bmatrix}$$

이므로 연립방정식 $AX=B$는 $LUX=B$가 된다. $UX=Y=\begin{bmatrix}y_1\\y_2\\y_3\end{bmatrix}$ 라 두고 연립방정식 $LY=B$, 즉

$$\begin{cases}2y_1 &=1\\3y_1-\ y_2 &=2\\4y_1-3y_2+7y_3=3\end{cases}$$

을 풀면 $y_1=\frac{1}{2}$, $y_2=-\frac{1}{2}$, $y_3=-\frac{1}{14}$ 이다. 이를 이용하여 $UX=Y$로 연립일차방정식을 바꿀 수 있다.

$$\begin{cases}x_1+3x_2+\ x_3=\ \ \frac{1}{2}\\ \qquad\ x_2+3x_3=-\frac{1}{2}\\ \qquad\qquad\ \ x_3=-\frac{1}{14}\end{cases}$$

이를 풀면 $x_1=\frac{10}{7}$, $x_2=-\frac{2}{7}$, $x_3=-\frac{1}{14}$ 이다. ■

$A=LU$에서 하삼각행렬 L의 주대각선 성분은 모두 1이며 상삼각행렬 U의 주대각선 성분이 모두 0이 아니면 상삼각행렬 U는 주대각선 성분이 U의 주대각선 성분인 대각행렬 D와 주대각선 성분이 모두 1인 새로운 상삼각행렬 U^*의 곱 $U=DU^*$으로 나타낼 수 있다. 따라서 $A=LDU^*$로 유일하게 나타낼 수 있다. 이를 ***LDU* 분해**라고 한다. 예를 들면

$$A=\begin{bmatrix}1&0&\cdots&0\\a&1&\cdots&0\\\vdots&\vdots&\ddots&\vdots\\b&c&\cdots&1\end{bmatrix}\begin{bmatrix}u_1&0&\cdots&0\\0&u_2&\cdots&0\\\vdots&\vdots&\ddots&\vdots\\0&0&\cdots&u_n\end{bmatrix}\begin{bmatrix}1&\dfrac{s}{u_1}&\cdots&\dfrac{t}{u_1}\\0&1&\cdots&\dfrac{r}{u_2}\\\vdots&\vdots&\ddots&\vdots\\0&0&\cdots&1\end{bmatrix}=LDU^*$$

예제 1.6.2 $A=\begin{bmatrix}2&1&1\\4&1&0\\-2&2&1\end{bmatrix}$을 LDU 분해하라.

풀이

$$A=\begin{bmatrix}2&1&1\\4&1&0\\-2&2&1\end{bmatrix}\xrightarrow[R_1+R_3]{(-2)R_1+R_2}\begin{bmatrix}2&1&1\\0&-1&-2\\0&3&2\end{bmatrix}\quad E_1=\begin{bmatrix}1&0&0\\-2&1&0\\0&0&1\end{bmatrix}\quad E_2=\begin{bmatrix}1&0&0\\0&1&0\\1&0&1\end{bmatrix}$$

$$\xrightarrow{3R_2+R_3}\begin{bmatrix}2&1&1\\0&-1&-2\\0&0&-4\end{bmatrix}\quad E_3=\begin{bmatrix}1&0&0\\0&1&0\\0&3&1\end{bmatrix}$$ 에서

$$E_3E_2E_1A=\begin{bmatrix}2&1&1\\0&-1&-2\\0&0&-4\end{bmatrix}=\begin{bmatrix}2&0&0\\0&-1&0\\0&0&-4\end{bmatrix}\begin{bmatrix}1&\frac{1}{2}&\frac{1}{2}\\0&1&2\\0&0&1\end{bmatrix}=DU$$

이고, $L=E_1^{-1}E_2^{-1}E_3^{-1}=\begin{bmatrix}1&0&0\\2&1&0\\0&0&1\end{bmatrix}\begin{bmatrix}1&0&0\\0&1&0\\-1&0&1\end{bmatrix}\begin{bmatrix}1&0&0\\0&1&0\\0&-3&1\end{bmatrix}=\begin{bmatrix}1&0&0\\2&1&0\\-1&-3&1\end{bmatrix}$이므로

$$A=\begin{bmatrix}2&1&1\\4&1&0\\-2&2&1\end{bmatrix}=\begin{bmatrix}1&0&0\\2&1&0\\-1&-3&1\end{bmatrix}\begin{bmatrix}2&0&0\\0&-1&0\\0&0&-4\end{bmatrix}\begin{bmatrix}1&\frac{1}{2}&\frac{1}{2}\\0&1&2\\0&0&1\end{bmatrix}=LDU$$

이다. ■

$E_kE_{k-1}\cdots E_2E_1A=U$의 E_i에 치환행렬이 있다면 $PA=LDU$로 나타내는 치환행렬 P가 유일하게 존재한다.

예제 1.6.3 $A=\begin{bmatrix} 1 & 3 & 2 \\ -2 & -6 & 1 \\ 2 & 5 & 7 \end{bmatrix}$을 LDU 분해하라.

풀이 $A=\begin{bmatrix} 1 & 3 & 2 \\ -2 & -6 & 1 \\ 2 & 5 & 7 \end{bmatrix} \xrightarrow[(-2)R_1+R_3]{2R_1+R_2} \begin{bmatrix} 1 & 3 & 2 \\ 0 & 0 & 5 \\ 0 & -1 & 3 \end{bmatrix}$이므로 2행과 3행을 교환하면 U를 구할 수 있다. 따라서 $P=\begin{bmatrix} 1 & 0 & 0 \\ 0 & 0 & 1 \\ 0 & 1 & 0 \end{bmatrix}$이라 하면,

$$PA=\begin{bmatrix} 1 & 3 & 2 \\ 2 & 5 & 7 \\ -2 & -6 & 1 \end{bmatrix} \xrightarrow[(-2)R_1+R_2]{2R_1+R_3} \begin{bmatrix} 1 & 3 & 2 \\ 0 & -1 & 3 \\ 0 & 0 & 5 \end{bmatrix} \quad E_1=\begin{bmatrix} 1 & 0 & 0 \\ 0 & 1 & 0 \\ 2 & 0 & 1 \end{bmatrix} \quad E_2=\begin{bmatrix} 1 & 0 & 0 \\ -2 & 1 & 0 \\ 0 & 0 & 1 \end{bmatrix}$$

에서 $E_2E_1PA=\begin{bmatrix} 1 & 3 & 2 \\ 0 & -1 & 3 \\ 0 & 0 & 5 \end{bmatrix}=\begin{bmatrix} 1 & 0 & 0 \\ 0 & -1 & 0 \\ 0 & 0 & 5 \end{bmatrix}\begin{bmatrix} 1 & 3 & 2 \\ 0 & 1 & -3 \\ 0 & 0 & 1 \end{bmatrix}=DU$이고 PA에서 L을 구하면

$$L=E_1^{-1}E_2^{-1}=\begin{bmatrix} 1 & 0 & 0 \\ 0 & 1 & 0 \\ -2 & 0 & 1 \end{bmatrix}\begin{bmatrix} 1 & 0 & 0 \\ 2 & 1 & 0 \\ 0 & 0 & 1 \end{bmatrix}=\begin{bmatrix} 1 & 0 & 0 \\ 2 & 1 & 0 \\ -2 & 0 & 1 \end{bmatrix}$$

이다. 그러므로

$$PA=\begin{bmatrix} 1 & 0 & 0 \\ 0 & 0 & 1 \\ 0 & 1 & 0 \end{bmatrix}\begin{bmatrix} 1 & 3 & 2 \\ -2 & -6 & 1 \\ 2 & 5 & 7 \end{bmatrix}=\begin{bmatrix} 1 & 3 & 2 \\ 2 & 5 & 7 \\ -2 & -6 & 1 \end{bmatrix}=\begin{bmatrix} 1 & 0 & 0 \\ 2 & 1 & 0 \\ -2 & 0 & 1 \end{bmatrix}\begin{bmatrix} 1 & 0 & 0 \\ 0 & -1 & 0 \\ 0 & 0 & 5 \end{bmatrix}\begin{bmatrix} 1 & 3 & 2 \\ 0 & 1 & -3 \\ 0 & 0 & 1 \end{bmatrix}=LDU$$

이다. ■

행렬 A가 대칭행렬이고 치환행렬 없이 $A=LDU$로 분해되었다면

$$LDU=A=A^T=(LDU)^T=U^TD^TL^T=U^TDL^T$$

가 되고, $L=U^T$이고 $A=LDL^T$이다.

예제 1.6.4 대칭행렬 $A=\begin{bmatrix} 1 & 2 & 3 \\ 2 & 6 & 8 \\ 3 & 8 & 10 \end{bmatrix}$을 LDL^T 분해하라.

풀이

$$A=\begin{bmatrix} 1 & 2 & 3 \\ 2 & 6 & 8 \\ 3 & 8 & 10 \end{bmatrix} \xrightarrow[(-3)R_1+R_3]{(-2)R_1+R_2} \begin{bmatrix} 1 & 2 & 3 \\ 0 & 2 & 2 \\ 0 & 2 & 1 \end{bmatrix} \quad E_1=\begin{bmatrix} 1 & 0 & 0 \\ -2 & 1 & 0 \\ 0 & 0 & 1 \end{bmatrix} \quad E_2=\begin{bmatrix} 1 & 0 & 0 \\ 0 & 1 & 0 \\ -3 & 0 & 1 \end{bmatrix}$$

$$\xrightarrow{-R_2+R_3}\begin{bmatrix}1&2&3\\0&2&2\\0&0&-1\end{bmatrix} \quad E_3=\begin{bmatrix}1&0&0\\0&1&0\\0&-1&1\end{bmatrix}$$

이고 $L=E_1^{-1}E_2^{-1}E_3^{-1}=\begin{bmatrix}1&0&0\\2&1&0\\0&0&1\end{bmatrix}\begin{bmatrix}1&0&0\\0&1&0\\3&0&1\end{bmatrix}\begin{bmatrix}1&0&0\\0&1&0\\0&1&1\end{bmatrix}=\begin{bmatrix}1&0&0\\2&1&0\\3&1&1\end{bmatrix}$ 이므로

$$A=\begin{bmatrix}1&2&3\\2&6&8\\3&8&10\end{bmatrix}=\begin{bmatrix}1&0&0\\2&1&0\\3&1&1\end{bmatrix}\begin{bmatrix}1&0&0\\0&2&0\\0&0&-1\end{bmatrix}\begin{bmatrix}1&2&3\\0&1&1\\0&0&1\end{bmatrix}=LDL^T$$

이다. ■

연습문제 1.6

01. 다음 행렬을 LU 분해하라.

(1) $\begin{bmatrix}2&1\\10&-2\end{bmatrix}$　(2) $\begin{bmatrix}3&-6\\-2&5\end{bmatrix}$　(3) $\begin{bmatrix}2&1\\8&7\end{bmatrix}$　(4) $\begin{bmatrix}2&6&2\\-3&-8&0\\4&9&2\end{bmatrix}$

(5) $\begin{bmatrix}1&-1&0\\-1&2&-1\\0&-1&2\end{bmatrix}$　(6) $\begin{bmatrix}6&-2&0\\9&-1&1\\3&7&5\end{bmatrix}$　(7) $\begin{bmatrix}1&2&-2&3\\3&5&-5&7\\2&1&0&2\\-1&3&3&2\end{bmatrix}$

02. 다음 연립일차방정식의 계수행렬을 LU 분해하고, 이를 이용하여 해를 구하라.

(1) $\begin{cases}2x_1+8x_2=-2\\-x_1-x_2=-2\end{cases}$　(2) $\begin{cases}-x_1-3x_2-4x_3=-6\\3x_1+10x_2-10x_3=-3\\-2x_1-4x_2+11x_3=9\end{cases}$

(3) $\begin{cases}x_1+3x_2+x_3=1\\-3x_1-8x_2=2\\4x_1+9x_2+2x_3=3\end{cases}$

03. 다음 행렬을 LDU 분해하라.

(1) $\begin{bmatrix}a&b\\c&d\end{bmatrix}$　(2) $\begin{bmatrix}2&-1&0\\-1&2&-1\\0&-1&2\end{bmatrix}$　(3) $\begin{bmatrix}1&1&1\\1&4&5\\1&4&7\end{bmatrix}$　(4) $\begin{bmatrix}1&4&5\\4&18&26\\3&16&30\end{bmatrix}$

04. 다음 행렬에서 $PA=LDU$가 되는 치환행렬 P를 구하라.

(1) $A=\begin{bmatrix} 1 & 2 & 3 \\ 2 & 4 & 2 \\ 1 & 1 & 1 \end{bmatrix}$ (2) $A=\begin{bmatrix} 0 & 1 & 2 \\ 0 & 1 & 0 \\ 1 & 0 & 0 \end{bmatrix}$ (3) $A=\begin{bmatrix} 0 & 1 & 1 \\ -1 & 0 & -3 \\ 2 & -4 & 0 \end{bmatrix}$

02 행렬식

행렬식은 연립일차방정식의 해를 구하기 위한 수단으로 이용되어 왔다. 그리고 행렬식으로부터 행렬이 가역인지 아닌지를 알 수 있다. 정사각행렬에 실수를 대응시키는 함수로 행렬식을 정의하고 계산법과 성질을 알아본다.

2.1 행렬식의 정의와 성질

행렬식을 정의하기 위하여 순열에 대하여 알아보자.

정의 자연수의 집합 $S=\{1, 2, \cdots, n\}$에서 S로의 일대일 대응 함수 σ를 **순열**(permutation) 또는 **치환**이라 한다. 함수

$$\sigma=\begin{pmatrix} 1 & 2 & \cdots & k & \cdots & n \\ i_1 & i_2 & \cdots & i_k & \cdots & i_n \end{pmatrix}$$

을 $(i_1\ i_2\ \cdots\ i_n)$으로 나타내기로 한다. 따라서

$$\sigma(1)=i_1,\ \cdots,\ \sigma(k)=(i_1\ i_2\ \cdots\ i_k\ \cdots\ i_n)(k)=i_k,\ \cdots,\ \sigma(n)=i_n$$

이다. n개를 배열하는 방법은 $n!$가지이므로 $S=\{1, 2, \cdots, n\}$의 순열은 $n!$개이다. S의 순열집합을 S_n으로 나타낸다.

예제 2.1.1 집합 $\{1\}$의 순열은 하나이므로 $S_1=\{1\}$이고 집합 $\{1,2\}$의 순열은 $(1\ 2)$, $(2\ 1)$이므로

$$S_2=\{(1\ 2),\ (2\ 1)\}$$

이다. 집합 $\{1,\ 2,\ 3\}$의 순열은 $(1\ 2\ 3)$, $(2\ 3\ 1)$, $(3\ 1\ 2)$, $(1\ 3\ 2)$, $(2\ 1\ 3)$, $(3\ 2\ 1)$이므로

$$S_3=\{(1\ 2\ 3),(2\ 3\ 1),(3\ 1\ 2),(1\ 3\ 2),(2\ 1\ 3),(3\ 2\ 1)\}$$

이다. ■

$S=\{1,2,\cdots,n\}$의 순열 $(i_1\, i_2 \cdots i_n)$에서 큰 수가 작은 수보다 먼저 나타나면 이 순열은 **뒤집힘**(inversion)을 가졌다 한다. 순열에 있는 뒤집힘의 개수가 짝수이면 **짝순열**(even permutation)이라 하고 홀수이면 **홀순열**(odd permutation)이라 한다.

예제 2.1.2 (1) $S_2=\{(1\ 2),\ (2\ 1)\}$에서 순열 $(1\ 2)$는 뒤집힘이 없으므로 짝순열, 순열 $(2\ 1)$은 뒤집힘이 1개 있으므로 홀순열이다.

(2) $S_3=\{(1\ 2\ 3),\ (2\ 3\ 1),\ (3\ 1\ 2),\ (1\ 3\ 2),\ (2\ 1\ 3),\ (3\ 2\ 1)\}$에서 순열 $(1\ 2\ 3)$은 뒤집힘이 없으므로 짝순열, 순열 $(2\ 3\ 1)$은 뒤집힘이 $(2\ 1)$과 $(3\ 1)$이고 2개이므로 짝순열, 순열 $(3\ 1\ 2)$는 뒤집힘이 $(3\ 1)$과 $(3\ 2)$ 2개이므로 짝순열이다. 그리고 순열 $(1\ 3\ 2)$는 뒤집힘이 $(3\ 2)$ 1개이므로 홀순열, 순열 $(2\ 1\ 3)$은 뒤집힘이 $(2\ 1)$ 1개이므로 홀순열, 순열 $(3\ 2\ 1)$은 뒤집힘이 $(3\ 2)$, $(3\ 1)$ 그리고 $(2\ 1)$ 3개이므로 홀순열이다. ■

S_n에서 순열 σ의 **부호**(sign)를 정의하자.

정의 함수 $\mathrm{sgn}: S_n \to \{+1,-1\}$을 다음과 같이 정의한다.

$$\mathrm{sgn}(\sigma)=\begin{cases}+1, & \sigma: \text{짝순열}\\ -1, & \sigma: \text{홀순열}\end{cases}$$

정리 2.1.1

순열 σ의 두 수를 바꾼 순열을 τ라 하면 $\mathrm{sgn}(\tau) = -\mathrm{sgn}(\sigma)$이다.

증명 $\sigma = (i_1 \cdots i_s \cdots i_t \cdots i_n)$, $\tau = (i_1 \cdots i_t \cdots i_s \cdots i_n)$이라 하자. σ에서 i_s와 i_t가 바뀌어도 i_s의 앞에 있는 수와 i_s와의 뒤집힘 개수는 변화가 없고, i_t 뒤에 있는 수도 i_t와의 뒤집힘의 개수에 변화가 없다. 그러나 σ에서 i_s와 i_t 사이의 수는 i_s와의 뒤집힘 개수에 변화가 일어난다. 뒤집힘이 없어지거나 새로 만들어지기도 한다. 따라서 i_s와 i_t 사이에 k개의 수가 있다면 뒤집힘의 개수는 k번의 변화가 일어난다.

마찬가지로 i_s와 i_t 사이의 수는 i_t와의 뒤집힘 개수에도 변화가 일어나고 뒤집힘의 개수는 k번의 변화가 일어난다. 그런데 i_s와 i_t가 바뀌면 i_s와 i_t 사이에 변화가 한 번 있으므로 τ에서의 뒤집힘의 개수는 σ에서의 뒤집힘의 개수에서 $2k+1$번의 변화가 일어난다. 그러면 τ의 뒤집힘의 개수와 σ의 뒤집힘의 개수와 차이는 홀수 개가 된다. 따라서 다음이 성립한다.

$$\mathrm{sgn}(\tau) = -\mathrm{sgn}(\sigma)$$ ■

이제 순열을 이용하여 행렬식을 정의하자.

정의 n차 정사각행렬 $A = [a_{ij}]$의 **행렬식**(determinant)을 다음과 같이 정의하고 $\det(A)$ 또는 $|A|$로 나타낸다.

$$\det(A) = \sum_{\sigma \in S_n} \mathrm{sgn}(\sigma) a_{1\sigma(1)} a_{2\sigma(2)} \cdots a_{n\sigma(n)}$$

예제 2.1.3 $A = \begin{bmatrix} a_{11} & a_{12} \\ a_{21} & a_{22} \end{bmatrix}$의 행렬식을 구하라.

풀이 $\sigma_1 = (1\ 2)$, $\sigma_2 = (2\ 1)$이라 하면,

$$|A| = \mathrm{sgn}(\sigma_1) a_{1\sigma_1(1)} a_{2\sigma_1(2)} + \mathrm{sgn}(\sigma_2) a_{1\sigma_2(1)} a_{2\sigma_2(2)} = a_{11}a_{22} - a_{12}a_{21}$$

이다. ■

$A = \begin{bmatrix} a_{11} & a_{12} \\ a_{21} & a_{22} \end{bmatrix}$의 행렬식은 다음과 같이 오른쪽 화살표의 곱에는 + 부호를 붙이고, 왼쪽 화살표의 곱에는 − 부호를 붙여서 계산하면 편리하다.

$$|A| = \begin{vmatrix} a_{11} & a_{12} \\ a_{21} & a_{22} \end{vmatrix} = a_{11}a_{22} - a_{12}a_{21}$$

예 제 2.1.4 $A = \begin{bmatrix} a_{11} & a_{12} & a_{13} \\ a_{21} & a_{22} & a_{23} \\ a_{31} & a_{32} & a_{33} \end{bmatrix}$의 행렬식을 구하라.

풀 이

$$\begin{aligned} |A| &= \mathrm{sgn}(\sigma_1)a_{1\sigma_1(1)}a_{2\sigma_1(2)}a_{3\sigma_1(3)} + \mathrm{sgn}(\sigma_2)a_{1\sigma_2(1)}a_{2\sigma_2(2)}a_{3\sigma_2(3)} \\ &\quad + \cdots + \mathrm{sgn}(\sigma_6)a_{1\sigma_6(1)}a_{2\sigma_6(2)}a_{3\sigma_6(3)} \\ &= a_{11}a_{22}a_{33} + a_{12}a_{23}a_{31} + a_{13}a_{21}a_{32} - a_{11}a_{23}a_{32} - a_{12}a_{21}a_{33} - a_{13}a_{22}a_{31} \end{aligned}$$

이다. ■

$A = \begin{bmatrix} a_{11} & a_{12} & a_{13} \\ a_{21} & a_{22} & a_{23} \\ a_{31} & a_{32} & a_{33} \end{bmatrix}$의 행렬식도 다음과 같이 오른쪽 화살표의 곱에는 + 부호를 붙이고, 왼쪽 화살표의 곱에는 − 부호를 붙여서 계산하면 편리하다. 이 방법을 **Sarrus 방법**이라 한다.

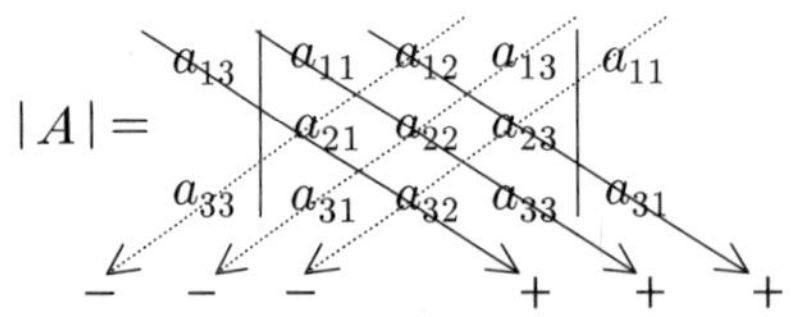

$$= a_{11}a_{22}a_{33} + a_{12}a_{23}a_{31} + a_{13}a_{21}a_{32} - a_{11}a_{23}a_{32} - a_{12}a_{21}a_{33} - a_{13}a_{22}a_{31}$$

예 제 2.1.5 다음 행렬의 행렬식을 구하라.

$$A = \begin{bmatrix} 1 & -2 \\ 3 & 4 \end{bmatrix}, \quad B = \begin{bmatrix} 3 & 6 & 9 \\ 2 & 5 & -8 \\ 1 & -4 & 7 \end{bmatrix}$$

풀 이 편리한 계산법을 이용하면

$$|A| = \begin{vmatrix} 1 & -2 \\ 3 & 4 \end{vmatrix} = 1(4) - (-2)3 = 10$$

$$- \qquad +$$

$$|B| = \begin{array}{c|ccc|c} 9 & 3 & 6 & 9 & 3 \\ & 2 & 5 & -8 & \\ 7 & 1 & -4 & 7 & 1 \end{array}$$

$$- \quad - \quad - \qquad + \quad + \quad +$$

$$= 3(5)(7) + 6(-8)1 + 9(2)(-4) - 3(-8)(-4) - 9(5)(1) - 6(2)(7)$$

$$= -240$$

이다. ■

4차 이상의 정사각행렬의 행렬식은 Sarrus 방법을 적용할 수 없고 정의에 의하여 구할 수밖에 없다. 행렬식을 정의에 의하여 계산하는 것은 복잡하고 시간이 많이 걸린다. 그러나 행렬식의 정리를 이용하면 쉽게 계산할 수 있다.

정 리 2.1.2

정사각행렬 A에 대하여 $|A^T| = |A|$이다.

증명 n차 정사각행렬 $A = [a_{ij}]$에서 A의 전치행렬은 $A^T = [a'_{ij}] = [a_{ji}]$이고 $|A^T|$는 정의에 의하여

$$|A^T| = \sum_{\sigma \in S_n} \mathrm{sgn}(\sigma) a'_{1\sigma(1)} a'_{2\sigma(2)} \cdots a'_{n\sigma(n)}$$

$$= \sum_{\sigma \in S_n} \mathrm{sgn}(\sigma) a_{\sigma(1)1} a_{\sigma(2)2} \cdots a_{\sigma(n)n}$$

이다. $a_{\sigma(1)1} a_{\sigma(2)2} \cdots a_{\sigma(n)n}$을 재배열하여 $a_{1\tau(1)} a_{2\tau(2)} \cdots a_{n\tau(n)}$이 되었다고 하자. 두 성분을 k번 바꾸었다고 하면 순열 $(\sigma(1)\ \sigma(2) \cdots \sigma(n))$은 두 수를 k번 바꾸어 순열 $(1\ 2\ \cdots\ n)$이 되고, 순열 $(1\ 2\ \cdots\ n)$은 두 수를 k번 바꾸어 순열 $(\tau(1)\ \tau(2) \cdots \tau(n))$이 된다. 따라서 정리 2.1.1에 의하여

$$(-1)^k \mathrm{sgn}(\sigma) = 1, \quad (-1)^k 1 = \mathrm{sgn}(\tau)$$

이고

$$\operatorname{sgn}(\tau) = (-1)^k \cdot (-1)^k \operatorname{sgn}(\sigma) = \operatorname{sgn}(\sigma)$$

이다. 그러므로

$$|A^T| = \sum_{\tau \in S_n} \operatorname{sgn}(\tau) a_{1\tau(1)} a_{2\tau(2)} \cdots a_{n\tau(n)} = |A|$$

이다. ■

위의 정리에 의하여 행에 대한 행렬식의 성질은 열에 대해서도 모두 성립한다.

예제 2.1.6 행렬 $B = \begin{bmatrix} 3 & 6 & 9 \\ 2 & 5 & -8 \\ 1 & -4 & 7 \end{bmatrix}$ 의 전치행렬 B^T의 행렬식 $|B^T|$를 구하라.

풀이 예제 2.1.4에서 $|B| = -240$이고

$$\begin{aligned} |B^T| &= \begin{vmatrix} 3 & 2 & 1 \\ 6 & 5 & -4 \\ 9 & -8 & 7 \end{vmatrix} \\ &= 3(5)(7) + 1(6)(-8) + 2(-4)(9) - 1(5)(9) - 3(-4)(-8) - 2(6)(7) \\ &= -240 \end{aligned}$$

이므로 $|B| = |B^T|$이다. ■

정리 2.1.3

정사각행렬 A의 두 행(또는 열)을 서로 바꾼 행렬을 B라 하면 $|B| = -|A|$이다.

증명 n차 정사각행렬 $A = [a_{ij}]$에서 s 행과 t 행을 서로 바꾼 행렬을 $B = [b_{ij}]$라 하고 $s < t$이라 하자. 그러면 $b_{sj} = a_{tj}$, $b_{tj} = a_{sj}$이고 $i \neq s$, $i \neq t$일 때 $b_{ij} = a_{ij}$이다. 정의에 의하여

$$\begin{aligned} |B| &= \sum_{\sigma \in S_n} \operatorname{sgn}(\sigma) b_{1\sigma(1)} b_{2\sigma(2)} \cdots b_{s\sigma(s)} \cdots b_{t\sigma(t)} \cdots b_{n\sigma(n)} \\ &= \sum_{\sigma \in S_n} \operatorname{sgn}(\sigma) a_{1\sigma(1)} a_{2\sigma(2)} \cdots a_{t\sigma(s)} \cdots a_{s\sigma(t)} \cdots a_{n\sigma(n)} \\ &= \sum_{\sigma \in S_n} \operatorname{sgn}(\sigma) a_{1\sigma(1)} a_{2\sigma(2)} \cdots a_{s\sigma(t)} \cdots a_{t\sigma(s)} \cdots a_{n\sigma(n)} \end{aligned}$$

따라서 정리 2.1.1에 의하여

$$|B| = -\sum_{\sigma \in S_n} \mathrm{sgn}(\sigma) a_{1\sigma(1)} a_{2\sigma(2)} \cdots a_{s\sigma(s)} \cdots a_{t\sigma(t)} \cdots a_{n\sigma(n)}$$
$$= -|A|$$

이다. ■

예제 2.1.7 $B = \begin{bmatrix} 3 & 6 & 9 \\ 2 & 5 & -8 \\ 1 & -4 & 7 \end{bmatrix}$에서 2행과 3행을 서로 바꾼 $C = \begin{bmatrix} 3 & 6 & 9 \\ 1 & -4 & 7 \\ 2 & 5 & -8 \end{bmatrix}$의 행렬식과 1열과 2열을 서로 바꾼 $D = \begin{bmatrix} 6 & 3 & 9 \\ 5 & 2 & -8 \\ -4 & 1 & 7 \end{bmatrix}$의 행렬식을 구하라.

풀이 예제 2.1.4에서 $|B| = -240$이고

$$|C| = \begin{vmatrix} 3 & 6 & 9 \\ 1 & -4 & 7 \\ 2 & 5 & -8 \end{vmatrix}$$
$$= 3(-4)(-8) + 9(1)(5) + 6(7)(2) - 9(-4)(2) - 3(7)(5) - 6(1)(-8)$$
$$= 240$$

$$|D| = \begin{vmatrix} 6 & 3 & 9 \\ 5 & 2 & -8 \\ -4 & 1 & 7 \end{vmatrix}$$
$$= 6(2)(7) + 9(5)(1) + 3(-8)(-4) - 9(2)(-4) - 6(-8)(1) - 3(5)(7)$$
$$= 240$$

이다. 따라서 $|C| = |D| = -|B|$이다. ■

정리 2.1.4

정사각행렬 A의 두 행이 같으면 $|A| = 0$이다.

증명 행렬 A에서 같은 두 행을 서로 바꾼 행렬을 B라 하면 $A = B$이다.
그러면 정리 2.1.3에 의하여 $|B| = -|A|$이고 $|A| = |B| = -|A|$이다.
따라서 $|A| = 0$이다. ■

예제 2.1.8 $A=\begin{bmatrix}6 & 3 & 9\\ 5 & 2 & -8\\ 6 & 3 & 9\end{bmatrix}$의 행렬식을 구하라.

풀이

$$\begin{aligned}|A| &= \begin{vmatrix}6 & 3 & 9\\ 5 & 2 & -8\\ 6 & 3 & 9\end{vmatrix}\\ &= 6(2)(9)+9(5)(3)+3(-8)(6)-9(2)(6)-6(-8)(3)-3(5)(9)\\ &= 0\end{aligned}$$

이다. ■

정리 2.1.5

정사각행렬 A의 한 행의 성분이 모두 0이면 $|A|=0$이다.

증명 n차 정사각행렬 $A=[a_{ij}]$의 i행의 성분이 모두 0이면 정의에 의하여

$$\begin{aligned}|A| &= \sum_{\sigma\in S_n}\operatorname{sgn}(\sigma)a_{1\sigma(1)}a_{2\sigma(2)}\cdots a_{i\sigma(i)}\cdots a_{n\sigma(n)}\\ &= \sum_{\sigma\in S_n}\operatorname{sgn}(\sigma)a_{1\sigma(1)}a_{2\sigma(2)}\cdots 0\cdots a_{n\sigma(n)}\\ &= 0\end{aligned}$$

이다. ■

예제 2.1.9 $A=\begin{bmatrix}4 & 3 & 5\\ 0 & 0 & 0\\ 2 & 1 & 6\end{bmatrix}$의 행렬식을 구하라.

풀이

$$|A|=\begin{vmatrix}4 & 3 & 5\\ 0 & 0 & 0\\ 2 & 1 & 6\end{vmatrix}=4(0)6+5(0)1+3(0)6-5(0)2-4(0)1-3(0)6=0$$

이다. ■

정리 2.1.6

정사각행렬 A의 한 행에 k배한 행렬을 B라 하면 $|B|=k|A|$이다.

증명 n차 정사각행렬 $A=[a_{ij}]$의 s 행에 k 배한 행렬을 $B=[b_{ij}]$라 하면 $b_{sj}=ka_{sj}$이고 $i \neq s$ 일 때 $b_{ij}=a_{ij}$이다. 정의에 의하여

$$
\begin{aligned}
|B| &= \sum_{\sigma \in S_n} \operatorname{sgn}(\sigma) b_{1\sigma(1)} b_{2\sigma(2)} \cdots b_{s\sigma(s)} \cdots b_{n\sigma(n)} \\
&= \sum_{\sigma \in S_n} \operatorname{sgn}(\sigma) a_{1\sigma(1)} a_{2\sigma(2)} \cdots (ka_{s\sigma(s)}) \cdots a_{n\sigma(n)} \\
&= k \sum_{\sigma \in S_n} \operatorname{sgn}(\sigma) a_{1\sigma(1)} a_{2\sigma(2)} \cdots a_{s\sigma(s)} \cdots a_{n\sigma(n)} \\
&= k|A|
\end{aligned}
$$

이다. ■

정리 2.1.4와 정리 2.1.6에 의하여 다음을 얻는다.

정리 2.1.7

정사각행렬 A의 한 행이 다른 행의 상수 배이면 $|A|=0$이다.

정사각행렬 A의 한 행 또는 열이 k의 배수를 성분으로 갖는 행렬이면 정리 2.1.6을 이용하면 편리하다.

예제 2.1.10 다음 행렬의 행렬식을 구하라.

(1) $A=\begin{bmatrix} 1 & 3 & 2 \\ 4 & 2 & 6 \\ 3 & 1 & 5 \end{bmatrix}$ (2) $B=\begin{bmatrix} 1 & 3 & 2 \\ 4 & 1 & 8 \\ 3 & 9 & 6 \end{bmatrix}$

풀이 (1) A의 2행은 $2[2\ 1\ 3]$이므로

$$|A|=\begin{vmatrix} 1 & 3 & 2 \\ 4 & 2 & 6 \\ 3 & 1 & 5 \end{vmatrix}=2\begin{vmatrix} 1 & 3 & 2 \\ 2 & 1 & 3 \\ 3 & 1 & 5 \end{vmatrix}=2(-3)=-6$$

(2) B의 3행은 $3[1\ 3\ 2]$이고 3열은 $2\begin{bmatrix} 1 \\ 4 \\ 1 \end{bmatrix}$이므로

$$|B|=\begin{vmatrix}1&3&2\\4&1&8\\3&9&6\end{vmatrix}=3\begin{vmatrix}1&3&2\\4&1&8\\1&3&2\end{vmatrix}=(3)(2)\begin{vmatrix}1&3&1\\4&1&4\\1&3&1\end{vmatrix}=(3)(2)(0)=0$$

이다. ■

A가 n차 정사각행렬일 때 kA는 A의 각 성분에 모두 k배한 행렬이다. 따라서 kA는 A의 각 행에 k배한 행렬이고, n개의 행을 가지고 있으므로 다음이 성립한다.

$$|kA|=k^n|A|$$

정리 2.1.8

정사각행렬 A의 한 행의 k배를 다른 행에 더한 행렬을 B라 하면 $|B|=|A|$이다.

증명 n차 정사각행렬 $A=[a_{ij}]$의 s행에 k배하여 t행에 더한 행렬을 $B=[b_{ij}]$라 하면 $b_{tj}=a_{tj}+ka_{sj}$이고 $i\neq t$일 때 $b_{ij}=a_{ij}$이다. 정의에 의하여

$$\begin{aligned}|B|&=\sum_{\sigma\in S_n}\operatorname{sgn}(\sigma)b_{1\sigma(1)}b_{2\sigma(2)}\cdots b_{s\sigma(s)}\cdots b_{t\sigma(t)}\cdots b_{n\sigma(n)}\\&=\sum_{\sigma\in S_n}\operatorname{sgn}(\sigma)a_{1\sigma(1)}a_{2\sigma(2)}\cdots a_{s\sigma(s)}\cdots\left(a_{t\sigma(t)}+ka_{s\sigma(s)}\right)\cdots a_{n\sigma(n)}\\&=\sum_{\sigma\in S_n}\operatorname{sgn}(\sigma)a_{1\sigma(1)}a_{2\sigma(2)}\cdots a_{s\sigma(s)}\cdots a_{t\sigma(t)}\cdots a_{n\sigma(n)}\\&\quad+k\sum_{\sigma\in S_n}\operatorname{sgn}(\sigma)a_{1\sigma(1)}a_{2\sigma(2)}\cdots a_{s\sigma(s)}\cdots a_{s\sigma(s)}\cdots a_{n\sigma(n)}\end{aligned}$$

그런데 $\sum_{\sigma\in S_n}\operatorname{sgn}(\sigma)a_{1\sigma(1)}a_{2\sigma(2)}\cdots a_{s\sigma(s)}\cdots a_{s\sigma(s)}\cdots a_{n\sigma(n)}$은 s행과 t행이 같은 행렬의 행렬식이므로 정리 2.1.5에 의하여 0이다. 따라서

$$|B|=\sum_{\sigma\in S_n}\operatorname{sgn}(\sigma)a_{1\sigma(1)}a_{2\sigma(2)}\cdots a_{s\sigma(s)}\cdots a_{t\sigma(t)}\cdots a_{n\sigma(n)}=|A|$$

이다. ■

예제 2.1.11 $A=\begin{bmatrix}1&3&2\\2&1&3\\3&2&5\end{bmatrix}$와 $B=\begin{bmatrix}5&5&8\\2&1&3\\3&2&5\end{bmatrix}$의 행렬식을 구하라.

풀이 B는 A의 2행의 두 배를 1행에 더해서 얻은 행렬이다.

따라서 $|A|=\begin{vmatrix}1&3&2\\2&1&3\\3&2&5\end{vmatrix}=-2=\begin{vmatrix}5&5&8\\2&1&3\\3&2&5\end{vmatrix}=|B|$이다. ■

정리 2.1.9

행렬 E가 기본행렬이면 $|EA|=|E||A|$이다.

증명 E가 두 행을 교환한 기본행렬이면 $|E|=-1$, $|EA|=-|A|$이므로 $|EA|=|E||A|$이고, E가 한 행에 k배한 기본행렬이면 $|E|=k$, $|EA|=k|A|$이므로 $|EA|=|E||A|$이다. 그리고 E가 한 행에 k배하여 다른 행에 더한 기본행렬이면 $|E|=1$, $|EA|=|A|$이므로 $|EA|=|E||A|$이다. ■

위 정리로부터 기본행렬 E_i에 대하여 $A=E_1E_2\cdots E_nC$이면 $|A|=|E_1||E_2|\cdots|E_n||C|$이다.

정리 2.1.10

정사각행렬 A가 가역일 필요충분조건은 $|A|\neq 0$이다.

증명 정사각행렬 A가 가역이고, 기본행렬 E_i, $i=1, 2, \cdots, n$에 대하여 $A=E_1E_2\cdots E_n$이라 하자. 그러면 $|A|=|E_1||E_2|\cdots|E_n|$이고 $|E_i|\neq 0$, $i=1, 2, \cdots, n$이므로 $|A|\neq 0$이다.

반면에 A가 비가역이면 A의 기약 행 사다리꼴 C는 단위행렬 I와 행 동치가 아니므로 성분이 모두 0인 행을 포함한다. 따라서 $E_1E_2\cdots E_nA=C$, $|C|=0$이고 $|A|=(|E_1||E_2|\cdots|E_n|)^{-1}|C|=0$이다. ■

정리 2.1.11

A와 B가 n차 정사각행렬이면 $|AB|=|A||B|$이다.

증명 정사각행렬 A의 기약 행 사다리꼴을 C라 하면 기본행렬 E_i, $i=1, 2, \cdots, n$에 대하여 $A=E_1E_2\cdots E_nC$이다. A가 가역이면 $C=I_n$이고 정리 2.1.10에 의하여

$$|AB|=|E_1||E_2|\cdots|E_n||B|=|A||B|$$

이다. 또한 A가 비가역이면 $|A|=0$이므로 $|A||B|=0$이다. A의 기약 행 사다리꼴 C는 성분이 모두 0인 행을 포함하고 CB도 역시 성분이 모두 0인 행을 포함하므로 $|CB|=0$이다. $A=E_1E_2\cdots E_nC$이므로 $AB=E_1E_2\cdots E_nCB$이다. 따라서 정리 2.1.10에 의하여

$$|AB|=|E_1||E_2|\cdots|E_n||CB|=0$$

이므로 $|AB|=|A||B|$이다. ■

$|A|=k$이면 $|A^n|=|AA\cdots A|=|A||A|\cdots|A|=|A|^n=k^n$이다.

예제 2.1.12 $A=\begin{bmatrix}0&-1&2\\2&1&3\\3&2&4\end{bmatrix}$와 $B=\begin{bmatrix}2&1&9\\0&-1&3\\3&2&4\end{bmatrix}$에서 $|AB|$와 $|A||B|$를 구하라.

풀이 $AB=\begin{bmatrix}0&-1&2\\2&1&3\\3&2&4\end{bmatrix}\begin{bmatrix}2&1&9\\0&-1&3\\3&2&4\end{bmatrix}=\begin{bmatrix}6&5&5\\13&7&33\\18&9&49\end{bmatrix}$이고 $|AB|=\begin{vmatrix}6&5&5\\13&7&33\\18&9&49\end{vmatrix}=16$, $|A|=\begin{vmatrix}0&-1&2\\2&1&3\\3&2&4\end{vmatrix}=1$,

$|B|=\begin{vmatrix}2&1&9\\0&-1&3\\3&2&4\end{vmatrix}=16$이므로 $|AB|=16=|A||B|$이다. ■

$A=\begin{bmatrix}5&2\\2&3\end{bmatrix}$, $B=\begin{bmatrix}2&1\\4&5\end{bmatrix}$, $A+B=\begin{bmatrix}7&3\\6&8\end{bmatrix}$에 대하여 $|A|=11$, $|B|=6$, $|A+B|=38$이므로

$$|A+B|\neq|A|+|B|$$

이다.

정리 2.1.12

행렬 A가 가역이면 $|A^{-1}|=\frac{1}{|A|}$ 이다.

증명 n차 정사각행렬 A가 가역이면 $|A|\neq 0$이고, $AA^{-1}=I_n=A^{-1}A$이므로 $|AA^{-1}|=|I_n|=1$이다. 정리 2.1.11에 의하여 $|AA^{-1}|=|A||A^{-1}|$이므로 다음이 성립한다.

$$|A^{-1}|=\frac{1}{|A|}$$

■

예제 2.1.13 $A=\begin{bmatrix}-1 & 4\\ 2 & -3\end{bmatrix}$은 $|A|=-5\neq 0$이므로 가역이다. 그리고

$$A^{-1}=\begin{bmatrix}\frac{3}{5} & \frac{4}{5}\\ \frac{2}{5} & \frac{1}{5}\end{bmatrix}$$

이므로 $|A^{-1}|=-\frac{1}{5}=\frac{1}{|A|}$이다. ■

정리 2.1.13

n차 삼각행렬 $A=[a_{ij}]$의 행렬식은 $|A|=a_{11}a_{22}\cdots a_{nn}$이다.

증명은 행렬식의 정의로부터 쉽게 얻을 수 있다.

예제 2.1.14 $U=\begin{bmatrix}7 & -4 & 3 & -3 & 2\\ 0 & 2 & 1 & 8 & -9\\ 0 & 0 & -1 & 5 & 6\\ 0 & 0 & 0 & -3 & 1\\ 0 & 0 & 0 & 0 & 4\end{bmatrix}$의 행렬식을 구하라.

풀이 $|U|=\begin{vmatrix}7 & -4 & 3 & -3 & 2\\ 0 & 2 & 1 & 8 & -9\\ 0 & 0 & -1 & 5 & 6\\ 0 & 0 & 0 & -3 & 1\\ 0 & 0 & 0 & 0 & 4\end{vmatrix}=7(2)(-1)(-3)(4)=168$이다. ■

행렬식의 정리를 이용하여 주어진 행렬을 삼각행렬의 행렬식으로 변형시키면 행렬식을 쉽게 계산할 수 있다.

예제 2.1.15 $A=\begin{bmatrix}0&-1&3&4\\2&6&10&4\\2&1&9&6\\3&2&4&8\end{bmatrix}$의 행렬식을 구하라.

풀이

$$|A|=\begin{vmatrix}0&-1&3&4\\2&6&10&4\\2&1&9&6\\3&2&4&8\end{vmatrix} \quad R_1\leftrightarrow R_2 \qquad \text{정리 2.1.3}$$

$$=-\begin{vmatrix}2&6&10&4\\0&-1&3&4\\2&1&9&6\\3&2&4&8\end{vmatrix} \quad R_1=2[1\ 3\ 5\ 2] \qquad \text{정리 2.1.6}$$

$$=-2\begin{vmatrix}1&3&5&2\\0&-1&3&4\\2&1&9&6\\3&2&4&8\end{vmatrix} \quad (-2)R_1+R_3,(-3)R_1+R_4 \qquad \text{정리 2.1.8}$$

$$=-2\begin{vmatrix}1&3&5&2\\0&-1&3&4\\0&-5&-1&2\\0&-7&-11&2\end{vmatrix} \quad (-5)R_2+R_3,(-7)R_2+R_4 \qquad \text{정리 2.1.8}$$

$$=-2\begin{vmatrix}1&3&5&2\\0&-1&3&4\\0&0&-16&-18\\0&0&-32&-26\end{vmatrix} \quad R_3=-16\left[0\ 0\ 1\ \frac{9}{8}\right] \qquad \text{정리 2.1.6}$$

$$=-2(-16)\begin{vmatrix}1&3&5&2\\0&-1&3&4\\0&0&1&\frac{9}{8}\\0&0&-32&-26\end{vmatrix} \quad 32R_3+R_4 \qquad \text{정리 2.1.8}$$

$$=-2(-16)\begin{vmatrix}1&3&5&2\\0&-1&3&4\\0&0&1&\frac{9}{8}\\0&0&0&10\end{vmatrix} \qquad \text{정리 2.1.13}$$

$=-2(-16)(-1)(1)(10)=-320$이다. ■

연습문제 2.1

01. S_5에서 다음 순열이 짝순열인지 홀순열인지를 밝히라.

(1) $(4\ 2\ 3\ 1\ 5)$ (2) $(5\ 2\ 1\ 3\ 4)$ (3) $(4\ 2\ 1\ 3\ 5)$ (4) $(1\ 3\ 5\ 4\ 2)$

02. 다음 행렬식을 구하라.

(1) $\begin{vmatrix} 13 & 1 \\ 4 & -2 \end{vmatrix}$ (2) $\begin{vmatrix} 2 & 3 \\ 4 & -2 \end{vmatrix}$ (3) $\begin{vmatrix} 2 & -1 \\ 3 & 2 \end{vmatrix}$ (4) $\begin{vmatrix} 4 & -3 \\ 3 & 1 \end{vmatrix}$

(5) $\begin{vmatrix} 1 & 2 & 3 \\ -4 & 5 & 6 \\ 7 & -8 & 9 \end{vmatrix}$ (6) $\begin{vmatrix} 0 & 1 & 5 \\ 3 & -6 & 9 \\ 2 & 6 & 1 \end{vmatrix}$ (7) $\begin{vmatrix} 4 & -3 & 5 \\ 5 & 2 & 0 \\ 2 & 0 & 4 \end{vmatrix}$ (8) $\begin{vmatrix} 1 & 1 & 5 \\ 3 & -6 & 9 \\ 2 & 6 & 2 \end{vmatrix}$

(9) $\begin{vmatrix} 2 & -1 & 1 \\ -1 & 0 & 3 \\ 2 & 1 & -4 \end{vmatrix}$ (10) $\begin{vmatrix} 1 & 5 & 2 \\ 2 & 0 & 1 \\ 1 & -1 & 1 \end{vmatrix}$ (11) $\begin{vmatrix} 7 & 8 & 9 \\ 4 & 5 & 6 \\ 1 & 2 & 3 \end{vmatrix}$ (12) $\begin{vmatrix} 1 & -1 & 2 & -1 \\ -3 & 4 & 1 & -1 \\ 2 & -5 & -3 & 8 \\ -2 & 6 & -4 & 1 \end{vmatrix}$

(13) $\begin{vmatrix} 0 & 1 & 1 & 1 \\ 2 & 0 & 1 & 1 \\ 2 & 2 & 0 & 1 \\ 2 & 2 & 2 & 0 \end{vmatrix}$ (14) $\begin{vmatrix} 1 & -2 & 1 & 1 \\ -1 & 3 & 0 & 2 \\ 0 & 1 & 1 & 3 \\ 1 & 2 & 5 & 0 \end{vmatrix}$ (15) $\begin{vmatrix} 3 & -2 & -5 & 4 \\ -5 & 2 & 8 & -5 \\ -3 & 4 & 7 & -3 \\ 2 & -3 & -5 & 8 \end{vmatrix}$

03. $|A| = \begin{vmatrix} a_{11} & a_{12} & a_{13} \\ a_{21} & a_{22} & a_{23} \\ a_{31} & a_{32} & a_{33} \end{vmatrix} = -3$일 때 다음 행렬식을 구하라.

(1) $\begin{vmatrix} a_{31} & a_{32} & a_{33} \\ a_{21} & a_{22} & a_{23} \\ a_{11} & a_{12} & a_{13} \end{vmatrix}$ (2) $\begin{vmatrix} a_{11} & -a_{21} & a_{31} \\ a_{12} & -a_{22} & a_{32} \\ a_{13} & -a_{23} & a_{33} \end{vmatrix}$

(3) $\begin{vmatrix} a_{11} & a_{12} & a_{13} \\ 2a_{21} & 2a_{22} & 2a_{23} \\ a_{31} & a_{32} & a_{33} \end{vmatrix}$ (4) $\begin{vmatrix} a_{11} & a_{12} & a_{13} \\ a_{21} & a_{22} & a_{23} \\ 3a_{11}+a_{31} & 3a_{12}+a_{32} & 3a_{13}+a_{33} \end{vmatrix}$

04. n차 정사각행렬 A가 $|A| = -3$일 때 다음을 구하라.

(1) $|A^2|$ (2) $|A^{-1}|$ (3) $|3A|$ (4) $|(3A)^{-1}|$

05. 정사각행렬 A에서 $A^2 = A$이면 $|A| = 0$ 또는 $|A| = 1$임을 보이라.

06. 정사각행렬 A와 B가 가역인 행렬 Q에 대하여 $A = Q^{-1}BQ$이면 $|A| = |B|$임을 보이라.

2.2 여인수 전개

행렬식을 계산하는 데 편리한 새로운 방법을 알아본다.

정의 n차 정사각행렬 $A=[a_{ij}]$의 i행과 j열을 제거하여 만든 부분행렬을 M_{ij}라 할 때 $|M_{ij}|$를 a_{ij}의 **소행렬식**(minor determinant)이라 한다. 그리고 $A_{ij}=(-1)^{i+j}|M_{ij}|$를 a_{ij}의 **여인수**(cofactor)라고 한다.

예제 2.2.1 $A=\begin{bmatrix}5 & -1 & 3\\ 2 & 6 & 1\\ 2 & 1 & 9\end{bmatrix}$에서 a_{11}의 소행렬식은

$$M_{11}=\begin{vmatrix}5 & -1 & 3\\ 2 & 6 & 1\\ 2 & 1 & 9\end{vmatrix}=\begin{vmatrix}6 & 1\\ 1 & 9\end{vmatrix}=53$$

이고, a_{11}의 여인수는

$$A_{11}=(-1)^{1+1}|M_{11}|=53$$

같은 방법으로 a_{12}의 소행렬식은

$$M_{12}=\begin{vmatrix}5 & -1 & 3\\ 2 & 6 & 1\\ 2 & 1 & 9\end{vmatrix}=\begin{vmatrix}2 & 1\\ 2 & 9\end{vmatrix}=16$$

이고, a_{12}의 여인수는

$$A_{12}=(-1)^{1+2}|M_{12}|=-16$$

이다. ■

$A=\begin{bmatrix}a_{11} & a_{12} & a_{13}\\ a_{21} & a_{22} & a_{23}\\ a_{31} & a_{32} & a_{33}\end{bmatrix}$의 행렬식은

$$|A|=a_{11}a_{22}a_{33}+a_{12}a_{23}a_{31}+a_{13}a_{21}a_{32}-a_{13}a_{22}a_{31}-a_{12}a_{21}a_{33}-a_{11}a_{23}a_{32}$$

이고 다음과 같이 쓸 수 있다.

$$|A| = a_{11}(a_{22}a_{33} - a_{23}a_{32}) + a_{12}(a_{23}a_{31} - a_{21}a_{33}) + a_{13}(a_{21}a_{32} - a_{22}a_{31})$$

위 식의 괄호는 각각 여인수 A_{11}, A_{12}, A_{13}과 같으므로 다음과 같이 나타낼 수 있다.

$$|A| = a_{11}A_{11} + a_{12}A_{12} + a_{13}A_{13}$$

이와 같은 방법으로 $|A|$를 계산하는 것을 행렬 A의 1**행에 대한 여인수 전개**(cofactor expansion)라고 한다. 다른 행에 대해서도 여인수 전개로 $|A|$를 계산할 수 있다. 또한, 각 열에 대해서도 여인수 전개로 $|A|$을 구할 수 있다.

예제 2.2.2 $A = \begin{bmatrix} 5 & -1 & 3 \\ 2 & 6 & 1 \\ 2 & 1 & 9 \end{bmatrix}$의 행렬식 $|A|$를 1행에 대한 여인수 전개를 이용하여 구하라.

풀이

$$\begin{aligned} |A| &= a_{11}A_{11} + a_{12}A_{12} + a_{13}A_{13} \\ &= 5(-1)^{1+1}\begin{vmatrix} 6 & 1 \\ 1 & 9 \end{vmatrix} + (-1)(-1)^{1+2}\begin{vmatrix} 2 & 1 \\ 2 & 9 \end{vmatrix} + 3(-1)^{1+3}\begin{vmatrix} 2 & 6 \\ 2 & 1 \end{vmatrix} \\ &= 5(53) + 16 + 3(-10) = 251 \end{aligned}$$

■

n차 정사각행렬 A는 여인수를 이용하여 행렬식을 구할 수 있다. 이를 **Laplace 여인수 전개**라 한다.

정리 2.2.1

n차 정사각행렬 $A = [a_{ij}]$에서 행렬식은 i행에 대하여 여인수 전개하면

$$|A| = a_{i1}A_{i1} + a_{i2}A_{i2} + \cdots + a_{in}A_{in}$$

이고, j열에 대하여 여인수 전개하면

$$|A| = a_{1j}A_{1j} + a_{2j}A_{2j} + \cdots + a_{nj}A_{nj}$$

이다.

예제 2.2.3 $A = \begin{bmatrix} 2 & 3 & 4 & 1 \\ 1 & 2 & 0 & 0 \\ 0 & 1 & 1 & 2 \\ 1 & 2 & 4 & 1 \end{bmatrix}$의 행렬식을 여인수 전개를 이용하여 구하라.

풀 이

$$
\begin{aligned}
|A| &= a_{21}A_{21}+a_{22}A_{22}+a_{23}A_{23}+a_{24}A_{24} \\
&= 1(-1)^{2+1}\begin{vmatrix}3&4&1\\1&1&2\\2&4&1\end{vmatrix}+2(-1)^{2+2}\begin{vmatrix}2&4&1\\0&1&2\\1&4&1\end{vmatrix}+0(-1)^{2+3}\begin{vmatrix}2&3&1\\0&1&2\\1&2&1\end{vmatrix}+0(-1)^{2+4}\begin{vmatrix}2&3&4\\0&1&1\\1&2&4\end{vmatrix} \\
&= -\begin{vmatrix}3&4&1\\1&1&2\\2&4&1\end{vmatrix}+2\begin{vmatrix}2&4&1\\0&1&2\\1&4&1\end{vmatrix} \\
&= -\left(1(-1)^{2+1}\begin{vmatrix}4&1\\4&1\end{vmatrix}+1(-1)^{2+2}\begin{vmatrix}3&1\\2&1\end{vmatrix}+2(-1)^{2+3}\begin{vmatrix}3&4\\2&4\end{vmatrix}\right) \\
&\quad +2\left(0(-1)^{2+1}\begin{vmatrix}4&1\\4&1\end{vmatrix}+1(-1)^{2+2}\begin{vmatrix}2&1\\1&1\end{vmatrix}+2(-1)^{2+3}\begin{vmatrix}2&4\\1&4\end{vmatrix}\right) \\
&= -\begin{vmatrix}3&1\\2&1\end{vmatrix}+2\begin{vmatrix}3&4\\2&4\end{vmatrix}+2\begin{vmatrix}2&1\\1&1\end{vmatrix}-4\begin{vmatrix}2&4\\1&4\end{vmatrix} \\
&= -1+2(4)+2(1)-4(4) = -7
\end{aligned}
$$

■

행렬식의 기본적인 성질을 이용하여 성분에 0을 많이 포함하고 행(또는 열)에 여인수 전개를 하면 행렬식을 보다 쉽게 구할 수 있다.

예제 2.2.4 $A=\begin{bmatrix}1&-3&2&-2\\-1&4&-5&6\\2&1&-3&-4\\-1&-1&8&1\end{bmatrix}$의 행렬식을 여인수 전개를 이용하여 구하라.

풀 이 $A=\begin{bmatrix}1&-3&2&-2\\-1&4&-5&6\\2&1&-3&-4\\-1&-1&8&1\end{bmatrix}\xrightarrow[(-2)R_1+R_3]{R_1+R_2,\ R_1+R_4}\begin{bmatrix}1&-3&2&-2\\0&1&-3&4\\0&7&-7&0\\0&-4&10&-1\end{bmatrix}$에서

$$|A|=\begin{vmatrix}1&-3&2&-2\\-1&4&-5&6\\2&1&-3&-4\\-1&-1&8&1\end{vmatrix}=\begin{vmatrix}1&-3&2&-2\\0&1&-3&4\\0&7&-7&0\\0&-4&10&-1\end{vmatrix}$$

이므로 $|A|=a_{11}A_{11}+a_{21}A_{21}+a_{31}A_{31}+a_{41}A_{41}=1(-1)^{1+1}\begin{vmatrix}1&-3&4\\7&-7&0\\-4&10&-1\end{vmatrix}=\begin{vmatrix}1&-3&4\\7&-7&0\\-4&10&-1\end{vmatrix}$

이다. 또한

$$\begin{bmatrix}1&-3&4\\7&-7&0\\-4&10&-1\end{bmatrix}\xrightarrow{C_1+C_2}\begin{bmatrix}1&-2&4\\7&0&0\\-4&6&-1\end{bmatrix}\text{에서 }\begin{vmatrix}1&-3&4\\7&-7&0\\-4&10&-1\end{vmatrix}=\begin{vmatrix}1&-2&4\\7&0&0\\-4&6&-1\end{vmatrix}$$

이므로 $\begin{vmatrix}1&-2&4\\7&0&0\\-4&6&-1\end{vmatrix}=7(-1)^{2+1}\begin{vmatrix}-2&4\\6&-1\end{vmatrix}=-7(2-24)=154$이다. 따라서

$$|A| = \begin{vmatrix} 1 & -3 & 2 & -2 \\ -1 & 4 & -5 & 6 \\ 2 & 1 & -3 & -4 \\ -1 & -1 & 8 & 1 \end{vmatrix} = 154$$

이다. ■

정의 n차 정사각행렬 $A = [a_{ij}]$에서 a_{ij}의 여인수를 A_{ij}라 하면 $[A_{ij}]^T$를 A의 **수반행렬**(adjoint matrix)이라 하고 $\mathrm{adj}\,A$로 나타낸다.

정리 2.2.2

n차 정사각행렬 A가 가역이면 A의 역행렬은 다음과 같다.

$$A^{-1} = \frac{1}{|A|}\mathrm{adj}\,A$$

증명 A의 수반행렬은

$$\mathrm{adj}\,A = [A_{ij}]^T = \begin{bmatrix} A_{11} & A_{12} & \cdots & A_{1j} & \cdots & A_{1n} \\ A_{21} & A_{22} & \cdots & A_{2j} & \cdots & A_{2n} \\ \vdots & \vdots & \ddots & \vdots & \vdots & \vdots \\ A_{i1} & A_{i2} & \cdots & A_{ij} & \cdots & A_{in} \\ \vdots & \vdots & \vdots & \vdots & \ddots & \vdots \\ A_{n1} & A_{n2} & \cdots & A_{nj} & \cdots & A_{nn} \end{bmatrix}^T = \begin{bmatrix} A_{11} & A_{21} & \cdots & A_{i1} & \cdots & A_{n1} \\ A_{12} & A_{22} & \cdots & A_{i2} & \cdots & A_{n2} \\ \vdots & \vdots & \ddots & \vdots & \cdots & \vdots \\ A_{1j} & A_{2j} & \cdots & A_{ij} & \cdots & A_{nj} \\ \vdots & \vdots & \vdots & \vdots & \ddots & \vdots \\ A_{1n} & A_{2n} & \cdots & A_{in} & \cdots & A_{nn} \end{bmatrix}$$

이고

$$A\,\mathrm{adj}\,A = \begin{bmatrix} a_{11} & a_{12} & \cdots & a_{1j} & \cdots & a_{1n} \\ a_{21} & a_{22} & \cdots & a_{2j} & \cdots & a_{2n} \\ \vdots & \vdots & \ddots & \vdots & \cdots & \vdots \\ a_{i1} & a_{i2} & \cdots & a_{ij} & \cdots & a_{in} \\ \vdots & \vdots & \vdots & \vdots & \ddots & \vdots \\ a_{n1} & a_{n2} & \cdots & a_{nj} & \cdots & a_{nn} \end{bmatrix} \begin{bmatrix} A_{11} & A_{21} & \cdots & A_{i1} & \cdots & A_{n1} \\ A_{12} & A_{22} & \cdots & A_{i2} & \cdots & A_{n2} \\ \vdots & \vdots & \ddots & \vdots & \cdots & \vdots \\ A_{1j} & A_{2j} & \cdots & A_{ij} & \cdots & A_{nj} \\ \vdots & \vdots & \vdots & \vdots & \ddots & \vdots \\ A_{1n} & A_{2n} & \cdots & A_{in} & \cdots & A_{nn} \end{bmatrix}$$

$$= \begin{bmatrix} \sum_{k=1}^{n} a_{1k}A_{1k} & \sum_{k=1}^{n} a_{1k}A_{2k} & \cdots & \cdots & \cdots & \sum_{k=1}^{n} a_{1k}A_{nk} \\ \sum_{k=1}^{n} a_{2k}A_{1k} & \sum_{k=1}^{n} a_{2k}A_{2k} & \cdots & \cdots & \cdots & \sum_{k=1}^{n} a_{2k}A_{nk} \\ \vdots & \vdots & \ddots & \vdots & \vdots & \vdots \\ \vdots & \vdots & \cdots & \sum_{k=1}^{n} a_{ik}A_{jk} & \cdots & \vdots \\ \vdots & \vdots & \vdots & \vdots & \ddots & \vdots \\ \sum_{k=1}^{n} a_{nk}A_{1k} & \sum_{k=1}^{n} a_{nk}A_{2k} & \cdots & \cdots & \cdots & \sum_{k=1}^{n} a_{nk}A_{nk} \end{bmatrix}$$

이다. $A\,\mathrm{adj}\,A$의 (i, j) 성분 $\sum_{k=1}^{n} a_{ik}A_{jk} = a_{i1}A_{j1} + a_{i2}A_{j2} + \cdots + a_{in}A_{jn}$ 에서 $i = j$ 이면 행렬 A의 i 행에 대한 $|A|$의 여인수 전개이고, $i \neq j$ 이면 A의 i 행 성분과 j 행 성분 여인수의 곱을 합한 것이므로 0이다. 즉,

$$\sum_{k=1}^{n} a_{ik}A_{jk} = \begin{cases} |A|, & i = j \\ 0, & i \neq j \end{cases}$$

이다. 그러면

$$A\,\mathrm{adj}\,A = \begin{bmatrix} |A| & 0 & \cdots & 0 & \cdots & 0 \\ 0 & |A| & \cdots & 0 & \cdots & 0 \\ \vdots & \vdots & \ddots & \vdots & \vdots & 0 \\ 0 & 0 & \cdots & |A| & \cdots & 0 \\ \vdots & \vdots & \vdots & \vdots & \ddots & 0 \\ 0 & 0 & \cdots & 0 & \cdots & |A| \end{bmatrix} = |A|\,I_n$$

이고 행렬 A가 가역이므로 $|A| \neq 0$이다. 위 식을 $|A|$로 나누면

$$\frac{1}{|A|}[A\,\mathrm{adj}\,A] = I_n = A\left[\frac{1}{|A|}\mathrm{adj}\,A\right]$$

이다. 그러므로 $A^{-1} = \frac{1}{|A|}\mathrm{adj}\,A$이다. ■

예제 2.2.5 $A = \begin{bmatrix} 4 & 2 & 3 \\ 0 & 2 & 1 \\ 1 & 0 & 1 \end{bmatrix}$ 의 역행렬을 구하라.

풀이 행렬 A의 각 성분의 여인수는

$$A_{11} = (-1)^{1+1}\begin{vmatrix} 2 & 1 \\ 0 & 1 \end{vmatrix} = 2,\ A_{12} = (-1)^{1+2}\begin{vmatrix} 0 & 1 \\ 1 & 1 \end{vmatrix} = 1,\ A_{13} = (-1)^{1+3}\begin{vmatrix} 0 & 2 \\ 1 & 0 \end{vmatrix} = -2$$

$$A_{21} = (-1)^{2+1}\begin{vmatrix} 2 & 3 \\ 0 & 1 \end{vmatrix} = -2,\ A_{22} = (-1)^{2+2}\begin{vmatrix} 4 & 3 \\ 1 & 1 \end{vmatrix} = 1,\ A_{23} = (-1)^{2+3}\begin{vmatrix} 4 & 2 \\ 1 & 0 \end{vmatrix} = 2$$

$$A_{31} = (-1)^{3+1}\begin{vmatrix} 2 & 3 \\ 2 & 1 \end{vmatrix} = -4,\ A_{32} = (-1)^{3+2}\begin{vmatrix} 4 & 3 \\ 0 & 1 \end{vmatrix} = -4,\ A_{33} = (-1)^{3+3}\begin{vmatrix} 4 & 2 \\ 0 & 2 \end{vmatrix} = 8$$

이고 $|A| = a_{11}A_{11} + a_{12}A_{12} + a_{13}A_{13} = 4(2) + 2(1) + 3(-2) = 4$이다. 수반행렬 $\mathrm{adj}\,A$는

$$\mathrm{adj}\,A = \begin{bmatrix} A_{11} & A_{12} & A_{13} \\ A_{21} & A_{22} & A_{23} \\ A_{31} & A_{32} & A_{33} \end{bmatrix}^T = \begin{bmatrix} A_{11} & A_{21} & A_{31} \\ A_{12} & A_{22} & A_{32} \\ A_{13} & A_{23} & A_{33} \end{bmatrix} = \begin{bmatrix} 2 & -2 & -4 \\ 1 & 1 & -4 \\ -2 & 2 & 8 \end{bmatrix}$$

이다. 따라서

$$A \cdot \mathrm{adj}\,A = \begin{bmatrix} 4 & 2 & 3 \\ 0 & 2 & 1 \\ 1 & 0 & 1 \end{bmatrix}\begin{bmatrix} 2 & -2 & -4 \\ 1 & 1 & -4 \\ -2 & 2 & 8 \end{bmatrix} = \begin{bmatrix} 4 & 0 & 0 \\ 0 & 4 & 0 \\ 0 & 0 & 4 \end{bmatrix} = 4\begin{bmatrix} 1 & 0 & 0 \\ 0 & 1 & 0 \\ 0 & 0 & 1 \end{bmatrix} = 4I_3$$

$$= |A|I_3$$

이다.

그러므로 역행렬 $A^{-1} = \frac{1}{|A|}\mathrm{adj}\,A = \frac{1}{4}\begin{bmatrix} 2 & -2 & -4 \\ 1 & 1 & -4 \\ -2 & 2 & 8 \end{bmatrix} = \begin{bmatrix} \frac{1}{2} & -\frac{1}{2} & -1 \\ \frac{1}{4} & \frac{1}{4} & -1 \\ -\frac{1}{2} & \frac{1}{2} & 2 \end{bmatrix}$ 이다. ■

연습문제 2.2

01. 다음 행렬의 수반행렬을 구하라.

(1) $\begin{bmatrix} 3 & -2 & -4 \\ 5 & 0 & 2 \\ 1 & 0 & 1 \end{bmatrix}$ (2) $\begin{bmatrix} 1 & 2 & 0 \\ 4 & -1 & 9 \\ -1 & 3 & 5 \end{bmatrix}$ (3) $\begin{bmatrix} 1 & 0 & -2 \\ 3 & 1 & 4 \\ 5 & 2 & -3 \end{bmatrix}$

(4) $\begin{bmatrix} 2 & 4 & 6 \\ -1 & 2 & 3 \\ 1 & 4 & 9 \end{bmatrix}$ (5) $\begin{bmatrix} 1 & 2 & -1 \\ 1 & 1 & 4 \\ 1 & 0 & 1 \end{bmatrix}$

02. 다음 행렬의 행렬식을 여인수 전개를 이용하여 구하라.

(1) $\begin{bmatrix} 3 & 2 & -4 \\ 2 & 0 & 6 \\ 1 & 4 & 1 \end{bmatrix}$ (2) $\begin{bmatrix} 1 & 2 & 3 \\ -1 & 5 & 2 \\ 3 & 2 & 0 \end{bmatrix}$ (3) $\begin{bmatrix} 0 & 6 & 0 \\ 8 & 6 & 8 \\ 3 & 2 & 2 \end{bmatrix}$

(4) $\begin{bmatrix} 1 & 4 & 2 \\ 3 & 1 & 1 \\ -2 & 2 & 3 \end{bmatrix}$ (5) $\begin{bmatrix} 3 & 1 & -2 & 0 \\ 1 & 2 & 0 & 1 \\ 3 & 4 & 1 & 5 \\ 3 & 2 & 5 & -3 \end{bmatrix}$ (6) $\begin{bmatrix} 5 & -2 & 0 & -1 \\ 0 & 1 & 5 & 2 \\ 1 & 2 & 0 & 2 \\ -3 & 1 & -1 & 1 \end{bmatrix}$

(7) $\begin{bmatrix} 4 & -4 & 2 & 1 \\ 1 & 2 & 0 & 3 \\ 2 & 0 & 3 & 4 \\ 0 & -3 & 2 & 1 \end{bmatrix}$ (8) $\begin{bmatrix} 2 & 2 & -3 & 1 \\ 0 & 1 & 2 & -1 \\ 3 & -1 & 4 & 1 \\ 2 & 3 & 0 & 0 \end{bmatrix}$ (9) $\begin{bmatrix} 3 & 2 & 0 & 1 & 3 \\ -2 & 4 & 1 & 2 & 1 \\ 0 & -1 & 0 & 1 & -5 \\ -1 & 2 & 0 & -1 & 2 \\ 0 & 0 & 0 & 0 & 2 \end{bmatrix}$

03. $A=\begin{bmatrix} 1 & 2 & 3 \\ 2 & x+4 & 8 \\ -1 & 0 & x-3 \end{bmatrix}$가 가역이 되는 x의 조건을 구하라.

04. 행렬식과 수반행렬을 이용하여 다음 행렬의 역행렬을 구하라.

(1) $\begin{bmatrix} 3 & -2 & 1 \\ 5 & 6 & 2 \\ 1 & 0 & 3 \end{bmatrix}$ (2) $\begin{bmatrix} 1 & 0 & 1 \\ -1 & 3 & 0 \\ 1 & 0 & 2 \end{bmatrix}$ (3) $\begin{bmatrix} 1 & 1 & 0 \\ 1 & 1 & 1 \\ 0 & 2 & 1 \end{bmatrix}$

(4) $\begin{bmatrix} 1 & 2 & 2 \\ 3 & 1 & 0 \\ 1 & 1 & 1 \end{bmatrix}$ (5) $\begin{bmatrix} -2 & 3 & 2 \\ 6 & 0 & 3 \\ 4 & 1 & -1 \end{bmatrix}$ (6) $\begin{bmatrix} 2 & 1 & 3 \\ -1 & 2 & 0 \\ 3 & -2 & 1 \end{bmatrix}$

(7) $\begin{bmatrix} 1 & 2 & 3 \\ 2 & 3 & 4 \\ 1 & 5 & 7 \end{bmatrix}$ (8) $\begin{bmatrix} 2 & 5 & 2 & 3 \\ 2 & 3 & 3 & 4 \\ 3 & 6 & 3 & 2 \\ 4 & 1 & 2 & 8 \end{bmatrix}$ (9) $\begin{bmatrix} 0 & 0 & -1 & 3 \\ 0 & 1 & 2 & 1 \\ 2 & -2 & 5 & 2 \\ 3 & 3 & 0 & 0 \end{bmatrix}$

2.3 Cramer 공식

행렬식을 이용하여 연립일차방정식의 해를 구하는 방법을 알아본다.

정리 2.3.1

연립일차방정식

$$\begin{cases} a_{11}x_1 + a_{12}x_2 + \cdots + a_{1n}x_n = b_1 \\ a_{21}x_1 + a_{22}x_2 + \cdots + a_{2n}x_n = b_2 \\ \qquad\qquad \vdots \\ a_{n1}x_1 + a_{n2}x_2 + \cdots + a_{nn}x_n = b_n \end{cases}$$

에서 $A=\begin{bmatrix} a_{11} & a_{12} & \cdots & a_{1n} \\ a_{21} & a_{22} & \cdots & a_{2n} \\ \vdots & \vdots & \ddots & \vdots \\ a_{n1} & a_{n2} & \cdots & a_{nn} \end{bmatrix}$, $X=\begin{bmatrix} x_1 \\ x_2 \\ \vdots \\ x_n \end{bmatrix}$, $B=\begin{bmatrix} b_1 \\ b_2 \\ \vdots \\ b_n \end{bmatrix}$이라 하면 $AX=B$로 나타낼 수 있다. B_k를 A의 k열을 B로 바꾼 행렬이라 하고 $|A|\neq 0$이면 $AX=B$의 유일한 해는 $x_k=\dfrac{|B_k|}{|A|}$, $k=1, 2, \cdots, n$이다. 이를 **Cramer 공식**(Cramer's rule)이라 한다.

증명 $|A| \neq 0$이므로 A는 가역이고 $AX=B$는 유일한 해 $X=A^{-1}B$를 갖는다.

$A^{-1}=\dfrac{1}{|A|}\mathrm{adj}\,A$이므로

$$X=\left(\frac{1}{|A|}\mathrm{adj}\,A\right)B=\frac{1}{|A|}\begin{bmatrix} A_{11} & A_{21} & \cdots & A_{i1} & \cdots & A_{n1} \\ A_{12} & A_{22} & \cdots & A_{i2} & \cdots & A_{n2} \\ \vdots & \vdots & \vdots & \vdots & \cdots & \vdots \\ A_{1k} & A_{2k} & \cdots & A_{ik} & \cdots & A_{nk} \\ \vdots & \vdots & \vdots & \vdots & \vdots & \vdots \\ A_{1n} & A_{2n} & \cdots & A_{in} & \cdots & A_{nn} \end{bmatrix}\begin{bmatrix} b_1 \\ b_2 \\ \vdots \\ b_k \\ \vdots \\ b_n \end{bmatrix}$$

이다. 따라서 X의 k행의 성분은

$$x_k=\frac{b_1A_{1k}+b_2A_{2k}+\cdots+b_nA_{nk}}{|A|}$$

이다. $b_1A_{1k}+b_2A_{2k}+\cdots+b_nA_{nk}$는 A의 k열을 B로 바꾼 행렬 B_k의 행렬식이다. 따라서

$$x_k=\frac{|B_k|}{|A|},\quad k=1,\ 2,\ \cdots,\ n$$

이다. ■

예제 2.3.1 $\begin{cases} x_1+2x_2-x_3=3 \\ -x_1+x_2+2x_3=2 \\ 2x_1-x_2+x_3=1 \end{cases}$의 해를 Cramer 공식을 이용하여 구하라.

풀이 계수행렬 $A=\begin{bmatrix} 1 & 2 & -1 \\ -1 & 1 & 2 \\ 2 & -1 & 1 \end{bmatrix}$에서 $|A|=\begin{vmatrix} 1 & 2 & -1 \\ -1 & 1 & 2 \\ 2 & -1 & 1 \end{vmatrix}=14$이고

$$|B_1|=\begin{vmatrix} 3 & 2 & -1 \\ 2 & 1 & 2 \\ 1 & -1 & 1 \end{vmatrix}=12,\quad |B_2|=\begin{vmatrix} 1 & 3 & -1 \\ -1 & 2 & 2 \\ 2 & 1 & 1 \end{vmatrix}=20,\quad |B_3|=\begin{vmatrix} 1 & 2 & 3 \\ -1 & 1 & 2 \\ 2 & -1 & 1 \end{vmatrix}=10$$

이므로 $x_1=\dfrac{|B_1|}{|A|}=\dfrac{6}{7}$, $x_2=\dfrac{|B_2|}{|A|}=\dfrac{10}{7}$, $x_3=\dfrac{|B_3|}{|A|}=\dfrac{5}{7}$이다. ■

Cramer 공식은 행렬식만을 이용하여 연립일차방정식의 해를 구할 수 있고, 특정한 미지수 값을 바로 찾을 수 있다. 그러나 n개의 미지수를 포함하는 n개의 일차방정식으로 이루어진 연립일차방정식은 n차 행렬식을 $n+1$개 구하여야 하므로 $n>3$일 때는 Gauss 소거법이 편리하다.

예제 2.3.2 $\begin{cases} 5x_1 - 2x_2 + x_3 = 0 \\ 3x_1 + 2x_2 \qquad = 0 \\ x_1 + \ x_2 - x_3 = 0 \end{cases}$의 해를 Cramer 공식을 이용하여 구하라.

풀이 $|A| = \begin{vmatrix} 5 & -2 & 1 \\ 3 & 2 & 0 \\ 1 & 1 & -1 \end{vmatrix} = -15$이고

$$|B_1| = \begin{vmatrix} 0 & -2 & 1 \\ 0 & 2 & 0 \\ 0 & 1 & -1 \end{vmatrix} = 0,\ |B_2| = \begin{vmatrix} 5 & 0 & 1 \\ 3 & 0 & 0 \\ 1 & 0 & -1 \end{vmatrix} = 0,\ |B_3| = \begin{vmatrix} 5 & -2 & 0 \\ 3 & 2 & 0 \\ 1 & 1 & 0 \end{vmatrix} = 0$$

이므로 $x_1 = x_2 = x_3 = 0$이다. ■

일반적으로 $AX = O$가 자명해만을 가질 필요충분조건은 $|A| \neq 0$이다. n개의 미지수를 포함하는 n개의 일차방정식으로 이루어진 연립일차방정식의 계수행렬과 행렬식에 대한 정리를 알아보자. 증명은 독자에게 남긴다.

정리 2.3.2

A가 n차 정사각행렬이면 다음은 동치이다.

(1) A는 가역이다.

(2) $n \times 1$행렬 B에 대하여 연립일차방정식 $AX = B$는 유일한 해를 갖는다.

(3) 동차연립일차방정식 $AX = O$는 자명한 해만 갖는다.

(4) A와 I_n은 행 동치이다.

(5) $|A| \neq 0$

행렬식의 응용은 무수히 많다. 몇 가지 예를 알아보자.

예제 2.3.3 $\begin{cases} (\cos t)x_1 - (\sin t)x_2 = \cos t - 2\sin t \\ (\sin t)x_1 + (\cos t)x_2 = \sin t + 2\cos t \end{cases}$의 해를 Cramer 공식을 이용하여 구하라.

풀이 계수행렬은 $A = \begin{bmatrix} \cos t & -\sin t \\ \sin t & \cos t \end{bmatrix}$이고 $|A| = \begin{vmatrix} \cos t & -\sin t \\ \sin t & \cos t \end{vmatrix} = 1$이다. 그리고

$$|B_1| = \begin{vmatrix} \cos t - 2\sin t & -\sin t \\ \sin t + 2\cos t & \cos t \end{vmatrix} = 1,\ |B_2| = \begin{vmatrix} \cos t & \cos t - 2\sin t \\ \sin t & \sin t + 2\cos t \end{vmatrix} = 2$$

이므로 $x_1 = \dfrac{|B_1|}{|A|} = 1$, $x_2 = \dfrac{|B_2|}{|A|} = 2$이다. ■

예제 2.3.4 행렬식 $\begin{vmatrix} 1 & 1 & 1 \\ 1 & x^2 & 2 \\ 1 & x & 4 \end{vmatrix} = 0$을 만족시키는 x를 구하라.

풀이 $\begin{vmatrix} 1 & 1 & 1 \\ 1 & x^2 & 2 \\ 1 & x & 4 \end{vmatrix} = \begin{vmatrix} 1 & 1 & 1 \\ 0 & x^2-1 & 1 \\ 0 & x-1 & 3 \end{vmatrix} = 3(x^2-1)-(x-1) = (3x+2)(x-1) = 0$이다. 따라서

$$x = -\frac{2}{3},\quad x = 1$$

이다. ■

예제 2.3.5 점 $(-1, 11)$, $(2, -10)$을 지나는 직선의 방정식 $y = a_1x + a_2$를 행렬식을 이용하여 구하라.

풀이 $y = a_1x + a_2$에 $(-1,\ 11)$을 대입하면 $-a_1 + a_2 = 11$이고 $(2,\ -10)$을 대입하면 $2a_1 + a_2 = -10$이다. 따라서

$$\begin{cases} -a_1 + a_2 = 11 \\ 2a_1 + a_2 = -10 \end{cases}$$

에서 계수행렬은 $A = \begin{bmatrix} -1 & 1 \\ 2 & 1 \end{bmatrix}$이고 $|A| = \begin{vmatrix} -1 & 1 \\ 2 & 1 \end{vmatrix} = -3$이다. 그리고

$$|B_1| = \begin{vmatrix} 11 & 1 \\ -10 & 1 \end{vmatrix} = 21,\quad |B_2| = \begin{vmatrix} -1 & 11 \\ 2 & -10 \end{vmatrix} = -12$$

이므로 $a_1 = \dfrac{|B_1|}{|A|} = -7$, $a_2 = \dfrac{|B_2|}{|A|} = 4$이다. 따라서 $y = -7x + 4$이다. ■

예제 2.3.6 점 $(1, 3)$, $(2, 3)$, $(3, 5)$를 지나는 포물선 $y = a_1x^2 + a_2x + a_3$를 구하라.

풀이 $y = a_1x^2 + a_2x + a_3$에 $(1, 3)$을 대입하면 $a_1 + a_2 + a_3 = 3$, $(2, 3)$을 대입하면 $4a_1 + 2a_2 + a_3 = 3$, $(3, 5)$를 대입하면 $9a_1 + 3a_2 + a_3 = 5$이다. 따라서

$$\begin{cases} a_1 + \ a_2 + a_3 = 3 \\ 4a_1 + 2a_2 + a_3 = 3 \\ 9a_1 + 3a_2 + a_3 = 5 \end{cases}$$

에서 계수행렬은 $A = \begin{bmatrix} 1 & 1 & 1 \\ 4 & 2 & 1 \\ 9 & 3 & 1 \end{bmatrix}$이고 $|A| = \begin{vmatrix} 1 & 1 & 1 \\ 4 & 2 & 1 \\ 9 & 3 & 1 \end{vmatrix} = -2$이다. 그리고

$$|B_1| = \begin{vmatrix} 3 & 1 & 1 \\ 3 & 2 & 1 \\ 5 & 3 & 1 \end{vmatrix} = -2, \ |B_2| = \begin{vmatrix} 1 & 3 & 1 \\ 4 & 3 & 1 \\ 9 & 5 & 1 \end{vmatrix} = 6, \ |B_3| = \begin{vmatrix} 1 & 1 & 3 \\ 4 & 2 & 3 \\ 9 & 3 & 5 \end{vmatrix} = -10$$

이므로 $a_1 = \dfrac{|B_1|}{|A|} = 1$, $a_2 = \dfrac{|B_2|}{|A|} = -3$, $a_3 = \dfrac{|B_3|}{|A|} = 5$이다. 따라서 $y = x^2 - 3x + 5$ 이다. ■

예제 2.3.7 점 $(0,1)$, $(1,-1)$, $(2,-1)$, $(3,7)$을 지나는 삼차함수 $y = a_1x^3 + a_2x^2 + a_3x + a_4$를 구하라.

풀이 $y = a_1x^3 + a_2x^2 + a_3x + a_4$에 $(0, 1)$을 대입하면 $a_4 = 1$, $(1, -1)$을 대입하면 $a_1 + a_2 + a_3 = -2$, $(2, -1)$을 대입하면 $8a_1 + 4a_2 + 2a_3 = -2$, $(3, 7)$을 대입하면 $27a_1 + 9a_2 + 3a_3 = 6$이 된다. 따라서

$$\begin{cases} a_1 + \ a_2 + \ a_3 = -2 \\ 8a_1 + 4a_2 + 2a_3 = -2 \\ 27a_1 + 9a_2 + 3a_3 = \ \ 6 \end{cases}$$

에서 계수행렬은 $A = \begin{bmatrix} 1 & 1 & 1 \\ 8 & 4 & 2 \\ 27 & 9 & 3 \end{bmatrix}$이고 $|A| = \begin{vmatrix} 1 & 1 & 1 \\ 8 & 4 & 2 \\ 27 & 9 & 3 \end{vmatrix} = -12$이다. 그리고

$$|B_1| = \begin{vmatrix} -2 & 1 & 1 \\ -2 & 4 & 2 \\ 6 & 9 & 3 \end{vmatrix} = -12, \ |B_2| = \begin{vmatrix} 1 & -2 & 1 \\ 8 & -2 & 2 \\ 27 & 6 & 3 \end{vmatrix} = 24, \ |B_3| = \begin{vmatrix} 1 & 1 & -2 \\ 8 & 4 & -2 \\ 27 & 9 & 6 \end{vmatrix} = 12$$

이므로 $a_1 = \dfrac{|B_1|}{|A|} = 1$, $a_2 = \dfrac{|B_2|}{|A|} = -2$, $a_3 = \dfrac{|B_3|}{|A|} = -1$이다. 따라서 $y = x^3 - 2x^2 - x + 1$ 이다. ■

연습문제 2.3

01. 다음 연립일차방정식의 해를 Cramer 공식을 이용하여 구하라.

(1) $\begin{cases} x_1 \qquad - x_3 = 1 \\ 2x_1 + x_2 - x_3 = 0 \\ x_1 + 2x_2 + 5x_3 = 0 \end{cases}$ (2) $\begin{cases} 2x_1 - 5x_2 + 2x_3 = 7 \\ x_1 + 2x_2 - 4x_3 = 3 \\ 3x_1 - 4x_2 - 6x_3 = 5 \end{cases}$ (3) $\begin{cases} x_1 + 2x_2 + x_3 = 4 \\ x_1 - x_2 + x_3 = 5 \\ 2x_1 + 3x_2 - x_3 = 1 \end{cases}$

(4) $\begin{cases} 2x_1 + 4x_2 + x_3 = 7 \\ 3x_1 + 2x_2 + 3x_3 = 7 \\ 5x_1 - 4x_2 + 4x_3 = 9 \end{cases}$ (5) $\begin{cases} 4x_2 + 3x_3 = -2 \\ 3x_1 + 4x_2 + 5x_3 = 6 \\ -2x_1 + 5x_2 - 2x_3 = 1 \end{cases}$ (6) $\begin{cases} 3x_1 + 2x_2 - 3x_3 = 1 \\ 3x_1 + 5x_2 + 2x_3 = 8 \\ -x_1 + 2x_2 + 3x_3 = 1 \end{cases}$

(7) $\begin{cases} x_1 + 2x_2 + x_3 = 5 \\ 2x_1 + 2x_2 + x_3 = 6 \\ x_1 + 2x_2 + 3x_3 = 9 \end{cases}$ (8) $\begin{cases} -2x_1 + 3x_2 - x_3 = 1 \\ x_1 + 2x_2 - x_3 = 4 \\ -2x_1 - x_2 + x_3 = -3 \end{cases}$ (9) $\begin{cases} x_1 - x_2 - x_3 - x_4 = 0 \\ -x_1 - x_2 + x_3 + x_4 = 2 \\ x_1 + x_2 - x_3 + x_4 = 1 \\ x_1 + x_2 + x_3 + x_4 = 1 \end{cases}$

02. 다음 행렬식을 만족하는 x를 구하라.

(1) $\begin{vmatrix} x-2 & 1 \\ -5 & x+4 \end{vmatrix} = 0$ (2) $\begin{vmatrix} x-4 & 0 & 0 \\ 0 & x & 2 \\ 0 & 3 & x-1 \end{vmatrix} = 0$ (3) $\begin{vmatrix} 1-x & 0 & 2 \\ 0 & 4-x & 3 \\ 0 & 4 & 4-x \end{vmatrix} = 0$

(4) $\begin{vmatrix} 1 & 1 & 1 \\ 1 & x & 2 \\ 1 & x^2 & 4 \end{vmatrix} = 0$ (5) $\begin{vmatrix} x & -1 \\ 3 & 1-x \end{vmatrix} = \begin{vmatrix} 1 & 0 & -3 \\ 2 & x & -6 \\ 1 & 3 & x-5 \end{vmatrix}$ (6) $\begin{vmatrix} x+2 & 3x \\ 3 & x+2 \end{vmatrix} \begin{vmatrix} x & 0 \\ 5 & x+2 \end{vmatrix} = 0$

03. 점 (x_1, y_1)과 (x_2, y_2)를 지나는 직선의 방정식은 $\begin{vmatrix} x & y & 1 \\ x_1 & y_1 & 1 \\ x_2 & y_2 & 1 \end{vmatrix} = 0$임을 보이라.

04. 점 (x_1, y_1, z_1), (x_2, y_2, z_2), (x_3, y_3, z_3)를 지나는 평면의 방정식은 $\begin{vmatrix} x & y & z & 1 \\ x_1 & y_1 & z_1 & 1 \\ x_2 & y_2 & z_2 & 1 \\ x_3 & y_3 & z_3 & 1 \end{vmatrix} = 0$임을 보이라.

05. 점 (x_1, y_1), (x_2, y_2), (x_3, y_3)를 지나는 $ay + bx^2 + cx + d = 0$은 $\begin{vmatrix} y & x^2 & x & 1 \\ y_1 & x_1^2 & x_1 & 1 \\ y_2 & x_2^2 & x_2 & 1 \\ y_3 & x_3^2 & x_3 & 1 \end{vmatrix} = 0$임을 보이라.

03

벡터공간

물리적인 양을 크기만으로 나타낼 수 있는 것이 있는가 하면 크기와 방향으로 나타내어야 하는 것이 있다. 예를 들면 길이, 넓이, 질량, 온도 등은 크기만으로 양을 나타낼 수 있다. 그러나 힘, 속도, 가속도 등의 양은 크기와 방향으로 나타내어야 한다. 크기만 가지는 양을 스칼라(scalar)라 하고 크기와 방향을 가지는 양을 벡터(vector)라 한다. 3차원 공간 $\mathbb{R}^3$에서 공간벡터의 기본적인 성질을 알아보고 고차원 공간 $\mathbb{R}^n$으로 확장하여 벡터와 행렬의 관계를 알아본다.

3.1 공간벡터

3차원 공간 $\mathbb{R}^3$에서 기하학 개념으로 표현되는 공간벡터의 기본적인 성질을 알아본다.

1차원 공간 $\mathbb{R}^1$ 또는 2차원 공간 $\mathbb{R}^2$ 또는 3차원 공간 $\mathbb{R}^3$의 공간벡터는 기하학 개념인 **유향선분**(directed line segment)으로 나타낼 수 있다. 유향선분의 화살표는 방향을 표현하고 길이는 크기를 나타낸다.

유향선분의 출발점을 **처음점**(initial point)이라 하고, 종점을 **끝점**(terminal point)이

라 한다.

공간벡터 $\mathbf{x}$가 처음점이 A이고 끝점이 B이면 $\mathbf{x}=\overrightarrow{AB}$로 나타내고 공간벡터의 **크기**(norm)는 $\|\mathbf{x}\|=\|\overrightarrow{AB}\|$로 나타낸다. 크기가 0인 벡터를 **영벡터**(zero vector)라 하고 $\mathbf{0}$으로 나타낸다. 공간벡터를 유향선분으로 표현하면 다음과 같다.

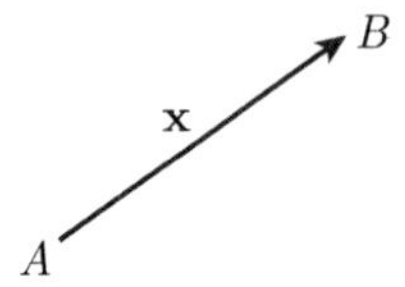

공간벡터는 $\mathbf{x}$, $\mathbf{y}$, $\mathbf{u}$, $\mathbf{v}$, $\cdots$와 같이 **굵은 체**로 나타내고 스칼라는 a, b, c, k, $\cdots$와 같이 쓰기로 한다.

공간벡터는 크기와 방향으로 정의되므로 크기와 방향이 같은 벡터는 처음점에 관계없이 모두 **같다**(equal). 따라서 평행 이동하여 얻은 공간벡터는 모두 같다. 다음 공간벡터들은 모두 같다.

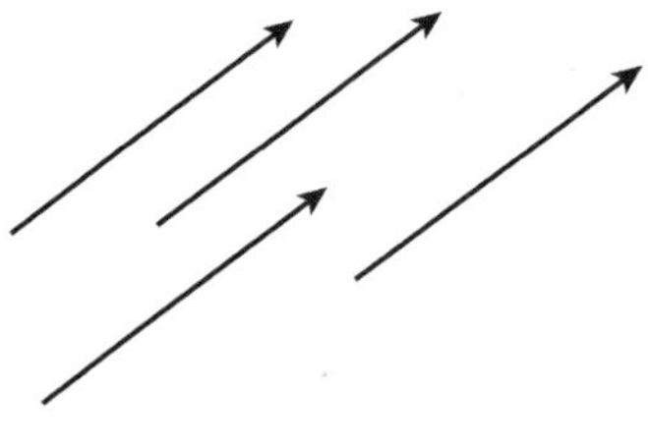

정의 두 공간벡터 $\mathbf{x}$, $\mathbf{y}$와 스칼라 k에 대하여 합 $\mathbf{x}+\mathbf{y}$와 스칼라 곱 $k\mathbf{x}$를 다음과 같이 정의한다.

(1) $\mathbf{x}+\mathbf{y}$는 $\mathbf{x}$와 $\mathbf{y}$에 의하여 결정되는 평행사변형의 대각선으로 표현되는 벡터이다.

(2) $k\mathbf{x}$는 $k>0$이면 $\mathbf{x}$와 방향이 같고 $\mathbf{x}$의 크기를 k배한 벡터이고, $k<0$이면 $\mathbf{x}$와 방향이 반대이고 $\mathbf{x}$의 크기를 $|k|$배한 벡터이다. 그리고 $k=0$이면 $k\mathbf{x}=\mathbf{0}$이다.

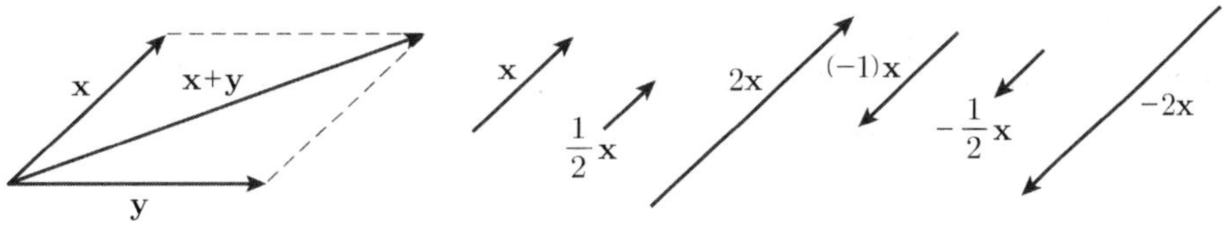

좌표공간 $\mathbb{R}^3 = \{(x, y, z) \mid x, y, z \in \mathbb{R}\}$에서 처음점을 $A(x_1, y_1, z_1)$, 끝점을 $B(x_2, y_2, z_2)$로 하는 공간벡터 $\mathbf{x} = \overrightarrow{AB}$를 평행 이동하여 원점 $O(0, 0, 0)$을 처음점으로 하게 되면 끝점은 $B'(x_2 - x_1,\ y_2 - y_1,\ z_2 - z_1)$이고 $\mathbf{x} = \overrightarrow{OB'} = \overrightarrow{AB}$이다. 그리고 $\mathbf{x}$의 크기는

$$\|\mathbf{x}\| = \|\overrightarrow{OB'}\| = \|\overrightarrow{AB}\| = \sqrt{(x_2 - x_1)^2 + (y_2 - y_1)^2 + (z_2 - z_1)^2}$$

이다. 따라서 원점을 처음점으로 하면 공간벡터는 끝점에 의하여 크기와 방향이 결정된다. 그러므로 공간벡터는 세 실수의 쌍 (x, y, z)로 결정된다.

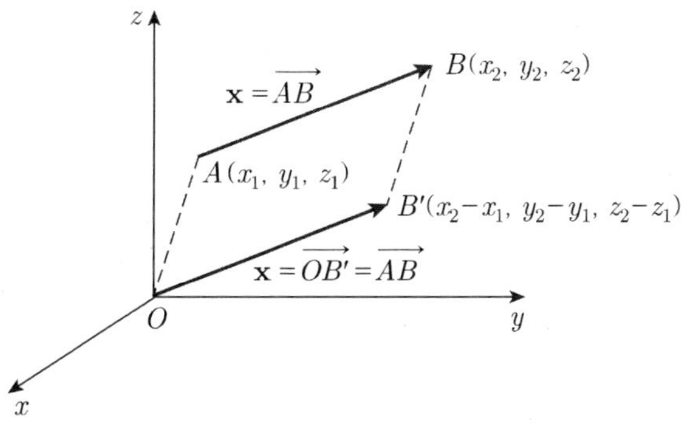

정의 세 실수의 순서쌍 (x_1, x_2, x_3)를 **공간벡터**라 하고

$$\mathbf{x} = (x_1, x_2, x_3) \text{ 또는 } \mathbf{x} = \begin{bmatrix} x_1 \\ x_2 \\ x_3 \end{bmatrix}$$

로 나타낸다. x_1, x_2, x_3를 공간벡터 $\mathbf{x}$의 **성분**(component)이라 한다.

공간벡터를 간단히 벡터로 쓰기로 한다.

벡터 $\mathbf{x} = \begin{bmatrix} x_1 \\ x_2 \\ x_3 \end{bmatrix}$와 $\mathbf{y} = \begin{bmatrix} y_1 \\ y_2 \\ y_3 \end{bmatrix}$에 대하여 $x_1 = y_1$, $x_2 = y_2$, $x_3 = y_3$이면 $\mathbf{x} = \mathbf{y}$이다.

예제 3.1.1 점 $P(0, -4, 2)$, $Q(2, -1, 6)$, $R(-3, 1, 0)$, $S(-1, 4, 4)$와 벡터 $\mathbf{x} = \begin{bmatrix} 3 \\ -2 \\ 1 \end{bmatrix}$에 대하여 $\|\overrightarrow{PQ}\|$, $\|\overrightarrow{RS}\|$와 $\|\mathbf{x}\|$를 구하라.

풀이 $\overrightarrow{PQ} = (2-0, -1-(-4), 6-2) = (2,3,4)$, $\overrightarrow{RS} = (-1-(-3), 4-1, 4-0) = (2,3,4)$

이므로 $\overrightarrow{PQ} = \overrightarrow{RS} = \begin{bmatrix} 2 \\ 3 \\ 4 \end{bmatrix}$이다. 따라서

$$\|\overrightarrow{PQ}\| = \|\overrightarrow{RS}\| = \sqrt{2^2 + 3^2 + 4^2} = \sqrt{29}$$

이다. 그리고 $\|\mathbf{x}\| = \sqrt{3^2 + (-2)^2 + 1^2} = \sqrt{14}$이다. ■

정의 벡터 $\mathbf{x} = \begin{bmatrix} x_1 \\ x_2 \\ x_3 \end{bmatrix}$, $\mathbf{y} = \begin{bmatrix} y_1 \\ y_2 \\ y_3 \end{bmatrix}$와 스칼라 $k \in \mathbb{R}$에 대하여 $\mathbf{x} + \mathbf{y}$와 $k\mathbf{x}$는 다음과 같다.

(1) $\mathbf{x} + \mathbf{y} = \begin{bmatrix} x_1 + y_1 \\ x_2 + y_2 \\ x_3 + y_3 \end{bmatrix}$ (2) $k\mathbf{x} = \begin{bmatrix} kx_1 \\ kx_2 \\ kx_3 \end{bmatrix}$

위의 정의에 의하여 벡터 $\mathbf{x} = \begin{bmatrix} x_1 \\ x_2 \\ x_3 \end{bmatrix}$와 $\mathbf{0} = \begin{bmatrix} 0 \\ 0 \\ 0 \end{bmatrix}$에 대하여 $\mathbf{x} + \mathbf{0} = \mathbf{x}$이고 $\mathbf{x} + (-1)\mathbf{x} = \mathbf{0}$이다. 따라서

$$(-1)\mathbf{x} = -\mathbf{x}$$

로 나타내고 $-\mathbf{x}$를 $\mathbf{x}$의 **음벡터**(negative vector)라 한다. 그리고

$$0\mathbf{x} = \begin{bmatrix} 0x_1 \\ 0x_2 \\ 0x_3 \end{bmatrix} = \begin{bmatrix} 0 \\ 0 \\ 0 \end{bmatrix} = \mathbf{0}, \quad k\mathbf{0} = \begin{bmatrix} k0 \\ k0 \\ k0 \end{bmatrix} = \begin{bmatrix} 0 \\ 0 \\ 0 \end{bmatrix} = \mathbf{0}$$

이다.

정리 3.1.1

벡터 $\mathbf{x}=\begin{bmatrix}x_1\\x_2\\x_3\end{bmatrix}$, $\mathbf{y}=\begin{bmatrix}y_1\\y_2\\y_3\end{bmatrix}$, $\mathbf{z}=\begin{bmatrix}z_1\\z_2\\z_3\end{bmatrix}$와 스칼라 $h,\ k\in\mathbb{R}$에 대하여 다음이 성립한다.

(1) $\mathbf{x}+\mathbf{y}=\mathbf{y}+\mathbf{x}$

(2) $(\mathbf{x}+\mathbf{y})+\mathbf{z}=\mathbf{x}+(\mathbf{y}+\mathbf{z})$

(3) $\mathbf{x}+\mathbf{0}=\mathbf{x}=\mathbf{0}+\mathbf{x}$

(4) $\mathbf{x}+(-\mathbf{x})=\mathbf{0}=(-\mathbf{x})+\mathbf{x}$

(5) $k(\mathbf{x}+\mathbf{y})=k\mathbf{x}+k\mathbf{y}$

(6) $(h+k)\mathbf{x}=h\mathbf{x}+k\mathbf{x}$

(7) $(hk)\mathbf{x}=h(k\mathbf{x})$

(8) $1\mathbf{x}=\mathbf{x}$

증명 (6) $\mathbf{x}=\begin{bmatrix}x_1\\x_2\\x_3\end{bmatrix}$이면

$$(h+k)\mathbf{x}=(h+k)\begin{bmatrix}x_1\\x_2\\x_3\end{bmatrix}=\begin{bmatrix}(h+k)x_1\\(h+k)x_2\\(h+k)x_3\end{bmatrix}=\begin{bmatrix}hx_1+kx_1\\hx_2+kx_2\\hx_3+kx_3\end{bmatrix}$$
$$=\begin{bmatrix}hx_1\\hx_2\\hx_3\end{bmatrix}+\begin{bmatrix}kx_1\\kx_2\\kx_3\end{bmatrix}=h\begin{bmatrix}x_1\\x_2\\x_3\end{bmatrix}+k\begin{bmatrix}x_1\\x_2\\x_3\end{bmatrix}=h\mathbf{x}+k\mathbf{x}$$

나머지 증명은 독자에게 남긴다. ■

예제 3.1.2 $\mathbf{x}=\begin{bmatrix}1\\-3\\2\end{bmatrix}$, $\mathbf{y}=\begin{bmatrix}-2\\4\\1\end{bmatrix}$에 대하여 $\mathbf{x}+\mathbf{y}$, $\mathbf{x}-2\mathbf{y}$, $\|\mathbf{x}-\mathbf{y}\|$를 구하라.

풀이 $\mathbf{x}+\mathbf{y}=\begin{bmatrix}1\\-3\\2\end{bmatrix}+\begin{bmatrix}-2\\4\\1\end{bmatrix}=\begin{bmatrix}1-2\\-3+4\\2+1\end{bmatrix}=\begin{bmatrix}-1\\1\\3\end{bmatrix}$이고

$\mathbf{x}-2\mathbf{y}=\begin{bmatrix}1\\-3\\2\end{bmatrix}-2\begin{bmatrix}-2\\4\\1\end{bmatrix}=\begin{bmatrix}1\\-3\\2\end{bmatrix}-\begin{bmatrix}-4\\8\\2\end{bmatrix}=\begin{bmatrix}1+4\\-3-8\\2-2\end{bmatrix}=\begin{bmatrix}5\\-11\\0\end{bmatrix}$이다.

$\mathbf{x}-\mathbf{y}=\begin{bmatrix}1\\-3\\2\end{bmatrix}-\begin{bmatrix}-2\\4\\1\end{bmatrix}=\begin{bmatrix}1+2\\-3-4\\2-1\end{bmatrix}=\begin{bmatrix}3\\-7\\1\end{bmatrix}$이므로 $\|\mathbf{x}-\mathbf{y}\|=\sqrt{3^2+(-7)^2+1^2}=\sqrt{59}$

이다. ■

크기가 1인 벡터를 **단위벡터**(unit vector)라 한다. 영벡터가 아닌 $\mathbf{x}$에 대하여

$$\mathbf{u} = \frac{\mathbf{x}}{\|\mathbf{x}\|}$$

는 $\mathbf{x}$ 와 방향이 같은 단위벡터이다. $\mathbb{R}^3$ 에서 단위벡터 $\mathbf{i} = \begin{bmatrix} 1 \\ 0 \\ 0 \end{bmatrix}$, $\mathbf{j} = \begin{bmatrix} 0 \\ 1 \\ 0 \end{bmatrix}$, $\mathbf{k} = \begin{bmatrix} 0 \\ 0 \\ 1 \end{bmatrix}$ 를 **기본단위벡터**(standard unit vector)라 한다.

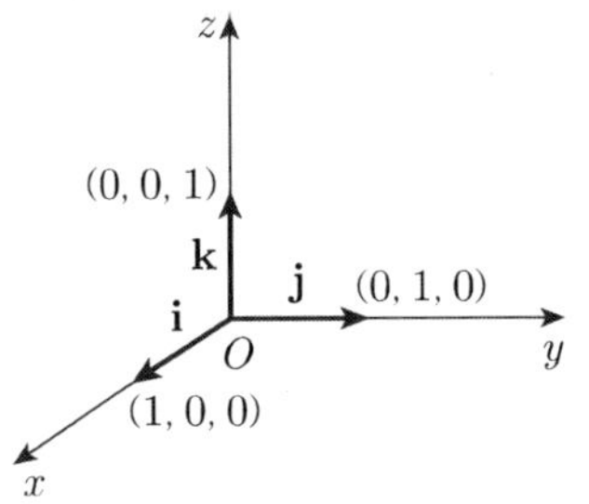

$\mathbf{x} = \begin{bmatrix} x_1 \\ x_2 \\ x_3 \end{bmatrix}$ 는 기본단위벡터 $\mathbf{i}, \mathbf{j}, \mathbf{k}$ 로 나타낼 수 있다.

$$\mathbf{x} = \begin{bmatrix} x_1 \\ x_2 \\ x_3 \end{bmatrix} = x_1 \begin{bmatrix} 1 \\ 0 \\ 0 \end{bmatrix} + x_2 \begin{bmatrix} 0 \\ 1 \\ 0 \end{bmatrix} + x_3 \begin{bmatrix} 0 \\ 0 \\ 1 \end{bmatrix} = x_1\mathbf{i} + x_2\mathbf{j} + x_3\mathbf{k}$$

예 제 3.1.3 $\mathbf{x} = \begin{bmatrix} 1 \\ 3 \\ -2 \end{bmatrix}$ 를 기본단위벡터 $\mathbf{i}, \mathbf{j}, \mathbf{k}$ 로 나타내고 $\mathbf{x}$ 와 방향이 같은 단위벡터를 구하라.

풀 이 $\mathbf{x} = \begin{bmatrix} 1 \\ 3 \\ -2 \end{bmatrix} = \mathbf{i} + 3\mathbf{j} - 2\mathbf{k}$ 이고, $\|\mathbf{x}\| = \sqrt{1^2 + 3^2 + (-2)^2} = \sqrt{14}$ 이므로 $\mathbf{x}$ 와 방향이 같은 단위벡터는

$$\mathbf{u} = \frac{\mathbf{x}}{\|\mathbf{x}\|} = \frac{1}{\sqrt{14}} \begin{bmatrix} 1 \\ 3 \\ -2 \end{bmatrix} = \frac{1}{\sqrt{14}}\mathbf{i} + \frac{3}{\sqrt{14}}\mathbf{j} - \frac{2}{\sqrt{14}}\mathbf{k}$$

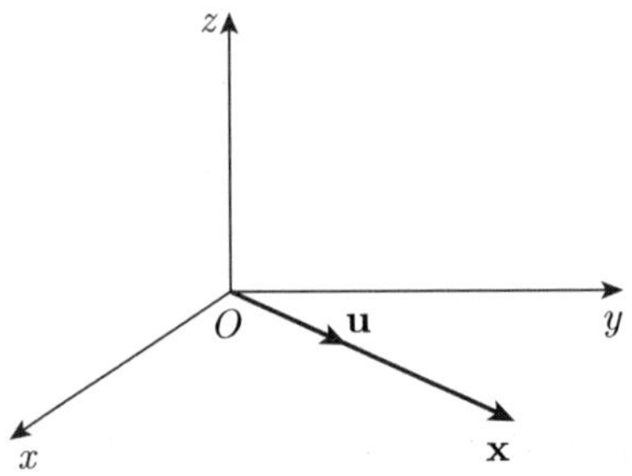

■

연습문제 3.1

01. 다음의 두 점 P와 Q에 의하여 정의되는 벡터 $\overrightarrow{PQ}$를 구하라.

(1) $P(5, -2, 1)$, $Q(2, 4, 2)$　　(2) $P(2, 1, 1)$, $Q(3, 0, 4)$

(3) $P(-3, 1, 0)$, $Q(-1, 4, 4)$

02. 끝점이 $Q(-1, -1, 2)$인 벡터 $\mathbf{x}=(1, 1, 3)$의 처음점 P를 구하라.

03. 다음의 벡터 $\mathbf{x}$와 $\mathbf{y}$를 기본단위벡터 $\mathbf{i}, \mathbf{j}, \mathbf{k}$로 나타내고 $\|\mathbf{x}\|$, $\mathbf{x}+\mathbf{y}$, $\mathbf{x}-2\mathbf{y}$를 구하라.

(1) $\mathbf{x}=\begin{bmatrix} 6 \\ -2 \\ 3 \end{bmatrix}$, $\mathbf{y}=\begin{bmatrix} 0 \\ -2 \\ 0 \end{bmatrix}$　　(2) $\mathbf{x}=\begin{bmatrix} 2 \\ 5 \\ -1 \end{bmatrix}$, $\mathbf{y}=\begin{bmatrix} -1 \\ 2 \\ 1 \end{bmatrix}$　　(3) $\mathbf{x}=\begin{bmatrix} 1 \\ 2 \\ -3 \end{bmatrix}$, $\mathbf{y}=\begin{bmatrix} 3 \\ 0 \\ 2 \end{bmatrix}$

04. 다음의 벡터 $\mathbf{x}$와 방향이 같은 단위벡터를 구하라.

(1) $\mathbf{x}=\begin{bmatrix} 0 \\ -2 \\ 2 \end{bmatrix}$　　(2) $\mathbf{x}=(-3, -4, 5)$　　(3) $\mathbf{x}=\begin{bmatrix} 4 \\ 0 \\ 3 \end{bmatrix}$　　(4) $\mathbf{x}=3\mathbf{i}-2\mathbf{j}-\mathbf{k}$

3.2 벡터의 내적과 외적

$\mathbb{R}^3$에서 두 벡터의 직교, 평행과 끼인각에 대하여 알아본다.

정의 $\mathbb{R}^3$에서 두 벡터 $\mathbf{x}=\begin{bmatrix} x_1 \\ x_2 \\ x_3 \end{bmatrix}$와 $\mathbf{y}=\begin{bmatrix} y_1 \\ y_2 \\ y_3 \end{bmatrix}$의 **내적**(inner product)을 다음과 같이 정의한다.

$$\mathbf{x}\cdot\mathbf{y}=x_1y_1+x_2y_2+x_3y_3$$

$\mathbb{R}^3$에서 $\mathbf{0}$이 아닌 두 벡터 $\mathbf{x}=\begin{bmatrix} x_1 \\ x_2 \\ x_3 \end{bmatrix}$와 $\mathbf{y}=\begin{bmatrix} y_1 \\ y_2 \\ y_3 \end{bmatrix}$의 끼인각을 $\theta\,(0 \le \theta \le \pi)$라 하자.

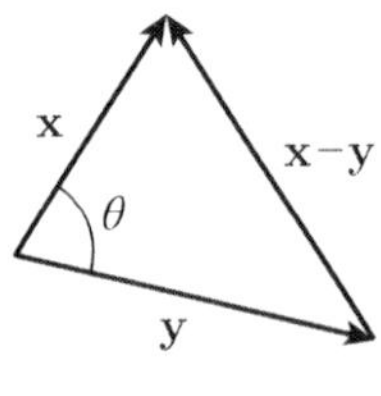

cosine 제2법칙에 의하여

$$\| \mathbf{x}-\mathbf{y} \|^2 = \| \mathbf{x} \|^2 + \| \mathbf{y} \|^2 - 2\| \mathbf{x} \| \| \mathbf{y} \| \cos\theta$$

이고

$$\begin{aligned} \| \mathbf{x}-\mathbf{y} \|^2 &= (x_1-y_1)^2+(x_2-y_2)^2+(x_3-y_3)^2 \\ &= \left(x_1^2+x_2^2+x_3^2\right)+\left(y_1^2+y_2^2+y_3^2\right)-2(x_1y_1+x_2y_2+x_3y_3) \\ &= \|\mathbf{x}\|^2+\|\mathbf{y}\|^2-2(\mathbf{x}\cdot\mathbf{y}) \end{aligned}$$

이므로

$$\mathbf{x}\cdot\mathbf{y} = \| \mathbf{x} \| \| \mathbf{y} \| \cos\theta \ \text{ 또는 } \ \cos\theta = \frac{\mathbf{x}\cdot\mathbf{y}}{\| \mathbf{x} \| \| \mathbf{y} \|}$$

이다. 따라서 벡터의 내적을 이용하여 두 벡터의 끼인각 θ를 구할 수 있다. 그리고 $\theta=\frac{\pi}{2}$이면 $\mathbf{x}\cdot\mathbf{y}=0$이고, $\theta=0$이거나 $\theta=\pi$이면 $\mathbf{y}=k\mathbf{x}$ 또는 $\mathbf{x}=k\mathbf{y}$인 스칼라 k가 존재한다. 일반적으로 $\mathbf{x}\cdot\mathbf{y}=0$일 때 $\mathbf{x}$와 $\mathbf{y}$는 **직교**(orthogonal)한다고 하며, $\mathbf{y}=k\mathbf{x}$ 또는 $\mathbf{x}=k\mathbf{y}$인 스칼라 k가 존재할 때 $\mathbf{x}$와 $\mathbf{y}$는 **평행**(parallel)하다고 한다. 그러므로 $\mathbf{0}$은 모든 벡터와 직교하며 평행하다. $\mathbf{x}=\mathbf{y}$이면

$$\mathbf{x}\cdot\mathbf{y}=\mathbf{x}\cdot\mathbf{x}=x_1^2+x_2^2+x_3^2=\|\mathbf{x}\|^2$$

이므로 $\|\mathbf{x}\|=\sqrt{\mathbf{x}\cdot\mathbf{x}}$ 이다.

예제 3.2.1 $\mathbf{x}=\begin{bmatrix}2\\4\\4\end{bmatrix}$, $\mathbf{y}=\begin{bmatrix}-1\\2\\2\end{bmatrix}$, $\mathbf{z}=\begin{bmatrix}2\\-1\\0\end{bmatrix}$, $\mathbf{w}=\begin{bmatrix}-1\\-2\\-2\end{bmatrix}$에서 $\mathbf{x}$와 $\mathbf{y}$의 끼인각 θ를 구하고, $\mathbf{x}$와 직교하는 벡터와 평행한 벡터를 찾으라.

풀이 $\mathbf{x}\cdot\mathbf{y}=2(-1)+4(2)+4(2)=14$, $\|\mathbf{x}\|=\sqrt{2^2+4^2+4^2}=6$, $\|\mathbf{y}\|=\sqrt{(-1)^2+2^2+2^2}=3$

이고 $\cos\theta = \dfrac{\mathbf{x}\cdot\mathbf{y}}{\|\mathbf{x}\|\|\mathbf{y}\|} = \dfrac{14}{3\cdot 6} = \dfrac{7}{9}$ 이므로 $\mathbf{x}$와 $\mathbf{y}$의 끼인각 $\theta = \cos^{-1}\dfrac{7}{9}$ 이다. 그리고

$$\mathbf{x}\cdot\mathbf{z} = 2(2)+4(-1)+4(0)=0,\quad \mathbf{x} = \begin{bmatrix}2\\4\\4\end{bmatrix} = -2\begin{bmatrix}-1\\-2\\-2\end{bmatrix} = -2\mathbf{w}$$

이므로 $\mathbf{x}$와 $\mathbf{z}$는 직교하고 $\mathbf{x}$와 $\mathbf{w}$는 평행하다. ■

$\mathbb{R}^3$에서 직선의 방정식을 알아보자. 직선은 직선상의 한 점 $P_0 = (x_0, y_0, z_0)$와 직선과 평행인 0 아닌 벡터 $\mathbf{v} = a\mathbf{i} + b\mathbf{j} + c\mathbf{k}$에 의하여 결정된다. 이때 점 $P(x, y, z)$가 직선 위의 점이기 위한 필요충분조건은

$$\overrightarrow{P_0P} = t\mathbf{v}$$

인 실수 t가 존재한다는 것이다.

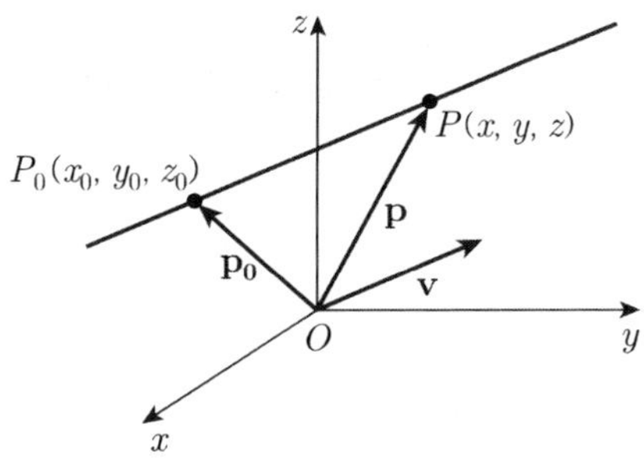

$\mathbf{p}_0 = \overrightarrow{OP_0}$, $\mathbf{p} = \overrightarrow{OP}$ 이라 하면 $\overrightarrow{P_0P} = \mathbf{p} - \mathbf{p}_0$ 이므로 직선의 **벡터방정식**(vector equation)은

$$\mathbf{p} = \mathbf{p}_0 + t\mathbf{v}$$

이다. 성분으로 나타내면 $(x, y, z) = (x_0, y_0, z_0) + t(a, b, c)$이므로

$$x = x_0 + at,\ y = y_0 + bt,\ z = z_0 + ct,\quad t\in\mathbb{R}$$

와 같이 매개방정식(parametric equation)으로 나타낼 수 있다. 또한 a, b, c가 0이 아니라면 t에 대하여 풀어서

$$\frac{x-x_0}{a} = \frac{y-y_0}{b} = \frac{z-z_0}{c}$$

와 같이 대칭방정식(symmetric equation)으로 나타낼 수 있다.

예제 3.2.2 점 $P(2,\ 5,\ -1)$을 지나고 $\mathbf{v}=4\mathbf{i}-3\mathbf{j}+2\mathbf{k}$에 평행인 직선을 벡터방정식, 매개방정식, 대칭방정식으로 나타내라.

풀이 벡터방정식은 $\mathbf{p}=2\mathbf{i}+5\mathbf{j}-\mathbf{k}+t(4\mathbf{i}-3\mathbf{j}+2\mathbf{k})$이므로

$$\mathbf{p}=(2+4t)\mathbf{i}+(5-3t)\mathbf{j}-(1-2t)\mathbf{k}$$

이고 매개방정식은 $x=2+4t,\ y=5-3t,\ z=-1+2t,\ t\in\mathbb{R}$이다. 또한 대칭방정식은

$$\frac{x-2}{4}=\frac{y-5}{-3}=\frac{z+1}{2}$$

이다. ■

예제 3.2.3 두 점 $P(3,\ -2,\ 4)$와 $Q(5,\ 6,\ -2)$를 지나는 직선의 매개방정식과 대칭방정식을 구하라.

풀이 직선에 평행인 벡터 $\mathbf{v}$는 $\mathbf{v}=\overrightarrow{PQ}=2\mathbf{i}+8\mathbf{j}-6\mathbf{k}$이므로 점 $P(3,\ -2,\ 4)$를 택하면 매개방정식은

$$x=3+2t,\ y=-2+8t,\ z=4-6t,\ t\in\mathbb{R}$$

이다. 그리고 대칭방정식은

$$\frac{x-3}{2}=\frac{y+2}{8}=\frac{z-4}{-6}$$

이다. ■

다음으로 $\mathbb{R}^3$에서 평면의 방정식을 구하여 보자. 평면은 평면상의 한 점 $P_0=(x_0,\ y_0,\ z_0)$와 평면에 수직인 $\mathbf{0}$ 아닌 벡터 $\mathbf{n}=A\mathbf{i}+B\mathbf{j}+C\mathbf{k}$에 의하여 결정된다. 점 $P(x,\ y,\ z)$가 이 평면 위의 점이기 위한 필요충분조건은

$$\overrightarrow{P_0P}\cdot\mathbf{n}=0$$

이다.

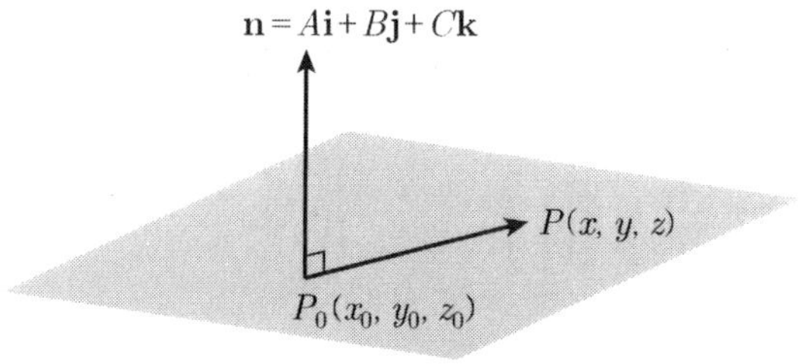

$\overrightarrow{P_0P} = (x - x_0)\mathbf{i} + (y - y_0)\mathbf{j} + (z - z_0)\mathbf{k}$이고 $\overrightarrow{P_0P} \cdot \mathbf{n} = 0$이므로 $A(x - x_0) + B(y - y_0) + C(z - z_0) = 0$이다. $D = Ax_0 + By_0 + Cz_0$이라 하면 **평면의 방정식**은

$$Ax + By + Cz = D$$

이다.

예제 3.2.4 점 $P(5, 1, -2)$를 지나고 벡터 $\mathbf{n} = 2\mathbf{i} + 4\mathbf{j} + 3\mathbf{k}$에 수직인 평면의 방정식을 구하라.

풀이 $2(x-5) + 4(y-1) + 3(z+2) = 0$이므로 평면의 방정식은 $2x + 4y + 3z = 8$이다. ■

$\mathbb{R}^3$에서만 정의되는 벡터의 외적을 알아보자.

정의 $\mathbb{R}^3$에서 벡터 $\mathbf{x} = x_1\mathbf{i} + x_2\mathbf{j} + x_3\mathbf{k}$, $\mathbf{y} = y_1\mathbf{i} + y_2\mathbf{j} + y_3\mathbf{k}$의 **외적**(cross product)은 $\mathbf{x} \times \mathbf{y}$로 나타내고 다음과 같다.

$$\mathbf{x} \times \mathbf{y} = (x_2y_3 - x_3y_2)\mathbf{i} + (x_3y_1 - x_1y_3)\mathbf{j} + (x_1y_2 - x_2y_1)\mathbf{k}$$

두 벡터의 외적은 행렬식을 이용하면 편리하다.

$$\mathbf{x} \times \mathbf{y} = \begin{vmatrix} \mathbf{i} & \mathbf{j} & \mathbf{k} \\ x_1 & x_2 & x_3 \\ y_1 & y_2 & y_3 \end{vmatrix} = \begin{vmatrix} x_2 & x_3 \\ y_2 & y_3 \end{vmatrix}\mathbf{i} - \begin{vmatrix} x_1 & x_3 \\ y_1 & y_3 \end{vmatrix}\mathbf{j} + \begin{vmatrix} x_1 & x_2 \\ y_1 & y_2 \end{vmatrix}\mathbf{k}$$

두 벡터의 내적은 스칼라이지만 외적은 벡터이다.

예제 3.2.5 벡터 $\mathbf{x}=\mathbf{i}-2\mathbf{j}-\mathbf{k}$, $\mathbf{y}=-2\mathbf{i}+4\mathbf{j}+\mathbf{k}$에 대하여 $\mathbf{x}\times\mathbf{y}$와 $\mathbf{x}\cdot\mathbf{y}$를 구하라.

풀이

$$\mathbf{x}\times\mathbf{y}=\begin{vmatrix}\mathbf{i}&\mathbf{j}&\mathbf{k}\\1&-2&-1\\-2&4&1\end{vmatrix}=\begin{vmatrix}-2&-1\\4&1\end{vmatrix}\mathbf{i}-\begin{vmatrix}1&-1\\-2&1\end{vmatrix}\mathbf{j}+\begin{vmatrix}1&-2\\-2&4\end{vmatrix}\mathbf{k}=2\mathbf{i}+\mathbf{j}$$

이고

$$\mathbf{x}\cdot\mathbf{y}=1(-2)+(-2)(4)+(-1)(1)=-11$$

이다. ■

정리 3.2.1

벡터 $\mathbf{x}=x_1\mathbf{i}+x_2\mathbf{j}+x_3\mathbf{k}$, $\mathbf{y}=y_1\mathbf{i}+y_2\mathbf{j}+y_3\mathbf{k}$, $\mathbf{z}=z_1\mathbf{i}+z_2\mathbf{j}+z_3\mathbf{k}$에 대하여 다음이 성립한다.

$$\mathbf{x}\cdot(\mathbf{y}\times\mathbf{z})=\begin{vmatrix}x_1&x_2&x_3\\y_1&y_2&y_3\\z_1&z_2&z_3\end{vmatrix}=(\mathbf{x}\times\mathbf{y})\cdot\mathbf{z}$$

증명

$$\begin{aligned}\mathbf{x}\cdot(\mathbf{y}\times\mathbf{z})&=(x_1,x_2,x_3)\cdot(y_2z_3-y_3z_2,\,y_3z_1-y_1z_3,\,y_1z_2-y_2z_1)\\&=x_1(y_2z_3-y_3z_2)+x_2(y_3z_1-y_1z_3)+x_3(y_1z_2-y_2z_1)\\&=\begin{vmatrix}x_1&x_2&x_3\\y_1&y_2&y_3\\z_1&z_2&z_3\end{vmatrix}=\begin{vmatrix}z_1&z_2&z_3\\x_1&x_2&x_3\\y_1&y_2&y_3\end{vmatrix}=\mathbf{z}\cdot(\mathbf{x}\times\mathbf{y})=(\mathbf{x}\times\mathbf{y})\cdot\mathbf{z}\end{aligned}$$

■

정리 3.2.2

벡터 $\mathbf{x}=x_1\mathbf{i}+x_2\mathbf{j}+x_3\mathbf{k}$, $\mathbf{y}=y_1\mathbf{i}+y_2\mathbf{j}+y_3\mathbf{k}$에 대하여 다음이 성립한다.

(1) $\mathbf{x}\cdot(\mathbf{x}\times\mathbf{y})=0$

(2) $\mathbf{y}\cdot(\mathbf{x}\times\mathbf{y})=0$

(3) $\|\mathbf{x}\times\mathbf{y}\|^2=\|\mathbf{x}\|^2\|\mathbf{y}\|^2-(\mathbf{x}\cdot\mathbf{y})^2$

증명

(1) $\mathbf{x}\cdot(\mathbf{x}\times\mathbf{y})=\begin{vmatrix}x_1&x_2&x_3\\x_1&x_2&x_3\\y_1&y_2&y_3\end{vmatrix}=0$

(2) $\mathbf{y}\cdot(\mathbf{x}\times\mathbf{y})=\begin{vmatrix}y_1&y_2&y_3\\x_1&x_2&x_3\\y_1&y_2&y_3\end{vmatrix}=0$

(3)
$$\begin{aligned}\|\mathbf{x}\times\mathbf{y}\|^2&=(x_2y_3-x_3y_2)^2+(x_3y_1-x_1y_3)^2+(x_1y_2-x_2y_1)^2\\&=(x_1^2+x_2^2+x_3^2)(y_1^2+y_2^2+y_3^2)-(x_1y_1+x_2y_2+x_3y_3)^2\\&=\|\mathbf{x}\|^2\|\mathbf{y}\|^2-(\mathbf{x}\cdot\mathbf{y})^2\end{aligned}$$

■

위 정리로부터 $\mathbf{x} \times \mathbf{y}$는 두 벡터 $\mathbf{x}$와 $\mathbf{y}$에 모두 수직인 벡터이다. 따라서 $\mathbf{x}$와 $\mathbf{y}$가 평행이 아니면 $\mathbf{x} \times \mathbf{y}$는 $\mathbf{x}$와 $\mathbf{y}$가 결정하는 평면에 수직인 벡터이다. 이때 $\mathbf{x} \times \mathbf{y}$의 방향은 **오른손 법칙**(right hand rule)에 의하여 결정된다. 그리고 $\mathbf{x}$와 $\mathbf{y}$의 끼인각을 θ라 하면 다음이 성립한다.

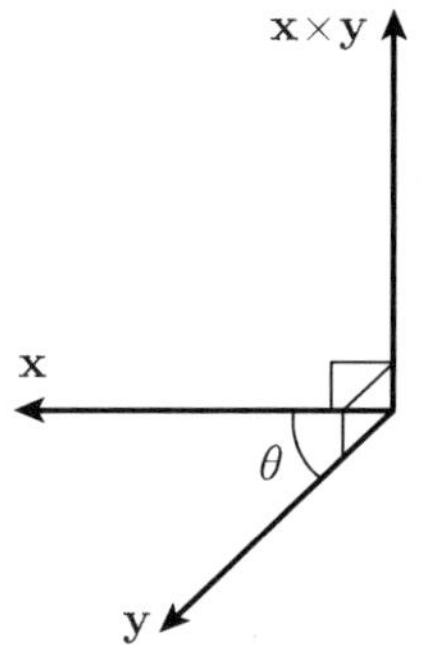

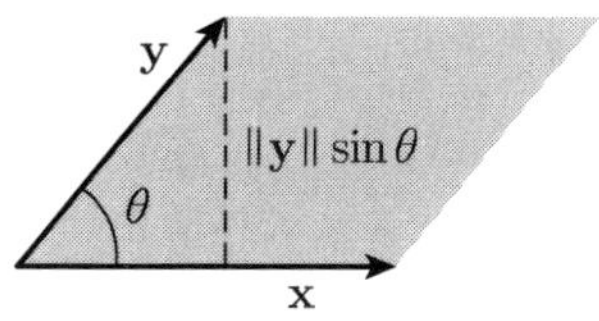

$$\begin{aligned}\|\mathbf{x} \times \mathbf{y}\|^2 &= \|\mathbf{x}\|^2 \|\mathbf{y}\|^2 - (\mathbf{x} \cdot \mathbf{y})^2 \\ &= \|\mathbf{x}\|^2 \|\mathbf{y}\|^2 - \|\mathbf{x}\|^2 \|\mathbf{y}\|^2 \cos^2\theta \\ &= \|\mathbf{x}\|^2 \|\mathbf{y}\|^2 \left(1 - \cos^2\theta\right) \\ &= \|\mathbf{x}\|^2 \|\mathbf{y}\|^2 \sin^2\theta\end{aligned}$$

따라서

$$\|\mathbf{x} \times \mathbf{y}\| = \|\mathbf{x}\| \|\mathbf{y}\| \sin\theta$$

이므로 영벡터가 아닌 두 벡터 $\mathbf{x}$, $\mathbf{y}$에 대하여 $\|\mathbf{x} \times \mathbf{y}\|$는 $\mathbf{x}$와 $\mathbf{y}$로 만들어지는 평행사변형의 넓이이다. 두 벡터의 평행조건으로부터 다음 정리를 얻을 수 있다.

정리 3.2.3

$\mathbb{R}^3$에서 두 벡터 $\mathbf{x}$와 $\mathbf{y}$가 평행할 필요충분조건은 $\mathbf{x} \times \mathbf{y} = \mathbf{0}$이다.

예제 3.2.6 세 점 $P(4, -3, 1)$, $Q(6, -4, 7)$, $R(1, 2, 2)$로 만들어지는 삼각형의 넓이와 세 점을 지나는 평면의 방정식을 구하라.

풀이 $\triangle PQR$의 넓이 A는 벡터 $\overrightarrow{QP}$와 $\overrightarrow{QR}$로 만들어지는 평행사변형 넓이의 $\frac{1}{2}$이고, $\overrightarrow{QP}\times\overrightarrow{QR}$은 세 점을 지나는 평면에 수직인 벡터이다.

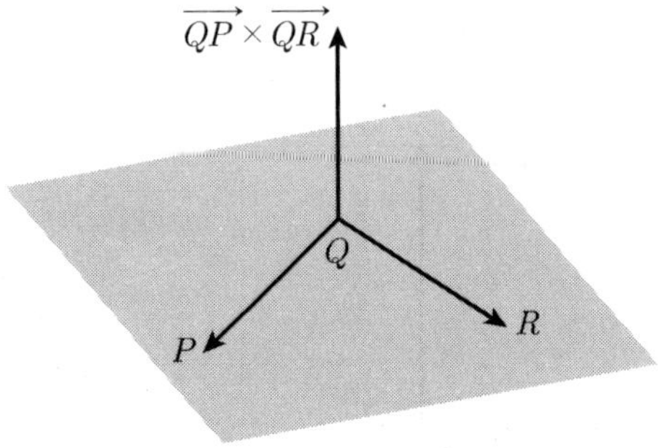

$$\overrightarrow{QP}=(4-6)\mathbf{i}+(-3+4)\mathbf{j}+(1-7)\mathbf{k}=-2\mathbf{i}+\mathbf{j}-6\mathbf{k}$$

$$\overrightarrow{QR}=(1-6)\mathbf{i}+(2+4)\mathbf{j}+(2-7)\mathbf{k}=-5\mathbf{i}+6\mathbf{j}-5\mathbf{k}$$

이므로 $\triangle PQR$의 넓이는

$$A=\frac{1}{2}\parallel\overrightarrow{QP}\times\overrightarrow{QR}\parallel=\frac{1}{2}\parallel 31\mathbf{i}+20\mathbf{j}-7\mathbf{k}\parallel=\frac{1}{2}\sqrt{31^2+20^2+(-7)^2}=\frac{1}{2}\sqrt{1410}$$

이다. 그리고 평면의 방정식은 $31(x-4)+20(y+3)-7(z-1)=0$이므로 $31x+20y-7z=57$이다. ■

평면 위의 세 점 P, Q, R와 같은 평면에 있지 않은 점 S에 대하여 벡터 $\overrightarrow{PQ}$, $\overrightarrow{PR}$, $\overrightarrow{PS}$로 만들어지는 평행육면체의 부피를 알아보자.

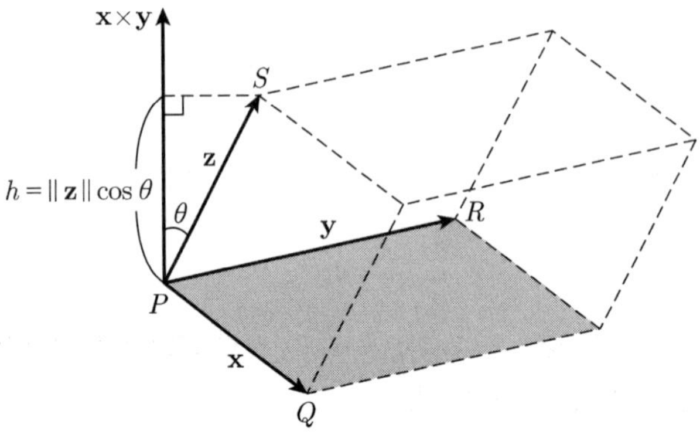

$\overrightarrow{PQ} = \mathbf{x} = x_1\mathbf{i} + x_2\mathbf{j} + x_3\mathbf{k}$, $\overrightarrow{PR} = \mathbf{y} = y_1\mathbf{i} + y_2\mathbf{j} + y_3\mathbf{k}$, $\overrightarrow{PS} = \mathbf{z} = z_1\mathbf{i} + z_2\mathbf{j} + z_3\mathbf{k}$ 라 하면 평행육면체의 밑면의 넓이는 $\|\mathbf{x} \times \mathbf{y}\|$이다. $\mathbf{z}$ 와 $\mathbf{x} \times \mathbf{y}$ 의 끼인각을 θ라 하면 평행육면체의 높이는 $h = \|\mathbf{z}\| |\cos\theta|$이다. 따라서 평행육면체의 부피 V는 다음과 같다.

$$V = \|\mathbf{x} \times \mathbf{y}\| \|\mathbf{z}\| |\cos\theta| = |(\mathbf{x} \times \mathbf{y}) \cdot \mathbf{z}|$$
$$= \left| \begin{vmatrix} x_1 & x_2 & x_3 \\ y_1 & y_2 & y_3 \\ z_1 & z_2 & z_3 \end{vmatrix} \right|$$

예제 3.2.7 세 벡터 $\mathbf{x} = 2\mathbf{i} + 3\mathbf{j} + 4\mathbf{k}$, $\mathbf{y} = 4\mathbf{j} - \mathbf{k}$, $\mathbf{z} = 5\mathbf{i} + \mathbf{j} + 3\mathbf{k}$로 만들어지는 평행육면체의 부피를 구하라.

풀이 $V = |(\mathbf{x} \times \mathbf{y}) \cdot \mathbf{z}| = \left| \begin{vmatrix} 2 & 3 & 4 \\ 0 & 4 & -1 \\ 5 & 1 & 3 \end{vmatrix} \right| = |-69| = 69$ ■

정리 3.2.4

3차 공간 $\mathbb{R}^3$에서 벡터 $\mathbf{x}$, $\mathbf{y}$, $\mathbf{z}$와 $k \in \mathbb{R}$에 대하여 다음이 성립한다.

(1) $\mathbf{x} \times \mathbf{y} = -(\mathbf{y} \times \mathbf{x})$

(2) $\mathbf{x} \times (\mathbf{y} + \mathbf{z}) = (\mathbf{x} \times \mathbf{y}) + (\mathbf{x} \times \mathbf{z})$

(3) $(\mathbf{x} + \mathbf{y}) \times \mathbf{z} = (\mathbf{x} \times \mathbf{z}) + (\mathbf{y} \times \mathbf{z})$

(4) $k(\mathbf{x} \times \mathbf{y}) = (k\mathbf{x}) \times \mathbf{y} = \mathbf{x} \times (k\mathbf{y})$

(5) $\mathbf{x} \times \mathbf{x} = \mathbf{0}$

(6) $\mathbf{0} \times \mathbf{x} = \mathbf{0} = \mathbf{x} \times \mathbf{0}$

(7) $(\mathbf{x} \times \mathbf{y}) \times \mathbf{z} = (\mathbf{x} \cdot \mathbf{z})\mathbf{y} - (\mathbf{y} \cdot \mathbf{z})\mathbf{x}$

(8) $\mathbf{x} \times (\mathbf{y} \times \mathbf{z}) = (\mathbf{x} \cdot \mathbf{z})\mathbf{y} - (\mathbf{x} \cdot \mathbf{y})\mathbf{z}$

증명은 독자에게 맡긴다. 기본단위벡터의 외적은 다음과 같다.

$$\mathbf{i} \times \mathbf{i} = \mathbf{0}, \ \mathbf{j} \times \mathbf{j} = \mathbf{0}, \ \mathbf{k} \times \mathbf{k} = \mathbf{0}$$

$$\mathbf{i} \times \mathbf{j} = \mathbf{k}, \ \mathbf{j} \times \mathbf{k} = \mathbf{i}, \ \mathbf{k} \times \mathbf{i} = \mathbf{j}$$

예제 3.2.8 벡터 $\mathbf{x} = 3\mathbf{i} - 2\mathbf{j} + \mathbf{k}$, $\mathbf{y} = 4\mathbf{i} + 2\mathbf{j} - 3\mathbf{k}$에 대하여 $\mathbf{x} \times \mathbf{y}$를 구하라.

풀 이
$$\begin{aligned}\mathbf{x}\times\mathbf{y} &= (3\mathbf{i}-2\mathbf{j}+\mathbf{k})\times(4\mathbf{i}+2\mathbf{j}-3\mathbf{k})\\ &= 12(\mathbf{i}\times\mathbf{i})+6(\mathbf{i}\times\mathbf{j})-9(\mathbf{i}\times\mathbf{k})-8(\mathbf{j}\times\mathbf{i})-4(\mathbf{j}\times\mathbf{j})\\ &\quad +6(\mathbf{j}\times\mathbf{k})+4(\mathbf{k}\times\mathbf{i})+2(\mathbf{k}\times\mathbf{j})-3(\mathbf{k}\times\mathbf{k})\\ &= 12(0)+6(\mathbf{k})-9(-\mathbf{j})-8(-\mathbf{k})-4(0)+6(\mathbf{i})+4(\mathbf{j})+2(-\mathbf{i})-3(0)\\ &= 4\mathbf{i}+13\mathbf{j}+14\mathbf{k}\end{aligned}$$
■

$\mathbb{R}^3$에 벡터 $\mathbf{x}=\overrightarrow{OP}$와 $\mathbf{y}=\overrightarrow{OQ}$, $\mathbf{y}\neq\mathbf{0}$가 있다 하자. 그러면 점 P에서 직선 OQ에 내린 수선의 발을 R라 하면 벡터 $\mathbf{x}_1=\overrightarrow{OR}$을 $\mathbf{y}$ 위로의 $\mathbf{x}$의 **정사영**(orthogonal projection)이라 하고

$$\mathbf{x}_1=\text{proj}_{\mathbf{y}}\,\mathbf{x}$$

로 나타낸다.

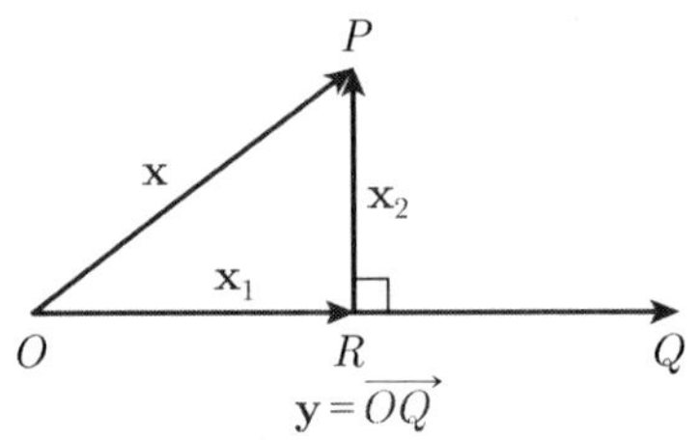

$\mathbf{x}_2=\overrightarrow{RP}$를 $\mathbf{y}$에 수직인 $\mathbf{x}$의 **벡터성분**(vector component)이라 한다. 따라서 $\mathbf{x}=\mathbf{x}_1+\mathbf{x}_2$이다.

정리 3.2.5

3차 공간 $\mathbb{R}^3$에서 벡터 $\mathbf{x}$, $\mathbf{y}\neq\mathbf{0}$에 대하여 $\mathbf{u}=\dfrac{\mathbf{y}}{\|\mathbf{y}\|}$일 때 다음이 성립한다.

(1) $\text{proj}_{\mathbf{y}}\,\mathbf{x}=(\mathbf{x}\cdot\mathbf{u})\mathbf{u}$ (2) $\|\text{proj}_{\mathbf{y}}\,\mathbf{x}\|=|\mathbf{x}\cdot\mathbf{u}|$

증명 (1) $\mathbf{x}_1$을 $\mathbf{y}$ 위로의 $\mathbf{x}$의 정사영이라 하고 $\mathbf{x}_2$를 $\mathbf{y}$에 수직인 $\mathbf{x}$의 벡터성분이라 하자. $\mathbf{x}_1$은 $\mathbf{y}$와 평행이므로 $\mathbf{x}_1=k\mathbf{y}$, $k\in\mathbb{R}$이라 하면

$$\mathbf{x}=\mathbf{x}_1+\mathbf{x}_2=k\mathbf{y}+\mathbf{x}_2$$

이고 $\mathbf{x}_2$는 $\mathbf{y}$에 수직이므로 $\mathbf{x}_2\cdot\mathbf{y}=0$이다.

따라서 $\mathbf{x}\cdot\mathbf{y}=(k\mathbf{y}+\mathbf{x}_2)\cdot\mathbf{y}=k\|\mathbf{y}\|^2+\mathbf{x}_2\cdot\mathbf{y}=k\|\mathbf{y}\|^2$이므로

$$k=\frac{\mathbf{x}\cdot\mathbf{y}}{\|\mathbf{y}\|^2}$$

이다. 그러므로 $\mathrm{proj}_{\mathbf{y}}\mathbf{x}=\mathbf{x}_1=k\mathbf{y}=\dfrac{\mathbf{x}\cdot\mathbf{y}}{\|\mathbf{y}\|^2}\mathbf{y}=\left(\mathbf{x}\cdot\dfrac{\mathbf{y}}{\|\mathbf{y}\|}\right)\dfrac{\mathbf{y}}{\|\mathbf{y}\|}=(\mathbf{x}\cdot\mathbf{u})\mathbf{u}$ 이다.

(2) $\|\mathbf{u}\|=1$이므로 $\|\mathrm{proj}_{\mathbf{y}}\mathbf{x}\|=\|(\mathbf{x}\cdot\mathbf{u})\mathbf{u}\|=|\mathbf{x}\cdot\mathbf{u}|\|\mathbf{u}\|=|\mathbf{x}\cdot\mathbf{u}|$이다. ■

예제 3.2.9 벡터 $\mathbf{x}=2\mathbf{i}-\mathbf{j}+3\mathbf{k}$, $\mathbf{y}=4\mathbf{i}-\mathbf{j}+2\mathbf{k}$에 대하여 $\mathbf{y}$ 위로의 $\mathbf{x}$의 정사영 $\mathrm{proj}_{\mathbf{y}}\mathbf{x}$와 $\mathbf{y}$에 수직인 $\mathbf{x}$의 벡터성분 $\mathbf{x}_2$를 구하라.

풀이 $\|\mathbf{y}\|=\sqrt{21}$ 이고 $\mathbf{u}=\dfrac{\mathbf{y}}{\|\mathbf{y}\|}=\dfrac{4}{\sqrt{21}}\mathbf{i}-\dfrac{1}{\sqrt{21}}\mathbf{j}+\dfrac{2}{\sqrt{21}}\mathbf{k}$, $\mathbf{x}\cdot\mathbf{u}=\dfrac{15}{\sqrt{21}}$ 이므로

$$\mathrm{proj}_{\mathbf{y}}\mathbf{x}=(\mathbf{x}\cdot\mathbf{u})\mathbf{u}=\frac{15}{\sqrt{21}}\left(\frac{4}{\sqrt{21}}\mathbf{i}-\frac{1}{\sqrt{21}}\mathbf{j}+\frac{2}{\sqrt{21}}\mathbf{k}\right)=\frac{20}{7}\mathbf{i}-\frac{5}{7}\mathbf{j}+\frac{10}{7}\mathbf{k}$$

이다. 그리고 $\mathbf{x}_2=\mathbf{x}-\mathrm{proj}_{\mathbf{y}}\mathbf{x}=(2\mathbf{i}-\mathbf{j}+3\mathbf{k})-\left(\dfrac{20}{7}\mathbf{i}-\dfrac{5}{7}\mathbf{j}+\dfrac{10}{7}\mathbf{k}\right)=-\dfrac{6}{7}\mathbf{i}-\dfrac{2}{7}\mathbf{j}+\dfrac{11}{7}\mathbf{k}$

이다. ■

정리 3.2.6

$\mathbb{R}^3$에서 한 점 P와 직선 l의 거리 L은 직선 l 위의 서로 다른 점 Q, R에 대하여 다음과 같다.

$$L=\frac{\|\overrightarrow{QR}\times\overrightarrow{QP}\|}{\|\overrightarrow{QR}\|}$$

증명 Q와 R를 직선 l 위의 서로 다른 점이라 하고 θ를 벡터 $\overrightarrow{QR}$과 $\overrightarrow{QP}$의 끼인각이라 하자. 그러면

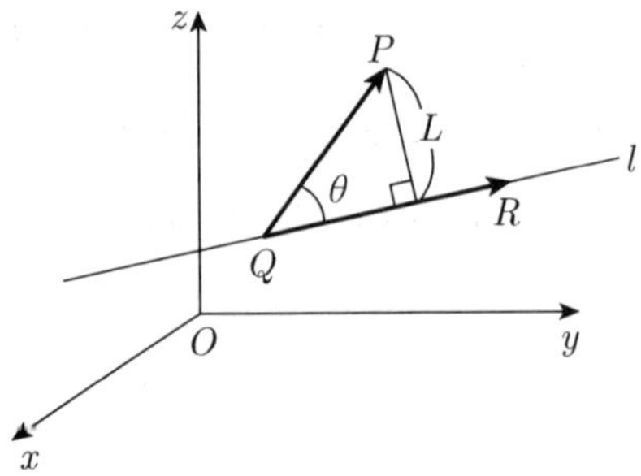

$$L = \| \overrightarrow{QP} \| \sin\theta$$

이므로

$$\| \overrightarrow{QR} \times \overrightarrow{QP} \| = \| \overrightarrow{QR} \| \| \overrightarrow{QP} \| \sin\theta = \| \overrightarrow{QR} \| \cdot L$$

이다. 따라서

$$L = \frac{\| \overrightarrow{QR} \times \overrightarrow{QP} \|}{\| \overrightarrow{QR} \|}$$

이다. ■

예제 3.2.10 점 $P(2,1,-1)$과 $\frac{x-1}{-4} = \frac{y-3}{-1} = \frac{z}{-5}$의 거리를 구하라.

풀이 직선 위의 서로 다른 점 $Q(1,3,0)$와 $R(-3,2,-5)$를 선택하자. 그러면

$$\overrightarrow{QR} = -4\mathbf{i} - \mathbf{j} - 5\mathbf{k}, \quad \overrightarrow{QP} = \mathbf{i} - 2\mathbf{j} - \mathbf{k}$$

이고

$$\| \overrightarrow{QR} \| = \sqrt{(-4)^2 + (-1)^2 + (-5)^2} = \sqrt{42},$$

$$\| \overrightarrow{QR} \times \overrightarrow{QP} \| = \| -9\mathbf{i} - 9\mathbf{j} + 9\mathbf{k} \| = \sqrt{(-9)^2 + (-9)^2 + 9^2} = \sqrt{243}$$

이므로 $L = \frac{\| \overrightarrow{QR} \times \overrightarrow{QP} \|}{\| \overrightarrow{QR} \|} = \frac{\sqrt{243}}{\sqrt{42}} = \frac{9\sqrt{14}}{14}$ 이다. ■

정리 3.2.7

3차 공간 $\mathbb{R}^3$에서 한 점 $P_0(x_0, y_0, z_0)$와 평면 $Ax+By+Cz=D$의 거리는 다음과 같다.

$$L=\frac{|Ax_0+By_0+Cz_0-D|}{\sqrt{A^2+B^2+C^2}}$$

증명 $Q(x_1, y_1, z_1)$을 평면 위의 점이라 하면 벡터 $\mathbf{n}=A\mathbf{i}+B\mathbf{j}+C\mathbf{k}$는 평면에 수직이다. 그러면

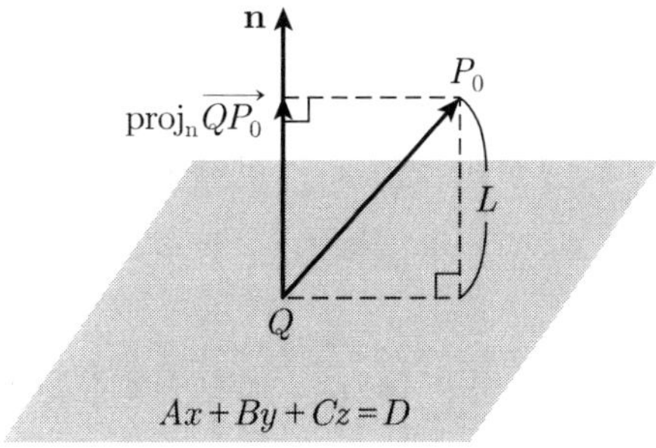

$L=\|\text{proj}_{\mathbf{n}}\overrightarrow{QP_0}\|=|\overrightarrow{QP_0}\cdot\mathbf{u}|$, $\mathbf{u}=\dfrac{\mathbf{n}}{\|\mathbf{n}\|}$이다. 따라서

$$\overrightarrow{QP_0}=(x_0-x_1)\mathbf{i}+(y_0-y_1)\mathbf{j}+(z_0-z_1)\mathbf{k},\ \mathbf{u}=\frac{1}{\sqrt{A^2+B^2+C^2}}(A\mathbf{i}+B\mathbf{j}+C\mathbf{k})$$

이므로

$$\begin{aligned}L&=|\overrightarrow{QP_0}\cdot\mathbf{u}|=\frac{1}{\sqrt{A^2+B^2+C^2}}|A(x_0-x_1)+B(y_0-y_1)+C(z_0-z_1)|\\&=\frac{|Ax_0+By_0+Cz_0-(Ax_1+By_1+Cz_1)|}{\sqrt{A^2+B^2+C^2}}=\frac{|Ax_0+By_0+Cz_0-D|}{\sqrt{A^2+B^2+C^2}}\end{aligned}$$

이다. ■

예제 3.2.11 점 $P(1, -2, 3)$과 $2x-3y+5z=7$의 거리를 구하라.

풀이 $L=\dfrac{|2\cdot 1+(-3)(-2)+5\cdot 3-7|}{\sqrt{2^2+(-3)^2+5^2}}=\dfrac{8\sqrt{38}}{19}$이다. ■

연습문제 3.2

01. 다음에서 $\mathbf{x}\cdot\mathbf{y}$, $\mathbf{x}\times\mathbf{y}$ 그리고 $\mathbf{y}\times\mathbf{x}$를 각각 구하라.

(1) $\mathbf{x}=2\mathbf{i}+5\mathbf{j}-\mathbf{k}$, $\mathbf{y}=-\mathbf{i}+2\mathbf{j}+\mathbf{k}$ (2) $\mathbf{x}=-\mathbf{i}+3\mathbf{j}-2\mathbf{k}$, $\mathbf{y}=8\mathbf{i}-3\mathbf{k}$

(3) $\mathbf{x}=3\mathbf{i}-2\mathbf{j}+\mathbf{k}$, $\mathbf{y}=4\mathbf{i}+2\mathbf{j}-3\mathbf{k}$ (4) $\mathbf{x}=\sqrt{5}\mathbf{i}-\mathbf{j}-2\mathbf{k}$, $\mathbf{y}=3\mathbf{i}+9\mathbf{j}+7\mathbf{k}$

(5) $\mathbf{x}=6\mathbf{i}-2\mathbf{j}+3\mathbf{k}$, $\mathbf{y}=-\mathbf{j}$ (6) $\mathbf{x}=-4\mathbf{i}+6\mathbf{j}-\mathbf{k}$, $\mathbf{y}=\sqrt{2}\mathbf{i}-3\mathbf{j}+7\mathbf{k}$

02. 세 점 $P(1,-2,3)$, $Q(2,4,-6)$, $R(5,-3,2)$에 대하여 $\angle PQR$의 값을 구하라.

03. 다음 두 벡터 $\mathbf{x}$와 $\mathbf{y}$의 끼인각 θ를 구하라.

(1) $\mathbf{x}=-4\mathbf{i}-2\mathbf{j}+3\mathbf{k}$, $\mathbf{y}=6\mathbf{i}-2\mathbf{j}-\mathbf{k}$ (2) $\mathbf{x}=-5\mathbf{i}+\mathbf{j}-3\mathbf{k}$, $\mathbf{y}=\mathbf{i}-\mathbf{j}+\mathbf{k}$

(3) $\mathbf{x}=2\mathbf{i}+4\mathbf{j}+3\mathbf{k}$, $\mathbf{y}=3\mathbf{i}-4\mathbf{j}+7\mathbf{k}$ (4) $\mathbf{x}=4\mathbf{i}-3\mathbf{j}-2\mathbf{k}$, $\mathbf{y}=-3\mathbf{i}-4\mathbf{j}+5\mathbf{k}$

04. 다음 벡터들에서 서로 평행인 벡터와 서로 직교하는 벡터의 쌍을 각각 찾으라.

$$\mathbf{x}_1=\mathbf{i}+2\mathbf{j}+3\mathbf{k},\ \mathbf{x}_2=\mathbf{j}+2\mathbf{k},\ \mathbf{x}_3=-2\mathbf{i}-4\mathbf{j}-6\mathbf{k},$$

$$\mathbf{x}_4=2\mathbf{i}+4\mathbf{j}+6\mathbf{k},\ \mathbf{x}_5=-6\mathbf{i}+6\mathbf{j}-2\mathbf{k}$$

05. 모든 벡터 $\mathbf{x}$, $\mathbf{y}$에 대하여 $\|\mathbf{x}+\mathbf{y}\|^2+\|\mathbf{x}-\mathbf{y}\|^2=2\|\mathbf{x}\|^2+2\|\mathbf{y}\|^2$이 성립함을 증명하라.

06. 다음 두 벡터 $\mathbf{x}$와 $\mathbf{y}$에 동시에 수직인 벡터 하나를 외적을 이용하여 구하라.

(1) $\mathbf{x}=-2\mathbf{i}+\mathbf{j}-4\mathbf{k}$, $\mathbf{y}=3\mathbf{i}-4\mathbf{j}+5\mathbf{k}$ (2) $\mathbf{x}=4\mathbf{i}-3\mathbf{k}$, $\mathbf{y}=-2\mathbf{j}+5\mathbf{k}$

(3) $\mathbf{x}=\mathbf{i}-5\mathbf{j}+3\mathbf{k}$, $\mathbf{y}=-\mathbf{i}-\mathbf{j}-2\mathbf{k}$ (4) $\mathbf{x}=2\mathbf{j}$, $\mathbf{y}=-2\mathbf{i}+\mathbf{j}+\mathbf{k}$

07. 세 점 $P(1,\ -2,\ 3)$, $Q(4,\ 1,\ -2)$, $R(-2,\ -3,\ 0)$으로 만들어지는 삼각형의 넓이와 세 점을 지나는 평면의 방정식을 구하라.

08. 점 $P(4,\ -6,\ 3)$을 지나고 벡터 $\mathbf{v}=-2\mathbf{i}+\mathbf{j}+5\mathbf{k}$에 평행한 직선의 방정식을 구하라.

09. 두 점 $P(2,\ -1,\ 3)$과 $Q(3,\ 2,\ -4)$를 지나는 직선의 방정식을 구하라.

10. 점 $P(2, 3, -1)$을 지나고 벡터 $\mathbf{n}=2\mathbf{i}-3\mathbf{j}+\mathbf{k}$에 수직인 평면의 방정식을 구하라.

11. 평면 $2x-y-5z=-14$와 $4x+5y+4z=28$이 만나는 선의 방정식을 구하라.

12. 점 $P(-1, -2, 3)$을 지나고 평면 $x-3y+2z=7$과 $2x-2y-z=-3$이 만나는 선에 수직인 평면의 방정식을 구하라.

13. 점 $P(6, 2, -1)$을 지나고 평면 $4x-3y+2z=5$와 $3x+2y-z=-11$이 만나는 선에 수직인 평면의 방정식을 구하라.

14. 점 $P(2, -5, 4)$를 지나고 평면 $x+2y-4z=-5$에 수직인 직선의 방정식을 구하라.

15. 점 $P(1, -2, 3)$을 지나고 평면 $2x-3y+5z=7$과 평행한 평면의 방정식을 구하라.

16. 다음 세 벡터로 만들어지는 평행육면체의 부피를 구하라.

(1) $\mathbf{x}=2\mathbf{i}+3\mathbf{j}+4\mathbf{k}$, $\mathbf{y}=4\mathbf{j}-\mathbf{k}$, $\mathbf{z}=5\mathbf{i}+\mathbf{j}+3\mathbf{k}$

(2) $\mathbf{x}=3\mathbf{i}+2\mathbf{j}+\mathbf{k}$, $\mathbf{y}=\mathbf{i}+\mathbf{j}+2\mathbf{k}$, $\mathbf{z}=\mathbf{i}+3\mathbf{j}+3\mathbf{k}$

17. 점 $P(1, 1, -1)$에서 직선 $\dfrac{x-1}{2}=\dfrac{y-3}{-1}=\dfrac{z}{5}$까지의 거리를 구하라.

18. 점 $P(3,-1,2)$에서 평면 $x+3y-2z=6$까지의 거리를 구하라.

19. 두 평면 $3x-4y+5z=9$와 $3x-4y+5z=4$ 사이의 거리를 구하라.

3.3 n 차원 벡터

3차원 공간 $\mathbb{R}^3$에서 임의의 n차원 공간 $\mathbb{R}^n$으로 일반화하여 벡터의 성질을 알아본다.

정의 n개의 실수의 순서쌍 $(x_1, x_2, \cdots, x_n)$을 **n차원 벡터**(n-dimensional vector)라 하고

$$\mathbf{x}=(x_1, x_2, \cdots, x_n) \text{ 또는 } \mathbf{x}=\begin{bmatrix} x_1 \\ x_2 \\ \vdots \\ x_n \end{bmatrix}$$

으로 나타낸다. $x_1, x_2, \cdots, x_n$을 n차원 벡터 $\mathbf{x}$의 **성분**(component)이라 한다.

$\mathbb{R}^n = \{(x_1, x_2, \cdots, x_n) \mid x_i \in \mathbb{R}, i=1, 2, \cdots, n\}$이므로 $\mathbb{R}^n$의 원소를 간단히 벡터라 한다.

$\mathbb{R}^n$의 벡터 $\mathbf{x}=\begin{bmatrix} x_1 \\ x_2 \\ \vdots \\ x_n \end{bmatrix}$와 $\mathbf{y}=\begin{bmatrix} y_1 \\ y_2 \\ \vdots \\ y_n \end{bmatrix}$에 대하여 $x_i=y_i$, $i=1, 2, \cdots, n$일 때 $\mathbf{x}=\mathbf{y}$로 나타낸다.

정의 $\mathbb{R}^n$의 벡터 $\mathbf{x}=\begin{bmatrix} x_1 \\ x_2 \\ \vdots \\ x_n \end{bmatrix}$, $\mathbf{y}=\begin{bmatrix} y_1 \\ y_2 \\ \vdots \\ y_n \end{bmatrix}$와 스칼라 $k \in \mathbb{R}$에 대하여 $\mathbf{x}+\mathbf{y}$와 $k\mathbf{x}$는 다음과 같이 정의한다.

(1) $\mathbf{x}+\mathbf{y}=\begin{bmatrix} x_1+y_1 \\ x_2+y_2 \\ \vdots \\ x_n+y_n \end{bmatrix}$ (2) $k\mathbf{x}=\begin{bmatrix} kx_1 \\ kx_2 \\ \vdots \\ kx_n \end{bmatrix}$

위의 정의에 의하여 벡터 $\mathbf{x}=\begin{bmatrix} x_1 \\ x_2 \\ \vdots \\ x_n \end{bmatrix}$와 $\mathbf{0}=\begin{bmatrix} 0 \\ 0 \\ \vdots \\ 0 \end{bmatrix}$에 대하여 $\mathbf{x}+\mathbf{0}=\mathbf{x}$이고 $\mathbf{x}+(-1)\mathbf{x}=\mathbf{0}$이다. 따라서

$$(-1)\mathbf{x}=-\mathbf{x}$$

로 나타내고 $-\mathbf{x}$를 $\mathbf{x}$의 **음벡터**(negative vector)라 한다. 그리고

$$0\mathbf{x}=\begin{bmatrix}0x_1\\0x_2\\ \vdots\\0x_3\end{bmatrix}=\begin{bmatrix}0\\0\\ \vdots\\0\end{bmatrix}=\mathbf{0},\quad k\mathbf{0}=\begin{bmatrix}k0\\k0\\ \vdots\\k0\end{bmatrix}=\begin{bmatrix}0\\0\\ \vdots\\0\end{bmatrix}=\mathbf{0}$$

이다.

정의 $\mathbb{R}^n$의 벡터 $\mathbf{x}=\begin{bmatrix}x_1\\x_2\\ \vdots\\x_n\end{bmatrix}$에 대하여 $\|\mathbf{x}\|=\sqrt{x_1^2+x_2^2+\cdots+x_n^2}$ 을 $\mathbf{x}$의 **크기**(norm)라 한다.

$\mathbb{R}^n$의 벡터 $\mathbf{x}=\begin{bmatrix}x_1\\x_2\\ \vdots\\x_n\end{bmatrix}$와 $\mathbf{y}=\begin{bmatrix}y_1\\y_2\\ \vdots\\y_n\end{bmatrix}$에 대하여

$$\|\mathbf{x}-\mathbf{y}\|=\sqrt{(x_1-y_1)^2+(x_2-y_2)^2+\cdots+(x_n-y_n)^2}$$

를 두 점 $P(x_1,\ x_2,\ \cdots,\ x_n)$과 $Q(y_1,\ y_2,\ \cdots,\ y_n)$ 사이의 거리라 한다.

예제 3.3.1 $\mathbb{R}^4$의 벡터 $\mathbf{x}=\begin{bmatrix}2\\3\\1\\5\end{bmatrix}$, $\mathbf{y}=\begin{bmatrix}3\\-2\\0\\4\end{bmatrix}$에 대하여 $\mathbf{x}+\mathbf{y}$, $\mathbf{x}-\mathbf{y}$, $-2\mathbf{x}$, $\|\mathbf{y}\|$, $\|\mathbf{x}-\mathbf{y}\|$를 구하라.

풀이 $\mathbf{x}+\mathbf{y}=\begin{bmatrix}2+3\\3-2\\1+0\\5+4\end{bmatrix}=\begin{bmatrix}5\\1\\1\\9\end{bmatrix}$, $\mathbf{x}-\mathbf{y}=\begin{bmatrix}2-3\\3+2\\1-0\\5-4\end{bmatrix}=\begin{bmatrix}-1\\5\\1\\1\end{bmatrix}$, $-2\mathbf{x}=-2\begin{bmatrix}2\\3\\1\\5\end{bmatrix}=\begin{bmatrix}-4\\-6\\-2\\-10\end{bmatrix}$이고

$\|\mathbf{y}\|=\sqrt{3^2+(-2)^2+0^2+4^2}=\sqrt{29}$ 이다.

그리고 $\|\mathbf{x}-\mathbf{y}\|=\sqrt{(2-3)^2+(3+2)^2+(1-0)^2+(5-4)^2}=\sqrt{28}$ 이다. ■

정리 3.3.1

$\mathbb{R}^n$의 벡터 $\mathbf{x}$, $\mathbf{y}$, $\mathbf{z}$와 $h,\ k\in\mathbb{R}$에 대하여 다음이 성립한다.

(1) $\mathbf{x}+\mathbf{y}=\mathbf{y}+\mathbf{x}$

(2) $(\mathbf{x}+\mathbf{y})+\mathbf{z}=\mathbf{x}+(\mathbf{y}+\mathbf{z})$

(3) $\mathbf{x}+\mathbf{0}=\mathbf{x}=\mathbf{0}+\mathbf{x}$ (4) $\mathbf{x}+(-\mathbf{x})=\mathbf{0}=(-\mathbf{x})+\mathbf{x}$

(5) $k(\mathbf{x}+\mathbf{y})=k\mathbf{x}+k\mathbf{y}$ (6) $(h+k)\mathbf{x}=h\mathbf{x}+k\mathbf{x}$

(7) $(hk)\mathbf{x}=h(k\mathbf{x})=k(h\mathbf{x})$ (8) $1\mathbf{x}=\mathbf{x}$

증명 (6) $\mathbf{x}=\begin{bmatrix}x_1\\x_2\\\vdots\\x_n\end{bmatrix}$ 이면

$$(h+k)\mathbf{x}=(h+k)\begin{bmatrix}x_1\\x_2\\\vdots\\x_n\end{bmatrix}=\begin{bmatrix}(h+k)x_1\\(h+k)x_2\\\vdots\\(h+k)x_n\end{bmatrix}=\begin{bmatrix}hx_1+kx_1\\hx_2+kx_2\\\vdots\\hx_n+kx_n\end{bmatrix}$$

$$=\begin{bmatrix}hx_1\\hx_2\\\vdots\\hx_n\end{bmatrix}+\begin{bmatrix}kx_1\\kx_2\\\vdots\\kx_n\end{bmatrix}=h\begin{bmatrix}x_1\\x_2\\\vdots\\x_n\end{bmatrix}+k\begin{bmatrix}x_1\\x_2\\\vdots\\x_n\end{bmatrix}=h\mathbf{x}+k\mathbf{x}$$

나머지 증명은 독자에게 남긴다. ■

정의 $\mathbb{R}^n$ 의 두 벡터 $\mathbf{x}=\begin{bmatrix}x_1\\x_2\\\vdots\\x_n\end{bmatrix}$ 와 $\mathbf{y}=\begin{bmatrix}y_1\\y_2\\\vdots\\y_n\end{bmatrix}$ 의 **내적**(inner product or dot product)을 다음과 같이 정의한다.

$$\mathbf{x}\cdot\mathbf{y}=x_1y_1+x_2y_2+\cdots+x_ny_n$$

위의 정의로부터 $\mathbf{x}\cdot\mathbf{x}=\|\mathbf{x}\|^2$ 이다.

예제 3.3.2 $\mathbb{R}^4$ 의 벡터 $\mathbf{x}=\begin{bmatrix}1\\2\\-3\\4\end{bmatrix}$, $\mathbf{y}=\begin{bmatrix}-2\\4\\1\\0\end{bmatrix}$ 에 대하여 $\mathbf{x}\cdot\mathbf{y}$ 를 구하라.

풀이 $\mathbf{x}\cdot\mathbf{y}=1\cdot(-2)+2\cdot4+(-3)\cdot1+4\cdot0=3$ ■

정리 3.3.2

$\mathbb{R}^n$의 벡터 $\mathbf{x}$, $\mathbf{y}$, $\mathbf{z}$와 $k \in \mathbb{R}$에 대하여 다음이 성립한다.

(1) $\mathbf{x} \cdot \mathbf{x} \geq 0$, $\mathbf{x} \cdot \mathbf{x} = 0 \Leftrightarrow \mathbf{x} = \mathbf{0}$ (2) $\mathbf{x} \cdot \mathbf{y} = \mathbf{y} \cdot \mathbf{x}$

(3) $(\mathbf{x}+\mathbf{y}) \cdot \mathbf{z} = \mathbf{x} \cdot \mathbf{z} + \mathbf{y} \cdot \mathbf{z}$ (4) $(k\mathbf{x}) \cdot \mathbf{y} = \mathbf{x} \cdot (k\mathbf{y}) = k(\mathbf{x} \cdot \mathbf{y})$

증명 (4) $\mathbf{x} = \begin{bmatrix} x_1 \\ x_2 \\ \vdots \\ x_n \end{bmatrix}$, $\mathbf{y} = \begin{bmatrix} y_1 \\ y_2 \\ \vdots \\ y_n \end{bmatrix}$에 대하여

$$\begin{aligned}(k\mathbf{x}) \cdot \mathbf{y} &= (kx_1)y_1 + (kx_2)y_2 + \cdots + (kx_n)y_n \\ &= x_1(ky_1) + x_2(ky_2) + \cdots + x_n(ky_n) \\ &= k(x_1y_1) + k(x_2y_2) + \cdots + k(x_ny_n) \\ &= \mathbf{x} \cdot (k\mathbf{y}) = k(\mathbf{x} \cdot \mathbf{y})\end{aligned}$$

나머지 증명은 독자에게 남긴다. ■

3차원 공간 $\mathbb{R}^3$에서와 같이 $\mathbb{R}^n$에서도 크기가 1인 벡터를 **단위벡터**(unit vector)라 한다. $\mathbf{x} \neq \mathbf{0}$에 대하여

$$\mathbf{u} = \frac{\mathbf{x}}{\|\mathbf{x}\|}$$

는 단위벡터이다. $\mathbb{R}^n$의 다음 n개의 벡터를 **기본단위벡터**(standard unit vector)라 한다.

$$\mathbf{e}_1 = \begin{bmatrix} 1 \\ 0 \\ \vdots \\ 0 \\ 0 \end{bmatrix}, \ \mathbf{e}_2 = \begin{bmatrix} 0 \\ 1 \\ 0 \\ \vdots \\ 0 \end{bmatrix}, \ \cdots, \ \mathbf{e}_n = \begin{bmatrix} 0 \\ 0 \\ \vdots \\ 0 \\ 1 \end{bmatrix}$$

$\mathbb{R}^n$의 벡터 $\mathbf{x} = \begin{bmatrix} x_1 \\ x_2 \\ \vdots \\ x_n \end{bmatrix}$을 기본벡터를 이용하여 $\mathbf{x} = x_1\mathbf{e}_1 + x_2\mathbf{e}_2 + \cdots + x_n\mathbf{e}_n$으로 나타낼 수 있다.

정리 3.3.3

$\mathbb{R}^n$의 벡터 $\mathbf{x}$, $\mathbf{y}$에 대하여 Cauchy-Schwarz **부등식**이 성립한다. 즉,

$$|\mathbf{x}\cdot\mathbf{y}| \le \|\mathbf{x}\|\|\mathbf{y}\|$$

이다.

증명 $\mathbf{x}=0$ 또는 $\mathbf{y}=0$ 이면 자명하다. 따라서 $\mathbf{x}\neq 0$ 이고 $\mathbf{y}\neq 0$ 일 때 성립함을 보이면 된다. 모든 실수 t에 대하여 정리 3.3.2에 의하여

$$(\mathbf{x}+t\mathbf{y})\cdot(\mathbf{x}+t\mathbf{y})\ge 0$$

이고

$$(\mathbf{y}\cdot\mathbf{y})t^2+2(\mathbf{x}\cdot\mathbf{y})t+(\mathbf{x}\cdot\mathbf{x})\ge 0$$

이므로 $D=(\mathbf{x}\cdot\mathbf{y})^2-(\mathbf{x}\cdot\mathbf{x})(\mathbf{y}\cdot\mathbf{y})\le 0$이어야 한다. 그러면

$$(\mathbf{x}\cdot\mathbf{y})^2 \le (\mathbf{x}\cdot\mathbf{x})(\mathbf{y}\cdot\mathbf{y})=\|\mathbf{x}\|^2\|\mathbf{y}\|^2$$

이므로 $|\mathbf{x}\cdot\mathbf{y}| \le \|\mathbf{x}\|\|\mathbf{y}\|$이다. ■

Cauchy-Schwarz 부등식으로부터 $\mathbb{R}^n$의 벡터 $\mathbf{x}\neq 0$, $\mathbf{y}\neq 0$에 대하여

$$-1 \le \frac{\mathbf{x}\cdot\mathbf{y}}{\|\mathbf{x}\|\|\mathbf{y}\|} \le 1$$

이고

$$\cos\theta=\frac{\mathbf{x}\cdot\mathbf{y}}{\|\mathbf{x}\|\|\mathbf{y}\|},\quad 0\le\theta\le\pi$$

이므로

$$\mathbf{x}\cdot\mathbf{y}=\|\mathbf{x}\|\|\mathbf{y}\|\cos\theta$$

인 θ가 유일하게 존재한다. θ를 $\mathbf{x}$와 $\mathbf{y}$의 끼인각이라 한다. $\mathbf{x}\cdot\mathbf{y}=0$일 때 $\mathbf{x}$와 $\mathbf{y}$는 **직교**(orthogonal)한다고 하고 $k\in\mathbb{R}$ 에 대하여 $\mathbf{y}=k\mathbf{x}$ 또는 $\mathbf{x}=k\mathbf{y}$ 이면 $\mathbf{x}$와 $\mathbf{y}$는 **평행**(parallel)하다고 한다.

$\mathbb{R}^3$ 에서와 같이 $\mathbb{R}^n$ 에서도 크기와 각을 정의할 수 있고, 내적이 정의되어 있는 $\mathbb{R}^n$ 을 n **차원 유클리드공간**(n-dimensional Euclidean space)이라 한다.

예제 3.3.3 $\mathbb{R}^4$ 의 벡터 $\mathbf{x}=\begin{bmatrix}1\\2\\-3\\2\end{bmatrix}$, $\mathbf{y}=\begin{bmatrix}3\\-2\\0\\-2\end{bmatrix}$ 에 대하여 Cauchy-Schwarz 부등식이 성립함을 보이고 x와 y의 끼인각을 구하라.

풀이 $\mathbf{x}\cdot\mathbf{y}=1\cdot 3+2\cdot(-2)+(-3)\cdot 0+2\cdot(-2)=-5$, $\|\mathbf{x}\|=3\sqrt{2}$, $\|\mathbf{y}\|=\sqrt{17}$ 이고

$$|\mathbf{x}\cdot\mathbf{y}| = 5 < 3\sqrt{2}\sqrt{17} = \|\mathbf{x}\|\|\mathbf{y}\|$$

이므로 Cauchy-Schwarz 부등식이 성립한다. 그리고

$$\cos\theta = \frac{\mathbf{x}\cdot\mathbf{y}}{\|\mathbf{x}\|\|\mathbf{y}\|} = \frac{-5}{3\sqrt{34}}$$

이므로 x와 y의 끼인각은 $\theta=\cos^{-1}\frac{-5}{3\sqrt{34}}$ 이다. ■

예제 3.3.4 $\mathbb{R}^4$ 의 벡터 $\mathbf{x}=\begin{bmatrix}1\\2\\-2\\4\end{bmatrix}$, $\mathbf{y}=\begin{bmatrix}-2\\4\\3\\0\end{bmatrix}$, $\mathbf{z}=\begin{bmatrix}2\\4\\-4\\8\end{bmatrix}$ 에 대하여 서로 직교하는 벡터와 평행한 벡터의 쌍을 찾으라.

풀이

$$\mathbf{x}\cdot\mathbf{y}=1\cdot(-2)+2\cdot 4+(-2)\cdot 3+4\cdot 0=0,$$
$$\mathbf{y}\cdot\mathbf{z}=(-2)\cdot 2+4\cdot 4+3\cdot(-4)+0\cdot 8=0$$

이므로 x와 y 그리고 y와 z는 직교하고, $\mathbf{z}=2\mathbf{x}$ 이므로 x와 z는 평행하다. ■

정리 3.3.4

$\mathbb{R}^n$ 의 벡터 x, y에 대하여 **삼각부등식**이 성립한다. 즉,

$$\|\mathbf{x}+\mathbf{y}\| \le \|\mathbf{x}\|+\|\mathbf{y}\|$$

이다.

증명 $\mathbf{x}\cdot\mathbf{y} \le |\mathbf{x}\cdot\mathbf{y}|$이고, $|\mathbf{x}\cdot\mathbf{y}| \le \|\mathbf{x}\|\|\mathbf{y}\|$이므로

$$\begin{aligned}\|\mathbf{x}+\mathbf{y}\|^2 &= (\mathbf{x}+\mathbf{y})\cdot(\mathbf{x}+\mathbf{y})\\ &= (\mathbf{x}\cdot\mathbf{x})+2(\mathbf{x}\cdot\mathbf{y})+(\mathbf{y}\cdot\mathbf{y})\\ &\le (\mathbf{x}\cdot\mathbf{x})+2|\mathbf{x}\cdot\mathbf{y}|+(\mathbf{y}\cdot\mathbf{y})\\ &\le \|\mathbf{x}\|^2+2\|\mathbf{x}\|\|\mathbf{y}\|+\|\mathbf{y}\|^2\\ &= (\|\mathbf{x}\|+\|\mathbf{y}\|)^2\end{aligned}$$

이다. 따라서 $\|\mathbf{x}+\mathbf{y}\| \le \|\mathbf{x}\|+\|\mathbf{y}\|$이다. ■

예제 3.3.5 $\mathbb{R}^4$의 벡터 $\mathbf{x}=\begin{bmatrix}1\\2\\-3\\2\end{bmatrix}$, $\mathbf{y}=\begin{bmatrix}3\\-2\\0\\-2\end{bmatrix}$에 대하여 삼각부등식이 성립함을 보이라.

풀이 $\|\mathbf{x}\|=3\sqrt{2}$, $\|\mathbf{y}\|=\sqrt{17}$, $\mathbf{x}+\mathbf{y}=\begin{bmatrix}4\\0\\-3\\0\end{bmatrix}$이고 $\|\mathbf{x}+\mathbf{y}\|=5$이므로

$$\|\mathbf{x}+\mathbf{y}\|=5<3\sqrt{2}+\sqrt{17}=\|\mathbf{x}\|+\|\mathbf{y}\|$$

이므로 삼각부등식이 성립한다. ■

연습문제 3.3

01. $\mathbb{R}^4$의 벡터 $\mathbf{x}=\begin{bmatrix}2\\-1\\3\\-4\end{bmatrix}$, $\mathbf{y}=\begin{bmatrix}1\\0\\-2\\1\end{bmatrix}$에 대하여 기본단위벡터 $\mathbf{e}_1$, $\mathbf{e}_2$, $\mathbf{e}_3$, $\mathbf{e}_4$로 나타내고, $\mathbf{x}+\mathbf{y}$, $\mathbf{x}-\mathbf{y}$, $-2\mathbf{x}$, $\|\mathbf{y}\|$, $\|\mathbf{x}-\mathbf{y}\|$를 구하라.

02. $\mathbb{R}^4$의 벡터 $\mathbf{x}=\begin{bmatrix}2\\-3\\1\\2\end{bmatrix}$, $\mathbf{y}=\begin{bmatrix}-3\\0\\2\\1\end{bmatrix}$와 방향이 같은 단위벡터를 각각 구하고, $\mathbf{x}$와 $\mathbf{y}$의 끼인각 θ를 구하라.

03. $\mathbb{R}^4$의 벡터 $\mathbf{x}=\begin{bmatrix}k\\2\\1\\k\end{bmatrix}$, $\mathbf{y}=\begin{bmatrix}k\\-1\\-2\\-3\end{bmatrix}$에 대하여 $\mathbf{x}\cdot\mathbf{y}=0$을 만족시키는 k를 구하라.

04. $\mathbf{x}=\begin{bmatrix}x_1\\x_2\\\vdots\\x_n\end{bmatrix}$, $\mathbf{y}=\begin{bmatrix}y_1\\y_2\\\vdots\\y_n\end{bmatrix}$에 대하여 $\mathbf{x}\cdot\mathbf{y}=\mathbf{x}^T\mathbf{y}$임을 보이라.

05. $k\in\mathbb{R}$에 대하여 $\mathbf{x}=k\mathbf{y}$이면 $|\mathbf{x}\cdot\mathbf{y}|=\|\mathbf{x}\|\|\mathbf{y}\|$임을 보이라.

06. $k\geq 0$에 대하여 $\mathbf{y}=k\mathbf{x}$이면 $\|\mathbf{x}+\mathbf{y}\|=\|\mathbf{x}\|+\|\mathbf{y}\|$임을 보이라.

07. $\mathbf{x}\cdot\mathbf{y}=0$이면 $\|\mathbf{x}+\mathbf{y}\|^2=\|\mathbf{x}\|^2+\|\mathbf{y}\|^2$임을 보이라.

08. $\mathbb{R}^n$에서 $\|\mathbf{x}+\mathbf{y}\|^2+\|\mathbf{x}-\mathbf{y}\|^2=2\|\mathbf{x}\|^2+2\|\mathbf{y}\|^2$이 성립함을 증명하라.

09. $\mathbb{R}^n$에서 $\mathbf{x}\cdot\mathbf{y}=\frac{1}{4}\|\mathbf{x}+\mathbf{y}\|^2-\frac{1}{4}\|\mathbf{x}-\mathbf{y}\|^2$이 성립함을 증명하라.

3.4 벡터공간

$\mathbb{R}^n$의 벡터를 공집합이 아닌 임의의 집합 V에서 추상적인 개념으로 일반화한 벡터의 성질을 알아본다.

정의 공집합이 아닌 집합 V에 임의의 $\mathbf{x}$, $\mathbf{y}\in V$와 $k\in\mathbb{R}$에 대하여 **합** $\mathbf{x}+\mathbf{y}$와 **스칼라곱** $k\mathbf{x}$가 정의되어 있고, 다음을 만족시키면 V를 **벡터공간**(vector space)이라 한다. 이때, V의 원소를 **벡터**(vector)라 하고 실수를 **스칼라**(scalar)라 한다.

(1) 모든 $\mathbf{x}$, $\mathbf{y}\in V$에 대하여 $\mathbf{x}+\mathbf{y}=\mathbf{y}+\mathbf{x}$가 성립한다.

(2) 모든 $\mathbf{x}$, $\mathbf{y}$, $\mathbf{z}\in V$에 대하여 $(\mathbf{x}+\mathbf{y})+\mathbf{z}=\mathbf{x}+(\mathbf{y}+\mathbf{z})$가 성립한다.

(3) 모든 $\mathbf{x} \in V$에 대하여 $\mathbf{x}+\mathbf{0}=\mathbf{x}=\mathbf{0}+\mathbf{x}$ 인 $\mathbf{0}$이 V에 단 하나 있다.

(4) 각 $\mathbf{x} \in V$에 대하여 $\mathbf{x}+(-\mathbf{x})=\mathbf{0}=(-\mathbf{x})+\mathbf{x}$ 인 $-\mathbf{x}$가 V에 단 하나 있다.

(5) 모든 $\mathbf{x}, \mathbf{y} \in V$, $k \in \mathbb{R}$ 에 대하여 $k(\mathbf{x}+\mathbf{y})=k\mathbf{x}+k\mathbf{y}$가 성립한다.

(6) 모든 $\mathbf{x} \in V$, h, $k \in \mathbb{R}$ 에 대하여 $(h+k)\mathbf{x}=h\mathbf{x}+k\mathbf{x}$가 성립한다.

(7) 모든 $\mathbf{x} \in V$, h, $k \in \mathbb{R}$ 에 대하여 $(hk)\mathbf{x}=h(k\mathbf{x})=k(h\mathbf{x})$가 성립한다.

(8) 모든 $\mathbf{x} \in V$에 대하여 $1\mathbf{x}=\mathbf{x}$가 성립한다.

(3)의 벡터 $\mathbf{0}$은 **영벡터**(zero vector)라 하고 (4)의 벡터 $-\mathbf{x}$는 $\mathbf{x}$에 대한 **음벡터**(negative vector)라 한다.

스칼라를 실수로 하는 벡터공간을 **실벡터공간**(real vector space)이라 하고, 스칼라를 복소수로 하는 벡터공간을 **복소벡터공간**(complex vector space)이라 한다. 이 장에서 특별한 언급이 없으면 모든 벡터공간은 실벡터공간이다.

예 제 3.4.1 $\mathbb{R}^n$ 의 벡터 $\mathbf{x}=\begin{bmatrix} x_1 \\ x_2 \\ \vdots \\ x_n \end{bmatrix}$, $\mathbf{y}=\begin{bmatrix} y_1 \\ y_2 \\ \vdots \\ y_n \end{bmatrix}$ 와 $k \in \mathbb{R}$ 에 대하여 $\mathbf{x}+\mathbf{y}$ 와 $k\mathbf{x}$ 를 3.3절에서처럼 정의하면 $\mathbb{R}^n$ 은 이 연산에 대하여 벡터공간이다. ■

예 제 3.4.2 $\mathbb{R}^3$ 의 $\mathbf{x}=\begin{bmatrix} x_1 \\ x_2 \\ x_3 \end{bmatrix}$, $\mathbf{y}=\begin{bmatrix} y_1 \\ y_2 \\ y_3 \end{bmatrix}$ 와 $k \in \mathbb{R}$ 에 대하여 $\mathbf{x}+\mathbf{y}=\begin{bmatrix} x_1+y_1 \\ x_2+y_2 \\ x_3+y_3 \end{bmatrix}$, $k\mathbf{x}=\begin{bmatrix} kx_1 \\ x_2 \\ x_3 \end{bmatrix}$ 로 정의하면 연산에 대하여 닫혀 있다. 그러나 $h, k \in \mathbb{R}$ 에 대하여

$$(h+k)\mathbf{x}=\begin{bmatrix} (h+k)x_1 \\ x_2 \\ x_3 \end{bmatrix}, \quad h\mathbf{x}+k\mathbf{x}=\begin{bmatrix} hx_1 \\ x_2 \\ x_3 \end{bmatrix}+\begin{bmatrix} kx_1 \\ x_2 \\ x_3 \end{bmatrix}=\begin{bmatrix} (h+k)x_1 \\ 2x_2 \\ 2x_3 \end{bmatrix}$$

이고, $(h+k)\mathbf{x} \neq h\mathbf{x}+k\mathbf{x}$이므로 $\mathbb{R}^3$은 이 연산에 대하여 벡터공간이 아니다. ■

예 제 3.4.3 모든 성분이 실수인 $m\times n$ 행렬 전체의 집합 $M_{m\times n}=\{[a_{ij}]_{m\times n}\mid a_{ij}\in\mathbb{R}\}$ 은 행렬의 합과 실수배에 대하여 벡터공간이다. 영벡터는 $m\times n$ 영행렬이고, 벡터 $A=[a_{ij}]_{m\times n}$ 에 대한 음벡터는 $-A=[-a_{ij}]_{m\times n}$ 이다. ■

예 제 3.4.4 $V=\{0\}$ 에서 $k\in\mathbb{R}$ 에 대하여

$$0+0=0,\ k0=0$$

과 같이 정의하면 $V=\{0\}$ 는 이 연산에 대하여 벡터공간이다. 이 벡터공간을 **영벡터공간**(zero vector space)이라 한다. ■

예 제 3.4.5 집합 $L=\{(x,y)\in\mathbb{R}^2\mid x-y+1=0\}$ 에서 합과 스칼라 곱을 $\mathbb{R}^2$ 에서와 같이 정의하자. $\mathbf{x}=\begin{bmatrix}x_1\\x_2\end{bmatrix}$, $\mathbf{y}=\begin{bmatrix}y_1\\y_2\end{bmatrix}\in L$ 이면 $x_1-x_2+1=0$, $y_1-y_2+1=0$ 이고 $\mathbf{x}+\mathbf{y}=\begin{bmatrix}x_1+y_1\\x_2+y_2\end{bmatrix}$ 는

$$(x_1+y_1)-(x_2+y_2)+1=(x_1-x_2+1)+(y_1-y_2)=0-1=-1$$

이므로 $\mathbf{x}+\mathbf{y}\notin L$ 이다. 따라서 L 은 이 연산에 대하여 벡터공간이 아니다. ■

예 제 3.4.6 P_n 을 계수가 실수인 n 차 이하의 다항식 전체의 집합이라 하자.

$$P_n=\{a_0+a_1x+a_2x^2+\cdots+a_nx^n\mid a_0,\ a_1,\ \cdots\ a_n\in\mathbb{R}\}$$

$p(x)=a_0+a_1x+\cdots+a_nx^n$, $q(x)=b_0+b_1x+\cdots+b_nx^n$ 과 $k\in\mathbb{R}$ 에 대하여 합과 스칼라 곱을

$$p(x)+q(x)=(a_0+b_0)+(a_1+b_1)x+\cdots+(a_n+b_n)x^n,$$

$$kp(x)=(ka_0)+(ka_1)x+\cdots+(ka_n)x^n$$

과 같이 정의하면 P_n 은 이 연산에 대하여 벡터공간이다.
영벡터는 영다항식 $0(x)=0+0x+\cdots+0x^n$ 이고, 각 $p(x)\in P_n$ 에 대하여 $-p(x)$ 는 $-p(x)=-a_0-a_1x-\cdots-a_nx^n$ 으로 정의된 다항식이다. 이때 벡터는 계수가 실수인 n 차 이하의 다항식이다. ■

예제 3.4.7 $C(\mathbb{R})$를 $\mathbb{R}$에서 $\mathbb{R}$로의 연속함수 전체의 집합이라 하자.

$$C(\mathbb{R})=\{f \mid f:\mathbb{R}\to\mathbb{R}\text{는 연속함수}\}$$

$f,\ g \in C(\mathbb{R})$와 $k\in\mathbb{R}$에 대하여 합과 스칼라 곱을

$$(f+g)(x)=f(x)+g(x),\ (kf)(x)=kf(x)$$

와 같이 정의하면 $C(\mathbb{R})$는 이 연산에 대하여 벡터공간이다. 영벡터는 영함수 $0(x)=0$이고, 각 $f\in C(\mathbb{R})$에 대하여 $-f$는 $(-f)(x)=-f(x)$로 정의된 함수이다. ■

정리 3.4.1

V가 벡터공간일 때 $\mathbf{x}\in V$와 $k\in\mathbb{R}$에 대하여 다음이 성립한다.

(1) $0\mathbf{x}=\mathbf{0}$

(2) $k\mathbf{0}=\mathbf{0}$

(3) $(-1)\mathbf{x}=-\mathbf{x}$

(4) $k\mathbf{x}=\mathbf{0} \Leftrightarrow k=0$ 또는 $\mathbf{x}=\mathbf{0}$

증명 (1) $0\mathbf{x}=(0+0)\mathbf{x}=0\mathbf{x}+0\mathbf{x}$이고, 양변에 $-0\mathbf{x}$를 더하면

$$\begin{aligned}\mathbf{0}&=0\mathbf{x}+(-0\mathbf{x})=(0\mathbf{x}+0\mathbf{x})+(-0\mathbf{x})\\&=0\mathbf{x}+(0\mathbf{x}+(-0\mathbf{x}))\\&=0\mathbf{x}+\mathbf{0}=0\mathbf{x}\end{aligned}$$

(2) $k\mathbf{0}+k\mathbf{0}=k(\mathbf{0}+\mathbf{0})=k\mathbf{0}$이고, 양변에 $-k\mathbf{0}$를 더하면

$$\begin{aligned}&(k\mathbf{0}+k\mathbf{0})+(-k\mathbf{0})=k\mathbf{0}+(-k\mathbf{0})\\&\Rightarrow k\mathbf{0}+(k\mathbf{0}+(-k\mathbf{0}))=\mathbf{0}\\&\Rightarrow k\mathbf{0}+\mathbf{0}=\mathbf{0}\\&\Rightarrow k\mathbf{0}=\mathbf{0}\end{aligned}$$

(3) $\mathbf{x}+(-1)\mathbf{x}=\mathbf{0}$임을 보이자.

$$\begin{aligned}\mathbf{x}+(-1)\mathbf{x}&=1\mathbf{x}+(-1)\mathbf{x}\\&=(1+(-1))\mathbf{x}\\&=0\mathbf{x}=\mathbf{0}\end{aligned}$$

(4) $k=0$ 또는 $\mathbf{x}=\mathbf{0}$ 이면 (1)과 (2)에 의하여 $k\mathbf{x}=\mathbf{0}$이다. $k\mathbf{x}=\mathbf{0}$이고 $k\neq 0$이라 하자. $k\mathbf{x}=\mathbf{0}$의 양변에 $\dfrac{1}{k}$을 곱하면

$$\begin{aligned}\frac{1}{k}(k\mathbf{x})=\frac{1}{k}\mathbf{0} &\Rightarrow \left(\frac{1}{k}k\right)\mathbf{x}=\mathbf{0}\\ &\Rightarrow 1\mathbf{x}=\mathbf{0}\\ &\Rightarrow \mathbf{x}=\mathbf{0}\end{aligned}$$

이므로 $k\mathbf{x}=\mathbf{0}$ 이면 $k=0$ 또는 $\mathbf{x}=\mathbf{0}$ 이다. ■

연습문제 3.4

01. $\mathbb{R}^2$의 $\mathbf{x}=\begin{bmatrix}x_1\\x_2\end{bmatrix}$, $\mathbf{y}=\begin{bmatrix}y_1\\y_2\end{bmatrix}$와 $k\in\mathbb{R}$에 대하여 $\mathbf{x}+\mathbf{y}$와 $k\mathbf{x}$를 다음과 같이 정의할 때 $\mathbb{R}^2$는 주어진 연산에 대하여 벡터공간인지를 확인하라.

(1) $\begin{bmatrix}x_1\\x_2\end{bmatrix}+\begin{bmatrix}y_1\\y_2\end{bmatrix}=\begin{bmatrix}x_1+y_1\\x_2+y_2\end{bmatrix}$, $k\begin{bmatrix}x_1\\x_2\end{bmatrix}=\begin{bmatrix}x_1\\0\end{bmatrix}$

(2) $\begin{bmatrix}x_1\\x_2\end{bmatrix}+\begin{bmatrix}y_1\\y_2\end{bmatrix}=\begin{bmatrix}x_1+y_2\\x_2+y_1\end{bmatrix}$, $k\begin{bmatrix}x_1\\x_2\end{bmatrix}=\begin{bmatrix}kx_1\\kx_2\end{bmatrix}$

(3) $\begin{bmatrix}x_1\\x_2\end{bmatrix}+\begin{bmatrix}y_1\\y_2\end{bmatrix}=\begin{bmatrix}x_1+y_1\\x_2+y_2\end{bmatrix}$, $k\begin{bmatrix}x_1\\x_2\end{bmatrix}=\begin{bmatrix}k^2x_1\\k^2x_2\end{bmatrix}$

(4) $\begin{bmatrix}x_1\\x_2\end{bmatrix}+\begin{bmatrix}y_1\\y_2\end{bmatrix}=\begin{bmatrix}x_1+y_1+1\\x_2+y_2+1\end{bmatrix}$, $k\begin{bmatrix}x_1\\x_2\end{bmatrix}=\begin{bmatrix}kx_1\\kx_2\end{bmatrix}$

02. $M_{2\times 2}=\{[a_{ij}]\mid a_{ij}\in\mathbb{R}\}$에서 $\begin{bmatrix}a_1&a_2\\a_3&a_4\end{bmatrix}$, $\begin{bmatrix}b_1&b_2\\b_3&b_4\end{bmatrix}$와 $k\in\mathbb{R}$에 대하여

$$\begin{bmatrix}a_1&a_2\\a_3&a_4\end{bmatrix}+\begin{bmatrix}b_1&b_2\\b_3&b_4\end{bmatrix}=\begin{bmatrix}a_1+b_1&a_2+b_2\\a_3+b_3&a_4+b_4\end{bmatrix},\quad k\begin{bmatrix}a_1&a_2\\a_3&a_4\end{bmatrix}=\begin{bmatrix}ka_1&a_2\\a_3&ka_4\end{bmatrix}$$

와 같이 정의할 때 $M_{2\times 2}$가 주어진 연산에 대하여 벡터공간인지를 확인하라.

03. $L=\{(x,\ y)\in\mathbb{R}^2 \mid x-y=0\}$에서 합과 스칼라 곱을 $\mathbb{R}^2$에서와 같이 정의할 때 L이 주어진 연산에 대하여 벡터공간인지를 확인하라.

04. $P_2 = \{a_0 + a_1x + a_2x^2 \mid a_0,\ a_1,\ a_2 \in \mathbb{R}\}$에서 $p(x) = a_0 + a_1x + a_2x^2$, $q(x) = b_0 + b_1x + b_2x^2$과 $k \in \mathbb{R}$에 대하여 $p(x) + q(x) = (a_0 + b_0) + (a_1 + b_1)x + (a_2 + b_2)x^2$, $kp(x) = ka_0 + a_1x + a_2x^2$와 같이 합과 스칼라 곱을 정의하면 P_2은 이 연산에 대하여 벡터공간인지를 확인하라.

05. $\mathbb{R}^2_+ = \{(x,\ y) \mid x \geq 0,\ y \geq 0\}$에서 합과 스칼라 곱을 $\mathbb{R}^2$에서와 같이 정의하면 $\mathbb{R}^2_+$이 주어진 연산에 대하여 벡터공간인지를 확인하라.

06. $P = \{(x,\ y,\ z) \in \mathbb{R}^3 \mid ax + by + cz = 0,\ a,\ b,\ c \in \mathbb{R}\}$에서 합과 스칼라 곱을 $\mathbb{R}^3$에서와 같이 정의하면 P가 주어진 연산에 대하여 벡터공간인지를 확인하라.

3.5 부분공간

집합의 부분집합처럼 벡터공간의 부분공간을 알아본다.

정의 집합 V를 벡터공간이라 하고 W를 공집합이 아닌 V의 부분집합이라 하자. 벡터공간 V에서 정의된 합과 스칼라 곱에 대하여 W가 벡터공간이면 W를 V의 **부분공간**(subspace)이라 한다.

예제 3.5.1 V가 벡터공간일 때 $\{0\}$과 V는 V의 부분공간이다. ■

정리 3.5.1

집합 V를 벡터공간이라 하고 W를 공집합이 아닌 V의 부분집합이라 하자. 다음을 만족시키면 W는 V의 부분공간이다.

(1) 모든 $\mathbf{x},\ \mathbf{y} \in W$에 대하여 $\mathbf{x} + \mathbf{y} \in W$

(2) 모든 $\mathbf{x} \in W$, $k \in \mathbb{R}$에 대하여 $k\mathbf{x} \in W$

증명 벡터공간이 되기 위한 연산법칙이 W에서 성립함을 보이면 된다. $\mathbf{x}, \mathbf{y} \in W$와 $k \in \mathbb{R}$에 대하여 $\mathbf{x}+\mathbf{y} \in W$, $k\mathbf{x} \in W$이고 W는 벡터공간 V의 부분집합이므로 연산법칙이 W에서도 성립한다. 그리고 $\mathbf{x} \in W$에 대하여 $k=0$, $k=-1$이라 하면

$$\mathbf{0} = 0\mathbf{x} \in W, \quad -\mathbf{x} = (-1)\mathbf{x} \in W$$

이므로 W는 벡터공간이다. ■

예제 3.5.2 $\mathbb{R}^3$의 부분집합 $W=\{(x_1, x_2, 0) \mid x_1, x_2 \in \mathbb{R}\}$이 $\mathbb{R}^3$의 부분공간임을 보이라. $(1, 2, 0) \in W$이므로 $W \neq \phi$이다.

풀이 W의 $\mathbf{x}=\begin{bmatrix} x_1 \\ x_2 \\ 0 \end{bmatrix}$, $\mathbf{y}=\begin{bmatrix} y_1 \\ y_2 \\ 0 \end{bmatrix}$와 $k \in \mathbb{R}$에 대하여 $\mathbf{x}+\mathbf{y}=\begin{bmatrix} x_1+y_1 \\ x_2+y_2 \\ 0 \end{bmatrix}$이고, $k\mathbf{x}=\begin{bmatrix} kx_1 \\ kx_2 \\ 0 \end{bmatrix}$이므로 W는 $\mathbb{R}^3$의 부분공간이다. ■

예제 3.5.3 $\mathbb{R}^3$의 부분집합 $W=\{(x_1, x_2, x_3) \in \mathbb{R}^3 \mid x_1+x_2+x_3=0\}$이 $\mathbb{R}^3$의 부분공간임을 보이라. $(1, 1, -2) \in W$이므로 $W \neq \phi$이다.

풀이 $\mathbf{x}=\begin{bmatrix} x_1 \\ x_2 \\ x_3 \end{bmatrix}$, $\mathbf{y}=\begin{bmatrix} y_1 \\ y_2 \\ y_3 \end{bmatrix}$이 W의 원소이면 $x_1+x_2+x_3=0$, $y_1+y_2+y_3=0$이고

$\mathbf{x}+\mathbf{y}=\begin{bmatrix} x_1+y_1 \\ x_2+y_2 \\ x_3+y_3 \end{bmatrix}$는

$$(x_1+y_1)+(x_2+y_2)+(x_3+y_3)=(x_1+x_2+x_3)+(y_1+y_2+y_3)=0$$

이므로 W의 원소이다. 그리고 $k \in \mathbb{R}$에 대하여 $k\mathbf{x}=\begin{bmatrix} kx_1 \\ kx_2 \\ kx_3 \end{bmatrix}$도

$$kx_1+kx_2+kx_3=k(x_1+x_2+x_3)=0$$

이므로 W의 원소이다. 따라서 W는 $\mathbb{R}^3$의 부분공간이다. ■

예제 3.5.4 $\mathbb{R}^3$의 부분집합 $W=\{(x_1, x_2, x_3) \in \mathbb{R}^3 \mid x_1=x_2-x_3\}$이 $\mathbb{R}^3$의 부분공간임을 보이라. $(0, 1, 1) \in W$이므로 $W \neq \phi$이다.

풀 이 $\mathbf{x}=\begin{bmatrix}x_1\\x_2\\x_3\end{bmatrix}$, $\mathbf{y}=\begin{bmatrix}y_1\\y_2\\y_3\end{bmatrix}$이 W의 원소이면 $x_1=x_2-x_3$, $y_1=y_2-y_3$이고 $\mathbf{x}+\mathbf{y}=\begin{bmatrix}x_1+y_1\\x_2+y_2\\x_3+y_3\end{bmatrix}$는

$$x_1+y_1=(x_2-x_3)+(y_2-y_3)=(x_2+y_2)-(x_3+y_3)$$

이므로 W의 원소이다. 그리고 $k\in\mathbb{R}$에 대하여 $k\mathbf{x}=\begin{bmatrix}kx_1\\kx_2\\kx_3\end{bmatrix}$도

$$kx_1=k(x_2-x_3)=kx_2-kx_3$$

이므로 W의 원소이다. 따라서 W는 $\mathbb{R}^3$의 부분공간이다. ■

예 제 3.5.5 $\mathbb{R}^3$의 부분집합 $W=\{(x_1,\ x_2,\ 1)\mid x_1,\ x_2\in\mathbb{R}\}$이 $\mathbb{R}^3$의 부분공간이 아님을 보이라.

풀 이 $\mathbf{x}=\begin{bmatrix}0\\0\\1\end{bmatrix}$, $\mathbf{y}=\begin{bmatrix}0\\1\\1\end{bmatrix}$이라 하면 $\mathbf{x},\mathbf{y}\in W$이지만 $\mathbf{x}+\mathbf{y}=\begin{bmatrix}0\\1\\2\end{bmatrix}\notin W$이다. 따라서 W는 $\mathbb{R}^3$의 부분공간이 아니다. ■

예 제 3.5.6 $M_{2\times2}=\{[a_{ij}]_{2\times2}\mid a_{ij}\in\mathbb{R}\}$의 부분집합 $W=\left\{\begin{bmatrix}a&b\\0&c\end{bmatrix}\middle|\, a,\,b,\,c\in\mathbb{R}\right\}$이 $M_{2\times2}$의 부분공간임을 보이라. $\begin{bmatrix}1&2\\0&3\end{bmatrix}\in W$이므로 $W\neq\phi$이다.

풀 이 W의 $\mathbf{x}=\begin{bmatrix}a_1&b_1\\0&c_1\end{bmatrix}$, $\mathbf{y}=\begin{bmatrix}a_2&b_2\\0&c_2\end{bmatrix}$와 $k\in\mathbb{R}$에 대하여 $\mathbf{x}+\mathbf{y}=\begin{bmatrix}a_1+a_2&b_1+b_2\\0&c_1+c_2\end{bmatrix}$이고, $k\mathbf{x}=\begin{bmatrix}ka_1&kb_1\\0&kc_1\end{bmatrix}$이므로 W는 $M_{2\times2}$의 부분공간이다. ■

예 제 3.5.7 $a,b,c\in\mathbb{R}$라 하자. $W=\{(x_1,\ x_2,\ x_3)\mid x_1=at,\ x_2=bt,\ x_3=ct,\ t\in\mathbb{R}\}$는 원점을 지나는 한 직선 위의 점들의 집합이다. W가 $\mathbb{R}^3$의 부분공간임을 보이라.

풀 이 $(0,0,0)\in W$이므로 $W\neq\phi$이다.

$\mathbf{x}=\begin{bmatrix}at_1\\bt_1\\ct_1\end{bmatrix}$, $\mathbf{y}=\begin{bmatrix}at_2\\bt_2\\ct_2\end{bmatrix}$이 W의 원소이면 $\mathbf{x}+\mathbf{y}=\begin{bmatrix}a(t_1+t_2)\\b(t_1+t_2)\\c(t_1+t_2)\end{bmatrix}$, $k\in\mathbb{R}$에 대하여

$k\mathbf{x}=\begin{bmatrix} a(kt_1) \\ b(kt_1) \\ c(kt_1) \end{bmatrix}$ 이므로 $\mathbf{x}+\mathbf{y}$와 $k\mathbf{x}$는 W의 원소이다.

따라서 W는 $\mathbb{R}^3$의 부분공간이다. ■

정리 3.5.2

W_1, W_2가 벡터공간 V의 부분공간이면 $W_1 \cap W_2$도 V의 부분공간이다.

증명 $0 \in W_1 \cap W_2$이므로 $W_1 \cap W_2 \neq \phi$이다. $\mathbf{x}, \mathbf{y} \in W_1 \cap W_2$와 $k \in \mathbb{R}$에 대하여 W_1, W_2가 벡터공간 V의 부분공간이므로

$$\mathbf{x}+\mathbf{y} \in W_1,\ \ \mathbf{x}+\mathbf{y} \in W_2,\ \ k\mathbf{x} \in W_1,\ \ k\mathbf{x} \in W_2$$

이다. 그러면 $\mathbf{x}+\mathbf{y} \in W_1 \cap W_2$, $k\mathbf{x} \in W_1 \cap W_2$이므로 $W_1 \cap W_2$는 V의 부분공간이다. ■

정의 W_1과 W_2가 벡터공간 V의 부분공간일 때 $W_1+W_2=\{\mathbf{x}+\mathbf{y} \mid \mathbf{x} \in W_1,\ \mathbf{y} \in W_2\}$를 W_1과 W_2의 **합**(sum)이라 한다.

a와 b가 W_1+W_2의 원소이면 $\mathbf{a}=\mathbf{x}_1+\mathbf{y}_1$, $\mathbf{b}=\mathbf{x}_2+\mathbf{y}_2$, $\mathbf{x}_1$, $\mathbf{x}_2 \in W_1$, $\mathbf{y}_1$, $\mathbf{y}_2 \in W_1$이고

$$\mathbf{a}+\mathbf{b}=(\mathbf{x}_1+\mathbf{x}_2)+(\mathbf{y}_1+\mathbf{y}_2) \in W_1+W_2,\ \ k\mathbf{a}=k\mathbf{x}_1+k\mathbf{y}_1 \in W_1+W_2,\ \ k \in \mathbb{R}$$

이므로 W_1+W_2는 V의 부분공간이다.

정의 W_1, W_2가 벡터공간 V의 부분공간일 때 다음을 만족시키면 V를 W_1과 W_2의 **직합**(direct sum)이라 하고 $V=W_1 \oplus W_2$로 나타낸다.

(1) $V=W_1+W_2$ (2) $W_1 \cap W_2=\{0\}$

예를 들면 $\mathbb{R}^3 = \mathbb{R}^1 \oplus \mathbb{R}^2 = \mathbb{R}^1 \oplus \mathbb{R}^1 \oplus \mathbb{R}^1$

정리 3.5.3

W_1, W_2가 벡터공간 V의 부분공간이라 하자. $V = W_1 \oplus W_2$일 필요충분조건은 임의의 $\mathbf{v} \in V$에 대하여 $\mathbf{v} = \mathbf{w}_1 + \mathbf{w}_2$인 유일한 $\mathbf{w}_1 \in W_1$, $\mathbf{w}_2 \in W_2$가 존재한다.

증명 $V = W_1 \oplus W_2$이라 하면 $V = W_1 + W_2$이므로 $\mathbf{v} \in V$에 대하여 $\mathbf{v} = \mathbf{w}_1 + \mathbf{w}_2$인 $\mathbf{w}_1 \in W_1$, $\mathbf{w}_2 \in W_2$가 존재한다. 유일성을 보이기 위하여 $\mathbf{w}'_1 \in W_1$, $\mathbf{w}'_2 \in W_2$, $\mathbf{v} = \mathbf{w}'_1 + \mathbf{w}'_2$이라 하면

$$\mathbf{v} = \mathbf{w}_1 + \mathbf{w}_2 = \mathbf{w}'_1 + \mathbf{w}'_2$$

이므로 $\mathbf{w}_1 - \mathbf{w}'_1 = \mathbf{w}'_2 - \mathbf{w}_2 \in W_1 \cap W_2 = \{\mathbf{0}\}$이다. 따라서 $\mathbf{w}_1 = \mathbf{w}'_1$이고 $\mathbf{w}_2 = \mathbf{w}'_2$이다. 반면에 $\mathbf{0} \neq \mathbf{v} \in W_1 \cap W_2$에 대하여 W_1과 W_2 내의 벡터의 합을 다른 방법으로 나타낼 수 있다.

$$\mathbf{v} = \mathbf{v} + \mathbf{0} = \mathbf{0} + \mathbf{v} = \frac{1}{2}\mathbf{v} + \frac{1}{2}\mathbf{v} = \frac{1}{3}\mathbf{v} + \frac{2}{3}\mathbf{v} \in W_1 + W_2$$ ■

예제 3.5.8 $\mathbb{R}^3$의 부분공간 $W_1 = \{(x_1, x_2, 0) \mid x_1, x_2 \in \mathbb{R}\}$과 $W_2 = \{(0, 0, x_3) \mid x_3 \in \mathbb{R}\}$에 대하여 $\mathbb{R}^3 = W_1 \oplus W_2$임을 보이라.

풀이 임의의 $\begin{bmatrix} x_1 \\ x_2 \\ x_3 \end{bmatrix} \in \mathbb{R}^3$에 대하여 $\begin{bmatrix} x_1 \\ x_2 \\ x_3 \end{bmatrix} = \begin{bmatrix} x_1 \\ x_2 \\ 0 \end{bmatrix} + \begin{bmatrix} 0 \\ 0 \\ x_3 \end{bmatrix}$로 나타낼 수 있고 $\begin{bmatrix} x_1 \\ x_2 \\ 0 \end{bmatrix} \in W_1$, $\begin{bmatrix} 0 \\ 0 \\ x_3 \end{bmatrix} \in W_2$ 이므로

$$\mathbb{R}^3 = W_1 + W_2$$

이다. 그리고 $W_1 \cap W_2 = \{\mathbf{0}\}$, $\mathbf{0} = \begin{bmatrix} 0 \\ 0 \\ 0 \end{bmatrix}$이므로 $\mathbb{R}^3 = W_1 \oplus W_2$이다. ■

정리 3.5.4

행렬 $A \in M_{m \times n}$에 대하여 집합 $W = \{\mathbf{x} \in \mathbb{R}^n \mid A\mathbf{x} = \mathbf{0}\}$은 벡터공간 $\mathbb{R}^n$의 부분공간이다.

증명 $A\mathbf{0}=\mathbf{0}$ 이므로 $\mathbf{0} \in W$이다. $\mathbf{x}, \mathbf{y} \in W$와 $k \in \mathbb{R}$ 에 대하여 $A\mathbf{x}=\mathbf{0}$, $A\mathbf{y}=\mathbf{0}$ 이므로

$$A(\mathbf{x}+\mathbf{y}) = A\mathbf{x} + A\mathbf{y} = \mathbf{0}+\mathbf{0}=\mathbf{0},\quad A(k\mathbf{x}) = k(A\mathbf{x}) = k\mathbf{0}=\mathbf{0}$$

이다. 따라서 W는 $\mathbb{R}^n$의 부분공간이다. ■

정리 3.5.4에서 $\mathbb{R}^n$의 부분공간 W를 연립방정식 $A\mathbf{x}=\mathbf{0}$ 의 **해공간**(solution space) 또는 A의 **영공간**(null space)이라 한다.

연습문제 3.5

01. 다음 집합이 $\mathbb{R}^3$의 부분공간인지 아닌지 확인하라.

(1) $W=\{(x,\ 0,\ 0) \mid x \in \mathbb{R}\}$ (2) $W=\{(x,\ 1,\ 1) \mid x \in \mathbb{R}\}$

(3) $W=\{(x_1,\ x_2,\ x_3) \in \mathbb{R}^3 \mid x_2 = x_1 + x_3\}$

02. 다음 집합이 $M_{2\times 2}=\{[a_{ij}]_{2\times 2} \mid a_{ij} \in \mathbb{R}\}$ 의 부분공간인지 아닌지 확인하라.

(1) $W=\left\{\begin{bmatrix} a & b \\ c & d \end{bmatrix} \,\middle|\, a+b+c+d=0\right\}$ (2) $W=\left\{\begin{bmatrix} a & b \\ c & d \end{bmatrix} \,\middle|\, a+d=0\right\}$

(3) $W=\left\{\begin{bmatrix} a & b \\ c & d \end{bmatrix} \,\middle|\, \begin{vmatrix} a & b \\ c & d \end{vmatrix}=0\right\}$

03. 다음 집합이 $P_2=\{a_0+a_1x+a_2x^2 \mid a_0,\ a_1,\ a_2 \in \mathbb{R}\}$의 부분공간인지 아닌지 확인하라.

(1) $W=\{a_0+a_2x^2 \mid a_0,\ a_2 \in \mathbb{R}\}$

(2) $W=\{a_0+a_1x+a_2x^2 \mid a_0+a_1+a_2=3,\ a_0, a_1,\ a_2 \in \mathbb{R}\}$

04. $C(\mathbb{R})$를 $\mathbb{R}$ 에서 $\mathbb{R}$ 로의 연속함수의 집합이라 하고 $D(\mathbb{R})$를 $\mathbb{R}$ 에서 $\mathbb{R}$ 로의 미분가능함수의 집합이라 하자. $D(\mathbb{R})$는 $C(\mathbb{R})$의 부분공간임을 보이라.

05. 주어진 벡터 $\mathbf{x} \in \mathbb{R}^3$에 대하여 집합 $W=\{\mathbf{y} \in \mathbb{R}^3 \mid \mathbf{x}\cdot\mathbf{y}=0\}$는 벡터공간 $\mathbb{R}^3$의 부분공간임을 보이라.

06. $\mathbb{R}^2$의 부분공간은 $\{0\}$, $\mathbb{R}^2$, 그리고 원점을 지나는 직선 이외에는 없음을 밝히라.

07. $M_{n\times n}=\left\{[a_{ij}]_{n\times n} \mid a_{ij}\in\mathbb{R}\right\}$에서 대칭행렬의 집합 $S=\left\{A\in M_{n\times n} \mid A=A^T\right\}$와 반대칭행렬의 집합 $T=\left\{B\in M_{n\times n} \mid B^T=-B\right\}$는 $M_{n\times n}$의 부분공간이고 $M_{n\times n}=S\oplus T$임을 보이라.

3.6 일차독립과 일차종속

벡터공간과 그의 부분공간의 구조에 필요한 기본적인 개념을 알아본다.

정의 V가 벡터공간이고 $\mathbf{x}_1, \mathbf{x}_2, \cdots, \mathbf{x}_m\in V$에 대하여

$$k_1\mathbf{x}_1+k_2\mathbf{x}_2+\cdots+k_m\mathbf{x}_m \quad (k_1, k_2, \cdots, k_m\in\mathbb{R})$$

를 $\mathbf{x}_1, \mathbf{x}_2, \cdots, \mathbf{x}_m$의 **일차결합**(linear combination)이라 한다.

예제 3.6.1 $\mathbb{R}^2$의 벡터 $\mathbf{x}=\begin{bmatrix}1\\1\end{bmatrix}$를 두 벡터 $\mathbf{x}_1=\begin{bmatrix}1\\2\end{bmatrix}$, $\mathbf{x}_2=\begin{bmatrix}-1\\0\end{bmatrix}$의 일차결합으로 나타내라.

풀이 $\mathbf{x}=k_1\mathbf{x}_1+k_2\mathbf{x}_2$를 만족하는 실수 k_1, k_2를 찾으면 된다.

$\begin{bmatrix}1\\1\end{bmatrix}=k_1\begin{bmatrix}1\\2\end{bmatrix}+k_2\begin{bmatrix}-1\\0\end{bmatrix}=\begin{bmatrix}k_1-k_2\\2k_1\end{bmatrix}$이고 $k_1-k_2=1$, $2k_1=1$이므로 $k_1=\frac{1}{2}$, $k_2=-\frac{1}{2}$이다. 따라서 $\mathbf{x}=\frac{1}{2}\mathbf{x}_1-\frac{1}{2}\mathbf{x}_2$이다. ■

예제 3.6.2 $\mathbb{R}^3$의 벡터 $\mathbf{x}=\begin{bmatrix}1\\-2\\5\end{bmatrix}$를 세 벡터 $\mathbf{x}_1=\begin{bmatrix}1\\1\\1\end{bmatrix}$, $\mathbf{x}_2=\begin{bmatrix}1\\2\\3\end{bmatrix}$, $\mathbf{x}_3=\begin{bmatrix}2\\-1\\1\end{bmatrix}$의 일차결합으로 나타내라.

풀이 $\mathbf{x}=k_1\mathbf{x}_1+k_2\mathbf{x}_2+k_3\mathbf{x}_3$를 만족하는 k_1, k_2, k_3는

$\begin{bmatrix}1\\-2\\5\end{bmatrix}=k_1\begin{bmatrix}1\\1\\1\end{bmatrix}+k_2\begin{bmatrix}1\\2\\3\end{bmatrix}+k_3\begin{bmatrix}2\\-1\\1\end{bmatrix}=\begin{bmatrix}k_1+k_2+2k_3\\k_1+2k_2-k_3\\k_1+3k_2+k_3\end{bmatrix}$에서 정리하면 연립방정식

$\begin{cases} k_1+k_2+2k_3 = 1 \\ k_1+2k_2-k_3 = -2 \\ k_1+3k_2+k_3 = 5 \end{cases}$가 되므로 방정식을 풀면 $k_1=-6$, $k_2=3$, $k_3=2$이다.

따라서 $\mathbf{x}=-6\mathbf{x}_1+3\mathbf{x}_2+2\mathbf{x}_3$이다. ■

예제 3.6.3 $\mathbb{R}^3$의 벡터 $\mathbf{x}=\begin{bmatrix}2\\-6\\3\end{bmatrix}$를 벡터 $\mathbf{x}_1=\begin{bmatrix}1\\-2\\-1\end{bmatrix}$, $\mathbf{x}_2=\begin{bmatrix}3\\-5\\4\end{bmatrix}$의 일차결합으로 나타내라.

풀이 $\mathbf{x}=k_1\mathbf{x}_1+k_2\mathbf{x}_2$를 만족하는 k_1, k_2는 $\begin{bmatrix}2\\-6\\3\end{bmatrix}=k_1\begin{bmatrix}1\\-2\\-1\end{bmatrix}+k_2\begin{bmatrix}3\\-5\\4\end{bmatrix}=\begin{bmatrix}k_1+3k_2\\-2k_1-5k_2\\-k_1+4k_2\end{bmatrix}$에서 정리하면 연립방정식 $\begin{cases} k_1+3k_2 = 2 \\ -2k_1-5k_2 = -6 \\ -k_1+4k_2 = 3 \end{cases}$가 된다. 그런데 이 연립방정식을 만족하는 실수 k_1, k_2는 존재하지 않으므로 $\mathbf{x}$는 $\mathbf{x}_1$, $\mathbf{x}_2$의 일차결합으로 나타낼 수 없다. ■

정리 3.6.1

V가 벡터공간일 때 $S=\{\mathbf{x}_1, \mathbf{x}_2, \cdots, \mathbf{x}_m\} \subset V$에 대하여

$$W=\{k_1\mathbf{x}_1+k_2\mathbf{x}_2+\cdots+k_m\mathbf{x}_m \mid k_1, k_2, \cdots, k_m \in \mathbb{R}\}$$

는 V의 부분공간이다.

증명 $\mathbf{x}=k_1\mathbf{x}_1+k_2\mathbf{x}_2+\cdots+k_m\mathbf{x}_m$, $\mathbf{y}=h_1\mathbf{x}_1+h_2\mathbf{x}_2+\cdots+h_m\mathbf{x}_m \in W$, k_i, $h_i \in \mathbb{R}$, $i=1, 2, \cdots, m$, $\alpha \in \mathbb{R}$에 대하여

$$\mathbf{x}+\mathbf{y}=(k_1+h_1)\mathbf{x}_1+(k_2+h_2)\mathbf{x}_2+\cdots+(k_m+h_m)\mathbf{x}_m,$$

$$\alpha\mathbf{x}=(\alpha k_1)\mathbf{x}_1+(\alpha k_2)\mathbf{x}_2+\cdots+(\alpha k_m)\mathbf{x}_m$$

이고 $k_i+h_i \in \mathbb{R}$, $\alpha k_i \in \mathbb{R}$이므로 $\mathbf{x}+\mathbf{y} \in W$, $\alpha\mathbf{x} \in W$이다. 따라서 W는 V의 부분공간이다. ■

$W=\{k_1\mathbf{x}_1+k_2\mathbf{x}_2+\cdots+k_m\mathbf{x}_m \mid k_1, k_2, \cdots, k_m \in \mathbb{R}\}$를 $S=\{\mathbf{x}_1, \mathbf{x}_2, \cdots, \mathbf{x}_m\}$에 의하여 **생성된**(spanned) V의 부분공간이라 한다. S는 W를 **생성**(span)한다 하고, S를

W의 **생성집합**(spanning set)이라 하며 다음과 같이 나타낸다.

$$W = \mathrm{span}(S) \text{ 또는 } W = \langle S \rangle$$

특히 V에 속한 모든 벡터가 S에 속한 벡터들의 일차결합이면 $V = \langle S \rangle$이다.

예제 3.6.4 $\mathbb{R}^3$의 기본단위벡터 $\mathbf{i} = \begin{bmatrix} 1 \\ 0 \\ 0 \end{bmatrix}$, $\mathbf{j} = \begin{bmatrix} 0 \\ 1 \\ 0 \end{bmatrix}$, $\mathbf{k} = \begin{bmatrix} 0 \\ 0 \\ 1 \end{bmatrix}$에 대하여 $S = \{\mathbf{i}, \mathbf{j}, \mathbf{k}\}$라 하면 $\mathbb{R}^3$의 모든 벡터 $\mathbf{x} = \begin{bmatrix} x_1 \\ x_2 \\ x_3 \end{bmatrix}$는 $\mathbf{x} = x_1\mathbf{i} + x_2\mathbf{j} + x_3\mathbf{k}$와 같이 $\mathbf{i}$, $\mathbf{j}$, $\mathbf{k}$의 일차결합으로 나타난다.

따라서 S는 $\mathbb{R}^3$을 생성하므로 $\mathbb{R}^3 = \langle S \rangle$이다. ■

예제 3.6.5 $\mathbb{R}^3$의 $\mathbf{x}_1 = \begin{bmatrix} 1 \\ 1 \\ 1 \end{bmatrix}$, $\mathbf{x}_2 = \begin{bmatrix} 1 \\ 1 \\ 0 \end{bmatrix}$, $\mathbf{x}_3 = \begin{bmatrix} 1 \\ 0 \\ 0 \end{bmatrix}$에 대하여 $S = \{\mathbf{x}_1, \mathbf{x}_2, \mathbf{x}_3\}$는 $\mathbb{R}^3$을 생성하는가?

풀이 $\mathbb{R}^3$에 속한 임의의 벡터 $\mathbf{x} = \begin{bmatrix} x_1 \\ x_2 \\ x_3 \end{bmatrix}$에 대하여 $\mathbf{x} = k_1\mathbf{x}_1 + k_2\mathbf{x}_2 + k_3\mathbf{x}_3$인 k_1, k_2, k_3을 찾으면

$$\begin{bmatrix} x_1 \\ x_2 \\ x_3 \end{bmatrix} = k_1 \begin{bmatrix} 1 \\ 1 \\ 1 \end{bmatrix} + k_2 \begin{bmatrix} 1 \\ 1 \\ 0 \end{bmatrix} + k_3 \begin{bmatrix} 1 \\ 0 \\ 0 \end{bmatrix} = \begin{bmatrix} k_1 + k_2 + k_3 \\ k_1 + k_2 \\ k_1 \end{bmatrix}$$

에서 $x_1 = k_1 + k_2 + k_3$, $x_2 = k_1 + k_2$, $x_3 = k_1$이므로 $k_1 = x_3$, $k_2 = x_2 - x_3$, $k_3 = x_1 - x_2$이다. 따라서 $\mathbf{x} = x_3\mathbf{x}_1 + (x_2 - x_3)\mathbf{x}_2 + (x_1 - x_2)\mathbf{x}_3$이고 S는 $\mathbb{R}^3$을 생성하므로 $\mathbb{R}^3 = \langle S \rangle$이다. ■

$\mathbb{R}^3$ 공간의 생성집합이 하나만 존재하는 것이 아님을 알 수 있다.

예제 3.6.6 $\mathbb{R}^3$의 $\mathbf{x}_1 = \begin{bmatrix} 1 \\ 0 \\ 1 \end{bmatrix}$, $\mathbf{x}_2 = \begin{bmatrix} -3 \\ 1 \\ 1 \end{bmatrix}$, $\mathbf{x}_3 = \begin{bmatrix} -2 \\ 1 \\ 2 \end{bmatrix}$에 대하여 $S = \{\mathbf{x}_1, \mathbf{x}_2, \mathbf{x}_3\}$는 $\mathbb{R}^3$을 생성하는가?

풀이 $\mathbb{R}^3$의 벡터 $\mathbf{x} = \begin{bmatrix} x_1 \\ x_2 \\ x_3 \end{bmatrix}$가 $\mathbf{x} = k_1\mathbf{x}_1 + k_2\mathbf{x}_2 + k_3\mathbf{x}_3$인 k_1, k_2, k_3을 찾으면

$$\begin{bmatrix} x_1 \\ x_2 \\ x_3 \end{bmatrix} = k_1 \begin{bmatrix} 1 \\ 0 \\ 1 \end{bmatrix} + k_2 \begin{bmatrix} -3 \\ 1 \\ 1 \end{bmatrix} + k_3 \begin{bmatrix} -2 \\ 1 \\ 2 \end{bmatrix} = \begin{bmatrix} k_1 - 3k_2 - 2k_3 \\ k_2 + k_3 \\ k_1 + k_2 + 2k_3 \end{bmatrix}$$

에서 정리하면 연립방정식 $\begin{cases} k_1 - 3k_2 - \ \ k_3 = x_1 \\ \qquad\ \ k_2 + \ \ k_3 = x_2 \\ k_1 + \ \ k_2 + 2k_3 = x_3 \end{cases}$ 가 된다. 그런데 이 연립방정식의 계수 행렬식이

$$\begin{vmatrix} 1 & -3 & -2 \\ 0 & 1 & 1 \\ 1 & 1 & 2 \end{vmatrix} = 0$$

이므로 x_1, x_2, x_3가 모두 0이 아닐 때는 해가 존재하지 않을 수도 있다. $\begin{bmatrix} x_1 \\ x_2 \\ x_3 \end{bmatrix} = \begin{bmatrix} 0 \\ 1 \\ 5 \end{bmatrix}$ 이면 해는 존재하지 않는다. 따라서 S는 $\mathbb{R}^3$을 생성하지 않는다. ■

예제 3.6.7 $M_{2\times 2}$에서 $\mathbf{x}_1 = \begin{bmatrix} 1 & 0 \\ 0 & 0 \end{bmatrix}$, $\mathbf{x}_2 = \begin{bmatrix} 0 & 1 \\ 0 & 0 \end{bmatrix}$, $\mathbf{x}_3 = \begin{bmatrix} 0 & 0 \\ 1 & 0 \end{bmatrix}$, $\mathbf{x}_4 = \begin{bmatrix} 0 & 0 \\ 0 & 1 \end{bmatrix}$이라 할 때, $S = \{\mathbf{x}_1, \mathbf{x}_2, \mathbf{x}_3, \mathbf{x}_4\}$는 $M_{2\times 2}$를 생성하는가?

풀 이 $M_{2\times 2}$의 벡터 $\mathbf{x} = \begin{bmatrix} x_1 & x_2 \\ x_3 & x_4 \end{bmatrix}$는

$$\mathbf{x} = \begin{bmatrix} x_1 & x_2 \\ x_3 & x_4 \end{bmatrix} = x_1 \begin{bmatrix} 1 & 0 \\ 0 & 0 \end{bmatrix} + x_2 \begin{bmatrix} 0 & 1 \\ 0 & 0 \end{bmatrix} + x_3 \begin{bmatrix} 0 & 0 \\ 1 & 0 \end{bmatrix} + x_4 \begin{bmatrix} 0 & 0 \\ 0 & 1 \end{bmatrix} = x_1\mathbf{x}_1 + x_2\mathbf{x}_2 + x_3\mathbf{x}_3 + x_4\mathbf{x}_4$$

이므로 $\mathbf{x}_1$, $\mathbf{x}_2$, $\mathbf{x}_3$, $\mathbf{x}_4$의 일차결합이다. 따라서 S는 M_2를 생성하므로 $M_2 = \langle S \rangle$이다. ■

정의 V가 벡터공간이고 $\mathbf{x}_1, \mathbf{x}_2, \cdots, \mathbf{x}_m \in V$, $k_1, k_2, \cdots, k_m \in \mathbb{R}$에 대하여

$$k_1\mathbf{x}_1 + k_2\mathbf{x}_2 + \cdots + k_n\mathbf{x}_m = \mathbf{0} \text{ 이면 } k_1 = k_2 = \cdots = k_m = 0$$

일 때 $\mathbf{x}_1, \mathbf{x}_2, \cdots, \mathbf{x}_m$을 **일차독립**(linearly independent)이라 하고 $k_1, k_2, \cdots, k_m$ 중에 적어도 하나는 0이 아닐 때 $\mathbf{x}_1, \mathbf{x}_2, \cdots, \mathbf{x}_m$을 **일차종속**(linearly dependent)이라 한다.

$\mathbb{R}^2$의 기본단위벡터 $\mathbf{i}=\begin{bmatrix}1\\0\end{bmatrix}$, $\mathbf{j}=\begin{bmatrix}0\\1\end{bmatrix}$와 k_1, $k_2 \in \mathbb{R}$에 대하여

$$k_1\mathbf{i}+k_2\mathbf{j}=\mathbf{0}\text{이면 } k_1\begin{bmatrix}1\\0\end{bmatrix}+k_2\begin{bmatrix}0\\1\end{bmatrix}=\begin{bmatrix}k_1\\k_2\end{bmatrix}=\begin{bmatrix}0\\0\end{bmatrix}$$

이므로 $k_1=0$, $k_2=0$이다. 따라서 $S=\{\mathbf{i},\mathbf{j}\}$는 일차독립이다. 그리고 $\mathbb{R}^3$의 기본단위벡터 $\mathbf{i}=\begin{bmatrix}1\\0\\0\end{bmatrix}$, $\mathbf{j}=\begin{bmatrix}0\\1\\0\end{bmatrix}$, $\mathbf{k}=\begin{bmatrix}0\\0\\1\end{bmatrix}$와 k_1, k_2, $k_3 \in \mathbb{R}$에 대하여

$$k_1\mathbf{i}+k_2\mathbf{j}+k_3\mathbf{k}=\mathbf{0}\text{이면 } k_1\begin{bmatrix}1\\0\\0\end{bmatrix}+k_2\begin{bmatrix}0\\1\\0\end{bmatrix}+k_3\begin{bmatrix}0\\0\\1\end{bmatrix}=\begin{bmatrix}k_1\\k_2\\k_3\end{bmatrix}=\begin{bmatrix}0\\0\\0\end{bmatrix}$$

이므로 $k_1=0$, $k_2=0$, $k_3=0$이다. 따라서 $S=\{\mathbf{i},\mathbf{j},\mathbf{k}\}$는 일차독립이다. 일반적으로 $\mathbb{R}^n$의 기본단위벡터들 $\mathbf{e}_1=\begin{bmatrix}1\\0\\\vdots\\0\end{bmatrix}$, $\mathbf{e}_2=\begin{bmatrix}0\\1\\\vdots\\0\end{bmatrix}$, $\cdots$, $\mathbf{e}_n=\begin{bmatrix}0\\0\\\vdots\\1\end{bmatrix}$의 집합 $S=\{\mathbf{e}_1,\mathbf{e}_2,\cdots,\mathbf{e}_n\}$은 일차독립이다.

예제 3.6.8 $\mathbb{R}^2$의 $\mathbf{x}_1=\begin{bmatrix}1\\-3\end{bmatrix}$과 $\mathbf{x}_2=\begin{bmatrix}1\\-2\end{bmatrix}$는 일차독립임을 보이라.

풀이 k_1, $k_2 \in \mathbb{R}$에 대하여

$$k_1\mathbf{x}_1+k_2\mathbf{x}_2=\mathbf{0}\text{ 이면 } k_1\begin{bmatrix}1\\-3\end{bmatrix}+k_2\begin{bmatrix}1\\-2\end{bmatrix}=\begin{bmatrix}k_1+k_2\\-3k_1-2k_2\end{bmatrix}=\begin{bmatrix}0\\0\end{bmatrix}$$

이고 $k_1+k_2=0$, $-3k_1-2k_2=0$이므로 $k_1=0$, $k_2=0$이다. 따라서 $S=\{\mathbf{x}_1,\mathbf{x}_2\}$는 일차독립이다. ■

예제 3.6.9 $\mathbb{R}^3$의 $\mathbf{x}_1=\begin{bmatrix}1\\0\\-1\end{bmatrix}$, $\mathbf{x}_2=\begin{bmatrix}1\\1\\0\end{bmatrix}$, $\mathbf{x}_3=\begin{bmatrix}0\\1\\1\end{bmatrix}$는 일차종속임을 보이라.

풀이 k_1, k_2, $k_3 \in \mathbb{R}$에 대하여

$$k_1\mathbf{x}_1+k_2\mathbf{x}_2+k_3\mathbf{x}_3=\mathbf{0}\text{ 이면 } k_1\begin{bmatrix}1\\0\\-1\end{bmatrix}+k_2\begin{bmatrix}1\\1\\0\end{bmatrix}+k_3\begin{bmatrix}0\\1\\1\end{bmatrix}=\begin{bmatrix}k_1+k_2\\k_2+k_3\\-k_1+k_3\end{bmatrix}=\begin{bmatrix}0\\0\\0\end{bmatrix}$$

에서 $\begin{cases} k_1+k_2=0 \\ k_2+k_3=0 \\ -k_1+k_3=0 \end{cases}$ 이 된다. 이 k_1, k_2, k_3에 대한 동차연립일차방정식은 자명하지 않은 해 $k_1=1$, $k_2=-1$, $k_3=1$을 가지므로 $\mathbf{x}_1$, $\mathbf{x}_2$, $\mathbf{x}_3$는 일차종속이다. ■

예제 3.6.10 벡터공간 V의 $\mathbf{x}_1$, $\mathbf{x}_2$, $\mathbf{x}_3$가 일차독립이면

$$\mathbf{x}_1,\ \mathbf{x}_1+\mathbf{x}_2,\ \mathbf{x}_1+\mathbf{x}_2+\mathbf{x}_3$$

도 일차독립임을 보이라.

풀이 $k_1, k_2, k_3 \in \mathbb{R}$ 에 대하여

$$k_1\mathbf{x}_1+k_2(\mathbf{x}_1+\mathbf{x}_2)+k_3(\mathbf{x}_1+\mathbf{x}_2+\mathbf{x}_3)=\mathbf{0} \text{ 이면 } (k_1+k_2+k_3)\mathbf{x}_1+(k_2+k_3)\mathbf{x}_2+k_3\mathbf{x}_3=\mathbf{0}$$

이고 $\mathbf{x}_1$, $\mathbf{x}_2$, $\mathbf{x}_3$가 일차독립이므로 $\begin{cases} k_1+k_2+k_3=0 \\ k_2+k_3=0 \\ k_3=0 \end{cases}$ 이고 따라서 $k_1=0$, $k_2=0$, $k_3=0$이다. 그러므로 $\mathbf{x}_1$, $\mathbf{x}_1+\mathbf{x}_2$, $\mathbf{x}_1+\mathbf{x}_2+\mathbf{x}_3$는 일차독립이다. ■

일차독립과 일차종속에 대한 정리를 알아보자.

정리 3.6.2

$\mathbb{R}^n$에 속하는 n개의 벡터 $\mathbf{x}_1=\begin{bmatrix} x_{11} \\ x_{12} \\ \vdots \\ x_{1n} \end{bmatrix}$, $\mathbf{x}_2=\begin{bmatrix} x_{21} \\ x_{22} \\ \vdots \\ x_{2n} \end{bmatrix}$, $\cdots$, $\mathbf{x}_n=\begin{bmatrix} x_{n1} \\ x_{n2} \\ \vdots \\ x_{nn} \end{bmatrix}$에 대하여

$A=\begin{bmatrix} x_{11} & x_{21} & \cdots & x_{n1} \\ x_{12} & x_{22} & \cdots & x_{n2} \\ \vdots & \vdots & \vdots & \vdots \\ x_{1n} & x_{2n} & \cdots & x_{nn} \end{bmatrix}$이라 하면, $\mathbf{x}_1$, $\mathbf{x}_2$, $\cdots$, $\mathbf{x}_n$이 일차독립이기 위한 필요충분조건은 $|A|\neq 0$이다.

증명 $k_1, k_2, \cdots, k_n \in \mathbb{R}$ 에 대하여 $k_1\mathbf{x}_1+k_2\mathbf{x}_2+\cdots+k_n\mathbf{x}_n=\mathbf{0}$ 이면

$$k_1\begin{bmatrix} x_{11} \\ x_{12} \\ \vdots \\ x_{1n} \end{bmatrix}+k_2\begin{bmatrix} x_{21} \\ x_{22} \\ \vdots \\ x_{2n} \end{bmatrix}+\cdots+k_n\begin{bmatrix} x_{n1} \\ x_{n2} \\ \vdots \\ x_{nn} \end{bmatrix}=\begin{bmatrix} 0 \\ 0 \\ \vdots \\ 0 \end{bmatrix}$$

이므로 다음 $k_1, k_2, \cdots, k_n$에 대한 동차연립일차방정식을 얻는다.

$$\begin{cases} x_{11}k_1 + x_{21}k_2 + \cdots + x_{n1}k_n = 0 \\ x_{12}k_1 + x_{22}k_2 + \cdots + x_{n2}k_n = 0 \\ \qquad\qquad \vdots \\ x_{1n}k_1 + x_{2n}k_2 + \cdots + x_{nn}k_n = 0 \end{cases}$$

이 동차연립일차방정식이 자명한 해 $k_1 = k_2 = \cdots = k_n = 0$만을 갖기 위한 필요충분조건은 $|A| \neq 0$이다. 그러므로 $\mathbf{x}_1, \mathbf{x}_2, \cdots, \mathbf{x}_n$이 일차독립일 필요충분조건은 $|A| \neq 0$이다. ■

예제 3.6.11 다음 $\mathbb{R}^3$의 $\mathbf{x}_1, \mathbf{x}_2, \mathbf{x}_3$가 일차독립인지 일차종속인지 밝히라.

(1) $\mathbf{x}_1 = \begin{bmatrix} 1 \\ 2 \\ 3 \end{bmatrix}, \mathbf{x}_2 = \begin{bmatrix} -1 \\ 0 \\ 2 \end{bmatrix}, \mathbf{x}_3 = \begin{bmatrix} 3 \\ 1 \\ 1 \end{bmatrix}$

(2) $\mathbf{x}_1 = \begin{bmatrix} 1 \\ -2 \\ 3 \end{bmatrix}, \mathbf{x}_2 = \begin{bmatrix} 5 \\ 6 \\ -1 \end{bmatrix}, \mathbf{x}_3 = \begin{bmatrix} 3 \\ 2 \\ 1 \end{bmatrix}$

풀이 (1) $\begin{vmatrix} 1 & -1 & 3 \\ 2 & 0 & 1 \\ 3 & 2 & 1 \end{vmatrix} = 9 \neq 0$이므로 $\mathbf{x}_1, \mathbf{x}_2, \mathbf{x}_3$는 일차독립이다.

(2) $\begin{vmatrix} 1 & 5 & 3 \\ -2 & 6 & 2 \\ 3 & -1 & 1 \end{vmatrix} = 0$이므로 $\mathbf{x}_1, \mathbf{x}_2, \mathbf{x}_3$는 일차종속이다. ■

정리 3.6.3

V가 벡터공간이고 $S = \{\mathbf{x}_1, \mathbf{x}_2, \cdots, \mathbf{x}_m\} \subset V$에 대하여 다음이 성립한다.

(1) S가 일차종속일 필요충분조건은 S의 한 벡터가 나머지 벡터의 일차결합으로 나타난다.

(2) S가 영벡터를 포함하고 있으면 S는 일차종속이다.

(3) $S' \subset S$에 대하여 S'이 일차종속이면 S도 일차종속이고, S가 일차독립이면 S'도 일차독립이다.

증명 (1) S가 일차종속이면 $k_1\mathbf{x}_1+k_2\mathbf{x}_2+\cdots+k_m\mathbf{x}_m=\mathbf{0}$, $k_1, k_2, \cdots, k_m \in \mathbb{R}$ 이고 $k_1, k_2, \cdots, k_m$ 중에 적어도 하나는 0이 아니다. $k_1 \neq 0$이면 $\mathbf{x}_1=\left(-\frac{k_2}{k_1}\right)\mathbf{x}_2+\cdots+\left(-\frac{k_m}{k_1}\right)\mathbf{x}_m$이므로 $\mathbf{x}_1$은 S의 나머지 벡터들의 일차결합이다.

역으로 $\mathbf{x}_1=k_2\mathbf{x}_2+\cdots+k_m\mathbf{x}_m$이면 $(-1)\mathbf{x}_1+k_2\mathbf{x}_2+\cdots+k_m\mathbf{x}_m=\mathbf{0}$ 이므로 S는 일차종속이다.

(2) $\mathbf{x}_1=\mathbf{0}$이면 $1\mathbf{x}_1+0\mathbf{x}_2+\cdots+0\mathbf{x}_m=\mathbf{0}$ 이므로 $S=\{\mathbf{x}_1, \mathbf{x}_2, \cdots, \mathbf{x}_m\}$ 은 일차종속이다.

(3) $S'=\{\mathbf{x}_1, \mathbf{x}_2, \cdots, \mathbf{x}_l\} \subset S(1 \le l \le m)$이라 하자. S'이 일차종속이면 $k_i \in \mathbb{R}$ $(1 \le i \le l)$에 대하여 $k_1\mathbf{x}_1+\cdots+k_i\mathbf{x}_2+\cdots+k_l\mathbf{x}_l=\mathbf{0}$ 이고 $k_1, k_2, \cdots, k_l$ 중에 적어도 하나는 0이 아니다. 그러면

$$k_1\mathbf{x}_1+\cdots+k_i\mathbf{x}_2+\cdots+k_l\mathbf{x}_l+0\mathbf{x}_{l+1}+\cdots+0\mathbf{x}_m=\mathbf{0}$$

이므로 S는 일차종속이다.

그러므로 S가 일차독립이면 S'도 일차독립이다. ■

$\mathbb{R}^n$에 속하는 m개의 벡터 $\mathbf{x}_1=\begin{bmatrix} x_{11} \\ x_{12} \\ \vdots \\ x_{1n} \end{bmatrix}$, $\mathbf{x}_2=\begin{bmatrix} x_{21} \\ x_{22} \\ \vdots \\ x_{2n} \end{bmatrix}$, $\cdots$, $\mathbf{x}_m=\begin{bmatrix} x_{m1} \\ x_{m2} \\ \vdots \\ x_{mn} \end{bmatrix}$이 일차독립일 필요충분조건은 $k_1, k_2, \cdots, k_m$에 대한 동차연립일차방정식

$$\begin{cases} x_{11}k_1+x_{21}k_2+\cdots+x_{m1}k_m=0 \\ x_{12}k_1+x_{22}k_2+\cdots+x_{m2}k_m=0 \\ \qquad\qquad\vdots \\ x_{1n}k_1+x_{2n}k_2+\cdots+x_{mn}k_m=0 \end{cases}$$

이 자명한 해 $k_1=k_2=\cdots=k_m=0$만을 갖는 것이고, 정리 1.5.2에 의하여 동차연립일차방정식의 미지수가 방정식의 개수보다 많을 때 자명하지 않은 해를 가지므로 다음 정리가 성립한다.

정리 3.6.4

$m>n$일 때 $\mathbb{R}^n$에 속하는 m개의 벡터 $\mathbf{x}_1, \mathbf{x}_2, \cdots, \mathbf{x}_m$은 일차종속이다.

예제 3.6.12 $\mathbb{R}^3$의 벡터 $\mathbf{x}_1=\begin{bmatrix}1\\2\\1\end{bmatrix}$, $\mathbf{x}_2=\begin{bmatrix}1\\-2\\1\end{bmatrix}$, $\mathbf{x}_3=\begin{bmatrix}3\\-5\\2\end{bmatrix}$, $\mathbf{x}_4=\begin{bmatrix}2\\-3\\6\end{bmatrix}$은 일차종속이다. ■

연습문제 3.6

01. $\mathbb{R}^3$의 벡터 $\mathbf{x}=\begin{bmatrix}2\\1\\-3\end{bmatrix}$을 $\mathbf{x}_1=\begin{bmatrix}1\\1\\0\end{bmatrix}$, $\mathbf{x}_2=\begin{bmatrix}1\\1\\1\end{bmatrix}$, $\mathbf{x}_3=\begin{bmatrix}0\\1\\-1\end{bmatrix}$의 일차결합으로 나타내라.

02. $\mathbb{R}^4$의 벡터 $\mathbf{x}=\begin{bmatrix}3\\-1\\-2\\0\end{bmatrix}$을 $\mathbf{x}_1=\begin{bmatrix}1\\0\\0\\1\end{bmatrix}$, $\mathbf{x}_2=\begin{bmatrix}-1\\1\\0\\0\end{bmatrix}$, $\mathbf{x}_3=\begin{bmatrix}0\\0\\-1\\-1\end{bmatrix}$의 일차결합으로 나타내라.

03. $M_{2\times 2}$의 벡터 $\mathbf{x}=\begin{bmatrix}4&2\\-1&0\end{bmatrix}$을 $\mathbf{x}_1=\begin{bmatrix}1&1\\0&2\end{bmatrix}$, $\mathbf{x}_2=\begin{bmatrix}2&2\\-1&1\end{bmatrix}$, $\mathbf{x}_3=\begin{bmatrix}1&-1\\0&-3\end{bmatrix}$의 일차결합으로 나타내라.

04. $P_2=\{a_0+a_1x+a_2x^2\}$의 벡터 $p(x)=5+9x+5x^2$을 $p_1(x)=2+x+4x^2$, $p_2(x)=1-x+3x^2$, $p_3(x)=3+2x+5x^2$의 일차결합으로 나타내라.

05. $\mathbb{R}^3$의 $\mathbf{x}_1=\begin{bmatrix}1\\1\\1\end{bmatrix}$, $\mathbf{x}_2=\begin{bmatrix}2\\2\\0\end{bmatrix}$, $\mathbf{x}_3=\begin{bmatrix}3\\0\\0\end{bmatrix}$에 대하여 $S=\{\mathbf{x}_1, \mathbf{x}_2, \mathbf{x}_3\}$는 $\mathbb{R}^3$을 생성하는가?

06. $\mathbb{R}^3$의 $\mathbf{x}_1=\begin{bmatrix}1\\0\\0\end{bmatrix}$, $\mathbf{x}_2=\begin{bmatrix}0\\1\\0\end{bmatrix}$, $\mathbf{x}_3=\begin{bmatrix}0\\0\\1\end{bmatrix}$, $\mathbf{x}_4=\begin{bmatrix}1\\1\\1\end{bmatrix}$에 대하여 $S=\{\mathbf{x}_1, \mathbf{x}_2, \mathbf{x}_3, \mathbf{x}_4\}$는 $\mathbb{R}^3$을 생성하는가?

07. $\mathbb{R}^3$의 $\mathbf{x}_1=\begin{bmatrix}1\\1\\1\end{bmatrix}$, $\mathbf{x}_2=\begin{bmatrix}1\\0\\1\end{bmatrix}$, $\mathbf{x}_3=\begin{bmatrix}0\\1\\0\end{bmatrix}$에 대하여 $S=\{\mathbf{x}_1, \mathbf{x}_2, \mathbf{x}_3\}$는 $\mathbb{R}^3$을 생성하는가?

08. 다음의 주어진 벡터들이 일차독립인지 일차종속인지 밝히라.

(1) $\mathbb{R}^3$의 $\mathbf{x}_1 = \begin{bmatrix} 1 \\ -2 \\ 3 \end{bmatrix}$, $\mathbf{x}_2 = \begin{bmatrix} 1 \\ -3 \\ 2 \end{bmatrix}$, $\mathbf{x}_3 = \begin{bmatrix} 2 \\ -1 \\ 5 \end{bmatrix}$

(2) $\mathbb{R}^3$의 $\mathbf{x}_1 = \begin{bmatrix} 3 \\ -6 \\ 9 \end{bmatrix}$, $\mathbf{x}_2 = \begin{bmatrix} 2 \\ -4 \\ 6 \end{bmatrix}$, $\mathbf{x}_3 = \begin{bmatrix} 1 \\ 1 \\ 1 \end{bmatrix}$

(3) $\mathbb{R}^3$의 $\mathbf{x}_1 = \begin{bmatrix} 1 \\ 0 \\ 0 \end{bmatrix}$, $\mathbf{x}_2 = \begin{bmatrix} 1 \\ 1 \\ 0 \end{bmatrix}$, $\mathbf{x}_3 = \begin{bmatrix} 1 \\ 1 \\ 1 \end{bmatrix}$, $\mathbf{x}_4 = \begin{bmatrix} 0 \\ 1 \\ 1 \end{bmatrix}$

(4) $M_{2\times 2}$의 $\mathbf{x}_1 = \begin{bmatrix} 1 & 1 \\ 1 & 1 \end{bmatrix}$, $\mathbf{x}_2 = \begin{bmatrix} 1 & 0 \\ 0 & 1 \end{bmatrix}$, $\mathbf{x}_3 = \begin{bmatrix} 1 & 1 \\ 0 & 0 \end{bmatrix}$

09. 벡터공간 V의 $\mathbf{x}_1$, $\mathbf{x}_2$, $\mathbf{x}_3$에 대하여 $\mathbf{x}_1 - \mathbf{x}_2$, $\mathbf{x}_2 + \mathbf{x}_3$, $\mathbf{x}_1 + \mathbf{x}_3$는 일차종속임을 보이라.

10. 벡터공간 V의 부분집합 S_1과 S_2가 일차독립일 때 다음이 성립함을 증명하라.

(1) $S_1 \cap S_2$는 일차독립이다.

(2) $S_1 \cup S_2$가 일차독립일 필요충분조건은 $\langle S_1 \rangle \cap \langle S_2 \rangle = \{\mathbf{0}\}$이다.

3.7 기저와 차원

벡터공간 V를 생성하는 최소의 벡터집합으로 벡터공간 V의 구조를 알아본다.

정의 벡터공간 V의 부분집합 $S = \{\mathbf{x}_1, \mathbf{x}_2, \cdots, \mathbf{x}_m\}$가 다음을 만족시킬 때 S를 V의 **기저**(basis)라 한다.

(1) S는 일차독립이다.

(2) S는 V를 생성한다.

정리 3.7.1

$S = \{\mathbf{x}_1, \mathbf{x}_2, \cdots, \mathbf{x}_m\}$가 벡터공간 V의 기저이면 임의의 $\mathbf{x} \in V$에 대하여 $\mathbf{x} = k_1\mathbf{x}_1 + k_2\mathbf{x}_2 + \cdots + k_m\mathbf{x}_m (k_1, k_2, \cdots, k_m \in \mathbb{R})$으로 유일하게 나타낼 수 있다.

증명 $\mathbf{x} \in V$라 하자. $\langle S \rangle = V$ 이므로 $\mathbf{x} = k_1\mathbf{x}_1 + k_2\mathbf{x}_2 + \cdots + k_m\mathbf{x}_m (k_i \in \mathbb{R})$으로 나타낼 수 있다.

$$\mathbf{x} = h_1\mathbf{x}_1 + h_2\mathbf{x}_2 + \cdots + h_m\mathbf{x}_m (h_i \in \mathbb{R})$$

이면 $k_1\mathbf{x}_1 + k_2\mathbf{x}_2 + \cdots + k_m\mathbf{x}_m = h_1\mathbf{x}_1 + h_2\mathbf{x}_2 + \cdots + h_m\mathbf{x}_m$ 이므로

$$(k_1 - h_1)\mathbf{x}_1 + (k_2 - h_2)\mathbf{x}_2 + \cdots + (k_m - h_m)\mathbf{x}_m = 0$$

이고, S가 일차독립이므로 $k_1 - h_1 = k_2 - h_2 = \cdots = k_m - h_m = 0$ 이다.

따라서 $k_1 = h_1$, $k_2 = h_2$, $\cdots$, $k_m = h_m$ 이므로 $\mathbf{x}$는 $\mathbf{x}_1$, $\mathbf{x}_2$, $\cdots$, $\mathbf{x}_m$의 유일한 일차결합으로 나타난다. ■

$\mathbb{R}^2$의 기본단위벡터 $\mathbf{i} = \begin{bmatrix} 1 \\ 0 \end{bmatrix}$, $\mathbf{j} = \begin{bmatrix} 0 \\ 1 \end{bmatrix}$에 대하여 $S = \{\mathbf{i}, \mathbf{j}\}$는 일차독립이고 $\langle S \rangle = \mathbb{R}^2$ 이므로 S는 $\mathbb{R}^2$의 기저이다. 그리고 $\mathbb{R}^3$의 기본단위벡터 $\mathbf{i} = \begin{bmatrix} 1 \\ 0 \\ 0 \end{bmatrix}$, $\mathbf{j} = \begin{bmatrix} 0 \\ 1 \\ 0 \end{bmatrix}$, $\mathbf{k} = \begin{bmatrix} 0 \\ 0 \\ 1 \end{bmatrix}$에 대하여 $S = \{\mathbf{i}, \mathbf{j}, \mathbf{k}\}$는 일차독립이고 $\langle S \rangle = \mathbb{R}^3$이므로 S는 $\mathbb{R}^3$의 기저이다.

일반적으로 $\mathbb{R}^n$의 기본단위벡터 $\mathbf{e}_1 = \begin{bmatrix} 1 \\ 0 \\ \vdots \\ 0 \end{bmatrix}$, $\mathbf{e}_2 = \begin{bmatrix} 0 \\ 1 \\ \vdots \\ 0 \end{bmatrix}$, $\cdots$, $\mathbf{e}_n = \begin{bmatrix} 0 \\ 0 \\ \vdots \\ 1 \end{bmatrix}$에 대하여 $S = \{\mathbf{e}_1, \mathbf{e}_2, \cdots, \mathbf{e}_n\}$은 일차독립이고 $\langle S \rangle = \mathbb{R}^n$이므로 $\mathbb{R}^n$의 기저이다. 이 S를 $\mathbb{R}^n$의 **표준기저**(standard basis)라 한다.

벡터공간 $M_{m \times n}$에서 $E_{ij} \in M_{m \times n}$를 (i, j) 성분만 1이고 나머지 성분은 모두 0인 행렬이라 하면 $S = \{E_{ij} \mid 1 \le i \le m, 1 \le j \le n\}$은 $M_{m \times n}$의 기저이다. 이 S를 $M_{m \times n}$의 표준기저라 한다.

벡터공간 $P_n = \{a_0 + a_1x + a_2x^2 + \cdots + a_nx^n \mid a_0, a_1, a_2, \cdots, a_n \in \mathbb{R}\}$에서 $S = \{1, x, \cdots, x^n\}$은 P_n의 기저이다. 이 S를 P_n의 표준기저라 한다.

예제 3.7.1 $\mathbb{R}^2$의 $\mathbf{x}_1 = \begin{bmatrix} 1 \\ 1 \end{bmatrix}$, $\mathbf{x}_2 = \begin{bmatrix} 1 \\ 0 \end{bmatrix}$에 대하여 $S = \{\mathbf{x}_1, \mathbf{x}_2\}$는 $\mathbb{R}^2$의 기저임을 보이라.

풀이 $k_1, k_2 \in \mathbb{R}$에 대하여 $k_1\mathbf{x}_1 + k_2\mathbf{x}_2 = \mathbf{0}$이면 $k_1\begin{bmatrix}1\\1\end{bmatrix} + k_2\begin{bmatrix}1\\0\end{bmatrix} = \begin{bmatrix}0\\0\end{bmatrix}$이고, $k_1 = k_2 = 0$이므로 S는 일차독립이다. 그리고 모든 $\mathbf{x} = \begin{bmatrix}x_1\\x_2\end{bmatrix} \in \mathbb{R}^2$에 대하여 $\mathbf{x} = k_1\mathbf{x}_1 + k_2\mathbf{x}_2$이기 위한 필요충분조건은 $\begin{bmatrix}x_1\\x_2\end{bmatrix} = k_1\begin{bmatrix}1\\1\end{bmatrix} + k_2\begin{bmatrix}1\\0\end{bmatrix} = \begin{bmatrix}k_1+k_2\\k_1\end{bmatrix}$이고, $k_1 = x_2$, $k_2 = x_1 - x_2$이다.

따라서 $\mathbf{x} = x_2\mathbf{x}_1 + (x_1 - x_2)\mathbf{x}_2$이므로 $\mathbf{x} \in \langle S \rangle$이고 $\mathbb{R}^2 \subset \langle S \rangle$이다. $\langle S \rangle \subset \mathbb{R}^2$이므로 $\langle S \rangle = \mathbb{R}^2$이다. 따라서 S는 $\mathbb{R}^2$의 기저이다. ■

예제 3.7.2 $\mathbb{R}^3$의 $\mathbf{x}_1 = \begin{bmatrix}1\\0\\0\end{bmatrix}$, $\mathbf{x}_2 = \begin{bmatrix}1\\1\\0\end{bmatrix}$, $\mathbf{x}_3 = \begin{bmatrix}1\\1\\1\end{bmatrix}$에 대하여 $S = \{\mathbf{x}_1, \mathbf{x}_2, \mathbf{x}_3\}$는 $\mathbb{R}^3$의 기저임을 보이라.

풀이 $\begin{vmatrix}1&1&1\\0&1&1\\0&0&1\end{vmatrix} = 1 \neq 0$이므로 S는 일차독립이다. 임의의 $\mathbf{x} = \begin{bmatrix}x_1\\x_2\\x_3\end{bmatrix} \in \mathbb{R}^3$에 대하여

$$\mathbf{x} = k_1\mathbf{x}_1 + k_2\mathbf{x}_2 + k_3\mathbf{x}_3 \iff \begin{bmatrix}x_1\\x_2\\x_3\end{bmatrix} = k_1\begin{bmatrix}1\\0\\0\end{bmatrix} + k_2\begin{bmatrix}1\\1\\0\end{bmatrix} + k_3\begin{bmatrix}1\\1\\1\end{bmatrix} = \begin{bmatrix}k_1+k_2+k_3\\k_2+k_3\\k_3\end{bmatrix}$$

$$\iff \begin{cases} k_1 + k_2 + k_3 = x_1 \\ \quad\ \ k_2 + k_3 = x_2 \\ \qquad\quad\ k_3 = x_3 \end{cases}$$

이고, k_1, k_2, k_3에 대한 위의 연립일차방정식은 계수행렬이 가역이므로 항상 해를 갖는다. 따라서 $\mathbf{x} \in \langle S \rangle$이다. 그러므로 $\mathbb{R}^3 \subset \langle S \rangle$이다. $\langle S \rangle \subset \mathbb{R}^3$이므로 $\langle S \rangle = \mathbb{R}^3$이다. 따라서 S는 $\mathbb{R}^3$의 기저이다. ■

예제 3.7.3 $\mathbb{R}^4$의 $\mathbf{x}_1 = \begin{bmatrix}1\\2\\-1\\0\end{bmatrix}$, $\mathbf{x}_2 = \begin{bmatrix}0\\1\\0\\1\end{bmatrix}$, $\mathbf{x}_3 = \begin{bmatrix}-1\\-5\\2\\0\end{bmatrix}$, $\mathbf{x}_4 = \begin{bmatrix}2\\3\\-2\\7\end{bmatrix}$에 대하여 $S = \{\mathbf{x}_1, \mathbf{x}_2, \mathbf{x}_3, \mathbf{x}_4\}$는 $\mathbb{R}^4$의 기저임을 보이라.

풀이 $\begin{vmatrix}1&0&-1&2\\2&1&-5&3\\-1&0&2&-2\\0&1&0&7\end{vmatrix} = 8 \neq 0$이므로 S는 일차독립이다. 그리고 임의의 $\mathbf{x} = \begin{bmatrix}x_1\\x_2\\x_3\\x_4\end{bmatrix} \in \mathbb{R}^4$에 대하여

$$\mathbf{x} = k_1\mathbf{x}_1 + k_2\mathbf{x}_2 + k_3\mathbf{x}_3 + k_4\mathbf{x}_4 (k_1,\ k_2,\ k_3,\ k_4 \in \mathbb{R})$$

$$\Leftrightarrow \begin{bmatrix} x_1 \\ x_2 \\ x_3 \\ x_4 \end{bmatrix} = k_1 \begin{bmatrix} 1 \\ 2 \\ -1 \\ 0 \end{bmatrix} + k_2 \begin{bmatrix} 0 \\ 1 \\ 0 \\ 1 \end{bmatrix} + k_3 \begin{bmatrix} -1 \\ -5 \\ 2 \\ 0 \end{bmatrix} + k_4 \begin{bmatrix} 2 \\ 3 \\ -2 \\ 7 \end{bmatrix} = \begin{bmatrix} k_1 - k_3 + 2k_4 \\ 2k_1 + k_2 - 5k_3 + 3k_4 \\ -k_1 + 2k_3 - 2k_4 \\ k_2 + 7k_4 \end{bmatrix}$$

$$\Leftrightarrow \begin{cases} k_1 \quad\quad - k_3 + 2k_4 = x_1 \\ 2k_1 + k_2 - 5k_3 + 3k_4 = x_2 \\ -k_1 \quad\quad + 2k_3 - 2k_4 = x_3 \\ \quad\quad k_2 \quad\quad + 7k_4 = x_4 \end{cases}$$

$k_1,\ k_2,\ k_3,\ k_4$에 대한 위의 연립일차방정식은 계수행렬이 가역이므로 항상 해를 갖는다. 따라서 $\mathbf{x} \in \langle S \rangle$이다. 그러므로 $\mathbb{R}^4 \subset \langle S \rangle$이다. $\langle S \rangle \subset \mathbb{R}^4$이므로 $\langle S \rangle = \mathbb{R}^4$이다. 따라서 S는 $\mathbb{R}^4$의 기저이다. ■

정리 3.7.2

$S = \{\mathbf{x}_1,\ \mathbf{x}_2,\ \cdots,\ \mathbf{x}_m\}$이 벡터공간 V의 기저이고 $T = \{\mathbf{y}_1,\ \mathbf{y}_2,\ \cdots,\ \mathbf{y}_l\} \subset V$라 하자. $l > m$이면 T는 일차종속이다. 따라서 T가 일차독립이면 $l \leq m$이다.

증명 S가 벡터공간 V의 기저이므로 $\mathbf{y}_1,\ \mathbf{y}_2,\ \cdots,\ \mathbf{y}_l$은 각각 $\mathbf{x}_1,\ \mathbf{x}_2,\ \cdots,\ \mathbf{x}_m$의 일차결합으로 나타난다. 따라서 $a_{ij} \in \mathbb{R}$에 대하여

$$\mathbf{y}_j = a_{1j}\mathbf{x}_1 + a_{2j}\mathbf{x}_2 + \cdots + a_{mj}\mathbf{x}_m = \sum_{i=1}^{m} a_{ij}\mathbf{x}_i,\ j = 1,\ 2,\ \cdots,\ l$$

이다. $k_1,\ k_2,\ \cdots,\ k_l \in \mathbb{R}$에 대하여 $k_1\mathbf{y}_1 + k_2\mathbf{y}_2 + \cdots + k_l\mathbf{y}_l = \sum_{j=1}^{l} k_j\mathbf{y}_j = \mathbf{0}$이라 하면

$\mathbf{y}_j = \sum_{i=1}^{m} a_{ij}\mathbf{x}_i$이므로

$$\sum_{j=1}^{l} k_j \left(\sum_{i=1}^{m} a_{ij}\mathbf{x}_i \right) = \sum_{i=1}^{m} \left(\sum_{j=1}^{l} a_{ij}k_j \right) \mathbf{x}_i = \mathbf{0}$$

이고 $\mathbf{x}_1,\ \mathbf{x}_2,\ \cdots,\ \mathbf{x}_m$이 일차독립이므로 $\sum_{j=1}^{l} a_{ij}k_j = 0,\ i = 1,\ 2,\ \cdots,\ m$이다. 따라서 다음의 동차연립일차방정식을 얻는다.

$$\begin{cases} a_{11}k_1 + a_{12}k_2 + \cdots + a_{1l}k_l = 0 \\ a_{21}k_1 + a_{22}k_2 + \cdots + a_{2l}k_l = 0 \\ \qquad\qquad\vdots \\ a_{m1}k_1 + a_{m2}k_2 + \cdots + a_{ml}k_l = 0 \end{cases}$$

이 동차연립일차방정식은 l 개의 미지수와 m 개의 식으로 되어 있다. 그런데 $l > m$ 이므로 자명하지 않은 해를 갖는다. 그러므로 T는 일차종속이다. ■

정리 3.7.3

$S=\{\mathbf{x}_1, \mathbf{x}_2, \cdots, \mathbf{x}_m\}$와 $T=\{\mathbf{y}_1, \mathbf{y}_2, \cdots, \mathbf{y}_l\}$가 벡터공간 V의 기저이면 $m=l$이다.

증명 S와 T는 벡터공간 V의 기저이므로 모두 일차독립이다. 따라서 정리 3.7.2에 의하여 $l \leq m$ 이고 $m \leq l$ 이므로 $m=l$ 이다. ■

$S=\{\mathbf{x}_1, \mathbf{x}_2, \cdots, \mathbf{x}_m\}$이 벡터공간 V의 기저이면 임의의 $k \in \mathbb{R}\setminus\{0\}$에 대하여 $\{k\mathbf{x}_1, \mathbf{x}_2, \cdots, \mathbf{x}_m\}$도 V의 기저이다. 따라서 일반적으로 벡터공간은 무수히 많은 기저를 갖는다. 그러나 각 기저에 속하는 벡터의 개수는 같다.

정의 집합 S가 벡터공간 V의 기저일 때 S에 있는 벡터의 개수를 V의 **차원**(dimension)이라 하고 $\dim V$로 나타낸다. 벡터공간의 차원이 유한일 때 이 벡터공간을 **유한차원 벡터공간**(finite dimensional vector space)이라 하고 그렇지 않을 때는 **무한차원 벡터공간**(infinite dimensional vector space)이라 한다.

예제 3.7.4 벡터공간 $\mathbb{R}^n$, $M_{m\times n}$, $P_n=\{a_0+a_1x+a_2x^2+\cdots+a_nx^n \mid a_0, a_1, a_2, \cdots, a_n \in \mathbb{R}\}$의 차원은

$$\dim \mathbb{R}^n = n, \ \dim M_{m\times n} = mn, \ \dim P_n = n+1$$

이다. 영벡터공간 $V=\{0\}$은 $\varnothing$를 기저로 생각하여 $\dim V = 0$으로 한다. ■

정리 3.7.4

V가 n차원 벡터공간일 때 $S=\{\mathbf{x}_1, \mathbf{x}_2, \cdots, \mathbf{x}_n\} \subset V$에 대하여 다음이 성립한다.

(1) S가 일차독립이면 S는 V의 기저이다.
(2) $\langle S \rangle = V$이면 S는 V의 기저이다.

증명 (1) V가 n차원 벡터공간이므로 임의의 $\mathbf{x} \in V$에 대하여 $\{\mathbf{x}_1, \mathbf{x}_2, \cdots, \mathbf{x}_n, \mathbf{x}\}$는 정리 3.7.3에 의하여 일차종속이다. 따라서 $k_1, k_2, \cdots, k_n \in \mathbb{R}$에 대하여

$$k_1\mathbf{x}_1 + k_2\mathbf{x}_2 + \cdots + k_n\mathbf{x}_n + k_{n+1}\mathbf{x} = \mathbf{0}$$

이면 $k_1, k_2, \cdots, k_n, k_{n+1}$ 중에 적어도 하나는 0이 아니다. $k_{n+1}=0$이면 S가 일차종속이 되어 모순이므로 $k_{n+1} \neq 0$이다. 따라서

$$\mathbf{x} = c_1\mathbf{x}_1 + 2_2\mathbf{x}_2 + \cdots + c_n\mathbf{x}_n,\ c_i = -\frac{k_i}{k_{n+1}},\ i=1, 2, \cdots, n$$

이므로 $\langle S \rangle = V$이다. 그러므로 S는 V의 기저이다.

(2) S가 일차종속이면 정리 3.6.3에 의하여 $k_1, k_2, \cdots, k_n \in \mathbb{R}$에 대하여

$$\mathbf{x}_i = k_1\mathbf{x}_1 + k_2\mathbf{x}_2 + \cdots + k_{i-1}\mathbf{x}_{i-1} + k_{i+1}\mathbf{x}_{i+1} + \cdots + k_n\mathbf{x}_n$$

인 $i(1 \le i \le n)$가 존재한다. 따라서 $S_1 = \{\mathbf{x}_1, \mathbf{x}_2, \cdots, \mathbf{x}_{i-1}, \mathbf{x}_{i+1}, \cdots, \mathbf{x}_n\}$은 V를 생성한다. S_1이 일차독립이면 S_1는 V의 기저이다. S_1이 일차종속이면 같은 방법으로 $V = \langle S_2 \rangle$인 S_2를 얻는다. S가 유한집합이므로 이와 같은 과정을 계속하면 일차독립이면서 V를 생성하는 S의 부분집합 T를 찾을 수 있다. 그러면 T는 V의 기저이나 이는 정리 3.7.3에 의하여 모순이다. 그러므로 S는 일차독립이고 V의 기저이다. ■

위 정리로부터 벡터공간 $\mathbb{R}^n$의 n개의 일차독립인 벡터의 집합은 $\mathbb{R}^n$의 기저이다.

예제 3.7.5 $\mathbb{R}^3$의 벡터 $\mathbf{x}_1=\begin{bmatrix}3\\3\\4\end{bmatrix}$, $\mathbf{x}_2=\begin{bmatrix}2\\9\\0\end{bmatrix}$, $\mathbf{x}_3=\begin{bmatrix}1\\2\\1\end{bmatrix}$에 대하여

$$\begin{vmatrix}3&2&1\\3&9&2\\4&0&1\end{vmatrix}=1\neq 0$$

이므로 $S=\{\mathbf{x}_1, \mathbf{x}_2, \mathbf{x}_3\}$는 일차독립이다. 따라서 S는 $\mathbb{R}^3$의 기저이다. ■

예제 3.7.6 $\mathbf{x}_1=1$, $\mathbf{x}_2=x+1$, $\mathbf{x}_3=x^2+x+1$이라 하면 $S=\{\mathbf{x}_1, \mathbf{x}_2, \mathbf{x}_3\}$는 P_2의 기저임을 밝히라.

풀이 $k_1, k_2, k_3 \in \mathbb{R}$에 대하여 $k_1\mathbf{x}_1+k_2\mathbf{x}_2+k_3\mathbf{x}_3=\mathbf{0}$이라 하면 $k_1+k_2(x+1)+k_3(x^2+x+1)=\mathbf{0}$이고 $k_3x^2+(k_2+k_3)x+(k_1+k_3)=0x^2+0x+0$이므로 $k_1=k_2=k_3=0$이다.
따라서 S는 일차독립이고 $\dim P_2=3$이므로 정리 3.7.4에 의하여 S는 P_2의 기저이다. ■

정리 3.7.5

> V가 n차원 벡터공간이고 $S=\{\mathbf{x}_1, \mathbf{x}_2, \cdots, \mathbf{x}_l\}\subset V$일때, S가 일차독립이면 S를 포함하는 V의 기저가 존재한다.

증명 S가 일차독립이므로 정리 3.7.2에 의하여 $l\le n$이고 $\langle S\rangle=V$이면 S가 V의 기저이다. $\langle S\rangle\neq V$이면 $V\setminus\langle S\rangle$에서 벡터를 하나 선택해서 그것을 $\mathbf{x}_{l+1}$이라 하자. 만약 $S\cup\{\mathbf{x}_{l+1}\}$이 일차종속이라면 $k_1, k_2, \cdots, k_l, k_{l+1}\in\mathbb{R}$에 대하여

$$k_1\mathbf{x}_1+k_2\mathbf{x}_2+\cdots+k_l\mathbf{x}_l+k_{l+1}\mathbf{x}_{l+1}=0$$

이면서 $k_1, k_2, \cdots, k_l, k_{l+1}$ 중에 적어도 하나는 0이 아니다. 그런데 S가 일차독립이므로 $k_{l+1}\neq 0$이고,

$$\mathbf{x}_{l+1}=\frac{k_1}{k_{l+1}}\mathbf{x}_1=\frac{k_2}{k_{l+1}}\mathbf{x}_2+\cdots+\frac{k_l}{k_{l+1}}\mathbf{x}_l\in\langle S\rangle$$

이므로 모순 이다. 따라서 $S\cup\{\mathbf{x}_{l+1}\}$은 일차독립이다. $\langle S\cup\{\mathbf{x}_{l+1}\}\rangle=V$이면 $S\cup\{\mathbf{x}_{l+1}\}$가 V의 기저이다. 이 과정을 $n-l$번 반복해서 일차독립인 집합 $S\cup\{\mathbf{x}_{l+1}, \mathbf{x}_{l+2}, \cdots, \mathbf{x}_n\}$을 얻을 수 있고, 이것은 정리 3.7.4에 의하여 V의 기저이다. ■

예제 3.7.7 $\mathbf{x}_1=\begin{bmatrix}2\\0\\3\end{bmatrix}$, $\mathbf{x}_2=\begin{bmatrix}1\\0\\2\end{bmatrix}\in\mathbb{R}^3$, $S=\{\mathbf{x}_1,\ \mathbf{x}_2\}$는 일차독립이다. $\langle S\rangle\neq V$이고

$\mathbf{x}_3=\begin{bmatrix}0\\4\\0\end{bmatrix}\notin\langle S\rangle$이다. 그러면 $S\cup\{\mathbf{x}_3\}$은 일차독립이고, 정리 3.7.4에 의하여 $S\cup\{\mathbf{x}_3\}$

는 $\mathbb{R}^3$의 기저이다. ■

연습문제 3.7

01. 주어진 집합 S가 $\mathbb{R}^3$의 기저인지 판정하라.

(1) $S=\{\mathbf{x}_1,\ \mathbf{x}_2,\ \mathbf{x}_3\}$, $\mathbf{x}_1=\begin{bmatrix}1\\2\\-1\end{bmatrix}$, $\mathbf{x}_2=\begin{bmatrix}2\\1\\3\end{bmatrix}$, $\mathbf{x}_3=\begin{bmatrix}0\\-2\\1\end{bmatrix}$

(2) $S=\{\mathbf{x}_1,\ \mathbf{x}_2\}$, $\mathbf{x}_1=\begin{bmatrix}2\\1\\3\end{bmatrix}$, $\mathbf{x}_2=\begin{bmatrix}1\\0\\-2\end{bmatrix}$

(3) $S=\{\mathbf{x}_1,\ \mathbf{x}_2,\ \mathbf{x}_3\}$, $\mathbf{x}_1=\begin{bmatrix}1\\2\\-1\end{bmatrix}$, $\mathbf{x}_2=\begin{bmatrix}1\\3\\1\end{bmatrix}$, $\mathbf{x}_3=\begin{bmatrix}2\\0\\0\end{bmatrix}$

(4) $S=\{\mathbf{x}_1,\ \mathbf{x}_2,\ \mathbf{x}_3,\ \mathbf{x}_4\}$, $\mathbf{x}_1=\begin{bmatrix}1\\0\\-1\end{bmatrix}$, $\mathbf{x}_2=\begin{bmatrix}2\\3\\1\end{bmatrix}$, $\mathbf{x}_3=\begin{bmatrix}1\\-1\\2\end{bmatrix}$, $\mathbf{x}_4=\begin{bmatrix}2\\-1\\4\end{bmatrix}$

02. 주어진 집합 S가 $M_{2\times2}$의 기저인지 판정하라.

(1) $S=\{\mathbf{x}_1,\ \mathbf{x}_2,\ \mathbf{x}_3\}$, $\mathbf{x}_1=\begin{bmatrix}1&1\\0&1\end{bmatrix}$, $\mathbf{x}_2=\begin{bmatrix}1&0\\1&1\end{bmatrix}$, $\mathbf{x}_3=\begin{bmatrix}0&1\\1&1\end{bmatrix}$

(2) $S=\{\mathbf{x}_1,\ \mathbf{x}_2,\ \mathbf{x}_3,\ \mathbf{x}_4\}$, $\mathbf{x}_1=\begin{bmatrix}1&1\\4&0\end{bmatrix}$, $\mathbf{x}_2=\begin{bmatrix}1&2\\0&1\end{bmatrix}$, $\mathbf{x}_3=\begin{bmatrix}1&3\\0&0\end{bmatrix}$, $\mathbf{x}_4=\begin{bmatrix}2&0\\1&0\end{bmatrix}$

03. 주어진 집합 S가 $P_2=\{a_0+a_1x+a_2x^2\}$의 기저인지 판정하라.

(1) $S=\{x^2+x+1,\ x^2+1\}$

(2) $S=\{x+1,\ x-1,\ x^2+x-1\}$

(3) $S=\{x^2-1,\ x^2+x-1,\ x^2+2x-1\}$

3.8 $A\mathbf{x}=0$ 의 해공간

$m \times n$ 행렬 A 에 대하여 동차연립일차방정식 $A\mathbf{x}=\mathbf{0}$ 의 해공간의 기저와 차원을 알아보자.

동차연립일차방정식 $A\mathbf{x}=\mathbf{0}$ 의 확대행렬 $[A \vdots \mathbf{0}]$의 기약 행 사다리꼴을 $[B \vdots \mathbf{0}]$이라 하고 행렬 B는 첫 행부터 $r(1 \le r \le n)$개의 영이 아닌 행을 갖는다 하자. $r=n$ 이면 $A\mathbf{x}=\mathbf{0}$ 의 해는 $\mathbf{x}=\mathbf{0}$ 이므로 해공간의 차원은 0이다. $r<n$ 이면

$$[B \vdots \mathbf{0}]=\left[\begin{array}{ccccc|ccc|c} 1 & 0 & 0 & \cdots & 0 & b_{1r+1} & \cdots & b_{1n} & 0 \\ 0 & 1 & 0 & \cdots & 0 & b_{2r+1} & \cdots & b_{2n} & 0 \\ \vdots & \vdots & \vdots & \ddots & \vdots & \vdots & \ddots & \vdots & \vdots \\ 0 & 0 & 0 & \cdots & 1 & b_{rr+1} & \cdots & b_{rn} & 0 \\ \hline 0 & 0 & 0 & \cdots & 0 & 0 & \cdots & 0 & 0 \\ \vdots & \vdots & \vdots & \ddots & \vdots & \vdots & \ddots & \vdots & \vdots \\ 0 & 0 & 0 & \cdots & 0 & 0 & \cdots & 0 & 0 \end{array}\right]$$

와 같이 나타낼 수 있으므로 동차연립일차방정식 $A\mathbf{x}=\mathbf{0}$ 은 다음과 동치이다.

$$\begin{aligned} x_1 &= -b_{1r+1}x_{r+1}-b_{1r+2}x_{r+2}-\cdots-b_{1n}x_n \\ x_2 &= -b_{2r+1}x_{r+1}-b_{2r+2}x_{r+2}-\cdots-b_{2n}x_n \\ &\vdots \\ x_r &= -b_{rr+1}x_{r+1}-b_{rr+2}x_{r+2}-\cdots-b_{rn}x_n \end{aligned}$$

따라서 $k_1=x_{r+1}$, $k_2=x_{r+2}$, $\cdots$, $k_{n-r}=x_n$ 이라 하면 일반해는 다음과 같다.

$$\mathbf{x}=\begin{bmatrix} x_1 \\ x_2 \\ \vdots \\ x_r \\ x_{r+1} \\ x_{r+2} \\ x_{r+3} \\ \vdots \\ x_n \end{bmatrix}=k_1\begin{bmatrix} -b_{1r+1} \\ -b_{2r+1} \\ \vdots \\ -b_{rr+1} \\ 1 \\ 0 \\ 0 \\ \vdots \\ 0 \end{bmatrix}+k_2\begin{bmatrix} -b_{1r+2} \\ -b_{2r+2} \\ \vdots \\ -b_{rr+2} \\ 0 \\ 1 \\ 0 \\ \vdots \\ 0 \end{bmatrix}+\cdots+k_{n-r}\begin{bmatrix} -b_{1n} \\ -b_{2n} \\ \vdots \\ -b_{rn} \\ 0 \\ 0 \\ 0 \\ \vdots \\ 1 \end{bmatrix} \quad (k_1, k_2, \cdots, k_{n-r} \in \mathbb{R})$$

따라서

$$\mathbf{x}_1=\begin{bmatrix}-b_{1r+1}\\-b_{2r+1}\\\vdots\\-b_{rr+1}\\1\\0\\0\\\vdots\\0\end{bmatrix},\ \mathbf{x}_2=\begin{bmatrix}-b_{1r+2}\\-b_{2r+2}\\\vdots\\-b_{rr+2}\\0\\1\\0\\\vdots\\0\end{bmatrix},\ \cdots,\ \mathbf{x}_{n-r}=\begin{bmatrix}-b_{1n}\\-b_{2n}\\\vdots\\-b_{rn}\\0\\0\\0\\\vdots\\1\end{bmatrix}$$

이라 두면

$$S=\{\mathbf{x}_1,\ \mathbf{x}_2,\ \cdots,\ \mathbf{x}_{n-r}\}$$

는 $A\mathbf{x}=\mathbf{0}$의 해공간을 생성하고 일차독립이다. 그러므로 S는 해공간의 기저이고 차원은 $n-r$이다.

$m\times n$ 행렬 A에 대하여 $A\mathbf{x}=\mathbf{0}$의 해공간을 A의 **영공간**(null space)이라 하고 영공간의 차원을 **nullity**라 하고 nullity(A)로 나타낸다.

예제 3.8.1 다음 행렬 A에 대하여 $A\mathbf{x}=\mathbf{0}$의 해공간의 기저와 차원을 구하라.

$$A=\begin{bmatrix}3&1&9\\1&2&-2\\2&1&5\end{bmatrix}$$

풀이 확대행렬 $[A\,\vdots\,\mathbf{0}]$의 기약 행 사다리꼴을 구하면

$$[A\,\vdots\,\mathbf{0}]=\left[\begin{array}{ccc:c}3&1&9&0\\1&2&-2&0\\2&1&5&0\end{array}\right]\sim\left[\begin{array}{ccc:c}1&2&-2&0\\0&-5&15&0\\0&-3&9&0\end{array}\right]\sim\left[\begin{array}{ccc:c}1&0&4&0\\0&1&-3&0\\0&0&0&0\end{array}\right]$$

이고 $A\mathbf{x}=\mathbf{0}$은 다음과 동치이다.

$$\begin{cases}x_1+4x_3=0\\x_2-3x_3=0\end{cases}$$

일반해는 $\mathbf{x}=\begin{bmatrix}x_1\\x_2\\x_3\end{bmatrix}=x_3\begin{bmatrix}-4\\3\\1\end{bmatrix}$, $x_3\in\mathbb{R}$이므로 $A\mathbf{x}=\mathbf{0}$의 해공간의 기저는 $S=\left\{\begin{bmatrix}-4\\3\\1\end{bmatrix}\right\}$이고, 차원은 1이다. ■

예제 3.8.2 다음 행렬 A에 대하여 $A\mathbf{x}=\mathbf{0}$의 해공간의 기저와 차원을 구하라.

$$A=\begin{bmatrix} 1 & 1 & 0 & 2 \\ -2 & -2 & 1 & -5 \\ 1 & 1 & -1 & 3 \\ 4 & 4 & -1 & 9 \end{bmatrix}$$

풀이 확대행렬 $[A \vdots \mathbf{0}]$의 기약 행 사다리꼴을 구하면

$$[A \vdots \mathbf{0}]=\left[\begin{array}{cccc:c} 1 & 1 & 0 & 2 & 0 \\ -2 & -2 & 1 & -5 & 0 \\ 1 & 1 & -1 & 3 & 0 \\ 4 & 4 & -1 & 9 & 0 \end{array}\right] \sim \left[\begin{array}{cccc:c} 1 & 1 & 0 & 2 & 0 \\ 0 & 0 & 1 & -1 & 0 \\ 0 & 0 & 0 & 0 & 0 \\ 0 & 0 & 0 & 0 & 0 \end{array}\right]$$

이고 $A\mathbf{x}=\mathbf{0}$은 다음과 동치이다.

$$\begin{cases} x_1+x_2 \quad +2x_4=0 \\ \qquad\quad x_3-\ x_4=0 \end{cases}$$

$s,\ t\in\mathbb{R}$에 대하여 $x_2=s,\ x_4=t$라 하면 일반해는

$$\mathbf{x}=\begin{bmatrix} x_1 \\ x_2 \\ x_3 \\ x_4 \end{bmatrix}=\begin{bmatrix} -s-2t \\ s \\ t \\ t \end{bmatrix}=s\begin{bmatrix} -1 \\ 1 \\ 0 \\ 0 \end{bmatrix}+t\begin{bmatrix} -2 \\ 0 \\ 1 \\ 1 \end{bmatrix},\quad s,\ t\in\mathbb{R}$$

이므로 해공간의 기저는 $S=\left\{\begin{bmatrix} -1 \\ 1 \\ 0 \\ 0 \end{bmatrix}, \begin{bmatrix} -2 \\ 0 \\ 1 \\ 1 \end{bmatrix}\right\}$이고, 차원은 2이다. ■

예제 3.8.3 다음 행렬 A에 대하여 $A\mathbf{x}=\mathbf{0}$의 해공간의 기저와 차원을 구하라.

$$A=\begin{bmatrix} 1 & 1 & 3 & 1 \\ 2 & 3 & 1 & 1 \\ 1 & 0 & 8 & 2 \end{bmatrix}$$

풀이 확대행렬 $[A \vdots \mathbf{0}]$의 기약 행 사다리꼴을 구하면

$$[A \vdots \mathbf{0}]=\left[\begin{array}{cccc:c} 1 & 1 & 3 & 1 & 0 \\ 2 & 3 & 1 & 1 & 0 \\ 1 & 0 & 8 & 2 & 0 \end{array}\right] \sim \left[\begin{array}{cccc:c} 1 & 1 & 3 & 1 & 0 \\ 0 & 1 & -5 & -1 & 0 \\ 0 & -1 & 5 & 1 & 0 \end{array}\right] \sim \left[\begin{array}{cccc:c} 1 & 0 & 8 & 2 & 0 \\ 0 & 1 & -5 & -1 & 0 \\ 0 & 0 & 0 & 0 & 0 \end{array}\right]$$

이고 $A\mathbf{x}=\mathbf{0}$은 다음과 동치이다.

$$x_1+8x_3+2x_4=0$$

$$x_2 - 5x_3 - x_4 = 0$$

$s,\ t \in \mathbb{R}$에 대하여 $x_3 = s$, $x_4 = t$라 하면 일반해는

$$\mathbf{x} = \begin{bmatrix} x_1 \\ x_2 \\ x_3 \\ x_4 \end{bmatrix} = \begin{bmatrix} -8s-2t \\ 5s+t \\ s \\ t \end{bmatrix} = s\begin{bmatrix} -8 \\ 5 \\ 1 \\ 0 \end{bmatrix} + t\begin{bmatrix} -2 \\ 1 \\ 0 \\ 1 \end{bmatrix},\quad s,\ t \in \mathbb{R}$$

이므로 해공간의 기저는 $S = \left\{ \begin{bmatrix} -8 \\ 5 \\ 1 \\ 0 \end{bmatrix}, \begin{bmatrix} -2 \\ 1 \\ 0 \\ 1 \end{bmatrix} \right\}$이고, 차원은 2이다. ■

연습문제 3.8

01. 주어진 동차연립일차방정식의 해공간의 기저와 차원을 구하라.

(1) $x_1 + x_2 + x_3 = 0$

(2) $\begin{cases} x_1 - 2x_2 + x_3 = 0 \\ 2x_1 - 3x_2 + x_3 = 0 \end{cases}$

(3) $\begin{cases} x_1 + 2x_2 + x_3 = 0 \\ -x_1 + 3x_3 = 0 \\ x_1 + 5x_2 + 7x_3 = 0 \end{cases}$

(4) $\begin{cases} x_1 + x_2 - x_3 = 0 \\ -2x_1 - x_2 + 2x_3 = 0 \\ -x_1 + x_3 = 0 \end{cases}$

(5) $\begin{cases} x_1 - x_2 + x_3 = 0 \\ x_1 - x_2 + 4x_3 = 0 \\ x_1 + x_2 + 11x_3 = 0 \end{cases}$

(6) $\begin{cases} 2x_1 + 6x_2 - 2x_3 + 6x_4 = 0 \\ x_1 + 3x_2 + 5x_4 = 0 \\ 3x_1 + 9x_2 + 15x_4 = 0 \end{cases}$

02. 주어진 행렬 A의 영공간의 기저와 nullity(A)를 구하라.

(1) $A = \begin{bmatrix} 4 & 12 & -7 & 6 \\ 1 & 3 & -2 & 1 \\ 3 & 9 & -2 & 11 \end{bmatrix}$

(2) $A = \begin{bmatrix} 1 & 1 & 0 & 2 \\ 2 & 2 & 1 & 5 \\ 1 & 1 & 2 & 2 \\ 3 & 3 & -1 & 2 \end{bmatrix}$

(3) $A = \begin{bmatrix} 1 & 3 & 0 & -1 & 2 \\ 0 & -2 & 4 & -2 & 0 \\ 3 & 11 & -4 & -1 & 6 \\ 2 & 5 & 3 & -4 & 0 \end{bmatrix}$

(4) $A = \begin{bmatrix} 1 & 3 & -1 & 0 \\ 2 & 1 & 1 & -2 \\ -1 & 1 & -2 & 1 \\ 2 & 2 & 2 & 0 \end{bmatrix}$

(5) $A = \begin{bmatrix} 2 & 2 & -1 & 0 & 1 \\ -1 & -1 & 2 & -3 & 1 \\ 1 & 1 & -2 & 0 & -1 \\ 0 & 0 & 1 & 1 & 1 \end{bmatrix}$

(6) $A = \begin{bmatrix} 1 & 2 & 0 & -1 \\ 1 & 1 & -1 & 1 \\ 3 & 4 & 1 & 1 \\ 2 & 3 & 2 & 0 \end{bmatrix}$

3.9 행공간과 열공간

행렬의 부분공간인 행공간, 열공간 그리고 영공간에 대하여 알아본다.

정의 $m \times n$ 행렬 $A = \begin{bmatrix} a_{11} & a_{12} & \cdots & a_{1n} \\ a_{21} & a_{22} & \cdots & a_{2n} \\ \vdots & \vdots & \cdots & \vdots \\ a_{m1} & a_{m2} & \cdots & a_{mn} \end{bmatrix}$에 대하여 m개의 벡터

$$\mathbf{r}_1 = (a_{11}, a_{12}, \cdots, a_{1n}),\ \mathbf{r}_2 = (a_{21}, a_{22}, \cdots, a_{2n}),\ \cdots,\ \mathbf{r}_m = (a_{m1}, a_{m2}, \cdots, a_{mn})$$

과 n개의 벡터

$$\mathbf{c}_1 = \begin{bmatrix} a_{11} \\ a_{21} \\ \vdots \\ a_{m1} \end{bmatrix},\ \mathbf{c}_2 = \begin{bmatrix} a_{12} \\ a_{22} \\ \vdots \\ a_{m2} \end{bmatrix},\ \cdots,\ \mathbf{c}_n = \begin{bmatrix} a_{1n} \\ a_{2n} \\ \vdots \\ a_{mn} \end{bmatrix}$$

을 각각 A의 **행벡터**(row vector)와 **열벡터**(column vector)라 한다. 행벡터들에 의하여 생성된 $\mathbb{R}^n$의 부분공간을 A의 **행공간**(row space), 열벡터들에 의하여 생성된 $\mathbb{R}^m$의 부분공간을 A의 **열공간**(column space)이라 하고 각각 $\mathrm{Row}(A)$, $\mathrm{Col}(A)$로 나타낸다. 그리고 행공간의 차원을 A의 **행계수**(row rank), 열공간의 차원을 A의 **열계수**(column rank)라 하고 각각을 $r(A)$와 $c(A)$로 나타낸다.

정리 3.9.1

행렬 A와 B가 행 동치이면 $\mathrm{Row}(A) = \mathrm{Row}(B)$이다.

증명 행렬 A와 B가 행 동치이면 B는 A에 기본 행 연산하여 얻어지므로 B의 각 행은 A의 행들의 일차결합이다. 따라서

$$\mathrm{Row}(B) \subset \mathrm{Row}(A)$$

이다. 마찬가지로 A는 B에 기본 행 연산하여 얻어지므로 A의 각 행은 B의 행들의 일차결합이므로

$$\mathrm{Row}(A) \subset \mathrm{Row}(B)$$

이다. 그러므로 $\text{Row}(A)=\text{Row}(B)$이다. ■

위의 정리는 열에 대해서도 성립한다. 또한 위의 정리로부터 행렬 A의 기약 행 사다리꼴에 나타나는 영 아닌 행벡터는 일차독립이고 행렬 A의 행공간을 생성하므로 행공간의 기저이다. 그러면 $\mathbb{R}^n$의 벡터에 의하여 생성된 부분공간의 기저를 쉽게 찾을 수 있다.

예제 3.9.1 $S=\{(1,3,0,-1,2),\ (0,-2,4,-2,0),\ (3,11,-4,-1,6),\ (2,5,3,-4,0)\}$일 때 $\mathbb{R}^5$의 부분공간 $W=\langle S\rangle$의 기저를 구하라.

풀 이 W는 S에 있는 벡터를 행으로 갖는 행렬

$$A=\begin{bmatrix} 1 & 3 & 0 & -1 & 2 \\ 0 & -2 & 4 & -2 & 0 \\ 3 & 11 & -4 & -1 & 6 \\ 2 & 5 & 3 & -4 & 0 \end{bmatrix}$$

의 행공간 $\text{Row}(A)$와 같으므로 A의 기약 행 사다리꼴

$$B=\begin{bmatrix} 1 & 0 & 0 & 2 & 26 \\ 0 & 1 & 0 & -1 & -8 \\ 0 & 0 & 1 & -1 & -4 \\ 0 & 0 & 0 & 0 & 0 \end{bmatrix}$$

의 행공간과 같다. 따라서 B의 영 아닌 행벡터들의 집합

$$\{(1,0,0,2,26),\ (0,1,0,-1,-8),\ (0,0,1,-1,-4)\}$$

은 $W=\text{Row}(A)$의 기저이다. ■

예제 3.9.2 다음 행렬 A의 열공간의 기저를 구하라.

$$A=\begin{bmatrix} 1 & 3 & 0 & -1 & 2 \\ 0 & -2 & 4 & -2 & 0 \\ 3 & 11 & -4 & -1 & 6 \\ 2 & 5 & 3 & -4 & 0 \end{bmatrix}$$

풀 이 A의 열공간은

$$A^T=\begin{bmatrix} 1 & 0 & 3 & 2 \\ 3 & -2 & 11 & 5 \\ 0 & 4 & -4 & 3 \\ -1 & -2 & -1 & -4 \\ 2 & 0 & 6 & 0 \end{bmatrix}$$

의 행공간과 같으므로 A^T의 기약 행 사다리꼴

$$B=\begin{bmatrix}1&0&3&2\\0&1&-1&1\\0&0&0&1\\0&0&0&0\\0&0&0&0\end{bmatrix}$$

의 행공간과 같다. 따라서

$$S=\left\{\begin{bmatrix}1\\0\\3\\2\end{bmatrix},\begin{bmatrix}0\\1\\-1\\1\end{bmatrix},\begin{bmatrix}0\\0\\0\\1\end{bmatrix}\right\}$$

은 A의 열공간의 기저이다. ■

위의 예제에서 행렬 A의 기약 행 사다리꼴은 $B=\begin{bmatrix}1&0&0&2&26\\0&1&0&-1&-8\\0&0&1&-1&-4\\0&0&0&0&0\end{bmatrix}$이므로 선행성분 1을 갖는 1열, 2열, 3열은 행렬 A의 열공간의 기저이다.

$$S'=\left\{\begin{bmatrix}1\\0\\3\\2\end{bmatrix},\begin{bmatrix}3\\-2\\11\\5\end{bmatrix},\begin{bmatrix}0\\4\\-4\\3\end{bmatrix}\right\}$$

도 A의 열공간의 기저이다. 그리고 행렬 A의 행계수와 열계수는

$$r(A)=c(A)=3$$

으로 같다. 이것은 실수 성분을 갖는 모든 행렬에 대하여 성립한다.

정리 3.9.2

행렬 $A\in M_{m\times n}$에 대하여 A의 행계수 $r(A)$와 열계수 $c(A)$는 같다.

증명 $r(A)=r$라 하고 B를 A의 기약 행 사다리꼴이라 하면 r는 B의 선행 1의 개수이다. r개의 선행 1에 대응하는 A의 열벡터들이 일차독립이면 $r\le c(A)$이다. 이것을 A^T에 적용하면

$$r(A^T) \leq c(A^T) \Leftrightarrow c(A) \leq r(A) = r$$

이므로 r개의 선행 1에 대응하는 A의 열벡터들이 일차독립임을 보이면 된다.

A'을 B의 r개의 선행 1에 대응하는 A의 열벡터들로 이루어진 A의 $m \times r$ 크기의 부분행렬이라 하자. 그리고 B'을 B에서 영행과 선행 1을 포함하지 않은 열을 모두 제거한 부분행렬이라 하면 B'은 r차 단위행렬이다. 그러면

$$A'\mathbf{x} = 0 \Leftrightarrow B'\mathbf{x} = 0$$

이므로 $A'\mathbf{x} = 0$은 자명한 해 $\mathbf{x} = 0$만을 갖는다. 따라서 A'의 열벡터들은 일차독립이다. ■

정의 행렬 A의 행공간의 계수 또는 열공간의 계수를 A의 **계수**(rank)라 하고 $\text{rank}(A)$로 나타낸다.

행렬 $A \in M_{m \times n}$에 대하여 $A\mathbf{x} = 0$의 해공간, 즉 A의 영공간의 차원 $\text{nullity}(A)$는 A의 기약 행 사다리꼴 B가 r개의 영 아닌 행을 가질 때 $n - r$임을 알았다. 따라서 A의 계수와 영공간의 차원에 대하여 다음이 성립한다.

정리 3.9.3

$m \times n$행렬 A에 대하여 $\text{rank}(A) + \text{nullity}(A) = n$이다.

증명 $\text{rank}(A) = r$라 하자. B를 A의 기약 행 사다리꼴이라 하면 B는 r개의 선행 1을 갖고

$$A\mathbf{x} = 0 \Leftrightarrow B\mathbf{x} = 0$$

이다. 그런데 $B\mathbf{x} = 0$의 해공간의 차원이 $n - r$이므로 $A\mathbf{x} = 0$의 해공간의 차원도 $n - r$이다. 따라서 $\text{rank}(A) + \text{nullity}(A) = r + (n - r) = n$이다. ■

예제 3.9.2의 행렬 $A = \begin{bmatrix} 1 & 3 & 0 & -1 & 2 \\ 0 & -2 & 4 & -2 & 0 \\ 3 & 11 & -4 & -1 & 6 \\ 2 & 5 & 3 & -4 & 0 \end{bmatrix}$에 대하여 $\text{rank}(A) = 3$이고, $n = 5$이므로 $A\mathbf{x} = \mathbf{0}$의 해공간 차원은 $\text{nullity}(A) = 5 - 3 = 2$이다.

예제 3.9.3 다음 행렬 A의 $\text{rank}(A)$와 $\text{nullity}(A)$를 구하라.

$$A = \begin{bmatrix} 1 & 3 & 1 & 7 \\ 2 & 3 & -1 & 9 \\ -1 & -2 & 0 & -5 \end{bmatrix}$$

풀이 $A = \begin{bmatrix} 1 & 3 & 1 & 7 \\ 2 & 3 & -1 & 9 \\ -1 & -2 & 0 & -5 \end{bmatrix} \sim \begin{bmatrix} 1 & 0 & -2 & 0 \\ 0 & 1 & 1 & 0 \\ 0 & 0 & 0 & 1 \end{bmatrix}$이므로 $\text{rank}(A) = 3$이고, $n = 4$이므로 $\text{nullity}(A) = 4 - 3 = 1$이다. ■

비동차연립일차방정식 $A\mathbf{x} = \mathbf{b}$에 대한 해의 존재성은 행렬 A의 계수와 확대행렬 $[A \vdots \mathbf{b}]$의 계수 사이의 관계로 알 수 있다.

정리 3.9.4

비동차연립일차방정식 $A\mathbf{x} = \mathbf{b}$가 해를 가질 필요충분조건은 다음과 같다.

$$\text{rank}(A) = \text{rank}[A \vdots \mathbf{b}]$$

증명 $A = [a_{ij}] \in M_{m \times n}$, $\mathbf{x} = \begin{bmatrix} x_1 \\ x_2 \\ \vdots \\ x_n \end{bmatrix}$, $\mathbf{b} = \begin{bmatrix} b_1 \\ b_2 \\ \vdots \\ b_m \end{bmatrix}$이라 하면 $A\mathbf{x} = \mathbf{b}$는

$$x_1 \begin{bmatrix} a_{11} \\ a_{21} \\ \vdots \\ a_{m1} \end{bmatrix} + x_2 \begin{bmatrix} a_{12} \\ a_{22} \\ \vdots \\ a_{m2} \end{bmatrix} + \cdots + x_n \begin{bmatrix} a_{1n} \\ a_{2n} \\ \vdots \\ a_{mn} \end{bmatrix} = \begin{bmatrix} b_1 \\ b_2 \\ \vdots \\ b_m \end{bmatrix}$$

이므로 다음이 성립한다.

$A\mathbf{x}=\mathbf{b}$가 해를 갖는다. $\Leftrightarrow$ 식을 만족하는 $x_1, x_2, \cdots, x_n$이 존재한다.

$\Leftrightarrow$ $\mathbf{b}$는 A의 열벡터의 일차결합이다.

$\Leftrightarrow$ $\mathbf{b} \in \mathrm{Col}(A)$

$\Leftrightarrow$ $\mathrm{rank}(A) = \mathrm{rank}[A \,\vdots\, \mathbf{b}]$ ■

예제 3.9.4 다음 주어진 연립일차방정식의 해가 존재하는지 판정하라.

(1) $\begin{cases} \quad -x_2 + x_3 + x_4 = 2 \\ x_1 + 2x_2 + 2x_3 - x_4 = 3 \\ x_1 + 3x_2 + x_3 \qquad = 2 \end{cases}$ (2) $\begin{cases} x_1 - 2x_2 + 2x_3 = 2 \\ x_1 + 4x_2 + 3x_3 = 2 \\ 2x_1 + 2x_2 + 5x_3 = 3 \end{cases}$

풀이 (1) $A\mathbf{x}=\mathbf{b}$는 $\begin{bmatrix} 0 & -1 & 1 & 1 \\ 1 & 2 & 2 & -1 \\ 1 & 3 & 1 & 0 \end{bmatrix} \begin{bmatrix} x_1 \\ x_2 \\ x_3 \\ x_4 \end{bmatrix} = \begin{bmatrix} 2 \\ 3 \\ 2 \end{bmatrix}$ 이고

$$A = \begin{bmatrix} 0 & -1 & 1 & 1 \\ 1 & 2 & 2 & -1 \\ 1 & 3 & 1 & 0 \end{bmatrix} \sim \begin{bmatrix} 1 & 0 & 4 & 0 \\ 0 & 1 & -1 & 0 \\ 0 & 0 & 0 & 1 \end{bmatrix}, \quad [A \,\vdots\, \mathbf{b}] = \begin{bmatrix} 0 & -1 & 1 & 1 & 2 \\ 1 & 2 & 2 & -1 & 3 \\ 1 & 3 & 1 & 0 & 2 \end{bmatrix} \sim \begin{bmatrix} 1 & 0 & 4 & 0 & \frac{13}{2} \\ 0 & 1 & -1 & 0 & -\frac{3}{2} \\ 0 & 0 & 0 & 1 & \frac{1}{2} \end{bmatrix}$$

이므로 $\mathrm{rank}(A) = 3 = \mathrm{rank}[A \,\vdots\, \mathbf{b}]$이다. 따라서 해가 존재한다.

(2) $A\mathbf{x}=\mathbf{b}$는 $\begin{bmatrix} 1 & -2 & 2 \\ 1 & 4 & 3 \\ 2 & 2 & 5 \end{bmatrix} \begin{bmatrix} x_1 \\ x_2 \\ x_3 \end{bmatrix} = \begin{bmatrix} 2 \\ 2 \\ 3 \end{bmatrix}$ 이고

$$A = \begin{bmatrix} 1 & -2 & 2 \\ 1 & 4 & 3 \\ 2 & 2 & 5 \end{bmatrix} \sim \begin{bmatrix} 1 & 0 & \frac{7}{3} \\ 0 & 1 & \frac{1}{6} \\ 0 & 0 & 0 \end{bmatrix}, \quad [A \,\vdots\, \mathbf{b}] = \begin{bmatrix} 1 & -2 & 2 & 2 \\ 2 & 4 & 3 & 2 \\ 1 & 2 & 5 & 3 \end{bmatrix} \sim \begin{bmatrix} 1 & 0 & \frac{7}{3} & 0 \\ 0 & 1 & \frac{1}{6} & 0 \\ 0 & 0 & 0 & 1 \end{bmatrix}$$

이므로 $\mathrm{rank}(A) = 2 \neq 3 = \mathrm{rank}[A \,\vdots\, \mathbf{b}]$이다. 따라서 해가 존재하지 않는다. ■

n차 정사각행렬에 대하여 다음이 성립한다.

정리 3.9.5

n차 정사각행렬 A에 대하여 다음은 동치이다.

(1) $\text{rank}(A)=n$

(2) $\text{nullity}(A)=0$

(3) A의 모든 열(행)벡터는 $\mathbb{R}^n$에서 일차독립이다.

(4) 동차 연립방정식 $A\mathbf{x}=\mathbf{0}$은 자명한 해만 갖는다.

(5) 임의의 $\mathbf{b}\in\mathbb{R}^n$에 대하여 연립방정식 $A\mathbf{x}=\mathbf{b}$는 유일한 해를 갖는다.

(6) A는 I_n과 행 동치이다.

(7) A는 가역이다.

(8) $\det(A)\neq 0$

증명 2장의 정리 2.3.2와 정리 3.9.3, 정리 3.9.4에 의하여

$$(1)\Rightarrow(2)\Rightarrow(6)\Rightarrow(7)\Rightarrow(8)\Rightarrow(7)\Rightarrow(5)\Rightarrow(4)\Rightarrow(3)\Rightarrow(1)$$

이다. ■

연습문제 3.9

01. 주어진 행렬 A의 Row(A)와 Col(A)의 기저와 차원 그리고 rank(A), nullity(A)를 구하라.

(1) $A=\begin{bmatrix}1&1&2\\1&2&5\\5&3&4\end{bmatrix}$ (2) $A=\begin{bmatrix}1&3&1&7\\2&3&-1&9\\-1&-2&0&-5\end{bmatrix}$

(3) $A=\begin{bmatrix}1&0&-1&2\\2&1&-5&3\\-1&0&2&-2\\0&1&0&7\end{bmatrix}$ (4) $A=\begin{bmatrix}1&2&1&3&2\\3&4&9&0&7\\2&3&5&1&8\\2&2&8&-3&5\end{bmatrix}$

02. 주어진 연립일차방정식의 해가 존재하는지 판정하라.

(1) $\begin{cases} x_1+3x_2+\ x_3-x_4= \ \ 1 \\ -x_1-3x_2 \qquad\quad +x_4=-1 \\ 2x_1+6x_2+3x_3 \qquad = \ \ 2 \end{cases}$　　(2) $\begin{cases} x_1-2x_2+2x_3=1 \\ x_1+4x_2+3x_3=2 \\ 2x_1+2x_2+5x_3=3 \end{cases}$

(3) $\begin{cases} 2x_1+2x_2-\ x_3= \ \ 1 \\ -2x_1-2x_2+4x_3= \ \ 1 \\ 2x_1+2x_2+5x_3=-5 \\ -2x_1-2x_2-2x_3=-3 \end{cases}$　　(4) $\begin{cases} 4x_1+\ x_2+2x_3+2x_4=3 \\ 12x_1+3x_2+6x_3+6x_4=9 \\ 8x_1+2x_2+4x_3+6x_4=6 \\ 4x_1+\ x_2+2x_3+4x_4=3 \end{cases}$

3.10 좌표벡터와 기저변환

$\mathbb{R}^n$의 기저와 좌표계는 밀접한 관계가 있다. 이 절에서는 벡터공간의 주어진 기저에 대한 좌표벡터를 소개하고 좌표벡터의 다른 기저로의 변환을 알아본다.

$\mathbb{R}^n$의 점 $P=(x_1, x_2, \cdots, x_n)$에 대하여 벡터 $\mathbf{x}=\overrightarrow{OP}=\begin{bmatrix} x_1 \\ x_2 \\ \vdots \\ x_n \end{bmatrix}$는 표준기저 $S=\{\mathbf{e}_1, \mathbf{e}_2, \cdots, \mathbf{e}_n\}$으로 다음과 같이 유일하게 나타낼 수 있다.

$$\mathbf{x}=x_1\mathbf{e}_1+x_2\mathbf{e}_2+\cdots+x_n\mathbf{e}_n$$

$x_1, x_2, \cdots, x_n$은 점 P의 좌표이므로 벡터 $\mathbf{x}=\begin{bmatrix} x_1 \\ x_2 \\ \vdots \\ x_n \end{bmatrix}$는 표준기저 $S=\{\mathbf{e}_1, \mathbf{e}, \cdots, \mathbf{e}_n\}$에 대한 좌표로 $x_1, x_2, \cdots, x_n$을 갖는 것으로 생각할 수 있다.

정의 $S=\{\mathbf{x}_1, \mathbf{x}_2, \cdots, \mathbf{x}_n\}$이 n차원 벡터공간 V의 **순서기저**(ordered basis)이면 V의 모든 벡터 $\mathbf{x}$는 벡터 $\mathbf{x}=k_1\mathbf{x}_1+k_2\mathbf{x}_2+\cdots+k_n\mathbf{x}_n$ $(k_1, k_2, \cdots, k_n \in \mathbb{R})$으로 나타낼 수 있다. 이때 $k_1, k_2, \cdots, k_n$을 순서기저 S에 대한 벡터 $\mathbf{x}$의 **좌표**(coordinates)라 한다. $k_1, k_2, \cdots, k_n$으로 이루어진 $\mathbb{R}^n$의 벡터

$$\begin{bmatrix} k_1 \\ k_2 \\ \vdots \\ k_n \end{bmatrix}$$

을 기저 S에 대한 $\mathbf{x}$의 좌표벡터(coordinates vector)라 하며 $[\mathbf{x}]_S$로 나타낸다.

집합 S가 n차원 벡터공간 V의 기저이면 V의 벡터 $\mathbf{x}$는 $\mathbb{R}^n$의 벡터 $[\mathbf{x}]_S$에 대응되고, $\mathbb{R}^n$의 벡터 $\begin{bmatrix} x_1 \\ x_2 \\ \vdots \\ x_n \end{bmatrix}$에 대해서 $\begin{bmatrix} x_1 \\ x_2 \\ \vdots \\ x_n \end{bmatrix} = [\mathbf{x}]_S$인 V의 벡터 $\mathbf{x}$가 유일하게 정해진다. 그러므로 좌표벡터는 어떤 기저를 선택하는가에 따라서 달라지고, 기저의 벡터 순서가 바뀌면 좌표벡터 역시 달라진다.

$\mathbb{R}^n$의 벡터 $\mathbf{x} = \begin{bmatrix} x_1 \\ x_2 \\ \vdots \\ x_n \end{bmatrix}$의 표준기저 $S = \{\mathbf{e}_1, \mathbf{e}_2, \cdots, \mathbf{e}_n\}$에 대한 좌표는 $x_1, x_2, \cdots, x_n$이고, 따라서 좌표벡터 $[\mathbf{x}]_S$는 다음과 같다.

$$[\mathbf{x}]_S = \begin{bmatrix} x_1 \\ x_2 \\ \vdots \\ x_n \end{bmatrix}$$

예제 3.10.1 $\mathbb{R}^2$의 벡터 $\mathbf{x}_1 = \begin{bmatrix} 1 \\ 1 \end{bmatrix}$, $\mathbf{x}_2 = \begin{bmatrix} 1 \\ 0 \end{bmatrix}$에 대하여 기저 $S = \{\mathbf{x}_1, \mathbf{x}_2\}$에 대한 $\mathbf{x} = \begin{bmatrix} 2 \\ 3 \end{bmatrix}$의 좌표벡터 $[\mathbf{x}]_S$와 S에 대한 좌표가 $-1, 2$인 벡터를 구하라.

풀이 $\mathbf{x} = k_1\mathbf{x}_1 + k_2\mathbf{x}_2$이므로 $\begin{bmatrix} 2 \\ 3 \end{bmatrix} = k_1\begin{bmatrix} 1 \\ 1 \end{bmatrix} + k_2\begin{bmatrix} 1 \\ 0 \end{bmatrix} = \begin{bmatrix} k_1 + k_2 \\ k_1 \end{bmatrix}$에서 $k_1 + k_2 = 2$, $k_1 = 3$이고, $k_1 = 3$, $k_2 = -1$이다. 따라서 $[\mathbf{x}]_S = \begin{bmatrix} 3 \\ -1 \end{bmatrix}$이다. 좌표가 $-1, 2$인 벡터를 $\mathbf{y}$라 하면 $\mathbf{y} = (-1)\mathbf{x}_1 + 2\mathbf{x}_2$로 나타나므로 $\mathbf{y} = -1\begin{bmatrix} 1 \\ 1 \end{bmatrix} + 2\begin{bmatrix} 1 \\ 0 \end{bmatrix} = \begin{bmatrix} 1 \\ -1 \end{bmatrix}$이다. ■

예제 3.10.2 $\mathbb{R}^3$의 벡터 $\mathbf{x}_1 = \begin{bmatrix} 1 \\ 1 \\ 1 \end{bmatrix}$, $\mathbf{x}_2 = \begin{bmatrix} 1 \\ 2 \\ 0 \end{bmatrix}$, $\mathbf{x}_3 = \begin{bmatrix} 1 \\ 0 \\ 1 \end{bmatrix}$에 대하여 기저 $S = \{\mathbf{x}_1, \mathbf{x}_2, \mathbf{x}_3\}$에 대한 $\mathbf{x} = \begin{bmatrix} 1 \\ 2 \\ -2 \end{bmatrix}$의 좌표벡터 $[\mathbf{x}]_S$를 구하라.

풀이 $\mathbf{x} = k_1\mathbf{x}_1 + k_2\mathbf{x}_2 + k_3\mathbf{x}_3 \Leftrightarrow \begin{bmatrix} 1 \\ 2 \\ -2 \end{bmatrix} = k_1\begin{bmatrix} 1 \\ 1 \\ 1 \end{bmatrix} + k_2\begin{bmatrix} 1 \\ 2 \\ 0 \end{bmatrix} + k_3\begin{bmatrix} 1 \\ 0 \\ 1 \end{bmatrix} = \begin{bmatrix} k_1 + k_2 + k_3 \\ k_1 + 2k_2 \\ k_1 + k_3 \end{bmatrix}$에서

$$\begin{cases} k_1 + k_2 + k_3 = 1 \\ k_1 + 2k_2 = 2 \\ k_1 + k_3 = -2 \end{cases}$$

이다. 연립일차방정식을 풀면

$$\left[\begin{array}{ccc|c} 1 & 1 & 1 & 1 \\ 1 & 2 & 0 & 2 \\ 1 & 0 & 1 & -2 \end{array}\right] \sim \left[\begin{array}{ccc|c} 1 & 0 & 0 & -4 \\ 0 & 1 & 0 & 3 \\ 0 & 0 & 1 & 2 \end{array}\right]$$

이고 $k_1 = -4$, $k_2 = 3$, $k_3 = 2$이므로 $[\mathbf{x}]_S = \begin{bmatrix} -4 \\ 3 \\ 2 \end{bmatrix}$이다. ■

예제 3.10.3 $\mathbb{R}^2$의 두 기저 $S = \left\{\begin{bmatrix} 1 \\ 1 \end{bmatrix}, \begin{bmatrix} 1 \\ 0 \end{bmatrix}\right\}$과 $R = \left\{\begin{bmatrix} 0 \\ 1 \end{bmatrix}, \begin{bmatrix} 1 \\ 2 \end{bmatrix}\right\}$에 대한 벡터 $\mathbf{x} = \begin{bmatrix} 3 \\ 2 \end{bmatrix}$의 좌표벡터 $[\mathbf{x}]_S$, $[\mathbf{x}]_R$를 구하라.

풀이 $\mathbf{x}_1 = \begin{bmatrix} 1 \\ 1 \end{bmatrix}$, $\mathbf{x}_2 = \begin{bmatrix} 1 \\ 0 \end{bmatrix}$이라 하면

(1) $\mathbf{x} = k_1\mathbf{x}_1 + k_2\mathbf{x}_2 \Leftrightarrow \begin{bmatrix} 3 \\ 2 \end{bmatrix} = k_1\begin{bmatrix} 1 \\ 1 \end{bmatrix} + k_2\begin{bmatrix} 1 \\ 0 \end{bmatrix} = \begin{bmatrix} k_1 + k_2 \\ k_1 \end{bmatrix}$에서 $k_1 = 2$, $k_2 = 1$이므로

$[\mathbf{x}]_S = \begin{bmatrix} 2 \\ 1 \end{bmatrix}$이다.

(2) $\begin{bmatrix} 3 \\ 2 \end{bmatrix} = k_1\begin{bmatrix} 0 \\ 1 \end{bmatrix} + k_2\begin{bmatrix} 1 \\ 2 \end{bmatrix} = \begin{bmatrix} k_2 \\ k_1 + 2k_2 \end{bmatrix}$에서 $k_1 = -4$, $k_2 = 3$이다.

따라서 $[\mathbf{x}]_R = \begin{bmatrix} -4 \\ 3 \end{bmatrix}$이다. ■

정리 3.10.1

집합 S가 n차원 벡터공간 V의 기저이면 $\mathbf{x}$, $\mathbf{y} \in V$와 $k \in \mathbb{R}$에 대하여 다음이 성립한다.

(1) $[\mathbf{x}+\mathbf{y}]_S = [\mathbf{x}]_S + [\mathbf{y}]_S$ (2) $[k\mathbf{x}]_S = k[\mathbf{x}]_S$

증명 (1) $S = \{\mathbf{x}_1, \mathbf{x}_2, \cdots, \mathbf{x}_n\}$이라 하면 $\mathbf{x} = \sum_{i=1}^{n} r_i\mathbf{x}_i$, $\mathbf{y} = \sum_{i=1}^{n} t_i\mathbf{x}_i$, $r_i, t_i \in \mathbb{R}$

$$[\mathbf{x}]_S = \begin{bmatrix} r_1 \\ r_2 \\ \vdots \\ r_n \end{bmatrix}, \quad [\mathbf{y}]_S = \begin{bmatrix} t_1 \\ t_2 \\ \vdots \\ t_n \end{bmatrix}$$

이다. 그리고 $\mathbf{x}+\mathbf{y}=\sum_{i=1}^{n}(r_i+t_i)\mathbf{x}_i$ 이므로

$$[\mathbf{x}+\mathbf{y}]_S=\begin{bmatrix} r_1+t_1 \\ r_2+t_2 \\ \vdots \\ r_n+t_n \end{bmatrix}=\begin{bmatrix} r_1 \\ r_2 \\ \vdots \\ r_n \end{bmatrix}+\begin{bmatrix} t_1 \\ t_2 \\ \vdots \\ t_n \end{bmatrix}=[\mathbf{x}]_S+[\mathbf{y}]_S$$

이다.

(2) $k\mathbf{x}=k\sum_{i=1}^{n}r_i\mathbf{x}_i=\sum_{i=1}^{n}kr_i\mathbf{x}_i$, k, $r_i\in\mathbb{R}$ 로 나타나므로 $[k\mathbf{x}]_S=\begin{bmatrix} kr_1 \\ kr_2 \\ \vdots \\ kr_n \end{bmatrix}=k\begin{bmatrix} r_1 \\ r_2 \\ \vdots \\ r_n \end{bmatrix}=k[\mathbf{x}]_S$

이다. ■

일반적으로 집합 S가 n차원 벡터공간 V의 기저이면 벡터 $\mathbf{v}_i\in V$, $k_i\in\mathbb{R}$, $i=1, 2, \cdots, n$에 대하여 다음이 성립한다.

$$[k_1\mathbf{v}_1+k_2\mathbf{v}_2+\cdots+k_n\mathbf{v}_n]_S=k_1[\mathbf{v}_1]_S+k_2[\mathbf{v}_2]_S+\cdots+k_n[\mathbf{v}_n]_S$$

n차원 벡터공간 V의 부분집합 S가 V의 기저인지 아닌지 $\mathbb{R}^n$에서 알 수 있다.

정리 3.10.2

집합 B가 n차원 벡터공간 V의 기저이고

$$S=\{\mathbf{v}_1, \mathbf{v}_2, \cdots, \mathbf{v}_n\}\subset V,\ R=\{[\mathbf{v}_1]_B, [\mathbf{v}_2]_B, \cdots, [\mathbf{v}_n]_B\}\subset\mathbb{R}^n$$

이면 S가 V의 기저일 필요충분조건은 R가 $\mathbb{R}^n$의 기저이다.

증명 실수 $k_1, k_2, \cdots, k_n$에 대하여

$$\begin{aligned} k_1\mathbf{v}_1+k_2\mathbf{v}_2+\cdots+k_n\mathbf{v}_n=\mathbf{0} &\Leftrightarrow [k_1\mathbf{v}_1+k_2\mathbf{v}_2+\cdots+k_n\mathbf{v}_n]_B=[\mathbf{0}]_B \\ &\Leftrightarrow k_1[\mathbf{v}_1]_B+k_2[\mathbf{v}_2]_B+\cdots+k_n[\mathbf{v}_n]_B=\mathbf{0} \end{aligned}$$

그러므로 S가 V에서 일차독립일 필요충분조건은 R가 $\mathbb{R}^n$에서 일차독립이다. V와 $\mathbb{R}^n$이 n차원 벡터공간이므로 n개의 벡터가 일차독립이면 기저이다. ■

예제 3.10.4 벡터공간 $P_2 = \{a_0 + a_1 x + a_2 x^2\}$의 부분집합 $S = \{1,\ 1+x,\ 1+2x+x^2\}$가 기저인지 아닌지를 판정하라.

풀이 P_2의 표준기저 $B = \{1,\ x,\ x^2\}$에 대한 1, $1+x$, $1+2x+x$의 좌표벡터는

$$[1]_B = \begin{bmatrix}1\\0\\0\end{bmatrix},\quad [1+x]_B = \begin{bmatrix}1\\1\\0\end{bmatrix},\quad [1+2x+x^2]_B = \begin{bmatrix}1\\2\\1\end{bmatrix}$$

이다. $R = \left\{\begin{bmatrix}1\\0\\0\end{bmatrix}, \begin{bmatrix}1\\1\\0\end{bmatrix}, \begin{bmatrix}1\\2\\1\end{bmatrix}\right\}$이 $\mathbb{R}^3$에서 일차독립이므로 R는 $\mathbb{R}^3$의 기저이다. 따라서 S는 벡터공간 P_2의 기저이다. ■

두 집합 $S = \{\mathbf{x}_1, \mathbf{x}_2, \cdots, \mathbf{x}_n\}$과 $R = \{\mathbf{y}_1,\ \mathbf{y}_2,\ \cdots,\ \mathbf{y}_n\}$을 n차원 벡터공간 V의 서로 다른 기저라 하자. $\mathbf{x} \in V$, $k_i \in \mathbb{R}$ 에 대하여 $\mathbf{x} = \sum_{i=1}^{n} k_i \mathbf{y}_i$ 이라 하면 R에 대한 $\mathbf{x} \in V$의 좌표벡터는 $[\mathbf{x}]_R = \begin{bmatrix}k_1\\k_2\\\vdots\\k_n\end{bmatrix}$ 이고, S에 대한 $\mathbf{x} \in V$의 좌표벡터 $[\mathbf{x}]_S$는 다음과 같이 나타낼 수 있다.

$$[\mathbf{x}]_S = [k_1\mathbf{y}_1 + k_2\mathbf{y}_2 + \cdots + k_n\mathbf{y}_n]_S = k_1[\mathbf{y}_1]_S + k_2[\mathbf{y}_2]_S + \cdots + k_n[\mathbf{y}_n]_S$$

여기서 S에 대한 $\mathbf{y}_i$의 좌표벡터를 $[\mathbf{y}_i]_S = \begin{bmatrix}p_{1i}\\p_{2i}\\\vdots\\p_{ni}\end{bmatrix}$ 이라 하고,

$$P = \big[\, [\mathbf{y}_1]_S\ [\mathbf{y}_2]_S \cdots\ [\mathbf{y}_n]_S \big] = \begin{bmatrix}p_{11} & p_{12} & \cdots & p_{1n}\\ p_{21} & p_{22} & \cdots & p_{2n}\\ \vdots & \vdots & \ddots & \vdots\\ p_{n1} & p_{n2} & \cdots & p_{nn}\end{bmatrix}$$

이라 하면

$$[\mathbf{x}]_S = k_1\begin{bmatrix}p_{11}\\p_{21}\\\vdots\\p_{n1}\end{bmatrix} + k_2\begin{bmatrix}p_{12}\\p_{22}\\\vdots\\p_{n2}\end{bmatrix} + \cdots + k_n\begin{bmatrix}p_{1n}\\p_{2n}\\\vdots\\p_{nn}\end{bmatrix} = \begin{bmatrix}p_{11} & p_{12} & \cdots & p_{1n}\\ p_{21} & p_{22} & \cdots & p_{2n}\\ \vdots & \vdots & \ddots & \vdots\\ p_{n1} & p_{n2} & \cdots & p_{nn}\end{bmatrix}\begin{bmatrix}k_1\\k_2\\\vdots\\k_n\end{bmatrix} = P[\mathbf{x}]_R$$

이다. 행렬 P는 $[\mathbf{x}]_R$를 $[\mathbf{x}]_S$로 변환시키는 역할을 한다. 행렬 P를 기저 R에서 기저 S로의 **전이행렬**(transition matrix)이라 하고 $P=[I]_{R,S}$로 나타낸다.

예제 3.10.5 $\mathbb{R}^2$에서 $S=\{\mathbf{i},\ \mathbf{j}\}$라 하고, $R=\{\mathbf{y}_1,\ \mathbf{y}_2\}$, $\mathbf{y}_1=\begin{bmatrix}1\\2\end{bmatrix}$, $\mathbf{y}_2=\begin{bmatrix}2\\3\end{bmatrix}$이라 할 때 다음을 구하라.

(1) 기저 R에서 기저 S로의 전이행렬 $P=[I]_{R,S}$

(2) $[\mathbf{x}]_R=\begin{bmatrix}3\\4\end{bmatrix}$일 때 $[\mathbf{x}]_S$

(3) $\mathbf{x}=\begin{bmatrix}3\\9\end{bmatrix}$일 때 $[\mathbf{x}]_S=P[\mathbf{x}]_R$임을 보이라.

풀이 (1) $P=[I]_{R,S}=\left[[\mathbf{y}_1]_S,\ [\mathbf{y}_2]_S\right]$이므로 기저 S에 대한 $\mathbf{y}_1$, $\mathbf{y}_2$의 좌표벡터를 구한다.

$$\mathbf{y}_1=\mathbf{i}+2\mathbf{j},\quad \mathbf{y}_2=2\mathbf{i}+3\mathbf{j}$$

이므로 $[\mathbf{y}_1]_S=\begin{bmatrix}1\\2\end{bmatrix}$, $[\mathbf{y}_2]_S=\begin{bmatrix}2\\3\end{bmatrix}$이고 $P=\begin{bmatrix}1&2\\2&3\end{bmatrix}$이다.

(2) $[\mathbf{x}]_S=P[\mathbf{x}]_R=\begin{bmatrix}1&2\\2&3\end{bmatrix}\begin{bmatrix}3\\4\end{bmatrix}=\begin{bmatrix}11\\18\end{bmatrix}$

(3) $\mathbf{x}=\begin{bmatrix}3\\9\end{bmatrix}=3\mathbf{i}+9\mathbf{j}$이고 $\mathbf{x}=\begin{bmatrix}3\\9\end{bmatrix}=9\mathbf{y}_1-3\mathbf{y}_2$이므로 $[\mathbf{x}]_S=\begin{bmatrix}3\\9\end{bmatrix}$, $[\mathbf{x}]_R=\begin{bmatrix}9\\-3\end{bmatrix}$이다. 따라서 $[\mathbf{x}]_S=\begin{bmatrix}3\\9\end{bmatrix}=\begin{bmatrix}1&2\\2&3\end{bmatrix}\begin{bmatrix}9\\-3\end{bmatrix}=P[\mathbf{x}]_R$이다. ■

정리 3.10.3

S와 R가 n차원 벡터공간 V의 서로 다른 기저이고, P는 R에서 S로의 전이행렬이라 하자. 그러면 P는 가역이고 P^{-1}은 S에서 R로의 전이행렬이다.

증명 P가 가역임을 보이기 위하여 V의 벡터 $\mathbf{x}$에 대하여 $P[\mathbf{x}]_R=0$이 자명한 해만을 가짐을 보이자. $[\mathbf{x}]_S=P[\mathbf{x}]_R=0$이면 $[\mathbf{x}]_S=0$이므로 $\mathbf{x}=0$이다. 그리고 R가 일차독립이므로 $[\mathbf{x}]_R=0$이다. 따라서 P는 가역이다. $P[\mathbf{x}]_R=[\mathbf{x}]_S$의 양변에 P^{-1}을 곱하면 $[\mathbf{x}]_R=P^{-1}[\mathbf{x}]_S$이므로 P^{-1}은 S에서 R로의 전이행렬이다. ■

예제 3.10.6 $\mathbf{x}_1=\begin{bmatrix}1\\2\\0\end{bmatrix}$, $\mathbf{x}_2=\begin{bmatrix}1\\1\\1\end{bmatrix}$, $\mathbf{x}_3=\begin{bmatrix}2\\0\\1\end{bmatrix}$, $\mathbf{y}_1=\begin{bmatrix}4\\-1\\3\end{bmatrix}$, $\mathbf{y}_2=\begin{bmatrix}5\\5\\2\end{bmatrix}$, $\mathbf{y}_3=\begin{bmatrix}6\\3\\3\end{bmatrix}$일 때

$\mathbb{R}^3$의 두 기저 $S=\{\mathbf{x}_1, \mathbf{x}_2, \mathbf{x}_3\}$, $R=\{\mathbf{y}_1, \mathbf{y}_2, \mathbf{y}_3\}$에 대하여 전이행렬 $P=[I]_{R,S}$와 $Q=[I]_{S,R}$를 구하고 $[\mathbf{x}]_S=\begin{bmatrix}1\\5\\2\end{bmatrix}$일 때 $[\mathbf{x}]_R$를 구하라.

풀이 R에서 S로의 전이행렬은 $P=[I]_{R,S}=\left[[\mathbf{y}_1]_S, [\mathbf{y}_2]_S, [\mathbf{y}_3]_S\right]$이므로 기저 S에 대한 $\mathbf{y}_1$, $\mathbf{y}_2$, $\mathbf{y}_3$의 좌표벡터를 구한다.

$$\mathbf{y}_1=a_1\mathbf{x}_1+a_2\mathbf{x}_2+a_3\mathbf{x}_3,\ a_i\in\mathbb{R}$$

$$\mathbf{y}_2=b_1\mathbf{x}_1+b_2\mathbf{x}_2+b_3\mathbf{x}_3,\ b_i\in\mathbb{R}$$

$$\mathbf{y}_3=c_1\mathbf{x}_1+c_2\mathbf{x}_2+c_3\mathbf{x}_3,\ c_i\in\mathbb{R}$$

이라 하면 $\begin{cases}a_1+a_2+2a_3=4\\2a_1+a_2=-1\\a_2+a_3=3\end{cases}$, $\begin{cases}b_1+b_2+2b_3=5\\2b_1+b_2=5\\b_2+b_3=2\end{cases}$, $\begin{cases}c_1+c_2+2c_3=6\\2c_1+c_2=3\\c_2+c_3=3\end{cases}$ 이므로 계수행렬은 $A=\begin{bmatrix}1&1&2\\2&1&0\\0&1&1\end{bmatrix}$이다. 따라서 행렬 $[A \,\vdots\, \mathbf{y}_1 \,\vdots\, \mathbf{y}_2 \,\vdots\, \mathbf{y}_1]$을 기약 행 사다리꼴로 변형함으로써 a_i, b_i, c_i를 구할 수 있다.

$$A=\left[\begin{array}{ccc|c|c|c}1&1&2&4&5&6\\2&1&0&-1&5&3\\0&1&1&3&2&3\end{array}\right]\sim B=\left[\begin{array}{ccc|c|c|c}1&0&0&-1&2&1\\0&1&0&1&1&1\\0&0&1&2&1&2\end{array}\right]$$

R에서 S로의 전이행렬은 $P=\begin{bmatrix}-1&2&1\\1&1&1\\2&1&2\end{bmatrix}$이고, S에서 R로의 전이행렬은

$Q=P^{-1}=-\dfrac{1}{2}\begin{bmatrix}1&-3&1\\0&-4&2\\-1&5&-3\end{bmatrix}$이다.

그리고 $[\mathbf{x}]_R=Q[\mathbf{x}]_S=-\dfrac{1}{2}\begin{bmatrix}1&-3&1\\0&-4&2\\-1&5&-3\end{bmatrix}\begin{bmatrix}1\\5\\2\end{bmatrix}=\begin{bmatrix}6\\8\\-9\end{bmatrix}$이다. ■

연습문제 3.10

01. 주어진 벡터공간 V의 기저 S에 대한 $\mathbf{x}$의 좌표벡터 $[\mathbf{x}]_S$를 구하라.

(1) $V=\mathbb{R}^2$, $S=\left\{\begin{bmatrix}2\\3\end{bmatrix}, \begin{bmatrix}2\\4\end{bmatrix}\right\}$, $\mathbf{x}=\begin{bmatrix}3\\8\end{bmatrix}$

(2) $V=\mathbb{R}^2$, $S=\left\{\begin{bmatrix}1\\-2\end{bmatrix}, \begin{bmatrix}-1\\1\end{bmatrix}\right\}$, $\mathbf{x}=\begin{bmatrix}3\\-2\end{bmatrix}$

(3) $V=\mathbb{R}^3$, $S=\left\{\begin{bmatrix}1\\-2\\1\end{bmatrix}, \begin{bmatrix}-1\\0\\1\end{bmatrix}, \begin{bmatrix}0\\1\\0\end{bmatrix}\right\}$, $\mathbf{x}=\begin{bmatrix}2\\-1\\3\end{bmatrix}$

(4) $V=\mathbb{R}^3$, $S=\left\{\begin{bmatrix}1\\1\\1\end{bmatrix}, \begin{bmatrix}1\\-1\\1\end{bmatrix}, \begin{bmatrix}1\\2\\2\end{bmatrix}\right\}$, $\mathbf{x}=\begin{bmatrix}3\\6\\-2\end{bmatrix}$

(5) $V=M_{2\times 2}$, $S=\left\{\begin{bmatrix}1&0\\0&0\end{bmatrix}, \begin{bmatrix}0&1\\0&0\end{bmatrix}, \begin{bmatrix}0&0\\1&0\end{bmatrix}, \begin{bmatrix}0&0\\0&1\end{bmatrix}\right\}$, $\mathbf{x}=\begin{bmatrix}2&4\\0&-1\end{bmatrix}$

(6) $V=M_{2\times 2}$, $S=\left\{\begin{bmatrix}1&0\\0&0\end{bmatrix}, \begin{bmatrix}1&-1\\0&0\end{bmatrix}, \begin{bmatrix}0&2\\1&0\end{bmatrix}, \begin{bmatrix}-3&0\\2&1\end{bmatrix}\right\}$, $\mathbf{x}=\begin{bmatrix}-1&2\\3&-4\end{bmatrix}$

(7) $V=P_1$, $S=\{1+x, -1+x\}$, $\mathbf{x}=-3+2x$

(8) $V=P_2$, $S=\{1+x^2, 1-x+x^2, 1+x\}$, $\mathbf{x}=-4+2x-3x^2$

02. 좌표벡터를 이용하여 주어진 집합 S가 벡터공간 V의 기저임을 보이라.

(1) $V=M_2$, $S=\left\{\begin{bmatrix}1&1\\1&0\end{bmatrix}, \begin{bmatrix}0&-1\\0&1\end{bmatrix}, \begin{bmatrix}0&1\\1&1\end{bmatrix}, \begin{bmatrix}-1&0\\1&1\end{bmatrix}\right\}$

(2) $V=P_2$, $S=\{x^2,\ -1-3x+2x^2,\ 2+x\}$

03. $\mathbf{x}_1=\begin{bmatrix}0\\1\end{bmatrix}$, $\mathbf{x}_2=\begin{bmatrix}1\\2\end{bmatrix}$, $\mathbf{y}_1=\begin{bmatrix}1\\1\end{bmatrix}$, $\mathbf{y}_2=\begin{bmatrix}2\\3\end{bmatrix}$일 때 $\mathbb{R}^2$의 두 기저 $S=\{\mathbf{x}_1, \mathbf{x}_2\}$, $R=\{\mathbf{y}_1, \mathbf{y}_2\}$와 벡터 $\mathbf{x}=\begin{bmatrix}5\\4\end{bmatrix}$, $\mathbf{y}=\begin{bmatrix}1\\5\end{bmatrix}$에 대하여 다음을 구하라.

(1) 기저 S에 대한 $\mathbf{x}$, $\mathbf{y}$의 좌표벡터

(2) 기저 R에 대한 $\mathbf{x}$, $\mathbf{y}$의 좌표벡터

(3) $[\mathbf{x}+\mathbf{y}]_S$, $[3\mathbf{x}]_S$

(4) 기저 R에서 기저 S로의 전이행렬 $P=[I]_{R,S}$

(5) 기저 S에서 기저 R로의 전이행렬 $Q=[I]_{S,R}$

(6) $[\mathbf{x}]_R=\begin{bmatrix}3\\2\end{bmatrix}$일 때 $[\mathbf{x}]_S$

(7) $[\mathbf{x}]_S=\begin{bmatrix}1\\1\end{bmatrix}$일 때 $[\mathbf{x}]_R$

04. 벡터공간 $M_{2\times 2}$의 두 기저 $S=\left\{\begin{bmatrix}1&0\\0&0\end{bmatrix}, \begin{bmatrix}0&1\\1&0\end{bmatrix}, \begin{bmatrix}0&2\\0&1\end{bmatrix}, \begin{bmatrix}0&0\\1&1\end{bmatrix}\right\}$, $R=\left\{\begin{bmatrix}1&1\\0&0\end{bmatrix}, \begin{bmatrix}1&0\\1&-1\end{bmatrix}, \begin{bmatrix}1&0\\0&0\end{bmatrix},\right.$ $\left.\begin{bmatrix}0&0\\1&1\end{bmatrix}\right\}$, 벡터 $\mathbf{x}=\begin{bmatrix}1&1\\1&1\end{bmatrix}$, $\mathbf{y}=\begin{bmatrix}-2&3\\-1&2\end{bmatrix}$에 대하여 다음을 구하라.

(1) 기저 S에 대한 $\mathbf{x}$, $\mathbf{y}$의 좌표벡터

(2) 기저 R에 대한 $\mathbf{x}$, $\mathbf{y}$의 좌표벡터

(3) 기저 R에서 기저 S로의 전이행렬 $P=[I]_{R,S}$

(4) 기저 S에서 기저 R로의 전이행렬 $Q=[I]_{S,R}$

05. $\mathbf{x}_1=\begin{bmatrix}1\\1\\1\end{bmatrix}, \mathbf{x}_2=\begin{bmatrix}2\\3\\2\end{bmatrix}, \mathbf{x}_3=\begin{bmatrix}1\\5\\4\end{bmatrix}, \mathbf{y}_1=\begin{bmatrix}1\\1\\0\end{bmatrix}, \mathbf{y}_2=\begin{bmatrix}1\\2\\0\end{bmatrix}, \mathbf{y}_3=\begin{bmatrix}1\\2\\1\end{bmatrix}$일 때 $\mathbb{R}^3$의 두 기저 $S=\{\mathbf{x}_1, \mathbf{x}_2,$ $\mathbf{x}_3\}$, $R=\{\mathbf{y}_1, \mathbf{y}_2, \mathbf{y}_3\}$와 벡터 $\mathbf{x}=\begin{bmatrix}2\\-2\\-1\end{bmatrix}$, $\mathbf{y}=\begin{bmatrix}2\\3\\3\end{bmatrix}$에 대하여 다음을 구하라.

(1) 기저 S에 대한 $\mathbf{x}$, $\mathbf{y}$의 좌표벡터

(2) 기저 R에 대한 $\mathbf{x}$, $\mathbf{y}$의 좌표벡터

(3) $[\mathbf{x}+\mathbf{y}]_S$, $[2\mathbf{x}]_S$

(4) 기저 R에서 기저 S로의 전이행렬 $P=[I]_{R,S}$

(5) 기저 S에서 기저 R로의 전이행렬 $Q=[I]_{S,R}$

(6) $[\mathbf{x}]_R=\begin{bmatrix}3\\3\\-5\end{bmatrix}$일 때 $[\mathbf{x}]_S$

(7) $[\mathbf{x}]_S=\begin{bmatrix}2\\2\\-1\end{bmatrix}$일 때 $[\mathbf{x}]_R$

3.11 내적공간

일반적인 벡터공간에서 거리, 각, 길이 등의 기하학적인 개념을 알아본다.

정의 벡터공간 V에 대하여 다음을 만족시키는 함수 $\langle\, ,\, \rangle : V\times V \to \mathbb{R}$를 V 위의 **내적**(inner product or dot product)이라 한다. $\mathbf{x}, \mathbf{y}, \mathbf{w} \in V$와 $k \in \mathbb{R}$에 대하여

(1) $\langle \mathbf{x}, \mathbf{y} \rangle = \langle \mathbf{y}, \mathbf{x} \rangle$

(2) $\langle \mathbf{x}+\mathbf{y}, \mathbf{w} \rangle = \langle \mathbf{x}, \mathbf{w} \rangle + \langle \mathbf{y}, \mathbf{w} \rangle$

(3) $k\langle \mathbf{x}, \mathbf{y} \rangle = \langle k\mathbf{x}, \mathbf{y} \rangle = \langle \mathbf{x}, k\mathbf{y} \rangle$

(4) $\langle \mathbf{x}, \mathbf{x} \rangle \geq 0$, $\langle \mathbf{x}, \mathbf{x} \rangle = 0 \Leftrightarrow \mathbf{x} = \mathbf{0}$

내적이 정의된 벡터공간을 **내적공간**(inner product space)이라 한다.

$\mathbb{R}^n$에서 벡터 $\mathbf{x} = \begin{bmatrix} x_1 \\ x_2 \\ \vdots \\ x_n \end{bmatrix}$와 $\mathbf{y} = \begin{bmatrix} y_1 \\ y_2 \\ \vdots \\ y_n \end{bmatrix}$의 내적 $\langle \mathbf{x}, \mathbf{y} \rangle = \mathbf{x} \cdot \mathbf{y} = x_1y_1 + x_2y_2 + \cdots + x_ny_n$에 의하여 $\mathbb{R}^n$은 내적공간이다.

예제 3.11.1 $\mathbb{R}^2$의 $\mathbf{x} = \begin{bmatrix} x_1 \\ x_2 \end{bmatrix}$, $\mathbf{y} = \begin{bmatrix} y_1 \\ y_2 \end{bmatrix}$, $\mathbf{w} = \begin{bmatrix} w_1 \\ w_2 \end{bmatrix}$일 때 $\langle \mathbf{x}, \mathbf{y} \rangle = 2x_1y_1 + 5x_2y_2$이라 정의하면 $\mathbb{R}^2$이 내적공간임을 보이라.

풀이 (1) $\langle \mathbf{x}, \mathbf{y} \rangle = 2x_1y_1 + 5x_2y_2 = 2y_1x_1 + 5y_2x_2 = \langle \mathbf{y}, \mathbf{x} \rangle$

(2)
$$\begin{aligned}\langle \mathbf{x}+\mathbf{y}, \mathbf{w} \rangle &= 2(x_1+y_1)w_1 + 5(x_2+y_2)w_2 \\ &= 2x_1w_1 + 2y_1w_1 + 5x_2w_2 + 5y_2w_2 \\ &= (2x_1w_1 + 5x_2w_2) + (2y_1w_1 + 5y_2w_2) \\ &= \langle \mathbf{x}, \mathbf{w} \rangle + \langle \mathbf{y}, \mathbf{w} \rangle\end{aligned}$$

(3)
$$\begin{aligned}k\langle \mathbf{x}, \mathbf{y} \rangle &= k(2x_1y_1 + 5x_2y_2) \\ &= 2(kx_1)y_1 + 5(kx_2)y_2 = 2x_1(ky_1) + 5x_2(ky_2) \\ &= \langle k\mathbf{x}, \mathbf{y} \rangle = \langle \mathbf{x}, k\mathbf{y} \rangle\end{aligned}$$

(4) $\langle \mathbf{x}, \mathbf{x} \rangle = 2x_1^2 + 5x_2^2 \geq 0$, $\langle \mathbf{x}, \mathbf{x} \rangle = 2x_1^2 + 5x_2^2 = 0 \Leftrightarrow x_1 = x_2 = 0 \Leftrightarrow \mathbf{x} = \mathbf{0}$ ■

예제 3.11.2 $\mathbb{R}^3$의 $\mathbf{x}=\begin{bmatrix} x_1 \\ x_2 \\ x_3 \end{bmatrix}$, $\mathbf{y}=\begin{bmatrix} y_1 \\ y_2 \\ y_3 \end{bmatrix}$, $\mathbf{w}=\begin{bmatrix} w_1 \\ w_2 \\ w_3 \end{bmatrix}$일 때 $\langle \mathbf{x}, \mathbf{y} \rangle = 2x_1y_1 + x_2y_2 + 4x_3y_3$이라 정의하면 $\mathbb{R}^3$이 내적공간임을 보이라.

풀이 (1) $\langle \mathbf{x}, \mathbf{y} \rangle = 2x_1y_1 + x_2y_2 + 4x_3y_3 = 2y_1x_1 + y_2x_2 + 4y_3x_3 = \langle \mathbf{y}, \mathbf{x} \rangle$

(2) $\langle \mathbf{x}+\mathbf{y}, \mathbf{w} \rangle = 2(x_1+y_1)w_1 + (x_2+y_2)w_2 + 4(x_3+y_3)w_3$

$= 2x_1w_1 + 2y_1w_1 + x_2w_2 + y_2w_2 + 4x_3w_3 + 4y_3w_3$

$= (2x_1w_1 + x_2w_2 + 4x_3w_3) + (2y_1w_1 + y_2w_2 + 4y_3w_3)$

$= \langle \mathbf{x}, \mathbf{w} \rangle + \langle \mathbf{y}, \mathbf{w} \rangle$

(3) $k\langle \mathbf{x}, \mathbf{y} \rangle = k(2x_1y_1 + x_2y_2 + 4x_3y_3)$

$= 2(kx_1)y_1 + (kx_2)y_2 + 4(kx_3)y_3$

$= 2x_1(ky_1) + x_2(ky_2) + 4x_3(ky_3)$

$= \langle k\mathbf{x}, \mathbf{y} \rangle = \langle \mathbf{x}, k\mathbf{y} \rangle$

(4) $\langle \mathbf{x}, \mathbf{x} \rangle = 2x_1^2 + x_2^2 + 4x_3^2 \geq 0$이다. 그리고 $\langle \mathbf{x}, \mathbf{x} \rangle = 2x_1^2 + x_2^2 + 4x_3^2 = 0$이기 위한 필요충분조건은 $x_1 = x_2 = x_3 = 0$이므로 $\mathbf{x} = \mathbf{0}$이다. ■

예제 3.11.3 $\mathbb{R}^2$의 $\mathbf{x}=\begin{bmatrix} x_1 \\ x_2 \end{bmatrix}$, $\mathbf{y}=\begin{bmatrix} y_1 \\ y_2 \end{bmatrix}$, $\mathbf{w}=\begin{bmatrix} w_1 \\ w_2 \end{bmatrix}$일 때 $\langle \mathbf{x}, \mathbf{y} \rangle = 2x_1y_1 - 5x_2y_2$이라 정의하면 $\mathbb{R}^2$은 내적공간인가?

풀이 $\mathbf{x}=\begin{bmatrix} 1 \\ 1 \end{bmatrix}$이면 $\langle \mathbf{x}, \mathbf{x} \rangle = 2-5 = -3 < 0$이므로 내적공간이 아니다. ■

예제 3.11.4 $M_{2\times2}$의 $A=\begin{bmatrix} a_1 & a_2 \\ a_3 & a_4 \end{bmatrix}$, $B=\begin{bmatrix} b_1 & b_2 \\ b_3 & b_4 \end{bmatrix}$일 때 $\langle A, B \rangle = a_1b_1 + a_2b_3 + a_3b_2 + a_4b_4$이라 정의하면 $M_{2\times2}$은 내적공간인가?

풀이 $A=\begin{bmatrix} 1 & 1 \\ -2 & 1 \end{bmatrix}$이면 $\langle A, A \rangle = 1-2-2+1 = -2 < 0$이므로 내적공간이 아니다. ■

예제 3.11.5 P_n의 $\mathbf{p}=p(x)$, $\mathbf{q}=q(x)$, $\mathbf{s}=s(x)$에 대하여 $\langle \mathbf{p},\ \mathbf{q}\rangle=\int_0^1 p(x)q(x)dx$로 정의하면 P_n은 내적공간임을 보이라.

풀이 (1) $\langle \mathbf{p},\mathbf{q}\rangle=\int_0^1 p(x)q(x)dx=\int_0^1 q(x)p(x)dx=\langle \mathbf{q},\mathbf{p}\rangle$

(2) $$\begin{aligned}\langle \mathbf{p}+\mathbf{q},\mathbf{s}\rangle &=\int_0^1 [p(x)+q(x)]s(x)dx\\ &=\int_0^1 p(x)s(x)dx+\int_0^1 q(x)s(x)dx\\ &=\langle \mathbf{p},\mathbf{s}\rangle+\langle \mathbf{q},\mathbf{s}\rangle\end{aligned}$$

(3) $$\begin{aligned}k\langle \mathbf{p},\mathbf{q}\rangle &=k\int_0^1 p(x)q(x)dx\\ &=\int_0^1 kp(x)q(x)dx=\int_0^1 p(x)kq(x)dx\\ &=\langle k\mathbf{p},\mathbf{q}\rangle=\langle \mathbf{p},k\mathbf{q}\rangle\end{aligned}$$

(4) $[p(x)]^2\geq 0$이므로 $\langle \mathbf{p},\mathbf{p}\rangle=\int_0^1 [p(x)]^2dx\geq 0$이고, $\langle \mathbf{p},\mathbf{p}\rangle=\int_0^1 [p(x)]^2dx=0$이기 위한 필요충분조건은 $[p(x)]^2=0$이므로 $\mathbf{p}=\mathbf{0}$이다. ■

정의 V가 내적공간일 때 V의 벡터 $\mathbf{x}$의 **길이**(length) 또는 **노름**(norm)을 $\|\mathbf{x}\|=\sqrt{\langle \mathbf{x},\mathbf{x}\rangle}$이라 한다. $\|\mathbf{x}\|=1$일 때 $\mathbf{x}$를 **단위벡터**(unit vector)라 한다.

정의 V가 내적공간일 때 함수

$$d: V\times V\to \mathbb{R},\ d(\mathbf{x},\ \mathbf{y})=\|\mathbf{x}-\mathbf{y}\|$$

를 **거리함수**(metric)라 하고 $d(\mathbf{x},\ \mathbf{y})$를 $\mathbf{x}$와 $\mathbf{y}$ 사이의 **거리**(distance)라 한다.

예제 3.11.6 $\mathbb{R}^3$의 $\mathbf{x}=\begin{bmatrix}x_1\\x_2\\x_3\end{bmatrix}$, $\mathbf{y}=\begin{bmatrix}y_1\\y_2\\y_3\end{bmatrix}$에 대하여 $\langle \mathbf{x}, \mathbf{y}\rangle = 2x_1y_1+x_2y_2+4x_3y_3$이라 정의하면 $\mathbb{R}^3$는 내적공간이 된다. $\mathbf{x}=\begin{bmatrix}1\\-1\\0\end{bmatrix}$, $\mathbf{y}=\begin{bmatrix}1\\-1\\1\end{bmatrix}$의 거리 $d(\mathbf{x}, \mathbf{y})$를 구하라.

풀이

$$d(\mathbf{x},\mathbf{y}) = \|\mathbf{x}-\mathbf{y}\| = \left\| \begin{bmatrix}1\\-1\\0\end{bmatrix} - \begin{bmatrix}1\\-1\\1\end{bmatrix} \right\| = \left\| \begin{bmatrix}0\\0\\-1\end{bmatrix} \right\|$$

$$= \sqrt{2\cdot 0\cdot 0+0\cdot 0+4(-1)(-1)} = 2$$

■

예제 3.11.7 $\mathrm{p}=p(x)$, $\mathrm{q}=q(x)$에 대하여 $\langle \mathrm{p}, \mathrm{q}\rangle = \int_0^1 p(x)q(x)dx$로 정의된 내적공간 P_n에서 $p(x)=x+1$의 $\|\mathrm{p}\|$과 $d(x^2, x)$를 구하라.

풀이

$$\|p(x)\|^2 = \|x+1\|^2 = \langle x+1, x+1\rangle = \int_0^1 (x+1)^2 dx$$

$$= \int_0^1 (x^2+2x+1)dx = \left[\frac{x^3}{3}+x^2+x\right]_0^1 = \frac{7}{3}$$

이므로 $\|x+1\| = \sqrt{\frac{7}{3}}$이다. $d(x^2, x) = \|x^2-x\|$이고

$$\|x^2-x\|^2 = \langle x^2-x, x^2-x\rangle = \int_0^1 (x^2-x)^2 dx$$

$$= \int_0^1 (x^4-2x^3+x^2)dx = \left[\frac{x^5}{5}-\frac{x^4}{2}+\frac{x^3}{3}\right]_0^1$$

$$= \frac{1}{30}$$

이므로 $d(x^2, x) = \frac{1}{\sqrt{30}}$이다.

■

정리 3.11.1

내적공간 V에서 벡터 $\mathbf{x}$, $\mathbf{y}$와 $k\in\mathbb{R}$에 대하여 다음이 성립한다.

(1) $\|k\mathbf{x}\| = |k|\|\mathbf{x}\|$

(2) $|\langle \mathbf{x},\mathbf{y}\rangle| \le \|\mathbf{x}\|\|\mathbf{y}\|$ (Cauchy-Schwarz 부등식)

(3) $\|\mathbf{x}+\mathbf{y}\| \le \|\mathbf{x}\|+\|\mathbf{y}\|$ (삼각부등식)

증명 (1) $\|k\mathbf{x}\|^2 = \langle k\mathbf{x}, k\mathbf{x}\rangle = k^2\langle \mathbf{x}, \mathbf{x}\rangle = k^2\|\mathbf{x}\|^2$이므로 $\|k\mathbf{x}\| = |k|\|\mathbf{x}\|$

(2) $\mathbf{x}=\mathbf{0}$이면 양변 모두 0이므로 성립한다. $\mathbf{x}\neq\mathbf{0}$이라 하자. $a=\langle \mathbf{x},\mathbf{x}\rangle$, $b=2\langle \mathbf{x},\mathbf{y}\rangle$, $c=\langle \mathbf{y},\mathbf{y}\rangle$이라 하면 임의의 $t\in\mathbb{R}$에 대하여

$$\begin{aligned} 0 &\le \langle (t\mathbf{x}+\mathbf{y}), (t\mathbf{x}+\mathbf{y})\rangle \\ &= \langle \mathbf{x},\mathbf{x}\rangle t^2 + 2\langle \mathbf{x},\mathbf{y}\rangle + \langle \mathbf{y},\mathbf{y}\rangle \\ &= at^2+bt+c \end{aligned}$$

이므로 $b^2-4ac\le 0$이다. 따라서

$$4\langle \mathbf{x},\mathbf{y}\rangle^2 - 4\langle \mathbf{x},\mathbf{x}\rangle\langle \mathbf{y},\mathbf{y}\rangle \le 0$$

$$\langle \mathbf{x},\mathbf{y}\rangle^2 \le \langle \mathbf{x},\mathbf{x}\rangle\langle \mathbf{y},\mathbf{y}\rangle = \|\mathbf{x}\|^2\|\mathbf{y}\|^2$$

$$|\langle \mathbf{x},\mathbf{y}\rangle| \le \|\mathbf{x}\|\|\mathbf{y}\|$$

이다.

(3)
$$\begin{aligned} \|\mathbf{x}+\mathbf{y}\|^2 &= \langle \mathbf{x}+\mathbf{y}, \mathbf{x}+\mathbf{y}\rangle \\ &\le \langle \mathbf{x},\mathbf{x}\rangle + 2\|\mathbf{x}\|\|\mathbf{y}\| + \langle \mathbf{y},\mathbf{y}\rangle \\ &= \|\mathbf{x}\|^2 + 2\|\mathbf{x}\|\|\mathbf{y}\| + \|\mathbf{y}\|^2 \\ &= (\|\mathbf{x}\|+\|\mathbf{y}\|)^2 \end{aligned}$$

이므로 $\|\mathbf{x}+\mathbf{y}\| \le \|\mathbf{x}\|+\|\mathbf{y}\|$이다. ■

영벡터가 아닌 두 벡터 $\mathbf{x}$와 $\mathbf{y}$ 사이의 각 θ는 $\cos\theta = \dfrac{\langle \mathbf{x},\mathbf{y}\rangle}{\|\mathbf{x}\|\|\mathbf{y}\|}$로 정의한다. $\langle \mathbf{x}, \mathbf{y}\rangle = 0$일 때 $\mathbf{x}$와 $\mathbf{y}$는 **직교**(orthogonal)한다고 한다. 그리고 $\mathbf{x}$와 $\mathbf{y}$가 직교하면

$$\|\mathbf{x}+\mathbf{y}\|^2 = \|\mathbf{x}\|^2 + \|\mathbf{y}\|^2$$

예제 3.11.8 $\mathbf{p}=p(x)$, $\mathbf{q}=q(x)$에 대하여 $\langle \mathbf{p}, \mathbf{q}\rangle = \int_0^1 p(x)q(x)dx$로 정의된 내적공간 P_2에서 $p(x)=2x$와 $q(x)=1-2x^2$이 서로 직교함을 보이라.

풀이 $\langle \mathbf{p}, \mathbf{q} \rangle = \langle 2x, 1-2x^2 \rangle = \int_0^1 2x(1-2x^2)dx = [x^2 - x^4]_0^1 = 0$이므로 p와 q는 서로 직교한다. ■

연습문제 3.11

01. 주어진 벡터공간이 내적공간인지 결정하라.

(1) $\mathbb{R}^2$에서 $\mathbf{x} = \begin{bmatrix} x_1 \\ x_2 \end{bmatrix}$, $\mathbf{y} = \begin{bmatrix} y_1 \\ y_2 \end{bmatrix}$, $\mathbf{w} = \begin{bmatrix} w_1 \\ w_2 \end{bmatrix}$에 대하여 $\langle \mathbf{x}, \mathbf{y} \rangle = 6x_1y_1 + 2x_2y_2$

(2) $\mathbb{R}^2$에서 $\mathbf{x} = \begin{bmatrix} x_1 \\ x_2 \end{bmatrix}$, $\mathbf{y} = \begin{bmatrix} y_1 \\ y_2 \end{bmatrix}$, $\mathbf{w} = \begin{bmatrix} w_1 \\ w_2 \end{bmatrix}$에 대하여 $\langle \mathbf{x}, \mathbf{y} \rangle = x_1y_1 - x_2y_2$

(3) $\mathbb{R}^3$에서 $\mathbf{x} = \begin{bmatrix} x_1 \\ x_2 \\ x_3 \end{bmatrix}$, $\mathbf{y} = \begin{bmatrix} y_1 \\ y_2 \\ y_3 \end{bmatrix}$, $\mathbf{w} = \begin{bmatrix} w_1 \\ w_2 \\ w_3 \end{bmatrix}$에 대하여 $\langle \mathbf{x}, \mathbf{y} \rangle = 2x_1y_1 + x_2y_2 + x_3y_3$

(4) $\mathbb{R}^3$에서 $\mathbf{x} = \begin{bmatrix} x_1 \\ x_2 \\ x_3 \end{bmatrix}$, $\mathbf{y} = \begin{bmatrix} y_1 \\ y_2 \\ y_3 \end{bmatrix}$, $\mathbf{w} = \begin{bmatrix} w_1 \\ w_2 \\ w_3 \end{bmatrix}$에 대하여 $\langle \mathbf{x}, \mathbf{y} \rangle = x_1 + y_1$

(5) $M_{2\times 2}$에서 $A = \begin{bmatrix} x_1 & x_2 \\ x_3 & x_4 \end{bmatrix}$, $B = \begin{bmatrix} y_1 & y_2 \\ y_3 & y_4 \end{bmatrix}$, $C = \begin{bmatrix} w_1 & w_2 \\ w_3 & w_4 \end{bmatrix}$에 대하여

$\langle A, B \rangle = x_1y_1 + x_2y_2 + x_3y_3 + x_4y_4$

02. $\mathbf{p} = p(x)$, $\mathbf{q} = q(x)$일 때 $\langle \mathbf{p}, \mathbf{q} \rangle = \int_{-1}^1 p(x)q(x)dx$로 정의된 내적공간 P_2에서 $p(x) = x$, $q(x) = x^2$에 대하여 $\|\mathbf{p}\|$, $\|\mathbf{q}\|$를 구하고 p와 q는 직교함을 보이라.

03. x와 y가 내적공간의 벡터이고 $\|\mathbf{x}\| = 3$, $\|\mathbf{y}\| = 5$일 때 $\langle \mathbf{x}+2\mathbf{y}, \mathbf{x}-2\mathbf{y} \rangle$를 구하라.

04. 내적공간의 벡터 x와 y가 직교하고 $\|\mathbf{x}\| = 3$, $\|\mathbf{y}\| = 5$일 때 $\langle \mathbf{x}+2\mathbf{y}, 3\mathbf{x}+\mathbf{y} \rangle$를 구하라.

05. 내적공간의 벡터 x, y에 대하여 $\|\mathbf{x}-\mathbf{y}\| \geq \|\mathbf{x}\| - \|\mathbf{y}\|$임을 보이라.

3.12 정규직교화

서로 직교하는 벡터로 구성된 기저를 찾는 방법에 대하여 알아본다.

> **정의** 내적공간 V의 벡터 $\mathbf{x}_1, \mathbf{x}_2, \cdots, \mathbf{x}_n$에 대하여 $S=\{\mathbf{x}_1, \mathbf{x}_2, \cdots, \mathbf{x}_n\}$이라 하자. S의 서로 다른 두 벡터가 모두 직교하면 S를 **직교집합**(orthogonal set)이라 한다. 직교집합 S의 벡터가 모두 단위벡터이면 S를 **정규직교집합**(orthonormal set)이라 한다.

위 정의로부터 다음이 성립한다.

$$S\text{가 직교집합} \quad \Leftrightarrow \quad \langle \mathbf{x}_i, \mathbf{x}_j \rangle = 0,\ i \neq j$$

$$S\text{가 정규직교집합} \quad \Leftrightarrow \quad \langle \mathbf{x}_i, \mathbf{x}_j \rangle = \begin{cases} 0, & i \neq j \\ 1, & i = j \end{cases}$$

예제 3.12.1

(1) $\mathbb{R}^3$의 벡터 $\mathbf{x}_1 = \begin{bmatrix} 3 \\ 0 \\ 1 \end{bmatrix}$, $\mathbf{x}_2 = \begin{bmatrix} 0 \\ 1 \\ 0 \end{bmatrix}$, $\mathbf{x}_3 = \begin{bmatrix} 1 \\ 0 \\ -3 \end{bmatrix}$는 $\langle \mathbf{x}_1, \mathbf{x}_2 \rangle = \langle \mathbf{x}_1, \mathbf{x}_3 \rangle = \langle \mathbf{x}_2, \mathbf{x}_3 \rangle = 0$

이므로 $S=\{\mathbf{x}_1, \mathbf{x}_2, \mathbf{x}_3\}$는 직교집합이다.

(2) $\mathbb{R}^3$의 표준기저 $S=\{\mathbf{i}, \mathbf{j}, \mathbf{k}\}$는 정규직교집합이다.

(3) $\mathbb{R}^3$의 벡터 $\mathbf{x}_1 = \begin{bmatrix} 0 \\ 1 \\ 0 \end{bmatrix}$, $\mathbf{x}_2 = \begin{bmatrix} \frac{3}{5} \\ 0 \\ \frac{4}{5} \end{bmatrix}$, $\mathbf{x}_3 = \begin{bmatrix} -\frac{4}{5} \\ 0 \\ \frac{3}{5} \end{bmatrix}$는 $\langle \mathbf{x}_1, \mathbf{x}_2 \rangle = \langle \mathbf{x}_1, \mathbf{x}_3 \rangle = \langle \mathbf{x}_2, \mathbf{x}_3 \rangle = 0$

이고, 모두 단위벡터이므로 $S=\{\mathbf{x}_1, \mathbf{x}_2, \mathbf{x}_3\}$는 정규직교집합이다.

(4) $\langle \mathbf{p}, \mathbf{q} \rangle = \int_0^1 p(x)q(x)dx$로 정의된 내적공간 P_3에서

$\mathbf{p} = p(x) = 1$, $\mathbf{q} = q(x) = x - \frac{1}{2}$, $\mathbf{r} = r(x) = x^2 - x + \frac{1}{6}$에 대하여

$$\int_0^1 \left(x - \frac{1}{2}\right)dx = 0,\quad \int_0^1 \left(x - \frac{1}{2}\right)\left(x^2 - x + \frac{1}{6}\right)dx = 0,\quad \int_0^1 \left(x^2 - x + \frac{1}{6}\right)dx = 0$$

이므로 $S=\{\mathbf{p}, \mathbf{q}, \mathbf{r}\}$ 직교집합이다. ■

정리 3.12.1

내적공간 V의 영벡터가 아닌 벡터들의 집합 $S=\{\mathbf{x}_1, \mathbf{x}_2, \cdots, \mathbf{x}_n\}$가 직교집합이면 S는 일차독립이다.

증명 $k_1, k_2, \cdots, k_n \in \mathbb{R}$ 에 대하여 $k_1\mathbf{x}_1+k_2\mathbf{x}_2+\cdots+k_n\mathbf{x}_n=0$ 이라 하면 각 $i\,(i=1, 2, \cdots, n)$에 대하여

$$\langle k_1\mathbf{x}_1+k_2\mathbf{x}_2+\cdots+k_n\mathbf{x}_n, \mathbf{x}_i\rangle=\langle 0, \mathbf{x}_i\rangle=0$$

이다. 그러면 $k_1\langle \mathbf{x}_1, \mathbf{x}_i\rangle+k_2\langle \mathbf{x}_2, \mathbf{x}_i\rangle+\cdots+k_n\langle \mathbf{x}_n, \mathbf{x}_i\rangle=0$이고 $j\neq i$이면 $\langle \mathbf{x}_i, \mathbf{x}_j\rangle=0$이므로

$$k_i\langle \mathbf{x}_i, \mathbf{x}_i\rangle=0, \quad i=1, 2, \cdots, n$$

그런데 $\langle \mathbf{x}_i, \mathbf{x}_i\rangle\neq 0$이므로 $k_i=0$이다.
그러므로 S는 일차독립이다. ■

정의 내적공간 V의 기저 S가 직교집합이면 S를 **직교기저**(orthogonal basis)라 하고, S가 정규직교집합이면 S를 **정규직교기저**(orthonomal basis)라 한다.

위의 정의와 정리 3.12.1에 의하여 $\mathbb{R}^n$의 영벡터가 아닌 벡터의 집합 $S=\{\mathbf{x}_1, \mathbf{x}_2, \cdots, \mathbf{x}_n\}$이 직교집합이면 S는 $\mathbb{R}^n$의 직교기저이고, S가 정규직교집합이면 S는 $\mathbb{R}^n$의 정규직교기저이다. 따라서 $\mathbb{R}^n$의 표준기저 $S=\{\mathbf{e}_1, \mathbf{e}_2, \cdots, \mathbf{e}_n\}$은 정규직교기저이다. 내적공간에서 기저를 정규직교기저로 선택하면 여러 가지 편리한 점이 많다.

$S=\{\mathbf{x}_1, \mathbf{x}_2, \cdots, \mathbf{x}_n\}$이 내적공간 V의 정규직교기저이면 V의 벡터 $\mathbf{x}$는 $k_1, k_2, \cdots, k_n \in \mathbb{R}$ 에 대하여

$$\mathbf{x}=k_1\mathbf{x}_1+k_2\mathbf{x}_2+\cdots+k_n\mathbf{x}_n$$

와 같이 유일하게 나타낼 수 있고, $\langle \mathbf{x}_i, \mathbf{x}_j\rangle=0$, $i\neq j$임을 이용하여 $k_1, k_2, \cdots, k_n$을 쉽게 구할 수 있다.

정리 3.12.2

집합 $S=\{\mathbf{x}_1, \mathbf{x}_2, \cdots, \mathbf{x}_n\}$가 내적공간 V의 정규직교기저이면 V의 벡터 $\mathbf{x}$는

$$\mathbf{x}=\langle \mathbf{x}, \mathbf{x}_1\rangle \mathbf{x}_1+\langle \mathbf{x}, \mathbf{x}_2\rangle \mathbf{x}_2+\cdots+\langle \mathbf{x}, \mathbf{x}_n\rangle \mathbf{x}_n$$

와 같이 나타낼 수 있다.

증명 $S=\{\mathbf{x}_1, \mathbf{x}_2, \cdots, \mathbf{x}_n\}$는 V의 기저이므로 V의 벡터 $\mathbf{x}$는

$$k_1\mathbf{x}_1+k_2\mathbf{x}_2+\cdots+k_n\mathbf{x}_n (k_1, k_2, \cdots, k_n \in \mathbb{R})$$

으로 나타낼 수 있다. $k_i=\langle \mathbf{x}, \mathbf{x}_i\rangle$, $i=1, 2, \cdots, n$임을 보이자. 각 $i\,(i=1, 2, \cdots, n)$에 대하여

$$\begin{aligned}\langle \mathbf{x}, \mathbf{x}_i\rangle &= \langle k_1\mathbf{x}_1+k_2\mathbf{x}_2+\cdots+k_n\mathbf{x}_n, \mathbf{x}_i\rangle \\ &= k_1\langle \mathbf{x}_1, \mathbf{x}_i\rangle + k_2\langle \mathbf{x}_2, \mathbf{x}_i\rangle+\cdots+k_i\langle \mathbf{x}_i, \mathbf{x}_i\rangle+\cdots+k_n\langle \mathbf{x}_n, \mathbf{x}_i\rangle\end{aligned}$$

이다. 그런데 S가 정규직교기저이므로

$$\langle \mathbf{x}_i, \mathbf{x}_j\rangle=\begin{cases}0, & i\neq j\\ 1, & i=j\end{cases}$$

이고 $k_i=\langle \mathbf{x}, \mathbf{x}_i\rangle$, $i=1, 2, \cdots, n$이다. ■

예제 3.12.2 $\mathbf{x}_1=\begin{bmatrix}0\\1\\0\end{bmatrix}$, $\mathbf{x}_2=\begin{bmatrix}\frac{2}{\sqrt{5}}\\0\\\frac{1}{\sqrt{5}}\end{bmatrix}$, $\mathbf{x}_3=\begin{bmatrix}\frac{-1}{\sqrt{5}}\\0\\\frac{2}{\sqrt{5}}\end{bmatrix}$로 이루어진 집합 $S=\{\mathbf{x}_1, \mathbf{x}_2, \mathbf{x}_3\}$가 $\mathbb{R}^3$의 정규직교기저임을 보이고 $\mathbf{x}=\begin{bmatrix}2\\-3\\5\end{bmatrix}$를 $\mathbf{x}_1, \mathbf{x}_2, \mathbf{x}_3$의 일차결합으로 나타내고 $[\mathbf{x}]_S$를 구하라.

풀이 $\langle \mathbf{x}_1, \mathbf{x}_2\rangle=\langle \mathbf{x}_1, \mathbf{x}_3\rangle=\langle \mathbf{x}_2, \mathbf{x}_3\rangle=0$이고, 모두 단위벡터이므로 $S=\{\mathbf{x}_1, \mathbf{x}_2, \mathbf{x}_3\}$는 정규직교집합이다. 따라서 S는 $\mathbb{R}^3$의 정규직교기저이다. $k_i=\langle \mathbf{x}, \mathbf{x}_i\rangle$, $i=1, 2, 3$이므로

$$k_1=\langle \mathbf{x}, \mathbf{x}_1\rangle=-3,\ \ k_2=\langle \mathbf{x}, \mathbf{x}_2\rangle=\frac{9}{\sqrt{5}},\ \ k_3=\langle \mathbf{x}, \mathbf{x}_3\rangle=\frac{8}{\sqrt{5}}$$

이고 $\mathbf{x} = -3\mathbf{x}_1 + \frac{9}{\sqrt{5}}\mathbf{x}_2 + \frac{8}{\sqrt{5}}\mathbf{x}_3$ 이다. 그리고 $[\mathbf{x}]_S = \begin{bmatrix} -3 \\ \frac{9}{\sqrt{5}} \\ \frac{8}{\sqrt{5}} \end{bmatrix}$ 이다. ■

집합 $S = \{\mathbf{x}_1, \mathbf{x}_2, \cdots, \mathbf{x}_m\}$은 n차원 내적공간 V의 정규직교집합이고 W를 S에 의하여 생성된 V의 부분공간이라 하자. V의 벡터 $\mathbf{y}$에 대하여

$$\mathbf{y}_1 = \langle \mathbf{y}, \mathbf{x}_1 \rangle \mathbf{x}_1 + \langle \mathbf{y}, \mathbf{x}_2 \rangle \mathbf{x}_2 + \cdots + \langle \mathbf{y}, \mathbf{x}_m \rangle \mathbf{x}_m, \ \mathbf{y}_2 = \mathbf{y} - \mathbf{y}_1$$

이라 하면 $i, j = 1, 2, \cdots, m$에 대하여 $\langle \mathbf{x}_i, \mathbf{x}_j \rangle = \begin{cases} 0, & i \neq j \\ 1, & i = j \end{cases}$ 이므로

$$\langle \mathbf{y}_2, \mathbf{x}_1 \rangle = 0, \ \langle \mathbf{y}_2, \mathbf{x}_2 \rangle = 0, \ \cdots, \ \langle \mathbf{y}_2, \mathbf{x}_m \rangle = 0$$

이다. 그리고 $W = \langle S \rangle$의 벡터 $\mathbf{w}$는 $k_1, k_2, \cdots, k_m \in \mathbb{R}$에 대하여

$$\mathbf{w} = k_1\mathbf{x}_1 + k_2\mathbf{x}_2 + \cdots + k_m\mathbf{x}_m$$

이므로 $\langle \mathbf{y}_2, \mathbf{w} \rangle = 0$이다. 따라서 $\mathbf{y}_2$는 W의 모든 벡터와 직교한다. 이때 $\mathbf{y}_1$을 $\mathbf{y}$의 W 위로의 **정사영 벡터**(orthogonal projection)라 하고 $\mathbf{y}_1 = \text{proj}_{\mathbf{w}}\mathbf{y}$로 나타내며 $\mathbf{y}_2$를 W에 대한 $\mathbf{y}$의 직교성분 벡터라 한다. $V = \mathbb{R}^3$일 때 다음과 같다.

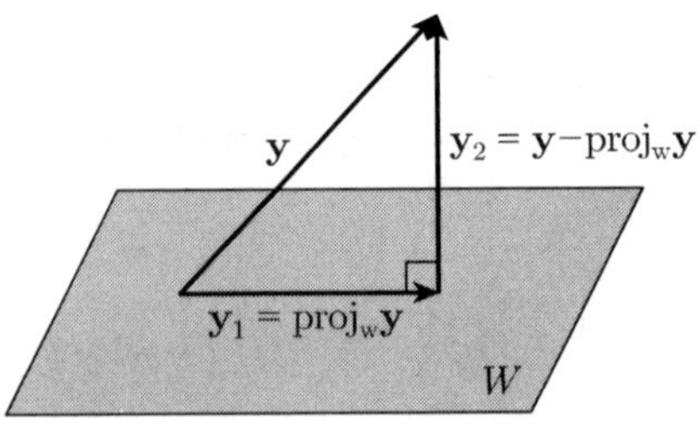

예 제 3.12.3 $\mathbb{R}^3$의 벡터 $\mathbf{x}_1 = \begin{bmatrix} 0 \\ 1 \\ 0 \end{bmatrix}$, $\mathbf{x}_2 = \begin{bmatrix} -\frac{1}{\sqrt{2}} \\ 0 \\ \frac{1}{\sqrt{2}} \end{bmatrix}$ 로 이루어진 정규직교집합 $S = \{\mathbf{x}_1, \mathbf{x}_2\}$에 의하여

생성되는 부분공간을 W라 하자. 벡터 $\mathbf{y}=\begin{bmatrix}2\\-1\\1\end{bmatrix}$의 W 위로의 정사영 벡터 $\mathrm{proj}_{W}\mathbf{y}$와 W에 대한 $\mathbf{y}$의 직교성분 벡터 $\mathbf{y}-\mathrm{proj}_{W}\mathbf{y}$을 구하라.

풀이 $\mathbf{y}$의 W 위로의 정사영은

$$\mathrm{proj}_{W}\mathbf{y}=\langle \mathbf{y},\mathbf{x}_1\rangle\mathbf{x}_1+\langle \mathbf{y},\mathbf{x}_2\rangle\mathbf{x}_2=(-1)\begin{bmatrix}0\\1\\0\end{bmatrix}+\left(-\frac{1}{\sqrt{2}}\right)\begin{bmatrix}-\frac{1}{\sqrt{2}}\\0\\\frac{1}{\sqrt{2}}\end{bmatrix}=\begin{bmatrix}\frac{1}{2}\\-1\\-\frac{1}{2}\end{bmatrix}$$

이고, W에 대한 $\mathbf{y}$의 직교성분은

$$\mathbf{y}-\mathrm{proj}_{W}\mathbf{y}=\begin{bmatrix}2\\-1\\1\end{bmatrix}-\begin{bmatrix}\frac{1}{2}\\-1\\-\frac{1}{2}\end{bmatrix}=\begin{bmatrix}\frac{3}{2}\\0\\\frac{3}{2}\end{bmatrix}$$

■

n차원 내적공간 V의 임의의 기저를 정규직교기저로 만드는 방법인 **Gram-Schmidt 정규직교화 과정**(Gram-Schmidt orthonomalization process)을 알아보자.

정리 3.12.3

집합 $S=\{\mathbf{x}_1, \mathbf{x}_2, \cdots, \mathbf{x}_n\}$가 n차원 내적공간 V의 기저이면 S로부터 얻어지는 정규직교기저가 존재한다.

증명 먼저 V의 기저 S로부터 정규직교집합 $T=\{\mathbf{y}_1, \mathbf{y}_2, \cdots, \mathbf{y}_n\}$를 만든다. $\mathbf{y}_1=\dfrac{\mathbf{x}_1}{\|\mathbf{x}_1\|}$이라 하면 $\mathbf{y}_1$은 단위벡터이다. $\mathbf{y}_1$에 의하여 생성되는 부분공간 W_1에 대한 $\mathbf{x}_2$의 직교성분 벡터를 $\mathbf{w}_2$라 하면

$$\mathbf{w}_2=\mathbf{x}_2-\mathrm{proj}_{W_1}\mathbf{x}_2=\mathbf{x}_2-\langle \mathbf{x}_2,\mathbf{y}_1\rangle\mathbf{y}_1$$

이고 $\mathbf{y}_2=\dfrac{\mathbf{w}_2}{\|\mathbf{w}_2\|}$이라 하면 $\mathbf{y}_2$은 단위벡터이고 $\mathbf{y}_1$과 직교한다. $\mathbf{y}_1$, $\mathbf{y}_2$에 직교하는 벡터를 만들기 위하여 $\{\mathbf{y}_1, \mathbf{y}_2\}$에 의하여 생성되는 부분공간 W_2에 대한 $\mathbf{x}_3$의 직교성분

벡터를 $\mathbf{w}_3$라 하면

$$\mathbf{w}_3 = \mathbf{x}_3 - \text{proj}_{W_2}\mathbf{x}_3 = \mathbf{x}_3 - \langle \mathbf{x}_3, \mathbf{y}_1 \rangle \mathbf{y}_1 - \langle \mathbf{x}_3, \mathbf{y}_2 \rangle \mathbf{y}_2$$

이고 $\mathbf{y}_3 = \dfrac{\mathbf{w}_3}{\|\mathbf{w}_3\|}$라 하면 $\mathbf{y}_3$는 단위벡터이고 $\mathbf{y}_1$과 $\mathbf{y}_2$에 직교한다. 이와 같은 방법으로 $\mathbf{y}_4, \cdots, \mathbf{y}_n$을 만들 수 있다. 즉

$$\mathbf{w}_i = \mathbf{x}_i - \text{proj}_{W_{i-1}}\mathbf{x}_i = \mathbf{x}_i - \langle \mathbf{x}_i, \mathbf{y}_1 \rangle \mathbf{y}_1 - \langle \mathbf{x}_i, \mathbf{y}_2 \rangle \mathbf{y}_2 - \cdots - \langle \mathbf{x}_i, \mathbf{y}_{i-1} \rangle \mathbf{y}_{i-1},$$

$$\mathbf{y}_i = \frac{\mathbf{w}_i}{\|\mathbf{w}_i\|}, \quad i = 4, \cdots, n$$

그러면 $T = \{\mathbf{y}_1, \mathbf{y}_2, \cdots, \mathbf{y}_n\}$은 V의 정규직교집합이고, 정리 3.12.1에 의하여 일차독립이다. 따라서 T는 V의 정규직교기저이다. ■

예제 3.12.4 $\mathbf{x}_1 = \begin{bmatrix} 1 \\ 1 \\ 0 \end{bmatrix}$, $\mathbf{x}_2 = \begin{bmatrix} 0 \\ 1 \\ 2 \end{bmatrix}$, $\mathbf{x}_3 = \begin{bmatrix} 1 \\ 1 \\ 1 \end{bmatrix}$일 때 $\mathbb{R}^3$의 기저 $S = \{\mathbf{x}_1, \mathbf{x}_2, \mathbf{x}_3\}$로부터 $\mathbb{R}^3$의 정규직교기저 $T = \{\mathbf{y}_1, \mathbf{y}_2, \mathbf{y}_3\}$를 구하라.

풀이 $\mathbf{y}_1 = \dfrac{\mathbf{x}_1}{\|\mathbf{x}_1\|} = \dfrac{1}{\sqrt{2}}\begin{bmatrix} 1 \\ 1 \\ 0 \end{bmatrix} = \begin{bmatrix} \frac{1}{\sqrt{2}} \\ \frac{1}{\sqrt{2}} \\ 0 \end{bmatrix}$이고, $\mathbf{y}_1$에 의하여 생성되는 부분공간 W_1에 대한 $\mathbf{x}_2$의 직교성분 벡터는

$$\mathbf{w}_2 = \mathbf{x}_2 - \text{proj}_{W_1}\mathbf{x}_2 = \mathbf{x}_2 - \langle \mathbf{x}_2, \mathbf{y}_1 \rangle \mathbf{y}_1$$

$$= \begin{bmatrix} 0 \\ 1 \\ 2 \end{bmatrix} - \frac{1}{\sqrt{2}} \begin{bmatrix} \frac{1}{\sqrt{2}} \\ \frac{1}{\sqrt{2}} \\ 0 \end{bmatrix} = \begin{bmatrix} -\frac{1}{2} \\ \frac{1}{2} \\ 2 \end{bmatrix}$$

이므로 $\mathbf{y}_2 = \dfrac{\mathbf{w}_2}{\|\mathbf{w}_2\|} = \dfrac{\sqrt{2}}{3}\begin{bmatrix} -\frac{1}{2} \\ \frac{1}{2} \\ 2 \end{bmatrix} = \begin{bmatrix} -\frac{\sqrt{2}}{6} \\ \frac{\sqrt{2}}{6} \\ \frac{2\sqrt{2}}{3} \end{bmatrix}$이고, $\{\mathbf{y}_1, \mathbf{y}_2\}$에 의하여 생성되는 부분공간 W_2에 대한 $\mathbf{x}_3$의 직교성분 벡터는

$$\mathbf{w}_3=\mathbf{x}_3-\text{proj}_{\mathbf{w}_2}\mathbf{x}_3=\mathbf{x}_3-\langle \mathbf{x}_3,\ \mathbf{y}_1\rangle \mathbf{y}_1-\langle \mathbf{x}_3,\ \mathbf{y}_2\rangle \mathbf{y}_2$$

$$=\begin{bmatrix}1\\1\\1\end{bmatrix}-\frac{2}{\sqrt{2}}\begin{bmatrix}\frac{1}{\sqrt{2}}\\ \frac{1}{\sqrt{2}}\\ 0\end{bmatrix}-\frac{2\sqrt{2}}{3}\begin{bmatrix}-\frac{\sqrt{2}}{6}\\ \frac{\sqrt{2}}{6}\\ \frac{2\sqrt{2}}{3}\end{bmatrix}=\begin{bmatrix}\frac{2}{9}\\ -\frac{2}{9}\\ \frac{1}{9}\end{bmatrix}$$

이므로 $\mathbf{y}_3=\dfrac{\mathbf{w}_3}{\|\mathbf{w}_3\|}=3\begin{bmatrix}\frac{2}{9}\\ -\frac{2}{9}\\ \frac{1}{9}\end{bmatrix}=\begin{bmatrix}\frac{2}{3}\\ -\frac{2}{3}\\ \frac{1}{3}\end{bmatrix}$ 이다.

따라서 $T=\left\{\begin{bmatrix}\frac{1}{\sqrt{2}}\\ \frac{1}{\sqrt{2}}\\ 0\end{bmatrix},\ \begin{bmatrix}-\frac{\sqrt{2}}{6}\\ \frac{\sqrt{2}}{6}\\ \frac{2\sqrt{2}}{3}\end{bmatrix},\ \begin{bmatrix}\frac{2}{3}\\ -\frac{2}{3}\\ \frac{1}{3}\end{bmatrix}\right\}$ 이다. ■

예제 3.12.5 $\mathbb{R}^3$의 벡터 $\mathbf{x}_1=\begin{bmatrix}1\\0\\1\end{bmatrix}$, $\mathbf{x}_2=\begin{bmatrix}1\\1\\1\end{bmatrix}$ 에 의하여 생성되는 $\mathbb{R}^3$의 부분공간 W의 정규직교기저를 구하라.

풀이 $\mathbf{y}_1=\dfrac{\mathbf{x}_1}{\|\mathbf{x}_1\|}=\dfrac{1}{\sqrt{2}}\begin{bmatrix}1\\0\\1\end{bmatrix}=\begin{bmatrix}\frac{1}{\sqrt{2}}\\ 0\\ \frac{1}{\sqrt{2}}\end{bmatrix}$,

$\mathbf{w}_2=\mathbf{x}_2-\text{proj}_{\mathbf{w}_1}\mathbf{x}_2=\mathbf{x}_2-\langle \mathbf{x}_2,\mathbf{y}_1\rangle \mathbf{y}_1=\begin{bmatrix}1\\1\\1\end{bmatrix}-\dfrac{2}{\sqrt{2}}\begin{bmatrix}\frac{1}{\sqrt{2}}\\ 0\\ \frac{1}{\sqrt{2}}\end{bmatrix}=\begin{bmatrix}0\\1\\0\end{bmatrix}$ 이므로 $\mathbf{y}_2=\dfrac{\mathbf{w}_2}{\|\mathbf{w}_2\|}=\begin{bmatrix}0\\1\\0\end{bmatrix}$

이다. 따라서 부분공간 W의 정규직교기저는 $T=\left\{\begin{bmatrix}\frac{1}{\sqrt{2}}\\ 0\\ \frac{1}{\sqrt{2}}\end{bmatrix},\ \begin{bmatrix}0\\1\\0\end{bmatrix}\right\}$ 이다. ■

연습문제 3.12

01. 다음의 주어진 집합이 직교집합인지 아닌지 결정하라.

(1) $\mathbb{R}^3$의 벡터 $\mathbf{x}_1 = \begin{bmatrix} 0 \\ -1 \\ 3 \end{bmatrix}$, $\mathbf{x}_2 = \begin{bmatrix} 2 \\ 3 \\ 1 \end{bmatrix}$, $\mathbf{x}_3 = \begin{bmatrix} 3 \\ 0 \\ 0 \end{bmatrix}$, $S = \{\mathbf{x}_1, \mathbf{x}_2, \mathbf{x}_3\}$

(2) $\mathbb{R}^3$의 벡터 $\mathbf{x}_1 = \begin{bmatrix} 1 \\ 1 \\ 1 \end{bmatrix}$, $\mathbf{x}_2 = \begin{bmatrix} -1 \\ 2 \\ -1 \end{bmatrix}$, $\mathbf{x}_3 = \begin{bmatrix} -1 \\ 0 \\ 1 \end{bmatrix}$, $S = \{\mathbf{x}_1, \mathbf{x}_2, \mathbf{x}_3\}$

(3) $\mathbb{R}^4$의 벡터 $\mathbf{x}_1 = \begin{bmatrix} 1 \\ 0 \\ 0 \\ -1 \end{bmatrix}$, $\mathbf{x}_2 = \begin{bmatrix} 1 \\ 2 \\ -1 \\ 1 \end{bmatrix}$, $\mathbf{x}_3 = \begin{bmatrix} 0 \\ -1 \\ -2 \\ 0 \end{bmatrix}$, $S = \{\mathbf{x}_1, \mathbf{x}_2, \mathbf{x}_3\}$

(4) P_2 위의 내적 $\langle \mathbf{p}, \mathbf{q} \rangle = \int_{-1}^{1} p(x)q(x)dx$에서 $\mathbf{p} = p(x) = 1$, $\mathbf{q} = q(x) = x$,

$\mathbf{r} = r(x) = \frac{3x^2}{2} - \frac{1}{2}$, $S = \{\mathbf{p}, \mathbf{q}, \mathbf{r}\}$

02. 다음의 주어진 집합이 정규직교집합인지 아닌지 결정하라.

(1) $\mathbb{R}^3$의 벡터 $\mathbf{x}_1 = \begin{bmatrix} 0 \\ 1 \\ 0 \end{bmatrix}$, $\mathbf{x}_2 = \begin{bmatrix} \frac{1}{\sqrt{2}} \\ 0 \\ \frac{-1}{\sqrt{2}} \end{bmatrix}$, $\mathbf{x}_3 = \begin{bmatrix} \frac{1}{\sqrt{3}} \\ \frac{1}{\sqrt{3}} \\ \frac{1}{\sqrt{3}} \end{bmatrix}$, $S = \{\mathbf{x}_1, \mathbf{x}_2, \mathbf{x}_3\}$

(2) $\mathbb{R}^3$의 벡터 $\mathbf{x}_1 = \begin{bmatrix} \frac{2}{3} \\ \frac{1}{3} \\ \frac{-2}{3} \end{bmatrix}$, $\mathbf{x}_2 = \begin{bmatrix} \frac{2}{3} \\ \frac{-2}{3} \\ \frac{1}{3} \end{bmatrix}$, $\mathbf{x}_3 = \begin{bmatrix} \frac{1}{3} \\ \frac{2}{3} \\ \frac{2}{3} \end{bmatrix}$, $S = \{\mathbf{x}_1, \mathbf{x}_2, \mathbf{x}_3\}$

(3) $\mathbb{R}^4$의 벡터 $\mathbf{x}_1 = \begin{bmatrix} 1 \\ -1 \\ 0 \\ 1 \end{bmatrix}$, $\mathbf{x}_2 = \begin{bmatrix} 0 \\ 1 \\ 1 \\ 1 \end{bmatrix}$, $\mathbf{x}_3 = \begin{bmatrix} -1 \\ 1 \\ -1 \\ 0 \end{bmatrix}$, $S = \{\mathbf{x}_1, \mathbf{x}_2, \mathbf{x}_3\}$

03. $\mathbf{x}_1 = \begin{bmatrix} 0 \\ 1 \\ 0 \end{bmatrix}$, $\mathbf{x}_2 = \begin{bmatrix} \frac{1}{\sqrt{2}} \\ 0 \\ \frac{1}{\sqrt{2}} \end{bmatrix}$, $\mathbf{x}_3 = \begin{bmatrix} \frac{1}{\sqrt{2}} \\ 0 \\ \frac{-1}{\sqrt{2}} \end{bmatrix}$로 이루어진 집합 $S = \{\mathbf{x}_1, \mathbf{x}_2, \mathbf{x}_3\}$가 $\mathbb{R}^3$의 정규직교

기저임을 보이고 $\mathbf{x}=\begin{bmatrix}1\\2\\3\end{bmatrix}$를 $\mathbf{x}_1$, $\mathbf{x}_2$, $\mathbf{x}_3$의 일차결합으로 나타내고 $[\mathbf{x}]_S$를 구하라.

04. Gram-Schmidt 정규직교화 과정을 이용하여 $\mathbb{R}^3$의 주어진 기저 $S=\{\mathbf{x}_1, \mathbf{x}_2, \mathbf{x}_3\}$로부터 $\mathbb{R}^3$의 정규직교기저 $T=\{\mathbf{y}_1, \mathbf{y}_2, \mathbf{y}_3\}$를 구하라.

(1) $\mathbf{x}_1=\begin{bmatrix}1\\-1\\0\end{bmatrix}$, $\mathbf{x}_2=\begin{bmatrix}1\\1\\-1\end{bmatrix}$, $\mathbf{x}_3=\begin{bmatrix}1\\-2\\1\end{bmatrix}$, $S=\{\mathbf{x}_1, \mathbf{x}_2, \mathbf{x}_3\}$

(2) $\mathbf{x}_1=\begin{bmatrix}1\\2\\1\end{bmatrix}$, $\mathbf{x}_2=\begin{bmatrix}1\\0\\1\end{bmatrix}$, $\mathbf{x}_3=\begin{bmatrix}3\\1\\0\end{bmatrix}$, $S=\{\mathbf{x}_1, \mathbf{x}_2, \mathbf{x}_3\}$

3.13 어림곡선과 최소제곱법

어떤 모델을 실험해서 얻은 측정값 또는 관찰해서 얻은 이산적인 값으로부터 미적분을 적용할 수 있는 곡선을 구하는 문제에 대하여 알아본다.

주어진 모델에서 얻어진 몇 개의 자료

$$(x_0, y_0), (x_1, y_1), (x_2, y_2), \cdots, (x_n, y_n)$$

을 지나는 곡선 $y=f(x)$를 찾을 수 있다.

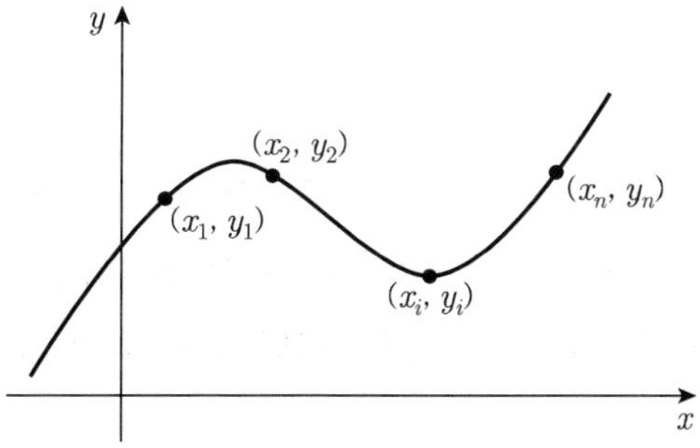

이것을 주어진 데이터에 **곡선 맞추기**(curve fitting)라 하고, 이런 과정을 **어림곡선 구하기**라 한다. n차 다항식

$$y = f(x) = a_0 + a_1 x + a_2 x^2 + \cdots + a_n x^n$$

에 대하여 점 $(x_i,\ y_i)$는 곡선 $y = f(x)$에 있고, $f(x_i) = y_i$이다. $i = 0,\ 1,\ 2,\ \cdots,\ n$에 대하여 다음과 같은 미지수 $a_0,\ a_1,\ a_2,\ \cdots,\ a_n$을 가진 $n+1$개의 선형방정식으로 나타난다.

$$\begin{bmatrix} 1 & x_0 & x_0^2 & \cdots & x_0^n \\ 1 & x_1 & x_1^2 & \cdots & x_1^n \\ 1 & x_2 & x_2^2 & \cdots & x_2^n \\ \vdots & \vdots & \vdots & \ddots & \vdots \\ 1 & x_n & x_n^2 & \cdots & x_n^n \end{bmatrix} \begin{bmatrix} a_0 \\ a_1 \\ a_2 \\ \vdots \\ a_n \end{bmatrix} = \begin{bmatrix} y_0 \\ y_1 \\ y_2 \\ \vdots \\ y_n \end{bmatrix}$$

서로 다른 $x_0,\ x_1,\ x_2,\ \cdots,\ x_n$에 대하여 $(n+1)\times(n+1)$ 계수행렬 A의 행렬식은 $|A| \neq 0$이다. 따라서 선형 연립방정식은 유일한 해를 갖는다. 그래서 주어진 자료를 지나는 유일한 n차 다항식 $y = f(x)$를 얻는다.

예제 3.13.1 $\mathbb{R}^2$의 네 점 $(0, 3)$, $(1, 0)$, $(-1, 2)$, $(3, 6)$을 지나는 $y = a_0 + a_1 x + a_2 x^2 + a_3 x^3$꼴의 3차 다항식을 구하라.

풀이 네 점을 대입하면 연립일차방정식

$$\begin{cases} a_0 & = 3 \\ a_0 + a_1 + a_2 + a_3 = 0 \\ a_0 - a_1 + a_2 - a_3 = 2 \\ a_0 + 3a_1 + 9a_2 + 27a_3 = 6 \end{cases}$$

을 얻는다. $a_0 = 3,\ a_1 = -2,\ a_2 = -2,\ a_3 = 1$이므로 구하는 다항식은 $y = 3 - 2x - 2x^2 + x^3$이다. ■

연립일차방정식 $A\mathbf{x} = \mathbf{b}$의 해가 존재할 때 주어진 자료의 값과 오차가 가장 작은 어림곡선을 찾는 방법을 다루었지만, $A\mathbf{x} = \mathbf{b}$의 해가 존재하지 않을 때도 주어진 자료의 값과 오차가 가장 작은 어림곡선을 찾는 **최소제곱법**(least square method)을 알아보자.

연립일차방정식 $A\mathbf{x} = \mathbf{b}$의 해는 벡터 $\mathbf{x}$가 정확한 해이면 $\|A\mathbf{x} - \mathbf{b}\| = 0$이고, $\|A\mathbf{x} - \mathbf{b}\|$의 값이 클수록 $\mathbf{x}$는 충분하지 못한 해가 되는 것이다. $\|A\mathbf{x} - \mathbf{b}\|$의 값을 최소화하여 해에 가장 가까운 벡터 $\mathbf{x}$를 구할 수 있다.

정의 $A \in M_{m\times n}$, $\mathrm{b}\in\mathbb{R}^m$일 때 $\mathrm{x}\in\mathbb{R}^n$에 대하여

$$\|A\mathrm{x}_0-\mathrm{b}\| \le \|A\mathrm{x}-\mathrm{b}\|$$

를 만족하는 벡터 $\mathrm{x}_0\in\mathbb{R}^n$을 $A\mathrm{x}=\mathrm{b}$의 **최소제곱해**(least square solution)라 한다.

$A\mathrm{x}-\mathrm{b}=\begin{bmatrix}\epsilon_1\\ \epsilon_2\\ \vdots\\ \epsilon_n\end{bmatrix}\neq 0$이면 $\|A\mathrm{x}-\mathrm{b}\|=\sqrt{\epsilon_1^2+\epsilon_2^2+\cdots+\epsilon_n^2}$이다. 여기서 $\|A\mathrm{x}-\mathrm{b}\|$를 최소화한다는 의미는 $\epsilon_1^2+\epsilon_2^2+\cdots+\epsilon_n^2$을 최소화하는 것이므로 "최소제곱"해라 한다.

$A\mathrm{x}=\mathrm{b}$의 최소제곱해를 찾는 방법을 알아보자.

W를 $\mathbb{R}^m$의 부분공간이라 하면 $\mathrm{b}\in\mathbb{R}^m$에 가장 가까운 벡터는 b의 W 위로의 정사영 벡터 $\mathrm{proj}_W\mathrm{b}$이다. 따라서 벡터 x가 $A\mathrm{x}=\mathrm{b}$의 최소제곱해가 되기 위하여

$$A\mathrm{x}=\mathrm{proj}_W\mathrm{b}$$

를 만족해야 한다. $\mathrm{b}-A\mathrm{x}=\mathrm{b}-\mathrm{proj}_W\mathrm{b}$는 W에 수직이고, 양변에 A^T를 곱하면

$$A^T(\mathrm{b}-A\mathrm{x})=A^T(\mathrm{b}-\mathrm{proj}_W\mathrm{b})$$

에서 $W=\mathrm{Col}(A)$, $\mathrm{b}-A\mathrm{x}$는 A^T의 영공간 벡터이므로 $A^T(\mathrm{b}-\mathrm{proj}_W\mathrm{b})=0$이다 따라서

$$A^T(\mathrm{b}-A\mathrm{x})=0 \Leftrightarrow A^TA\mathrm{x}=A^T\mathrm{b}$$

이다. $A^TA\mathrm{x}=A^T\mathrm{b}$를 $A\mathrm{x}=\mathrm{b}$에 대한 **정규연립방정식**(normal system)이라 한다. 위 내용을 요약하면 다음 정리를 얻는다.

정리 3.13.1

$A\in M_{m\times n}$, $m>n$, $\mathrm{b}\in\mathbb{R}^m$일 때 $\mathrm{x}_0\in\mathbb{R}^n$이 $A\mathrm{x}=\mathrm{b}$의 최소제곱해가 되기 위한 필요충분조건은 정규연립방정식 $A^TA\mathrm{x}=A^T\mathrm{b}$의 해이다. 즉 $\mathrm{x}_0=(A^TA)^{-1}A^T\mathrm{b}$이다.

예제 3.13.2 $A=\begin{bmatrix}4&0\\0&2\\1&1\end{bmatrix}$, $\mathrm{b}=\begin{bmatrix}2\\0\\11\end{bmatrix}$일 때 $A\mathrm{x}=\mathrm{b}$의 최소제곱해와 정사영 벡터 $\mathrm{proj}_{\mathrm{w}}\mathrm{b}$를 구하라.

풀이 $A^TA=\begin{bmatrix}4&0&1\\0&2&1\end{bmatrix}\begin{bmatrix}4&0\\0&2\\1&1\end{bmatrix}=\begin{bmatrix}17&1\\1&5\end{bmatrix}$, $A^T\mathrm{b}=\begin{bmatrix}4&0&1\\0&2&1\end{bmatrix}\begin{bmatrix}2\\0\\11\end{bmatrix}=\begin{bmatrix}19\\11\end{bmatrix}$이고

$(A^TA)^{-1}=\frac{1}{84}\begin{bmatrix}5&-1\\-1&17\end{bmatrix}$이므로 $\mathrm{x}_0=(A^TA)^{-1}A^T\mathrm{b}=\frac{1}{84}\begin{bmatrix}5&-1\\-1&17\end{bmatrix}\begin{bmatrix}19\\11\end{bmatrix}=\begin{bmatrix}1\\2\end{bmatrix}$이다.

그리고 $\mathrm{proj}_{\mathrm{w}}\mathrm{b}=A\mathrm{x}_0=\begin{bmatrix}4&0\\0&2\\1&1\end{bmatrix}\begin{bmatrix}1\\2\end{bmatrix}=\begin{bmatrix}4\\4\\3\end{bmatrix}$이다. ■

어떤 모델의 실험 또는 관찰로 얻은 자료는 꼭 알맞은 직선이나 곡선으로 나타나지 않을 수도 있다. 따라서 자료에서 적합한 함수 $y=f(x)$의 계수를 결정하여 최적 어림직선이나 곡선을 찾는 것이다.

자료 (x_1, y_1), (x_2, y_2), $\cdots$, (x_n, y_n)에 대하여 직선 $y=a+bx$를 찾아보자. 자료가 직선 위에 있다면 계수 a와 b는 연립일차방정식

$$\begin{cases}a+bx_1=y_1\\a+bx_2=y_2\\\quad\vdots\\a+bx_n=y_n\end{cases}$$

의 해이다. 행렬로 나타내면

$$A\mathrm{x}=\mathrm{b}$$

$$A=\begin{bmatrix}1&x_1\\1&x_2\\\vdots&\vdots\\1&x_n\end{bmatrix},\quad \mathrm{x}=\begin{bmatrix}a\\b\end{bmatrix},\quad \mathrm{b}=\begin{bmatrix}y_1\\y_2\\\vdots\\y_n\end{bmatrix}$$

이고, 주어진 자료가 정확하게 직선 위에 있지 않으므로 정규연립방정식 $A^TA\mathrm{x}=A^T\mathrm{b}$에서 최소제곱해 $\mathrm{x}_0=(A^TA)^{-1}A^T\mathrm{b}$를 얻는다. 이때 얻은 직선 $y=a+bx$를 주어진 자료에 대한 **최소제곱직선**(least square line of best fit) 또는 **회귀직선**(regression line)이라 한다.

예제 3.13.3 주어진 자료가 $(-1,2)$, $(1,4)$, $(2,6)$, $(4,12)$일 때 가장 적합한 직선을 구하라.

풀이 $A\mathbf{x}=\mathbf{b}$로 나타내면

$$A=\begin{bmatrix}1 & -1\\ 1 & 1\\ 1 & 2\\ 1 & 4\end{bmatrix},\quad \mathbf{x}=\begin{bmatrix}a\\ b\end{bmatrix},\quad \mathbf{b}=\begin{bmatrix}2\\ 4\\ 6\\ 12\end{bmatrix}$$

이고, 정규연립방정식 $A^TA\mathbf{x}=A^T\mathbf{b}$는

$$\begin{bmatrix}1 & 1 & 1 & 1\\ -1 & 1 & 2 & 4\end{bmatrix}\begin{bmatrix}1 & -1\\ 1 & 1\\ 1 & 2\\ 1 & 4\end{bmatrix}\begin{bmatrix}a\\ b\end{bmatrix}=\begin{bmatrix}1 & 1 & 1 & 1\\ -1 & 1 & 2 & 4\end{bmatrix}\begin{bmatrix}2\\ 4\\ 6\\ 12\end{bmatrix}$$

이다. 정리하면

$$\begin{bmatrix}4 & 6\\ 6 & 22\end{bmatrix}\begin{bmatrix}a\\ b\end{bmatrix}=\begin{bmatrix}24\\ 62\end{bmatrix}\iff\begin{bmatrix}a\\ b\end{bmatrix}=\frac{1}{52}\begin{bmatrix}22 & -6\\ -6 & 4\end{bmatrix}\begin{bmatrix}24\\ 62\end{bmatrix}=\begin{bmatrix}3\\ 2\end{bmatrix}$$

이다. 따라서 최소제곱직선은 $y=3+2x$이다. ■

자료 (x_1, y_1), (x_2, y_2), $\cdots$, (x_n, y_n)에 가장 적합한 k차 다항식

$$y=a_0+a_1x+a_2x^2+\cdots+a_kx^k$$

을 찾는 것으로 일반화하자. 자료를 대입하여 연립방정식

$$A\mathbf{x}=\begin{bmatrix}1 & x_1 & x_1^2 & \cdots & x_1^k\\ 1 & x_2 & x_2^2 & \cdots & x_2^k\\ \vdots & \vdots & \vdots & \ddots & \vdots\\ 1 & x_n & x_n^2 & \cdots & x_n^k\end{bmatrix}\begin{bmatrix}a_0\\ a_1\\ \vdots\\ a_k\end{bmatrix}=\begin{bmatrix}y_1\\ y_2\\ \vdots\\ y_n\end{bmatrix}=\mathbf{b}$$

을 얻는다. 따라서 최소제곱해는 $\mathbf{x}_0=(A^TA)^{-1}A^T\mathbf{b}$이다.

예제 3.13.4 주어진 자료가 $(-2,5)$, $(-1,2)$, $(0,1)$, $(1,2)$, $(2,5)$일 때 가장 적합한 이차곡선을 구하라.

풀이 구하는 이차곡선을 $y=a+bx+cx^2$이라 하고 $A\mathbf{x}=\mathbf{b}$로 나타내면

$$A=\begin{bmatrix}1&-2&4\\1&-1&1\\1&0&0\\1&1&1\\1&2&4\end{bmatrix},\quad \mathbf{x}=\begin{bmatrix}a\\b\\c\end{bmatrix},\quad \mathbf{b}=\begin{bmatrix}5\\2\\1\\2\\5\end{bmatrix}$$

이고, 정규연립방정식 $A^TA\mathbf{x}=A^T\mathbf{b}$는

$$\begin{bmatrix}1&1&1&1&1\\-2&-1&0&1&2\\4&1&0&1&4\end{bmatrix}\begin{bmatrix}1&-2&4\\1&-1&1\\1&0&0\\1&1&1\\1&2&4\end{bmatrix}\begin{bmatrix}a\\b\\c\end{bmatrix}=\begin{bmatrix}1&1&1&1&1\\-2&-1&0&1&2\\4&1&0&1&4\end{bmatrix}\begin{bmatrix}5\\2\\1\\2\\5\end{bmatrix}$$

이다. 정리하면

$$\begin{bmatrix}5&0&10\\0&10&0\\10&0&34\end{bmatrix}\begin{bmatrix}a\\b\\c\end{bmatrix}=\begin{bmatrix}15\\0\\44\end{bmatrix}$$

이므로

$$\begin{bmatrix}a\\b\\c\end{bmatrix}=\begin{bmatrix}1\\0\\1\end{bmatrix}$$

이다. 따라서 구하는 이차곡선은 $y=1+x^2$이다. ■

연습문제 3.13

01. 다음 연립일차방정식 $A\mathbf{x}=\mathbf{b}$의 최소제곱해를 구하라.

(1) $\begin{bmatrix}1&-2&1\\2&-3&-1\\-1&1&2\\3&-5&0\end{bmatrix}\begin{bmatrix}x_1\\x_2\\x_3\end{bmatrix}=\begin{bmatrix}1\\0\\1\\0\end{bmatrix}$

(2) $\begin{bmatrix}1&1&1\\-1&0&1\\1&-1&0\\0&1&-1\end{bmatrix}\begin{bmatrix}x_1\\x_2\\x_3\end{bmatrix}=\begin{bmatrix}0\\1\\-1\\-2\end{bmatrix}$

(3) $\begin{bmatrix}1&-1\\2&3\\-2&3\end{bmatrix}\begin{bmatrix}x_1\\x_2\end{bmatrix}=\begin{bmatrix}4\\1\\3\end{bmatrix}$

(4) $\begin{bmatrix}1&2\\1&1\\2&3\end{bmatrix}\begin{bmatrix}x_1\\x_2\end{bmatrix}=\begin{bmatrix}3\\1\\3\end{bmatrix}$

(5) $\begin{bmatrix}3&1\\1&2\\2&-1\end{bmatrix}\begin{bmatrix}x_1\\x_2\end{bmatrix}=\begin{bmatrix}1\\0\\-2\end{bmatrix}$

(6) $\begin{bmatrix}1&1&1\\1&0&1\\1&-1&0\\0&1&-1\end{bmatrix}\begin{bmatrix}x_1\\x_2\\x_3\end{bmatrix}=\begin{bmatrix}0\\0\\2\\0\end{bmatrix}$

02. 주어진 자료가 다음과 같을 때 가장 적합한 직선을 구하라.

(1) $(1,0)$, $(2,3)$, $(3,4)$, $(4,4)$

(2) $(2,1)$, $(5,2)$, $(7,3)$, $(8,3)$

(3) $(6.25, 6.03)$, $(6.75, 5.62)$, $(8.00, 4.78)$, $(8.75, 4.34)$

03. 주어진 자료가 다음과 같을 때 가장 적합한 이차곡선을 구하라.

(1) $(-2,6)$, $(-1,0)$, $(1,8)$, $(2,17)$

(2) $(0.10, -0.18)$, $(0.20, 0.31)$, $(0.30, 1.03)$, $(0.40, 2.48)$, $(0.50, 3.73)$

04 선형변환

벡터공간의 구조를 보존한다는 의미를 갖는 함수인 선형변환에 대하여 알아본다.

4.1 기본개념

V와 W가 벡터공간이고 V의 각 벡터 $\mathbf{v}$에 대하여 W의 벡터 $\mathbf{w}$에 대응시키는 함수를 T라 하면

$$T : V \to W$$

로 나타낸다. $\mathbf{w}$를 T에 의한 $\mathbf{v}$의 **상**(image)이라 하고 $\mathbf{w} = T(\mathbf{v})$로 나타낸다. 그리고 V를 T의 **정의역**(domain)이라 한다.

정의 V와 W가 벡터공간일 때 함수 $T : V \to W$가 다음을 만족시키면 T를 **선형변환**(linear transformation)이라 한다.

(1) 모든 $\mathbf{v}_1, \mathbf{v}_2 \in V$에 대하여 $T(\mathbf{v}_1 + \mathbf{v}_2) = T(\mathbf{v}_1) + T(\mathbf{v}_2)$

(2) 모든 $\mathbf{v} \in V$와 $k \in \mathbb{R}$에 대하여 $T(k\mathbf{v}) = kT(\mathbf{v})$

V에서 V 자신으로의 선형변환 $T: V \to V$를 V 위의 **선형연산자**(linear operator)라 한다.

예제 4.1.1 V와 W가 벡터공간일 때 $T: V \to W$를 모든 $\mathbf{v} \in V$에 대하여 $T(\mathbf{v}) = \mathbf{0}$으로 정의하면 $\mathbf{v}$, $\mathbf{v}_1$, $\mathbf{v}_2 \in V$와 $k \in \mathbb{R}$에 대하여

$$T(\mathbf{v}_1 + \mathbf{v}_2) = \mathbf{0} = \mathbf{0} + \mathbf{0} = T(\mathbf{v}_1) + T(\mathbf{v}_2), \quad T(k\mathbf{v}) = \mathbf{0} = k\mathbf{0} = kT(\mathbf{v})$$

이므로 T는 선형변환이다. 이러한 선형변환을 **영변환**(zero transformation)이라 한다. ■

예제 4.1.2 V가 벡터공간일 때 $T: V \to V$를 $T(\mathbf{v}) = \mathbf{v}$로 정의하면 T는 선형변환이다. 이러한 선형변환을 **항등변환**(identity transformation)이라 한다. ■

예제 4.1.3 다음 함수 T가 선형변환인지 아닌지를 보이라.

(1) $T: \mathbb{R}^2 \to \mathbb{R}^2$, $T\begin{bmatrix} x \\ y \end{bmatrix} = \begin{bmatrix} x-y \\ 2x \end{bmatrix}$ (2) $T: \mathbb{R}^2 \to \mathbb{R}^2$, $T\begin{bmatrix} x \\ y \end{bmatrix} = \begin{bmatrix} x \\ y+1 \end{bmatrix}$

(3) $T: \mathbb{R}^2 \to \mathbb{R}^3$, $T\begin{bmatrix} x \\ y \end{bmatrix} = \begin{bmatrix} x \\ y \\ x-y \end{bmatrix}$ (4) $T: \mathbb{R}^3 \to \mathbb{R}^2$, $T\begin{bmatrix} x \\ y \\ z \end{bmatrix} = \begin{bmatrix} x \\ y \end{bmatrix}$

풀이 (1) $\mathbb{R}^2$의 벡터 $\mathbf{v}_1 = \begin{bmatrix} x_1 \\ y_1 \end{bmatrix}$, $\mathbf{v}_2 = \begin{bmatrix} x_2 \\ y_2 \end{bmatrix}$와 $k \in \mathbb{R}$에 대하여

$$\begin{aligned} T(\mathbf{v}_1 + \mathbf{v}_2) &= T\left(\begin{bmatrix} x_1 \\ y_1 \end{bmatrix} + \begin{bmatrix} x_2 \\ y_2 \end{bmatrix}\right) = T\begin{bmatrix} x_1 + x_2 \\ y_1 + y_2 \end{bmatrix} \\ &= \begin{bmatrix} (x_1+x_2) - (y_1+y_2) \\ 2(x_1+x_2) \end{bmatrix} = \begin{bmatrix} (x_1-y_1) + (x_2-y_2) \\ 2x_1 + 2x_2 \end{bmatrix} \\ &= \begin{bmatrix} x_1 - y_1 \\ 2x_1 \end{bmatrix} + \begin{bmatrix} x_2 - y_2 \\ 2x_2 \end{bmatrix} = T\begin{bmatrix} x_1 \\ y_1 \end{bmatrix} + T\begin{bmatrix} x_2 \\ y_2 \end{bmatrix} \\ &= T(\mathbf{v}_1) + T(\mathbf{v}_2) \end{aligned}$$

이고

$$T(k\mathbf{v}_1) = T\begin{bmatrix} kx_1 \\ ky_1 \end{bmatrix} = \begin{bmatrix} kx_1 - ky_1 \\ 2kx_1 \end{bmatrix} = k\begin{bmatrix} x_1 - y_1 \\ 2x_1 \end{bmatrix} = kT\begin{bmatrix} x_1 \\ y_1 \end{bmatrix} = kT(\mathbf{v}_1)$$

이므로 T는 선형변환이다.

(2) $\mathbb{R}^2$의 벡터 $\mathbf{v}_1 = \begin{bmatrix} x_1 \\ y_1 \end{bmatrix}$, $\mathbf{v}_2 = \begin{bmatrix} x_2 \\ y_2 \end{bmatrix}$에 대하여

$$T(\mathbf{v}_1 + \mathbf{v}_2) = T\left(\begin{bmatrix} x_1 \\ y_1 \end{bmatrix} + \begin{bmatrix} x_2 \\ y_2 \end{bmatrix}\right) = T\begin{bmatrix} x_1 + x_2 \\ y_1 + y_2 \end{bmatrix} = \begin{bmatrix} x_1 + x_2 \\ y_1 + y_2 + 1 \end{bmatrix}$$

이고

$$T(\mathbf{v}_1) + T(\mathbf{v}_2) = T\begin{bmatrix} x_1 \\ y_1 \end{bmatrix} + T\begin{bmatrix} x_2 \\ y_2 \end{bmatrix} = \begin{bmatrix} x_1 \\ y_1 + 1 \end{bmatrix} + \begin{bmatrix} x_2 \\ y_2 + 1 \end{bmatrix} = \begin{bmatrix} x_1 + x_2 \\ y_1 + y_2 + 2 \end{bmatrix}$$

이므로 $T(\mathbf{v}_1 + \mathbf{v}_2) \neq T(\mathbf{v}_1) + T(\mathbf{v}_2)$이다. 따라서 T는 선형변환이 아니다.

(3) $\mathbb{R}^2$의 벡터 $\mathbf{v}_1 = \begin{bmatrix} x_1 \\ y_1 \end{bmatrix}$, $\mathbf{v}_2 = \begin{bmatrix} x_2 \\ y_2 \end{bmatrix}$와 $k \in \mathbb{R}$에 대하여

$$\begin{aligned} T(\mathbf{v}_1 + \mathbf{v}_2) &= T\left(\begin{bmatrix} x_1 \\ y_1 \end{bmatrix} + \begin{bmatrix} x_2 \\ y_2 \end{bmatrix}\right) = T\begin{bmatrix} x_1 + x_2 \\ y_1 + y_2 \end{bmatrix} \\ &= \begin{bmatrix} x_1 + x_2 \\ y_1 + y_2 \\ (x_1 + x_2) - (y_1 + y_2) \end{bmatrix} = \begin{bmatrix} x_1 \\ y_1 \\ x_1 - y_1 \end{bmatrix} + \begin{bmatrix} x_2 \\ y_2 \\ x_2 - y_2 \end{bmatrix} \\ &= T(\mathbf{v}_1) + T(\mathbf{v}_2) \end{aligned}$$

이고

$$T(k\mathbf{v}_1) = T\begin{bmatrix} kx_1 \\ ky_1 \end{bmatrix} = \begin{bmatrix} kx_1 \\ ky_1 \\ kx_1 - ky_1 \end{bmatrix} = k\begin{bmatrix} x_1 \\ y_1 \\ x_1 - y_1 \end{bmatrix} = kT\begin{bmatrix} x_1 \\ y_1 \end{bmatrix} = kT(\mathbf{v}_1)$$

이므로 T는 선형변환이다.

(4) $\mathbb{R}^3$의 벡터 $\mathbf{v}_1 = \begin{bmatrix} x_1 \\ y_1 \\ z_1 \end{bmatrix}$, $\mathbf{v}_2 = \begin{bmatrix} x_2 \\ y_2 \\ z_2 \end{bmatrix}$와 $k \in \mathbb{R}$에 대하여

$$T(\mathbf{v}_1+\mathbf{v}_2)=T\left(\begin{bmatrix}x_1\\y_1\\z_1\end{bmatrix}+\begin{bmatrix}x_2\\y_2\\z_2\end{bmatrix}\right)=T\begin{bmatrix}x_1+x_2\\y_1+y_2\\z_1+z_2\end{bmatrix}$$

$$=\begin{bmatrix}x_1+x_2\\y_1+y_2\end{bmatrix}=\begin{bmatrix}x_1\\y_1\end{bmatrix}+\begin{bmatrix}x_2\\y_2\end{bmatrix}=T(\mathbf{v}_1)+T(\mathbf{v}_2)$$

이고

$$T(k\mathbf{v}_1)=T\begin{bmatrix}kx_1\\ky_1\\kz_1\end{bmatrix}=\begin{bmatrix}kx_1\\ky_1\end{bmatrix}=k\begin{bmatrix}x_1\\y_1\end{bmatrix}=kT(\mathbf{v}_1)$$

이므로 T는 선형변환이다. ■

예제 4.1.4 V가 n차원 벡터공간이고 $S=\{\mathbf{x}_1, \mathbf{x}_2, \cdots, \mathbf{x}_n\}$을 V의 기저라 하자. $T: V\to\mathbb{R}^n$을 $\mathbf{v}=k_1\mathbf{x}_1+k_2\mathbf{x}_2+\cdots+k_n\mathbf{x}_n\in V\,(k_1, k_2, \cdots, k_n\in\mathbb{R})$에 대하여 $T(\mathbf{v})=\begin{bmatrix}k_1\\k_2\\\vdots\\k_n\end{bmatrix}$으로 정의하면 T는 선형변환임을 보이라.

풀이 V의 벡터 $\mathbf{v}_1=a_1\mathbf{x}_1+a_2\mathbf{x}_2+\cdots+a_n\mathbf{x}_n$과 $\mathbf{v}_2=b_1\mathbf{x}_1+b_2\mathbf{x}_2+\cdots+b_n\mathbf{x}_n$에 대하여 $\mathbf{v}_1+\mathbf{v}_2=(a_1+b_1)\mathbf{x}_1+(a_2+b_2)\mathbf{x}_2+\cdots+(a_n+b_n)\mathbf{x}_n$이므로

$$T(\mathbf{v}_1+\mathbf{v}_2)=\begin{bmatrix}a_1+b_1\\a_2+b_2\\\vdots\\a_n+b_n\end{bmatrix}=\begin{bmatrix}a_1\\a_2\\\vdots\\a_n\end{bmatrix}+\begin{bmatrix}b_1\\b_2\\\vdots\\b_n\end{bmatrix}=T(\mathbf{v}_1)+T(\mathbf{v}_2)$$

이고, $k\in\mathbb{R}$에 대하여 $k\mathbf{v}_1=ka_1\mathbf{x}_1+ka_2\mathbf{x}_2+\cdots+ka_n\mathbf{x}_n$이므로

$$T(k\mathbf{v}_1)=\begin{bmatrix}ka_1\\ka_2\\\vdots\\ka_n\end{bmatrix}=k\begin{bmatrix}a_1\\a_2\\\vdots\\a_n\end{bmatrix}=kT(\mathbf{v}_1)$$

이다. 따라서 T는 선형변환이다. ■

예제 4.1.5 $C[0,1]$을 $[0,1]$에서 $[0,1]$로의 연속함수 전체의 집합이라 하자. $T: C[0,1]\to\mathbb{R}$를 $f\in C[0,1]$에 대하여 $T(f)=\int_0^1 f(x)dx$로 정의하면 T는 선형변환임을 보이라.

풀 이 $f, g \in C[0,1]$에 대하여

$$T(f+g) = \int_0^1 [f(x)+g(x)]\,dx = \int_0^1 f(x)dx + \int_0^1 g(x)dx$$
$$= T(f) + T(g)$$

이고 $k \in \mathbb{R}$에 대하여

$$T(kf) = \int_0^1 kf(x)dx = k\int_0^1 f(x)dx = kT(f)$$

이므로 T는 선형변환이다. ■

A가 $m \times n$행렬일 때 $\mathbf{x} = \begin{bmatrix} x_1 \\ x_2 \\ \vdots \\ x_n \end{bmatrix} \in \mathbb{R}^n$에 대하여 $A\mathbf{x}$는 $m \times 1$행렬이므로 $\mathbb{R}^m$의 벡터이다. 따라서 $T : \mathbb{R}^n \to \mathbb{R}^m$을 $T(\mathbf{x}) = A\mathbf{x}$라 정의하면 $\mathbf{x}, \mathbf{y} \in \mathbb{R}^n$에 대하여

$$T(\mathbf{x}+\mathbf{y}) = A(\mathbf{x}+\mathbf{y}) = A\mathbf{x} + A\mathbf{y} = T(\mathbf{x}) + T(\mathbf{y})$$

이고 $k \in \mathbb{R}$, $\mathbf{x} \in \mathbb{R}^n$에 대하여

$$T(k\mathbf{x}) = A(k\mathbf{x}) = kA\mathbf{x} = kT(\mathbf{x})$$

이므로 T는 선형변환이다. 이러한 선형변환을 **행렬변환**(matrix transformation)이라 한다.

예 제 4.1.6 $A = \begin{bmatrix} 1 & 2 & 3 \\ -1 & 0 & 2 \end{bmatrix}$일 때 $T : \mathbb{R}^3 \to \mathbb{R}^2$을 $\begin{bmatrix} x_1 \\ x_2 \\ x_3 \end{bmatrix} \in \mathbb{R}^3$에 대하여

$$T\begin{bmatrix} x_1 \\ x_2 \\ x_3 \end{bmatrix} = \begin{bmatrix} 1 & 2 & 3 \\ -1 & 0 & 2 \end{bmatrix}\begin{bmatrix} x_1 \\ x_2 \\ x_3 \end{bmatrix} = \begin{bmatrix} x_1 + 2x_2 + 3x_3 \\ -x_1 + 2x_3 \end{bmatrix}$$

으로 정의하면 T는 선형변환임을 보이라.

풀 이 $\mathbf{x} = \begin{bmatrix} x_1 \\ x_2 \\ x_3 \end{bmatrix}$, $\mathbf{y} = \begin{bmatrix} y_1 \\ y_2 \\ y_3 \end{bmatrix} \in \mathbb{R}^3$에 대하여

$$T(\mathbf{x}+\mathbf{y}) = \begin{bmatrix} 1 & 2 & 3 \\ -1 & 0 & 2 \end{bmatrix} \begin{bmatrix} x_1+y_1 \\ x_2+y_2 \\ x_3+y_3 \end{bmatrix} = \begin{bmatrix} 1 & 2 & 3 \\ -1 & 0 & 2 \end{bmatrix} \left(\begin{bmatrix} x_1 \\ x_2 \\ x_3 \end{bmatrix} + \begin{bmatrix} y_1 \\ y_2 \\ y_3 \end{bmatrix} \right)$$

$$= \begin{bmatrix} 1 & 2 & 3 \\ -1 & 0 & 2 \end{bmatrix} \begin{bmatrix} x_1 \\ x_2 \\ x_3 \end{bmatrix} + \begin{bmatrix} 1 & 2 & 3 \\ -1 & 0 & 2 \end{bmatrix} \begin{bmatrix} y_1 \\ y_2 \\ y_3 \end{bmatrix} = T(\mathbf{x}) + T(\mathbf{y})$$

이고 $k \in \mathbb{R}$ 에 대하여

$$T(k\mathbf{x}) = \begin{bmatrix} 1 & 2 & 3 \\ -1 & 0 & 2 \end{bmatrix} \begin{bmatrix} kx_1 \\ kx_2 \\ kx_3 \end{bmatrix} = k \begin{bmatrix} 1 & 2 & 3 \\ -1 & 0 & 2 \end{bmatrix} \begin{bmatrix} x_1 \\ x_2 \\ x_3 \end{bmatrix} = kT(\mathbf{x})$$

이므로 T는 선형변환이다. ■

예 제 4.1.7 $\begin{bmatrix} x_1 \\ x_2 \\ x_3 \end{bmatrix} \in \mathbb{R}^3$에 대하여 $T : \mathbb{R}^3 \to \mathbb{R}^2$을

$$T \begin{bmatrix} x_1 \\ x_2 \\ x_3 \end{bmatrix} = \begin{bmatrix} x_1 + x_2 \\ x_2 - x_3 \end{bmatrix}$$

으로 정의하면 T는 선형변환이고 $T \begin{bmatrix} x_1 \\ x_2 \\ x_3 \end{bmatrix} = \begin{bmatrix} x_1 + x_2 \\ x_2 - x_3 \end{bmatrix} = \begin{bmatrix} 1 & 1 & 0 \\ 0 & 1 & -1 \end{bmatrix} \begin{bmatrix} x_1 \\ x_2 \\ x_3 \end{bmatrix}$, $A = \begin{bmatrix} 1 & 1 & 0 \\ 0 & 1 & -1 \end{bmatrix}$ 이므로 T는 행렬변환이다. ■

연습문제 4.1

01. 다음 함수가 선형변환인지 아닌지를 보이라.

(1) $T : \mathbb{R}^2 \to \mathbb{R}^3$, $T \begin{bmatrix} x \\ y \end{bmatrix} = \begin{bmatrix} x+1 \\ y \\ 2x+y \end{bmatrix}$ (2) $T : \mathbb{R}^2 \to \mathbb{R}^2$, $T \begin{bmatrix} x \\ y \end{bmatrix} = \begin{bmatrix} 2x \\ y \end{bmatrix}$

(3) $T: \mathbb{R}^3 \to \mathbb{R}^2$, $T\begin{bmatrix} x \\ y \\ z \end{bmatrix} = \begin{bmatrix} x \\ z \end{bmatrix}$

(4) $T: \mathbb{R}^3 \to \mathbb{R}^3$, $T\begin{bmatrix} x \\ y \\ z \end{bmatrix} = \begin{bmatrix} x+y \\ y \\ x-z \end{bmatrix}$

(5) $T: M_2 \to \mathbb{R}$, $T\begin{bmatrix} a & b \\ c & d \end{bmatrix} = a+d$

(6) $T: M_2 \to \mathbb{R}$, $T\begin{bmatrix} a & b \\ c & d \end{bmatrix} = \begin{vmatrix} a & b \\ c & d \end{vmatrix}$

02. $T: \mathbb{R}^3 \to \mathbb{R}^2$이 선형변환이고 $T\begin{bmatrix} 1 \\ 0 \\ 0 \end{bmatrix} = \begin{bmatrix} 1 \\ 1 \end{bmatrix}$, $T\begin{bmatrix} 0 \\ 1 \\ 0 \end{bmatrix} = \begin{bmatrix} 2 \\ 0 \end{bmatrix}$, $T\begin{bmatrix} 0 \\ 0 \\ 1 \end{bmatrix} = \begin{bmatrix} 2 \\ 3 \end{bmatrix}$일 때 다음을 구하라.

(1) $T\begin{bmatrix} 1 \\ 1 \\ -1 \end{bmatrix}$ (2) $T\begin{bmatrix} -1 \\ 2 \\ -3 \end{bmatrix}$ (3) $T\begin{bmatrix} 1 \\ 2 \\ 3 \end{bmatrix}$ (4) $T\begin{bmatrix} x \\ y \\ z \end{bmatrix}$

03. $T: P_1 \to P_2$를 $T(p(x)) = xp(x)$로 정의하면 T가 선형변환임을 보이라.

04. $T: P_2 \to P_3$이 선형변환이고 $T(1) = 1$, $T(x) = x^2$, $T(x^2) = 2x^3 + 2x$일 때 다음을 구하라.

(1) $T(3x^2 - 5x - 2)$ (2) $T(ax^2 + bx + c)$

05. 모두 영이 아닌 $k_1, k_2 \in \mathbb{R}$에 대하여 $T: \mathbb{R}^2 \to \mathbb{R}^2$를 $T\begin{bmatrix} x \\ y \end{bmatrix} = \begin{bmatrix} x+k_1 \\ y+k_2 \end{bmatrix}$로 정의하면 T는 선형변환이 아님을 보이라.

06. $T: \mathbb{R}^3 \to \mathbb{R}^2$을 $T\begin{bmatrix} x_1 \\ x_2 \\ x_3 \end{bmatrix} = \begin{bmatrix} 2x_1 + 3x_2 + x_3 \\ x_1 + 4x_2 - x_3 \end{bmatrix}$으로 정의하면 T는 행렬변환임을 보이라.

07. 벡터공간 V, W에 대하여 $T: V \to W$가 선형변환일 필요충분조건은 $\mathbf{v}_1, \mathbf{v}_2 \in V$와 $k_1, k_2 \in \mathbb{R}$에 대하여 $T(k_1\mathbf{v}_1 + k_2\mathbf{v}_2) = k_1 T(\mathbf{v}_1) + k_2 T(\mathbf{v}_2)$임을 보이라.

08. $A \in M_n$에 대하여 $T: M_n \to \mathbb{R}$를 $T(A) = \text{tr}(A)$로 정의하면 T가 선형변환임을 보이라.

$$\text{tr}(A) = a_{11} + a_{22} + \cdots + a_{nn}$$

4.2 선형변환의 성질

선형변환의 기본적인 성질을 알아본다.

정리 4.2.1

벡터공간 V, W에 대하여 $T: V \to W$가 선형변환이면 다음이 성립한다.

(1) $T(0) = 0$

(2) 모든 $\mathbf{v}_1, \mathbf{v}_2 \in V$에 대하여 $T(\mathbf{v}_1 - \mathbf{v}_2) = T(\mathbf{v}_1) - T(\mathbf{v}_2)$

(3) 모든 $\mathbf{v}_1, \mathbf{v}_2, \cdots, \mathbf{v}_n \in V$와 $k_1, k_2, \cdots, k_n$에 대하여 $T\left(\sum_{i=1}^{n} k_i \mathbf{v}_i\right) = \sum_{i=1}^{n} k_i T(\mathbf{v}_i)$

증명 (1) $T(0) = T(0+0) = T(0) + T(0)$이므로 $T(0) = 0$이다.

(2) $T(\mathbf{v}_1 - \mathbf{v}_2) = T(\mathbf{v}_1 + (-1)\mathbf{v}_2) = T(\mathbf{v}_1) + (-1)T(\mathbf{v}_2) = T(\mathbf{v}_1) - T(\mathbf{v}_2)$

(3)
$$
\begin{aligned}
T\left(\sum_{i=1}^{n} k_i \mathbf{v}_i\right) &= T(k_1\mathbf{v}_1 + k_2\mathbf{v}_2 + \cdots + k_n\mathbf{v}_n) \\
&= T(k_1\mathbf{v}_1) + T(k_2\mathbf{v}_2) + \cdots + T(k_n\mathbf{v}_n) \\
&= k_1 T(\mathbf{v}_1) + k_2 T(\mathbf{v}_2) + \cdots + k_n T(\mathbf{v}_n) \\
&= \sum_{i=1}^{n} k_i T(\mathbf{v}_i)
\end{aligned}
$$
■

벡터공간 V, W에 대하여 $T: V \to W$가 선형변환이라 하자. $\mathbf{v}_1, \mathbf{v}_2 \in V$에 대하여

$$\mathbf{v}_1 \neq \mathbf{v}_2 \Rightarrow T(\mathbf{v}_1) \neq T(\mathbf{v}_2)$$

이면 T는 **일대일 함수**(one-to-one or injective function)이다. T의 **치역**(range) $\{T(\mathbf{v}) \mid \mathbf{v} \in V\}$을 $\operatorname{Im} T$로 나타낼 때 $\operatorname{Im} T = W$이면 T를 **위로 함수**(onto or surjective function)라 한다. 선형변환 T가 일대일이고 위로 함수이면 T를 **동형사상**(isomorphism)이라 한다.

정의 벡터공간 V, W에 대하여 $T: V \to W$가 선형변환이라 하자. $T(\mathbf{v})=0$인 V의 벡터 $\mathbf{v}$의 집합을 T의 **핵**(kernel)이라 하고 $\ker T$로 나타낸다.

예 제 4.2.1 $T: \mathbb{R}^2 \to \mathbb{R}^2$를 $T\begin{bmatrix} x \\ y \end{bmatrix} = \begin{bmatrix} x-y \\ 0 \end{bmatrix}$으로 정의하면 T는 선형변환이고 T의 핵은 다음과 같다.

$$\ker T = \left\{ \begin{bmatrix} x \\ y \end{bmatrix} \in \mathbb{R}^2 \mid T\begin{bmatrix} x \\ y \end{bmatrix} = \begin{bmatrix} x-y \\ 0 \end{bmatrix} = \begin{bmatrix} 0 \\ 0 \end{bmatrix} \right\} = \left\{ \begin{bmatrix} x \\ y \end{bmatrix} \in \mathbb{R}^2 \mid x=y \right\}$$ ■

정리 4.2.2

벡터공간 V, W에 대하여 $T: V \to W$가 선형변환이면 T가 일대일이 되는 필요충분조건은 $\ker T = \{0\}$이다.

증명 T가 일대일 함수라 하자. $\mathbf{v} \in \ker T$이면 $T(\mathbf{v})=0=T(0)$이고 T가 일대일이므로 $\mathbf{v}=0$이다. 따라서 $\ker T=\{0\}$이다.

역으로, $\ker T=\{0\}$이라 하자. $\mathbf{v}_1, \mathbf{v}_2 \in V$, $T(\mathbf{v}_1)=T(\mathbf{v}_2)$이면 $0=T(\mathbf{v}_1)-T(\mathbf{v}_2)=T(\mathbf{v}_1-\mathbf{v}_2)$이고 $\mathbf{v}_1-\mathbf{v}_2 \in \ker T=\{0\}$이므로 $\mathbf{v}_1=\mathbf{v}_2$이다. 따라서 T는 일대일 함수이다. ■

예 제 4.2.2 $T: \mathbb{R}^2 \to \mathbb{R}^2$를 $T\begin{bmatrix} x \\ y \end{bmatrix} = \begin{bmatrix} x+y \\ x-y \end{bmatrix}$로 정의하면 T는 선형변환이고, $\mathbf{v}_1=\begin{bmatrix} x_1 \\ y_1 \end{bmatrix}$, $\mathbf{v}_2=\begin{bmatrix} x_2 \\ y_2 \end{bmatrix} \in V$에 대하여 $T(\mathbf{v}_1)=T(\mathbf{v}_2)$이면 $x_1+y_1=x_2+y_2$, $x_1-y_1=x_2-y_2$이고 $x_1=x_2$, $y_1=y_2$이므로 $\mathbf{v}_1=\mathbf{v}_2$이다. 따라서 T는 일대일 함수이다. 한편, $T\begin{bmatrix} x \\ y \end{bmatrix} = \begin{bmatrix} x+y \\ x-y \end{bmatrix} = \begin{bmatrix} 0 \\ 0 \end{bmatrix}$이면 $x+y=0$, $x-y=0$이고 $x=0$, $y=0$이므로 $\ker T=\{0\}$이다. ■

예 제 4.2.3 함수 $T: \mathbb{R}^3 \to \mathbb{R}^3$를 $T\begin{bmatrix} x \\ y \\ z \end{bmatrix} = \begin{bmatrix} x+2y-z \\ y+z \\ x+y-2z \end{bmatrix}$로 정의하면 T는 선형변환이다.

$$T\begin{bmatrix}x\\y\\z\end{bmatrix}=\begin{bmatrix}x+2y-z\\y+z\\x+y-2z\end{bmatrix}=\begin{bmatrix}0\\0\\0\end{bmatrix}$$

이면

$$\begin{cases}x+2y-\ \ z=0\\ \qquad y+\ \ z=0\\ x+\ \ y-2z=0\end{cases}$$

이므로 이 연립일차방정식은 무수히 많은 해를 갖는나. 따라서 $\ker T\neq\{0\}$이다. 그러므로 T는 일대일 함수가 아니다. ■

정리 4.2.3

벡터공간 V, W에 대하여 $T: V\to W$가 선형변환이면 $\ker T$는 V의 부분공간이다. 이 부분공간을 **핵공간**이라 한다.

증명 $0\in\ker T$이므로 $\ker T\neq\phi$이다. $\mathbf{v}_1, \mathbf{v}_2\in\ker T$에 대하여 $T(\mathbf{v}_1)=T(\mathbf{v}_2)=\mathbf{0}$이므로 $T(\mathbf{v}_1+\mathbf{v}_2)=T(\mathbf{v}_1)+T(\mathbf{v}_2)=\mathbf{0}+\mathbf{0}=\mathbf{0}$이다. 따라서 $\mathbf{v}_1+\mathbf{v}_2\in\ker T$이다.

$k\in\mathbb{R}$, $\mathbf{v}\in V$에 대하여 $T(k\mathbf{v})=kT(\mathbf{v})=k\mathbf{0}=\mathbf{0}$이므로 $k\mathbf{v}\in\ker T$이다. 그러므로 $\ker T$는 V의 부분공간이다. ■

예제 4.2.4 $T:\mathbb{R}^4\to\mathbb{R}^2$를 $T\begin{bmatrix}x\\y\\z\\w\end{bmatrix}=\begin{bmatrix}x+y\\z+w\end{bmatrix}$로 정의하면 T는 선형변환이고, $\ker T$는 연립일차방정식

$$\begin{cases}x+y=0\\z+w=0\end{cases}$$

의 해공간이다.

따라서 $\ker T=\left\{\begin{bmatrix}s\\-s\\t\\-t\end{bmatrix}\ \middle|\ s,\ t\in\mathbb{R}\right\}$이고 이것은 $\mathbb{R}^4$의 부분공간이다. ■

일반적으로 A가 $m\times n$행렬이고 $T:\mathbb{R}^n\to\mathbb{R}^m$를 $T(\mathbf{x})=A\mathbf{x}$, $\mathbf{x}\in\mathbb{R}^n$으로 정의하면 T는 선형변환이고 $\ker T$는 동차연립일차방정식 $A\mathbf{x}=\mathbf{0}$의 해공간이다.

정리 4.2.4

벡터공간 V, W에 대하여 $T: V \to W$가 선형변환이면 $\operatorname{Im} T$는 W의 부분공간이다.

증명 $\mathbf{w}_1, \mathbf{w}_2 \in \operatorname{Im} T$에 대하여 $T(\mathbf{v}_1) = \mathbf{w}_1$, $T(\mathbf{v}_2) = \mathbf{w}_2$인 $\mathbf{v}_1$과 $\mathbf{v}_2$가 V에 존재하므로

$$\mathbf{w}_1 + \mathbf{w}_2 = T(\mathbf{v}_1) + T(\mathbf{v}_2) = T(\mathbf{v}_1 + \mathbf{v}_2) \in \operatorname{Im} T$$

이고 $k \in \mathbb{R}$ 에 대하여

$$k\mathbf{w}_1 = kT(\mathbf{v}_1) = T(k\mathbf{v}_1) \in \operatorname{Im} T$$

이므로 $\operatorname{Im} T$는 W의 부분공간이다. ■

예제 4.2.5 A가 $m \times n$ 행렬이고 $T: \mathbb{R}^n \to \mathbb{R}^m$를 $T(\mathbf{x}) = A\mathbf{x}$, $\mathbf{x} \in \mathbb{R}^n$으로 정의하면 T는 선형변환이고 $\operatorname{Im} T$는 행렬 A의 열공간이다.

풀이 $\mathbf{c}_i$를 $m \times n$ 행렬 A의 i 번째 열벡터라 하면 $A = [\mathbf{c}_1\ \mathbf{c}_2\ \cdots\ \mathbf{c}_n]$이다. $\mathbf{x} = \begin{bmatrix} x_1 \\ x_2 \\ \vdots \\ x_n \end{bmatrix} \in \mathbb{R}^n$에 대하여

$$A\mathbf{x} = [\mathbf{c}_1\ \mathbf{c}_2\ \cdots\ \mathbf{c}_n] \begin{bmatrix} x_1 \\ x_2 \\ \vdots \\ x_n \end{bmatrix} = x_1\mathbf{c}_1 + x_2\mathbf{c}_2 + \cdots + x_n\mathbf{c}_n$$

이므로 $\operatorname{Im} T = \{T(\mathbf{x}) = A\mathbf{x} \mid \mathbf{x} \in \mathbb{R}^n\} = \langle \mathbf{c}_1, \mathbf{c}_2, \cdots, \mathbf{c}_n \rangle$이다. ■

정의 벡터공간 V, W에 대하여 $T: V \to W$가 선형변환이라 하자. $\operatorname{Im} T$의 차원을 T의 **계수**(rank)라 하고 $\operatorname{rank}(T)$로 나타낸다. 한편, T의 핵공간의 차원을 $\operatorname{nullity}(T)$로 나타낸다. 즉,

$$\operatorname{rank}(T) = \dim(\operatorname{Im} T), \quad \operatorname{nullity}(T) = \dim(\ker T)$$

예제 4.2.5에서 $T(\mathbf{x}) = A\mathbf{x}$, $\mathbf{x} \in \mathbb{R}^n$으로 정의한 선형변환 $T: \mathbb{R}^n \to \mathbb{R}^m$에 대하여

$$\text{rank}(T) = \dim(\text{Im}\,T) = A\text{의 열공간의 차원} = \text{rank}(A)$$

이다.

정리 4.2.5

n차원 벡터공간 V와 벡터공간 W에 대하여 $T: V \to W$가 선형변환이면 다음이 성립한다.

$$\text{rank}(T) + \text{nullity}(T) = \dim(V) = n$$

증명 $\text{Im}\,T = \{0\}$이면 $\ker T = V$이므로 성립한다. $\text{Im}\,T \neq \{0\}$이라 하면 $\ker T \neq V$이고 $\text{nullity}(T) = r$이면 $r < n$이다. $\{\mathbf{v}_1, \mathbf{v}_2, \cdots, \mathbf{v}_r\}$를 $\ker T$의 기저라 하면 $\dim V = n$이므로 정리 3.7.5에 의하여

$$S = \{\mathbf{v}_1, \mathbf{v}_2, \cdots, \mathbf{v}_r, \mathbf{v}_{r+1}, \cdots, \mathbf{v}_n\}$$

이 V의 기저가 되는 $n-r$개의 벡터 $\mathbf{v}_{r+1}, \cdots, \mathbf{v}_n$이 존재한다. 그러면 $R = \{T(\mathbf{v}_{r+1}), \cdots, T(\mathbf{v}_n)\}$이 $\text{Im}\,T$의 기저임을 보이면 $\text{rank}(T) = \dim(\text{Im}\,T) = n-r$이므로 성립한다. $\mathbf{w} \in \text{Im}\,T$이면 $\mathbf{w} = T(\mathbf{v})$인 $\mathbf{v}$가 V에 존재하고 S가 V의 기저이므로 $c_1, c_2, \cdots, c_n \in \mathbb{R}$에 대하여

$$\mathbf{v} = c_1\mathbf{v}_1 + c_2\mathbf{v}_2 + \cdots + c_r\mathbf{v}_n + c_{r+1}\mathbf{v}_{r+1} + \cdots + c_n\mathbf{v}_n$$

이고 $\mathbf{v}_1, \mathbf{v}_2, \cdots, \mathbf{v}_r \in \ker T$이므로 $T(\mathbf{v}_1) = T(\mathbf{v}_2) = \cdots = T(\mathbf{v}_r) = \mathbf{0}$이다. 따라서

$$\begin{aligned}\mathbf{w} &= T(\mathbf{v}) \\ &= c_1T(\mathbf{v}_1) + \cdots + c_rT(\mathbf{v}_r) + c_{r+1}T(\mathbf{v}_{r+1}) + \cdots + c_nT(\mathbf{v}_n) \\ &= c_{r+1}T(\mathbf{v}_{r+1}) + \cdots + c_nT(\mathbf{v}_n)\end{aligned}$$

이므로 R는 $\text{Im}\,T$를 생성한다. 그리고 T가 선형변환이므로 $k_{r+1}, k_{r+2}, \cdots, k_n \in \mathbb{R}$에 대하여

$$k_{r+1}T(\mathbf{v}_{r+1}) + \cdots + k_nT(\mathbf{v}_n) = \mathbf{0} \text{이면 } T(k_{r+1}\mathbf{v}_{r+1} + \cdots + k_n\mathbf{v}_n) = \mathbf{0}$$

이므로 $k_{r+1}\mathbf{v}_{r+1} + \cdots + k_n\mathbf{v}_n \in \ker T$이다. $\{\mathbf{v}_1, \mathbf{v}_2, \cdots, \mathbf{v}_r\}$가 $\ker T$의 기저이므로 $k_1, k_2, \cdots, k_r \in \mathbb{R}$에 대하여

$$k_{r+1}\mathbf{v}_{r+1} + \cdots + k_n\mathbf{v}_n = k_1\mathbf{v}_1 + \cdots + k_r\mathbf{v}_r \text{이고 } k_1\mathbf{v}_1 + \cdots + k_r\mathbf{v}_r - k_{r+1}\mathbf{v}_{r+1} - \cdots - k_n\mathbf{v}_n = \mathbf{0}$$

이다. S가 일차독립이므로 $k_1 = k_2 = \cdots = k_r = k_{r+1} = \cdots = k_n = 0$이다. 따라서 R는 일차독립이 되어 $\operatorname{Im} T$의 기저가 된다. ■

예제 4.2.6 $A = \begin{bmatrix} 1 & 3 & 1 \\ 2 & 7 & -1 \end{bmatrix}$일 때 $T\begin{bmatrix} x_1 \\ x_2 \\ x_3 \end{bmatrix} = A\begin{bmatrix} x_1 \\ x_2 \\ x_3 \end{bmatrix}$, $\begin{bmatrix} x_1 \\ x_2 \\ x_3 \end{bmatrix} \in \mathbb{R}^3$로 정의한 $T : \mathbb{R}^3 \to \mathbb{R}^2$의 $\operatorname{rank}(T)$와 $\operatorname{nullity}(T)$를 구하라.

풀이 $\operatorname{rank}(T) = \operatorname{rank}(A)$이고 $\operatorname{rank}(A) = 2$이므로 $\operatorname{rank}(T) = 2$이다. $\ker T$는 동차연립일차방정식

$$\begin{bmatrix} 1 & 3 & 1 \\ 2 & 7 & -1 \end{bmatrix}\begin{bmatrix} x_1 \\ x_2 \\ x_3 \end{bmatrix} = \begin{bmatrix} 0 \\ 0 \end{bmatrix}$$

의 해공간이다. 이 연립방정식의 해가 $x_1 = -10s$, $x_2 = 3s$, $x_3 = s$, $s \in \mathbb{R}$ 이므로

$\ker T = \left\{ s\begin{bmatrix} -10 \\ 3 \\ 1 \end{bmatrix} \middle| \, s \in \mathbb{R} \right\}$이고, $\operatorname{nullity}(T) = \dim(\ker T) = 1$이다.

그러므로 $\operatorname{rank}(T) + \operatorname{nullity}(T) = 2 + 1 = \dim(\mathbb{R}^3)$이다. ■

예제 4.2.7 선형변환 $T : \mathbb{R}^4 \to \mathbb{R}^3$, $T\begin{bmatrix} x_1 \\ x_2 \\ x_3 \\ x_4 \end{bmatrix} = \begin{bmatrix} x_1 + x_2 \\ x_2 - x_3 \\ x_3 - x_4 \end{bmatrix}$에 대하여 $\operatorname{rank}(T) + \operatorname{nullity}(T) = \dim(\mathbb{R}^4)$을 보이라.

풀이 $\begin{bmatrix} x_1 + x_2 \\ x_2 - x_3 \\ x_3 - x_4 \end{bmatrix} = \begin{bmatrix} 1 & 1 & 0 & 0 \\ 0 & 1 & -1 & 0 \\ 0 & 0 & 1 & -1 \end{bmatrix}\begin{bmatrix} x_1 \\ x_2 \\ x_3 \\ x_4 \end{bmatrix}$이므로 $A = \begin{bmatrix} 1 & 1 & 0 & 0 \\ 0 & 1 & -1 & 0 \\ 0 & 0 & 1 & -1 \end{bmatrix}$이라 하면 $\operatorname{rank}(T) = \operatorname{rank}(A) = 3$이고 $\ker T$는 동차연립일차방정식

$$\begin{bmatrix} 1 & 1 & 0 & 0 \\ 0 & 1 & -1 & 0 \\ 0 & 0 & 1 & -1 \end{bmatrix}\begin{bmatrix} x_1 \\ x_2 \\ x_3 \\ x_4 \end{bmatrix} = \begin{bmatrix} 0 \\ 0 \\ 0 \\ 0 \end{bmatrix}$$

의 해공간이다. 해가 $x_1 = -s$, $x_2 = s$, $x_3 = s$, $x_4 = s$, $s \in \mathbb{R}$ 이므로

$\ker T = \left\{ s\begin{bmatrix} -1 \\ 1 \\ 1 \\ 1 \end{bmatrix} \middle| \, s \in \mathbb{R} \right\}$이다. 따라서 $\operatorname{nullity}(T) = \dim(\ker T) = 1$이고,

$\operatorname{rank}(T) + \operatorname{nullity}(T) = 3 + 1 = \dim(\mathbb{R}^4)$이다. ■

예제 4.2.8 $T: P_2 \to P_1$, $T(ax^2+bx+c)=(a+2b)x+(b+c)$에 대하여 $\mathrm{rank}(T)+\mathrm{nullity}(T)=\dim(P_2)$임을 보이라.

풀이 $T(ax^2+bx+c)=0$이면 $(a+2b)x+(b+c)=0$이고, $\begin{cases} a+2b \quad = 0 \\ \quad b+c = 0 \end{cases}$이므로

$\begin{bmatrix} a \\ b \\ c \end{bmatrix} = s\begin{bmatrix} 2 \\ -1 \\ 1 \end{bmatrix}$, $s \in \mathbb{R}$이다. 따라서 $\mathrm{nullity}(T)=\dim(\ker T)=1$이다.

그리고 $\mathrm{Im}\,T$의 벡터는 $(a+2b)x+(b+c)$의 꼴이므로 $\{x, 1\}$은 $\mathrm{Im}\,T$의 기저이다. 따라서 $\mathrm{rank}(T)=\dim(\mathrm{Im}\,T)=2$이고, $\mathrm{rank}(T)+\mathrm{nullity}(T)=2+1=\dim(P_2)$이다. ■

연습문제 4.2

01. 선형변환 $T: \mathbb{R}^2 \to \mathbb{R}^2$, $T\begin{bmatrix} x \\ y \end{bmatrix} = \begin{bmatrix} 0 \\ y \end{bmatrix}$에 대하여 $\ker T$와 $\mathrm{Im}\,T$를 구하라.

02. 선형변환 $T: \mathbb{R}^2 \to \mathbb{R}^2$, $T\begin{bmatrix} x \\ y \end{bmatrix} = \begin{bmatrix} 1 & 2 \\ 1 & -1 \end{bmatrix}\begin{bmatrix} x \\ y \end{bmatrix}$에 대하여 $\ker T$와 $\mathrm{Im}\,T$를 구하라.

03. 선형변환 $T: \mathbb{R}^3 \to \mathbb{R}^2$, $T\begin{bmatrix} x \\ y \\ z \end{bmatrix} = \begin{bmatrix} 1 & 2 & 0 \\ 1 & -1 & 3 \end{bmatrix}\begin{bmatrix} x \\ y \\ z \end{bmatrix}$에 대하여 $\ker T$와 $\mathrm{Im}\,T$를 구하라.

04. 선형변환 $T: P_2 \to P_3$, $T(p(x))=xp(x)$에 대하여 $\ker T$와 $\mathrm{Im}\,T$를 구하라.

05. 벡터공간 V에 대하여 선형변환 $T: V \to V$, $T(\mathbf{v})=3\mathbf{v}$에 대하여 $\ker T$와 $\mathrm{Im}\,T$를 구하라.

06. 선형변환 $T: \mathbb{R}^3 \to \mathbb{R}^3$, $T\begin{bmatrix} x \\ y \\ z \end{bmatrix} = \begin{bmatrix} x+2y-z \\ y+z \\ x+y-2z \end{bmatrix}$에 대하여 $\dim(\ker T)$와 $\dim(\mathrm{Im}\,T)$를 구하라.

07. 선형변환 $T: \mathbb{R}^2 \to \mathbb{R}^3$, $T\begin{bmatrix} x \\ y \end{bmatrix} = \begin{bmatrix} 3x-y \\ x+y \\ 5x+3y \end{bmatrix}$에 대하여 T가 일대일임을 보이라.

08. $T: \mathbb{R}^3 \to \mathbb{R}^5$가 선형변환일 때 다음을 구하라.

(1) nullity(T)$=2$일 때 rank(T)를 구하라.

(2) rank(T)$=3$일 때 nullity(T)를 구하라.

09. V, W가 n차원 벡터공간이고 선형변환 $T: V \to W$가 위로 함수이면 $\ker T = \{0\}$임을 보이라.

4.3 $\mathbb{R}^n$에서 $\mathbb{R}^m$으로의 선형변환

$\mathbb{R}^n$에서 $\mathbb{R}^m$으로의 선형변환은 행렬변환이 됨을 보이고 그의 표준행렬에 대하여 알아본다. 그리고 $\mathbb{R}^2$에서 $\mathbb{R}^2$로의 선형변환의 기하적인 성질을 살펴본다.

A가 $m \times n$행렬일 때 $\mathbf{x} \in \mathbb{R}^n$에 대하여 $T(\mathbf{x}) = A\mathbf{x}$로 정의하면 $T: \mathbb{R}^n \to \mathbb{R}^m$은 선형변환이다.

예를 들면 $T: \mathbb{R}^3 \to \mathbb{R}^2$이 $T\begin{bmatrix} x \\ y \\ z \end{bmatrix} = \begin{bmatrix} 2x - y \\ x - 2y + z \end{bmatrix}$로 정의된 선형변환이면 $\mathbf{x} \in \mathbb{R}^3$에 대하여

$$\mathbf{x} = \begin{bmatrix} x \\ y \\ z \end{bmatrix} = x\begin{bmatrix} 1 \\ 0 \\ 0 \end{bmatrix} + y\begin{bmatrix} 0 \\ 1 \\ 0 \end{bmatrix} + z\begin{bmatrix} 0 \\ 0 \\ 1 \end{bmatrix}$$

이므로

$$\begin{aligned} T(\mathbf{x}) = T\begin{bmatrix} x \\ y \\ z \end{bmatrix} &= T\left(x\begin{bmatrix} 1 \\ 0 \\ 0 \end{bmatrix} + y\begin{bmatrix} 0 \\ 1 \\ 0 \end{bmatrix} + z\begin{bmatrix} 0 \\ 0 \\ 1 \end{bmatrix}\right) \\ &= xT\begin{bmatrix} 1 \\ 0 \\ 0 \end{bmatrix} + yT\begin{bmatrix} 0 \\ 1 \\ 0 \end{bmatrix} + zT\begin{bmatrix} 0 \\ 0 \\ 1 \end{bmatrix} \\ &= x\begin{bmatrix} 2 \\ 1 \end{bmatrix} + y\begin{bmatrix} -1 \\ -2 \end{bmatrix} + z\begin{bmatrix} 0 \\ 1 \end{bmatrix} \\ &= \begin{bmatrix} 2 & -1 & 0 \\ 1 & -2 & 1 \end{bmatrix}\begin{bmatrix} x \\ y \\ z \end{bmatrix} \end{aligned}$$

이다. 따라서 선형변환 T는 $A=\begin{bmatrix}2 & -1 & 0\\ 1 & -2 & 1\end{bmatrix}$일 때 $T(\mathbf{x})=A\mathbf{x}$로 나타낼 수 있다.

일반적으로 $T:\mathbb{R}^n\to\mathbb{R}^m$이 선형변환이면 $\mathbb{R}^n$의 표준기저 $\{\mathbf{e}_1, \mathbf{e}_2, \cdots, \mathbf{e}_n\}$에 대하여

$$T(\mathbf{e}_1)=\begin{bmatrix}a_{11}\\ a_{21}\\ \vdots\\ a_{m1}\end{bmatrix},\ T(\mathbf{e}_2)=\begin{bmatrix}a_{12}\\ a_{22}\\ \vdots\\ a_{m2}\end{bmatrix},\ \cdots,\ T(\mathbf{e}_n)=\begin{bmatrix}a_{1n}\\ a_{2n}\\ \vdots\\ a_{mn}\end{bmatrix}$$

이다. $T(\mathbf{e}_1), T(\mathbf{e}_2), \cdots, T(\mathbf{e}_n)$을 열벡터로 갖는 $m\times n$ 행렬을 A라 하면

$$A=[\,T(\mathbf{e}_1)\ \ T(\mathbf{e}_2)\ \cdots\ T(\mathbf{e}_n)\,]=\begin{bmatrix}a_{11} & a_{12} & \cdots & a_{1n}\\ a_{21} & a_{22} & \cdots & a_{2n}\\ \vdots & \vdots & \ddots & \vdots\\ a_{m1} & a_{m2} & \cdots & a_{mn}\end{bmatrix}$$

이고 이 행렬 A를 선형변환 T의 **표준행렬**(standard matrix)이라 한다. 임의의 $\mathbf{x}\in\mathbb{R}^n$에 대하여

$$\mathbf{x}=\begin{bmatrix}x_1\\ x_2\\ \vdots\\ x_n\end{bmatrix}=x_1\mathbf{e}_1+x_2\mathbf{e}_2+\cdots+x_n\mathbf{e}_n$$

이면

$$\begin{aligned}T(\mathbf{x})&=x_1T(\mathbf{e}_1)+x_2T(\mathbf{e}_2)+\cdots+x_nT(\mathbf{e}_n)\\ &=x_1\begin{bmatrix}a_{11}\\ a_{21}\\ \vdots\\ a_{m1}\end{bmatrix}+x_2\begin{bmatrix}a_{12}\\ a_{22}\\ \vdots\\ a_{m2}\end{bmatrix}+\cdots+x_n\begin{bmatrix}a_{1n}\\ a_{2n}\\ \vdots\\ a_{mn}\end{bmatrix}\\ &=\begin{bmatrix}a_{11}x_1+a_{12}x_2+\cdots+a_{1n}x_n\\ a_{21}x_1+a_{22}x_2+\cdots+a_{2n}x_n\\ \vdots\\ a_{m1}x_1+a_{m2}x_2+\cdots+a_{mn}x_n\end{bmatrix}\\ &=\begin{bmatrix}a_{11} & a_{12} & \cdots & a_{1n}\\ a_{21} & a_{22} & \cdots & a_{2n}\\ \vdots & \vdots & \ddots & \vdots\\ a_{m1} & a_{m2} & \cdots & a_{mn}\end{bmatrix}\begin{bmatrix}x_1\\ x_2\\ \vdots\\ x_n\end{bmatrix}=A\mathbf{x}\end{aligned}$$

이다.

예제 4.3.1

(1) 선형변환 $T:\mathbb{R}^2 \to \mathbb{R}^3$, $T\begin{bmatrix} x \\ y \end{bmatrix} = \begin{bmatrix} x-y \\ x+y \\ 3x-y \end{bmatrix}$에 대하여 T의 표준행렬 A를 구하고 행렬변환으로 나타내라.

(2) 선형변환 $T:\mathbb{R}^3 \to \mathbb{R}^4$, $T\begin{bmatrix} x \\ y \\ z \end{bmatrix} = \begin{bmatrix} x+2y \\ -x-y \\ z \\ x+z \end{bmatrix}$에 대하여 T의 표준행렬 A를 구하고 행렬변환으로 나타내라.

풀이 (1) $T(\mathbf{e}_1) = T\begin{bmatrix} 1 \\ 0 \end{bmatrix} = \begin{bmatrix} 1 \\ 1 \\ 3 \end{bmatrix}$, $T(\mathbf{e}_2) = T\begin{bmatrix} 0 \\ 1 \end{bmatrix} = \begin{bmatrix} -1 \\ 1 \\ -1 \end{bmatrix}$이므로 표준행렬은 $A = \begin{bmatrix} 1 & -1 \\ 1 & 1 \\ 3 & -1 \end{bmatrix}$이다.

따라서 $T\begin{bmatrix} x \\ y \end{bmatrix} = \begin{bmatrix} x-y \\ x+y \\ 3x-y \end{bmatrix} = \begin{bmatrix} 1 & -1 \\ 1 & 1 \\ 3 & -1 \end{bmatrix}\begin{bmatrix} x \\ y \end{bmatrix}$이다.

(2) $T(\mathbf{e}_1) = T\begin{bmatrix} 1 \\ 0 \\ 0 \end{bmatrix} = \begin{bmatrix} 1 \\ -1 \\ 0 \\ 1 \end{bmatrix}$, $T(\mathbf{e}_2) = T\begin{bmatrix} 0 \\ 1 \\ 0 \end{bmatrix} = \begin{bmatrix} 2 \\ -1 \\ 0 \\ 0 \end{bmatrix}$, $T(\mathbf{e}_3) = T\begin{bmatrix} 0 \\ 0 \\ 1 \end{bmatrix} = \begin{bmatrix} 0 \\ 0 \\ 1 \\ 1 \end{bmatrix}$이므로

$A = \begin{bmatrix} 1 & 2 & 0 \\ -1 & -1 & 0 \\ 0 & 0 & 1 \\ 1 & 0 & 1 \end{bmatrix}$이고, 따라서 $T\begin{bmatrix} x \\ y \\ z \end{bmatrix} = \begin{bmatrix} x+2y \\ -x-y \\ z \\ x+z \end{bmatrix} = \begin{bmatrix} 1 & 2 & 0 \\ -1 & -1 & 0 \\ 0 & 0 & 1 \\ 1 & 0 & 1 \end{bmatrix}\begin{bmatrix} x \\ y \\ z \end{bmatrix}$이다. ■

선형변환의 기하학적 성질을 알아보자.

$T\begin{bmatrix} x \\ y \end{bmatrix} = \begin{bmatrix} ax+by \\ cx+dy \end{bmatrix}$으로 정의된 선형변환 $T:\mathbb{R}^2 \to \mathbb{R}^2$에서 표준행렬을 알면 벡터 $\mathbf{x} = \begin{bmatrix} x \\ y \end{bmatrix}$가 T에 의하여 이동하는 $T(\mathbf{x})$를 쉽게 알 수 있다. 선형변환 T의 표준행렬은 $A = \begin{bmatrix} a & b \\ c & d \end{bmatrix}$이므로 $\mathbb{R}^2$의 벡터 $\overrightarrow{OP} = \begin{bmatrix} x \\ y \end{bmatrix}$는 A를 곱하면 다른 벡터 $\overrightarrow{OQ} = \begin{bmatrix} ax+by \\ cx+dy \end{bmatrix}$로 이동하는 것이다.

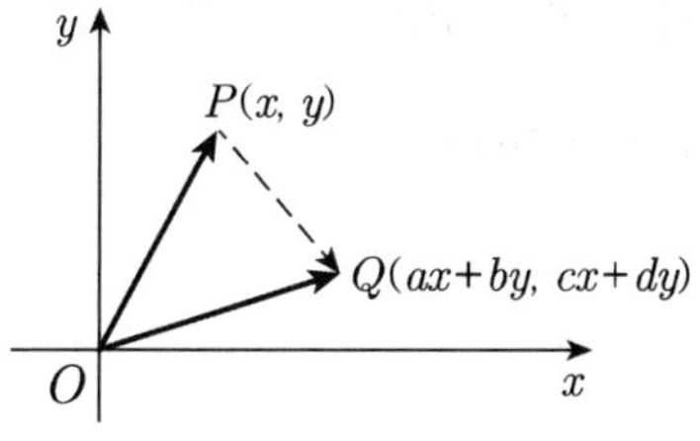

예제 4.3.2

(1) 선형변환 $T: \mathbb{R}^2 \to \mathbb{R}^2$이 $T\begin{bmatrix} x \\ y \end{bmatrix} = \begin{bmatrix} x \\ -y \end{bmatrix}$일 때 T의 표준행렬 A를 구하라.

(2) 선형변환 $T: \mathbb{R}^2 \to \mathbb{R}^2$이 $T\begin{bmatrix} x \\ y \end{bmatrix} = \begin{bmatrix} -x \\ y \end{bmatrix}$일 때 T의 표준행렬 A를 구하라.

(3) 선형변환 $T: \mathbb{R}^2 \to \mathbb{R}^2$이 $T\begin{bmatrix} x \\ y \end{bmatrix} = \begin{bmatrix} y \\ x \end{bmatrix}$일 때 T의 표준행렬 A를 구하라.

풀이 (1) $T\begin{bmatrix} 1 \\ 0 \end{bmatrix} = \begin{bmatrix} 1 \\ 0 \end{bmatrix}$, $T\begin{bmatrix} 0 \\ 1 \end{bmatrix} = \begin{bmatrix} 0 \\ -1 \end{bmatrix}$이므로 표준행렬은 $A = \begin{bmatrix} 1 & 0 \\ 0 & -1 \end{bmatrix}$이다. 이 선형변환을 x축에 대한 대칭이동이라 한다.

(2) $T\begin{bmatrix} 1 \\ 0 \end{bmatrix} = \begin{bmatrix} -1 \\ 0 \end{bmatrix}$, $T\begin{bmatrix} 0 \\ 1 \end{bmatrix} = \begin{bmatrix} 0 \\ 1 \end{bmatrix}$이므로 표준행렬은 $A = \begin{bmatrix} -1 & 0 \\ 0 & 1 \end{bmatrix}$이다. 이 선형변환을 y축에 대한 대칭이동이라 한다.

(3) $T\begin{bmatrix} 1 \\ 0 \end{bmatrix} = \begin{bmatrix} 0 \\ 1 \end{bmatrix}$, $T\begin{bmatrix} 0 \\ 1 \end{bmatrix} = \begin{bmatrix} 1 \\ 0 \end{bmatrix}$이므로 표준행렬은 $A = \begin{bmatrix} 0 & 1 \\ 1 & 0 \end{bmatrix}$이다. 이 선형변환을 $y = x$에 대한 대칭이동이라 한다. ■

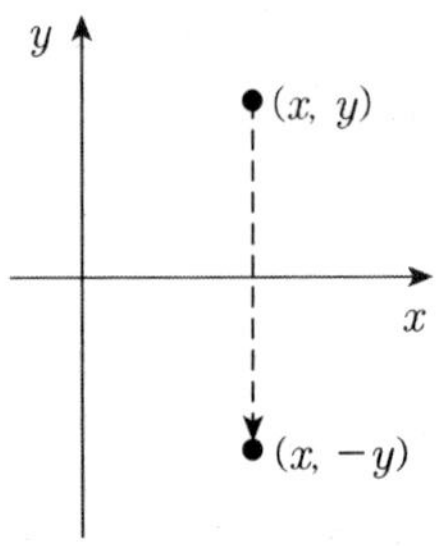

x축에 대한 대칭

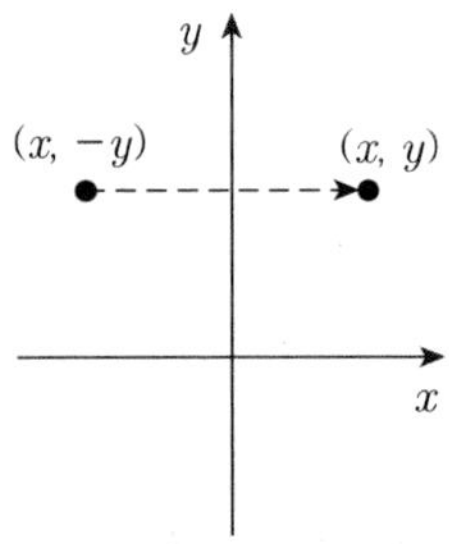

y축에 대한 대칭

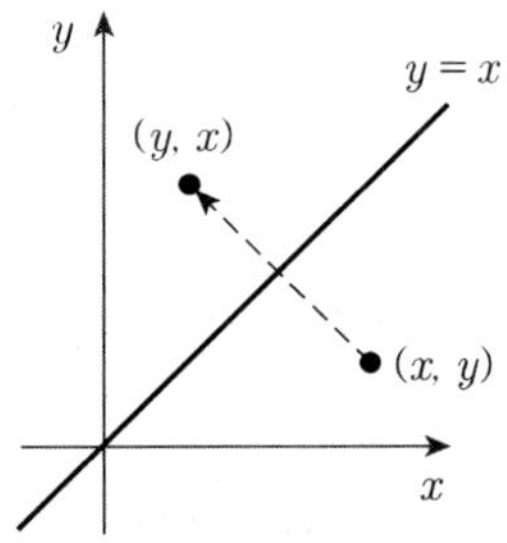

$y = x$에 대한 대칭

예제 4.3.3 선형변환 $T: \mathbb{R}^3 \to \mathbb{R}^2$, $T\begin{bmatrix} x \\ y \\ z \end{bmatrix} = \begin{bmatrix} x \\ y \end{bmatrix}$에 대하여 T의 표준행렬 A를 구하라.

풀이 $T\begin{bmatrix} 1 \\ 0 \\ 0 \end{bmatrix} = \begin{bmatrix} 1 \\ 0 \end{bmatrix}$, $T\begin{bmatrix} 0 \\ 1 \\ 0 \end{bmatrix} = \begin{bmatrix} 0 \\ 1 \end{bmatrix}$, $T\begin{bmatrix} 0 \\ 0 \\ 1 \end{bmatrix} = \begin{bmatrix} 0 \\ 0 \end{bmatrix}$이므로 표준행렬은 $A = \begin{bmatrix} 1 & 0 & 0 \\ 0 & 1 & 0 \end{bmatrix}$이다. 이 선형변환을 **정사영**(projection)이라 한다. ■

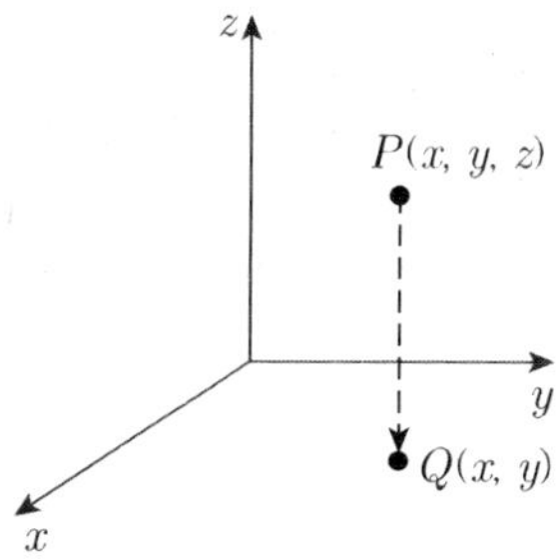

예 제 4.3.4 $\mathbb{R}^2$의 점 $P(x, y)$를 원점에 대하여 반시계 방향으로 θ만큼 회전 이동하여 점 $Q(x', y')$로 이동하는 선형변환 $T:\mathbb{R}^2 \to \mathbb{R}^2$의 표준행렬 A를 구하라. 그리고 $\theta = \frac{\pi}{6}$일 때 점 $(2, 1)$이 이동하는 점을 구하라.

풀 이 $T(\mathbf{e}_1) = T\begin{bmatrix}1\\0\end{bmatrix} = \begin{bmatrix}\cos\theta\\\sin\theta\end{bmatrix}$, $T(\mathbf{e}_2) = T\begin{bmatrix}0\\1\end{bmatrix} = \begin{bmatrix}-\sin\theta\\\cos\theta\end{bmatrix}$이므로 표준행렬은 $A = \begin{bmatrix}\cos\theta & -\sin\theta\\\sin\theta & \cos\theta\end{bmatrix}$이다. 이 선형변환을 원점에 대하여 반시계 방향으로 θ만큼 회전한 **회전이동**(rotation)이라 한다.

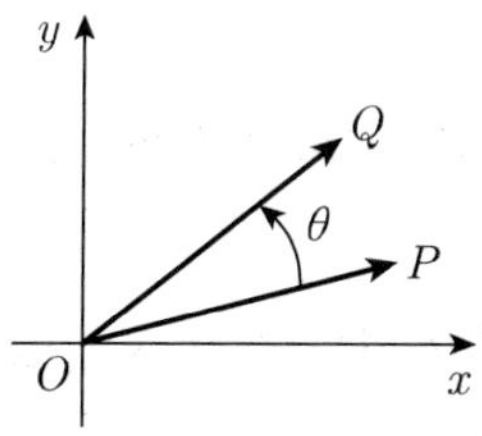

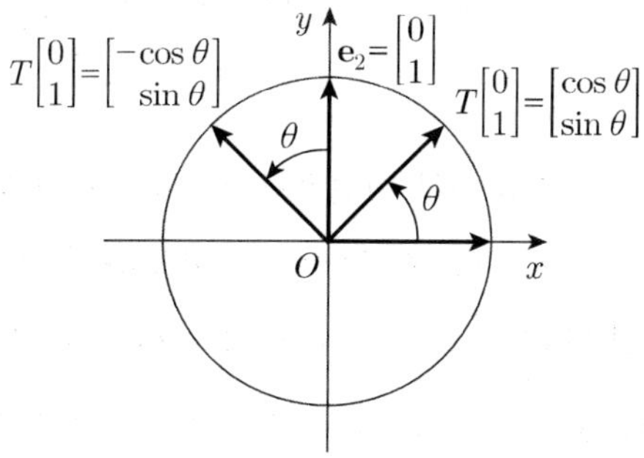

$$\theta = \frac{\pi}{6}\text{이면 } A = \begin{bmatrix}\frac{\sqrt{3}}{2} & -\frac{1}{2}\\ \frac{1}{2} & \frac{\sqrt{3}}{2}\end{bmatrix}\text{이므로 } T\begin{bmatrix}2\\1\end{bmatrix} = \begin{bmatrix}\frac{\sqrt{3}}{2} & -\frac{1}{2}\\ \frac{1}{2} & \frac{\sqrt{3}}{2}\end{bmatrix}\begin{bmatrix}2\\1\end{bmatrix} = \begin{bmatrix}\sqrt{3}-\frac{1}{2}\\ 1+\frac{\sqrt{3}}{2}\end{bmatrix}\text{이다.}$$

따라서 점 $(2, 1)$은 이 선형변환에 의하여 $\left(\sqrt{3}-\frac{1}{2}, 1+\frac{\sqrt{3}}{2}\right)$로 이동한다. ■

선형변환 $T:\mathbb{R}^3 \to \mathbb{R}^3$의 표준행렬 A가 가역이고 $T\begin{bmatrix}x\\y\\z\end{bmatrix} = A\begin{bmatrix}x\\y\\z\end{bmatrix} = \begin{bmatrix}x'\\y'\\z'\end{bmatrix}$이면

$\begin{bmatrix} x \\ y \\ z \end{bmatrix} = A^{-1}\begin{bmatrix} x' \\ y' \\ z' \end{bmatrix}$이므로 A^{-1}는 $\begin{bmatrix} x' \\ y' \\ z' \end{bmatrix}$를 $\begin{bmatrix} x \\ y \\ z \end{bmatrix}$으로 이동하는 선형변환의 표준행렬이다. 이 선형변환을 T의 **역변환**(inverse transformation)이라 하고 T^{-1}로 나타낸다. 즉 $T^{-1}\begin{bmatrix} x' \\ y' \\ z' \end{bmatrix} = A^{-1}\begin{bmatrix} x' \\ y' \\ z' \end{bmatrix} = \begin{bmatrix} x \\ y \\ z \end{bmatrix}$이다.

예제 4.3.5 $T: \mathbb{R}^3 \to \mathbb{R}^3$이 $T\begin{bmatrix} x \\ y \\ z \end{bmatrix} = \begin{bmatrix} 3x+y \\ -2x-4y+3z \\ 5x+4y-3z \end{bmatrix}$로 정의되는 선형변환일 때 $T^{-1}\begin{bmatrix} x \\ y \\ z \end{bmatrix}$를 구하라.

풀이 $T\begin{bmatrix} 1 \\ 0 \\ 0 \end{bmatrix} = \begin{bmatrix} 3 \\ -2 \\ 5 \end{bmatrix}$, $T\begin{bmatrix} 0 \\ 1 \\ 0 \end{bmatrix} = \begin{bmatrix} 1 \\ -4 \\ 4 \end{bmatrix}$, $T\begin{bmatrix} 0 \\ 0 \\ 1 \end{bmatrix} = \begin{bmatrix} 0 \\ 3 \\ -3 \end{bmatrix}$이므로 표준행렬은 $A = \begin{bmatrix} 3 & 1 & 0 \\ -2 & -4 & 3 \\ 5 & 4 & -3 \end{bmatrix}$이고 가역이므로

$$A^{-1} = \frac{1}{9}\begin{bmatrix} 0 & 3 & 3 \\ 9 & -9 & -9 \\ 12 & -7 & -10 \end{bmatrix}$$

이다. 따라서 $T^{-1}\begin{bmatrix} x \\ y \\ z \end{bmatrix} = A^{-1}\begin{bmatrix} x \\ y \\ z \end{bmatrix} = \frac{1}{9}\begin{bmatrix} 0 & 3 & 3 \\ 9 & -9 & -9 \\ 12 & -7 & -10 \end{bmatrix}\begin{bmatrix} x \\ y \\ z \end{bmatrix} = \frac{1}{9}\begin{bmatrix} 3y+3z \\ 9x-9y-9z \\ 12x-7y-10z \end{bmatrix}$이다. ■

일반적으로 n 차원 벡터공간 V에서 m 차원 벡터공간 W로의 선형변환을 행렬변환으로 나타낼 수 있음을 좌표벡터를 이용하여 알아본다.

n 차원 벡터공간 V와 m 차원 벡터공간 W의 순서 기저를 각각 $S = \{\mathbf{x}_1, \mathbf{x}_2, \cdots, \mathbf{x}_n\}$, $R = \{\mathbf{y}_1, \mathbf{y}_2, \cdots, \mathbf{y}_m\}$이라 하고 $T: V \to W$를 선형변환이라 하자. $\mathbf{x}_j \in S$, $j = 1, 2, \cdots, n$에 대하여 $T(\mathbf{x}_j)$는 W의 벡터이고 R이 W의 기저이므로

$$T(\mathbf{x}_j) = a_{1j}\mathbf{y}_1 + a_{2j}\mathbf{y}_2 + \cdots + a_{mj}\mathbf{y}_m$$

이라 하면 R에 대한 $T(\mathbf{x}_j)$의 좌표벡터는

$$[T(\mathbf{x}_j)]_R = \begin{bmatrix} a_{1j} \\ a_{2j} \\ \vdots \\ a_{mj} \end{bmatrix}$$

이다. $[T(\mathbf{x}_1)]_R$, $[T(\mathbf{x}_2)]_R$, $\cdots$ $[T(\mathbf{x}_n)]_R$를 열벡터로 갖는 $m \times n$ 행렬을 A라 하면

$$A = \left[[T(\mathbf{x}_1)]_R \, [T(\mathbf{x}_2)]_R \cdots \, [T(\mathbf{x}_n)]_R \right] = \begin{bmatrix} a_{11} & a_{12} & \cdots & a_{1n} \\ a_{21} & a_{22} & \cdots & a_{2n} \\ \vdots & \vdots & \ddots & \vdots \\ a_{m1} & a_{m2} & \cdots & a_{mn} \end{bmatrix}$$

이다. 이 행렬 A를 **기저 S와 R에 대한 T의 행렬**이라 하고 다음과 같이 나타낸다.

$$A = [T]_{S,R}$$

$V = W$일 때 선형변환 $T: V \to V$에 대하여 기저를 $S = R$로 하여 얻은 행렬 A를 **기저 S에 대한 T의 행렬**이라 하고 $A = [T]_S$로 나타낸다.

정리 4.3.1

$S = \{\mathbf{x}_1, \mathbf{x}_2, \cdots, \mathbf{x}_n\}$와 $R = \{\mathbf{y}_1, \mathbf{y}_2, \cdots, \mathbf{y}_m\}$을 각각 n차원 벡터공간 V와 m차원 벡터공간 W의 순서 기저라 하고 $T: V \to W$를 선형변환이라 하자. $A = [T]_{S,R}$라 하면, 임의의 $\mathbf{x} \in V$에 대하여 $[T(\mathbf{x})]_R = A[\mathbf{x}]_S$이다.

증명 임의의 $\mathbf{x} \in V$에 대하여

$$\mathbf{x} = k_1\mathbf{x}_1 + k_2\mathbf{x}_2 + \cdots + k_n\mathbf{x}_n$$

이라 하면 S에 대한 $\mathbf{x}$의 좌표벡터는 $[\mathbf{x}]_S = \begin{bmatrix} k_1 \\ k_2 \\ \vdots \\ k_n \end{bmatrix}$이다. 그러면

$$T(\mathbf{x}) = T(k_1\mathbf{x}_1 + k_2\mathbf{x}_2 + \cdots + k_n\mathbf{x}_n) = k_1 T(\mathbf{x}_1) + k_2 T(\mathbf{x}_2) + \cdots + k_n T(\mathbf{x}_n)$$

이고 $T(\mathbf{x})$는 W의 벡터이므로 기저 R에 대하여 다음이 성립한다.

$$\begin{aligned} [T(\mathbf{x})]_R &= k_1[T(\mathbf{x}_1)]_R + k_2[T(\mathbf{x}_2)]_R + \cdots + k_n[T(\mathbf{x}_n)]_R \\ &= \left[[T(\mathbf{x}_1)]_R \, [T(\mathbf{x}_2)]_R \cdots \, [T(\mathbf{x}_n)]_R \right] \begin{bmatrix} k_1 \\ k_2 \\ \vdots \\ k_n \end{bmatrix} \\ &= A[\mathbf{x}]_S \end{aligned}$$

■

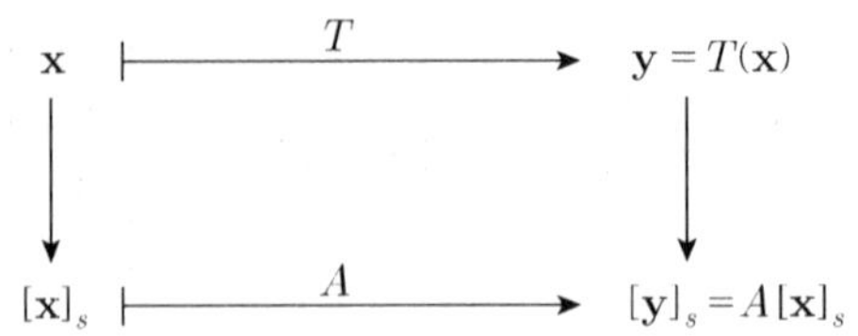

예제 4.3.6 선형변환 $T: \mathbb{R}^3 \to \mathbb{R}^2$가 $T\begin{bmatrix} x \\ y \\ z \end{bmatrix} = \begin{bmatrix} x+y+2z \\ 3x-y+4z \end{bmatrix}$로 정의되었을 때 $\mathbb{R}^3$의 표준기저 $S=\{\mathbf{e}_1, \mathbf{e}_2, \mathbf{e}_3\}$와 $\mathbb{R}^2$의 기저 $R=\left\{\begin{bmatrix} 1 \\ 2 \end{bmatrix}, \begin{bmatrix} 2 \\ 2 \end{bmatrix}\right\}$에 대한 T의 행렬 $A=[T]_{S,R}$를 구하라.

풀이 $A=[T]_{S,R}=\big[[T(\mathbf{e}_1)]_R\,[T(\mathbf{e}_2)]_R\,[T(\mathbf{e}_3)]_R\big]$이므로 $T(\mathbf{e}_1)$, $T(\mathbf{e}_2)$, $T(\mathbf{e}_3)$를 구하면 다음과 같다.

$$T(\mathbf{e}_1)=T\begin{bmatrix} 1 \\ 0 \\ 0 \end{bmatrix}=\begin{bmatrix} 1 \\ 3 \end{bmatrix},\ T(\mathbf{e}_2)=T\begin{bmatrix} 0 \\ 1 \\ 0 \end{bmatrix}=\begin{bmatrix} 1 \\ -1 \end{bmatrix},\ T(\mathbf{e}_3)=T\begin{bmatrix} 0 \\ 0 \\ 1 \end{bmatrix}=\begin{bmatrix} 2 \\ 4 \end{bmatrix}$$

기저 R에 대한 좌표벡터를 구하면

$$T(\mathbf{e}_1)=\begin{bmatrix} 1 \\ 3 \end{bmatrix}=a_1\begin{bmatrix} 1 \\ 2 \end{bmatrix}+a_2\begin{bmatrix} 2 \\ 2 \end{bmatrix},$$

$$T(\mathbf{e}_2)=\begin{bmatrix} 1 \\ -1 \end{bmatrix}=b_1\begin{bmatrix} 1 \\ 2 \end{bmatrix}+b_2\begin{bmatrix} 2 \\ 2 \end{bmatrix},$$

$$T(\mathbf{e}_3)=\begin{bmatrix} 2 \\ 4 \end{bmatrix}=c_1\begin{bmatrix} 1 \\ 2 \end{bmatrix}+c_2\begin{bmatrix} 2 \\ 2 \end{bmatrix}$$

이므로 이 세 개의 연립방정식을 각각 풀어야 한다. 이 연립방정식의 계수행렬이 모두 $\begin{bmatrix} 1 & 2 \\ 2 & 2 \end{bmatrix}$이므로 행렬

$$\left[\begin{array}{cc:c:c:c} 1 & 2 & 1 & 1 & 2 \\ 2 & 2 & 3 & -1 & 4 \end{array}\right]$$

을 기약 행 사다리꼴로 변환하면

$$\left[\begin{array}{cc:c:c:c} 1 & 0 & 2 & -2 & 2 \\ 0 & 1 & -\frac{1}{2} & \frac{3}{2} & 0 \end{array}\right]$$

이다. 따라서 $A=[T]_{S,R}=\begin{bmatrix} 2 & -2 & 2 \\ -\frac{1}{2} & \frac{3}{2} & 0 \end{bmatrix}$이다. ■

위 예제에서 $\begin{bmatrix} 1 \\ 2 \\ -1 \end{bmatrix} \in \mathbb{R}^3$에 대하여 $T\begin{bmatrix} 1 \\ 2 \\ -1 \end{bmatrix} = \begin{bmatrix} 1 \\ -3 \end{bmatrix}$을 $A = [T]_{S,R}$를 이용하면 기저 R에 대한 $T\begin{bmatrix} 1 \\ 2 \\ -1 \end{bmatrix}$의 좌표벡터는 $A\begin{bmatrix} 1 \\ 2 \\ -1 \end{bmatrix} = \begin{bmatrix} 2 & -2 & 2 \\ -\frac{1}{2} & \frac{3}{2} & 0 \end{bmatrix}\begin{bmatrix} 1 \\ 2 \\ -1 \end{bmatrix} = \begin{bmatrix} -4 \\ \frac{5}{2} \end{bmatrix}$이고 $T\begin{bmatrix} 1 \\ 2 \\ -1 \end{bmatrix}$ $= -4\begin{bmatrix} 1 \\ 2 \end{bmatrix} + \frac{5}{2}\begin{bmatrix} 2 \\ 2 \end{bmatrix} = \begin{bmatrix} 1 \\ -3 \end{bmatrix}$이다.

선형변환 $T: \mathbb{R}^n \to \mathbb{R}^m$, $m > n$에서 $S = \{\mathbf{x}_1, \mathbf{x}_2, \cdots, \mathbf{x}_n\}$와 $R = \{\mathbf{y}_1, \mathbf{y}_2, \cdots, \mathbf{y}_m\}$이 각각 $\mathbb{R}^n$과 $\mathbb{R}^m$의 순서기저일 때 다음과 같은 방법으로 $A = [T]_{S,R}$를 쉽게 구할 수 있다. 행렬

$$[\mathbf{y}_1\ \mathbf{y}_2 \cdots \mathbf{y}_n \mid T(\mathbf{x}_1) \mid T(\mathbf{x}_2) \mid \cdots \mid T(\mathbf{x}_n)]$$

을 기약 행 사다리꼴로 변환한다. 그러면 $[I_n \mid A]$이다.

예 제 4.3.7 (1) 선형변환 $T: \mathbb{R}^3 \to \mathbb{R}^3$를 $T\begin{bmatrix} x \\ y \\ z \end{bmatrix} = \begin{bmatrix} 2x - y + 2z \\ x + y \\ 3x - y - z \end{bmatrix}$라 정의하고 기저

$S = \left\{\begin{bmatrix} 1 \\ 0 \\ 0 \end{bmatrix}, \begin{bmatrix} 1 \\ 1 \\ 1 \end{bmatrix}, \begin{bmatrix} 1 \\ -1 \\ 1 \end{bmatrix}\right\}$와 $R = \left\{\begin{bmatrix} 1 \\ 1 \\ 2 \end{bmatrix}, \begin{bmatrix} 1 \\ 2 \\ 1 \end{bmatrix}, \begin{bmatrix} 2 \\ 1 \\ 1 \end{bmatrix}\right\}$에 대한 T의 행렬 $A = [T]_{S,R}$를 구하라.

(2) 기저 R에 대한 $T\begin{bmatrix} 2 \\ 1 \\ 5 \end{bmatrix}$의 좌표벡터를 구하라.

(3) $A = [T]_{S,R}$를 이용하여 $T\begin{bmatrix} 2 \\ 1 \\ 5 \end{bmatrix}$의 좌표벡터를 구하라.

풀 이 (1) $T\begin{bmatrix} 1 \\ 0 \\ 0 \end{bmatrix} = \begin{bmatrix} 2 \\ 1 \\ 3 \end{bmatrix}$, $T\begin{bmatrix} 1 \\ 1 \\ 1 \end{bmatrix} = \begin{bmatrix} 3 \\ 2 \\ 1 \end{bmatrix}$, $T\begin{bmatrix} 1 \\ -1 \\ 1 \end{bmatrix} = \begin{bmatrix} 5 \\ 0 \\ 3 \end{bmatrix}$이므로

$$[\mathbf{y}_1\ \mathbf{y}_2\ \mathbf{y}_3 \mid T(\mathbf{x}_1) \mid T(\mathbf{x}_2) \mid T(\mathbf{x}_3)] = \left[\begin{array}{ccc|ccc} 1 & 1 & 2 & 2 & 3 & 5 \\ 1 & 2 & 1 & 1 & 2 & 0 \\ 2 & 1 & 1 & 3 & 1 & 3 \end{array}\right]$$

이다. 기약 행 사다리꼴로 변환하면

$$\left[\begin{array}{ccc|ccc} 1 & 1 & 2 & 2 & 3 & 5 \\ 1 & 2 & 1 & 1 & 2 & 0 \\ 2 & 1 & 1 & 3 & 1 & 3 \end{array}\right] \sim \left[\begin{array}{ccc|ccc} 1 & 0 & 0 & \frac{3}{2} & -\frac{1}{2} & 1 \\ 0 & 1 & 0 & -\frac{1}{2} & \frac{1}{2} & -2 \\ 0 & 0 & 1 & \frac{1}{2} & \frac{3}{2} & 3 \end{array}\right]$$

이므로 $A=[T]_{S,R}=\begin{bmatrix} \frac{3}{2} & -\frac{1}{2} & 1 \\ -\frac{1}{2} & \frac{1}{2} & -2 \\ \frac{1}{2} & \frac{3}{2} & 3 \end{bmatrix}$이다.

(2) $T\begin{bmatrix} 2 \\ 1 \\ 5 \end{bmatrix}=\begin{bmatrix} 13 \\ 3 \\ 0 \end{bmatrix}$, $\left[\begin{array}{ccc|c} 1 & 1 & 2 & 13 \\ 1 & 2 & 1 & 3 \\ 2 & 1 & 1 & 0 \end{array}\right] \sim \left[\begin{array}{ccc|c} 1 & 0 & 0 & -4 \\ 0 & 1 & 0 & -1 \\ 0 & 0 & 1 & 9 \end{array}\right]$이므로 R에 대한 $T\begin{bmatrix} 2 \\ 1 \\ 5 \end{bmatrix}$의 좌표벡터는 $\begin{bmatrix} -4 \\ -1 \\ 9 \end{bmatrix}$이다.

(3) $\left[\begin{array}{ccc|c} 1 & 1 & 1 & 2 \\ 0 & 1 & -1 & 1 \\ 0 & 1 & 1 & 5 \end{array}\right] \sim \left[\begin{array}{ccc|c} 1 & 0 & 0 & -3 \\ 0 & 1 & 0 & 3 \\ 0 & 0 & 1 & 2 \end{array}\right]$이므로 $T\begin{bmatrix} 2 \\ 1 \\ 5 \end{bmatrix}$의 좌표벡터는

$A\begin{bmatrix} -3 \\ 3 \\ 2 \end{bmatrix}=\begin{bmatrix} \frac{3}{2} & -\frac{1}{2} & 1 \\ -\frac{1}{2} & \frac{1}{2} & -2 \\ \frac{1}{2} & \frac{3}{2} & 3 \end{bmatrix}\begin{bmatrix} -3 \\ 3 \\ 2 \end{bmatrix}=\begin{bmatrix} -4 \\ -1 \\ 9 \end{bmatrix}$이다. ■

예제 4.3.8 선형변환 $T: P_1 \to P_2$를 $T(p(x))=xp(x)$라 정의하고 $S=\{x, 1\}$와 $R=\{x^2, x-1, x+1\}$을 각각 P_1과 P_2의 순서 기저라 할 때 $A=[T]_{S,R}$를 구하라.

풀 이 $T(x)=x^2=1x^2+0(x-1)+0(x+1)$, $T(1)=x=0x^2+\frac{1}{2}(x-1)+\frac{1}{2}(x+1)$이므로

$$[T(x)]_R=\begin{bmatrix} 1 \\ 0 \\ 0 \end{bmatrix},\quad [T(x)]_R=\begin{bmatrix} 0 \\ \frac{1}{2} \\ \frac{1}{2} \end{bmatrix}$$

이다. 따라서 $A=[T]_{S,R}=\begin{bmatrix} 1 & 0 \\ 0 & \frac{1}{2} \\ 0 & \frac{1}{2} \end{bmatrix}$이다. ■

예제 4.3.9 선형변환 $T: M_2 \to M_2$를 $T(A) = A^T$이라 정의하고, M_2의 순서 기저를

$$S = \left\{ \mathbf{x}_1 = \begin{bmatrix} 1 & 0 \\ 0 & 1 \end{bmatrix}, \mathbf{x}_2 = \begin{bmatrix} 0 & 0 \\ 1 & 1 \end{bmatrix}, \mathbf{x}_3 = \begin{bmatrix} 1 & 1 \\ 0 & 0 \end{bmatrix}, \mathbf{x}_4 = \begin{bmatrix} 0 & 1 \\ 1 & 1 \end{bmatrix} \right\}$$

이라 할 때 $A = [T]_S$를 구하라.

풀이 $T(\mathbf{x}_1) = \begin{bmatrix} 1 & 0 \\ 0 & 1 \end{bmatrix}$, $T(\mathbf{x}_2) = \begin{bmatrix} 0 & 1 \\ 0 & 1 \end{bmatrix}$, $T(\mathbf{x}_3) = \begin{bmatrix} 1 & 0 \\ 1 & 0 \end{bmatrix}$, $T(\mathbf{x}_4) = \begin{bmatrix} 0 & 1 \\ 1 & 1 \end{bmatrix}$이므로

$$T(\mathbf{x}_i) = a_{1i}\begin{bmatrix} 1 & 0 \\ 0 & 1 \end{bmatrix} + a_{2i}\begin{bmatrix} 0 & 0 \\ 1 & 1 \end{bmatrix} + a_{3i}\begin{bmatrix} 1 & 1 \\ 0 & 0 \end{bmatrix} + a_{4i}\begin{bmatrix} 0 & 1 \\ 1 & 1 \end{bmatrix}, i = 1, 2, 3, 4$$

이고

$$[T(\mathbf{x}_i)]_S = \begin{bmatrix} a_{1i} \\ a_{2i} \\ a_{3i} \\ a_{4i} \end{bmatrix}, \ i = 1, 2, 3, 4$$

이므로 $A = [T]_S = \begin{bmatrix} 1 & 1 & -1 & 0 \\ 0 & -2 & 3 & 0 \\ 0 & -1 & 2 & 0 \\ 0 & 2 & -2 & 1 \end{bmatrix}$이다. ■

정리 4.3.2

$T: V \to V$가 선형변환이고, S와 R가 벡터공간 V의 순서기저일 때 $A = [T]_S$, $A' = [T]_R$이면 기저 R에서 기저 S로의 전이행렬 P에 대하여 $A' = P^{-1}AP$이다.

증명 A, A'이 각각 기저 S, R에 대한 T의 행렬이므로 벡터 $\mathbf{x} \in V$에 대하여

$$A[\mathbf{x}]_S = [T(\mathbf{x})]_S, \ A'[\mathbf{x}]_R = [T(\mathbf{x})]_R$$

이다. P를 기저 R에서 기저 S로의 전이행렬이라 하면 P^{-1}는 기저 S에서 기저 R로의 전이행렬이고, $\mathbf{x} \in V$에 대하여 $T(\mathbf{x}) \in V$이므로

$$P[\mathbf{x}]_R = [\mathbf{x}]_S, \ P^{-1}[T(\mathbf{x})]_S = [T(\mathbf{x})]_R$$

이다. 따라서 $\mathbf{x} \in V$에 대하여

$$A'[\mathbf{x}]_R = [T(\mathbf{x})]_R = P^{-1}[T(\mathbf{x})]_S = P^{-1}A[\mathbf{x}]_S = P^{-1}AP[\mathbf{x}]_R$$

이므로 $A' = P^{-1}AP$이다. ■

예제 4.3.10 선형변환 $T:\mathbb{R}^2 \to \mathbb{R}^2$를 $T\begin{bmatrix} x \\ y \end{bmatrix} = \begin{bmatrix} x-y \\ x+y \end{bmatrix}$라 정의하고, $\mathbb{R}^2$의 표준기저를 S라 하고, 또 다른 기저를 $R = \left\{ \mathbf{y}_1 = \begin{bmatrix} 0 \\ 1 \end{bmatrix}, \mathbf{y}_2 = \begin{bmatrix} -1 \\ 1 \end{bmatrix} \right\}$이라 할 때 전이행렬을 이용하여 $A' = [T]_R$를 구하라.

풀이 표준기저 S에 대한 T의 표준행렬은 $A = \begin{bmatrix} 1 & -1 \\ 1 & 1 \end{bmatrix}$이고 기저 R에서 표준기저 S로의 전이행렬을 P라 하면

$$P = \left[[\mathbf{y}_1]_S [\mathbf{y}_2]_S \right] = \begin{bmatrix} 0 & -1 \\ 1 & 1 \end{bmatrix}$$

이므로 $P^{-1} = \begin{bmatrix} 1 & 1 \\ -1 & 0 \end{bmatrix}$이다. 따라서

$$A' = P^{-1}AP = \begin{bmatrix} 1 & 1 \\ -1 & 0 \end{bmatrix}\begin{bmatrix} 1 & -1 \\ 1 & 1 \end{bmatrix}\begin{bmatrix} 0 & -1 \\ 1 & 1 \end{bmatrix} = \begin{bmatrix} 0 & -2 \\ 1 & 2 \end{bmatrix}$$ ■

정의 정사각행렬 A와 B에 대하여 $B = P^{-1}AP$를 만족시키는 가역행렬 P가 존재하면 B는 A와 **닮은 행렬**(similar matrix)이라 한다.

행렬 $A = \begin{bmatrix} 1 & 0 & 0 \\ 0 & 1 & 0 \\ 0 & 0 & -1 \end{bmatrix}$, $B = \begin{bmatrix} 1 & 0 & 0 \\ 0 & -1 & 0 \\ 0 & 0 & 1 \end{bmatrix}$, $P = \begin{bmatrix} 1 & 0 & 0 \\ 0 & 0 & 1 \\ 0 & 1 & 0 \end{bmatrix}$에 대하여 $B = P^{-1}AP$이므로 B는 A와 닮은 행렬이다.

정리 4.3.3

n차 정사각행렬 A, B, C에 대하여 다음이 성립한다.

(1) A는 A와 닮은 행렬이다.
(2) B가 A와 닮은 행렬이면 A는 B와 닮은 행렬이다.
(3) B가 A와 닮은 행렬이고, A가 C와 닮은 행렬이면 B는 C와 닮은 행렬이다.

증명 (1) n차 단위행렬 I_n에 대하여 $A=I_n^{-1}AI_n$이므로 A는 A와 닮은 행렬이다.

(2) B가 A와 닮은 행렬이므로 $B=P^{-1}AP$를 만족하는 가역행렬 P가 존재한다. 따라서

$$A=PBP^{-1}=(P^{-1})^{-1}B(P^{-1})$$

이므로 A는 B와 닮은 행렬이다.

(3) B가 A와 닮은 행렬이고 A가 C와 닮은 행렬이므로

$$B=P^{-1}AP,\quad A=Q^{-1}CQ$$

를 만족하는 가역행렬 P와 Q가 존재한다. 따라서

$$B=P^{-1}AP=P^{-1}(Q^{-1}CQ)P=(QP)^{-1}C(QP)$$

이고 QP가 가역행렬이므로 B는 C와 닮은 행렬이다. ■

연습문제 4.3

01. 다음에 주어진 선형변환의 표준행렬을 구하라.

(1) $T:\mathbb{R}^2\to\mathbb{R}^2,\ T\begin{bmatrix}x\\y\end{bmatrix}=\begin{bmatrix}x\\y\end{bmatrix}$

(2) $T:\mathbb{R}^2\to\mathbb{R}^2,\ T\begin{bmatrix}x\\y\end{bmatrix}=\begin{bmatrix}2x\\-3y\end{bmatrix}$

(3) $T:\mathbb{R}^2\to\mathbb{R}^2,\ T\begin{bmatrix}x\\y\end{bmatrix}=\begin{bmatrix}3x+y\\2x+y\end{bmatrix}$

(4) $T:\mathbb{R}^3\to\mathbb{R}^2,\ T\begin{bmatrix}x\\y\\z\end{bmatrix}=\begin{bmatrix}x+y\\y+z\end{bmatrix}$

(5) $T:\mathbb{R}^2\to\mathbb{R}^3,\ T\begin{bmatrix}x\\y\end{bmatrix}=\begin{bmatrix}3x-y\\4x+5y\\-7x+2y\end{bmatrix}$

(6) $T:\mathbb{R}^3\to\mathbb{R}^3,\ T\begin{bmatrix}x\\y\\z\end{bmatrix}=\begin{bmatrix}x+2y+z\\x+5y\\z\end{bmatrix}$

02. 다음과 같은 선형변환 $T:\mathbb{R}^2\to\mathbb{R}^2$의 표준행렬을 구하라.

(1) $y=-x$에 대한 대칭이동

(2) 원점에 대한 대칭이동

(3) x축 위로의 정사영

(4) y축 위로의 정사영

(5) $y=ax$, $a\neq 0$에 대한 대칭이동

(6) 원점에 대하여 반시계 방향으로 $\theta=\frac{\pi}{4}$만큼 회전이동

03. 표준행렬 $A=\begin{bmatrix}1 & 2\\ 3 & 6\end{bmatrix}$를 갖는 선형변환 $T:\mathbb{R}^2\to\mathbb{R}^2$에 의하여 $\mathbb{R}^2$의 모든 점은 직선 $y=3x$ 위로 이동됨을 보이라.

04. 선형변환 $T:\mathbb{R}^2\to\mathbb{R}^2$의 표준행렬이 $A=\begin{bmatrix}1 & 1\\ 1 & 2\end{bmatrix}$일 때 직선 $y=2x+1$이 이동하는 직선을 구하라.

05. $T:\mathbb{R}^3\to\mathbb{R}^3$이 $T\begin{bmatrix}x\\ y\\ z\end{bmatrix}=\begin{bmatrix}2x+z\\ 3y-z\\ x+5y\end{bmatrix}$로 정의되는 선형변환일 때 $T^{-1}\begin{bmatrix}x\\ y\\ z\end{bmatrix}$를 구하라.

06. 선형변환 $T:\mathbb{R}^3\to\mathbb{R}^2$가 $T\begin{bmatrix}x\\ y\\ z\end{bmatrix}=\begin{bmatrix}x-y\\ y-x\end{bmatrix}$로 정의되었을 때 $\mathbb{R}^3$의 순서기저 $S=\left\{\begin{bmatrix}1\\ 1\\ 1\end{bmatrix}, \begin{bmatrix}1\\ 1\\ 0\end{bmatrix}, \begin{bmatrix}1\\ 0\\ 0\end{bmatrix}\right\}$와 $\mathbb{R}^2$의 순서기저 $R=\left\{\begin{bmatrix}1\\ 1\end{bmatrix}, \begin{bmatrix}1\\ 0\end{bmatrix}\right\}$에 대한 T의 행렬 $A=[T]_{S,R}$를 구하라.

07. 선형변환 $T:\mathbb{R}^2\to\mathbb{R}^3$가 $T\begin{bmatrix}x\\ y\end{bmatrix}=\begin{bmatrix}x\\ 2x-3y\\ -3x+y\end{bmatrix}$로 정의되었을 때 $\mathbb{R}^2$의 순서기저 $S=\left\{\begin{bmatrix}1\\ 1\end{bmatrix}, \begin{bmatrix}2\\ 1\end{bmatrix}\right\}$와 $\mathbb{R}^2$의 순서기저 $R=\left\{\begin{bmatrix}1\\ 0\\ -1\end{bmatrix}, \begin{bmatrix}-1\\ 2\\ 1\end{bmatrix}, \begin{bmatrix}0\\ 1\\ 1\end{bmatrix}\right\}$에 대한 T의 행렬 $A=[T]_{S,R}$를 구하라.

08. 선형변환 $T:\mathbb{R}^2\to\mathbb{R}^2$가 $T\begin{bmatrix}x\\ y\end{bmatrix}=\begin{bmatrix}x+y\\ -2x+4y\end{bmatrix}$로 정의되었을 때 $\mathbb{R}^2$의 순서기저 $S=\left\{\begin{bmatrix}1\\ 1\end{bmatrix}, \begin{bmatrix}1\\ 2\end{bmatrix}\right\}$에 대한 T의 행렬 $A=[T]_S$를 구하라.

09. 선형변환 $T:\mathbb{R}^3\to\mathbb{R}^3$가 $T\begin{bmatrix}x\\y\\z\end{bmatrix}=\begin{bmatrix}x-y\\y-x\\x-z\end{bmatrix}$로 정의되었을 때 $\mathbb{R}^3$의 순서기저

$S=\left\{\begin{bmatrix}1\\0\\1\end{bmatrix},\begin{bmatrix}0\\1\\1\end{bmatrix},\begin{bmatrix}1\\1\\0\end{bmatrix}\right\}$에 대한 T의 행렬 $A=[T]_S$를 구하라.

10. 선형변환 $T:P_1\to P_2$를 $T(p(x))=xp(x)$이라 정의하고 $S=\{x,1\}$과 $R=\{x^2,x,1\}$을 각각 P_1과 P_2의 순서 기저라 할 때 $A=[T]_{S,R}$를 구하라.

11. 선형변환 $T:M_2\to M_2$를 $T(A)=A^T$이라 정의하고, M_2의 순서 기저를

$$S=\left\{\mathbf{x}_1=\begin{bmatrix}1&0\\0&0\end{bmatrix},\mathbf{x}_2=\begin{bmatrix}0&1\\0&0\end{bmatrix},\mathbf{x}_3=\begin{bmatrix}0&0\\1&0\end{bmatrix},\mathbf{x}_4=\begin{bmatrix}0&0\\0&1\end{bmatrix}\right\}$$

이라 할 때 $A=[T]_S$를 구하라.

12. 선형변환 $T:\mathbb{R}^2\to\mathbb{R}^2$를 $T\begin{bmatrix}x\\y\end{bmatrix}=\begin{bmatrix}3x+2y\\x+2y\end{bmatrix}$라 정의하고 $\mathbb{R}^2$의 표준기저를 S라 하고, 또 다른 기저를 $R=\left\{\mathbf{y}_1=\begin{bmatrix}1\\-1\end{bmatrix},\mathbf{y}_2=\begin{bmatrix}2\\1\end{bmatrix}\right\}$이라 할 때 전이행렬을 이용하여 $A'=[T]_R$를 구하라.

13. 선형변환 $T:\mathbb{R}^3\to\mathbb{R}^3$를 $T\begin{bmatrix}x\\y\\z\end{bmatrix}=\begin{bmatrix}2x+y\\x+y+3z\\-y\end{bmatrix}$라 정의하고 $\mathbb{R}^3$의 표준기저를 S라 하고, 또 다른 기저를 $R=\left\{\mathbf{y}_1=\begin{bmatrix}-1\\0\\0\end{bmatrix},\mathbf{y}_2=\begin{bmatrix}2\\1\\0\end{bmatrix},\mathbf{y}_3=\begin{bmatrix}1\\1\\1\end{bmatrix}\right\}$이라 할 때 전이행렬을 이용하여 $A'=[T]_R$를 구하라.

14. 행렬 A와 B가 닮은 행렬일 때 다음이 성립함을 보이라.

(1) $|A|=|B|$

(2) $k\in\mathbb{Z}^+$에 대하여 A^k와 B^k는 닮은 행렬이다.

(3) $\mathrm{tr}(A^k)=\mathrm{tr}(B^k)$

05

고윳값과 고유벡터

주어진 선형변환에 대하여 어떤 특정한 벡터는 원래의 벡터와 평행으로 변환될 수 있다. 이러한 벡터는 선형변환의 해석에 중요한 역할을 한다.

5.1 고윳값과 고유벡터

선형변환 $T: \mathbb{R}^n \to \mathbb{R}^n$은 T의 표준행렬 A와 $\mathbf{x} \in \mathbb{R}^n$에 대하여 $T(\mathbf{x}) = A\mathbf{x}$이므로 $A\mathbf{x}$는 $\mathbb{R}^n$의 벡터이고 $A\mathbf{x}$가 $\mathbf{x}$의 스칼라배가 되는 영벡터가 아닌 $\mathbf{x}$가 존재하기도 한다. 이러한 벡터에 대하여 알아본다.

정의 정의 A가 n차 정사각행렬이고 영벡터 아닌 벡터 $\mathbf{x} \in \mathbb{R}^n$와 $\lambda \in \mathbb{R}$에 대하여

$$A\mathbf{x} = \lambda\mathbf{x}$$

일 때 λ를 A의 **고윳값**(eigenvalue)이라 하고, $\mathbf{x}$를 λ에 대응하는 **고유벡터**(eigenvector)라 한다.

$A = \begin{bmatrix} 1 & 1 \\ 0 & -1 \end{bmatrix}$, $\mathbf{x}_1 = \begin{bmatrix} 1 \\ -2 \end{bmatrix}$, $\mathbf{x}_2 = \begin{bmatrix} 2 \\ 2 \end{bmatrix}$일 때

$$A\mathbf{x}_1 = \begin{bmatrix} 1 & 1 \\ 0 & -1 \end{bmatrix}\begin{bmatrix} 1 \\ -2 \end{bmatrix} = \begin{bmatrix} -1 \\ 2 \end{bmatrix} = -\begin{bmatrix} 1 \\ -2 \end{bmatrix} = -\mathbf{x}_1$$

이므로 -1은 A의 고윳값이고, $\mathbf{x}_1$은 고윳값 -1에 대응하는 고유벡터이다. 그러나

$$A\mathbf{x}_2 = \begin{bmatrix} 1 & 1 \\ 0 & -1 \end{bmatrix}\begin{bmatrix} 2 \\ 2 \end{bmatrix} = \begin{bmatrix} 4 \\ -2 \end{bmatrix} \neq \lambda\mathbf{x}_2$$

이므로 $\mathbf{x}_2$는 고유벡터가 될 수 없다.

$\mathbf{x} \in \mathbb{R}^n$에 대하여 $I_n\mathbf{x} = 1\mathbf{x}$ 이므로 단위행렬 I_n의 고윳값은 $\lambda = 1$뿐이고, 영벡터 아닌 벡터 $\mathbf{x} \in \mathbb{R}^n$는 고윳값 1에 대응하는 I_n의 고유벡터이다.

$\mathbf{x} \in \mathbb{R}^n$가 고윳값 λ에 대응하는 A의 고유벡터이면 $A\mathbf{x} = \lambda\mathbf{x}$ 이고 $k \in \mathbb{R}\setminus\{0\}$에 대하여

$$A(k\mathbf{x}) = k(A\mathbf{x}) = k(\lambda\mathbf{x}) = \lambda(k\mathbf{x})$$

이므로 $k\mathbf{x}$ 도 고윳값 λ에 대응하는 A의 고유벡터이다. 따라서 고윳값 λ에 대응하는 A의 고유벡터는 무수히 많다.

정리 5.1.1

벡터 $\mathbf{x}_1$과 $\mathbf{x}_2$가 행렬 A의 고윳값 λ에 대응하는 고유벡터라 하면 영벡터 아닌 $\mathbf{x}_1+\mathbf{x}_2$와 $k\mathbf{x}_1$, $k \in \mathbb{R}$ 도 λ에 대응하는 고유벡터이다.

증명 $A(\mathbf{x}_1+\mathbf{x}_2) = A\mathbf{x}_1 + A\mathbf{x}_2 = \lambda\mathbf{x}_1 + \lambda\mathbf{x}_2 = \lambda(\mathbf{x}_1+\mathbf{x}_2)$ 이므로 영벡터 아닌 $\mathbf{x}_1+\mathbf{x}_2$는 λ에 대응하는 고유벡터이다. 영벡터 아닌 $k\mathbf{x}_1$도 $A(k\mathbf{x}_1) = kA\mathbf{x}_1 = k\lambda\mathbf{x}_1 = \lambda(k\mathbf{x}_1)$ 이므로 λ에 대응하는 고유벡터이다. ■

예제 5.1.1 $A = \begin{bmatrix} 1 & 2 & 1 \\ 0 & -1 & 1 \\ 0 & 2 & 1 \end{bmatrix}$에서 1이 A의 고윳값임을 보이라.

풀 이 $\mathbf{x}=\begin{bmatrix}1\\0\\0\end{bmatrix}$이라 하면 $\mathbf{x}\neq\mathbf{0}$이고 $A\mathbf{x}=\begin{bmatrix}1&2&1\\0&-1&1\\0&2&1\end{bmatrix}\begin{bmatrix}1\\0\\0\end{bmatrix}=\begin{bmatrix}1\\0\\0\end{bmatrix}=1\mathbf{x}$이다.

따라서 1은 A의 고윳값이다. ■

n차 정사각행렬 A의 고윳값을 구하는 일반적인 방법을 알아보자. λ가 A의 고윳값이라 하면 $A\mathbf{x}=\lambda\mathbf{x}$를 만족시키는 영 아닌 벡터 $\mathbf{x}$가 존재한다. 그런데

$$A\mathbf{x}=\lambda\mathbf{x} \Leftrightarrow A\mathbf{x}=\lambda I_n\mathbf{x} \Leftrightarrow (\lambda I_n - A)\mathbf{x}=\mathbf{0}$$

이므로 동차연립일차방정식 $(\lambda I_n - A)\mathbf{x}=\mathbf{0}$은 영 아닌 해를 가져야 한다. 따라서 λ가 A의 고윳값이기 위한 필요충분조건은

$$|\lambda I_n - A| = 0$$

이다. 이 식을 A의 **특성방정식**(characteristic equation)이라 하고, λ에 대한 n차 방정식 $|\lambda I_n - A|$를 A의 **특성다항식**(characteristic polynomial)이라 한다.

예제 5.1.2 다음 행렬의 고윳값과 고유벡터를 구하라.

(1) $A=\begin{bmatrix}1&-3\\-3&1\end{bmatrix}$ (2) $A=\begin{bmatrix}-2&-1\\5&2\end{bmatrix}$ (3) $A=\begin{bmatrix}2&-3&1\\1&-2&1\\1&-3&2\end{bmatrix}$

풀 이 (1) A의 특성방정식은 $|\lambda I_2 - A|=\begin{vmatrix}\lambda-1&3\\3&\lambda-1\end{vmatrix}=0 \Leftrightarrow \lambda^2-2\lambda-8=0 \Leftrightarrow (\lambda+2)(\lambda-4)=0$이므로 $\lambda=-2,\ 4$이다. 따라서 $\lambda_1=-2$와 $\lambda_2=4$가 A의 고윳값이다. A의 각 고윳값 λ에 대응되는 A의 고유벡터를 $\mathbf{x}=\begin{bmatrix}x\\y\end{bmatrix}$이라 하면 $(\lambda I_2 - A)\mathbf{x}=\mathbf{0}$으로부터 다음 동차연립일차방정식을 얻는다.

$$\begin{cases}(\lambda-1)x+3y=0\\3x+(\lambda-1)y=0\end{cases}$$

$\lambda_1=-2$일 때

$$\begin{cases}-3x+3y=0\\3x-3y=0\end{cases} \Leftrightarrow x-y=0$$

이므로 $\lambda_1=-2$에 대응하는 A의 고유벡터는 영 아닌 $s\in\mathbb{R}$에 대하여

$\mathbf{x}=\begin{bmatrix} s \\ s \end{bmatrix}=s\begin{bmatrix} 1 \\ 1 \end{bmatrix}$ 이고, $\lambda_2=4$일 때

$$\begin{cases} 3x+3y=0 \\ 3x+3y=0 \end{cases} \Leftrightarrow x+y=0$$

이므로 $\lambda_2=4$에 대응하는 A의 고유벡터는 영 아닌 $t\in\mathbb{R}$에 대하여

$\mathbf{x}=\begin{bmatrix} -t \\ t \end{bmatrix}=t\begin{bmatrix} -1 \\ 1 \end{bmatrix}$ 이다.

(2) A의 특성방정식은 $|\lambda I_2-A|=\begin{vmatrix} \lambda+2 & 1 \\ -5 & \lambda-2 \end{vmatrix}=0 \Leftrightarrow \lambda^2+1=0$이다. 그러나 $\lambda^2+1=0$을 만족하는 실수해는 존재하지 않으므로 A의 고윳값은 실수 범위에서는 존재하지 않지만 복소수 범위에서는 2개의 고윳값이 존재한다. 뒷장의 복소벡터공간에서 다룬다.

(3) A의 특성방정식은 $|\lambda I_3-A|=\begin{vmatrix} \lambda-2 & 3 & -1 \\ -1 & \lambda+2 & -1 \\ -1 & 3 & \lambda-2 \end{vmatrix}=0 \Leftrightarrow \lambda(\lambda-1)^2=0$이므로 A의 고윳값은 $\lambda_1=0$, $\lambda_2=1$이다. A의 각 고윳값 λ에 대응하는 A의 고유벡터를 $\mathbf{x}=\begin{bmatrix} x \\ y \\ z \end{bmatrix}$이라 하면 $(\lambda I_3-A)\mathbf{x}=\mathbf{0}$으로부터 다음 동차연립일차방정식을 얻는다.

$$\begin{cases} (\lambda-2)x+3y-z=0 \\ -x+(\lambda+2)y-z=0 \\ -x+3y+(\lambda-2)z=0 \end{cases}$$

$\lambda_1=0$일 때

$$\begin{cases} -2x+3y-z=0 \\ -x+2y-z=0 \\ -x+3y-2z=0 \end{cases} \Leftrightarrow \begin{cases} x-z=0 \\ y-z=0 \end{cases}$$

이므로 $\lambda_1=0$에 대응하는 A의 고유벡터는 $\mathbf{x}=\begin{bmatrix} s \\ s \\ s \end{bmatrix}=s\begin{bmatrix} 1 \\ 1 \\ 1 \end{bmatrix}$, $s\in\mathbb{R}\backslash\{0\}$이고, $\lambda_2=1$일 때

$$\begin{cases} x-3y+z=0 \\ x-3y+z=0 \\ x-3y+z=0 \end{cases} \Leftrightarrow x-3y+z=0$$

이므로 $\lambda_2=1$에 대응되는 A의 고유벡터는 $\mathbf{x}=\begin{bmatrix} 3s-t \\ s \\ t \end{bmatrix}=s\begin{bmatrix} 3 \\ 1 \\ 0 \end{bmatrix}+t\begin{bmatrix} -1 \\ 0 \\ 1 \end{bmatrix}$, s, $t\in\mathbb{R}\backslash\{0\}$이다. ■

정의 λ가 n차 정사각행렬 A의 고윳값일 때 동차연립일방정식 $(\lambda I_n - A)\mathbf{x} = \mathbf{0}$의 해공간을 λ에 대한 A의 **고유공간**(eigenspace)이라 한다.

고윳값 λ에 대응하는 A의 고유공간은 λ에 대응하는 A의 모든 고유벡터와 영벡터로 이루어진 집합으로 벡터공간 $\mathbb{R}^n$의 부분공간이다.

고윳값 λ에 대응하는 A의 고유공간의 기저를 알기 위해서 λ에 대응하는 모든 고유벡터가 일차독립인지 일차종속인지 알아야 한다.

$A = \begin{bmatrix} 1 & 0 & 0 \\ 0 & 1 & 0 \\ 0 & 0 & 1 \end{bmatrix}$, $\mathbf{x} \in \mathbb{R}^3$에 대하여 $A\mathbf{x} = \mathbf{x}$이므로 기본벡터 $\mathbf{e}_1 = \begin{bmatrix} 1 \\ 0 \\ 0 \end{bmatrix}$, $\mathbf{e}_2 = \begin{bmatrix} 0 \\ 1 \\ 0 \end{bmatrix}$, $\mathbf{e}_3 = \begin{bmatrix} 0 \\ 0 \\ 1 \end{bmatrix}$은 고윳값 1에 대응하는 고유벡터이고 일차독립이다.

$A = \begin{bmatrix} 1 & 1 \\ 0 & -1 \end{bmatrix}$에서 고윳값 -1에 대응되는 고유벡터가 $\mathbf{x} = \begin{bmatrix} x \\ y \end{bmatrix}$이라 하면

$$A\mathbf{x} = \begin{bmatrix} 1 & 1 \\ 0 & -1 \end{bmatrix}\begin{bmatrix} x \\ y \end{bmatrix} = \begin{bmatrix} x+y \\ -y \end{bmatrix} = -1\mathbf{x} = \begin{bmatrix} -x \\ -y \end{bmatrix}$$

를 만족한다. $y = -2x$이므로 $\mathbf{x} = \begin{bmatrix} x \\ -2x \end{bmatrix} = x\begin{bmatrix} 1 \\ -2 \end{bmatrix}$이다. 따라서 -1에 대응되는 모든 고유벡터는 $\begin{bmatrix} 1 \\ -2 \end{bmatrix}$와 일차종속이다.

정리 5.1.2

A의 서로 다른 고윳값 $\lambda_1, \lambda_2, \cdots, \lambda_m$에 대응되는 고유벡터 $\mathbf{x}_1, \mathbf{x}_2, \cdots, \mathbf{x}_m$은 일차독립이다.

증명 $\mathbf{x}_1 \neq \mathbf{0}$이므로 $\mathbf{x}_1$은 일차독립이다. $1 \leq r < m$인 r에 대하여 $\mathbf{x}_1, \mathbf{x}_2, \cdots, \mathbf{x}_r$가 일차독립이라 가정하고 $k_1, k_2, \cdots, k_{r+1} \in \mathbb{R}$에 대하여

$$k_1\mathbf{x}_1 + k_2\mathbf{x}_2 + \cdots + k_r\mathbf{x}_r + k_{r+1}\mathbf{x}_{r+1} = \mathbf{0} \quad \cdots\cdots ①$$

이라 하자. A를 곱하면

$$k_1A\mathbf{x}_1+k_2A\mathbf{x}_2+\cdots+k_rA\mathbf{x}_r+k_{r+1}A\mathbf{x}_{r+1}=\mathbf{0} \quad \cdots\cdots ②$$

이고 $A\mathbf{x}_1=\lambda_1\mathbf{x}_1$, $A\mathbf{x}_2=\lambda_2\mathbf{x}_2$, $\cdots$, $A\mathbf{x}_r=\lambda_r\mathbf{x}_r$, $A\mathbf{x}_{r+1}=\lambda_{r+1}\mathbf{x}_{r+1}$이므로

$$k_1\lambda_1\mathbf{x}_1+k_2\lambda_2\mathbf{x}_2+\cdots+k_r\lambda_r\mathbf{x}_r+k_{r+1}\lambda_{r+1}\mathbf{x}_{r+1}=\mathbf{0} \quad \cdots\cdots ③$$

③$-$①$\times\lambda_{r+1}$하면

$$k_1(\lambda_1-\lambda_{r+1})\mathbf{x}_1+k_2(\lambda_2-\lambda_{r+1})\mathbf{x}_2+\cdots+k_r(\lambda_r-\lambda_{r+1})\mathbf{x}_r=\mathbf{0}$$

이다. $\lambda_1, \lambda_2, \cdots, \lambda_r, \lambda_{r+1}$이 서로 다른 고윳값이므로 $\lambda_1-\lambda_{r+1}\neq 0$, $\lambda_2-\lambda_{r+1}\neq 0$, $\cdots$, $\lambda_r-\lambda_{r+1}\neq 0$이고, $\mathbf{x}_1, \mathbf{x}_2, \cdots, \mathbf{x}_r$가 일차독립이므로 $k_1=k_2=\cdots=k_r=0$이다. 그리고 $\mathbf{x}_{r+1}$은 고유벡터이므로 $\mathbf{x}_{r+1}\neq\mathbf{0}$이고, ①에 의하여 $k_{r+1}=0$이다. 따라서 $k_1=k_2=\cdots=k_r=k_{r+1}=0$이고 $\mathbf{x}_1, \mathbf{x}_2, \cdots, \mathbf{x}_{r+1}$은 일차독립이다. ■

예 제 5.1.3 $A=\begin{bmatrix} 3 & -2 & 0 \\ -2 & 3 & 0 \\ 0 & 0 & 5 \end{bmatrix}$의 고윳값에 대응하는 고유공간의 기저를 구하라.

풀 이 A의 특성방정식은

$$|\lambda I_3-A|=\begin{vmatrix} \lambda-3 & 2 & 0 \\ 2 & \lambda-3 & 0 \\ 0 & 0 & \lambda-5 \end{vmatrix}=0 \Leftrightarrow (\lambda-1)(\lambda-5)^2=0$$

이므로 A의 고윳값은 $\lambda_1=1$, $\lambda_2=5$이다. $\mathbf{x}=\begin{bmatrix} x \\ y \\ z \end{bmatrix}$에 대하여 $(\lambda I_3-A)\mathbf{x}=\mathbf{0}$으로부터 다음을 얻는다.

$$\begin{cases} (\lambda-3)x+2y=0 \\ 2x+(\lambda-3)y=0 \\ (\lambda-5)z=0 \end{cases}$$

$\lambda_1=1$일 때

$$\begin{cases} -2x+2y=0 \\ 2x-2y=0 \\ -4z=0 \end{cases}$$

의 해는 $s \in \mathbb{R}$ 에 대하여 $\mathbf{x}=\begin{bmatrix} s \\ s \\ 0 \end{bmatrix}=s\begin{bmatrix} 1 \\ 1 \\ 0 \end{bmatrix}$ 이므로 $\lambda_1=1$에 대응하는 A의 고유공간의 기저는

$$S=\left\{\begin{bmatrix} 1 \\ 1 \\ 0 \end{bmatrix}\right\}$$

이고, $\lambda_2=5$일 때

$$\begin{cases} 2x+2y=0 \\ 2x+2y=0 \end{cases}$$

의 해는 $s,\ t \in \mathbb{R}$ 에 대하여 $\mathbf{x}=\begin{bmatrix} -s \\ s \\ t \end{bmatrix}=\begin{bmatrix} -s \\ s \\ 0 \end{bmatrix}+\begin{bmatrix} 0 \\ 0 \\ t \end{bmatrix}=s\begin{bmatrix} -1 \\ 1 \\ 0 \end{bmatrix}+t\begin{bmatrix} 0 \\ 0 \\ 1 \end{bmatrix}$ 이므로 $\lambda_2=5$에 대응하는 A의 고유공간의 기저는

$$S=\left\{\begin{bmatrix} -1 \\ 1 \\ 0 \end{bmatrix},\ \begin{bmatrix} 0 \\ 0 \\ 1 \end{bmatrix}\right\}$$

■

예제 5.1.4 상삼각행렬 $A=\begin{bmatrix} a_{11} & a_{12} & \cdots & a_{1n} \\ 0 & a_{22} & \cdots & a_{2n} \\ \vdots & \vdots & \ddots & \vdots \\ 0 & 0 & \cdots & a_{nn} \end{bmatrix}$의 고윳값을 구하라.

풀이 A의 특성방정식은

$$|\lambda I_n - A|=\begin{vmatrix} \lambda-a_{11} & -a_{12} & \cdots & -a_{1n} \\ 0 & \lambda-a_{22} & \cdots & -a_{2n} \\ \vdots & \vdots & \ddots & \vdots \\ 0 & 0 & \cdots & \lambda-a_{nn} \end{vmatrix}=(\lambda-a_{11})(\lambda-a_{22})\cdots(\lambda-a_{nn})=0$$

이므로 A의 고윳값은 $\lambda_1=a_{11},\ \lambda_2=a_{22},\ \cdots,\ \lambda_n=a_{nn}$이다. 이는 상삼각행렬 A의 대각성분이다.

■

위 예제에 의하여 상삼각행렬 $A=\begin{bmatrix} -3 & 1 & 2 \\ 0 & 5 & 4 \\ 0 & 0 & 1 \end{bmatrix}$의 고윳값은 $\lambda=-3,\ 5,\ 1$이다.

고윳값과 고유벡터는 선형변환 $T: V \to V$에 대해서도 정의할 수 있다. 선형변환

$T: V \to V$에 대하여 $T(\mathbf{x}) = \lambda\mathbf{x}$를 만족하는 영벡터 아닌 $\mathbf{x} \in V$가 존재하면 λ를 T의 고윳값이라 하고, $\mathbf{x}$를 λ에 대응하는 T의 고유벡터라 한다. 특히, 선형변환 $T: \mathbb{R}^n \to \mathbb{R}^m$의 표준행렬을 A라 하면, $T(\mathbf{x}) = A\mathbf{x}$이므로 T의 고윳값은 표준행렬 A의 고윳값이다.

예제 5.1.5 선형변환 $T: \mathbb{R}^3 \to \mathbb{R}^3$이 $T\begin{bmatrix} x \\ y \\ z \end{bmatrix} = \begin{bmatrix} x+z \\ y \\ x+z \end{bmatrix}$로 정의될 때 T의 고윳값과 그에 대응하는 T의 고유벡터를 구하라.

풀이 $\mathbb{R}^3$의 표준기저에 대한 T의 행렬은 $A = \begin{bmatrix} 1 & 0 & 1 \\ 0 & 1 & 0 \\ 1 & 0 & 1 \end{bmatrix}$이고, T의 고윳값은 행렬 A의 고윳값이므로 A의 특성방정식은

$$|\lambda I_3 - A| = \begin{vmatrix} \lambda-1 & 0 & -1 \\ 0 & \lambda-1 & 0 \\ -1 & 0 & \lambda-1 \end{vmatrix} = 0 \Leftrightarrow \lambda(\lambda-1)(\lambda-2) = 0$$

A의 고윳값은 $\lambda_1 = 0$, $\lambda_2 = 1$, $\lambda_3 = 2$이다. $(\lambda I_3 - A)\mathbf{x} = \mathbf{0}$으로부터 다음을 얻는다.

$$\begin{cases} (\lambda-1)x \qquad\qquad\quad - \qquad z = 0 \\ \qquad\qquad (\lambda-1)y \qquad\qquad\; = 0 \\ \quad -x \qquad\qquad\quad + (\lambda-1)z = 0 \end{cases}$$

$\lambda_1 = 0$일 때 $s \in \mathbb{R} \backslash \{0\}$에 대하여 $\mathbf{x} = s\begin{bmatrix} -1 \\ 0 \\ 1 \end{bmatrix}$, $\lambda_2 = 1$일 때 $s \in \mathbb{R} \backslash \{0\}$에 대하여 $\mathbf{x} = s\begin{bmatrix} 0 \\ 1 \\ 0 \end{bmatrix}$,

$\lambda_3 = 2$일 때 $s \in \mathbb{R} \backslash \{0\}$에 대하여 $\mathbf{x} = s\begin{bmatrix} 1 \\ 0 \\ 1 \end{bmatrix}$이다. ■

행렬의 여러 가지 계산에 편리하게 이용되는 Cayley-Hamilton **정리**를 증명 없이 소개한다.

A가 n차 정사각행렬일 때 A의 특성다항식을

$$p_A(\lambda) = |\lambda I_n - A| = \lambda^n + a_{n-1}\lambda^{n-1} + \cdots + a_1\lambda + a_0$$

이라 하면 다음이 성립한다.

$$p_A(A) = A^n + a_{n-1}A^{n-1} + \cdots + a_1 A + a_0 I_n = \mathbf{0}$$

$A=\begin{bmatrix}1&2\\3&4\end{bmatrix}$ 에서 $p_A(\lambda)=\begin{vmatrix}\lambda-1&-2\\-3&\lambda-4\end{vmatrix}=\lambda^2-5\lambda-2$ 이므로

$$p_A(A)=A^2-5A-2I_2=0$$

$$\Rightarrow \begin{bmatrix}7&10\\15&22\end{bmatrix}=A^2=5A+2I_2=5\begin{bmatrix}1&2\\3&4\end{bmatrix}+2\begin{bmatrix}1&0\\0&1\end{bmatrix}$$

$$A^3=AA^2=A(5A+2I_2)=5A^2+2A=5(5A+2I_2)+2A$$

$$=27A+10I_2=27\begin{bmatrix}1&2\\3&4\end{bmatrix}+10\begin{bmatrix}1&0\\0&1\end{bmatrix}=\begin{bmatrix}37&54\\81&118\end{bmatrix}$$

$$A^4=AA^3=A(27A+10I_2)=27A^2+10A=27(5A+2I_2)+10A$$

$$=145A+54I_2=145\begin{bmatrix}1&2\\3&4\end{bmatrix}+54\begin{bmatrix}1&0\\0&1\end{bmatrix}=\begin{bmatrix}199&290\\435&634\end{bmatrix}$$

또 $p_A(A)=A^2-5A-2I_2=0$ 에서 $I_2=\frac{1}{2}(A^2-5A)=A\left[\frac{1}{2}(A-5I_2)\right]$ 이므로

$$A^{-1}=\frac{1}{2}(A-5I_2)=\frac{1}{2}\left(\begin{bmatrix}1&2\\3&4\end{bmatrix}-5\begin{bmatrix}1&0\\0&1\end{bmatrix}\right)=\frac{1}{2}\begin{bmatrix}-4&2\\3&-1\end{bmatrix}$$

$$(A^{-1})^2=A^{-1}A^{-1}=\frac{1}{2}(A-5I_2)\frac{1}{2}(A-5I_2)=\frac{1}{4}\left(A^2-10A+25I_2\right)$$

$$=\frac{1}{4}(5A+2I_2)-\frac{5}{2}A+\frac{25}{4}I_2=-\frac{5}{4}A+\frac{27}{4}I_2$$

$$=-\frac{5}{4}\begin{bmatrix}1&2\\3&4\end{bmatrix}+\frac{27}{4}\begin{bmatrix}1&0\\0&1\end{bmatrix}=-\frac{1}{4}\begin{bmatrix}22&-10\\-15&7\end{bmatrix}$$

연습문제 5.1

01. 다음 행렬의 고윳값과 고유벡터를 구하라.

(1) $A=\begin{bmatrix}5&-6\\2&-2\end{bmatrix}$　　(2) $A=\begin{bmatrix}3&2\\3&-2\end{bmatrix}$

(3) $A=\begin{bmatrix}3 & 0\\ 8 & -1\end{bmatrix}$

(4) $A=\begin{bmatrix}1 & -1\\ 2 & 4\end{bmatrix}$

(5) $A=\begin{bmatrix}1 & 2 & 2\\ 1 & 2 & -1\\ 3 & -3 & 0\end{bmatrix}$

(6) $A=\begin{bmatrix}4 & 0 & 1\\ 2 & 1 & 0\\ -2 & 0 & 1\end{bmatrix}$

(7) $A=\begin{bmatrix}2 & 1 & 1\\ 2 & 3 & 2\\ 1 & 1 & 2\end{bmatrix}$

02. $A=\begin{bmatrix}0 & 0 & 2 & 0\\ 1 & 0 & 1 & 0\\ 0 & 1 & -2 & 0\\ 0 & 0 & 0 & 1\end{bmatrix}$의 고윳값에 대응하는 고유공간의 기저를 구하라.

03. $A=\begin{bmatrix}1 & 3 & 7 & 1\\ 0 & 2 & 3 & 8\\ 0 & 0 & 0 & 4\\ 0 & 0 & 0 & 5\end{bmatrix}$의 고윳값을 구하라.

04. 가역행렬 P에 대하여 행렬 A와 $P^{-1}AP$의 고윳값이 같음을 보이라.

05. 행렬 A와 전치행렬 A^T의 고윳값이 같음을 보이라.

06. λ가 행렬 A의 고윳값이면 λ^2은 A^2의 고윳값임을 보이라. 또한 양의 정수 n에 대하여 λ^n은 A^n의 고윳값임을 보이라.

07. $A=\begin{bmatrix}-1 & -2 & -2\\ 1 & 2 & 1\\ -1 & -1 & 0\end{bmatrix}$에 대한 A^{25}의 고윳값을 구하라.

08. 가역행렬 A의 고윳값을 λ라 하면 A^{-1}의 고윳값이 λ^{-1}임을 보이라.

09. 선형변환 $T: P_2 \to P_2$가 $T(c+bx+ax^2) = -2a+(c+2b+a)x+(c+3a)x^2$으로 정의될 때 T의 고윳값과 그에 대응하는 T의 고유벡터를 구하라.

5.2 행렬의 대각화

행렬이 대각행렬이면 행렬의 곱, 행렬식, 역행렬, 고윳값 등을 쉽게 구할 수 있다. 일반적으로 행렬이 모두 대각행렬이 아니므로 대각행렬처럼 다룰 수 있는 행렬을 알아보자.

정의 A가 정사각행렬일 때 $P^{-1}AP$가 대각행렬이 되는 가역행렬 P가 존재하면 A를 **대각화 가능한 행렬**(diagonalizable matrix)이라 하고 P는 A를 대각화하는 행렬이라 한다.

가역행렬 $P=\begin{bmatrix}1&1\\1&2\end{bmatrix}$와 행렬 $A=\begin{bmatrix}1&1\\-2&4\end{bmatrix}$에 대하여

$$P^{-1}AP=\begin{bmatrix}2&-1\\-1&1\end{bmatrix}\begin{bmatrix}1&1\\-2&4\end{bmatrix}\begin{bmatrix}1&1\\1&2\end{bmatrix}=\begin{bmatrix}2&0\\0&3\end{bmatrix}$$

이 대각행렬이므로 A는 대각화 가능하다.

D가 대각행렬이면 $I^{-1}DI=D$이므로 대각화 가능하다.

대각화 가능성을 알아보기 위한 기본적인 성질이 있는데 이는 행렬을 대각화하는 방법을 제시한다.

정리 5.2.1

n차 정사각행렬 A가 대각화 가능할 필요충분조건은 A가 n개의 일차독립인 고유벡터를 갖는 것이다. 이때 A는 고윳값 $\lambda_1, \lambda_2, \cdots, \lambda_n$을 주대각선 성분으로 갖는 대각행렬 D와 닮은 행렬이다.

증명 A가 대각화 가능하면 $P^{-1}AP$가 대각행렬이 되는 가역행렬

$$P=\begin{bmatrix}p_{11}&p_{12}&\cdots&p_{1n}\\p_{21}&p_{22}&\cdots&p_{2n}\\\vdots&\vdots&\ddots&\vdots\\p_{n1}&p_{n2}&\cdots&p_{nn}\end{bmatrix}$$

가 존재하고 $P^{-1}AP$는 대각행렬이므로

$$P^{-1}AP = D = \begin{bmatrix} d_1 & 0 & \cdots & 0 \\ 0 & d_2 & \cdots & 0 \\ \vdots & \vdots & \ddots & \vdots \\ 0 & 0 & \cdots & d_n \end{bmatrix}$$

이라 하자. $AP = PD$이므로

$$AP = \begin{bmatrix} p_{11} & p_{12} & \cdots & p_{1n} \\ p_{21} & p_{22} & \cdots & p_{2n} \\ \vdots & \vdots & \ddots & \vdots \\ p_{n1} & p_{n2} & \cdots & p_{nn} \end{bmatrix} \begin{bmatrix} d_1 & 0 & \cdots & 0 \\ 0 & d_2 & \cdots & 0 \\ \vdots & \vdots & \ddots & \vdots \\ 0 & 0 & \cdots & d_n \end{bmatrix} = \begin{bmatrix} d_1p_{11} & d_2p_{12} & \cdots & d_np_{1n} \\ d_1p_{21} & d_2p_{22} & \cdots & d_np_{2n} \\ \vdots & \vdots & \ddots & \vdots \\ d_1p_{n1} & d_2p_{n2} & \cdots & d_np_{nn} \end{bmatrix}$$

이다. P의 열벡터를 $\mathbf{p}_1, \mathbf{p}_2, \cdots, \mathbf{p}_n$이라 하면 AP의 열벡터는 $d_1\mathbf{p}_1, d_2\mathbf{p}_2, \cdots, d_n\mathbf{p}_n$이므로

$$A\mathbf{p}_1 = d_1\mathbf{p}_1,\ A\mathbf{p}_2 = d_2\mathbf{p}_2,\ \cdots,\ A\mathbf{p}_n = d_n\mathbf{p}_n$$

이다. 따라서 $d_1, d_2, \cdots, d_n$은 A의 고윳값이므로 $\mathbf{p}_1, \mathbf{p}_2, \cdots, \mathbf{p}_n$은 각각 $d_1 = \lambda_1$, $d_2 = \lambda_2, \cdots, d_n = \lambda_n$에 대응하는 A의 고유벡터이다. 그런데 P가 가역이므로 이러한 n개의 고유벡터는 일차독립이다.

반면에 A의 고윳값 $\lambda_1, \lambda_2, \cdots, \lambda_n$에 대응하는 일차독립인 고유벡터를 $\mathbf{p}_1, \mathbf{p}_2, \cdots, \mathbf{p}_n$이라 하고 이를 열벡터로 갖는 행렬을

$$P = [\mathbf{p}_1\ \mathbf{p}_2\ \cdots\ \mathbf{p}_n] = \begin{bmatrix} p_{11} & p_{12} & \cdots & p_{1n} \\ p_{21} & p_{22} & \cdots & p_{2n} \\ \vdots & \vdots & \ddots & \vdots \\ p_{n1} & p_{n2} & \cdots & p_{nn} \end{bmatrix}$$

이라 하자. 그러면

$$\begin{aligned} AP &= [A\mathbf{p}_1\ A\mathbf{p}_2\ \cdots\ A\mathbf{p}_n] = [\lambda_1\mathbf{p}_1\ \lambda_2\mathbf{p}_2\ \cdots\ \lambda_n\mathbf{p}_n] \\ &= [\mathbf{p}_1\ \mathbf{p}_2\ \cdots\ \mathbf{p}_n] \begin{bmatrix} \lambda_1 & 0 & \cdots & 0 \\ 0 & \lambda_2 & \cdots & 0 \\ \vdots & \vdots & \ddots & \vdots \\ 0 & 0 & \cdots & \lambda_n \end{bmatrix} = PD \end{aligned}$$

이다. D는 A의 고윳값 $\lambda_1, \lambda_2, \cdots, \lambda_n$을 주대각선 성분으로 갖는 대각행렬이고 P의 열벡터는 일차독립이므로 P는 가역이다. 따라서

$$P^{-1}AP = D$$

이고 A는 대각화 가능하다. ■

대각화 가능한 n차 정사각행렬 A를 다음 단계로 대각화할 수 있다.

(a) A의 n개의 일차독립인 고유벡터 $\mathbf{p}_1, \mathbf{p}_2, \cdots, \mathbf{p}_n$을 구한다.

(b) $\mathbf{p}_1, \mathbf{p}_2, \cdots, \mathbf{p}_n$을 열벡터로 갖는 행렬 P를 만든다.

(c) $P^{-1}AP$는 A의 고윳값 $\lambda_1, \lambda_2, \cdots, \lambda_n$을 주대각선 성분으로 갖는 대각행렬이다.

예제 5.2.1 다음 행렬을 대각화하는 행렬 P를 구하라.

(1) $A=\begin{bmatrix}5&-6\\2&-2\end{bmatrix}$ (2) $A=\begin{bmatrix}1&1\\0&1\end{bmatrix}$ (3) $A=\begin{bmatrix}1&3&3\\-3&-5&-3\\3&3&1\end{bmatrix}$

풀이 (1) 특성방정식이 $|\lambda I_2-A|=\begin{vmatrix}\lambda-5&6\\-2&\lambda+2\end{vmatrix}=(\lambda-2)(\lambda-1)=0$이므로 고윳값은 $\lambda_1=2$, $\lambda_2=1$이고 $\lambda_1=2$, $\lambda_2=1$에 각각 대응되는 고유벡터는 $\mathbf{p}_1=\begin{bmatrix}2\\1\end{bmatrix}$, $\mathbf{p}_2=\begin{bmatrix}3\\2\end{bmatrix}$이다. 이들이 일차독립이므로

$$P=[\mathbf{p}_1\ \mathbf{p}_2]=\begin{bmatrix}2&3\\1&2\end{bmatrix}$$

이다. $P^{-1}AP=\begin{bmatrix}2&-3\\-1&2\end{bmatrix}\begin{bmatrix}5&-6\\2&-2\end{bmatrix}\begin{bmatrix}2&3\\1&2\end{bmatrix}=\begin{bmatrix}2&0\\0&1\end{bmatrix}$이다.

(2) 특성방정식이 $|\lambda I_2-A|=\begin{vmatrix}\lambda-1&-1\\0&\lambda-1\end{vmatrix}=(\lambda-1)^2=0$이므로 고윳값은 $\lambda=1$이다. $\lambda=1$에 대응하는 고유벡터는 $\mathbf{p}=s\begin{bmatrix}1\\0\end{bmatrix}$, $s\in\mathbb{R}\setminus\{0\}$이므로 A는 두 개의 일차독립인 고유벡터를 갖지 않는다. 따라서 A는 대각화 가능하지 않다.

(3) 특성방정식이 $|\lambda I_3-A|=\begin{vmatrix}\lambda-1&-3&-3\\3&\lambda+5&3\\-3&-3&\lambda-1\end{vmatrix}=(\lambda-1)(\lambda+2)^2=0$이므로 고윳값은 $\lambda_1=1$, $\lambda_2=-2$이다. $\lambda_1=1$에 대응하는 고유벡터는 $\mathbf{p}_1=\begin{bmatrix}1\\-1\\1\end{bmatrix}$이고 $\lambda_2=-2$에 대응하는 고유벡터는 $\mathbf{p}_2=\begin{bmatrix}-1\\1\\0\end{bmatrix}$, $\mathbf{p}_3=\begin{bmatrix}-1\\0\\1\end{bmatrix}$이다. 이들이 일차독립이므로

$$P=[\mathbf{p}_1\ \mathbf{p}_2\ \mathbf{p}_3]=\begin{bmatrix}1&-1&-1\\-1&1&0\\1&0&1\end{bmatrix}$$

이다. $P^{-1}AP=\begin{bmatrix}1&1&1\\1&2&1\\-1&-1&0\end{bmatrix}\begin{bmatrix}1&3&3\\-3&-5&-3\\3&3&1\end{bmatrix}\begin{bmatrix}1&-1&-1\\-1&1&0\\1&0&1\end{bmatrix}=\begin{bmatrix}1&0&0\\0&-2&0\\0&0&-2\end{bmatrix}$ 이다. ■

정리 5.1.2와 정리 5.2.1로부터 다음 정리를 얻는다.

정리 5.2.2

n차 정사각행렬 A가 n개의 서로 다른 고윳값을 가지면 A는 대각화 가능하다.

예제 5.2.2 다음 행렬을 대각화하라.

(1) $A=\begin{bmatrix}1&1&0\\0&2&1\\0&0&3\end{bmatrix}$ (2) $A=\begin{bmatrix}2&4&3\\-4&-6&-3\\3&3&1\end{bmatrix}$

풀이 (1) 특성방정식은 $|\lambda I_3-A|=\begin{vmatrix}\lambda-1&-1&0\\0&\lambda-2&-1\\0&0&\lambda-3\end{vmatrix}=(\lambda-1)(\lambda-2)(\lambda-3)=0$이고 서로 다른 고윳값 $\lambda_1=1$, $\lambda_2=2$, $\lambda_3=3$에 대응하는 고유벡터 $\mathbf{p}_1=\begin{bmatrix}1\\0\\0\end{bmatrix}$, $\mathbf{p}_2=\begin{bmatrix}1\\1\\0\end{bmatrix}$, $\mathbf{p}_3=\begin{bmatrix}1\\2\\2\end{bmatrix}$는 일차독립이다.

$$P=[\mathbf{p}_1\ \mathbf{p}_2\ \mathbf{p}_3]=\begin{bmatrix}1&1&1\\0&1&2\\0&0&2\end{bmatrix}$$

라 하면 $P^{-1}AP=\begin{bmatrix}1&-1&\frac{1}{2}\\0&1&-1\\0&0&\frac{1}{2}\end{bmatrix}\begin{bmatrix}1&1&0\\0&2&1\\0&0&3\end{bmatrix}\begin{bmatrix}1&1&1\\0&1&2\\0&0&2\end{bmatrix}=\begin{bmatrix}1&0&0\\0&2&0\\0&0&3\end{bmatrix}$ 이다.

(2) 특성방정식이 $|\lambda I_3-A|=\begin{vmatrix}\lambda-2&-4&-3\\4&\lambda+6&3\\-3&-3&\lambda-1\end{vmatrix}=(\lambda-1)(\lambda+2)^2=0$이므로 고윳값은 $\lambda_1=1$, $\lambda_2=-2$이다. $\lambda_1=1$에 대응하는 고유벡터는 $\mathbf{p}_1=\begin{bmatrix}1\\-1\\1\end{bmatrix}$이고 $\lambda_2=-2$에 대응하는 고유벡터는 $\mathbf{p}_2=\begin{bmatrix}-1\\1\\0\end{bmatrix}$이다. 따라서 A는 세 개의 일차독립인 고유벡터를 가질 수 없으므로 대각화할 수 없다. ■

일반적으로 n차의 정사각행렬 A의 고윳값 $\lambda_1, \lambda_2, \cdots, \lambda_n$에서 같은 것이 있으면 A는 대각화 가능할 수도 있고 대각화 가능하지 않을 수도 있다. 그리고 A의 특성다항식은 λ_i가 A의 고윳값이면 $(\lambda-\lambda_i)$의 곱으로 나타낼 수 있으므로 $\lambda_1, \lambda_2, \cdots, \lambda_k$를 A의 서로 다른 고윳값이라 하면 A의 특성다항식은

$$|\lambda I_n - A| = (\lambda-\lambda_1)^{m_1}(\lambda-\lambda_2)^{m_2}\cdots(\lambda-\lambda_k)^{m_k}$$

으로 나타낼 수 있다. 여기서 $m_1, m_2, \cdots, m_k$의 합은 n이다. 이때 정수 m_i를 λ_i의 **중복도**(multiplicity)라 한다.

예제 5.2.3 다음 행렬이 대각화 가능한지 아닌지 판정하라.

(1) $A=\begin{bmatrix}4 & -2 & 1\\ 2 & 0 & 1\\ 2 & -2 & 3\end{bmatrix}$ (2) $A=\begin{bmatrix}0 & 0 & 1\\ 0 & 1 & 2\\ 0 & 0 & 1\end{bmatrix}$

풀이 (1) 특성방정식은 $|\lambda I_3 - A| = \begin{vmatrix}\lambda-4 & 2 & -1\\ -2 & \lambda & -1\\ -2 & 2 & \lambda-3\end{vmatrix} = (\lambda-2)^2(\lambda-3)=0$이고 $\lambda_1=2$, $\lambda_2=3$은 서로 다른 고윳값이다. $\lambda_1=2$의 중복도는 2이고 $(2I_3-A)\mathbf{x}=\mathbf{0}$으로부터 $-2x+2y-z=0$이므로 $\mathbf{x}=s\begin{bmatrix}1\\1\\0\end{bmatrix}+t\begin{bmatrix}-1\\0\\2\end{bmatrix}$, $s, t\in\mathbb{R}\backslash\{0\}$이다. 따라서 $\lambda_1=2$에 대응되는 고유벡터는 일차독립인 $\mathbf{x}_1=\begin{bmatrix}1\\1\\0\end{bmatrix}$, $\mathbf{x}_2=\begin{bmatrix}-1\\0\\2\end{bmatrix}$이다. 같은 방법으로 $(3I_3-A)\mathbf{x}=\mathbf{0}$으로부터 $\mathbf{x}=s\begin{bmatrix}1\\1\\1\end{bmatrix}$, $s\in\mathbb{R}\backslash\{0\}$이므로 $\lambda_2=3$에 대응되는 고유벡터는 $\mathbf{x}_3=\begin{bmatrix}1\\1\\1\end{bmatrix}$이고 $\{\mathbf{x}_1, \mathbf{x}_2, \mathbf{x}_3\}$가 일차독립이므로 A는 대각화 가능하다.

(2) 특성방정식이 $|\lambda I_3 - A| = \begin{vmatrix}\lambda & 0 & -1\\ 0 & \lambda-1 & -2\\ 0 & 0 & \lambda-1\end{vmatrix} = \lambda(\lambda-1)^2=0$이므로 서로 다른 고윳값은 $\lambda_1=0$, $\lambda_2=1$이다. $\lambda_2=1$의 중복도는 2이고 $(I_3-A)\mathbf{x}=\mathbf{0}$으로부터 $\mathbf{x}=s\begin{bmatrix}0\\1\\0\end{bmatrix}$, $s\in\mathbb{R}\backslash\{0\}$이므로 $\lambda_2=1$에 대응되는 일차독립인 두 개의 고유벡터가 존재하지 않으므로 A는 대각화 가능하지 않다. ■

대각화 가능한 행렬의 거듭제곱을 쉽게 구하는 방법을 알아보자.

n 차 정사각행렬 A가 대각화 가능한 행렬이면 $k \in \mathbb{N}$ 에 대하여 A^k를 쉽게 구할 수 있다. A가 고윳값 $\lambda_1, \lambda_2, \cdots, \lambda_n$에 대응하는 고유벡터 $\mathbf{x}_1, \mathbf{x}_2, \cdots, \mathbf{x}_n$을 갖는다면 $\mathbf{x}_1, \mathbf{x}_2, \cdots, \mathbf{x}_n$을 열벡터로 갖는 가역행렬 P와 대각행렬 $D = \mathrm{diag}\{\lambda_1, \lambda_2, \cdots, \lambda_n\}$에 대하여 $P^{-1}AP = D$이므로 $A = PDP^{-1}$이다. 따라서 $k \in \mathbb{N}$ 에 대하여

$$\begin{aligned} A^k &= (PDP^{-1})^k \\ &= (PDP^{-1})(PDP^{-1})\cdots(PDP^{-1})(PDP^{-1}) \\ &= PD(P^{-1}P)D(P^{-1}P)D(P^{-1}\cdots P)D(P^{-1}P)DP^{-1} \\ &= PD^kP^{-1} \end{aligned}$$

$D^k = \mathrm{diag}\{\lambda_1^k, \lambda_2^k, \cdots, \lambda_n^k\}$이므로 A^k를 쉽게 구할 수 있다.

예제 5.2.4 다음 행렬 A에 대하여 A^4을 구하라.

(1) $A = \begin{bmatrix} 5 & -6 \\ 3 & -4 \end{bmatrix}$　　(2) $A = \begin{bmatrix} 1 & -3 & 3 \\ 3 & -5 & 3 \\ 6 & -6 & 4 \end{bmatrix}$

풀이 (1) 특성방정식이 $|\lambda I_2 - A| = \begin{vmatrix} \lambda-5 & 6 \\ -3 & \lambda+4 \end{vmatrix} = (\lambda-2)(\lambda+1) = 0$이므로 고윳값은 $\lambda_1 = 2$, $\lambda_2 = -1$이고 각각 대응하는 고유벡터는 일차독립인 $\mathbf{p}_1 = \begin{bmatrix} 2 \\ 1 \end{bmatrix}$, $\mathbf{p}_2 = \begin{bmatrix} 1 \\ 1 \end{bmatrix}$이다. $P = \begin{bmatrix} 2 & 1 \\ 1 & 1 \end{bmatrix}$에 의하여 대각화되고

$$D = P^{-1}AP = \begin{bmatrix} 1 & -1 \\ -1 & 2 \end{bmatrix}\begin{bmatrix} 5 & -6 \\ 3 & -4 \end{bmatrix}\begin{bmatrix} 2 & 1 \\ 1 & 1 \end{bmatrix} = \begin{bmatrix} 2 & 0 \\ 0 & -1 \end{bmatrix}$$

이므로 $D^4 = \begin{bmatrix} 2^4 & 0 \\ 0 & (-1)^4 \end{bmatrix} = P^{-1}A^4P$이고

$A^4 = PD^4P^{-1} = \begin{bmatrix} 2 & 1 \\ 1 & 1 \end{bmatrix}\begin{bmatrix} 16 & 0 \\ 0 & 1 \end{bmatrix}\begin{bmatrix} 1 & -1 \\ -1 & 2 \end{bmatrix} = \begin{bmatrix} 31 & -30 \\ 15 & -14 \end{bmatrix}$이다.

(2) 특성방정식은 $|\lambda I_3 - A| = \begin{vmatrix} \lambda-1 & 3 & -3 \\ -3 & \lambda+5 & -3 \\ -6 & 6 & \lambda-4 \end{vmatrix} = (\lambda+2)^2(\lambda-4) = 0$이고 고윳값은 $\lambda_1 = -2$, $\lambda_2 = 4$이다. $(-2I_3 - A)\mathbf{x} = \mathbf{0}$로부터 $-x+y-z=0$이므로

$$\mathbf{x}=s\begin{bmatrix}1\\0\\-1\end{bmatrix}+t\begin{bmatrix}0\\1\\1\end{bmatrix},\quad s,\ t\in\mathbb{R}\backslash\{0\}$$

이다. 따라서 $\lambda_1=-2$에 대응하는 고유벡터는 $\mathbf{x}_1=\begin{bmatrix}1\\0\\-1\end{bmatrix}$, $\mathbf{x}_2=\begin{bmatrix}0\\1\\1\end{bmatrix}$이고, 같은 방법으로 $(4I_3-A)\mathbf{x}=\mathbf{0}$ 으로부터 $\mathbf{x}=s\begin{bmatrix}1\\1\\2\end{bmatrix}$, $s\in\mathbb{R}\backslash\{0\}$이므로 $\lambda_2=4$에 대응하는 고유벡터는 $\mathbf{x}_3=\begin{bmatrix}1\\1\\2\end{bmatrix}$이고 $\{\mathbf{x}_1,\ \mathbf{x}_2,\ \mathbf{x}_3\}$가 일차독립이므로 A는 $P=\begin{bmatrix}1&0&1\\0&1&1\\-1&1&2\end{bmatrix}$에 의하여 대각화되고 대각행렬은 $D=\begin{bmatrix}-2&0&0\\0&-2&0\\0&0&4\end{bmatrix}$이다. 따라서

$$\begin{aligned}A^4&=PD^4P^{-1}\\&=\begin{bmatrix}1&0&1\\0&1&1\\-1&1&2\end{bmatrix}\begin{bmatrix}16&0&0\\0&16&0\\0&0&256\end{bmatrix}\begin{bmatrix}\frac{1}{2}&\frac{1}{2}&-\frac{1}{2}\\-\frac{1}{2}&\frac{3}{2}&-\frac{1}{2}\\\frac{1}{2}&-\frac{1}{2}&\frac{1}{2}\end{bmatrix}\\&=\begin{bmatrix}1&0&1\\0&1&1\\-1&1&2\end{bmatrix}\begin{bmatrix}8&8&-8\\-8&24&-8\\128&-128&128\end{bmatrix}=8\begin{bmatrix}17&-15&15\\15&-13&15\\30&-30&32\end{bmatrix}\end{aligned}$$

■

연습문제 5.2

01. 다음 행렬을 대각화하는 행렬 P를 구하고 대각화하라.

(1) $A=\begin{bmatrix}7&8\\-4&-5\end{bmatrix}$ (2) $A=\begin{bmatrix}5&-3\\2&0\end{bmatrix}$ (3) $A=\begin{bmatrix}1&1\\1&1\end{bmatrix}$

(4) $A=\begin{bmatrix}5&1\\1&5\end{bmatrix}$ (5) $A=\begin{bmatrix}-2&5\\5&-2\end{bmatrix}$ (6) $A=\begin{bmatrix}0&0&-2\\1&2&1\\1&0&3\end{bmatrix}$

(7) $A=\begin{bmatrix}2&0&0\\1&3&0\\-3&5&3\end{bmatrix}$ (8) $A=\begin{bmatrix}-1&2&2\\2&2&2\\-3&-6&-6\end{bmatrix}$ (9) $A=\begin{bmatrix}3&-2&0\\-2&3&0\\0&0&5\end{bmatrix}$

02. n이 양의 정수일 때 $A=\begin{bmatrix}3&-1&0\\-1&2&-1\\0&-1&3\end{bmatrix}$에 대하여 A^n를 구하라.

03. $A=\begin{bmatrix}1&-2&8\\0&-1&0\\0&0&-1\end{bmatrix}$ 일 때 다음을 구하라.

(1) A^{1000} (2) A^{-1000} (3) A^{2301} (4) A^{-2301}

04. $A=\begin{bmatrix}a&b\\c&d\end{bmatrix}$가 $(a-d)^2+4bc>0$이면 대각화 가능함을 보이라.

5.3 대칭행렬의 대각화

대칭행렬은 고윳값과 대각화 문제에서 편리한 성질을 가지고 있다. 이제 대칭행렬의 대각화에 대하여 알아본다.

정의 정사각행렬 A에 대하여 $A^TA=I$이면 A를 **직교행렬**(orthogonal matrix)이라 한다.

예제 5.3.1 $A=\dfrac{1}{3}\begin{bmatrix}2&-2&1\\2&1&-2\\1&2&2\end{bmatrix}$이 직교행렬임을 보이고 A^{-1}를 구하라.

풀이

$$A^TA=\frac{1}{9}\begin{bmatrix}2&2&1\\-2&1&2\\1&-2&2\end{bmatrix}\begin{bmatrix}2&-2&1\\2&1&-2\\1&2&2\end{bmatrix}=\begin{bmatrix}1&0&0\\0&1&0\\0&0&1\end{bmatrix}=I_3$$

이므로 A는 직교행렬이고 따라서 $A^{-1}=A^T=\dfrac{1}{3}\begin{bmatrix}2&2&1\\-2&1&2\\1&-2&2\end{bmatrix}$이다. ■

정리 5.3.1

A가 직교행렬이면 $|A|=1$ 또는 -1이다.

증명 A가 직교행렬이므로 $A^TA=I$이고 $|A|=|A^T|$이므로 $1=|I|=|A^TA|=|A^T||A|=|A|^2$이다. 따라서 $|A|=\pm1$이다. ■

위의 정의로부터 A가 직교행렬이기 위한 필요충분조건은 $A^{-1}=A^T$이다. $A^TA=I=AA^T$이므로 A의 열(행)벡터들은 정규직교집합이다. 따라서 다음은 동치이다.

(1) A가 직교행렬이다.

(2) $A^{-1}=A^T$

(3) A의 열(행)벡터들은 정규직교집합이다.

정의 정사각행렬 A에 대하여

$$P^{-1}AP=D \text{ 또는 } P^TAP=D$$

인 직교행렬 P와 대각행렬 D가 존재하면 A는 '**직교 대각화 가능**(orthogonally diagonalizable)하다.'라고 한다.

직교 대각화하는 행렬을 알아본다.

정리 5.3.2

정사각행렬 A가 직교 대각화 가능하기 위한 필요충분조건은 A가 대칭행렬인 것이다.

증명 A가 직교 대각화 가능하면 $P^TAP=D$인 직교행렬 P와 대각행렬 D가 존재하고 $D=D^T$이므로

$$P^TAP=D=D^T=(P^TAP)^T=P^TA^TP$$

이다. 양변의 왼쪽에 P를, 오른쪽에 P^T를 곱하면

$$\begin{aligned} P^TAP=P^TA^TP &\Leftrightarrow P(P^TAP)P^T=P(P^TA^TP)P^T \\ &\Leftrightarrow (PP^T)A(PP^T)=(PP^T)A^T(PP^T) \\ &\Leftrightarrow IAI=IA^TI \Leftrightarrow A=A^T \end{aligned}$$

이므로 A는 대칭행렬이다.

역으로, A가 대칭행렬이면 $A=A^T$이고 $P^TAP=P^TA^TP=U$인 직교행렬 P와 A의 고윳값을 주대각선 성분으로 갖는 상삼각행렬 U가 존재한다. 이것은 나중에 배울 Schur 정리 6.3.4의 특수한 경우이다. 따라서

$$U^T=(P^TAP)^T=P^TA^TP=P^TAP=U$$

이므로 U는 대각행렬이다. 그러므로 A는 직교 대각화 가능하다. ■

정리 5.3.3

n차 정사각행렬 A가 대칭행렬이면 A의 고유벡터들로 이루어진 $\mathbb{R}^n$의 정규직교기저가 존재한다.

증명 A가 대칭행렬이면 직교 대각화 가능하므로 $P^TAP=D$인 직교행렬 P와 대각행렬 D가 존재한다. 이때 D의 대각선 성분은 A의 고윳값이고 P의 열벡터들은 A의 고유벡터로 $\mathbb{R}^n$의 정규직교기저이다. ■

위의 정리로부터 대칭행렬은 직교 대각화 가능하고, 직교 대각화하는 행렬은 대칭행렬의 일차독립인 정규직교 고유벡터들을 열벡터로 갖는 행렬이다.

정리 5.3.4

A가 대칭행렬이면 서로 다른 고윳값에 대응하는 고유벡터들은 직교한다.

증명 대칭행렬 A의 서로 다른 고윳값을 λ_1, λ_2이라 하고 각각 대응하는 고유벡터를 $\mathbf{x}_1$, $\mathbf{x}_2$이라 하면

$$A\mathbf{x}_1=\lambda_1\mathbf{x}_1,\ \ A\mathbf{x}_2=\lambda_2\mathbf{x}_2$$

이다.

$$(A\mathbf{x}_1)^T=(\lambda_1\mathbf{x}_1)^T \Leftrightarrow \mathbf{x}_1^TA^T=\lambda_1\mathbf{x}_1^T \Leftrightarrow \mathbf{x}_1^TA=\lambda_1\mathbf{x}_1^T \Leftrightarrow \mathbf{x}_1^TA\mathbf{x}_2=\lambda_1\mathbf{x}_1^T\mathbf{x}_2$$

이고

$$A\mathbf{x}_2 = \lambda_2\mathbf{x}_2 \Leftrightarrow \mathbf{x}_1^TA\mathbf{x}_2 = \lambda_2\mathbf{x}_1^T\mathbf{x}_2$$

이므로

$$\lambda_1\mathbf{x}_1^T\mathbf{x}_2 = \lambda_2\mathbf{x}_1^T\mathbf{x}_2 \Leftrightarrow (\lambda_1 - \lambda_2)\mathbf{x}_1^T\mathbf{x}_2 = 0$$

이다. $\lambda_1 \neq \lambda_2$ 이므로 $\mathbf{x}_1^T\mathbf{x}_2 = 0$ 이다. 따라서 $\mathbf{x}_1$과 $\mathbf{x}_2$는 서로 직교한다. ■

예제 5.3.2 $A = \begin{bmatrix} 1 & 2 \\ 2 & 4 \end{bmatrix}$가 직교 대각화 가능함을 보이고 직교 대각화하는 행렬과 대각행렬을 구하라.

풀이 A가 대칭행렬이므로 직교 대각화 가능하고 $|\lambda I_2 - A| = \begin{vmatrix} \lambda-1 & -2 \\ -2 & \lambda-4 \end{vmatrix} = \lambda(\lambda-5) = 0$이므로 고윳값은 $\lambda_1 = 0$, $\lambda_2 = 5$이다. 각각에 대응하는 고유벡터로 다음을 얻는다.

$$\mathbf{x}_1 = \begin{bmatrix} -2 \\ 1 \end{bmatrix}, \quad \mathbf{x}_2 = \begin{bmatrix} 1 \\ 2 \end{bmatrix}$$

$\{\mathbf{x}_1, \mathbf{x}_2\}$은 직교집합이고 정규화하면 $\left\{\frac{1}{\sqrt{5}}\begin{bmatrix} -2 \\ 1 \end{bmatrix}, \frac{1}{\sqrt{5}}\begin{bmatrix} 1 \\ 2 \end{bmatrix}\right\}$이고 A를 직교 대각화하는 행렬은

$$P = \frac{1}{\sqrt{5}}\begin{bmatrix} -2 & 1 \\ 1 & 2 \end{bmatrix}$$

이고 대각행렬은 $D = P^{-1}AP = \begin{bmatrix} 0 & 0 \\ 0 & 5 \end{bmatrix}$이다. ■

예제 5.3.3 $A = \begin{bmatrix} 0 & 0 & -2 \\ 0 & -2 & 0 \\ -2 & 0 & 3 \end{bmatrix}$가 직교 대각화 가능함을 보이고 직교 대각화하는 행렬을 구하라.

풀이 A가 대칭행렬이므로 직교 대각화 가능하고

$$|\lambda I_3 - A| = \begin{vmatrix} \lambda & 0 & 2 \\ 0 & \lambda+2 & 0 \\ 2 & 0 & \lambda-3 \end{vmatrix} = (\lambda+2)(\lambda-4)(\lambda+1) = 0$$

이므로 고윳값은 $\lambda_1 = -2$, $\lambda_2 = 4$, $\lambda_3 = -1$이다. 각각에 대응하는 고유벡터는

$$\mathbf{x}_1 = \begin{bmatrix} 0 \\ 1 \\ 0 \end{bmatrix}, \ \mathbf{x}_2 = \begin{bmatrix} -1 \\ 0 \\ 2 \end{bmatrix}, \ \mathbf{x}_3 = \begin{bmatrix} 2 \\ 0 \\ 1 \end{bmatrix}$$

이고 $\{\mathbf{x}_1, \mathbf{x}_2, \mathbf{x}_3\}$은 직교집합이다. 이것을 정규화하면 $\left\{\begin{bmatrix} 0 \\ 1 \\ 0 \end{bmatrix}, \frac{1}{\sqrt{5}}\begin{bmatrix} -1 \\ 0 \\ 2 \end{bmatrix}, \frac{1}{\sqrt{5}}\begin{bmatrix} 2 \\ 0 \\ 1 \end{bmatrix}\right\}$이고 A를 직교 대각화하는 행렬은

$$P = \begin{bmatrix} 0 & -\frac{1}{\sqrt{5}} & \frac{2}{\sqrt{5}} \\ 1 & 0 & 0 \\ 0 & \frac{2}{\sqrt{5}} & \frac{1}{\sqrt{5}} \end{bmatrix}$$

이다. ■

예제 5.3.4 $A = \begin{bmatrix} 1 & -1 & -1 \\ -1 & 1 & -1 \\ -1 & -1 & 1 \end{bmatrix}$가 직교 대각화 가능함을 보이고 직교 대각화하는 행렬을 구하라.

풀이 A가 대칭행렬이므로 직교 대각화 가능하고

$$|\lambda I_3 - A| = \begin{vmatrix} \lambda-1 & 1 & 1 \\ 1 & \lambda-1 & 1 \\ 1 & 1 & \lambda-1 \end{vmatrix} = (\lambda+1)(\lambda-2)^2 = 0$$

이므로 고윳값은 $\lambda_1 = -1$, $\lambda_2 = 2$이다. $\lambda_1 = -1$에 대응하는 고유벡터는 $\mathbf{x}_1 = \begin{bmatrix} 1 \\ 1 \\ 1 \end{bmatrix}$이고 정규화하면 $\mathbf{y}_1 = \frac{1}{\sqrt{3}}\begin{bmatrix} 1 \\ 1 \\ 1 \end{bmatrix}$이다. 그리고 $\lambda_2 = 2$에 대응하는 일차독립인 고유벡터로 서로 직교하지 않는 $\mathbf{x}_2 = \begin{bmatrix} -1 \\ 1 \\ 0 \end{bmatrix}$, $\mathbf{x}_3 = \begin{bmatrix} -1 \\ 0 \\ 1 \end{bmatrix}$을 얻을 수 있다. Gram-Schmidt 정규직교화 과정을 이용하면

$$\mathbf{y}_2 = \frac{\mathbf{x}_2}{\|\mathbf{x}_2\|} = \frac{1}{\sqrt{2}}\begin{bmatrix} -1 \\ 1 \\ 0 \end{bmatrix}, \ \mathbf{y}_3 = \frac{\mathbf{x}_3 - \langle \mathbf{x}_3, \mathbf{y}_2 \rangle \mathbf{y}_2}{\| \mathbf{x}_3 - \langle \mathbf{x}_3, \mathbf{y}_2 \rangle \mathbf{y}_2 \|} = \frac{1}{\sqrt{6}}\begin{bmatrix} -1 \\ -1 \\ 2 \end{bmatrix}$$

이다. 따라서 A를 직교 대각화하는 행렬은

$$P = \begin{bmatrix} \frac{1}{\sqrt{3}} & -\frac{1}{\sqrt{2}} & -\frac{1}{\sqrt{6}} \\ \frac{1}{\sqrt{3}} & \frac{1}{\sqrt{2}} & -\frac{1}{\sqrt{6}} \\ \frac{1}{\sqrt{3}} & 0 & \frac{2}{\sqrt{6}} \end{bmatrix}$$

이다. ■

연습문제 5.3

01. 다음 행렬이 직교행렬임을 보이라.

(1) $A=\begin{bmatrix}\cos\theta & -\sin\theta & 0\\ \sin\theta & \cos\theta & 0\\ 0 & 0 & 1\end{bmatrix}$

(2) $A=\begin{bmatrix}1 & 0 & 0\\ 0 & -\dfrac{\sqrt{3}}{2} & -\dfrac{1}{2}\\ 0 & -\dfrac{1}{2} & \dfrac{\sqrt{3}}{2}\end{bmatrix}$

(3) $A=\begin{bmatrix}\dfrac{1}{\sqrt{3}} & 0 & \dfrac{2}{\sqrt{6}}\\ \dfrac{1}{\sqrt{3}} & \dfrac{1}{\sqrt{2}} & -\dfrac{1}{\sqrt{6}}\\ \dfrac{1}{\sqrt{3}} & -\dfrac{1}{\sqrt{2}} & -\dfrac{1}{\sqrt{6}}\end{bmatrix}$

02. 다음 행렬을 직교 대각화하는 행렬 P를 구하라.

(1) $A=\begin{bmatrix}-2 & 5\\ 5 & -2\end{bmatrix}$ (2) $A=\begin{bmatrix}6 & -2\\ -2 & 3\end{bmatrix}$ (3) $A=\begin{bmatrix}3 & 1\\ 1 & 3\end{bmatrix}$

(4) $A=\begin{bmatrix}1 & 1 & 0\\ 1 & 1 & 0\\ 0 & 0 & 0\end{bmatrix}$ (5) $A=\begin{bmatrix}-2 & 0 & -36\\ 0 & -3 & 0\\ -36 & 0 & -23\end{bmatrix}$ (6) $A=\begin{bmatrix}-1 & -1 & 1\\ -1 & 2 & 4\\ 1 & 4 & 2\end{bmatrix}$

(7) $A=\begin{bmatrix}0 & 3 & 3\\ 3 & 0 & 3\\ 3 & 3 & 0\end{bmatrix}$

03. A와 B가 직교행렬이면 다음도 직교행렬임을 보이라.

(1) AB (2) A^T

5.4 대각화의 응용

행렬의 대각화를 응용한 몇 가지 문제를 알아보자.

$\mathbb{R}^n$의 벡터로 이루어진 수열 $\mathbf{x}_0,\ \mathbf{x}_1,\ \mathbf{x}_2,\ \cdots,\ \mathbf{x}_k,\ \cdots$가 n차 정사각행렬 A에 대하여

$$\mathbf{x}_k = A\mathbf{x}_{k-1},\quad k=1,\ 2,\ 3,\ \cdots$$

으로 정의하면

$$\mathbf{x}_1 = A\mathbf{x}_0,\ \mathbf{x}_2 = A\mathbf{x}_1 = A(A\mathbf{x}_0) = A^2\mathbf{x}_0,\ \cdots,\ \mathbf{x}_k = A\mathbf{x}_{k-1} = A^k\mathbf{x}_0$$

이므로 벡터 $\mathbf{x}_k$는 A^k를 알면 쉽게 구할 수 있다. 이것을 이용하여 **피보나치 수열**(Fibonacci sequence)

$$0,\ 1,\ 1,\ 2,\ 3,\ 5,\ 8,\ 13,\ 21,\ 34,\ \cdots$$

의 피보나치 수를 구할 수 있다. 이 수열은 n항이 앞서 인접한 $n-2$항과 $n-1$항을 더한 것으로

$$f_0 = 0,\ f_1 = 1,\ \cdots,\ f_{k+1} = f_k + f_{k-1},\ k = 1,\ 2,\ 3,\ \cdots$$

이므로 $\begin{bmatrix} f_{k+1} \\ f_k \end{bmatrix} = \begin{bmatrix} 1 & 1 \\ 1 & 0 \end{bmatrix}\begin{bmatrix} f_k \\ f_{k-1} \end{bmatrix}$에서 $\mathbf{x}_k = \begin{bmatrix} f_{k+1} \\ f_k \end{bmatrix}$, $A = \begin{bmatrix} 1 & 1 \\ 1 & 0 \end{bmatrix}$이라 하면

$$\mathbf{x}_k = A\mathbf{x}_{k-1} = A(A\mathbf{x}_{k-2}) = \cdots = A^k\mathbf{x}_0,\ k = 1,\ 2,\ 3,\ \cdots$$

예제 5.4.1 피보나치 수 f_{1000}을 구하라.

풀이 $\mathbf{x}_{1000} = A^{1000}\mathbf{x}_0$이므로 $\begin{bmatrix} f_{1001} \\ f_{1000} \end{bmatrix} = A^{1000}\begin{bmatrix} f_1 \\ f_0 \end{bmatrix} = A^{1000}\begin{bmatrix} 1 \\ 0 \end{bmatrix}$이다. A의 고윳값과 고유벡터를 구하면 특성방정식은 $|\lambda I_2 - A| = \begin{vmatrix} \lambda-1 & -1 \\ -1 & \lambda \end{vmatrix} = \left(\lambda - \frac{1+\sqrt{5}}{2}\right)\left(\lambda - \frac{1-\sqrt{5}}{2}\right) = 0$이므로 고윳값은 $\lambda_1 = \frac{1+\sqrt{5}}{2}$, $\lambda_2 = \frac{1-\sqrt{5}}{2}$이고, 각각에 대응하는 고유벡터는 $\mathbf{x}_1 = \begin{bmatrix} \frac{1+\sqrt{5}}{2} \\ 1 \end{bmatrix}$, $\mathbf{x}_2 = \begin{bmatrix} \frac{1-\sqrt{5}}{2} \\ 1 \end{bmatrix}$이다.

따라서 가역행렬 $P = \begin{bmatrix} \frac{1+\sqrt{5}}{2} & \frac{1-\sqrt{5}}{2} \\ 1 & 1 \end{bmatrix}$이고 $P^{-1} = \frac{1}{\sqrt{5}}\begin{bmatrix} 1 & -\frac{1-\sqrt{5}}{2} \\ -1 & \frac{1+\sqrt{5}}{2} \end{bmatrix}$이므로

$D = P^{-1}AP = \begin{bmatrix} \frac{1+\sqrt{5}}{2} & 0 \\ 0 & \frac{1-\sqrt{5}}{2} \end{bmatrix}$이다. $A^{1000} = PD^{1000}P^{-1}$이고

$$\begin{bmatrix} f_{1001} \\ f_{1000} \end{bmatrix} = A^{1000}\begin{bmatrix} 1 \\ 0 \end{bmatrix} = PD^{1000}P^{-1}\begin{bmatrix} 1 \\ 0 \end{bmatrix} = P\begin{bmatrix} \left(\dfrac{1+\sqrt{5}}{2}\right)^{1000} & 0 \\ 0 & \left(\dfrac{1-\sqrt{5}}{2}\right)^{1000} \end{bmatrix}P^{-1}\begin{bmatrix} 1 \\ 0 \end{bmatrix}$$

$$= \frac{1}{\sqrt{5}}\begin{bmatrix} \left(\dfrac{1+\sqrt{5}}{2}\right)^{1001} - \left(\dfrac{1-\sqrt{5}}{2}\right)^{1001} \\ \left(\dfrac{1+\sqrt{5}}{2}\right)^{1000} - \left(\dfrac{1-\sqrt{5}}{2}\right)^{1000} \end{bmatrix}$$

이므로 $f_{1000} = \dfrac{1}{\sqrt{5}}\left[\left(\dfrac{1+\sqrt{5}}{2}\right)^{1000} - \left(\dfrac{1-\sqrt{5}}{2}\right)^{1000}\right]$이다. ■

예제 5.4.2 현재 경기도와 서울에 거주하는 인구를 각각 G_0와 S_0라 하고 G_k와 S_k를 각각 k년 후 경기도와 서울의 인구라 하자. 매년 서울에서 경기도로 10 %의 인구가 이주하고, 경기도에서 서울로 5 %의 인구가 이주한다면 k년 후 경기도와 서울의 인구분포는 어떻게 되겠는가?

풀이 k년 후 경기도와 서울의 인구는 다음과 같다.

$$G_k = 0.95G_{k-1} + 0.1S_{k-1},\ S_k = 0.05G_{k-1} + 0.9S_{k-1}$$

$\mathbf{x}_k = \begin{bmatrix} G_k \\ S_k \end{bmatrix}$, $A = \begin{bmatrix} 0.95 & 0.1 \\ 0.05 & 0.9 \end{bmatrix}$이라 하면 $\mathbf{x}_k = A\mathbf{x}_{k-1}$을 얻는다. $\mathbf{x}_k = A^k\mathbf{x}_0$이므로 A^k를 알면 k년 후 인구분포를 알 수 있다. A의 고윳값은 $|\lambda I_2 - A| = \begin{vmatrix} \lambda - 0.95 & -0.1 \\ -0.05 & \lambda - 0.9 \end{vmatrix} = 0$에서 $\lambda_1 = 1$, $\lambda_2 = \dfrac{17}{20}$이고, 각각에 대응하는 고유벡터는 $\mathbf{x}_1 = \begin{bmatrix} 2 \\ 1 \end{bmatrix}$, $\mathbf{x}_2 = \begin{bmatrix} -1 \\ 1 \end{bmatrix}$이다. 따라서 가역행렬 $P = \begin{bmatrix} 2 & -1 \\ 1 & 1 \end{bmatrix}$이고 $P^{-1} = \dfrac{1}{3}\begin{bmatrix} 1 & 1 \\ -1 & 2 \end{bmatrix}$이므로 $D = P^{-1}AP = \begin{bmatrix} 1 & 0 \\ 0 & \dfrac{17}{20} \end{bmatrix}$이다.

$A^k = PD^kP^{-1}$이고, k가 충분히 크면 $\left(\dfrac{17}{20}\right)^k$는 0에 가까워지므로

$$\begin{bmatrix} 1 & 0 \\ 0 & \left(\dfrac{17}{20}\right)^k \end{bmatrix} \approx \begin{bmatrix} 1 & 0 \\ 0 & 0 \end{bmatrix}$$

이라 하면

$$A^k = \frac{1}{3}\begin{bmatrix} 2 & -1 \\ 1 & 1 \end{bmatrix}\begin{bmatrix} 1 & 0 \\ 0 & \left(\frac{17}{20}\right)^k \end{bmatrix}\begin{bmatrix} 1 & 1 \\ -1 & 2 \end{bmatrix} \approx \frac{1}{3}\begin{bmatrix} 2 & -1 \\ 1 & 1 \end{bmatrix}\begin{bmatrix} 1 & 0 \\ 0 & 0 \end{bmatrix}\begin{bmatrix} 1 & 1 \\ -1 & 2 \end{bmatrix}$$

$$= \frac{1}{3}\begin{bmatrix} 2 & 0 \\ 1 & 0 \end{bmatrix}\begin{bmatrix} 1 & 1 \\ -1 & 2 \end{bmatrix} = \frac{1}{3}\begin{bmatrix} 2 & 2 \\ 1 & 1 \end{bmatrix}$$

이다. 그러므로 $\mathbf{x}_k = A^k\mathbf{x}_0 \approx \frac{1}{3}\begin{bmatrix} 2 & 2 \\ 1 & 1 \end{bmatrix}\begin{bmatrix} G_0 \\ S_0 \end{bmatrix} = \begin{bmatrix} \frac{2}{3}(G_0 + S_0) \\ \frac{1}{3}(G_0 + S_0) \end{bmatrix}$ 이므로 오랜 기간 후에 인구 분포는 $\frac{2}{3}$는 경기도에, $\frac{1}{3}$은 서울에 거주하게 된다. ■

예제 5.4.3 늑대는 매년 50 %가 감소하고 토끼는 매년 30 %가 증가한다. 토끼가 30 % 증가하는 것에 비례하여 늑대의 수도 증가한다고 하자. 늑대 한 마리가 매년 토끼를 잡아먹는 포획률을 c라 하면 k년 후 늑대와 토끼의 분포는 어떻게 되겠는가?

풀이 k년 후 늑대의 수는 전년도 수의 50 %와 전년도 토끼 수의 30 %를 더한 것이고, k년 후 토끼의 수는 전년도 수의 130 %에서 늑대에게 잡아먹힌 수를 뺀 것이다. 따라서 k년 후 늑대와 토끼의 수를 각각 W_k와 H_k라 하면

$$W_k = 0.5W_{k-1} + 0.3H_{k-1}, \quad H_k = -cW_{k-1} + 1.3H_{k-1}$$

이고

$$\mathbf{x}_k = \begin{bmatrix} W_k \\ H_k \end{bmatrix} = \begin{bmatrix} 0.5W_{k-1} + 0.3H_{k-1} \\ -cW_{k-1} + 1.3H_{k-1} \end{bmatrix} = \begin{bmatrix} 0.5 & 0.3 \\ -c & 1.3 \end{bmatrix}\begin{bmatrix} W_{k-1} \\ H_{k-1} \end{bmatrix} = A\mathbf{x}_{k-1}$$

이다. $A = \begin{bmatrix} 0.5 & 0.3 \\ -c & 1.3 \end{bmatrix}$의 고윳값은 $|\lambda I_2 - A| = \begin{vmatrix} \lambda - 0.5 & -0.3 \\ c & \lambda - 1.3 \end{vmatrix} = 0$에서 $\lambda = \frac{9 \pm \sqrt{16 - 30c}}{10}$ 이다. $c = 0.5$이면 $\lambda_1 = 1$, $\lambda_1 = 0.8$이고 각각에 대응하는 고유벡터는 $\mathbf{x}_1 = \begin{bmatrix} \frac{3}{5} \\ 1 \end{bmatrix}$, $\mathbf{x}_2 = \begin{bmatrix} 1 \\ 1 \end{bmatrix}$ 이다. 따라서 가역행렬 $P = \begin{bmatrix} \frac{3}{5} & 1 \\ 1 & 1 \end{bmatrix}$이고 $P^{-1} = \frac{1}{2}\begin{bmatrix} -5 & 5 \\ 5 & -3 \end{bmatrix}$이므로 $D = P^{-1}AP = \begin{bmatrix} 1 & 0 \\ 0 & 0.8 \end{bmatrix}$ 이다. $A^k = PD^kP^{-1}$이고, k가 충분히 크면 0.8^k는 0에 가까워지므로

$$\begin{bmatrix} 1 & 0 \\ 0 & 0.8^k \end{bmatrix} \approx \begin{bmatrix} 1 & 0 \\ 0 & 0 \end{bmatrix}$$

이라 하면

$$A^k = \frac{1}{2}\begin{bmatrix} \frac{3}{5} & 1 \\ 1 & 1 \end{bmatrix}\begin{bmatrix} 1 & 0 \\ 0 & 0.8^k \end{bmatrix}\begin{bmatrix} -5 & 5 \\ 5 & -3 \end{bmatrix} \approx \frac{1}{2}\begin{bmatrix} \frac{3}{5} & 1 \\ 1 & 1 \end{bmatrix}\begin{bmatrix} 1 & 0 \\ 0 & 0 \end{bmatrix}\begin{bmatrix} -5 & 5 \\ 5 & -3 \end{bmatrix} = \frac{1}{2}\begin{bmatrix} -3 & 3 \\ -5 & 5 \end{bmatrix}$$

이다. 그러므로 $\mathbf{x}_k = A^k\mathbf{x}_0 \approx \frac{1}{2}\begin{bmatrix} -3 & 3 \\ -5 & 5 \end{bmatrix}\begin{bmatrix} W_0 \\ H_0 \end{bmatrix} = \begin{bmatrix} \frac{3}{2}H_0 - \frac{3}{2}W_0 \\ \frac{5}{2}H_0 - \frac{5}{2}W_0 \end{bmatrix}$이므로 $\alpha = \frac{3}{2}H_0 - \frac{3}{2}W_0$ 이라 하면

$$\mathbf{x}_k = \begin{bmatrix} W_0 \\ H_0 \end{bmatrix} \approx \alpha \begin{bmatrix} 1 \\ \frac{5}{3} \end{bmatrix}$$

이고, k년 후 늑대와 토끼의 분포는 안정적이다. $c = 0.4$일 때 같은 방법으로

$$A^k = \begin{bmatrix} \frac{1}{2} & \frac{3}{2} \\ 1 & 1 \end{bmatrix}\begin{bmatrix} 1.1^k & 0 \\ 0 & 0.7^k \end{bmatrix}\begin{bmatrix} -1 & \frac{3}{2} \\ 1 & -\frac{1}{2} \end{bmatrix} \approx \begin{bmatrix} \frac{1}{2} & \frac{3}{2} \\ 1 & 1 \end{bmatrix}\begin{bmatrix} 1.1^k & 0 \\ 0 & 0 \end{bmatrix}\begin{bmatrix} -1 & \frac{3}{2} \\ 1 & -\frac{1}{2} \end{bmatrix} = 1.1^k\begin{bmatrix} -\frac{1}{2} & \frac{3}{4} \\ -1 & \frac{3}{2} \end{bmatrix}$$

이다. 따라서 $\mathbf{x}_k \approx 1.1^k\begin{bmatrix} \frac{3}{4}H_0 - \frac{1}{2}W_0 \\ \frac{3}{2}H_0 - W_0 \end{bmatrix}$이므로 $\beta = \frac{3}{4}H_0 - \frac{1}{2}W_0$이라 하면

$$\mathbf{x}_k = \begin{bmatrix} W_0 \\ H_0 \end{bmatrix} \approx \beta(1.1)^k\begin{bmatrix} 1 \\ 2 \end{bmatrix}$$

이다. 그러므로 매년 늑대와 토끼의 수는 증가하며 늑대와 토끼의 분포는 1:2이다. 같은 방법으로 $c = 0.532$일 때

$$A^k = \begin{bmatrix} \frac{5}{7} & \frac{15}{19} \\ 1 & 1 \end{bmatrix}\begin{bmatrix} 0.92^k & 0 \\ 0 & 0.88^k \end{bmatrix}\begin{bmatrix} \frac{5}{7} & \frac{15}{19} \\ 1 & 1 \end{bmatrix}^{-1} \approx \begin{bmatrix} \frac{5}{7} & \frac{15}{19} \\ 1 & 1 \end{bmatrix}\begin{bmatrix} 0 & 0 \\ 0 & 0 \end{bmatrix}\begin{bmatrix} \frac{5}{7} & \frac{15}{19} \\ 1 & 1 \end{bmatrix}^{-1} = \begin{bmatrix} 0 & 0 \\ 0 & 0 \end{bmatrix}$$

이다. 따라서 $\mathbf{x}_k = \begin{bmatrix} W_0 \\ H_0 \end{bmatrix} \approx \begin{bmatrix} 0 & 0 \\ 0 & 0 \end{bmatrix}\begin{bmatrix} W_0 \\ H_0 \end{bmatrix} = \begin{bmatrix} 0 \\ 0 \end{bmatrix}$이므로 늑대와 토끼는 모두 멸종한다.

따라서 포획률에 따라 늑대와 토끼의 분포가 달라짐을 알 수 있다. $c = 0.5$이면 늑대와 토끼는 안정적 분포를 이룬다. 그러나 $c < 0.5$이면 매년 늑대와 토끼가 증가하여 많은 문제가 발생할 것이고, $c > 0.5$이면 늑대와 토끼는 모두 멸종한다. ■

계수행렬 $A = [a_{ij}]$가 대각화 가능할 때 선형 연립미분방정식을 푸는 방법에 대하여 알아보자.

$$\begin{cases} y_1{}' = a_{11}y_1 + \cdots + a_{1n}y_n \\ y_2{}' = a_{21}y_1 + \cdots + a_{2n}y_n \\ \vdots \\ y_n{}' = a_{n1}y_1 + \cdots + a_{nn}y_n \end{cases}$$

$y_i{}' = y_i{}'(t) = \dfrac{dy_i}{dt}$, $i = 1, 2, 3, \cdots, n$ 이고, 방정식의 해는 모든 t에 대하여 선형 연립미분방성식을 만족시키는 미분 가능한 함수의 순서쌍 $(y_1(t), y_2(t), \cdots, y_n(t))$ 이다.

$$\mathbf{y} = \begin{bmatrix} y_1 \\ y_2 \\ \vdots \\ y_n \end{bmatrix} = (y_1, y_2, \cdots, y_n)$$

이라 하면 $\dfrac{d\mathbf{y}}{dt} = \mathbf{y}'(t) = (y_1{}', y_2{}', \cdots, y_n{}')$이다. 따라서 선형 연립미분방정식을

$$\mathbf{y}' = \frac{d\mathbf{y}}{dt} = A\mathbf{y}$$

로 나타낼 수 있다. 벡터 $\mathbf{b} \in \mathbb{R}^n$에 대하여 다음 초깃값 문제를 풀어 보자.

$$\mathbf{y}' = A\mathbf{y}, \ \mathbf{y}(0) = \mathbf{b}$$

A가 대각행렬

$$A = \begin{bmatrix} k_1 & 0 & \cdots & 0 \\ 0 & k_2 & \cdots & 0 \\ \vdots & \vdots & \ddots & 0 \\ 0 & 0 & \cdots & k_n \end{bmatrix}$$

일 때

$$\begin{cases} y_1{}' = k_1 y_1 \\ y_2{}' = k_2 y_2 \\ \vdots \\ y_n{}' = k_n y_n \end{cases}$$

이고, $y_i{}' = k_i y_i$ 의 일반해가 $y_i = c_i e^{k_i t}$, $c_i \in \mathbb{R}$ 이므로 $\mathbf{y}' = A\mathbf{y}$ 의 일반해는 다음과 같다.

$$\mathbf{y}(t) = \left(c_1 e^{k_1 t}, c_2 e^{k_2 t}, \cdots, c_n e^{k_n t}\right)$$

예제 5.4.4 초기조건 $y_1(0)=1$, $y_2(0)=4$, $y_3(0)=-2$를 만족시키는 다음 연립미분방정식을 구하라.

$$\begin{cases} y_1{}' = \ \ 3y_1 \\ y_2{}' = -2y_2 \\ y_3{}' = \ \ 5y_3 \end{cases}$$

풀이 연립미분방정식의 일반해는

$$\mathbf{y}(t)=\left(c_1e^{3t},\ c_2e^{-2t},\ c_3e^{5t}\right)$$

이고 $\mathbf{y}(0)=(1,\ 4,\ -2)$이므로 $c_1=1$, $c_2=4$, $c_3=-2$이다. 따라서 구하는 특수해는

$$\mathbf{y}(t)=\left(e^{3t},\ 4e^{-2t},\ -2e^{5t}\right)$$

이다. ■

일반적으로 A가 대각행렬이 아닐 때 연립미분방정식 $\mathbf{y}'=A\mathbf{y}$를 푸는 방법은 $\mathbf{y}$를 치환하여 계수행렬이 대각행렬인 새로운 연립미분방정식으로 변환하는 것이다.

A가 대각화 가능할 필요충분조건은 고윳값 $\lambda_1,\ \lambda_2,\ \cdots,\ \lambda_n$에 대응하는 n개의 일차독립인 고유벡터 $\mathbf{x}_1,\ \mathbf{x}_2,\ \cdots,\ \mathbf{x}_n$을 갖는 것이다. 이때

$$P=\left[\mathbf{x}_1\ \mathbf{x}_2\ \cdots\ \mathbf{x}_n\right],\quad D=\begin{bmatrix} \lambda_1 & 0 & \cdots & 0 \\ 0 & \lambda_2 & \cdots & 0 \\ \vdots & \vdots & \ddots & 0 \\ 0 & 0 & \cdots & \lambda_n \end{bmatrix}$$

라 하면 $P^{-1}AP=D$이므로 $A=PDP^{-1}$이고 $\mathbf{y}=P\mathbf{x}$로 치환하면 $\mathbf{y}'=P\mathbf{x}'$이다. 따라서

$$P\mathbf{x}'=(PDP^{-1})P\mathbf{x}=PD\mathbf{x}$$

이고, 계수행렬이 대각행렬인 다음과 같은 새로운 연립미분방정식을 얻는다.

$$\mathbf{x}'=D\mathbf{x}$$

새로운 연립미분방정식의 일반해는 $\mathbf{x}(t)=\left(c_1e^{\lambda_1 t},\ c_2e^{\lambda_2 t},\ \cdots,\ c_ne^{\lambda_n t}\right)$이다. 그런데 $\mathbf{y}=P\mathbf{x}$이므로 $\mathbf{y}'=A\mathbf{y}$의 해는

$$\mathbf{y}=P\mathbf{x}=\begin{bmatrix}\mathbf{x}_1 & \mathbf{x}_2 & \cdots & \mathbf{x}_n\end{bmatrix}\begin{bmatrix}c_1e^{\lambda_1 t}\\ c_2e^{\lambda_2 t}\\ \vdots \\ c_ne^{\lambda_n t}\end{bmatrix}$$

이므로 일반해는

$$\mathbf{y}(t)=c_1e^{\lambda_1 t}\mathbf{x}_1+c_2e^{\lambda_2 t}\mathbf{x}_2+\cdots+c_ne^{\lambda_n t}\mathbf{x}_n$$

이다. 초기조건 $\mathbf{y}(0)=\mathbf{b}$를 만족시키는 $\mathbf{c}=(c_1,\ c_2,\ \cdots,\ c_n)$를 구하면 특수해를 얻는다. 일반해에 $t=0$을 대입하면

$$\mathbf{y}(0)=c_1\mathbf{x}_1+c_2\mathbf{x}_2+\cdots+c_n\mathbf{x}_n=P\mathbf{c}$$

이므로

$$\mathbf{c}=P^{-1}\mathbf{b}$$

이다.

예제 5.4.5 초기조건 $y_1(0)=0,\ y_2(0)=-5$를 만족시키는 다음 연립미분방정식을 풀라.

$$\begin{cases} y_1{}'=\ \ y_1+\ y_2 \\ y_2{}'=4y_1-2y_2 \end{cases}$$

풀 이 계수행렬 $A=\begin{bmatrix}1 & 1\\ 4 & -2\end{bmatrix}$의 고윳값은 $\lambda_1=2,\ \lambda_2=-3$이고, 각각에 대응하는 일차독립인 고유벡터는 $\mathbf{x}_1=\begin{bmatrix}1\\1\end{bmatrix},\ \mathbf{x}_2=\begin{bmatrix}1\\-4\end{bmatrix}$이다. 따라서 일반해는

$$\mathbf{y}(t)=c_1\mathbf{x}_1e^{\lambda_1 t}+c_2\mathbf{x}_2e^{\lambda_2 t}=c_1\begin{bmatrix}1\\1\end{bmatrix}e^{2t}+c_2\begin{bmatrix}1\\-4\end{bmatrix}e^{-3t}$$

이므로

$$\begin{cases} y_1(t)=c_1e^{2t}+c_2e^{-3t} \\ y_2(t)=c_1e^{2t}-4c_2e^{-3t} \end{cases}$$

이다. $t=0$을 대입하여 $c_1,\ c_2$를 구하면

$$\begin{cases} \ \ 0=c_1+\ c_2 \\ -5=c_1-4c_2 \end{cases}$$

이고 $c_1=-1$, $c_2=1$이므로 특수해는 $\begin{cases} y_1(t) = -e^{2t}+e^{-3t} \\ y_2(t) = -e^{2t}-4e^{-3t} \end{cases}$이다. ■

예제 5.4.6 다음 연립미분방정식을 풀라.

$$\begin{cases} y_1' = \ \ 2y_1 - 2y_2 \\ y_2' = -y_1 + 2y_2 - \ y_3 \\ y_3' = \qquad\quad -2y_2 + 2y_3 \end{cases}$$

풀이 계수행렬 $A=\begin{bmatrix} 2 & -2 & 0 \\ -1 & 2 & -1 \\ 0 & -2 & 2 \end{bmatrix}$의 고윳값은 $\lambda_1=4$, $\lambda_2=2$, $\lambda_3=0$이고, 각각에 대응하는 일차독립인 고유벡터는 $\mathbf{x}_1=\begin{bmatrix} 1 \\ -1 \\ 1 \end{bmatrix}$, $\mathbf{x}_2=\begin{bmatrix} 1 \\ 0 \\ -1 \end{bmatrix}$, $\mathbf{x}_3=\begin{bmatrix} 1 \\ 1 \\ 1 \end{bmatrix}$이다. 따라서 일반해는

$$\mathbf{y}(t) = c_1\mathbf{x}_1 e^{\lambda_1 t} + c_2\mathbf{x}_2 e^{\lambda_2 t} + c_3\mathbf{x}_3 e^{\lambda_3 t} = c_1\begin{bmatrix} 1 \\ -1 \\ 1 \end{bmatrix} e^{4t} + c_2\begin{bmatrix} 1 \\ 0 \\ -1 \end{bmatrix} e^{2t} + c_3\begin{bmatrix} 1 \\ 1 \\ 1 \end{bmatrix} e^{0t}$$

이므로

$$\begin{cases} y_1(t) = c_1e^{4t} + c_2e^{2t} + c_3 \\ y_2(t) = -c_1e^{2t} + c_3 \\ y_3(t) = c_1e^{4t} - c_2e^{2t} + c_3 \end{cases}$$

이다. ■

상수계수를 갖는 n계 선형미분방정식

$$y^{(n)} + a_{n-1}y^{(n-1)} + \cdots + a_2y'' + a_1y' + a_0y = 0$$

에서

$$y_1 = y, \ y_2 = y', \ \cdots, \ y_n = y^{(n-1)}$$

으로 치환하면 연립미분방정식 $\mathbf{y}' = A\mathbf{y}$로 변환된다. 계수행렬 A와 벡터 $\mathbf{y}$는 다음과 같다.

$$A = \begin{bmatrix} 0 & 1 & 0 & 0 & 0 \\ 0 & 0 & 1 & 0 & 0 \\ \vdots & \vdots & \ddots & \ddots & \vdots \\ \vdots & \vdots & & 0 & 1 \\ -a_0 & -a_1 & \cdots & \cdots & -a_{n-1} \end{bmatrix}, \quad \mathbf{y} = \begin{bmatrix} y_1 \\ y_2 \\ \vdots \\ y_n \end{bmatrix} = \begin{bmatrix} y \\ y' \\ \vdots \\ y^{(n-1)} \end{bmatrix}$$

$t=0$일 때 y, y', $\cdots$, $y^{(n-1)}$의 값을 정할 수 있다면 연립미분방정식 $\mathbf{y}'=A\mathbf{y}$는 유일한 해를 갖는다. 행렬 A를 다항식 $p(\lambda)=\lambda^n+a_{n-1}\lambda^{n-1}+\cdots+a_2\lambda^2+a_1\lambda+a_0$의 **동반행렬**(companion matrix)이라 한다. 행렬 A의 특성방정식이 $p(\lambda)=0$이다. 위와 같이 최고차항의 계수가 1이면 **모닉(monic)다항식**이라 한다.

예제 5.4.7 $y^{(3)}-2y''-5y'+6y=0$을 풀라.

풀이 계수행렬 $A=\begin{bmatrix}0&1&0\\0&0&1\\-a_0&-a_1&-a_2\end{bmatrix}=\begin{bmatrix}0&1&0\\0&0&1\\-6&5&2\end{bmatrix}$의 고윳값은 $\lambda_1=1$, $\lambda_2=-2$, $\lambda_3=3$이므로 A는 대각화 가능하고 각각에 대응하는 일차독립인 고유벡터는 $\mathbf{x}_1=\begin{bmatrix}1\\1\\1\end{bmatrix}$, $\mathbf{x}_2=\begin{bmatrix}1\\-2\\4\end{bmatrix}$, $\mathbf{x}_3=\begin{bmatrix}1\\3\\9\end{bmatrix}$이다. 따라서 $\mathbf{y}=\begin{bmatrix}y_1\\y_2\\y_3\end{bmatrix}=\begin{bmatrix}y\\y'\\y''\end{bmatrix}$에 대하여 $\mathbf{y}'=A\mathbf{y}$의 일반해는

$$\mathbf{y}(t)=c_1\mathbf{x}_1e^{\lambda_1 t}+c_2\mathbf{x}_2e^{\lambda_2 t}+c_3\mathbf{x}_3e^{\lambda_3 t}=c_1\begin{bmatrix}1\\1\\1\end{bmatrix}e^{t}+c_2\begin{bmatrix}1\\-2\\4\end{bmatrix}e^{-2t}+c_3\begin{bmatrix}1\\3\\9\end{bmatrix}e^{3t}$$

이고, $y=y_1$이므로 $y^{(3)}-2y''-5y'+6y=0$의 일반해는 $y(t)=y_1(t)=c_1e^{t}+c_2e^{-2t}+c_3e^{3t}$이다. ■

연습문제 5.4

01. 다음 행렬 A에 대하여 A^5를 구하라.

(1) $A=\begin{bmatrix}4&-3\\2&-1\end{bmatrix}$　(2) $A=\begin{bmatrix}5&-6\\3&-4\end{bmatrix}$　(3) $A=\begin{bmatrix}1&-2&1\\0&1&0\\0&-2&2\end{bmatrix}$　(4) $A=\begin{bmatrix}3&-1&0\\-1&2&-1\\0&-1&3\end{bmatrix}$

02. 다음 행렬이 경기도와 서울의 인구분포라면 오랜 기간 후 두 지역의 인구분포는 어떻게 되겠는가?

(1) $A=\begin{bmatrix} 0.9 & 0.1 \\ 0.1 & 0.9 \end{bmatrix}$

(2) $A=\begin{bmatrix} 0.8 & 0.1 \\ 0.2 & 0.9 \end{bmatrix}$

03. 다음 미분방정식을 풀라.

(1) $\begin{cases} y_1{}' = y_1 + y_2 \\ y_2{}' = 4y_1 - 2y_2 \end{cases}$, $y_1(0)=1$, $y_2(0)=6$

(2) $\begin{cases} y_1{}' = 5y_1 - 6y_2 \\ y_2{}' = 2y_1 - 2y_2 \end{cases}$, $y_1(0)=1$, $y_2(0)=6$

(3) $\begin{cases} y_1{}' = y_1 + 4y_2 \\ y_2{}' = 2y_1 + 3y_2 \end{cases}$, $y_1(0)=0$, $y_2(0)=0$

(4) $\begin{cases} y_1{}' = y_1 + 3y_2 \\ y_2{}' = 4y_1 + 5y_2 \end{cases}$, $y_1(0)=2$, $y_2(0)=1$

(5) $\begin{cases} y_1{}' = 5y_1 - 4y_2 \\ y_2{}' = 3y_1 - 2y_2 \end{cases}$, $y_1(0)=0$, $y_2(0)=1$

(6) $\begin{cases} y_1{}' = -2y_1 + y_3 \\ y_2{}' = -2y_1 + y_2 \\ y_3{}' = 4y_1 + y_3 \end{cases}$, $y_1(0)=0$, $y_2(0)=1$, $y_3(0)=-1$

04. 다음 선형미분방정식을 풀라.

(1) $y^{(3)} - 6y'' + 11y' - 6y = 0$

(2) $y'' - 3y' + 2y = 0$

(3) $y^{(3)} - 9y' = 0$

(4) $y^{(3)} - 3y'' + 2y' = 0$

06
복소벡터공간

스칼라를 실수에서 복소수로 확장할 필요가 있다. 이때 복소수상의 벡터공간을 **복소벡터공간**(complex vector space)이라 한다. 복소벡터공간에 대하여 알아본다.

6.1 기본개념

행렬 $A=\begin{bmatrix} 0 & 1 \\ -1 & 0 \end{bmatrix}$는 성분이 모두 실수임에도 불구하고 특성방정식이 $\lambda^2+1=0$이므로 실수 범위에서 고윳값을 구할 수 없다. 이런 문제를 해결하기 위하여 **허수**(imaginary number)

$$i=\sqrt{-1}$$

를 도입한다. 허수 i로 복소수를 정의한다.

> **정의** $a, b \in \mathbb{R}$와 $i=\sqrt{-1}$에 대하여 $z=a+bi$를 **복소수**(complex number)라 한다.

복소수 $z=a+bi$에 대하여 a를 복소수의 **실수부분**$(\mathrm{Re}(z))$, b를 복소수의 **허수부분**

(Im(z))이라 하고 복소수 전체집합을 다음과 같이 나타낸다.

$$\mathbb{C} = \{a+bi \mid a,\ b \in \mathbb{R}\}$$

복소수 $z=a+bi$에서 $b=0$이면 $z=a+0i=a$이므로 모든 실수는 허수부분이 0인 복소수이다. $a=0$이면 $z=0+bi=bi$이므로 실수부분이 0인 복소수를 **순허수**(pure imaginary number)라 한다.

두 복소수 $z_1=a_1+b_1i$, $z_2=a_2+b_2i$에 대하여 $a_1=a_2$, $b_1=b_2$이면

$$z_1 = z_2$$

이다. 두 복소수의 합은

$$z_1+z_2=(a_1+b_1i)+(a_2+b_2i)=(a_1+a_2)+(b_1+b_2)i$$

이고, 두 복소수의 곱은 다음과 같이 정의한다.

$$z_1z_2=(a_1+b_1i)(a_2+b_2i)=(a_1a_2-b_1b_2)+(a_1b_2+b_1a_2)i$$

복소수 $z=a+bi$에 대하여 복소수 $a-bi$를 z의 **켤레복소수**(conjugate)라 하고 $\bar{z}$로 나타낸다. 그리고 복소수 $z=a+bi$의 **절댓값**(modulus)을 다음과 같이 정의한다.

$$|z| = \sqrt{a^2+b^2}$$

정리 6.1.1

$z \in \mathbb{C}$에 대하여 $z\bar{z}=|z|^2$이다.

증명 복소수 $z=a+bi$에 대하여

$$z\bar{z}=(a+bi)(a-bi)=a^2-abi+bai-b^2i^2=a^2+b^2=|z|^2$$ ■

위 정리에 의하여, $z_1,\ z_2 \in \mathbb{C}$에 대하여 $z_2 \neq 0$일 때 다음이 성립한다.

$$\frac{z_1}{z_2}=\frac{z_1\overline{z_2}}{z_2\overline{z_2}}=\frac{z_1\overline{z_2}}{|z_2|^2}$$

예제 6.1.1 $z_1=5+2i$, $z_2=2-3i$에 대하여 z_1+z_2, $2z_1-z_2$, z_1z_2, $\overline{z_1}$, $|z_1|$, $\dfrac{z_1}{z_2}$를 구하라.

풀이

$$z_1+z_2=(5+2i)+(2-3i)=(5+2)+(2-3)i=7-i$$

$$2z_1-z_2=2(5+2i)-(2-3i)=(10-2)+(4+3)i=8+7i$$

$$z_1z_2=(5\cdot 2-2\cdot(-3))+(5\cdot(-3)+2\cdot 2)i=16-11i$$

$$\overline{z_1}=5-2i,\ |z_1|=\sqrt{5^2+2^2}=\sqrt{29}$$

$$\frac{z_1}{z_2}=\frac{(5+2i)(2+3i)}{(2-3i)(2+3i)}=\frac{4+19i}{|2-3i|^2}=\frac{4+19i}{13}=\frac{4}{13}+\frac{19}{13}i$$ ■

복소수가 성분인 행렬을 복소행렬이라 한다. 복소행렬에 대한 연산은 실수행렬과 같고, 복소수를 계수로 갖는 연립방정식의 풀이도 실수를 계수로 갖는 연립방정식의 풀이와 같다.

예제 6.1.2 다음 행렬에 대하여 $A+2B$, $A-iB$, AB, BA, A^2-B^2를 구하라.

$$A=\begin{bmatrix}0 & 1-i\\ i & 3\end{bmatrix},\quad B=\begin{bmatrix}1 & -i\\ 2-3i & 1+i\end{bmatrix}$$

풀이

$$A+2B=\begin{bmatrix}0 & 1-i\\ i & 3\end{bmatrix}+2\begin{bmatrix}1 & -i\\ 2-3i & 1+i\end{bmatrix}=\begin{bmatrix}2 & 1-3i\\ 4-5i & 5+2i\end{bmatrix}$$

$$A-iB=\begin{bmatrix}0 & 1-i\\ i & 3\end{bmatrix}-i\begin{bmatrix}1 & -i\\ 2-3i & 1+i\end{bmatrix}=\begin{bmatrix}-i & -i\\ -3-i & 4-i\end{bmatrix}$$

$$AB=\begin{bmatrix}0 & 1-i\\ i & 3\end{bmatrix}\begin{bmatrix}1 & -i\\ 2-3i & 1+i\end{bmatrix}=\begin{bmatrix}-1-5i & 2\\ 6-8i & 4+3i\end{bmatrix}$$

$$BA=\begin{bmatrix}1 & -i\\ 2-3i & 1+i\end{bmatrix}\begin{bmatrix}0 & 1-i\\ i & 3\end{bmatrix}=\begin{bmatrix}1 & 1-4i\\ -1+i & 2-2i\end{bmatrix}$$

$$A^2-B^2=\begin{bmatrix}1+i & 3-3i\\ 3i & 10+i\end{bmatrix}-\begin{bmatrix}-2-2i & 1-2i\\ 7-4i & -3\end{bmatrix}=\begin{bmatrix}3+3i & 2-i\\ -7+7i & 13+i\end{bmatrix}$$ ■

예제 6.1.3 다음 연립방정식을 Cramer 공식을 이용하여 풀라.

$$\begin{cases}x+y+z=0\\ ix+3y+(1+i)z=-i\\ x+iy+3z=-2i\end{cases}$$

풀이 계수행렬의 행렬식이 $\begin{vmatrix} 1 & 1 & 1 \\ i & 3 & 1+i \\ 1 & i & 3 \end{vmatrix} = 7-3i \neq 0$이므로 Cramer 공식을 이용하면

$$x = \frac{\begin{vmatrix} 0 & 1 & 1 \\ -i & 3 & 1+i \\ -2i & i & 3 \end{vmatrix}}{7-3i} = \frac{(3+7i)(7+3i)}{(7-3i)(7+3i)} = i, \quad y = \frac{\begin{vmatrix} 1 & 0 & 1 \\ i & -i & 1+i \\ 1 & -2i & 3 \end{vmatrix}}{7-3i} = \frac{0}{(7-3i)} = 0$$

$$z = \frac{\begin{vmatrix} 1 & 1 & 0 \\ i & 3 & -i \\ 1 & i & -2i \end{vmatrix}}{7-3i} = \frac{(-3-7i)(7+3i)}{(7-3i)(7+3i)} = -i$$

■

켤레복소수의 기본적인 성질을 소개한다. 증명은 독자에게 남긴다.

정리 6.1.2

z_1, $z_2 \in \mathbb{C}$에 대하여 다음이 성립한다.

(1) $\overline{z_1 + z_2} = \overline{z_1} + \overline{z_2}$

(2) $\overline{z_1 z_2} = \overline{z_1}\,\overline{z_2}$

(3) $\overline{\left(\dfrac{z_1}{z_2}\right)} = \dfrac{\overline{z_1}}{\overline{z_2}}$

(4) $\overline{\overline{z_1}} = z_1$

연습문제 6.1

01. $z_1 = 2+7i$, $z_2 = 3-2i$에 대하여 z_1+z_2, $2z_1 - z_2$, $z_1 z_2$, $\overline{z_1}$, $|z_1|$, $\dfrac{z_1}{z_2}$를 구하라.

02. 다음을 만족하는 실수 a, b를 구하라.

(1) $a - ib = 3 - 2i$

(2) $(a+b) + i(a-b) = 3+i$

03. 다음을 $a+bi$의 꼴로 나타내라.

(1) $(2-3i)^2-(2+3i)^2$

(2) $\dfrac{3+2i}{1-i}$

(3) $(1+i+i^2+i^3)^{50}$

(4) $\dfrac{i\sqrt{2}(1-i)}{\sqrt{2}+i}$

04. 다음 행렬에 대하여 $A+2B$, $A-iB$, AB, BA, A^2-B^2를 구하라.

$$A=\begin{bmatrix} 1 & i \\ 1+i & 2 \end{bmatrix},\quad B=\begin{bmatrix} -i & 1 \\ 1-2i & 0 \end{bmatrix}$$

05. 다음 연립방정식을 Cramer 공식을 이용하여 풀라.

(1) $\begin{cases} (2+i)x+\ y= \quad 3i \\ 2x-iy=-1+3i \end{cases}$

(2) $\begin{cases} x+y+z=3 \\ x+y-z=2+2i \\ x-y+z=-1 \end{cases}$

06. $z=a+bi$일 때 다음을 보이라.

(1) $\dfrac{z+\overline{z}}{2}=\mathrm{Re}(z)$

(2) $\dfrac{z-\overline{z}}{2i}=\mathrm{Im}(z)$

07. $z=\overline{z}$일 필요충분조건은 z가 실수임을 보이라.

08. $|z|=|\overline{z}|$임을 보이라.

09. 정리 6.1.2를 증명하라.

6.2 Unitary 공간

복소수 $\mathbb{C}$ 상의 벡터공간을 복소벡터공간이라 한다. 내적이 정의된 복소벡터공간인 unitary 공간에 대하여 알아본다.

n개의 복소수 성분을 갖는 집합을

$$\mathbb{C}^n=\{(z_1,\ z_2,\ \cdots,\ z_n)\mid z_k\in\mathbb{C},\ k=1,\ 2,\ \cdots,\ n\}$$

이라 하면 $\mathbb{C}^n$은 $\mathbb{C}$ 상의 벡터공간이다. $\mathbb{C}^n$의 일차독립인 단위벡터를

$$\mathbf{e}_1 = \begin{bmatrix} 1 \\ 0 \\ \vdots \\ 0 \end{bmatrix},\ \mathbf{e}_2 = \begin{bmatrix} 0 \\ 1 \\ \vdots \\ 0 \end{bmatrix},\ \cdots,\ \mathbf{e}_n = \begin{bmatrix} 0 \\ 0 \\ \vdots \\ 1 \end{bmatrix}$$

이라 하면, 임의의 $\mathbf{v} = \begin{bmatrix} z_1 \\ z_2 \\ \vdots \\ z_n \end{bmatrix} \in \mathbb{C}^n$에 대하여 $\mathbf{v} = z_1\mathbf{e}_1 + z_2\mathbf{e}_2 + \cdots + z_n\mathbf{e}_n$로 나타낼 수 있으므로 $\{\mathbf{e}_1, \mathbf{e}_2, \cdots, \mathbf{e}_n\}$는 $\mathbb{C}^n$의 표준기저이다.

정의 $\mathbb{C}^n$의 벡터 $\mathbf{u} = \begin{bmatrix} u_1 \\ u_2 \\ \vdots \\ u_n \end{bmatrix}$와 $\mathbf{v} = \begin{bmatrix} v_1 \\ v_2 \\ \vdots \\ v_n \end{bmatrix}$의 **유클리드 내적** $\mathbf{u} \cdot \mathbf{v}$, $\mathbf{u}$의 **유클리드 노름** $\|\mathbf{u}\|$, $\mathbf{u}$와 $\mathbf{v}$의 **유클리드 거리** $d(\mathbf{u}, \mathbf{v})$는 다음과 같다.

$$\mathbf{u} \cdot \mathbf{v} = u_1\overline{v_1} + u_2\overline{v_2} + \cdots + u_n\overline{v_n}$$

$$\|\mathbf{u}\| = (\mathbf{u} \cdot \mathbf{u})^{\frac{1}{2}} = \sqrt{|u_1|^2 + |u_2|^2 + \cdots + |u_n|^2}$$

$$d(\mathbf{u}, \mathbf{v}) = \|\mathbf{u} - \mathbf{v}\| = \sqrt{|u_1 - v_1|^2 + |u_2 - v_2|^2 + \cdots + |u_n - v_n|^2}$$

예제 6.2.1 $\mathbb{C}^3$의 벡터 $\mathbf{u} = \begin{bmatrix} 2i \\ 0 \\ 3i \end{bmatrix}$와 $\mathbf{v} = \begin{bmatrix} 2-i \\ 0 \\ 1+3i \end{bmatrix}$의 유클리드 내적, $\mathbf{u}$와 $\mathbf{v}$의 유클리드 노름, $\mathbf{u}$와 $\mathbf{v}$의 유클리드 거리를 각각 구하라.

풀이

$$\begin{aligned} \mathbf{u} \cdot \mathbf{v} &= (2i)\overline{(2-i)} + 0 \cdot \overline{0} + (3i)\overline{(1+3i)} \\ &= (2i)(2+i) + 0 + (3i)(1-3i) \\ &= 2 - 2 + 3i + 9 = 9 + 3i \end{aligned}$$

$$\|\mathbf{u}\| = \sqrt{|2i|^2+|0|^2+|3i|^2} = \sqrt{4+9} = \sqrt{13}$$

$$\|\mathbf{v}\| = \sqrt{|2-i|^2+|0|^2+|1+3i|^2} = \sqrt{5+10} = \sqrt{15}$$

$$d(\mathbf{u},\mathbf{v}) = \|\mathbf{u}-\mathbf{v}\| = \sqrt{|2i-(2-i)|^2+|0-0|^2+|3i-(1+3i)|^2}$$

$$= \sqrt{|-2+3i|^2+|-1|^2} = \sqrt{(-2)^2+3^2+(-1)^2} = \sqrt{14}$$ ■

정의 복소벡터공간 V에 대하여 다음을 만족시키는 함수 $\langle\,,\,\rangle: V\times V \to \mathbb{C}$를 V 위의 **내적**(inner product or Hermitian product)이라 한다.
모든 $\mathbf{u}, \mathbf{v}, \mathbf{w} \in V$와 $z \in \mathbb{C}$에 대하여

(1) $\langle \mathbf{u}, \mathbf{v}\rangle = \overline{\langle \mathbf{v}, \mathbf{u}\rangle}$
(2) $\langle \mathbf{u}+\mathbf{v}, \mathbf{w}\rangle = \langle \mathbf{u}, \mathbf{w}\rangle + \langle \mathbf{v}, \mathbf{w}\rangle$
(3) $\langle z\mathbf{u}, \mathbf{v}\rangle = z\langle \mathbf{u}, \mathbf{v}\rangle$
(4) $\langle \mathbf{u}, \mathbf{u}\rangle \geq 0$, $\langle \mathbf{u}, \mathbf{u}\rangle = 0 \Leftrightarrow \mathbf{u} = \mathbf{0}$

내적이 정의된 복소벡터공간을 **unitary 공간**(unitary space) 또는 **복소내적공간**(complex inner product space)이라 한다. $\mathbf{u}, \mathbf{v} \in V$에 대하여 $\langle \mathbf{u}, \mathbf{v}\rangle = 0$이면 $\mathbf{u}$와 $\mathbf{v}$는 **직교한다**(orthogonal)라고 한다.

위 정의로부터 다음 성질을 얻는다.

(1) $\langle \mathbf{0}, \mathbf{v}\rangle = 0 = \langle \mathbf{v}, \mathbf{0}\rangle$
(2) $\langle \mathbf{u}, \mathbf{v}+\mathbf{w}\rangle = \langle \mathbf{u}, \mathbf{v}\rangle + \langle \mathbf{u}, \mathbf{w}\rangle$
(3) $\langle \mathbf{u}, z\mathbf{v}\rangle = \bar{z}\langle \mathbf{u}, \mathbf{v}\rangle$, $z \in \mathbb{C}$

$\mathbb{C}^n$의 벡터 $\mathbf{u} = \begin{bmatrix} u_1 \\ u_2 \\ \vdots \\ u_n \end{bmatrix}$와 $\mathbf{v} = \begin{bmatrix} v_1 \\ v_2 \\ \vdots \\ v_n \end{bmatrix}$의 유클리드 내적 $\mathbf{u}\cdot\mathbf{v} = u_1\overline{v_1} + u_2\overline{v_2} + \cdots + u_n\overline{v_n}$은 위의 정의를 만족하므로 $\mathbb{C}^n$은 unitary 공간이다.

정의 unitary 공간 V의 벡터 $\mathbf{u}=\begin{bmatrix}u_1\\u_2\\\vdots\\u_n\end{bmatrix}$와 $\mathbf{v}=\begin{bmatrix}v_1\\v_2\\\vdots\\v_n\end{bmatrix}$에 대하여 $\mathbf{u}$의 **노름**(norm)과 $\mathbf{u}$와 $\mathbf{v}$의 **거리**(distance)는 다음과 같다.

$$\|\mathbf{u}\|=\langle\mathbf{u},\mathbf{u}\rangle^{\frac{1}{2}},\ \ d(\mathbf{u},\mathbf{v})=\|\mathbf{u}-\mathbf{v}\|$$

$C([a,b],\mathbb{C})$를 $[a,b]$에서 $\mathbb{C}$로의 모든 연속함수의 집합이라 하자.

$$C([a,b],\mathbb{C})=\{\boldsymbol{f}\mid\boldsymbol{f}:[a,b]\to\mathbb{C}\text{ 는 연속함수}\}$$

$\boldsymbol{f},\boldsymbol{g}\in C([a,b],\mathbb{C})$와 $z\in\mathbb{C}$에 대하여 합과 스칼라 곱을 다음과 같이 정의하면 $C([a,b],\mathbb{C})$는 이 연산에 대하여 복소벡터공간이다.

$$(\boldsymbol{f}+\boldsymbol{g})(x)=\boldsymbol{f}(x)+\boldsymbol{g}(x),\ \ (z\boldsymbol{f})(x)=z\boldsymbol{f}(x)$$

$\boldsymbol{f}(x)=f_1(x)+if_2(x)$, f_1, $f_2\in C([a,b],\mathbb{R})=\{f\mid f:[a,b]\to\mathbb{R}\text{ 는 연속함수}\}$이다.

$\boldsymbol{f},\boldsymbol{g}\in C([a,b],\mathbb{C})$에 대하여 내적을 다음과 정의하면 $C([a,b],\mathbb{C})$는 unitary 공간이다.

$$\langle\boldsymbol{f},\boldsymbol{g}\rangle=\int_a^b\boldsymbol{f}(x)\overline{\boldsymbol{g}(x)}\,dx$$

$[a,b]=[0,\pi]$이고 $\boldsymbol{f}(x)=e^{imx}$일 때 $\boldsymbol{f}$의 노름은 다음과 같다.

$$\begin{aligned}\|\boldsymbol{f}\|&=\langle\boldsymbol{f},\boldsymbol{f}\rangle^{\frac{1}{2}}=\left(\int_0^\pi e^{imx}\,\overline{e^{imx}}\,dx\right)^{\frac{1}{2}}=\left(\int_0^\pi e^{imx}e^{-imx}\,dx\right)\\&=\left(\int_0^\pi dx\right)^{\frac{1}{2}}=\sqrt{\pi}\end{aligned}$$

정리 6.2.1

unitary 공간 V의 벡터 $\mathbf{u}$와 $\mathbf{v}$에 대하여 다음이 성립한다.

(1) $|\langle \mathbf{u}, \mathbf{v} \rangle| \le \|\mathbf{u}\|\|\mathbf{v}\|$ (Cauchy-Schwarz 부등식)

(2) $\|\mathbf{u}+\mathbf{v}\| \le \|\mathbf{u}\|+\|\mathbf{v}\|$ (삼각부등식)

(3) $\|\mathbf{u}+\mathbf{v}\|^2 = \|\mathbf{u}\|^2+\|\mathbf{v}\|^2 \Leftrightarrow \langle \mathbf{u}, \mathbf{v} \rangle = 0$ (Pythagoras 정리)

예제 6.2.2 unitary 공간 $\mathbb{C}^3$의 벡터 $\mathbf{u}=\begin{bmatrix} i \\ 1-2i \\ 3+i \end{bmatrix}$와 $\mathbf{v}=\begin{bmatrix} 1 \\ 1+i \\ 1-i \end{bmatrix}$에 대하여

(1) $\langle \mathbf{u}, \mathbf{v} \rangle$, $\|\mathbf{u}\|$, $\|\mathbf{v}\|$, $\|\mathbf{u}-\mathbf{v}\|$를 구하라.

(2) $\mathbf{u}$와 $\mathbf{v}$에 대하여 Cauchy-Schwarz 부등식과 삼각부등식이 성립함을 보이라.

(3) $\mathbf{u}$와 $\mathbf{v}$가 일차독립임을 보이라.

풀이 (1) $\langle \mathbf{u}, \mathbf{v} \rangle = (i)(1)+(1-2i)\overline{(1+i)}+(3+i)\overline{(1-i)} = i-1-3i+2+4i = 1+2i$

$$\|\mathbf{u}\| = \sqrt{|i|^2+|1-2i|^2+|3+i|^2} = 4,\ \ \|\mathbf{v}\| = \sqrt{|1|^2+|1+i|^2+|1-i|^2} = \sqrt{5}$$

$$\|\mathbf{u}-\mathbf{v}\| = \sqrt{|-1+i|^2+|-3i|^2+|2+2i|^2} = \sqrt{19}$$

(2) $|\langle \mathbf{u}, \mathbf{v} \rangle| = \sqrt{5} \le 4\sqrt{5} = \|\mathbf{u}\|\|\mathbf{v}\|$이므로 Cauchy-Schwarz 부등식이 성립한다. 그리고

$$\|\mathbf{u}+\mathbf{v}\| = \sqrt{23} \le 4+\sqrt{5} = \|\mathbf{u}\|+\|\mathbf{v}\|$$

이므로 삼각부등식이 성립한다.

(3) $z_1, z_2 \in \mathbb{C}$에 대하여 $z_1\mathbf{u}+z_2\mathbf{v}=\mathbf{0}$이라 하면

$$z_1\begin{bmatrix} i \\ 1-2i \\ 3+i \end{bmatrix}+z_2\begin{bmatrix} 1 \\ 1+i \\ 1-i \end{bmatrix}=\begin{bmatrix} 0 \\ 0 \\ 0 \end{bmatrix}$$

이고

$$z_2+z_1i=0, (z_1+z_2)+(z_2-2z_1)i=0,\ (3z_1+z_2)+(z_1-z_2)i=0$$

이므로 $z_1=0$, $z_2=0$이다. 따라서 $\mathbf{u}$와 $\mathbf{v}$는 일차독립이다. ■

$\mathbb{C}^n$ 의 벡터 $\mathbf{u}=\begin{bmatrix} u_1 \\ u_2 \\ \vdots \\ u_n \end{bmatrix}$ 와 $\mathbf{v}=\begin{bmatrix} v_1 \\ v_2 \\ \vdots \\ v_n \end{bmatrix}$ 에 대하여 $\langle \mathbf{u}, \mathbf{v} \rangle = \sum_{i=1}^{n} u_i \overline{v_i}$ 으로 정의하면

$$|\langle \mathbf{u}, \mathbf{v} \rangle| \leq \left| \sum_{i=1}^{n} u_i \overline{v_i} \right| \leq \left(\sum_{i=1}^{n} |u_i|^2 \right)^{\frac{1}{2}} \left(\sum_{i=1}^{n} |v_i|^2 \right)^{\frac{1}{2}} = \| \mathbf{u} \| \| \mathbf{v} \|$$

$$\| \mathbf{u}+\mathbf{v} \| = \left(\sum_{i=1}^{n} |u_i + v_i|^2 \right)^{\frac{1}{2}} \leq \left(\sum_{i=1}^{n} |u_i|^2 \right)^{\frac{1}{2}} + \left(\sum_{i=1}^{n} |v_i|^2 \right)^{\frac{1}{2}} = \| \mathbf{u} \| + \| \mathbf{v} \|$$

이다. 이것을 각각 $\mathbb{C}^n$ 에서의 Cauchy-Schwarz 부등식, 삼각부등식이라 한다.

연습문제 6.2

01. 다음 $\mathbf{u}, \mathbf{v} \in \mathbb{C}^n$, $n=2, 3$에 대하여 $\mathbf{u} \cdot \mathbf{v}$, $\|\mathbf{u}\|$, $\|\mathbf{v}\|$, $\|\mathbf{u}-\mathbf{v}\|$를 구하라.

(1) $\mathbf{u}=\begin{bmatrix} 2i \\ -i \end{bmatrix}$, $\mathbf{v}=\begin{bmatrix} -i \\ 3i \end{bmatrix}$

(2) $\mathbf{u}=\begin{bmatrix} 3i \\ -1+2i \end{bmatrix}$, $\mathbf{v}=\begin{bmatrix} 3i \\ 1+2i \end{bmatrix}$

(3) $\mathbf{u}=\begin{bmatrix} 1+i \\ 0 \\ 2-i \end{bmatrix}$, $\mathbf{v}=\begin{bmatrix} 2 \\ 3i \\ i \end{bmatrix}$

(4) $\mathbf{u}=\begin{bmatrix} i \\ i \\ i \end{bmatrix}$, $\mathbf{v}=\begin{bmatrix} 0 \\ -i \\ -i \end{bmatrix}$

(5) $\mathbf{u}=\begin{bmatrix} 1 \\ 1 \\ -i \end{bmatrix}$, $\mathbf{v}=\begin{bmatrix} 0 \\ 2i \\ i \end{bmatrix}$

(6) $\mathbf{u}=\begin{bmatrix} 2i \\ 0 \\ 1+3i \end{bmatrix}$, $\mathbf{v}=\begin{bmatrix} 2-i \\ 0 \\ 1+3i \end{bmatrix}$

02. 네 개의 벡터가 $\mathbb{C}^4$에서 서로 직교함을 보이라.

$$\mathbf{u}_1=\begin{bmatrix} i \\ 0 \\ 0 \\ i \end{bmatrix}, \quad \mathbf{u}_2=\begin{bmatrix} i \\ 0 \\ 2i \\ -i \end{bmatrix}, \quad \mathbf{u}_3=\begin{bmatrix} -2i \\ 3i \\ 2i \\ 2i \end{bmatrix}, \quad \mathbf{u}_4=\begin{bmatrix} i \\ 2i \\ -i \\ -i \end{bmatrix}$$

6.3 Hermitian행렬과 Unitary행렬

복소수 성분을 갖는 n차 정사각행렬의 집합을 $M_n(\mathbb{C})$으로 나타내기로 한다. Hermitian행렬과 unitary행렬을 정의하고 성질을 알아본다.

정의 복소수 행렬 $A=[a_{ij}]_{m\times n}$에 대하여 $\overline{A}=[\overline{a_{ij}}]_{m\times n}$이고, $(\overline{A})^T$를 A의 **켤레전치행렬**(conjugate transpose)이라 하며 다음과 같이 나타낸다.

$$A^*=(\overline{A})^T=[\overline{a_{ji}}]_{n\times m}$$

행렬 A의 모든 성분이 실수이면 $A^*=A^T$이고 unitary 공간 $\mathbb{C}^n$에서 다음이 성립한다.

$$\langle \mathbf{u},\mathbf{v}\rangle=\mathbf{v}^*\mathbf{u},\quad \|\mathbf{u}\|^2=\mathbf{u}^*\mathbf{u}$$

켤레전치행렬의 성질은 전치행렬의 성질과 유사하다. 켤레전치행렬의 성질을 알아보자. 증명은 독자에게 남긴다.

정리 6.3.1

복소수 행렬 A, B와 $z\in\mathbb{C}$에 대하여 다음이 성립한다.

(1) $(A^*)^*=A$

(2) $(A+B)^*=A^*+B^*$

(3) $(zA)^*=\overline{z}A^*$

(4) $(AB)^*=B^*A^*$

정의 복소수 행렬 A가 $A=A^*$이면 A를 **Hermitian행렬**이라 한다.

예제 6.3.1 다음 행렬의 켤레전치행렬을 구하고, Hermitian행렬을 찾으라.

$$A=\begin{bmatrix}1+i & -i & 0\\ 2 & 3-2i & i\end{bmatrix},\quad B=\begin{bmatrix}1 & 2+i\\ 2-i & -1\end{bmatrix},\quad C=\begin{bmatrix}2 & 3\\ 4 & 5\end{bmatrix}$$

풀이 $\overline{A}=\begin{bmatrix}1-i & i & 0\\ 2 & 3+2i & -i\end{bmatrix}$, $\overline{B}=\begin{bmatrix}1 & 2-i\\ 2+i & -1\end{bmatrix}$, $\overline{C}=\begin{bmatrix}2 & 3\\ 4 & 5\end{bmatrix}$이므로 켤레전치행렬은

$$(\overline{A})^T=A^*=\begin{bmatrix}1-i & 2\\ i & 3+2i\\ 0 & -i\end{bmatrix},\ (\overline{B})^T=B^*=\begin{bmatrix}1 & 2+i\\ 2-i & -1\end{bmatrix},\ (\overline{C})^T=\begin{bmatrix}2 & 4\\ 3 & 5\end{bmatrix}=C^T$$

이다. 그리고 $B=B^*$이므로 B는 Hermitian행렬이다. ■

정리 6.3.2

행렬 $A\in M_n(\mathbb{C})$가 Hermitian행렬이면 다음이 성립한다.

(1) $\mathbf{x}\in\mathbb{C}^n$에 대하여 $\mathbf{x}^*A\mathbf{x}$는 실수이다.

(2) A의 고윳값은 모두 실수이다.

(3) A의 서로 다른 고윳값에 대응되는 고유벡터는 직교한다.

증명 (1) $\mathbf{x}^*A\mathbf{x}$는 1×1행렬이므로

$$\begin{aligned}\overline{\mathbf{x}^*A\mathbf{x}}&=\left(\overline{\mathbf{x}^*A\mathbf{x}}\right)^T=(\mathbf{x}^*A\mathbf{x})^*=\mathbf{x}^*A^*(\mathbf{x}^*)^*\\&=\mathbf{x}^*A^*\mathbf{x}=\mathbf{x}^*A\mathbf{x}\end{aligned}$$

이다. 따라서 $\mathbf{x}^*A\mathbf{x}$는 실수이다.

(2) λ를 A의 고윳값이라 하고 $\mathbf{x}$를 λ에 대응되는 A의 고유벡터라 하면 $\mathbf{x}\neq\mathbf{0}$이므로

$$A\mathbf{x}=\lambda\mathbf{x}\Rightarrow\mathbf{x}^*A\mathbf{x}=\mathbf{x}^*\lambda\mathbf{x}=\lambda\mathbf{x}^*\mathbf{x}=\lambda\|\mathbf{x}\|^2$$

그런데 $\mathbf{x}^*A\mathbf{x}$는 실수이고 $\|\mathbf{x}\|^2\neq0$이므로 λ는 실수이다.

(3) λ_1, λ_2를 A의 서로 다른 고윳값이라 하고, 각각에 대응되는 고유벡터를 $\mathbf{x}\neq\mathbf{0}$, $\mathbf{y}\neq\mathbf{0}$이라 하면 $A\mathbf{x}=\lambda_1\mathbf{x}$, $A\mathbf{y}=\lambda_2\mathbf{y}$이므로

$$\begin{aligned}\lambda_1\langle\mathbf{x},\mathbf{y}\rangle&=\langle\mathbf{x},A^*\mathbf{y}\rangle=\langle\mathbf{x},A\mathbf{y}\rangle=\langle\mathbf{x},\lambda_2\mathbf{y}\rangle=\overline{\lambda_2}\langle\mathbf{x},\mathbf{y}\rangle\\&=\langle\mathbf{x},A^*\mathbf{y}\rangle=\langle\mathbf{x},A\mathbf{y}\rangle=\langle\mathbf{x},\lambda_2\mathbf{y}\rangle=\overline{\lambda_2}\langle\mathbf{x},\mathbf{y}\rangle\\&=\lambda_2\langle\mathbf{x},\mathbf{y}\rangle\end{aligned}$$

이다. 그런데 $\lambda_1\neq\lambda_2$이므로 $\langle\mathbf{x},\mathbf{y}\rangle=0$이다. 따라서 $\mathbf{x}$와 $\mathbf{y}$는 직교한다. ■

예 제 6.3.2 $A=\begin{bmatrix}1&0&0\\0&2&1-i\\0&1+i&0\end{bmatrix}$는 $A=A^*$이므로 Hermitian 행렬이다. A의 고윳값은

$$|\lambda I_3-A|=\begin{vmatrix}\lambda-1&0&0\\0&\lambda-2&-1+i\\0&-1-i&\lambda\end{vmatrix}=0 \Leftrightarrow (\lambda-1)(\lambda^2-2\lambda-2)=0$$

이므로 $\lambda_1=1$, $\lambda_2=1-\sqrt{3}$, $\lambda_3=1+\sqrt{3}$이다. 따라서 Hermitian행렬 A의 고윳값은 모두 실수임을 알 수 있다. 각각에 대응되는 고유벡터는

$$\mathbf{x}_1=\begin{bmatrix}1\\0\\0\end{bmatrix},\ \mathbf{x}_2=\begin{bmatrix}0\\ \frac{1-\sqrt{3}}{2}-\frac{1-\sqrt{3}}{2}i\\ 1\end{bmatrix},\ \mathbf{x}_3=\begin{bmatrix}0\\ \frac{1+\sqrt{3}}{2}-\frac{1+\sqrt{3}}{2}i\\ 1\end{bmatrix}$$

이고 $\langle\mathbf{x}_1, \mathbf{x}_2\rangle=0$, $\langle\mathbf{x}_2, \mathbf{x}_3\rangle=0$, $\langle\mathbf{x}_1, \mathbf{x}_3\rangle=0$이므로 서로 직교한다. ■

> **정의** 복소수 행렬 A가 $A=-A^*$이면 A를 **반-Hermitian행렬**(skew-Hermitian matrix)이라 한다.

$A=\begin{bmatrix}-i&-2i\\-2i&3i\end{bmatrix}$와 $B=\begin{bmatrix}0&0&i\\0&i&0\\i&0&0\end{bmatrix}$는 $A=-A^*$, $B=-B^*$이므로 반-Hermitian행렬이다.

실수 행렬 $A\in M_n(\mathbb{R})$가 $A^TA=I_n$이면 A는 직교행렬이다. $M_n(\mathbb{C})$에서 이와 유사한 성질을 갖는 행렬을 알아보자.

> **정의** 복소수 행렬 $U\in M_n(\mathbb{C})$가 $U^*U=I_n=UU^*$이면 U를 **unitary행렬**(unitary matrix)이라 한다.

U가 unitary행렬이면 $U^*=U^{-1}$이다. U의 k번째 열벡터를 $\mathbf{u}_k$이라 하면

$$\langle\mathbf{u}_h, \mathbf{u}_k\rangle=\mathbf{u}_k^*\mathbf{u}_h=\begin{cases}1, & h=k\\0, & h\neq k\end{cases}$$

이므로 U가 unitary행렬일 필요충분조건은 U의 열들이 정규직교집합을 이루는 것이다.

예제 6.3.3 다음 행렬 A가 unitary행렬임을 보이라.

$$A=\frac{1}{2}\begin{bmatrix}1+i & 1+i\\ 1-i & -1+i\end{bmatrix}$$

풀이 $A^*=\frac{1}{2}\begin{bmatrix}1-i & 1+i\\ 1-i & -1-i\end{bmatrix}$이므로 $A^*A=\frac{1}{4}\begin{bmatrix}1-i & 1+i\\ 1-i & -1-i\end{bmatrix}\begin{bmatrix}1+i & 1+i\\ 1-i & -1+i\end{bmatrix}=\begin{bmatrix}1 & 0\\ 0 & 1\end{bmatrix}=I_2$이다. 따라서 A는 unitary행렬이다. A에서 열벡터는 $\mathbf{u}_1=\frac{1}{2}\begin{bmatrix}1+i\\ 1-i\end{bmatrix}$, $\mathbf{u}_2=\frac{1}{2}\begin{bmatrix}1+i\\ -1+i\end{bmatrix}$이고

$$\langle\mathbf{u}_1,\ \mathbf{u}_2\rangle=\mathbf{u}_2{}^*\mathbf{u}_1=\frac{1}{4}[1-i\ \ -1-i]\begin{bmatrix}1+i\\ 1-i\end{bmatrix}=0$$

이므로 $\{\mathbf{u}_1,\ \mathbf{u}_2\}$는 정규직교집합이다. ■

정리 6.3.3

$\mathbb{C}^n$이 unitary 공간이고 $U\in M_n(\mathbb{C})$가 unitary행렬이면 다음이 성립한다.

(1) $\mathbf{x},\ \mathbf{y}\in\mathbb{C}^n$에 대하여 $\langle U\mathbf{x},\ U\mathbf{y}\rangle=\langle\mathbf{x},\mathbf{y}\rangle$이다. 특히 $\|U\mathbf{x}\|=\|\mathbf{x}\|$이다.

(2) λ가 U의 고윳값이면 $|\lambda|=1$이다.

(3) U의 서로 다른 고윳값에 대응되는 고유벡터는 직교한다.

증명 (1) $\langle U\mathbf{x},\ U\mathbf{y}\rangle=(U\mathbf{y})^*U\mathbf{x}=\mathbf{y}^*(U^*U)\mathbf{x}=\mathbf{y}^*\mathbf{x}=\langle\mathbf{x},\ \mathbf{y}\rangle$

특히

$$\|U\mathbf{x}\|^2=\langle U\mathbf{x},\ U\mathbf{x}\rangle=\langle\mathbf{x},\mathbf{x}\rangle=\|\mathbf{x}\|^2$$

(2) U의 고윳값 λ에 대응되는 고유벡터를 $\mathbf{x}\neq\mathbf{0}$이라 하면 $U\mathbf{x}=\lambda\mathbf{x}$이므로

$$\langle\mathbf{x},\mathbf{x}\rangle=\langle U\mathbf{x},\ U\mathbf{x}\rangle=\langle\lambda\mathbf{x},\ \lambda\mathbf{x}\rangle=\lambda\bar{\lambda}\langle\mathbf{x},\mathbf{x}\rangle=|\lambda|^2\langle\mathbf{x},\mathbf{x}\rangle$$

이다. 그러면 $|\lambda|^2=1$이므로 $|\lambda|=1$이다.

(3) $\lambda_1,\ \lambda_2$를 U의 서로 다른 고윳값이라 하고, 각각에 대응되는 고유벡터를 $\mathbf{x}\neq\mathbf{0}$, $\mathbf{y}\neq\mathbf{0}$이라 하면

$$\lambda_1\langle \mathbf{x}, \mathbf{y}\rangle = \langle \lambda_1 \mathbf{x}, \mathbf{y}\rangle = \langle U\mathbf{x}, \mathbf{y}\rangle = \langle U^*(U\mathbf{x}), U^*\mathbf{y}\rangle$$
$$= \langle \mathbf{x}, U^*\mathbf{y}\rangle = \langle \mathbf{x}, U^{-1}\mathbf{y}\rangle$$

이다. 그리고 $U\mathbf{y} = \lambda_2 \mathbf{y}$이고 $|\lambda_2| = \lambda_2\overline{\lambda_2} = 1$이므로 $U^{-1}\mathbf{y} = \overline{\lambda_2}\mathbf{y}$이다. 따라서

$$\lambda_1\langle \mathbf{x}, \mathbf{y}\rangle = \langle \mathbf{x}, U^{-1}\mathbf{y}\rangle = \langle \mathbf{x}, \overline{\lambda_2}\mathbf{y}\rangle = \lambda_2\langle \mathbf{x}, \mathbf{y}\rangle$$

이고 $\lambda_1 \neq \lambda_2$이므로 $\langle \mathbf{x}, \mathbf{y}\rangle = 0$이다. 그러므로 $\mathbf{x}$와 $\mathbf{y}$는 직교한다. ■

정의 $A, B \in M_n(\mathbb{C})$에 대하여 $U^*AU = B$인 unitary행렬 U가 존재하면 A와 B는 **unitary 닮음**(unitary similar)이라 하고 $A \in M_n(\mathbb{C})$가 대각행렬과 unitary 닮음이면 A는 **unitary 대각화 가능**(unitarily diagonalizable)하다고 한다.

예제 6.3.4 다음 행렬에서 A가 unitary 대각화 가능함을 보이라.

$$A = \begin{bmatrix} 2 & i \\ -i & 2 \end{bmatrix}, \quad U = \frac{1}{\sqrt{2}}\begin{bmatrix} i & -1 \\ 1 & -i \end{bmatrix}$$

풀이 $U^*U = I_2 = UU^*$이므로 U는 unitary행렬이고

$$U^*AU = \frac{1}{2}\begin{bmatrix} -i & 1 \\ -1 & i \end{bmatrix}\begin{bmatrix} 2 & i \\ -i & 2 \end{bmatrix}\begin{bmatrix} i & -1 \\ 1 & -i \end{bmatrix} = \begin{bmatrix} 3 & 0 \\ 0 & 1 \end{bmatrix} = D$$

이므로 A가 unitary 대각화 가능하다. ■

예제 6.3.5 $A = \begin{bmatrix} 2 & 1-i \\ 1+i & 1 \end{bmatrix}$을 대각화하는 unitary행렬을 구하라.

풀이 $|\lambda I_2 - A| = \begin{vmatrix} \lambda-2 & -1+i \\ -1-i & \lambda-1 \end{vmatrix} = 0 \Leftrightarrow \lambda(\lambda-3) = 0$이므로 A의 고윳값은 $\lambda_1 = 3$, $\lambda_2 = 0$이고 이에 대응하는 고유벡터는

$$\mathbf{x}_1 = \begin{bmatrix} 1-i \\ 1 \end{bmatrix}, \quad \mathbf{x}_2 = \begin{bmatrix} -1 \\ 1+i \end{bmatrix}$$

이다.

$$\mathbf{u}_1 = \frac{\mathbf{x}_1}{\|\mathbf{x}_1\|} = \frac{1}{\sqrt{3}}\begin{bmatrix} 1-i \\ 1 \end{bmatrix}, \quad \mathbf{u}_2 = \frac{\mathbf{x}_2}{\|\mathbf{x}_2\|} = \frac{1}{\sqrt{3}}\begin{bmatrix} -1 \\ 1+i \end{bmatrix}$$

이라 하고

$$U=[\mathbf{u}_1\ \mathbf{u}_2]=\frac{1}{\sqrt{3}}\begin{bmatrix}1-i & -1\\ 1 & 1+i\end{bmatrix}$$

이라 하면 $U^*U=I_2=UU^*$이므로 U는 unitary행렬이다. 그리고

$$U^*AU=\frac{1}{3}\begin{bmatrix}1+i & 1\\ -1 & 1-i\end{bmatrix}\begin{bmatrix}2 & 1-i\\ 1+i & 1\end{bmatrix}\begin{bmatrix}1-i & -1\\ 1 & 1+i\end{bmatrix}=\begin{bmatrix}3 & 0\\ 0 & 0\end{bmatrix}=D$$

이므로 A는 U에 대하여 대각행렬 D와 unitary 닮음이다. ■

정리 6.3.4

(Schur 정리) n차 정사각행렬은 고윳값을 주대각선 성분으로 갖는 상삼각행렬과 unitary 닮음이다.

증명 n차 정사각행렬 A의 고윳값을 $\lambda_1, \lambda_2, \cdots, \lambda_n$이라 하자. $n=1$이면 $A=[\lambda_1]$이므로 성립한다. $n-1$차 이하일 때 성립한다고 가정하고 n차일 때 성립함을 보이자. $\mathbf{x}_1$을 λ_1에 대응되는 $\|\mathbf{x}_1\|=1$인 고유벡터라 하자. 그러면 $\mathbf{x}_1$을 포함하는 $\mathbb{C}^n$에 대한 정규직교기저 $S=\{\mathbf{x}_1, \mathbf{x}_2, \cdots, \mathbf{x}_n\}$이 존재한다. 그리고 $U_0=[\mathbf{x}_1\ \mathbf{x}_2\ \cdots\ \mathbf{x}_n]$이라 하면 S가 정규직교집합이므로 U_0는 unitary행렬이다. $A\mathbf{x}_1=\lambda_1\mathbf{x}_1$이므로 AU_0의 첫 번째 열은 $\lambda_1\mathbf{x}_1$이다. 따라서 U_0^*AU는 다음과 같은 꼴의 행렬이다.

$$U_0^*AU_0=\left[\begin{array}{c|c}\lambda_1 & *\\ \hline 0 & \\ 0 & A_1\\ \vdots & \\ 0 & \end{array}\right]$$

$A_1\in M_{n-1}(\mathbb{C})$이고,

$$\begin{aligned}|\lambda I_n-A|&=|U_0^*(\lambda I_n-A)U_0|=|\lambda U_0^*U_0-U_0^*AU_0|\\ &=|\lambda I_n-U_0^*AU_0|=\left|\left[\begin{array}{c|c}\lambda-\lambda_1 & -*\\ \hline 0 & \\ 0 & \lambda I_{n-1}A_1\\ \vdots & \\ 0 & \end{array}\right]\right|\\ &=(\lambda-\lambda_1)|\lambda I_{n-1}-A_1|\end{aligned}$$

이므로 A_1의 고윳값은 $\lambda_2, \lambda_3, \cdots, \lambda_n$이다. 가정에 의하여

$$\widehat{U_1}^* A \widehat{U_1} = \begin{bmatrix} \lambda_2 & \cdots & \cdots & \cdots \\ 0 & \ddots & & * \\ \vdots & \ddots & \ddots & \\ 0 & \cdots & 0 & \lambda_n \end{bmatrix}$$

인 unitary행렬 $\widehat{U_1} \in M_{n-1}(\mathbb{C})$가 존재한다.

$$U_1 = \left[\begin{array}{c|ccc} 1 & 0 & \cdots & 0 \\ \hline 0 & & & \\ 0 & & \widehat{U_1} & \\ \vdots & & & \\ 0 & & & \end{array}\right] \in M_n(\mathbb{C})$$

이면

$$(U_0U_1)^* A (U_0U_1) = U_1^* (U_0^* A U_0) U_1 = \begin{bmatrix} \lambda_1 & * & \cdots & * \\ 0 & \lambda_2 & \cdots & * \\ 0 & 0 & \ddots & \\ \vdots & \vdots & & \ddots & \vdots \\ 0 & 0 & \cdots & \cdots & \lambda_n \end{bmatrix}$$

이고, $U = U_0U_1$은 unitary행렬이다. 따라서 Schur 정리가 성립한다. ■

unitary 대각화 가능한 행렬에 대하여 알아보자.

정의 $A \in M_n(\mathbb{C})$가 다음을 만족시키면 A를 **정규행렬**(normal matrix)이라 한다.

$$AA^* = A^*A$$

Hermitian행렬 A는 $A = A^*$이므로 $AA^* = AA = A^*A$이다. 따라서 정규행렬이다. 그리고 unitary행렬 B도 $BB^* = I_n = B^*B$이므로 정규행렬이다.

다음 행렬은 $AA^* = A^*A$, $BB^* = B^*B$이므로 정규행렬이다.

$$A = \frac{1}{2}\begin{bmatrix} -1+i & 1+i \\ 1-i & 1+i \end{bmatrix}, \quad B = \begin{bmatrix} 2+2i & i & 1-i \\ i & -2i & 1-3i \\ 1-i & 1-3i & -3+8i \end{bmatrix}$$

정리 6.3.5

$A \in M_n(\mathbb{C})$에 대하여 다음은 동치이다.

(1) A는 unitary 대각화 가능하다.
(2) A는 정규행렬이다.
(3) A는 n개의 정규직교인 고유벡터를 갖는다.

$A \in M_n(\mathbb{C})$가 unitary 대각화 가능할 필요충분조건은 A가 정규행렬이고, A는 n개의 정규직교인 고유벡터를 갖는다. 이 고유벡터를 열로 갖는 행렬 U는 unitary행렬이며 $U^* AU = D$는 고윳값 λ_i를 대각선 성분으로 갖는 대각행렬이다.

예제 6.3.6 다음 행렬 A와 U에 대하여 A가 정규행렬이고 U의 각 열이 A의 정규직교인 고유벡터임을 보이고, A를 대각화하라.

$$A = \begin{bmatrix} 2 & i \\ -i & 2 \end{bmatrix}, \quad U = \frac{1}{\sqrt{2}} \begin{bmatrix} i & -1 \\ 1 & -i \end{bmatrix}$$

풀이 $A = A^*$이고 $AA^* = A^*A$이므로 A는 정규행렬이다. U의 1열을 $\mathbf{u}_1$, 2열을 $\mathbf{u}_2$이라 하면

$$A\mathbf{u}_1 = \frac{1}{\sqrt{2}} \begin{bmatrix} 2 & i \\ -i & 2 \end{bmatrix} \begin{bmatrix} i \\ 1 \end{bmatrix} = \frac{3}{\sqrt{2}} \begin{bmatrix} i \\ 1 \end{bmatrix} = 3\mathbf{u}_1,$$

$$A\mathbf{u}_2 = \frac{-1}{\sqrt{2}} \begin{bmatrix} 2 & i \\ -i & 2 \end{bmatrix} \begin{bmatrix} 1 \\ i \end{bmatrix} = \frac{-1}{\sqrt{2}} \begin{bmatrix} 1 \\ i \end{bmatrix} = -\mathbf{u}_2$$

이므로 $\mathbf{u}_1$, $\mathbf{u}_2$는 A의 고유벡터이다. 그리고 $\|\mathbf{u}_1\| = \|\mathbf{u}_2\| = 1$이고 $\langle \mathbf{u}_1, \mathbf{u}_2 \rangle = \mathbf{u}_2^* \mathbf{u}_1 = 0$이므로 $\mathbf{u}_1$, $\mathbf{u}_2$는 A의 정규직교인 고유벡터이다.

A의 고윳값이 $\lambda_1 = 3$, $\lambda_2 = 1$이고 각각에 대응하는 고유벡터는 $\mathbf{x}_1 = \begin{bmatrix} i \\ 1 \end{bmatrix}$, $\mathbf{x}_2 = \begin{bmatrix} -1 \\ -i \end{bmatrix}$이므로 정규화하면

$$\mathbf{u}_1 = \frac{\mathbf{x}_1}{\|\mathbf{x}_1\|} = \frac{1}{\sqrt{2}} \begin{bmatrix} i \\ 1 \end{bmatrix}, \quad \mathbf{u}_2 = \frac{\mathbf{x}_2}{\|\mathbf{x}_2\|} = \frac{-1}{\sqrt{2}} \begin{bmatrix} 1 \\ i \end{bmatrix}$$

이다. $U = \frac{1}{\sqrt{2}} \begin{bmatrix} i & -1 \\ 1 & -i \end{bmatrix}$이라 하면 $U^* AU = \begin{bmatrix} 3 & 0 \\ 0 & 1 \end{bmatrix} = D$이다. ■

연습문제 6.3

01. 다음 행렬의 켤레전치행렬을 구하라.

(1) $A=\begin{bmatrix} 2i & 1+i \\ 2 & 2-i \\ 5+i & 1 \end{bmatrix}$ (2) $A=\begin{bmatrix} 6 & 2+2i \\ 2-2i & 4 \end{bmatrix}$

(3) $A=\begin{bmatrix} 1+i & 2 \\ 2 & 3 \end{bmatrix}$ (4) $A=\begin{bmatrix} 2 & i & 0 \\ 0 & 1 & -5i \\ 1 & 1-i & 4 \end{bmatrix}$

02. 다음 행렬에서 Hermitian행렬, unitary행렬, 정규행렬을 판별하라.

(1) $A=\begin{bmatrix} 1+i & 2 \\ 2 & 3 \end{bmatrix}$ (2) $A=\begin{bmatrix} 2 & 2+2i \\ 2-2i & -2 \end{bmatrix}$

(3) $A=\dfrac{1}{\sqrt{2}}\begin{bmatrix} 1 & 1 \\ -i & i \end{bmatrix}$ (4) $A=\begin{bmatrix} 0 & i & 1 \\ i & 0 & 2+i \\ -1 & -2+i & 0 \end{bmatrix}$

03. $A=\begin{bmatrix} -1 & x & -i \\ 3-5i & 0 & y \\ z & 2+4i & 2 \end{bmatrix}$가 Hermitian행렬이 되는 x, y, z를 구하라.

04. $A=\begin{bmatrix} 1 & -2i & 0 & 2i \\ 2i & -1 & -2 & 0 \\ 0 & -2 & 1 & -2 \\ -2i & 0 & -2 & -1 \end{bmatrix}$가 Hermitian행렬임을 보이고, 대각화하는 unitary행렬 U를 구하라.

05. $A\in M_n(\mathbb{C})$에 대하여 다음이 Hermitian행렬인지 판별하라.

(1) A^*A (2) AA^* (3) $A+A^*$ (4) $A-A^*$

06. Hermitian행렬의 대각선 성분은 모두 실수임을 보이라.

07. $A\in M_n(\mathbb{C})$가 Hermitian행렬이면 iA는 반-Hermitian행렬임을 보이라.

6.4 Jordan 표준형

대각화 가능하지 않은 행렬도 대각행렬과 유사한 행렬과 닮음이 되게 할 수 있는 정리를 알아본다.

정리 6.4.1

n차 정사각행렬 A가 $t(1 \le t \le n)$개의 일차독립인 고유벡터를 가지면 A는 다음과 같은 행렬 J_A와 (unitary) 닮음이다.

$$J_A = \begin{bmatrix} J_1 & & & 0 \\ & J_2 & & \\ & & \ddots & \\ 0 & & & J_t \end{bmatrix}_n$$

즉 $U^*AU = J_A$인 unitary행렬 U가 존재한다. 여기서

$$J_k = \begin{bmatrix} \lambda_i & 1 & & 0 \\ & \ddots & \ddots & \\ & & \ddots & 1 \\ 0 & & & \lambda_i \end{bmatrix}_{n_k}, \quad n_1 + n_2 + \cdots + n_t = n \ (1 \le k \le t)$$

이다. J_k를 A의 고윳값 λ_i에 대응하는 하나의 **Jordan block**이라 하고 J_A를 A의 **Jordan 표준형**(Jordan canonical form)이라 한다.

각 Jordan block J_k는 대각선 성분을 모두 같은 고윳값 λ_i로 갖는 상삼각행렬이고 하나의 고윳값 λ_i에 대응하는 Jordan block은 여러 개일 수 있다. A가 n개의 일차독립인 고유벡터를 갖는다면 n개의 1×1 Jordan block을 갖는 Jordan 표준형(대각행렬)을 갖는다.

하나의 고윳값 λ_i의 중복도가 m_i(λ_i의 **대수적 중복도**)이고, 이에 대응하는 $k_i(k_i \le m_i)$개의 일차독립인 고유벡터를 갖는다면 이것을 λ_i에 대한 **기하학적 중복도**라 한다. 이는 고윳값 λ_i에 대한 고유공간의 차원과 같은 것이다. A는 λ_i를 대각선 성분으로 갖는 k_i개의 Jordan block과 다른 고윳값 λ_j에 대응하는 Jordan block도 갖게 된다. 그리고

각 λ_j에 대응하는 모든 Jordan block의 크기의 합은 λ_j의 대수적 중복도 m_j가 된다. 따라서 각각의 고윳값에 대한 대수적 중복도와 기하학적 중복도가 모두 같은 행렬에 대한 Jordan 표준형은 대각행렬이다.

예제 6.4.1 다음 J_A는

$$J_A = \begin{bmatrix} 2 & 1 & 0 & & & & & \\ 0 & 2 & 1 & & & & 0 & \\ 0 & 0 & 2 & & & & & \\ & & & 2 & & & & \\ & & & & 3 & 1 & & \\ & & & & 0 & 3 & & \\ & 0 & & & & & 0 & 1 \\ & & & & & & 0 & 0 \end{bmatrix}_8$$

특성방정식으로 $|\lambda I - A| = (\lambda-2)^4(\lambda-3)^2\lambda^2 = 0$을 갖는 8차 정사각행렬 A의 Jordan 표준형이다. 대각선에 고윳값 2는 네 개, 3은 두 개, 0도 두 개가 있다. 고윳값 중복도는 그 고윳값에 대응하는 모든 Jordan block의 크기의 합이다. ■

행렬 A의 Jordan 표준형 J_A는 $P^{-1}AP = J_A$가 되게 하는 가역행렬 P를 구하는 것이 필요할 때도 있지만, 가역행렬 P를 몰라도 각 고윳값의 중복도와 그 고윳값에 대한 고유공간에 있는 일차독립인 고유벡터의 개수에 의하여 대부분 결정된다.

예제 6.4.2 5차 정사각행렬 A가 중복도 5인 고윳값 λ 하나만 갖고 λ에 대응되는 일차독립인 고유벡터를 한 개 갖는다면 A의 Jordan 표준형 J_A는

$$J_A = \begin{bmatrix} \lambda & 1 & 0 & 0 & 0 \\ 0 & \lambda & 1 & 0 & 0 \\ 0 & 0 & \lambda & 1 & 0 \\ 0 & 0 & 0 & \lambda & 1 \\ 0 & 0 & 0 & 0 & \lambda \end{bmatrix}$$

이다. A의 일차독립인 고유벡터는 하나밖에 없으므로 Jordan block이 하나이기 때문이다. ■

행렬 A의 Jordan block의 성질을 알아보자. $(J_A - \lambda I)$는 다음 성질을 갖는 $\mathbb{R}^5$상의 선형변환이다.

$$(J_A-\lambda I)\mathbf{x}=\begin{bmatrix}0&1&0&0&0\\0&0&1&0&0\\0&0&0&1&0\\0&0&0&0&1\\0&0&0&0&0\end{bmatrix}\begin{bmatrix}x_1\\x_2\\x_3\\x_4\\x_5\end{bmatrix}=\begin{bmatrix}x_2\\x_3\\x_4\\x_5\\0\end{bmatrix}$$

그런데 $S=\{\mathbf{e}_1, \mathbf{e}_2, \cdots, \mathbf{e}_5\}$가 $\mathbb{R}^5$의 표준기저일 때 $(J_A-\lambda I)\mathbf{e}_1=0$이고, $(J_A-\lambda I)\mathbf{e}_i=\mathbf{e}_{i-1}$, $i=2, 3, 4, 5$이므로 $\mathbf{e}_1$은 λ에 대응하는 J_A의 하나뿐인 일차독립인 고유벡터이다. $(J_A-\lambda I)^i\mathbf{e}_i=0$, $i=2, 3, 4, 5$이고 이 식은 $(J_A-\lambda I)\mathbf{x}=0$과 비슷한 꼴이므로 $\mathbf{e}_i$, $i=2, 3, 4, 5$가 J_A의 고유벡터는 아니지만 고유벡터와 유사한 성질을 갖게 된다. 이런 $\mathbf{e}_i$, $i=2, 3, 4, 5$를 J_A에 대한 **일반화된 고유벡터**(generalized eigenvector)라 한다.

행렬 $A\in M_n(\mathbb{C})$이 k개의 서로 다른 고윳값 $\lambda_1, \lambda_2, \cdots, \lambda_k$를 갖는다면 A의 Jordan 표준형 J_A는 다음과 같이 나타낼 수 있다.

$$J_A=\begin{bmatrix}A_1&0&\cdots&0\\0&A_2&\ddots&\vdots\\\vdots&\ddots&\ddots&0\\0&\cdots&0&A_k\end{bmatrix}$$

각 A_i는 고윳값 λ_i에 대응하는 적당한 크기의 Jordan block의 block 대각행렬이다. 이것을 **block 부분행렬**이라 한다. 각각의 고윳값 λ_i에 대응하는 A_i를 알아보자. λ_i를 감소(또는 증가)하는 값의 순서로 정하고 그 안의 Jordan block에 block 크기순으로 순서를 주면 J_A는 유일하게 결정된다.

$$A_i=\begin{bmatrix}J_{i,p_1}&0&\cdots&0\\0&J_{i,p_2}&\ddots&\vdots\\\vdots&\ddots&\ddots&0\\0&\cdots&0&J_{i,p_{l_i}}\end{bmatrix}$$

λ_i, $i=1, 2, \cdots, k$에 대하여 A_i 안의 Jordan block의 개수 l_i, $1\le i\le k$와 각각의 $J_{i,p_t}\in M_{p_t}$의 크기 p_t를 구하자. λ_i에 대응하는 일차독립인 고유벡터를 $\mathbf{x}_1, \mathbf{x}_2, \cdots, \mathbf{x}_{l_i}$이라 하고, 부호를 단순하게 만들기 위하여 하나의 고윳값에 대하여만 생각하자. 따라서

λ_i를 λ, l_i를 l이라 하자. 그런데 A_i의 각 Jordan block의 개수 l과 그 각각의 block의 크기 $p_1, p_2, \cdots, p_l$은 $A - \lambda_i I$의 어떤 거듭제곱의 계수를 앎으로써 결정된다. 일반성을 잃지 않고 $p_1 \geq p_2 \geq \cdots \geq p_l$이라 할 수 있다. 이제 고윳값 λ와 그에 대한 고유공간의 차원(기하학적 중복도)인 l과 p_t를 이용하여 A_i를 쉽게 구할 수 있는 점들의 배열인 **점도표**(dot diagram)를 알아보자. 점도표는 다음과 같은 규칙으로 정해진다.

(a) l개의 Jordan block 열로 이루어진다.

(b) l개의 $p_1, p_2, \cdots, p_l$을 크기순으로 왼쪽에서 오른쪽으로 배열한다. 그러면 j번째 열의 점은 k_j개로 이루어진다. $\mathbf{x}_j$가 j번째 열의 맨 아래의 점이면 맨 위는 $(A-\lambda I)^{k_j-1}(\mathbf{x}_j)$에 대응하는 점이다. 그 열의 위에서 두 번째 점은 $(A-\lambda I)^{k_j-2}(\mathbf{x}_j)$에 대응한다.

A_i에 대응하는 점도표는 다음과 같다.

$$\begin{array}{lll}
\bullet(A-\lambda I)^{k_1-1}(\mathbf{x}_1) & \bullet(A-\lambda I)^{k_2-1}(\mathbf{x}_2)\ \cdots & \bullet(A-\lambda I)^{k_{p_l}-1}(\mathbf{x}_{p_l}) \\
\bullet(A-\lambda I)^{k_1-2}(\mathbf{x}_1) & \bullet(A-\lambda I)^{k_2-2}(\mathbf{x}_2)\ \cdots & \quad\vdots \\
\quad\vdots & \quad\vdots & \bullet\mathbf{x}_{p_l} \\
\bullet(A-\lambda I)(\mathbf{x}_1) & \bullet\mathbf{x}_2 & \\
\bullet\mathbf{x}_1 & &
\end{array}$$

$\mathbf{x}_1, \mathbf{x}_2, \cdots, \mathbf{x}_{p_l}$은 λ에 대응하는 일차독립인 고유벡터이다. r_j가 점도표에서 j번째 열의 점의 개수이면 r_1은 1×1 이상 크기의 Jordan block의 수이고 r_2는 2×2 이상 크기의 Jordan block의 수이며 r_{p_l}은 $p_l \times p_l$ 이상 크기의 Jordan block의 수이다. 따라서 다음과 같다.

$$r_1 \geq r_2 \geq \cdots \geq r_{p_l}$$

예제 6.4.3 9×9행렬 A_i는 그 안의 Jordan block의 개수인 l과 각 Jordan block의 크기인 $p_1, p_2, \cdots, p_l$에 의하여 결정된다는 것을 보이기 위하여 $l=4$라 하고 $p_1=3$, $p_2=3$, $p_3=2$, $p_1=1$이라 하자. 그러면 block의 크기 순서에 따라 A_i는

$$A_i = \begin{bmatrix} \lambda_i & 1 & 0 & & & & & & \\ 0 & \lambda_i & 1 & & & & & 0 & \\ 0 & 0 & \lambda_i & & & & & & \\ & & & \lambda_i & 1 & 0 & & & \\ & & & 0 & \lambda_i & 1 & & & \\ & & & 0 & 0 & \lambda_i & & & \\ & & & & & & \lambda_i & 1 & \\ & 0 & & & & & 0 & \lambda_i & \\ & & & & & & & & \lambda_i \end{bmatrix}_9$$

이다. $l=4$, $p_1=3$, $p_2=3$, $p_3=2$, $p_1=1$이므로 λ_1에 대한 점도표는 다음과 같다.

■

정리 6.4.2

λ_i에 대한 점도표의 처음 r개 행 안의 점의 수는 $(A-\lambda_i I)^r\mathbf{x}=0$의 해공간의 차원과 같다.

다음 정리는 λ_i에 대한 점도표는 $A-\lambda_i I$의 거듭제곱의 계수에 의하여 결정됨을 보여준다.

정리 6.4.3

행렬 $A\in M_n(\mathbb{C})$에 대하여 r_j를 λ_i에 대한 점도표의 j번째 행에 있는 점의 개수라 하면

(1) $r_1 = n - \mathrm{rank}(A-\lambda_i I)$

(2) $j>1$이면 $r_j = \mathrm{rank}\big((A-\lambda_i I)^{j-1}\big) - \mathrm{rank}\big((A-\lambda_i I)^j\big)$

증명 정리 6.4.2에 의하여

$$r_1+r_2+\cdots+r_j=\text{nullity}\big((A-\lambda_i I)^j\big)=n-\text{rank}\big((A-\lambda_i I)^j\big),\ j\geq 1$$

이다. 그래서 $r_1=n-\text{rank}\big((A-\lambda_i I)^1\big)$이고

$$\begin{aligned} r_j&=(r_1+r_2+\cdots+r_j)-(r_1+r_2+\cdots+r_{j-1})\\ &=\big\{n-\text{rank}\big((A-\lambda_i I)^j\big)\big\}-\big\{n-\text{rank}\big((A-\lambda_i I)^{j-1}\big)\big\}\\ &=\text{rank}\big((A-\lambda_i I)^{j-1}\big)-\text{rank}\big((A-\lambda_i I)^j\big),j>1 \end{aligned}$$

이다. ■

예제 6.4.4 다음 행렬의 Jordan 표준형을 구하라.

(1) $A=\begin{bmatrix} i & 0\\ 1 & i\end{bmatrix}$ (2) $A=\begin{bmatrix} 4 & 1 & 2\\ 0 & 4 & 2\\ 0 & 0 & 4\end{bmatrix}$ (3) $A=\begin{bmatrix} 2 & -1 & 0 & 1\\ 0 & 3 & -1 & 0\\ 0 & 1 & 1 & 0\\ 0 & -1 & 0 & 3\end{bmatrix}$

풀이 (1) $|\lambda I_2-A|=\begin{vmatrix} \lambda-i & 0\\ -1 & \lambda-i\end{vmatrix}=0 \Leftrightarrow (\lambda-i)^2=0$이므로 A의 고윳값은 $\lambda=i$이고 중복도는 2이다.

$$r_1=2-\text{rank}(A-iI)=2-\text{rank}\begin{bmatrix} 0 & 0\\ 1 & 0\end{bmatrix}=2-1=1,$$

$$r_2=2-r_1=2-1=1$$

따라서 점도표는 다음과 같다.

$$\begin{matrix}\bullet\\ \bullet\end{matrix}$$

이것은 2×2 Jordan block이 한 개이므로 Jordan 표준형은 $J_A=\begin{bmatrix} i & 1\\ 0 & i\end{bmatrix}$이다.

(2) $|\lambda I_3-A|=\begin{vmatrix} \lambda-4 & -1 & -2\\ 0 & \lambda-4 & -2\\ 0 & 0 & \lambda-4\end{vmatrix}=0 \Leftrightarrow (\lambda-4)^3=0$이므로 A의 고윳값은 $\lambda=4$이고 중복도는 3이다.

$$r_1=3-\text{rank}(A-4I)=3-\text{rank}\begin{bmatrix} 0 & 1 & 2\\ 0 & 0 & 2\\ 0 & 0 & 0\end{bmatrix}=3-2=1,$$

$$r_2 = \text{rank}(A-4I) - \text{rank}\left[(A-4I)^2\right] = 2 - \text{rank}\begin{bmatrix} 0 & 0 & 2 \\ 0 & 0 & 0 \\ 0 & 0 & 0 \end{bmatrix} = 2-1=1$$

$$r_3 = 3 - (r_1 + r_2) = 3 - (1+1) = 1$$

따라서 점도표는 다음과 같다.

•

•

•

이것은 3×3 Jordan block이 한 개이므로 Jordan 표준형은 $J_A = \begin{bmatrix} 4 & 1 & 0 \\ 0 & 4 & 1 \\ 0 & 0 & 4 \end{bmatrix}$이다.

(3) $|\lambda I_4 - A| = \begin{vmatrix} \lambda-2 & 1 & 0 & -1 \\ 0 & \lambda-3 & 1 & 0 \\ 0 & -1 & \lambda-1 & 0 \\ 0 & 1 & 0 & \lambda-3 \end{vmatrix} = 0 \Leftrightarrow (\lambda-3)(\lambda-2)^3 = 0$이므로 A의 고윳값은

$\lambda_1 = 3$, 중복도는 1이고, $\lambda_2 = 2$, 중복도는 3이다. λ_1에 대응하는 점도표는 한 개의 점을 갖고 다음과 같으므로

•

A_1은 1×1 Jordan block이 한 개이고 $A_1 = [3]$이다. λ_2에 대응하는 점도표는

$$r_1 = 4 - \text{rank}(A-2I) = 4 - \text{rank}\begin{bmatrix} 0 & -1 & 0 & 1 \\ 0 & 1 & -1 & 0 \\ 0 & 1 & -1 & 0 \\ 0 & -1 & 0 & 1 \end{bmatrix} = 4-2=2,$$

$$r_2 = 3 - r_1 = 3-2 = 1$$

이므로 다음과 같다.

• •

•

A_2는 2×2 Jordan block이 한 개이고 1×1 Jordan block이 한 개이다.

$$A_2 = \begin{bmatrix} 2 & 1 & 0 \\ 0 & 2 & 0 \\ 0 & 0 & 2 \end{bmatrix}$$

따라서 행렬 A의 Jordan 표준형은 $J_A = \begin{bmatrix} A_1 & 0 \\ 0 & A_2 \end{bmatrix} = \begin{bmatrix} 3 & 0 & 0 & 0 \\ 0 & 2 & 1 & 0 \\ 0 & 0 & 2 & 0 \\ 0 & 0 & 0 & 2 \end{bmatrix}$이다. ■

연습문제 6.4

01. 다음 행렬의 Jordan 표준형을 구하라.

(1) $A=\begin{bmatrix} i & 0 \\ 3 & 2 \end{bmatrix}$ (2) $A=\begin{bmatrix} 2 & 1 & 1 \\ 1 & 2 & 1 \\ 1 & 1 & 2 \end{bmatrix}$ (3) $A=\begin{bmatrix} 1 & 1 & 1 & 0 \\ 0 & 2 & 0 & 0 \\ 0 & 0 & 1 & 1 \\ 0 & 0 & 0 & 2 \end{bmatrix}$ (4) $A=\begin{bmatrix} 2 & -4 & 2 & 2 \\ -2 & 0 & 1 & 3 \\ -2 & -2 & 3 & 3 \\ -2 & -6 & 3 & 7 \end{bmatrix}$

02. 5차 정사각행렬 A가 중복도 5인 고윳값 λ 하나만 갖고 λ에 대응되는 일차독립인 고유벡터가 두 개일 때 A의 Jordan 표준형을 구하라.

07

이차형식

n 개의 미지수를 갖는 연립일차방정식에서 행렬은 중요한 역할을 한다. 이 장에서는 각 항이 이차인 이차형식에 대하여 행렬의 역할을 알아본다.

7.1 기본개념

일차형식에서는 모든 변수가 일차이고 $x_i x_j$와 같은 이차항은 없다. 다항식

$$a_1x_1 + a_2x_2 + \cdots + a_nx_n$$

을 n 개의 변수로 이루어진 **일차형식**(linear form)이라 한다. 이 절에서는 한 변수의 제곱 또는 두 변수의 곱의 형태로 나타나는 **이차형식**(quadratic form)에 대하여 알아보자.

한 변수 x에 대한 이차형식은 ax^2의 꼴이고 두 변수 x, y에 대한 이차형식은 $ax^2 + 2bxy + cy^2$의 꼴이다. 이차형식은 행렬 곱으로 나타낼 수 있다.

$$ax^2 + 2bxy + cy^2 = [x\ y]\begin{bmatrix} a & b \\ b & c \end{bmatrix}\begin{bmatrix} x \\ y \end{bmatrix}$$

예를 들면 $3x^2-4xy+y^2$, x^2+y^2은 이차형식이고, $3x^2-4xy+y^2+2x+1$과 x^2+y^2-4는 $2x$, 1과 -4가 이차항이 아니므로 이차형식이 아니다.

정의 $\mathbf{x}=\begin{bmatrix} x_1 \\ x_2 \\ \vdots \\ x_n \end{bmatrix}\in\mathbb{R}^n$에 대하여 다음과 같은 이차다항식을 $\mathbb{R}^n$상의 **이차형식**(quadratic form)이라 한다.

$$f(\mathbf{x})=\sum_{i=1}^{n}\sum_{j=1}^{n}a_{ij}x_ix_j$$

$\mathbf{x}=\begin{bmatrix} x_1 \\ x_2 \\ x_3 \end{bmatrix}\in\mathbb{R}^3$에 대한 이차형식 $a_{11}x_1^2+a_{12}x_1x_2+a_{13}x_1x_3+a_{22}x_2^2+a_{23}x_2x_3+a_{33}x_3^2$을 행렬 곱으로 나타내면 다음과 같다.

$$\begin{aligned}
&a_{11}x_1^2+a_{12}x_1x_2+a_{13}x_1x_3+a_{22}x_2^2+a_{23}x_2x_3+a_{33}x_3^2 \\
&=x_1(a_{11}x_1+a_{12}x_2+a_{13}x_3)+x_2(a_{22}x_2+a_{23}x_3)+x_3(a_{33}x_3) \\
&=\begin{bmatrix} x_1 & x_2 & x_3 \end{bmatrix}\begin{bmatrix} a_{11}x_1+a_{12}x_2+a_{13}x^3 \\ a_{22}x_2+a_{23}x^3 \\ a_{33}x^3 \end{bmatrix} \\
&=\begin{bmatrix} x_1 & x_2 & x_3 \end{bmatrix}\begin{bmatrix} a_{11} & a_{12} & a_{13} \\ 0 & a_{22} & a_{23} \\ 0 & 0 & a_{33} \end{bmatrix}\begin{bmatrix} x_1 \\ x_2 \\ x_3 \end{bmatrix}
\end{aligned}$$

따라서 $\mathbf{x}=\begin{bmatrix} x_1 \\ x_2 \\ \vdots \\ x_n \end{bmatrix}\in\mathbb{R}^n$에 대한 이차형식은 U가 상삼각행렬이면 다음과 같이 나타낼 수 있다.

$$\begin{bmatrix} x_1 & x_2 & \cdots & x_n \end{bmatrix}\begin{bmatrix} a_{11} & a_{12} & \cdots & a_{1n} \\ 0 & a_{22} & \cdots & a_{2n} \\ \vdots & 0 & \ddots & \vdots \\ 0 & 0 & \cdots & a_{nn} \end{bmatrix}\begin{bmatrix} x_1 \\ x_2 \\ \vdots \\ x_n \end{bmatrix}=\mathbf{x}^TU\mathbf{x}=\sum_{1\le i\le j\le n}a_{ij}x_ix_j$$

예제 7.1.1 이차형식 $x^2-2xy+6xz+z^2$을 행렬 곱으로 나타내라.

풀이 $$x^2-2xy+6xz+z^2=[x\ y\ z]\begin{bmatrix}1&-2&6\\0&0&0\\0&0&1\end{bmatrix}\begin{bmatrix}x\\y\\z\end{bmatrix}$$ ■

예제 7.1.2 $[x\ y\ z]\begin{bmatrix}-1&3&1\\2&1&0\\-2&2&4\end{bmatrix}\begin{bmatrix}x\\y\\z\end{bmatrix}$을 전개하고 이차형식에 대한 상삼각행렬을 구하라.

풀이 전개하면

$$[x\ y\ z]\begin{bmatrix}-1&3&1\\2&1&0\\-2&2&4\end{bmatrix}\begin{bmatrix}x\\y\\z\end{bmatrix}=[x\ y\ z]\begin{bmatrix}-x+3y+z\\2x+y\\-2x+2y+4z\end{bmatrix}=-x^2+5xy+y^2-xz+2yz+4z^2$$

이고, 상삼각행렬은 $U=\begin{bmatrix}-1&5&-1\\0&1&2\\0&0&4\end{bmatrix}$이다. ■

x_i와 x_j가 다른 변수일 때 **교차항**(cross term)을

$$a_{ij}x_ix_j=\frac{a_{ij}}{2}x_ix_j+\frac{a_{ij}}{2}x_jx_i$$

으로 나타내면 이차형식 $f(\mathbf{x})=\sum_{i,j=1}^{n}a_{ij}x_ix_j$의 대칭행렬을 얻을 수 있다.

따라서 $A\in M_n$가 대칭행렬이면 $\mathbf{x}=\begin{bmatrix}x_1\\x_2\\\vdots\\x_n\end{bmatrix}\in\mathbb{R}^n$에 대한 이차형식은

$$f(\mathbf{x})=\mathbf{x}^TA\mathbf{x}=[x_1\ x_2\ \cdots\ x_n]A\begin{bmatrix}x_1\\x_2\\\vdots\\x_n\end{bmatrix}$$

으로 나타낼 수 있다.

예제 7.1.3 이차형식 $x^2-2xy+6xz+z^2$의 대칭행렬을 구하라.

풀이 이차형식을 $x^2-xy-yx+3xz+3zx+z^2$으로 나타내면 대칭행렬은 $A=\begin{bmatrix}1&-1&3\\-1&0&0\\3&0&1\end{bmatrix}$ 이다. ■

연습문제 7.1

01. 다음 이차형식에서 상삼각행렬 U와 대칭행렬 A를 구하라.

(1) $9x^2+4y^2$

(2) $3x^2-6xy+y^2$

(3) $x^2-y^2-4xy+3xz-8yz$

(4) $2x^2+3y^2+z^2+xy-2xz+3yz$

02. $17x^2-12xy+33y^2-30x-20y+15$를 $\mathbf{x}^TA\mathbf{x}+B\mathbf{x}+f$로 나타내라.

03. $(a_1x_1+a_2x_2+\cdots+a_nx_n)^2$을 $\mathbf{x}^TA\mathbf{x}$로 나타내라.

7.2 이차형식의 대각화

$\mathbf{x}=\begin{bmatrix}x_1\\x_2\\\vdots\\x_n\end{bmatrix}$에 대하여 이차형식 $f(\mathbf{x})=\sum_{i=1}^{n}\sum_{j=1}^{n}a_{ij}x_ix_j$를 행렬 곱

$$f(\mathbf{x})=\mathbf{x}^TA\mathbf{x}=\begin{bmatrix}x_1 & x_2 & \cdots & x_n\end{bmatrix}\begin{bmatrix}a_{11}&a_{12}&\cdots&a_{1n}\\a_{21}&a_{22}&\cdots&a_{2n}\\\vdots&\vdots&\ddots&\vdots\\a_{n1}&a_{n2}&\cdots&a_{nn}\end{bmatrix}\begin{bmatrix}x_1\\x_2\\\vdots\\x_n\end{bmatrix}$$

으로 나타낼 때 행렬 A는 상삼각행렬 또는 대칭행렬로 나타낼 수 있다. A를 대칭행렬이라 하자. 그러면 정리 5.3.2에 의하여 대칭행렬은 직교 대각화 가능하므로 A의 고윳값 λ_1, λ_2, $\cdots$, λ_n에 대응하는 정규직교 고유벡터 $\mathbf{y}_1$, $\mathbf{y}_2$, $\cdots$, $\mathbf{y}_n$에 대하여 $P=[\mathbf{y}_1\ \mathbf{y}_2\ \cdots\ \mathbf{y}_n]$

이라 하면

$$P^{-1}AP=\begin{bmatrix}\lambda_1 & 0 & \cdots & 0\\ 0 & \lambda_2 & \cdots & 0\\ \vdots & \vdots & \ddots & \vdots\\ 0 & 0 & \cdots & \lambda_n\end{bmatrix}=D$$

이다. $\mathbf{y}_1, \mathbf{y}_2, \cdots, \mathbf{y}_n$은 $\lambda_1, \lambda_2, \cdots, \lambda_n$의 순서를 바꾸어 교환할 수 있으므로 일반성을 잃지 않고 $|P|=1$이라 할 수 있고 직교행렬 P는 $\mathbb{R}^n$의 회전행렬이다. 이 직교행렬 P를 통해 얻은 벡터를

$$\mathbf{t}=\begin{bmatrix}t_1\\ t_2\\ \vdots\\ t_n\end{bmatrix}=P^T\mathbf{x}$$

라 두면 $\mathbf{x}=P\mathbf{t}$ 이고

$$\begin{aligned}\mathbf{x}^TA\mathbf{x}&=(P\mathbf{t})^TA(P\mathbf{t})=\mathbf{t}^TP^TAP\mathbf{t}=\mathbf{t}^TP^{-1}AP\mathbf{t}=\mathbf{t}^TD\mathbf{t}\\ &=\lambda_1t_1^2+\lambda_2t_2^2+\cdots+\lambda_nt_n^2\end{aligned}$$

이다. 행렬 곱으로 나타내면

$$\mathbf{t}^TD\mathbf{t}=\begin{bmatrix}t_1 & t_2 & \cdots & t_n\end{bmatrix}\begin{bmatrix}\lambda_1 & 0 & \cdots & 0\\ 0 & \lambda_2 & \cdots & 0\\ \vdots & \vdots & \ddots & \vdots\\ 0 & 0 & \cdots & \lambda_n\end{bmatrix}\begin{bmatrix}t_1\\ t_2\\ \vdots\\ t_n\end{bmatrix}$$

이고, 이것은 교차항이 없는 이차형식이다. 다음 **주축정리**(principal axis theorem)를 얻는다.

정리 7.2.1

($\mathbb{R}^n$의 주축정리) 대칭행렬 $A\in M_n$의 고윳값을 $\lambda_1, \lambda_2, \cdots, \lambda_n$이라 하고 $\mathbf{x}=\begin{bmatrix}x_1\\ x_2\\ \vdots\\ x_n\end{bmatrix}\in\mathbb{R}^n$에 대한 이차형식을 $f(\mathbf{x})=\mathbf{x}^TA\mathbf{x}$ 라 할 때 A를 대각화하는 직교행렬을 P라 하고 $\mathbf{t}=\begin{bmatrix}t_1\\ t_2\\ \vdots\\ t_n\end{bmatrix}$

$= P^T\mathbf{x}$라 하면 다음의 교차항이 없는 이차형식을 얻는다.

$$\mathbf{x}^T A\mathbf{x} = \mathbf{t}^T D\mathbf{t} = \lambda_1 t_1^2 + \lambda_2 t_2^2 + \cdots + \lambda_n t_n^2$$

이차형식 $f(\mathbf{x}) = \mathbf{x}^T A\mathbf{x}$를 교차항이 없는 이차형식으로 나타내는 것을 **이차형식의 대각화**라 한다.

이차형식 $f(\mathbf{x})$의 대각화 단계는 다음과 같다.

(1) 이차형식 $f(\mathbf{x})$의 대칭행렬 A를 구한다.

(2) A의 고윳값 $\lambda_1, \lambda_2, \cdots, \lambda_n$을 구한다.

(3) $\mathbb{R}^n$에 대한 정규직교기저를 구한다.

(4) 정규직교기저로 직교행렬 P를 만들고 $\mathbf{x} = P\mathbf{t}$를 얻는다.

(5) 교차항이 없는 이차형식 $\mathbf{t}^T D\mathbf{t} = \lambda_1 t_1^2 + \lambda_2 t_2^2 + \cdots + \lambda_n t_n^2$을 얻는다.

예제 7.2.1 다음 이차형식에서 $\mathbf{x} = P\mathbf{t}$를 구하고 교차항이 없는 이차형식을 구하라.

(1) $3x^2 + 10xy + 3y^2$ (2) $2xy + 2xz$

풀이 (1) $3x^2 + 5xy + 5yx + 3y^2$로 나타내면 대칭행렬은 $A = \begin{bmatrix} 3 & 5 \\ 5 & 3 \end{bmatrix}$이고, A에 대한 고윳값은

$$\begin{vmatrix} \lambda - 3 & -5 \\ -5 & \lambda - 3 \end{vmatrix} = 0 \iff (\lambda + 2)(\lambda - 8) = 0$$

이므로 $\lambda_1 = -2$, $\lambda_2 = 8$이며, 각 고윳값에 대응하는 고유벡터는 $\mathbf{x}_1 = \begin{bmatrix} -1 \\ 1 \end{bmatrix}$, $\mathbf{x}_2 = \begin{bmatrix} 1 \\ 1 \end{bmatrix}$이다. 따라서 정규직교기저는 $\mathbf{y}_1 = \frac{1}{\sqrt{2}}\begin{bmatrix} -1 \\ 1 \end{bmatrix}$, $\mathbf{y}_2 = \frac{1}{\sqrt{2}}\begin{bmatrix} 1 \\ 1 \end{bmatrix}$이고, 직교행렬 P와 $\mathbf{x} = P\mathbf{t}$를 얻을 수 있다.

$$P = \frac{1}{\sqrt{2}}\begin{bmatrix} -1 & 1 \\ 1 & 1 \end{bmatrix}, \quad P^T AP = \begin{bmatrix} -2 & 0 \\ 0 & 8 \end{bmatrix} = D$$

$$\mathbf{x} = P\mathbf{t} \iff \begin{bmatrix} x \\ y \end{bmatrix} = P\begin{bmatrix} t_1 \\ t_2 \end{bmatrix} = \frac{1}{\sqrt{2}}\begin{bmatrix} -1 & 1 \\ 1 & 1 \end{bmatrix}\begin{bmatrix} t_1 \\ t_2 \end{bmatrix} \iff \begin{cases} x = \frac{1}{\sqrt{2}}(-t_1 + t_2) \\ y = \frac{1}{\sqrt{2}}(t_1 + t_2) \end{cases}$$

그러므로 교차항이 없는 이차형식은 $\mathbf{t}^T D\mathbf{t} = [t_1 \ t_2]\begin{bmatrix} -2 & 0 \\ 0 & 8 \end{bmatrix}\begin{bmatrix} t_1 \\ t_2 \end{bmatrix} = -2t_1^2 + 8t_2^2$ 이다.

확인하면 다음과 같다.

$$3x^2 + 10xy + 3y^2 = 3 \cdot \frac{1}{2}(-t_1 + t_2)^2 + 10 \cdot \frac{1}{2}(-t_1 + t_2)(t_1 + t_2) + 3 \cdot \frac{1}{2}(t_1 + t_2)^2$$

$$= \frac{3}{2}(t_1^2 - 2t_1t_2 + t_2^2) + 5(-t_1^2 + t_2^2) + \frac{3}{2}(t_1^2 + 2t_1t_2 + t_2^2)$$

$$= -2t_1^2 + 8t_2^2$$

(2) $xy + yx + xz + zx$로 나타내면 대칭행렬은 $A = \begin{bmatrix} 0 & 1 & 1 \\ 1 & 0 & 0 \\ 1 & 0 & 0 \end{bmatrix}$이고, A에 대한 고윳값은

$$\begin{vmatrix} \lambda & -1 & -1 \\ -1 & \lambda & 0 \\ -1 & 0 & \lambda \end{vmatrix} = 0 \iff \lambda(\lambda^2 - 2) = 0$$

이므로 $\lambda_1 = 0$, $\lambda_2 = \sqrt{2}$, $\lambda_3 = -\sqrt{2}$ 이며, 각 고윳값에 대응하는 고유벡터는

$\mathbf{x}_1 = \begin{bmatrix} 0 \\ -1 \\ 1 \end{bmatrix}$, $\mathbf{x}_2 = \begin{bmatrix} \sqrt{2} \\ 1 \\ 1 \end{bmatrix}$, $\mathbf{x}_3 = \begin{bmatrix} -\sqrt{2} \\ 1 \\ 1 \end{bmatrix}$ 이다. 이를 정규화하여 직교행렬 P와

$\mathbf{x} = P\mathbf{t}$를 얻을 수 있다.

$$P = \frac{1}{2}\begin{bmatrix} 0 & \sqrt{2} & -\sqrt{2} \\ -\sqrt{2} & 1 & 1 \\ \sqrt{2} & 1 & 1 \end{bmatrix}, \quad P^T AP = \begin{bmatrix} 0 & 0 & 0 \\ 0 & \sqrt{2} & 0 \\ 0 & 0 & -\sqrt{2} \end{bmatrix} = D$$

$$\mathbf{x} = P\mathbf{t} \iff \begin{bmatrix} x \\ y \\ z \end{bmatrix} = P\begin{bmatrix} t_1 \\ t_2 \\ t_3 \end{bmatrix} = \frac{1}{2}\begin{bmatrix} 0 & \sqrt{2} & -\sqrt{2} \\ -\sqrt{2} & 1 & 1 \\ \sqrt{2} & 1 & 1 \end{bmatrix}\begin{bmatrix} t_1 \\ t_2 \\ t_3 \end{bmatrix} \iff \begin{cases} x = \dfrac{1}{\sqrt{2}}(t_2 - t_3) \\ y = \dfrac{1}{2}(-\sqrt{2}\,t_1 + t_2 + t_3) \\ z = \dfrac{1}{2}(\sqrt{2}\,t_1 + t_2 + t_3) \end{cases}$$

따라서 교차항이 없는 이차형식은 $\mathbf{t}^T D\mathbf{t} = [t_1 \ t_2 \ t_3]\begin{bmatrix} 0 & 0 & 0 \\ 0 & \sqrt{2} & 0 \\ 0 & 0 & -\sqrt{2} \end{bmatrix}\begin{bmatrix} t_1 \\ t_2 \\ t_3 \end{bmatrix} = \sqrt{2}\,t_2^2 - \sqrt{2}\,t_3^2$

이다. ■

연습문제 7.2

01. 다음 이차형식에서 $\mathbf{x}=P\mathbf{t}$를 구하고 교차항이 없는 이차형식을 구하라.

(1) $2xy$ (2) $-6xy+8y^2$

(3) $3x^2+4xy$ (4) $2x^2-4xy-y^2$

(5) $3x^2-4xy+3y^2$ (6) $x^2+y^2+z^2-2xy-2xz-2yz$

02. 이차형식 $ax^2+2bxy+cy^2$이 kt^2으로 대각화하기 위한 a, b, c를 구하고 $k=1$일 때 a의 조건을 구하라.

7.3 이차형식의 부호와 극값

이차형식의 부호를 알아보고 이를 이용하여 다변수함수의 극값을 알아보자.

정의 행렬 $A \in M_n$가 대칭행렬일 때 이차형식 $f(\mathbf{x})=\mathbf{x}^TA\mathbf{x}$가 모든 $\mathbf{x}\neq\mathbf{0}$에 대하여 $f(\mathbf{x})>0$이면 행렬 A와 이차형식 $f(\mathbf{x})$는 **양의 정부호**(positive definite), $f(\mathbf{x})<0$이면 **음의 정부호**(negative definite)라 한다. 어떤 $\mathbf{x}$에 대하여는 $f(\mathbf{x})>0$이고, 다른 $\mathbf{x}$에 대하여 $f(\mathbf{x})<0$이면 **부정부호**(indefinite)라 한다.

이차형식 $2x^2+3y^2$은 항상 $2x^2+3y^2>0$이므로 양의 정부호이고, $-2x^2-3y^2$는 $-2x^2-3y^2<0$이므로 음의 정부호이다. 이차형식 $2x^2-3y^2$은 $\begin{bmatrix}1\\0\end{bmatrix}$에 대하여 양수이고, $\begin{bmatrix}0\\1\end{bmatrix}$에 대하여 음수이므로 부정부호이다.

이차형식 $f(\mathbf{x})$의 정부호는 대칭행렬 $A\in M_n$의 고윳값 $\lambda_1, \lambda_2, \cdots, \lambda_n$을 알면 정리 7.2.1에 의하여 알 수 있다. A의 고윳값이 모두 양수이면 $f(\mathbf{x})=\mathbf{t}^TD\mathbf{t}=\lambda_1t_1^2+\lambda_2t_2^2+\cdots+\lambda_nt_n^2>0$, $\mathbf{t}\neq\mathbf{0}$이고, 고윳값이 모두 음수이면 $f(\mathbf{x})=\mathbf{t}^TD\mathbf{t}=\lambda_1t_1^2+\lambda_2t_2^2+\cdots+\lambda_nt_n^2<0$,

$t \neq 0$ 이다. 그러나 A가 양의 고윳값 λ_i와 음의 고윳값 λ_j를 갖고 이에 대응하는 고유벡터를 $\mathbf{v}_i$와 $\mathbf{v}_j$이라 하면 $f(\mathbf{v}_i) = \lambda_i > 0$이고 $f(\mathbf{v}_j) = \lambda_j < 0$이므로 $f(\mathbf{x})$는 양수와 음수 모두 갖게 된다. 따라서 다음 정리를 얻는다.

정리 7.3.1

행렬 $A \in M_n$가 대칭행렬일 때 이차형식 $f(\mathbf{x}) = \mathbf{x}^T A\mathbf{x}$는 다음을 만족시킨다.

(1) A의 고윳값이 모두 양수이면 $f(\mathbf{x})$는 양의 정부호이다.

(2) A의 고윳값이 모두 음수이면 $f(\mathbf{x})$는 음의 정부호이다.

(3) A가 양수의 고윳값과 음수의 고윳값을 모두 가지면 $f(\mathbf{x})$는 부정부호이다.

예제 7.3.1 다음 이차형식의 정부호를 결정하라.

(1) $3x^2 + 2y^2 + 3z^2 - 2xy - 2yz$ (2) $3x^2 + 8xy - 3y^2$ (3) $-3x^2 + 2xy - 3y^2$

풀이 (1) $f(\mathbf{x}) = \mathbf{x}^T A\mathbf{x}$ 인 $A = \begin{bmatrix} 3 & -1 & 0 \\ -1 & 2 & -1 \\ 0 & -1 & 3 \end{bmatrix}$에서

$\begin{vmatrix} \lambda-3 & 1 & 0 \\ 1 & \lambda-2 & 1 \\ 0 & 1 & \lambda-3 \end{vmatrix} = 0 \Leftrightarrow (\lambda-4)(\lambda-3)(\lambda-1) = 0$이므로 A의 고윳값은 $\lambda_1 = 4$, $\lambda_2 = 3$, $\lambda_1 = 1$이다. 모두 양수이므로 이차형식은 양의 정부호이다.

(2) $f(\mathbf{x}) = \mathbf{x}^T A\mathbf{x}$ 인 $A = \begin{bmatrix} 3 & 4 \\ 4 & -3 \end{bmatrix}$에서 $\begin{vmatrix} \lambda-3 & -4 \\ -4 & \lambda+3 \end{vmatrix} = 0 \Leftrightarrow (\lambda+5)(\lambda-5) = 0$이므로 A의 고윳값은 양수인 $\lambda_1 = 5$와 음수인 $\lambda_2 = -5$이다. 따라서 이차형식은 부정부호이다.

(3) $f(\mathbf{x}) = \mathbf{x}^T A\mathbf{x}$ 인 $A = \begin{bmatrix} -3 & 1 \\ 1 & -3 \end{bmatrix}$에서 $\begin{vmatrix} \lambda+3 & -1 \\ -1 & \lambda+3 \end{vmatrix} = 0 \Leftrightarrow (\lambda+2)(\lambda+4) = 0$이므로 A의 고윳값은 모두 음수인 $\lambda_1 = -2$, $\lambda_2 = -4$이다. 따라서 이차형식은 음의 정부호이다. ■

이제 행렬의 고윳값을 구하지 않고도 정상적인 이차형식의 정부호를 결정하는 방법을 알아보자.

정리 7.3.2

$f(\mathbf{x}) = \mathbf{x}^T A \mathbf{x} = ax^2 + 2bxy + cy^2$에서 $|A| = \Delta = ac - b^2 \neq 0$이라 하면 다음이 성립한다.

(1) $\Delta > 0$이고 $a > 0$이면 이차형식은 양의 정부호이다.

(2) $\Delta > 0$이고 $a < 0$이면 이차형식은 음의 정부호이다.

(3) $\Delta < 0$이면 이차형식은 부정부호이다.

증명 $A = \begin{bmatrix} a & b \\ b & c \end{bmatrix}$이고 고윳값이 λ_1, λ_2이면 $|A| = \Delta = ac - b^2$이므로 $\Delta = \lambda_1 \lambda_2$이다. $\Delta > 0$이면 λ_1과 λ_2는 같은 부호를 갖고

$$ac = \Delta + b^2 = \lambda_1 \lambda_2 + b^2 > 0$$

이므로 a와 c도 같은 부호를 갖고

$$\lambda_1 + \lambda_2 = \text{tr}(A) = a + c$$

이므로 λ_1, λ_2, a, c는 모두 같은 부호를 갖는다. 따라서 $a > 0$이면 이차형식은 양의 정부호이다. $a < 0$이면 λ_1과 λ_2는 모두 음수이므로 이차형식은 음의 정부호이다. 또한 $\Delta = \lambda_1 \lambda_2$이므로 $\Delta < 0$이면 λ_1과 λ_2는 서로 다른 부호를 갖는다. 그러므로 이차형식은 부정부호이다. ■

이차형식 $3x^2 + 4xy + 2y^2$은 $\Delta = \begin{vmatrix} 3 & 2 \\ 2 & 2 \end{vmatrix} = 2 > 0$, $a = 3 > 0$이므로 양의 정부호이고, $3x^2 + 6xy + 2y^2$은 $\Delta = \begin{vmatrix} 3 & 3 \\ 3 & 2 \end{vmatrix} = -3 < 0$이므로 부정부호이다.

위 정리를 일반화하면 대칭행렬 $A \in M_n$의 왼쪽 윗부분의 $k \times k$ 소행렬식

$$\Delta_1 = a_{11}, \quad \Delta_2 = \begin{vmatrix} a_{11} & a_{12} \\ a_{21} & a_{22} \end{vmatrix}, \quad \Delta_3 = \begin{vmatrix} a_{11} & a_{12} & a_{13} \\ a_{21} & a_{22} & a_{23} \\ a_{31} & a_{32} & a_{33} \end{vmatrix}, \quad \cdots, \quad \Delta_n = |A|$$

을 A의 **선행 주 소행렬식**(leading principal minor determinants)이라 한다.

정리 7.3.3

대칭행렬 $A \in M_n$의 정상적인 이차형식 $f(\mathbf{x}) = \mathbf{x}^T A\mathbf{x}$에 대하여 다음이 성립한다.

(1) 이차형식이 양의 정부호일 필요충분조건은 $k = 1, 2, 3, \cdots, n$에 대하여 $\Delta_k > 0$이다.

(2) 이차형식이 음의 정부호일 필요충분조건은 $k = 1, 2, 3, \cdots, n$에 대하여 $(-1)^k \Delta_k > 0$이다.

예제 7.3.2 다음 이차형식의 정부호를 결정하라.

(1) $-3x^2 - 2y^2 - 5z^2 + 2xy + 4xz + 2yz$ (2) $2x^2 + 2y^2 + 9z^2 - 2xy - 6yz + 8yz$

풀이 (1) $f(\mathbf{x}) = \mathbf{x}^T A\mathbf{x}$의 $A = \begin{bmatrix} -3 & 1 & 2 \\ 1 & -2 & 1 \\ 2 & 1 & -5 \end{bmatrix}$에서 선행 주 소행렬식은

$$\Delta_1 = -3,\ \Delta_2 = \begin{vmatrix} -3 & 1 \\ 1 & -2 \end{vmatrix} = 5,\ \Delta_3 = |A| = \begin{vmatrix} -3 & 1 & 2 \\ 1 & -2 & 1 \\ 2 & 1 & -5 \end{vmatrix} = -10$$

이고, $(-1)^1\Delta_1 = -(-3) > 0$, $(-1)^2\Delta_2 = 5 > 0$, $(-1)^3\Delta_3 = -(-10) > 0$이므로 이차형식은 음의 정부호이다.

(2) $f(\mathbf{x}) = \mathbf{x}^T A\mathbf{x}$의 $A = \begin{bmatrix} 2 & -1 & -3 \\ -1 & 2 & 4 \\ -3 & 4 & 9 \end{bmatrix}$에서 선행 주 소행렬식은

$$\Delta_1 = 2,\ \Delta_2 = \begin{vmatrix} 2 & -1 \\ -1 & 2 \end{vmatrix} = 3,\ \Delta_3 = |A| = \begin{vmatrix} 2 & -1 & -3 \\ -1 & 2 & 4 \\ -3 & 4 & 9 \end{vmatrix} = 1$$

이고, 모두 양수이므로 이차형식은 양의 정부호이다. ■

정부호의 성질이 극값 문제에 어떻게 적용되는지 알아보자.

$f : \mathbb{R}^n \to \mathbb{R}$이 이계편미분 가능한 함수라 하자. $\mathbf{c} = \begin{bmatrix} c_1 \\ c_2 \\ \vdots \\ c_n \end{bmatrix} \in \mathbb{R}^n$에 대하여 $f(\mathbf{c})$가 극값이면 $\mathbf{c}$는 **임계점**(critical point)이다. 즉 f의 일계편도함수는 $\mathbf{c}$에서 모두 0이다. $f(\mathbf{c})$가 극값이기 위한 충분조건을 얻으려면 임계점 $\mathbf{c}$에서 이계편도함수를 알아야 한다. 임계점

$\mathbf{c}$에서 f의 이계편도함수를 성분으로 갖는 n차 대칭행렬

$$H(\mathbf{c}) = \left[\frac{\partial^2 f}{\partial x_i \partial x_j}\right]_{\mathbf{c}}$$

를 f의 **Hessian행렬**(Hessian matrix)이라 한다.

정리 7.3.4

함수 $f : \mathbb{R}^n \to \mathbb{R}$가 임계점 $\mathbf{c}$에서 연속인 이계편도함수를 갖고, $\mathbf{c}$에서 f의 이차형식을 $\mathbf{x}^T H \mathbf{x}$라 할 때 다음이 성립한다.

(1) 이차형식이 양의 정부호이면 $f(\mathbf{c})$는 극솟값이다.

(2) 이차형식이 음의 정부호이면 $f(\mathbf{c})$는 극댓값이다.

(3) 이차형식이 부정부호이면 $f(\mathbf{c})$는 극솟값도 아니고, 극댓값도 아니다. 이때 $\mathbf{c}$를 **안장점**(saddle point)이라 한다.

$n=2$이면 f가 이변수함수가 되고 임계점 $\mathbf{c}$에서 f의 Hessian행렬은

$$H(\mathbf{c}) = \begin{bmatrix} \dfrac{\partial^2 f}{\partial x^2} & \dfrac{\partial^2 f}{\partial x \partial y} \\ \dfrac{\partial^2 f}{\partial y \partial x} & \dfrac{\partial^2 f}{\partial y^2} \end{bmatrix}_{\mathbf{c}}$$

이므로 정리 7.3.2와 정리 7.3.3에 의하여 이변수함수의 이계편도함수 극값 판정법을 얻는다.

예제 7.3.3 다음 함수의 극값을 구하라.

(1) $f(x, y) = -x^2 - y^2 + xy - 2x - 2y + 4$

(2) $f(x, y, z) = x^2 + z^2 + xz - 3\cos y + z^2$

풀이 (1) $\dfrac{\partial f}{\partial x} = y - 2x - 2 = 0$, $\dfrac{\partial f}{\partial y} = x - 2y - 2 = 0$에서 $\mathbf{c} = \begin{bmatrix} -2 \\ -2 \end{bmatrix}$는 f의 임계점이다. 또한

$$\frac{\partial^2 f}{\partial x^2} = -2, \quad \frac{\partial^2 f}{\partial y^2} = -2, \quad \frac{\partial^2 f}{\partial x \partial y} = \frac{\partial^2 f}{\partial y \partial x} = 1$$

이므로 $\mathbf{c}$에서 f의 Hessian행렬은

$$H(\mathbf{c})=\begin{bmatrix}\dfrac{\partial^2 f}{\partial x^2} & \dfrac{\partial^2 f}{\partial x\partial y}\\ \dfrac{\partial^2 f}{\partial y\partial x} & \dfrac{\partial^2 f}{\partial y^2}\end{bmatrix}_{\mathbf{c}}=\begin{bmatrix}-2 & 1\\ 1 & -2\end{bmatrix}$$

이다. 그런데 $\Delta_1=-2<0$, $\Delta_2=3>0$이므로 f가 음의 정부호이고, $f(-2,\ -2)=8$은 극댓값이다.

(2) $\dfrac{\partial f}{\partial x}=2x+z=0$, $\dfrac{\partial f}{\partial y}=3\sin y=0$, $\dfrac{\partial f}{\partial z}=x+2z=0$에서 $\mathbf{c}=\begin{bmatrix}0\\ n\pi\\ 0\end{bmatrix}$, $n\in\mathbb{Z}$는 f의 임계점이다. 또한

$$\frac{\partial^2 f}{\partial x^2}=2,\quad \frac{\partial^2 f}{\partial y^2}=3\cos y,\quad \frac{\partial^2 f}{\partial z^2}=2,\quad \frac{\partial^2 f}{\partial x\partial y}=0=\frac{\partial^2 f}{\partial y\partial x},$$

$$\frac{\partial^2 f}{\partial x\partial z}=1=\frac{\partial^2 f}{\partial z\partial x},\quad \frac{\partial^2 f}{\partial y\partial z}=0=\frac{\partial^2 f}{\partial z\partial y}$$

이므로 $\mathbf{c}_0=\begin{bmatrix}0\\ 2k\pi\\ 0\end{bmatrix}$일 때 f의 Hessian행렬은

$$H(\mathbf{c}_0)=\begin{bmatrix}\dfrac{\partial^2 f}{\partial x^2} & \dfrac{\partial^2 f}{\partial x\partial y} & \dfrac{\partial^2 f}{\partial x\partial z}\\ \dfrac{\partial^2 f}{\partial y\partial x} & \dfrac{\partial^2 f}{\partial y^2} & \dfrac{\partial^2 f}{\partial y\partial z}\\ \dfrac{\partial^2 f}{\partial z\partial x} & \dfrac{\partial^2 f}{\partial z\partial y} & \dfrac{\partial^2 f}{\partial z^2}\end{bmatrix}_{\mathbf{c}}=\begin{bmatrix}2&0&1\\0&3&0\\1&0&2\end{bmatrix}$$

이고 $\Delta_1=2>0$, $\Delta_2=\begin{vmatrix}2&0\\0&3\end{vmatrix}=6>0$, $\Delta_3=\begin{vmatrix}2&0&1\\0&3&0\\1&0&2\end{vmatrix}=9>0$이므로 f는 양의 정부호이다. 따라서 $f(0,\ 2k\pi,\ 0)=-3$은 극솟값이다. 그리고 $\mathbf{c}_1=\begin{bmatrix}0\\ (2k+1)\pi\\ 0\end{bmatrix}$일 때 f의 Hessian행렬은

$$H(\mathbf{c}_1)=\begin{bmatrix}2&0&1\\0&-3&0\\1&0&2\end{bmatrix}$$

이고 $\Delta_1=2>0$, $\Delta_2=\begin{vmatrix}2&0\\0&-3\end{vmatrix}=-6<0$, $\Delta_3=\begin{vmatrix}2&0&1\\0&-3&0\\1&0&2\end{vmatrix}=-9<0$이므로 f는 부정부호이다. 따라서 $\mathbf{c}_1=\begin{bmatrix}0\\ (2k+1)\pi\\ 0\end{bmatrix}$는 안장점이다. ■

연습문제 7.3

01. 다음 이차형식의 정부호를 결정하라.

(1) $5x^2+6y^2+7z^2+4xy+4yz$

(2) $3x^2+2xy+2xz+4yz$

(3) $6xy+10yz$

(4) $2x^2-6xy+8y^2$

(5) $x^2+4y^2+z^2+2xy+2yz+8xz$

02. 다음 행렬에 대응하는 이차형식의 정부호를 결정하라.

(1) $A=\begin{bmatrix}2 & 3\\ 3 & 5\end{bmatrix}$

(2) $A=\begin{bmatrix}-2 & 1 & 0\\ 1 & -2 & 1\\ 0 & 1 & -2\end{bmatrix}$

(3) $A=\begin{bmatrix}2 & -1 & -3\\ -1 & 2 & 4\\ -3 & 4 & 9\end{bmatrix}$

(4) $A=\begin{bmatrix}2 & -3 & 0\\ -3 & 0 & 0\\ 0 & 0 & 4\end{bmatrix}$

03. 이차형식 x^2+ky^2-4xy가 양의 정부호가 되는 k를 구하라.

04. 다음 함수의 극값을 구하라.

(1) $f(x,\ y)=-3x^2-2y^2+4xy+4y$

(2) $f(x,\ y)=-3x^2-2y^2+12x-12y+10$

(3) $f(x,\ y)=2x^2+y^2+4x-4y+5$

(4) $f(x,\ y)=2x^2+4xy+y^2$

05. 행렬 $A\in M_n$가 양의 정부호이면 A^2과 A^{-1}도 양의 정부호임을 보이라.

7.4 기하학에 대한 응용

두 변수 $x,\ y$에 대한 이차방정식

$$ax^2+2bxy+cy^2+dx+ey+f=0\ \ (a,\ b,\ c,\ d,\ e,\ f\ \in\mathbb{R})$$

의 그래프를 **원뿔곡선**(conic section)이라 한다. 방정식을 만족시키는 점 $(x,\ y)\in\mathbb{R}^2$가 없을 때 **허원뿔곡선**(imaginary conic)이라 하고, 방정식의 그래프가 한 점, 한 직선 또는 한 쌍의 직선이거나 그래프가 존재하지 않을 때 **퇴화 원뿔곡선**(degenerate conics)이라 한다. 그래프가 원, 타원, 쌍곡선 또는 포물선이면 **정상적 원뿔곡선**(nondegenerate conics)이라 한다.

정상적 원뿔곡선의 방정식을 다음과 같이 나타낼 수 있으면 **표준위치**(standard position)에 있다고 한다.

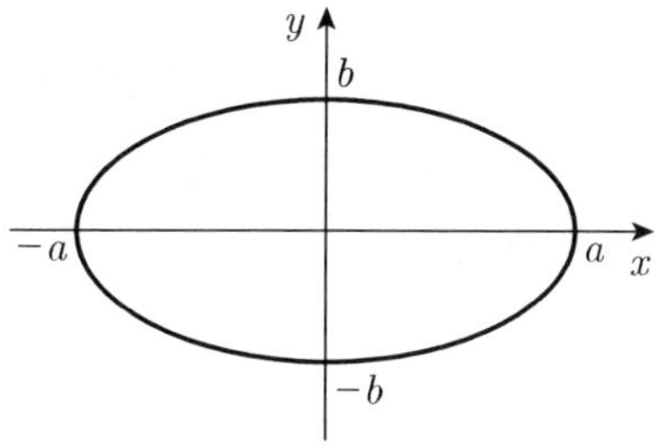

$\frac{x^2}{a^2}+\frac{y^2}{b^2}=1,\ a>0,\ b>0$

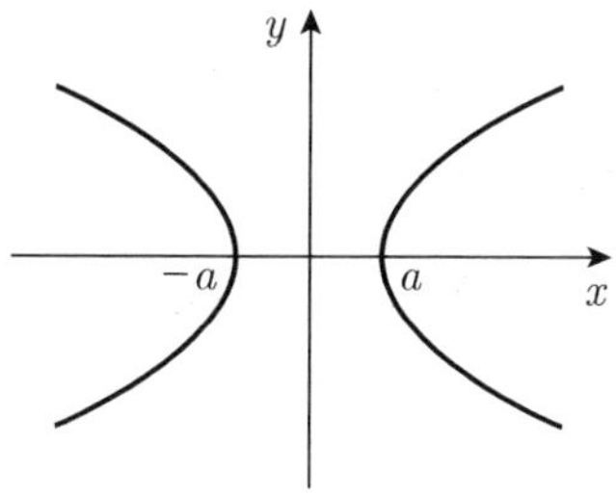

$\frac{x^2}{a^2}-\frac{y^2}{b^2}=1,\ a>0,\ b>0$

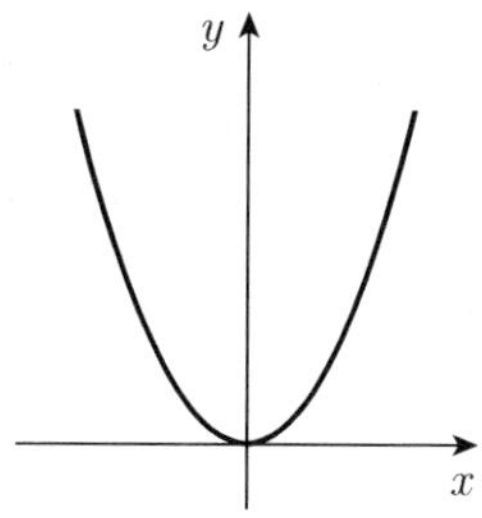

$x^2=ay,\ a\neq 0$

예제 7.4.1 방정식 $4x^2+9y^2-36=0$은 $\frac{x^2}{9}+\frac{y^2}{4}=1$로 나타낼 수 있으므로 그래프는 타원이다. 그리고 $4x^2-9y^2-36=0$은 $\frac{x^2}{9}-\frac{y^2}{4}=1$로 나타낼 수 있으므로 그래프는 쌍곡선이다. $y-9x^2=0$은 $y=9x^2$으로 나타낼 수 있으므로 그래프는 포물선이다. ■

다음 예제는 퇴화 원뿔곡선의 예이다.

예제 7.4.2 $x=0$은 y축이고, 방정식 $y^2-9=0$의 그래프는 $y=3$, $y=-3$인 한 쌍의 평행인 직선이다. 방정식 $x^2+y^2=0$의 그래프는 한 점 $(0,0)$으로 이루어졌고, 방정식 $x^2+y^2+1=0$은 그래프가 존재하지 않는다. ■

표준위치에 있는 타원, 쌍곡선, 포물선은 x^2항과 x항을 모두 포함하지 않고 y^2항과 y항을 모두 포함하지도 않는다. x^2항과 x항을 모두 포함하거나 y^2항과 y항을 모두 포함하는 이차곡선의 그래프는 표준위치에서 평행 이동한 원뿔곡선이다.

예제 7.4.3 방정식 $x^2+3y^2-4x+6y+1=0$을 완전제곱 꼴로 만들면

$$(x-2)^2+3(y+1)^2=6$$

$$\frac{(x-2)^2}{6}+\frac{(y+1)^2}{2}=1$$

이므로 이 방정식의 그래프는 표준위치에 있는 타원을 x축으로 2만큼, y축으로 -1만큼 평행 이동한 타원이다. ■

표준위치에 있는 이차곡선은 교차항을 갖지 않는다. 따라서 교차항을 갖는 이차형식을 정리 7.2.1 주축정리를 이용하여 교차항이 없는 이차형식으로 나타내면 표준위치로 전환할 수 있다. 일반적으로 이차형식의 대각화를 이용하여 이차방정식

$$ax^2+2bxy+cy^2+dx+ey+f=0$$

이 어떤 이차곡선을 나타내는지 알아보자.

$B=[d\ \ e]$라 하면 이차방정식은

$$\mathbf{x}^TA\mathbf{x}+B\mathbf{x}+f=0$$

으로 나타낼 수 있고, 정리 7.2.1 주축정리의 $|P|=1$인 직교행렬 P를 이용하여 $\mathbf{x}=P\mathbf{t}$라 두면 다음과 같이 나타낼 수 있다.

$$\mathbf{t}^T(P^TAP)\mathbf{t}+BP\mathbf{t}+f=0$$

$BP=[g\ \ h]$라 하고 정리하면 다음을 얻는다.

$$\lambda_1t_1^2+\lambda_2t_2^2+gt_1+ht_2+f=0$$

P는 $|P|=1$인 직교행렬이므로 적당한 실수 θ에 의하여 다음과 같이 나타낼 수 있다.

$$P=\begin{bmatrix}p_1 & p_2\\ p_3 & p_4\end{bmatrix}=\begin{bmatrix}\cos\theta & -\sin\theta\\ \sin\theta & \cos\theta\end{bmatrix}$$

따라서 P는 시계 방향으로 θ만큼 회전시키는 회전변환의 표준행렬이다. $\mathbf{t}=P^T\mathbf{x}$이므로 위 방정식의 그래프는 주어진 곡선을 시계 반대 방향으로 θ만큼 회전시킨 곡선이다.

이때

(1) $\lambda_1\lambda_2 > 0$이면 타원
(2) $\lambda_1\lambda_2 < 0$이면 쌍곡선
(3) $\lambda_1\lambda_2 = 0$이면 포물선

이다.

예제 7.4.4 방정식 $3x^2+3y^2+2xy-8=0$은 어떤 이차곡선인가?

풀이 $3x^2+3y^2+2xy-8=0$은 $\mathbf{x}^TA\mathbf{x}=[x\ \ y]\begin{bmatrix}3&1\\1&3\end{bmatrix}\begin{bmatrix}x\\y\end{bmatrix}=8$로 나타낼 수 있고 A의 고윳값은

$$\begin{vmatrix}\lambda-3 & -1\\ -1 & \lambda-3\end{vmatrix}=0 \Leftrightarrow (\lambda-2)(\lambda-4)=0$$

이므로 $\lambda_1=2$, $\lambda_2=4$이다. 정리 7.2.1 주축정리에 의하여

$$\mathbf{x}^TA\mathbf{x}=2t_1^2+4t_2^2$$

이다. 따라서 t_1t_2-축에서 이차곡선의 방정식은

$$2t_1^2+4t_2^2=8$$

이다. 그런데 고윳값 $\lambda_1=2$, $\lambda_2=4$에 대응하는 정규직교인 고유벡터는

$$\mathbf{y}_1=\frac{1}{\sqrt{2}}\begin{bmatrix}1\\-1\end{bmatrix},\ \mathbf{y}_2=\frac{1}{\sqrt{2}}\begin{bmatrix}1\\1\end{bmatrix}$$

이고, 직교행렬 P는

$$P=\frac{1}{\sqrt{2}}\begin{bmatrix}1&1\\-1&1\end{bmatrix}=\begin{bmatrix}\cos\left(-\frac{\pi}{4}\right) & -\sin\left(-\frac{\pi}{4}\right)\\ \sin\left(-\frac{\pi}{4}\right) & \cos\left(-\frac{\pi}{4}\right)\end{bmatrix}$$

이다. 따라서 t_1t_2-축은 xy-축을 반시계 방향으로 $\theta=\tan^{-1}(-1)=-\frac{\pi}{4}$만큼 회전한 것이고, $\lambda_1\lambda_2=8>0$이므로 t_1t_2-축의 표준위치에 있는 타원이다.

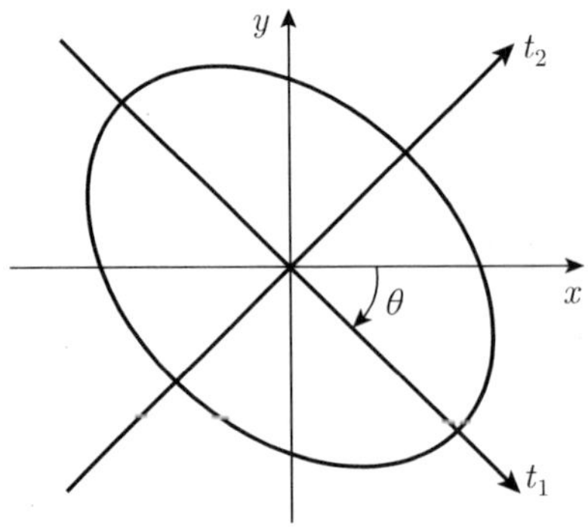

■

예제 7.4.5 방정식 $2xy+2\sqrt{2}x-1=0$은 어떤 이차곡선인가?

풀이 $2xy+2\sqrt{2}x-1=0$은 $\mathbf{x}^TA\mathbf{x}+B\mathbf{x}=[x\ y]\begin{bmatrix}0&1\\1&0\end{bmatrix}\begin{bmatrix}x\\y\end{bmatrix}+[2\sqrt{2}\ \ 0]\begin{bmatrix}x\\y\end{bmatrix}=1$로 나타낼 수 있고 A의 고윳값은

$$\begin{vmatrix}\lambda & -1\\ -1 & \lambda\end{vmatrix}=0 \Leftrightarrow (\lambda+1)(\lambda-1)=0$$

이므로 $\lambda_1=1$, $\lambda_2=-1$이다. 이에 대응하는 정규직교인 고유벡터는

$$\mathbf{y}_1=\frac{1}{\sqrt{2}}\begin{bmatrix}1\\1\end{bmatrix},\ \mathbf{y}_2=\frac{1}{\sqrt{2}}\begin{bmatrix}-1\\1\end{bmatrix}$$

이고, 직교행렬 P는

$$P=\frac{1}{\sqrt{2}}\begin{bmatrix}1&-1\\1&1\end{bmatrix}=\begin{bmatrix}\cos\frac{\pi}{4} & -\sin\frac{\pi}{4}\\ \sin\frac{\pi}{4} & \cos\frac{\pi}{4}\end{bmatrix}$$

이다. $\mathbf{x}^TA\mathbf{x}=2t_1^2+4t_2^2$, $B\mathbf{x}=BP\mathbf{t}=[2\sqrt{2}\ \ 0]\frac{1}{\sqrt{2}}\begin{bmatrix}1&-1\\1&1\end{bmatrix}\begin{bmatrix}t_1\\t_2\end{bmatrix}=2t_1-2t_2$이므로

$$\mathbf{x}^TA\mathbf{x}+B\mathbf{x}=t_1^2-t_2^2+2t_1-2t_2=(t_1+1)^2-(t_2+1)^2=1$$

이다. 따라서 t_1t_2-축은 xy-축을 반시계 방향으로 $\theta=\tan^{-1}1=\frac{\pi}{4}$만큼 회전한 것이다. 그리고 $\lambda_1\lambda_2=-1<0$이므로 t_1t_2-축의 t_1-축으로 -1, t_2-축으로 -1만큼 이동한 쌍곡선이다.

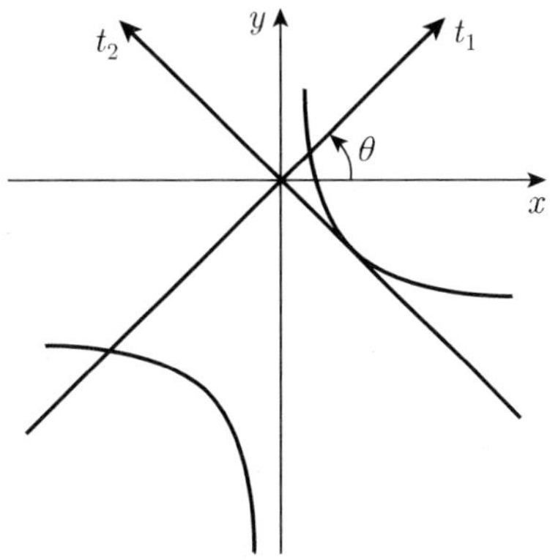

변수 x, y, z 의 이차방정식

$$ax^2+bx^2+cz^2+dxy+exz+fyz+px+qy+rz+s=0$$

을 이차형식의 대각화를 이용하여 이차곡면에 대하여 알아보자.

이차형식 $\mathbf{x}^TA\mathbf{x}=ax^2+by^2+cz^2+dxy+exz+fyz$ 에 $\begin{bmatrix} x \\ y \\ z \end{bmatrix}=P\begin{bmatrix} t_1 \\ t_2 \\ t_3 \end{bmatrix}$, $|P|=1$을 대입하여 직교 대각화하면 교차항이 없는 다음을 얻는다.

$$\lambda_1 t_1^2+\lambda_2 t_2^2+\lambda_3 t_3^2+p' t_1+q' t_2+r' t_3+s=0$$

다음과 같은 이차곡면으로 분류할 수 있다.

- 고윳값이 모두 같은 부호이면 타원면
- 둘은 같은 부호이고 하나는 다른 부호이면 타원뿔, 이엽쌍곡면 또는 단엽쌍곡면
- 둘은 같은 부호이고 하나는 0이면 타원포물면 또는 타원기둥면
- 둘은 다른 부호이고 하나는 0이면 쌍곡포물면 또는 쌍곡기둥면
- 둘은 0이고 하나는 0이 아닐 때 포물기둥면 또는 두 평행평면

예제 7.4.6 방정식 $4x^2+4y^2+4z^2+4xy+4yz+4xz-3=0$의 그래프는 어떤 이차곡면인가?

풀 이 $\mathbf{x}^T A\mathbf{x} = [x\ y\ z]\begin{bmatrix} 4 & 2 & 2 \\ 2 & 4 & 2 \\ 2 & 2 & 4 \end{bmatrix}\begin{bmatrix} x \\ y \\ z \end{bmatrix} = 3$으로 나타낼 수 있고

$$|\lambda I_3 - A| = \begin{vmatrix} \lambda-4 & -2 & -2 \\ -2 & \lambda-4 & -2 \\ -2 & -2 & \lambda-4 \end{vmatrix} = 0 \Leftrightarrow (\lambda-2)^2(\lambda-8) = 0$$

이므로 고윳값은 $\lambda_1 = 2$(중복도 2), $\lambda_2 = 8$이고 정리 7.2.1 주축정리에 의하여

$$\mathbf{x}^T A\mathbf{x} = 2t_1^2 + 2t_2^2 + 8t_3^2 = 3$$

이다. 또한 고윳값이 같은 부호이므로 $t_1t_2t_3$-축에서 타원면이다.

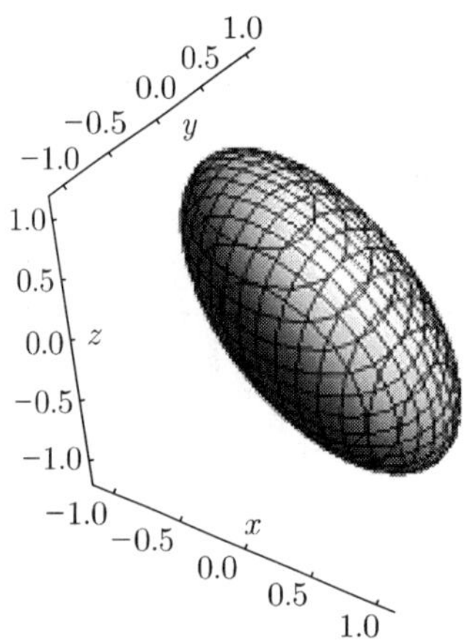

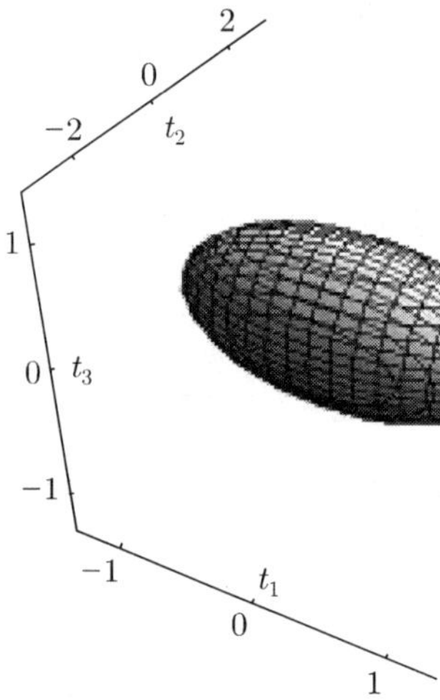

그리고 고윳값에 대응하는 정규직교 고유벡터로 A는

$$P = \begin{bmatrix} \frac{-1}{\sqrt{2}} & \frac{-1}{\sqrt{6}} & \frac{1}{\sqrt{3}} \\ \frac{1}{\sqrt{2}} & \frac{-1}{\sqrt{6}} & \frac{1}{\sqrt{3}} \\ 0 & \frac{2}{\sqrt{6}} & \frac{1}{\sqrt{3}} \end{bmatrix},\quad P^T AP = \begin{bmatrix} 2 & 0 & 0 \\ 0 & 2 & 0 \\ 0 & 0 & 8 \end{bmatrix} = D$$

로 대각화된다. $t_1t_2t_3$-축은 xyz-축을 $\mathbf{x} = P\mathbf{t}$에 의하여 회전한 것이다. ■

예 제 7.4.7 방정식 $2xy + 2xz - 1 = 0$은 어떤 이차곡면인가?

풀이 $\mathbf{x}^T A\mathbf{x} = [x\ y\ z]\begin{bmatrix} 0 & 1 & 1 \\ 1 & 0 & 0 \\ 1 & 0 & 0 \end{bmatrix}\begin{bmatrix} x \\ y \\ z \end{bmatrix} = 1$로 나타낼 수 있고

$$|\lambda I_3 - A| = \begin{vmatrix} \lambda & -1 & -1 \\ -1 & \lambda & 0 \\ -1 & 0 & \lambda \end{vmatrix} = 0 \Leftrightarrow \lambda(\lambda^2 - 2) = 0$$

이므로 고윳값은 $\lambda_1 = \sqrt{2}$, $\lambda_2 = -\sqrt{2}$, $\lambda_3 = 0$이고 정리 7.2.1 주축정리에 의하여

$$\mathbf{x}^T A\mathbf{x} = \sqrt{2}\,t_1^2 - \sqrt{2}\,t_2^2 = 1$$

이다. 또한 고윳값이 둘은 다른 부호이고 하나는 0이므로 $t_1t_2t_3$-축에서 쌍곡기둥면이다.

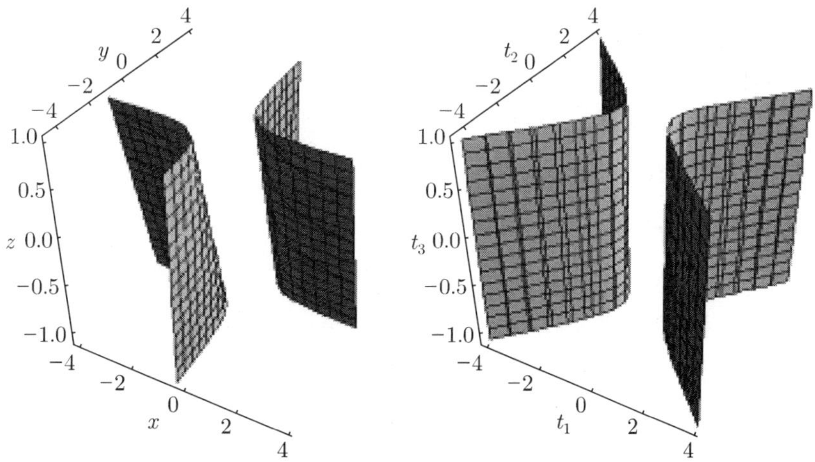

그리고 고윳값에 대응하는 정규직교 고유벡터로 A는

$$P = \frac{1}{2}\begin{bmatrix} \sqrt{2} & -\sqrt{2} & 0 \\ 1 & 1 & -\sqrt{2} \\ 1 & 1 & \sqrt{2} \end{bmatrix}, \quad P^T A P = \begin{bmatrix} \sqrt{2} & 0 & 0 \\ 0 & -\sqrt{2} & 0 \\ 0 & 0 & 0 \end{bmatrix} = D$$

로 대각화된다. $t_1t_2t_3$-축은 xyz-축을 $\mathbf{x} = P\mathbf{t}$에 의하여 회전한 것이다. ■

연습문제 7.4

01. 다음 방정식은 어떤 이차곡선인가?

(1) $x^2+5y^2-20=0$ (2) $x^2-y^2-10=0$ (3) $x^2-3y=0$

02. 다음 방정식의 그래프를 그리라.

(1) $2xy-1=0$

(2) $5x^2-4xy+8y^2-36=0$

(3) $x^2+2xy+y^2+3x+y-1=0$

(4) $34x^2-24xy+41y^2-40x-30y-25=0$

(5) $x^2-2xy+y^2+4\sqrt{2}\,x-4=0$

(6) $3x^2+4xy+6y^2-8=0$

03. 이차방정식 $ax^2+2bxy+cy^2+dx+ey+f=0$의 그래프가 정상적 원뿔곡선일 때 다음을 보이라.

(1) $ac-b^2>0$이면 타원이다.

(2) $ac-b^2<0$이면 쌍곡선이다.

(3) $ac-b^2=0$이면 포물선이다.

04. 다음 이차곡면을 표준위치에 있는 곡면으로 나타내라.

(1) $2x^2+2y^2+6yz+10z^2-9=0$

(2) $2xy+z^2+1=0$

(3) $2xz+y^2+2y+1=0$

(4) $3x^2+2y^2+6xz+3z^2-1=0$

(5) $34x^2-24xy+41y^2-z=0$

연습문제 해답

연습문제 1.1

01. (1) $a_{13}=3,\ a_{22}=0,\ a_{23}=-1$ (2) $b_{21}=2,\ b_{32}=6$

(3) $c_{12}=5,\ c_{23}=0,\ c_{32}=-7$ (4) $c_{11}=2,\ c_{22}=3,\ c_{33}=4$

02. (1) $2A=\begin{bmatrix}-4&2&6\\2&4&-2\end{bmatrix},\ -3B=\begin{bmatrix}3&9\\-6&3\\-3&-18\end{bmatrix}$

(2) $A+B$는 정의되지 않는다. $C+D=\begin{bmatrix}4&10&0\\1&5&1\\10&-7&4\end{bmatrix},\ 2E-F=\begin{bmatrix}2&7\\-15&12\end{bmatrix}$

(3) $AB=\begin{bmatrix}7&23\\2&-11\end{bmatrix},\ BA=\begin{bmatrix}-1&-7&0\\-5&0&7\\4&13&-3\end{bmatrix}$, BC는 정의되지 않는다. $CB=\begin{bmatrix}9&-5\\7&3\\-11&4\end{bmatrix}$

(4) $(AB)E=\begin{bmatrix}147&127\\81&-34\end{bmatrix},\ A(BF)=\begin{bmatrix}37&-71\\-7&50\end{bmatrix}$, $A(EF)$는 정의되지 않는다.

(5) $A(C+D)=\begin{bmatrix}23&-36&13\\-4&27&-2\end{bmatrix}$, $A(E+F)$는 정의되지 않는다.

(6) $AB+EF=\begin{bmatrix}16&9\\-8&-48\end{bmatrix},\ BA+D=\begin{bmatrix}1&-2&-1\\-4&2&7\\8&10&-2\end{bmatrix}$

(7) $(CD)^T=\begin{bmatrix}13&7&20\\17&3&13\\-1&1&-3\end{bmatrix},\ A^TE=\begin{bmatrix}-11&-6\\-12&13\\13&11\end{bmatrix}$

(8) A^2는 정의되지 않는다. $C^2=\begin{bmatrix}10&21&10\\6&5&6\\30&6&11\end{bmatrix},\ E^2=\begin{bmatrix}-31&30\\-42&-19\end{bmatrix}$

03. $A^2=\begin{bmatrix}2&0&0\\0&1&0\\0&0&1\end{bmatrix}$, $A^6=\begin{bmatrix}8&0&0\\0&1&0\\0&0&1\end{bmatrix}$

04. $a=0,\ b=1,\ c=0,\ d=1$

05. (1) $x=2,\ y=-4,\ z=-2,\ w=2$ (2) $x=-1,\ y=2,\ z=0,\ w=0$

06. (1) $A=[a_{ij}]_{m\times n}$, $B=[b_{ij}]_{m\times n}$ 이라 하면

$$A+B=[a_{ij}+b_{ij}]_{m\times n}=[b_{ij}+a_{ij}]_{m\times n}=B+A$$

(2) $A=[a_{ij}]_{m\times n}$, $B=[b_{ij}]_{m\times n}$, $C=[c_{ij}]_{m\times n}$ 이라 하면

$$\begin{aligned}A+(B+C)&=[a_{ij}]_{m\times n}+[b_{ij}+c_{ij}]_{m\times n}=[a_{ij}+(b_{ij}+c_{ij})]_{m\times n}\\&=[(a_{ij}+b_{ij})+c_{ij}]_{m\times n}=[a_{ij}+b_{ij}]_{m\times n}+[c_{ij}]_{m\times n}=(A+B)+C\end{aligned}$$

07. $XY=[8]=8$, $YX=\begin{bmatrix}-1&-3&1\\4&12&-4\\3&9&-3\end{bmatrix}$

08. $A=\begin{bmatrix}a_{11}&0&\cdots&0\\0&a_{22}&\cdots&0\\\vdots&\vdots&\ddots&\vdots\\0&0&\cdots&a_{nn}\end{bmatrix}$, $B=\begin{bmatrix}b_{11}&0&\cdots&0\\0&b_{22}&\cdots&0\\\vdots&\vdots&\ddots&\vdots\\0&0&\cdots&b_{nn}\end{bmatrix}$, $A+B=\begin{bmatrix}a_{11}+b_{11}&0&\cdots&0\\0&a_{22}+b_{22}&\cdots&0\\\vdots&\vdots&\ddots&\vdots\\0&0&\cdots&a_{nn}+b_{nn}\end{bmatrix}$이므

로 $A+B$는 대각행렬, $AB=\begin{bmatrix}a_{11}b_{11}&0&\cdots&0\\0&a_{22}b_{22}&\cdots&0\\\vdots&\vdots&\ddots&\vdots\\0&0&\cdots&a_{nn}b_{nn}\end{bmatrix}$이므로 AB 대각행렬

09. A가 반대칭행렬이면 $A^T=-A$, $(A^2)^T=(A^T)^2=(-A)^2=A^2$이므로 A^2 대칭행렬

10. 대칭행렬 $B=\frac{1}{2}(A+A^T)=\begin{bmatrix}2&1&1\\1&3&1\\1&1&-1\end{bmatrix}$, 반대칭행렬 $C=\frac{1}{2}(A-A^T)=\begin{bmatrix}0&2&0\\-2&0&-1\\0&1&0\end{bmatrix}$

$$B+C=\begin{bmatrix}2&1&1\\1&3&1\\1&1&-1\end{bmatrix}+\begin{bmatrix}0&2&0\\-2&0&-1\\0&1&0\end{bmatrix}=\begin{bmatrix}2&3&1\\-1&3&0\\1&2&-1\end{bmatrix}=A$$

11. A의 부분행렬 $A_{11}=\begin{bmatrix}2&-1\\0&3\end{bmatrix}$, $A_{12}=\begin{bmatrix}0&0\\0&0\end{bmatrix}=O$, $A_{21}=\begin{bmatrix}0&0\\0&0\end{bmatrix}=O$, $A_{22}=\begin{bmatrix}-2&3\\1&1\end{bmatrix}$

B의 부분행렬 $B_{11}=\begin{bmatrix}2&1\\0&3\end{bmatrix}$, $B_{12}=\begin{bmatrix}2&0\\1&2\end{bmatrix}$, $B_{21}=\begin{bmatrix}0&0\\0&0\end{bmatrix}=O$, $B_{22}=\begin{bmatrix}1&4\\2&-2\end{bmatrix}$

$$AB=\begin{bmatrix}A_{11}&A_{12}\\A_{21}&A_{22}\end{bmatrix}\begin{bmatrix}B_{11}&B_{12}\\B_{21}&B_{22}\end{bmatrix}=\begin{bmatrix}A_{11}&O\\O&A_{22}\end{bmatrix}\begin{bmatrix}B_{11}&B_{12}\\O&B_{22}\end{bmatrix}=\begin{bmatrix}A_{11}B_{11}&A_{11}B_{12}\\O&A_{22}B_{22}\end{bmatrix}$$

$$=\left[\begin{array}{c:c}\begin{bmatrix}2&-1\\0&3\end{bmatrix}\begin{bmatrix}2&1\\0&3\end{bmatrix}&\begin{bmatrix}2&-1\\0&3\end{bmatrix}\begin{bmatrix}2&0\\1&2\end{bmatrix}\\ \hdashline \begin{bmatrix}0&0\\0&0\end{bmatrix}&\begin{bmatrix}0&0\\0&0\end{bmatrix}\begin{bmatrix}-2&3\\1&1\end{bmatrix}\begin{bmatrix}1&4\\2&-2\end{bmatrix}\end{array}\right]=\left[\begin{array}{ccc:c}4&-1&3&-2\\0&9&3&6\\ \hdashline 0&0&4&-14\\0&0&3&2\end{array}\right]$$

연습문제 1.2

01. (1) $k=-4$일 때 해가 없다. $k\neq\pm4$일 때 해는 1개, $k=4$일 때 해는 무수히 많다.

(2) $k=3$일 때 해가 없다. $k\neq2$, $k\neq3$일 때 해는 1개, $k=2$일 때 해는 무수히 많다.

02. (1) $A=\begin{bmatrix}2&0&0&-1\\2&3&-4&3\\1&0&3&0\end{bmatrix}$, $X=\begin{bmatrix}x_1\\x_2\\x_3\\x_4\end{bmatrix}$, $B=\begin{bmatrix}7\\3\\5\end{bmatrix}$, $AX=\begin{bmatrix}2&0&0&-1\\2&3&-4&3\\1&0&3&0\end{bmatrix}\begin{bmatrix}x_1\\x_2\\x_3\\x_4\end{bmatrix}=\begin{bmatrix}7\\3\\5\end{bmatrix}=B$

$$[A\,|\,B]=\begin{bmatrix}2&0&0&-1&7\\2&3&-4&3&3\\1&0&3&0&5\end{bmatrix}$$

(2) $A=\begin{bmatrix}1&3&-1\\2&5&1\\1&1&1\end{bmatrix}$, $X=\begin{bmatrix}x_1\\x_2\\x_3\end{bmatrix}$, $B=\begin{bmatrix}1\\5\\3\end{bmatrix}$, $AX=\begin{bmatrix}1&3&-1\\2&5&1\\1&1&1\end{bmatrix}\begin{bmatrix}x_1\\x_2\\x_3\end{bmatrix}=\begin{bmatrix}1\\5\\3\end{bmatrix}=B$

$$[A\,|\,B]=\begin{bmatrix}1&2&-1&1\\2&5&1&5\\1&1&1&3\end{bmatrix}$$

03. (1) $\begin{cases}x_1+x_2+3x_3-3x_4=0\\x_1\quad\;\;+2x_3-\;x_4=-1\\\quad\;\;2x_2+\;x_3-3x_4=3\end{cases}$ (2) $\begin{cases}x_1+x_2\qquad=3\\x_1+x_2+x_3=0\\\qquad x_2+x_3=1\end{cases}$

연습문제 1.3

01. (1) $\begin{bmatrix}1&0&0&1\\0&1&0&1\\0&0&1&3\end{bmatrix}$ (2) $\begin{bmatrix}1&1&0&0\\0&0&1&0\\0&0&0&1\end{bmatrix}$ (3) $\begin{bmatrix}0&1&0&0&5\\0&0&1&0&4\\0&0&0&1&1\end{bmatrix}$ (4) $\begin{bmatrix}1&2&0&3&0&7\\0&0&1&0&0&1\\0&0&0&0&1&2\end{bmatrix}$

02. (1) $x_1=29,\ x_2=16,\ x_3=3$

(2) $x_1=-3,\ x_2=2,\ x_3=4$

(3) $x_1=2,\ x_2=0,\ x_3=1,\ x_4=3$

(4) $x_1=2,\ x_2=-1,\ x_3=3$

(5) $x_1=11,\ x_2=-4,\ x_3=3$

(6) 해 없음

03. (1) $x_1=-1+2t,\ x_2=-1+t,\ x_3=t,\ t\in\mathbb{R}$

(2) $x_1=1,\ x_2=2,\ x_3=-2$

(3) $x_1=3-2t,\ x_2=-4+t,\ x_3=5-3t,\ x_4=t,\ t\in\mathbb{R}$

(4) $x_1=-2-19s-7t,\ x_2=2+8s+2t,\ x_3=s,\ x_4=t,\ s,t\in\mathbb{R}$

(5) $x_1=-13t+4,\ x_2=7t-1,\ x_3=t,\ t\in\mathbb{R}$

(6) 해 없음

(7) $x_1=3,\ x_2=0,\ x_3=1$

(8) $x_1=7-2s-3t,\ x_2=s,\ x_3=1,\ x_4=t,\ x_5=2,\ s,t\in\mathbb{R}$

연습문제 1.4

01. (1) $\frac{1}{4}\begin{bmatrix}2&-2\\-1&3\end{bmatrix}$ (2) $\frac{1}{4}\begin{bmatrix}-5&-2\\-3&-2\end{bmatrix}$ (3) $\begin{bmatrix}-5&2\\3&-1\end{bmatrix}$

(4) $-\frac{1}{2}\begin{bmatrix}9&-7\\-8&6\end{bmatrix}$ (5) $\begin{bmatrix}1/3&-1/3&-1/3\\0&1/2&1\\0&0&-1\end{bmatrix}$ (6) 존재하지 않는다.

(7) $\begin{bmatrix}-40&16&9\\13&-5&-3\\5&-2&-1\end{bmatrix}$ (8) $\begin{bmatrix}14&-8&-1\\-17&10&1\\-19&11&1\end{bmatrix}$ (9) $\begin{bmatrix}1&0&1\\0&1&1\\0&0&-1\end{bmatrix}$

(10) 존재하지 않는다.　　(11) $\frac{1}{15}\begin{bmatrix}8 & -19 & 2\\ 1 & -23 & 4\\ 4 & -2 & 1\end{bmatrix}$　　(12) $\frac{1}{8}\begin{bmatrix}8 & 0 & 0 & 0\\ -4 & 4 & 0 & 0\\ 2 & -2 & 2 & 0\\ -1 & 0 & -1 & 1\end{bmatrix}$

02. $E_1^{-1}=\begin{bmatrix}0 & 1 & 0\\ 1 & 0 & 0\\ 0 & 0 & 1\end{bmatrix}$, $E_2^{-1}=\begin{bmatrix}1/3 & 0 & 0\\ 0 & 1 & 0\\ 0 & 1 & 0\end{bmatrix}$, $E_1^{-1}=\begin{bmatrix}1 & 0 & -4\\ 0 & 1 & 0\\ 0 & 0 & 1\end{bmatrix}$

03. $E_3^{-1}E_2^{-1}E_1^{-1}=\begin{bmatrix}1 & 0 & 0\\ 4 & 1 & 0\\ 0 & 0 & 1\end{bmatrix}\begin{bmatrix}1 & 0 & 0\\ 0 & 1 & 0\\ 3 & 0 & 1\end{bmatrix}\begin{bmatrix}1 & 0 & 0\\ 0 & 1 & 0\\ 0 & 2 & 1\end{bmatrix}=\begin{bmatrix}1 & 0 & 0\\ 4 & 1 & 0\\ 3 & 2 & 1\end{bmatrix}$

04. $k=4,\ -3$

05. (1) $\begin{bmatrix}2 & 4 & 2\\ 1 & k & 3\\ 1 & 2 & 1\end{bmatrix}\xrightarrow{(-1)R_3+R_1}\begin{bmatrix}1 & 2 & 1\\ 1 & k & 3\\ 1 & 2 & 1\end{bmatrix}\xrightarrow{(-1)R_1+R_3}\begin{bmatrix}1 & 2 & 1\\ 1 & k & 3\\ 0 & 0 & 0\end{bmatrix}$, 어느 k에 대하여 가역이 아니다.

(2) $\begin{bmatrix}2 & 4 & 2\\ 1 & k & 3\\ 1 & 1 & 2\end{bmatrix}\xrightarrow[R_2\leftrightarrow R_3]{\frac{1}{2}R_1}\begin{bmatrix}1 & 2 & 1\\ 1 & 1 & 2\\ 1 & k & 3\end{bmatrix}\xrightarrow[(-1)R_1+R_3]{(-1)R_1+R_2}\begin{bmatrix}1 & 2 & 1\\ 0 & -1 & 1\\ 0 & k-2 & 2\end{bmatrix}$

$\xrightarrow[(k-2)R_2+R_3]{2R_2+R_1}\begin{bmatrix}1 & 0 & 3\\ 0 & -1 & 1\\ 0 & 0 & k\end{bmatrix}\xrightarrow{(-1)R_2}\begin{bmatrix}1 & 0 & 3\\ 0 & 1 & -1\\ 0 & 0 & k\end{bmatrix}$, $k\neq 0$이면 가역이다.

(3) $\begin{bmatrix}1 & 1 & 0\\ 1 & 0 & 0\\ 1 & 2 & k\end{bmatrix}\xrightarrow{(-1)R_1+R_3}\begin{bmatrix}1 & 1 & 0\\ 1 & 0 & 0\\ 0 & 1 & k\end{bmatrix}\xrightarrow{(-1)R_3+R_1}\begin{bmatrix}1 & 0 & -k\\ 1 & 0 & 0\\ 0 & 1 & k\end{bmatrix}$

$\xrightarrow{(-1)R_2+R_1}\begin{bmatrix}0 & 0 & -k\\ 1 & 0 & 0\\ 0 & 1 & k\end{bmatrix}\xrightarrow{R_1\leftrightarrow R_2}\begin{bmatrix}1 & 0 & 0\\ 0 & 0 & -k\\ 0 & 1 & k\end{bmatrix}\xrightarrow{R_3+R_2}\begin{bmatrix}1 & 0 & 0\\ 0 & 1 & 0\\ 0 & 1 & k\end{bmatrix}\xrightarrow{(-1)R_2+R_3}\begin{bmatrix}1 & 0 & 0\\ 0 & 1 & 0\\ 0 & 0 & k\end{bmatrix}$,

$k\neq 0$이면 가역이다.

06. $\frac{1}{k^4}\begin{bmatrix}k^3 & 0 & 0 & 0\\ -k^2 & k^3 & 0 & 0\\ k & -k^2 & k^3 & 0\\ -1 & k & -k^2 & k^3\end{bmatrix}$

07. $A^{-1}=\begin{bmatrix}1 & 0 & -a\\ 0 & 1 & -b\\ 0 & 0 & 1\end{bmatrix}$이고 $A+A^{-1}=\begin{bmatrix}1 & 0 & a\\ 0 & 1 & b\\ 0 & 0 & 1\end{bmatrix}+\begin{bmatrix}1 & 0 & -a\\ 0 & 1 & -b\\ 0 & 0 & 1\end{bmatrix}=\begin{bmatrix}2 & 0 & 0\\ 0 & 2 & 0\\ 0 & 0 & 2\end{bmatrix}=2I_3$

08. (1) $A=\begin{bmatrix}0&-1\\1&0\end{bmatrix}$, $A^T=\begin{bmatrix}0&1\\-1&0\end{bmatrix}$, $A+A^T=\begin{bmatrix}0&-1\\1&0\end{bmatrix}+\begin{bmatrix}0&1\\-1&0\end{bmatrix}=\begin{bmatrix}0&0\\0&0\end{bmatrix}$, 가역이 아니다.

(2) $A+A=2A$이므로 가역이다.

연습문제 1.5

01. (1) $x_1=-t,\ x_2=t,\ x_3=-t,\ x_4=t,\ t\in\mathbb{R}$

(2) $x_1=t,\ x_2=0,\ x_3=-2t,\ x_4=t,\ t\in\mathbb{R}$

(3) $x_1=-5s+3t,\ x_2=-2s+t,\ x_3=s,\ x_4=t,\ s,t\in\mathbb{R}$

(4) $x_1=-s-t,\ x_2=s,\ x_3=-t,\ x_4=0,\ x_5=t,\ s,t\in\mathbb{R}$

02. $x_1=5t,\ x_2=6t,\ x_3=t,\ t\in\mathbb{R}$

03. $-3k_1+k_2=0$이므로 $k_1=t,\ k_2=3t,\ t\in\mathbb{R}$

연습문제 1.6

01. (1) $\begin{bmatrix}2&1\\10&-2\end{bmatrix}=LU=\begin{bmatrix}1&0\\5&1\end{bmatrix}\begin{bmatrix}2&1\\0&-7\end{bmatrix}$

(2) $\begin{bmatrix}3&-6\\-2&5\end{bmatrix}=LU=\begin{bmatrix}3&0\\-2&1\end{bmatrix}\begin{bmatrix}1&-2\\0&1\end{bmatrix}$

(3) $\begin{bmatrix}2&1\\8&7\end{bmatrix}=LU=\begin{bmatrix}1&0\\4&1\end{bmatrix}\begin{bmatrix}2&1\\0&3\end{bmatrix}$

(4) $\begin{bmatrix}2&6&2\\-3&-8&0\\4&9&2\end{bmatrix}=LU=\begin{bmatrix}2&0&0\\-3&1&0\\4&-3&7\end{bmatrix}\begin{bmatrix}1&3&1\\0&1&3\\0&0&1\end{bmatrix}$

(5) $\begin{bmatrix}1&-1&0\\-1&2&-1\\0&-1&2\end{bmatrix}=LU=\begin{bmatrix}1&0&0\\-1&1&0\\0&-1&1\end{bmatrix}\begin{bmatrix}1&-1&0\\0&1&-1\\0&0&1\end{bmatrix}$

(6) $\begin{bmatrix}6&-2&0\\9&-1&1\\3&7&5\end{bmatrix}=LU=\begin{bmatrix}6&0&0\\9&2&0\\3&8&1\end{bmatrix}\begin{bmatrix}1&-1/3&0\\0&1&1/2\\0&0&1\end{bmatrix}$

(7) $\begin{bmatrix}1&2&-2&3\\3&5&-5&7\\2&1&0&2\\-1&3&3&2\end{bmatrix}=LU=\begin{bmatrix}1&0&0&0\\3&1&0&0\\2&3&1&0\\-1&-5&6&1\end{bmatrix}\begin{bmatrix}1&2&-2&3\\0&-1&1&-2\\0&0&1&2\\0&0&0&-17\end{bmatrix}$

02. (1) $\begin{bmatrix}2&8\\-1&-1\end{bmatrix}=LU=\begin{bmatrix}2&0\\-1&1\end{bmatrix}\begin{bmatrix}1&4\\0&3\end{bmatrix}$, $x_1=3,\ x_2=-1$

(2) $\begin{bmatrix}-1 & -3 & -4\\ 3 & 10 & -10\\ -2 & -4 & 11\end{bmatrix}=LU=\begin{bmatrix}1 & 0 & 0\\ -3 & 1 & 0\\ 2 & 2 & 1\end{bmatrix}\begin{bmatrix}-1 & -3 & -4\\ 0 & 1 & -22\\ 0 & 0 & 63\end{bmatrix}$, $x_1=-1$, $x_2=1$, $x_3=1$

(3) $\begin{bmatrix}1 & 3 & 1\\ -3 & -8 & 0\\ 4 & 9 & 2\end{bmatrix}=LU=\begin{bmatrix}1 & 0 & 0\\ -3 & 1 & 0\\ 4 & -3 & 7\end{bmatrix}\begin{bmatrix}1 & 3 & 1\\ 0 & 1 & 3\\ 0 & 0 & 1\end{bmatrix}$, $x_1=2$, $x_2=-1$, $x_3=2$

03. (1) $\begin{bmatrix}a & b\\ c & d\end{bmatrix}=LDU=\begin{bmatrix}1 & 0\\ c/a & 1\end{bmatrix}\begin{bmatrix}a & 0\\ 0 & d-b\end{bmatrix}\begin{bmatrix}1 & b/a\\ 0 & 1\end{bmatrix}$

(2) $\begin{bmatrix}2 & -1 & 0\\ -1 & 2 & -1\\ 0 & -1 & 2\end{bmatrix}=LDU=\begin{bmatrix}1 & 0 & 0\\ -1/2 & 1 & 0\\ 0 & -2/3 & 1\end{bmatrix}\begin{bmatrix}2 & 0 & 0\\ 0 & 3/2 & 0\\ 0 & 0 & 4/3\end{bmatrix}\begin{bmatrix}1 & -1/2 & 0\\ 0 & 1 & -2/3\\ 0 & 0 & 1\end{bmatrix}$

(3) $\begin{bmatrix}1 & 1 & 1\\ 1 & 4 & 5\\ 1 & 4 & 7\end{bmatrix}=LDU=\begin{bmatrix}1 & 0 & 0\\ 1 & 1 & 0\\ 1 & 1 & 1\end{bmatrix}\begin{bmatrix}1 & 0 & 0\\ 0 & 3 & 0\\ 0 & 0 & 2\end{bmatrix}\begin{bmatrix}1 & 1 & 1\\ 0 & 1 & 4/3\\ 0 & 0 & 1\end{bmatrix}$

(4) $\begin{bmatrix}1 & 4 & 5\\ 4 & 18 & 26\\ 3 & 16 & 30\end{bmatrix}=LDU=\begin{bmatrix}1 & 0 & 0\\ 4 & 1 & 0\\ 3 & 2 & 1\end{bmatrix}\begin{bmatrix}1 & 0 & 0\\ 0 & 2 & 0\\ 0 & 0 & 3\end{bmatrix}\begin{bmatrix}1 & 4 & 5\\ 0 & 1 & 3\\ 0 & 0 & 1\end{bmatrix}$

04. (1) $PA=\begin{bmatrix}1 & 0 & 0\\ 0 & 0 & 1\\ 0 & 1 & 0\end{bmatrix}\begin{bmatrix}1 & 2 & 3\\ 2 & 4 & 2\\ 1 & 1 & 1\end{bmatrix}=\begin{bmatrix}1 & 2 & 3\\ 1 & 1 & 1\\ 2 & 4 & 2\end{bmatrix}=\begin{bmatrix}1 & 0 & 0\\ 1 & 1 & 0\\ 2 & 0 & 1\end{bmatrix}\begin{bmatrix}1 & 0 & 0\\ 0 & -1 & 0\\ 0 & 0 & -4\end{bmatrix}\begin{bmatrix}1 & 2 & 3\\ 0 & 1 & 2\\ 0 & 0 & 1\end{bmatrix}=LDU$

(2) $PA=\begin{bmatrix}0 & 0 & 1\\ 0 & 1 & 0\\ 1 & 0 & 0\end{bmatrix}\begin{bmatrix}0 & 1 & 2\\ 0 & 1 & 0\\ 1 & 0 & 0\end{bmatrix}=\begin{bmatrix}1 & 0 & 0\\ 0 & 1 & 0\\ 0 & 1 & 2\end{bmatrix}=\begin{bmatrix}1 & 0 & 0\\ 0 & 1 & 0\\ 0 & -1 & 1\end{bmatrix}\begin{bmatrix}1 & 0 & 0\\ 0 & 1 & 0\\ 0 & 0 & 2\end{bmatrix}\begin{bmatrix}1 & 0 & 0\\ 0 & 1 & 0\\ 0 & 0 & 1\end{bmatrix}=LDU$

(3) $PA=\begin{bmatrix}0 & 0 & 1\\ 0 & 1 & 0\\ 1 & 0 & 0\end{bmatrix}\begin{bmatrix}0 & 1 & 1\\ -1 & 0 & -3\\ 2 & -4 & 0\end{bmatrix}=\begin{bmatrix}2 & -4 & 0\\ -1 & 0 & -3\\ 0 & 1 & 1\end{bmatrix}$

$$=\begin{bmatrix}1 & 0 & 0\\ -1/2 & 1 & 0\\ 0 & -1/2 & 1\end{bmatrix}\begin{bmatrix}2 & 0 & 0\\ 0 & -2 & 0\\ 0 & 0 & -1/2\end{bmatrix}\begin{bmatrix}1 & -2 & 0\\ 0 & 1 & 3/2\\ 0 & 0 & 1\end{bmatrix}=LDU$$

연습문제 2.1

01. (1) 뒤집힘 5, 홀순열 (2) 뒤집힘 5, 홀순열

(3) 뒤집힘 4, 짝순열 (4) 뒤집힘 4, 짝순열

02. (1) -10 (2) -16 (3) 7 (4) 13 (5) 240

(6) 165 (7) 72 (8) 96 (9) -9 (10) -8

(11) 0 (12) 154 (13) -14 (14) 0 (15) -37

03. (1) 3 (2) 3 (3) -6 (4) -3

04. (1) 9 (2) $-1/3$ (3) $|3A|=3^n|A|=-3^{n+1}$ (4) $-\dfrac{1}{3^{n+1}}$

05. $|A^2|=|A|^2=|A|$이므로 $|A|=0$ 또는 $|A|=1$

06. $|A|=|Q^{-1}BQ|=|Q^{-1}||B||Q|=|B||Q^{-1}||Q|=|B||I_n|=|B|$이므로 $|A|=|B|$

연습문제 2.2

01. (1) $\begin{bmatrix} 0 & 2 & -4 \\ -3 & 7 & -26 \\ 0 & -2 & 10 \end{bmatrix}$ (2) $\begin{bmatrix} -32 & -10 & 18 \\ -29 & 5 & -9 \\ 11 & -5 & -9 \end{bmatrix}$ (3) $\begin{bmatrix} -11 & -4 & 2 \\ 29 & 7 & -10 \\ 1 & -2 & 1 \end{bmatrix}$

(4) $\begin{bmatrix} 6 & -12 & 0 \\ 12 & 12 & -12 \\ -6 & -4 & 8 \end{bmatrix}$ (5) $\begin{bmatrix} 1 & -2 & 9 \\ 3 & 2 & -5 \\ -1 & 2 & -1 \end{bmatrix}$

02. (1) $\begin{vmatrix} 3 & 2 & -4 \\ 2 & 0 & 6 \\ 1 & 4 & 1 \end{vmatrix}=2(-1)^{2+1}\begin{vmatrix} 2 & -4 \\ 4 & 1 \end{vmatrix}+6(-1)^{2+3}\begin{vmatrix} 3 & 2 \\ 1 & 4 \end{vmatrix}=-96$

(2) $\begin{vmatrix} 1 & 2 & 3 \\ -1 & 5 & 2 \\ 3 & 2 & 0 \end{vmatrix}=3(-1)^{3+1}\begin{vmatrix} 2 & 3 \\ 5 & 2 \end{vmatrix}+2(-1)^{3+2}\begin{vmatrix} 1 & 3 \\ -1 & 2 \end{vmatrix}=-43$

(3) $\begin{vmatrix} 0 & 6 & 0 \\ 8 & 6 & 8 \\ 3 & 2 & 2 \end{vmatrix}=6(-1)^{1+2}\begin{vmatrix} 8 & 8 \\ 3 & 2 \end{vmatrix}=48$

(4) $\begin{vmatrix} 1 & 4 & 2 \\ 3 & 1 & 1 \\ -2 & 2 & 3 \end{vmatrix}=3(-1)^{2+1}\begin{vmatrix} 4 & 2 \\ 2 & 3 \end{vmatrix}+(-1)^{2+2}\begin{vmatrix} 1 & 2 \\ -2 & 3 \end{vmatrix}+(-1)^{2+3}\begin{vmatrix} 1 & 4 \\ -2 & 2 \end{vmatrix}=-27$

(5) $\begin{bmatrix} 3 & 1 & -2 & 0 \\ 1 & 2 & 0 & 1 \\ 3 & 4 & 1 & 5 \\ 3 & 2 & 5 & -3 \end{bmatrix}\xrightarrow[(-3)R_2+R_4]{(-3)R_2+R_1,\,(-3)R_2+R_3}\begin{bmatrix} 0 & -5 & -2 & -3 \\ 1 & 2 & 0 & 1 \\ 0 & -2 & 1 & 2 \\ 0 & -4 & 5 & -6 \end{bmatrix}$

$\begin{vmatrix} 3 & 1 & -2 & 0 \\ 1 & 2 & 0 & 1 \\ 3 & 4 & 1 & 5 \\ 3 & 2 & 5 & -3 \end{vmatrix}=\begin{vmatrix} 0 & -5 & -2 & -3 \\ 1 & 2 & 0 & 1 \\ 0 & -2 & 1 & 2 \\ 0 & -4 & 5 & -6 \end{vmatrix}=(-1)^{2+1}\begin{vmatrix} -5 & -2 & -3 \\ -2 & 1 & 2 \\ -4 & 5 & -6 \end{vmatrix}=-138$

(6) $\begin{bmatrix} 5 & -2 & 0 & -1 \\ 0 & 1 & 5 & 2 \\ 1 & 2 & 0 & 2 \\ -3 & 1 & -1 & 1 \end{bmatrix} \xrightarrow[3R_3+R_4]{(-5)R_3+R_1} \begin{bmatrix} 0 & -12 & 0 & -11 \\ 0 & 1 & 5 & 2 \\ 1 & 2 & 0 & 2 \\ 0 & 7 & -1 & 7 \end{bmatrix}$

$$\begin{vmatrix} 5 & -2 & 0 & -1 \\ 0 & 1 & 5 & 2 \\ 1 & 2 & 0 & 2 \\ -3 & 1 & -1 & 1 \end{vmatrix} = \begin{vmatrix} 0 & -12 & 0 & -11 \\ 0 & 1 & 5 & 2 \\ 1 & 2 & 0 & 2 \\ 0 & 7 & -1 & 7 \end{vmatrix} = \begin{vmatrix} -12 & 0 & -11 \\ 1 & 5 & 2 \\ 7 & -1 & 7 \end{vmatrix} = -12\begin{vmatrix} 5 & 2 \\ -1 & 7 \end{vmatrix} - 11\begin{vmatrix} 1 & 5 \\ 7 & -1 \end{vmatrix} = -48$$

(7) $\begin{bmatrix} 4 & -4 & 2 & 1 \\ 1 & 2 & 0 & 3 \\ 2 & 0 & 3 & 4 \\ 0 & -3 & 2 & 1 \end{bmatrix} \xrightarrow[(-2)R_2+R_3]{(-4)R_2+R_1} \begin{bmatrix} 0 & -12 & 2 & -11 \\ 1 & 2 & 0 & 3 \\ 0 & -4 & 3 & -2 \\ 0 & -3 & 2 & 1 \end{bmatrix}$

$$\begin{vmatrix} 4 & -4 & 2 & 1 \\ 1 & 2 & 0 & 3 \\ 2 & 0 & 3 & 4 \\ 0 & -3 & 2 & 1 \end{vmatrix} = \begin{vmatrix} 0 & -12 & 2 & -11 \\ 1 & 2 & 0 & 3 \\ 0 & -4 & 3 & -2 \\ 0 & -3 & 2 & 1 \end{vmatrix} = -\begin{vmatrix} -12 & 2 & -11 \\ -4 & 3 & -2 \\ -3 & 2 & 1 \end{vmatrix} = 12\begin{vmatrix} 3 & -2 \\ 2 & 1 \end{vmatrix} + 2\begin{vmatrix} -4 & -2 \\ -3 & 1 \end{vmatrix} + 11\begin{vmatrix} -4 & 3 \\ -3 & 2 \end{vmatrix} = 75$$

(8) $\begin{bmatrix} 2 & 2 & -3 & 1 \\ 0 & 1 & 2 & -1 \\ 3 & -1 & 4 & 1 \\ 2 & 3 & 0 & 0 \end{bmatrix} \xrightarrow[R_2+R_3]{R_2+R_1} \begin{bmatrix} 2 & 3 & -1 & 0 \\ 0 & 1 & 2 & -1 \\ 3 & 0 & 6 & 0 \\ 2 & 3 & 0 & 0 \end{bmatrix}$

$$\begin{vmatrix} 2 & 2 & -3 & 1 \\ 0 & 1 & 2 & -1 \\ 3 & -1 & 4 & 1 \\ 2 & 3 & 0 & 0 \end{vmatrix} = \begin{vmatrix} 2 & 3 & -1 & 0 \\ 0 & 1 & 2 & -1 \\ 3 & 0 & 6 & 0 \\ 2 & 3 & 0 & 0 \end{vmatrix} = -\begin{vmatrix} 2 & 3 & -1 \\ 3 & 0 & 6 \\ 2 & 3 & 0 \end{vmatrix} = 3\begin{vmatrix} 3 & -1 \\ 3 & 0 \end{vmatrix} + 6\begin{vmatrix} 2 & 3 \\ 2 & 3 \end{vmatrix} = 9$$

(9) $$\begin{vmatrix} 3 & 2 & 0 & 1 & 3 \\ -2 & 4 & 1 & 2 & 1 \\ 0 & -1 & 0 & 1 & -5 \\ -1 & 2 & 0 & -1 & 2 \\ 0 & 0 & 0 & 0 & 2 \end{vmatrix} = -\begin{vmatrix} 3 & 2 & 1 & 3 \\ 0 & -1 & 1 & -5 \\ -1 & 2 & -1 & 2 \\ 0 & 0 & 0 & 2 \end{vmatrix} = -2\begin{vmatrix} 3 & 2 & 1 \\ 0 & -1 & 1 \\ -1 & 2 & -1 \end{vmatrix}$$

$$= 2\begin{vmatrix} 3 & 1 \\ -1 & -1 \end{vmatrix} + 2\begin{vmatrix} 3 & 2 \\ -1 & 2 \end{vmatrix} = 12$$

03. $|A| = \begin{vmatrix} 1 & 2 & 3 \\ 2 & x+4 & 8 \\ -1 & 0 & x-3 \end{vmatrix} = \begin{vmatrix} 1 & 2 & 3 \\ 0 & x & 2 \\ -1 & 0 & x-3 \end{vmatrix} = \begin{vmatrix} 1 & 2 & 4 \\ 0 & x & 2 \\ 0 & 2 & x \end{vmatrix} = \begin{vmatrix} x & 2 \\ 2 & x \end{vmatrix} = x^2 - 4$

$x^2 - 4 \neq 0$이면 가역이므로 $x \neq \pm 2$ 이다.

04. (1) $-\dfrac{1}{94}\begin{bmatrix} -18 & -6 & -10 \\ 17 & -10 & -1 \\ -6 & -2 & 28 \end{bmatrix}$ (2) $\dfrac{1}{3}\begin{bmatrix} 6 & 0 & -3 \\ 2 & 1 & -1 \\ -3 & 0 & 3 \end{bmatrix}$ (3) $-\dfrac{1}{2}\begin{bmatrix} -1 & -1 & 1 \\ -1 & 1 & -1 \\ 2 & -2 & 0 \end{bmatrix}$

(4) $-\begin{bmatrix} 1 & 0 & -2 \\ -3 & -1 & 6 \\ 2 & 1 & -5 \end{bmatrix}$ (5) $\dfrac{1}{72}\begin{bmatrix} -3 & 5 & 9 \\ 18 & -6 & 18 \\ 6 & 14 & -18 \end{bmatrix}$ (6) $-\dfrac{1}{7}\begin{bmatrix} 2 & -7 & -6 \\ 1 & -7 & -3 \\ -4 & 7 & 5 \end{bmatrix}$

(7) $\frac{1}{2}\begin{bmatrix} 1 & 1 & -1 \\ -10 & 4 & 2 \\ 7 & -3 & -1 \end{bmatrix}$ (8) $\frac{1}{77}\begin{bmatrix} -42 & -35 & 49 & 21 \\ 32 & -10 & -8 & -5 \\ -40 & 51 & 10 & -13 \\ 27 & 6 & -26 & 3 \end{bmatrix}$ (9) $-\frac{1}{135}\begin{bmatrix} -3 & 51 & -21 & -31 \\ 3 & -51 & 21 & -14 \\ 18 & -36 & -9 & 6 \\ -39 & -12 & -3 & 2 \end{bmatrix}$

연습문제 2.3

01. (1) $x_1 = 7/4,\ x_2 = -11/4,\ x_3 = 3/4$ (2) $x_1 = 5,\ x_2 = 1,\ x_3 = 1$

(3) $x_1 = 20/9,\ x_2 = -3/9,\ x_3 = 22/9$ (4) $x_1 = 3,\ x_2 = 1/2,\ x_3 = -1$

(5) $x_1 = 4,\ x_2 = 1,\ x_3 = -2$ (6) $x_1 = 3,\ x_2 = -1,\ x_3 = 2$

(7) $x_1 = 1,\ x_2 = 1,\ x_3 = 2$ (8) $x_1 = 2,\ x_2 = 3,\ x_3 = 4$

(9) $x_1 = 1/2,\ x_2 = -1,\ x_3 = 0,\ x_4 = 3/2$

02. (1) $x = 1,\ -3$ (2) $x = -2,\ 3,\ 4$

(3) $x = 1,\ 4 \pm 2\sqrt{3}$ (4) $x = 2,\ 1$

(5) $x = (3 \pm \sqrt{33})/4$ (6) $x = -2, 0, 1, 4$

03. 여인수 전개식 $x\begin{vmatrix} y_1 & 1 \\ y_2 & 1 \end{vmatrix} - y\begin{vmatrix} x_1 & 1 \\ x_2 & 1 \end{vmatrix} + \begin{vmatrix} x_1 & y_1 \\ x_2 & y_2 \end{vmatrix} = 0$은 직선의 방정식

04. 여인수 전개식 $x\begin{vmatrix} y_1 & z_1 & 1 \\ y_2 & z_2 & 1 \\ y_3 & z_3 & 1 \end{vmatrix} - y\begin{vmatrix} x_1 & z_1 & 1 \\ x_2 & z_2 & 1 \\ x_3 & z_3 & 1 \end{vmatrix} + z\begin{vmatrix} x_1 & y_1 & 1 \\ x_2 & y_2 & 1 \\ x_3 & y_3 & 1 \end{vmatrix} - \begin{vmatrix} x_1 & y_1 & z_1 \\ x_2 & y_2 & z_2 \\ x_3 & y_1 & z_3 \end{vmatrix} = 0$은 평면의 방정식

05. 여인수 전개식 $y\begin{vmatrix} x_1^2 & x_1 & 1 \\ x_2^2 & x_2 & 1 \\ x_3^2 & x_3 & 1 \end{vmatrix} - x^2\begin{vmatrix} y_1 & x_1 & 1 \\ y_2 & x_2 & 1 \\ y_3 & x_3 & 1 \end{vmatrix} + x\begin{vmatrix} y_1 & x_1^2 & 1 \\ y_2 & x_2^2 & 1 \\ y_3 & x_3^2 & 1 \end{vmatrix} - \begin{vmatrix} y_1 & x_1^2 & x_1 \\ y_2 & x_2^2 & x_2 \\ y_3 & x_1^2 & x_3 \end{vmatrix} = 0$은 $ay + bx^2 + cx + d = 0$

연습문제 3.1

01. (1) $\overrightarrow{PQ} = (2-5, 4+2, 2-1) = (-3, 6, 1)$

(2) $\overrightarrow{PQ} = (3-2, -1, 4-1) = (1, -1, 3)$

(3) $\overrightarrow{PQ} = (-1+3, 4-1, 4) = (2, 3, 4)$

02. $P(-2, -2, -1)$

03. (1) $\mathbf{x} = 6\mathbf{i} - 2\mathbf{j} + 3\mathbf{k}$, $\mathbf{y} = -2\mathbf{j}$, $\|\mathbf{x}\| = 7$, $\mathbf{x} + \mathbf{y} = 6\mathbf{i} - 4\mathbf{j} + 3\mathbf{k}$, $\mathbf{x} - 2\mathbf{y} = 6\mathbf{i} + 2\mathbf{j} + 3\mathbf{k}$

(2) $\mathbf{x} = 2\mathbf{i} + 5\mathbf{j} - \mathbf{k}$, $\mathbf{y} = -\mathbf{i} + 2\mathbf{j} + \mathbf{k}$, $\|\mathbf{x}\| = \sqrt{30}$, $\mathbf{x} + \mathbf{y} = \mathbf{i} + 7\mathbf{j}$, $\mathbf{x} - 2\mathbf{y} = 4\mathbf{i} + \mathbf{j} - 3\mathbf{k}$

(3) $\mathbf{x} = \mathbf{i} + 2\mathbf{j} - 3\mathbf{k}$, $\mathbf{y} = 3\mathbf{i} + 2\mathbf{k}$, $\|\mathbf{x}\| = \sqrt{14}$, $\mathbf{x} + \mathbf{y} = 4\mathbf{i} + 2\mathbf{j} - \mathbf{k}$, $\mathbf{x} - 2\mathbf{y} = -5\mathbf{i} + 2\mathbf{j} - 7\mathbf{k}$

04. (1) $\|\mathbf{x}\| = 2\sqrt{2}$, $\mathbf{u} = \dfrac{\mathbf{x}}{\|\mathbf{x}\|} = \dfrac{-1}{\sqrt{2}}\mathbf{j} + \dfrac{1}{\sqrt{2}}\mathbf{k}$

(2) $\|\mathbf{x}\| = 5\sqrt{2}$, $\mathbf{u} = \dfrac{\mathbf{x}}{\|\mathbf{x}\|} = \dfrac{-3}{5\sqrt{2}}\mathbf{i} + \dfrac{-4}{5\sqrt{2}}\mathbf{j} + \dfrac{1}{\sqrt{2}}\mathbf{k}$

(3) $\|\mathbf{x}\| = 5$, $\mathbf{u} = \dfrac{\mathbf{x}}{\|\mathbf{x}\|} = \dfrac{4}{5}\mathbf{i} + \dfrac{3}{5}\mathbf{k}$

(4) $\|\mathbf{x}\| = \sqrt{14}$, $\mathbf{u} = \dfrac{\mathbf{x}}{\|\mathbf{x}\|} = \dfrac{3}{\sqrt{14}}\mathbf{i} + \dfrac{-2}{\sqrt{14}}\mathbf{j} + \dfrac{-1}{\sqrt{14}}\mathbf{k}$

연습문제 3.2

01. (1) $\mathbf{x} \cdot \mathbf{y} = 7$, $\mathbf{x} \times \mathbf{y} = 7\mathbf{i} - \mathbf{j} + 9\mathbf{k}$, $\mathbf{y} \times \mathbf{x} = -7\mathbf{i} + \mathbf{j} - 9\mathbf{k}$

(2) $\mathbf{x} \cdot \mathbf{y} = -2$, $\mathbf{x} \times \mathbf{y} = -9\mathbf{i} - 19\mathbf{j} - 24\mathbf{k}$, $\mathbf{y} \times \mathbf{x} = 9\mathbf{i} + 19\mathbf{j} + 24\mathbf{k}$

(3) $\mathbf{x} \cdot \mathbf{y} = 5$, $\mathbf{x} \times \mathbf{y} = 4\mathbf{i} + 13\mathbf{j} + 14\mathbf{k}$, $\mathbf{y} \times \mathbf{x} = -4\mathbf{i} - 13\mathbf{j} - 14\mathbf{k}$

(4) $\mathbf{x} \cdot \mathbf{y} = 3\sqrt{5} - 23$, $\mathbf{x} \times \mathbf{y} = 11\mathbf{i} - (7\sqrt{5} + 6)\mathbf{j} + (9\sqrt{5} + 3)\mathbf{k}$,

$\mathbf{y} \times \mathbf{x} = -11\mathbf{i} + (7\sqrt{5} + 6)\mathbf{j} - (9\sqrt{5} + 3)\mathbf{k}$

(5) $\mathbf{x} \cdot \mathbf{y} = 2$, $\mathbf{x} \times \mathbf{y} = 3\mathbf{i} - 6\mathbf{k}$, $\mathbf{y} \times \mathbf{x} = -3\mathbf{i} + 6\mathbf{k}$

(6) $\mathbf{x} \cdot \mathbf{y} = -4\sqrt{2} - 25$, $\mathbf{x} \times \mathbf{y} = 39\mathbf{i} + (28 - \sqrt{2})\mathbf{j} + (12 - 6\sqrt{2})\mathbf{k}$,

$\mathbf{y} \times \mathbf{x} = -39\mathbf{i} - (28 - \sqrt{2})\mathbf{j} - (12 - 6\sqrt{2})\mathbf{k}$

02. $\angle PQR = \cos^{-1}\dfrac{111}{\sqrt{118}\sqrt{122}}$

03. (1) $\cos^{-1}\dfrac{-23}{\sqrt{29}\sqrt{41}}$ (2) $\cos^{-1}\dfrac{-9}{\sqrt{35}\sqrt{3}}$

(3) $\cos^{-1}\dfrac{11}{\sqrt{29}\sqrt{74}}$ (4) $\cos^{-1}\dfrac{-10}{\sqrt{29}\sqrt{50}}$

04. $\mathbf{x}_1, \mathbf{x}_3, \mathbf{x}_4$ 는 평행한 벡터, $\mathbf{x}_1 \perp \mathbf{x}_5$, $\mathbf{x}_3 \perp \mathbf{x}_5$, $\mathbf{x}_4 \perp \mathbf{x}_5$

05. $\|\mathbf{x}+\mathbf{y}\|^2+\|\mathbf{x}-\mathbf{y}\|^2=(\mathbf{x}+\mathbf{y})\cdot(\mathbf{x}+\mathbf{y})+(\mathbf{x}-\mathbf{y})\cdot(\mathbf{x}-\mathbf{y})$

$=\|\mathbf{x}\|^2+2(\mathbf{x}\cdot\mathbf{y})+\|\mathbf{y}\|^2+\|\mathbf{x}\|^2-2(\mathbf{x}\cdot\mathbf{y})+\|\mathbf{y}\|^2$

$=2\|\mathbf{x}\|^2+2\|\mathbf{y}\|^2$

06. (1) $\mathbf{x}\times\mathbf{y}=-11\mathbf{i}-2\mathbf{j}+5\mathbf{k}$ (2) $\mathbf{x}\times\mathbf{y}=-6\mathbf{i}-20\mathbf{j}-8\mathbf{k}$

(3) $\mathbf{x}\times\mathbf{y}=13\mathbf{i}-\mathbf{j}-6\mathbf{k}$ (4) $\mathbf{x}\times\mathbf{y}=2\mathbf{i}+4\mathbf{k}$

07. $\triangle PQR$ 의 넓이

$$A=\frac{1}{2}\|\overrightarrow{QP}\times\overrightarrow{QR}\|=\frac{1}{2}\|14\mathbf{i}-24\mathbf{j}-6\mathbf{k}\|=\frac{1}{2}\sqrt{14^2+(-24)^2+(-6)^2}=\sqrt{202}$$

평면의 방정식은 $14x-24y-6z=44$

08. 매개방정식 $x=4-2t$, $y=-6+t$, $z=3+5t$, $t\in\mathbb{R}$ 대칭방정식 $\dfrac{x-4}{-2}=\dfrac{y+6}{1}=\dfrac{z-3}{5}$

09. 매개방정식 $x=2+t$, $y=-1+3t$, $z=3-7t$, $t\in\mathbb{R}$ 대칭방정식 $\dfrac{x-2}{1}=\dfrac{y+1}{3}=\dfrac{z-3}{-7}$

10. $2x-3y+z=-6$

11. 매개방정식 $x=3+21t$, $y=-28t$, $z=4+14t$, $t\in\mathbb{R}$

대칭방정식 $\dfrac{x-3}{21}=\dfrac{y}{-28}=\dfrac{z-4}{14}$

12. $7x+5y+4z=-5$

13. $x-10y-17z=3$

14. 매개방정식 $x=2+t$, $y=-5+2t$, $z=4-4t$, $t\in\mathbb{R}$

대칭방정식 $\dfrac{x-2}{1}=\dfrac{y+5}{2}=\dfrac{z-4}{-4}$

15. $2x-3y+5z=23$

16. (1) $V=|\mathbf{x}\cdot(\mathbf{y}\times\mathbf{z})|=\left\|\begin{vmatrix}2&3&4\\0&4&-1\\5&1&3\end{vmatrix}\right\|=69$ (2) $V=|\mathbf{x}\cdot(\mathbf{y}\times\mathbf{z})|=\left\|\begin{vmatrix}3&2&1\\1&1&2\\1&3&3\end{vmatrix}\right\|=9$

17. $L=\sqrt{\dfrac{141}{30}}$

18. $L=\dfrac{5\sqrt{14}}{7}$

19. $L=\dfrac{\sqrt{2}}{2}$

연습문제 3.3

01. $\mathbf{x}=2\mathbf{e}_1-\mathbf{e}_2+3\mathbf{e}_3-4\mathbf{e}_4$, $\mathbf{y}=\mathbf{e}_1-2\mathbf{e}_3+\mathbf{e}_4$,

$$\mathbf{x}+\mathbf{y}=\begin{bmatrix}2+1\\-1+0\\3-2\\-4+1\end{bmatrix}=\begin{bmatrix}3\\-1\\1\\-3\end{bmatrix},\quad \mathbf{x}-\mathbf{y}=\begin{bmatrix}2-1\\-1-0\\3+2\\-4-1\end{bmatrix}=\begin{bmatrix}1\\-1\\5\\-5\end{bmatrix},\quad -2\mathbf{x}=-2\begin{bmatrix}2\\-1\\3\\-4\end{bmatrix}=\begin{bmatrix}-4\\2\\-6\\8\end{bmatrix},$$

$$\|\mathbf{y}\|=\sqrt{1^2+0^2+(-2)^2+1^2}=\sqrt{6},\quad \|\mathbf{x}-\mathbf{y}\|=\sqrt{1^2+(-1)^2+5^2+(-5)^2}=\sqrt{52}$$

02. $\|\mathbf{x}\|=\sqrt{18}$, $\|\mathbf{y}\|=\sqrt{14}$, $\mathbf{x}\cdot\mathbf{y}=-2$, $\mathbf{u}=\dfrac{\mathbf{x}}{\|\mathbf{x}\|}=\dfrac{1}{\sqrt{18}}\begin{bmatrix}2\\-3\\1\\2\end{bmatrix}$,

$$\mathbf{u}=\frac{\mathbf{y}}{\|\mathbf{y}\|}=\frac{1}{\sqrt{14}}\begin{bmatrix}-3\\0\\2\\1\end{bmatrix},\quad \cos\theta=\frac{\mathbf{x}\cdot\mathbf{y}}{\|\mathbf{x}\|\|\mathbf{y}\|}=\frac{-2}{\sqrt{18}\sqrt{14}},\quad \theta=\cos^{-1}\frac{-2}{\sqrt{18}\sqrt{14}}$$

03. $\mathbf{x}\cdot\mathbf{y}=k^2-3k-4=0 \Rightarrow (k+1)(k-4)=0 \Rightarrow k=-1,\ 4$

04. $\mathbf{x} \cdot \mathbf{y} = x_1y_1 + x_2y_2 + \cdots + x_ny_n = [x_1\ x_2 \cdots x_n]\begin{bmatrix} y_1 \\ y_2 \\ \vdots \\ y_n \end{bmatrix} = \mathbf{x}^T\mathbf{y}$

05. $\mathbf{x}=0$ 또는 $\mathbf{y}=0$이면 자명하다. 따라서 $\mathbf{x} \neq 0$이고 $\mathbf{y} \neq 0$일 때 성립함을 보이면 된다.

$k \in \mathbb{R}$에 대하여 $\mathbf{x}=k\mathbf{y}$ $\Rightarrow \mathbf{x}-k\mathbf{y}=\mathbf{0} \Rightarrow (\mathbf{x}+k\mathbf{y}) \cdot (\mathbf{x}+k\mathbf{y})=0$

$$\Rightarrow (\mathbf{y} \cdot \mathbf{y})k^2 - 2(\mathbf{x} \cdot \mathbf{y})k + (\mathbf{x} \cdot \mathbf{x}) = 0$$

$$\Rightarrow D = (\mathbf{x} \cdot \mathbf{y})^2 - (\mathbf{x} \cdot \mathbf{x})(\mathbf{y} \cdot \mathbf{y}) = 0$$

$$\Rightarrow (\mathbf{x} \cdot \mathbf{y})^2 = (\mathbf{x} \cdot \mathbf{x})(\mathbf{y} \cdot \mathbf{y})$$

$$\Rightarrow |\mathbf{x} \cdot \mathbf{y}| = \|\mathbf{x}\|\|\mathbf{y}\|$$

06. $k \geq 0$에 대하여 $\mathbf{y}=k\mathbf{x}$이면 $\|\mathbf{x}+\mathbf{y}\| = \|\mathbf{x}+k\mathbf{x}\|$

$$= (k+1)\|\mathbf{x}\|$$

$$= \|\mathbf{x}\| + k\|\mathbf{x}\|$$

$$= \|\mathbf{x}\| + \|k\mathbf{x}\|$$

$$= \|\mathbf{x}\| + \|\mathbf{y}\|$$

07. $\mathbf{x} \cdot \mathbf{y}=0$이면 $\|\mathbf{x}+\mathbf{y}\|^2 = (\mathbf{x}+\mathbf{y}) \cdot (\mathbf{x}+\mathbf{y})$

$$= (\mathbf{x} \cdot \mathbf{x}) + (\mathbf{y} \cdot \mathbf{y}) + 2(\mathbf{x} \cdot \mathbf{y})$$

$$= (\mathbf{x} \cdot \mathbf{x}) + (\mathbf{y} \cdot \mathbf{y})$$

$$= \|\mathbf{x}\|^2 + \|\mathbf{y}\|^2$$

08. $\|\mathbf{x}+\mathbf{y}\|^2 + \|\mathbf{x}-\mathbf{y}\|^2 = (\mathbf{x}+\mathbf{y}) \cdot (\mathbf{x}+\mathbf{y}) + (\mathbf{x}-\mathbf{y}) \cdot (\mathbf{x}-\mathbf{y})$

$$= (\mathbf{x} \cdot \mathbf{x}) + (\mathbf{y} \cdot \mathbf{y}) + 2(\mathbf{x} \cdot \mathbf{y}) + (\mathbf{x} \cdot \mathbf{x}) + (\mathbf{y} \cdot \mathbf{y}) - 2(\mathbf{x} \cdot \mathbf{y})$$

$$= 2\|\mathbf{x}\|^2 + 2\|\mathbf{y}\|^2$$

09. $\frac{1}{4}\|\mathbf{x}+\mathbf{y}\|^2 - \frac{1}{4}\|\mathbf{x}-\mathbf{y}\|^2$

$$= \frac{1}{4}[(\mathbf{x} \cdot \mathbf{x}) + (\mathbf{y} \cdot \mathbf{y}) + 2(\mathbf{x} \cdot \mathbf{y})] - \frac{1}{4}[(\mathbf{x} \cdot \mathbf{x}) + (\mathbf{y} \cdot \mathbf{y}) - 2(\mathbf{x} \cdot \mathbf{y})]$$

$$= \mathbf{x} \cdot \mathbf{y}$$

연습문제 3.4

01. (1) 벡터공간 아님, $(k+h)\begin{bmatrix}x_1\\x_2\end{bmatrix}=\begin{bmatrix}x_1\\0\end{bmatrix}\neq k\begin{bmatrix}x_1\\x_2\end{bmatrix}+h\begin{bmatrix}x_1\\x_2\end{bmatrix}=\begin{bmatrix}x_1\\0\end{bmatrix}+\begin{bmatrix}x_1\\0\end{bmatrix}=\begin{bmatrix}2x_1\\0\end{bmatrix}$

(2) 벡터공간 아님, $\begin{bmatrix}x_1\\x_2\end{bmatrix}+\begin{bmatrix}y_1\\y_2\end{bmatrix}=\begin{bmatrix}x_1+y_2\\x_2+y_1\end{bmatrix}\neq\begin{bmatrix}y_1\\y_2\end{bmatrix}+\begin{bmatrix}x_1\\x_2\end{bmatrix}=\begin{bmatrix}y_1+x_2\\y_2+x_1\end{bmatrix}$

(3) 벡터공간 아님, $(k+h)\begin{bmatrix}x_1\\x_2\end{bmatrix}=\begin{bmatrix}(k+h)^2x_1\\(k+h)^2x_2\end{bmatrix}\neq k\begin{bmatrix}x_1\\x_2\end{bmatrix}+h\begin{bmatrix}y_1\\y_2\end{bmatrix}=\begin{bmatrix}k^2x_1+h^2y_1\\h^2x_2+h^2y_2\end{bmatrix}$

(4) 벡터공간 아님, $k\left(\begin{bmatrix}x_1\\x_2\end{bmatrix}+\begin{bmatrix}y_1\\y_2\end{bmatrix}\right)=k\begin{bmatrix}x_1+y_1+1\\x_2+y_2+1\end{bmatrix}=\begin{bmatrix}kx_1+ky_1+k\\kx_2+ky_2+k\end{bmatrix}$

$$\neq k\begin{bmatrix}x_1\\x_2\end{bmatrix}+k\begin{bmatrix}y_1\\y_2\end{bmatrix}=\begin{bmatrix}kx_1\\kx_2\end{bmatrix}+\begin{bmatrix}ky_1\\ky_2\end{bmatrix}=\begin{bmatrix}kx_1+ky_1+1\\kx_2+ky_2+1\end{bmatrix}$$

02. 벡터공간 아님, $(k+h)\begin{bmatrix}a_1&a_2\\a_3&a_4\end{bmatrix}=\begin{bmatrix}(k+h)a_1&a_2\\a_3&(k+h)a_4\end{bmatrix}$

$$\neq k\begin{bmatrix}a_1&a_2\\a_3&a_4\end{bmatrix}+h\begin{bmatrix}a_1&a_2\\a_3&a_4\end{bmatrix}=\begin{bmatrix}ka_1&a_2\\a_3&ka_4\end{bmatrix}+\begin{bmatrix}ha_1&a_2\\a_3&ha_4\end{bmatrix}$$

$$=\begin{bmatrix}(k+h)a_1&2a_2\\2a_3&(k+h)a_4\end{bmatrix}$$

03. $\mathbf{x}=\begin{bmatrix}x_1\\x_2\end{bmatrix}$, $\mathbf{y}=\begin{bmatrix}y_1\\y_2\end{bmatrix}\in L$이면 $x_1-x_2=0$, $y_1-y_2=0$이고 $\mathbf{x}+\mathbf{y}=\begin{bmatrix}x_1+y_1\\x_2+y_2\end{bmatrix}$는

$(x_1+y_1)-(x_2+y_2)=(x_1-x_2)+(y_1-y_2)=0$이므로 $\mathbf{x}+\mathbf{y}\in L$ 이다. $\mathbf{x}=\begin{bmatrix}x_1\\x_2\end{bmatrix}\in L$, $k\in\mathbb{R}$

에 대하여 $x_1-x_2=0$이고 $k\mathbf{x}=\begin{bmatrix}kx_1\\kx_2\end{bmatrix}$는 $kx_1-kx_2=k(x_1-x_2)=0$이므로 $k\mathbf{x}\in L$ 이다.

나머지 연산도 성립하므로 L은 벡터공간이다.

04. 벡터공간 아님, $(k+h)p(x)=(k+h)a_0+a_1x+a_2x^2$

$$\neq kp(x)+hp(x)=\left(ka_0+a_1x+a_2x^2\right)+\left(ha_0+a_1x+a_2x^2\right)$$

$$=(k+h)a_0+2a_1x+2a_2x^2$$

05. 벡터공간 아님, $\mathbf{x}=\begin{bmatrix}x_1\\x_2\end{bmatrix}\in\mathbb{R}^2_+$, $(-1)\mathbf{x}=-\mathbf{x}=\begin{bmatrix}-x_1\\-x_2\end{bmatrix}\notin\mathbb{R}^2_+$

06. $\mathbf{x}=\begin{bmatrix}x_1\\x_2\\x_3\end{bmatrix}$, $\mathbf{y}=\begin{bmatrix}y_1\\y_2\\y_3\end{bmatrix}\in P$이면 $ax_1+bx_2+cx_3=0$, $ay_1+by_2+cy_3=0$이고

$\mathbf{x}+\mathbf{y}=\begin{bmatrix}x_1+y_1\\x_2+y_2\\x_3+y_3\end{bmatrix}$는 $a(x_1+y_1)+b(x_2+y_2)+c(x_3+y_2)=0$이므로 $\mathbf{x}+\mathbf{y}\in P$이다.

$\mathbf{x}=\begin{bmatrix}x_1\\x_2\\x_3\end{bmatrix}\in P$, $k\in\mathbb{R}$ 에 대하여 $ax_1+bx_2+cx_3=0$이고

$k\mathbf{x}=\begin{bmatrix}kx_1\\kx_2\\kx_3\end{bmatrix}$는 $a(kx_1)+b(kx_2)+c(kx_3)=k(ax_1+bx_2+cx_3)=0$이므로 $k\mathbf{x}\in P$이다.

나머지 연산도 성립하므로 P는 벡터공간이다.

연습문제 3.5

01. (1) $\mathbf{x}=\begin{bmatrix}x\\0\\0\end{bmatrix}$, $\mathbf{y}=\begin{bmatrix}y\\0\\0\end{bmatrix}$, $k\in\mathbb{R}$, $\mathbf{x}+\mathbf{y}=\begin{bmatrix}x+y\\0\\0\end{bmatrix}$이고, $k\mathbf{x}=\begin{bmatrix}kx\\0\\0\end{bmatrix}$이므로 W는 부분공간

(2) $\mathbf{x}=\begin{bmatrix}x\\1\\1\end{bmatrix}$, $\mathbf{y}=\begin{bmatrix}y\\1\\1\end{bmatrix}$, $k\in\mathbb{R}$, $\mathbf{x}+\mathbf{y}=\begin{bmatrix}x+y\\2\\2\end{bmatrix}\notin W$, $k\neq 1$, $k\mathbf{x}=\begin{bmatrix}kx\\k\\k\end{bmatrix}\notin W$이므로 W는 부분공간이 아니다.

(3) $x_2=x_1+x_3, y_2=y_1+y_3$, $x_2+y_2=(x_1+y_1)+(x_3+y_3)$, $k\in\mathbb{R}$, $kx_2=kx_1+kx_3$이므로 부분공간이다.

02. (1) $\begin{bmatrix}a_1&b_1\\c_1&d_1\end{bmatrix}$, $a_1+b_1+c_1+d_1=0$, $\begin{bmatrix}a_2&b_2\\c_2&d_2\end{bmatrix}$, $a_2+b_2+c_2+d_2=0$에서

$(a_1+a_2)+(b_1+b_2)+(c_1+c_2)+(d_1+d_2)=0$,

$k\in\mathbb{R}$, $ka_1+kb_1+kc_1+kd_1=k(a_1+b_1+c_1+d_1)=0$이므로 W는 부분공간

(2) $\begin{bmatrix}a_1&b_1\\c_1&d_1\end{bmatrix}$, $a_1+d_1=0$, $\begin{bmatrix}a_2&b_2\\c_2&d_2\end{bmatrix}$, $a_2+d_2=0$,

$(a_1+a_2)+(d_1+d_2)=(a_1+d_1)+(a_2+d_2)=0$, $k\in\mathbb{R}$,

$ka_1+kd_1=k(a_1+d_1)=0$이므로 W는 부분공간이다.

(3) $\begin{bmatrix} a_1+a_2 & b_1+b_2 \\ c_1+c_2 & d_1+d_2 \end{bmatrix}$에서 $a_1d_1-b_1c_1=0$, $a_2d_2-b_2c_2=0$이고

$(a_1+a_2)(d_1+d_2)-(b_1+b_2)(c_1+c_2)\neq 0$이므로 부분공간이 아니다.

03. (1) $(a_0+a_2x^2)+(b_0+b_2x^2)=(a_0+b_0)+(a_2+b_2)x^2\in W$,

$k\in\mathbb{R}$, $k(a_0+a_2x^2)=(ka_0)+(ka_2)x^2\in W$이므로 부분공간이다.

(2) $(a_0+b_0)+(a_1+b_1)+(a_2+b_2)=6\neq 3$이므로 부분공간이 아니다.

04. $k\in\mathbb{R}$, $f, g\in D(\mathbb{R})$, $f+g\in D(\mathbb{R})$, $kf\in D(\mathbb{R})$이다.

따라서 모든 미분가능함수는 연속이기 때문에 $D(\mathbb{R})$는 $C(\mathbb{R})$의 부분공간이다.

05. $k\in\mathbb{R}$, $\mathbf{y}_1, \mathbf{y}_2\in W$, $\mathbf{x}\cdot(\mathbf{y}_1+\mathbf{y}_2)=\mathbf{x}\cdot\mathbf{y}_1+\mathbf{x}\cdot\mathbf{y}_2=0+0=0$, $\mathbf{x}\cdot(k\mathbf{y}_1)=k(\mathbf{x}\cdot\mathbf{y}_1)=k0=0$ 이므로 $\mathbf{y}_1+\mathbf{y}_2\in W$, $k\mathbf{y}_1\in W$이다. 따라서 W는 $\mathbb{R}^3$의 부분공간이다.

06. $\{0\}$와 $\mathbb{R}^2$는 $\mathbb{R}^2$의 부분공간이고 원점을 지나는 직선의 집합 $L=\{(x,y)\in\mathbb{R}^2 \mid x-y=0\}\subset\mathbb{R}^2$은 $\mathbf{x}=\begin{bmatrix} x_1 \\ x_2 \end{bmatrix}$, $\mathbf{y}=\begin{bmatrix} y_1 \\ y_2 \end{bmatrix}\in L$, $k\in\mathbb{R}$에 대하여 $x_1=x_2$, $y_1=y_2$이고 $x_1+y_1=x_2+y_2$, $kx_1=kx_2$이므로 $\mathbf{x}+\mathbf{y}$, $k\mathbf{x}\in L$이다. 따라서 L은 부분공간이다. 이제 $W(\neq\{0\}, \neq\mathbb{R}^2)$를 원점을 지나는 직선이 아닌 $\mathbb{R}^2$의 부분공간이라 하자. 그러면 W는 평행하지 않은 두 벡터 $\mathbf{x}$, $\mathbf{y}$를 포함한다. 따라서 W가 부분공간이므로 $\mathbf{x}, \mathbf{y}\in W$, $k\in\mathbb{R}$에 대하여 $\mathbf{x}+\mathbf{y}\in W$, $k\mathbf{x}\in W$이다. 그러면 $W=\mathbb{R}^2$이므로 $W\neq\mathbb{R}^2$에 모순이다.

07. $A_1, A_2\in S=\{A\in M_{n\times n} \mid A=A^T\}$, $B_1, B_2\in T=\{B\in M_{n\times n} \mid B^T=-B\}$, $k\in\mathbb{R}$에 대하여 $A_1+A_2\in S$, $kA_1\in S$이고 $B_1+B_2\in T$, $kB_1\in T$이므로 S와 T는 $M_{n\times n}$의 부분공간이다. $C\in M_{n\times n}$에 대하여 $C=A+B$, $A=\frac{1}{2}(A+A^T)$, $B=\frac{1}{2}(A-A^T)$이므로 $M_{n\times n}=S+T$이고 $S\cap T=\{0\}$이므로 $M_{n\times n}=S\oplus T$이다.

연습문제 3.6

01. $\mathbf{x}=6\mathbf{x}_1-4\mathbf{x}_2-\mathbf{x}_3$

02. $\mathbf{x}=2\mathbf{x}_1-\mathbf{x}_2+2\mathbf{x}_3$

03. $\mathbf{x}=\mathbf{x}_1+\mathbf{x}_2+\mathbf{x}_3$

04. $p(x)=3p_1(x)-4p_2(x)+p_3(x)$

05. $\begin{bmatrix}x_1\\x_2\\x_3\end{bmatrix}=k_1\begin{bmatrix}1\\1\\1\end{bmatrix}+k_2\begin{bmatrix}2\\2\\0\end{bmatrix}+k_3\begin{bmatrix}3\\0\\0\end{bmatrix}=\begin{bmatrix}k_1+2k_2+3k_3\\k_1+2k_2\\k_1\end{bmatrix}$에서 $x_1=k_1+2k_2+3k_3$, $x_2=k_1+2k_2$,

$x_3=k_1$이고 $k_1=x_3$, $k_2=\frac{1}{2}(x_2-x_3)$, $k_3=\frac{1}{3}(x_1-x_2)$ 이므로

$\mathbf{x}=x_3\mathbf{x}_1+\frac{1}{2}(x_2-x_3)\mathbf{x}_2+\frac{1}{3}(x_1-x_2)\mathbf{x}_3$ 이다. 따라서 $\mathbb{R}^3=\langle S\rangle$이다.

06. $\begin{bmatrix}x_1\\x_2\\x_3\end{bmatrix}=k_1\begin{bmatrix}1\\0\\0\end{bmatrix}+k_2\begin{bmatrix}0\\1\\0\end{bmatrix}+k_3\begin{bmatrix}0\\0\\1\end{bmatrix}+k_4\begin{bmatrix}1\\1\\1\end{bmatrix}=\begin{bmatrix}k_1+k_4\\k_2+k_4\\k_3+k_4\end{bmatrix}$, $x_1=k_1+k_4$, $x_2=k_2+k_4$, $x_3=k_3+k_4$,

$t=k_4$, $t\in\mathbb{R}$에 대하여 $k_1=x_1-t$, $k_2=x_2-t$, $k_3=x_3-t$이므로

$\mathbf{x}=(x_1-t)\mathbf{x}_1+(x_2-t)\mathbf{x}_2+(x_3-t)\mathbf{x}_3+t\mathbf{x}_4$이다. 따라서 $\mathbb{R}^3=\langle S\rangle$이다.

07. $\begin{bmatrix}x_1\\x_2\\x_3\end{bmatrix}=k_1\begin{bmatrix}1\\1\\1\end{bmatrix}+k_2\begin{bmatrix}1\\0\\1\end{bmatrix}+k_3\begin{bmatrix}0\\1\\0\end{bmatrix}=\begin{bmatrix}k_1+k_2\\k_1+k_3\\k_1+k_2\end{bmatrix}$에서 $\begin{cases}k_1+k_2=x_1\\k_1+k_3=x_2\\k_1+k_2=x_3\end{cases}$이고, $\begin{vmatrix}1&1&0\\1&0&1\\1&1&0\end{vmatrix}=0$이므로

x_1, x_2, x_3가 모두 0이 아닐 때는 해가 존재하지 않을 수도 있다.

$\begin{bmatrix}x_1\\x_2\\x_3\end{bmatrix}=\begin{bmatrix}1\\1\\3\end{bmatrix}$이면 해는 존재하지 않는다. 따라서 S는 $\mathbb{R}^3$을 생성하지 않는다.

08. (1) $\begin{vmatrix}1&1&2\\-2&-3&-1\\3&2&5\end{vmatrix}=4\neq0$이므로 일차독립

(2) $\begin{vmatrix} 3 & 2 & 1 \\ -6 & -4 & 1 \\ 9 & 6 & 1 \end{vmatrix} = 0$이므로 일차종속

(3) 벡터의 성분보다 벡터의 개수가 많으므로 일차종속

(4) $k_1\begin{bmatrix} 1 & 1 \\ 1 & 1 \end{bmatrix} + k_2\begin{bmatrix} 1 & 0 \\ 0 & 1 \end{bmatrix} + k_3\begin{bmatrix} 1 & 1 \\ 0 & 0 \end{bmatrix} = \begin{bmatrix} k_1+k_2+k_3 & k_1+k_3 \\ k_1 & k_1+k_2 \end{bmatrix} = \begin{bmatrix} 0 & 0 \\ 0 & 0 \end{bmatrix}$에서 $k_1 = k_2 = k_3 = 0$이므로

$\mathbf{x}_1$, $\mathbf{x}_2$, $\mathbf{x}_3$는 일차독립

09. $\mathbf{x}_1 + \mathbf{x}_3 = (\mathbf{x}_1 - \mathbf{x}_2) + (\mathbf{x}_2 + \mathbf{x}_3)$이므로 일차종속이다.

10. (1) $S_1 \cap S_2 \subset S_1$, $S_1 \cap S_2 \subset S_2$이고 S_1과 S_2가 일차독립이므로 정리 3.6.3에 의하여 $S_1 \cap S_2$도 일차독립이다.

(2) $S_1 = \{\mathbf{x}_1, \mathbf{x}_2, \cdots, \mathbf{x}_n\}$, $S_2 = \{\mathbf{x}'_1, \mathbf{x}'_2, \cdots, \mathbf{x}'_m\}$이라 하면

$$\langle S_1 \rangle \cap \langle S_2 \rangle \neq \{\mathbf{0}\} \Leftrightarrow \exists \mathbf{x} \in \langle S_1 \rangle \cap \langle S_2 \rangle,\ \mathbf{x} \neq \mathbf{0}$$

$$\Leftrightarrow \mathbf{x} \in \langle S_1 \rangle,\ \mathbf{x} \in \langle S_2 \rangle$$

$$\Leftrightarrow \mathbf{x} = a_1\mathbf{x}_1 + a_2\mathbf{x}_2 + \cdots + a_n\mathbf{x}_n = b_1\mathbf{x}'_1 + b_2\mathbf{x}'_2 + \cdots + b_m\mathbf{x}'_m$$

이고 $a_1\mathbf{x}_1 + a_2\mathbf{x}_2 + \cdots + a_n\mathbf{x}_n - b_1\mathbf{x}'_1 - b_2\mathbf{x}'_2 - \cdots - b_m\mathbf{x}_m = \mathbf{0}$이므로 적어도 하나는 0이 아닌 a_i, b_i가 있다. 따라서 $S_1 \cup S_2$는 일차종속이다.

연습문제 3.7

01. (1) 기저 (2) 기저 아님 (3) 기저 (4) 기저 아님

02. (1) 기저 아님 (2) 기저

03. (1) 기저 아님 (2) 기저 (3) 기저 아님

연습문제 3.8

01. (1) $x_2=s,\ x_3=t,\ x_1=-s-t,\ s,\,t\in\mathbb{R},\ \mathbf{x}=s\begin{bmatrix}-1\\1\\0\end{bmatrix}+t\begin{bmatrix}-1\\0\\1\end{bmatrix}$,

기저 $S=\left\{\begin{bmatrix}-1\\1\\0\end{bmatrix},\begin{bmatrix}-1\\0\\1\end{bmatrix}\right\}$, 2차원

(2) $\left[\begin{array}{ccc|c}1&-2&1&0\\2&-3&1&0\end{array}\right]\sim\left[\begin{array}{ccc|c}1&0&-1&0\\0&1&-1&0\end{array}\right]$, 기저 $S=\left\{\begin{bmatrix}1\\1\\1\end{bmatrix}\right\}$, 1차원

(3) $\left[\begin{array}{ccc|c}1&2&1&0\\-1&0&3&0\\1&5&7&0\end{array}\right]\sim\left[\begin{array}{ccc|c}1&0&-3&0\\0&1&2&0\\0&0&0&0\end{array}\right]$, 기저 $S=\left\{\begin{bmatrix}3\\-2\\1\end{bmatrix}\right\}$, 1차원

(4) $\left[\begin{array}{ccc|c}1&1&-1&0\\-2&-1&2&0\\-1&0&1&0\end{array}\right]\sim\left[\begin{array}{ccc|c}1&0&-1&0\\0&1&0&0\\0&0&0&0\end{array}\right]$, 기저 $S=\left\{\begin{bmatrix}1\\0\\1\end{bmatrix}\right\}$, 1차원

(5) $\left[\begin{array}{ccc|c}1&-1&1&0\\1&-1&4&0\\1&1&11&0\end{array}\right]\sim\left[\begin{array}{ccc|c}1&0&0&0\\0&1&0&0\\0&0&1&0\end{array}\right]$, 기저 $S=\left\{\begin{bmatrix}0\\0\\0\end{bmatrix}\right\}$, 0차원

(6) $\left[\begin{array}{cccc|c}2&6&-2&6&0\\1&3&0&5&0\\3&9&0&15&0\end{array}\right]\sim\left[\begin{array}{cccc|c}1&3&0&5&0\\0&0&1&2&0\\0&0&0&0&0\end{array}\right]$, $S=\left\{\begin{bmatrix}-3\\1\\0\\0\end{bmatrix},\begin{bmatrix}-5\\0\\-2\\1\end{bmatrix}\right\}$, 2차원

02. (1) 기저 $S=\left\{\begin{bmatrix}-3\\1\\0\\0\end{bmatrix},\begin{bmatrix}-5\\0\\-2\\1\end{bmatrix}\right\}$, $\text{nullity}(A)=2$

(2) 기저 $S=\left\{\begin{bmatrix}-1\\1\\0\\0\end{bmatrix}\right\}$, $\text{nullity}(A)=1$

(3) 기저 $S=\left\{\begin{bmatrix}-2\\1\\1\\1\\0\end{bmatrix},\begin{bmatrix}-26\\8\\4\\0\\1\end{bmatrix}\right\}$, $\text{nullity}(A)=2$

(4) 기저 $S=\left\{\begin{bmatrix}-2\\1\\1\\-1\end{bmatrix}\right\}$, $\text{nullity}(A)=1$

(5) 기저 $S=\left\{\begin{bmatrix}-1\\1\\0\\0\\0\end{bmatrix}, \begin{bmatrix}-1\\0\\-1\\0\\1\end{bmatrix}\right\}$, $\text{nullity}(A)=2$

(6) 기저 $S=\left\{\begin{bmatrix}-3\\2\\0\\1\end{bmatrix}\right\}$, $\text{nullity}(A)=1$

연습문제 3.9

01. (1) $\text{Row}(A)$의 기저 $\{(1, 0, -1), (0, 1, 3)\}$, 2차원,

$\text{Col}(A)$의 기저 $\left\{\begin{bmatrix}1\\0\\7\end{bmatrix}, \begin{bmatrix}0\\1\\-2\end{bmatrix}\right\}$, 2차원, $\text{rank}(A)=2$, $\text{nullity}(A)=1$

(2) $\text{Row}(A)$의 기저 $\{(1,0,-2,0), (0,1,1,0), (0,0,0,1)\}$, 3차원,

$\text{Col}(A)$의 기저 $\left\{\begin{bmatrix}1\\2\\-1\end{bmatrix}, \begin{bmatrix}3\\3\\-2\end{bmatrix}, \begin{bmatrix}7\\9\\-5\end{bmatrix}\right\}$, 3차원, $\text{rank}(A)=3$, $\text{nullity}(A)=1$

(3) $\text{Row}(A)$의 기저 $\{(1,0,0,0), (0,1,0,0), (0,0,1,0), (0,0,0,1)\}$, 4차원,

$\text{Col}(A)$의 기저 $\left\{\begin{bmatrix}1\\0\\0\\0\end{bmatrix}, \begin{bmatrix}0\\1\\0\\0\end{bmatrix}, \begin{bmatrix}0\\0\\1\\0\end{bmatrix}, \begin{bmatrix}0\\0\\0\\1\end{bmatrix}\right\}$, 4차원, $\text{rank}(A)=4$, $\text{nullity}(A)=0$

(4) $\text{Row}(A)$의 기저 $\{(1,0,7,0,-39), (0,1,-3,0,31), (0,0,0,1,-7)\}$, 3차원,

$\text{Col}(A)$의 기저 $\left\{\begin{bmatrix}1\\0\\0\\-1\end{bmatrix}, \begin{bmatrix}0\\1\\0\\1\end{bmatrix}, \begin{bmatrix}0\\0\\1\\0\end{bmatrix}\right\}$, 3차원, $\text{rank}(A)=3$, $\text{nullity}(A)=2$

02. (1) $\text{rank}(A)=3=\text{rank}[A\,|\,\mathbf{b}]$이므로 해 존재

(2) $\text{rank}(A)=2=\text{rank}[A\,|\,\mathbf{b}]$이므로 해 존재

(3) $\text{rank}(A)=2\neq 3=\text{rank}[A\,|\,\mathbf{b}]$이므로 해 존재하지 않음

(4) $\text{rank}(A)=2=\text{rank}[A\,|\,\mathbf{b}]$이므로 해 존재

연습문제 3.10

01. (1) $\begin{bmatrix}3\\8\end{bmatrix}=k_1\begin{bmatrix}2\\3\end{bmatrix}+k_2\begin{bmatrix}2\\4\end{bmatrix}=\begin{bmatrix}2k_1+2k_2\\3k_1+4k_2\end{bmatrix}$에서 $\begin{cases}2k_1+2k_2=3\\3k_1+4k_2=8\end{cases}$이고 $k_1=-2$, $k_2=\frac{7}{2}$이므로

$[\mathbf{x}]_S=\begin{bmatrix}-2\\ \frac{7}{2}\end{bmatrix}$이다.

(2) $\begin{bmatrix}3\\-2\end{bmatrix}=k_1\begin{bmatrix}1\\-2\end{bmatrix}+k_2\begin{bmatrix}-1\\1\end{bmatrix}=\begin{bmatrix}k_1-k_2\\-2k_1+k_2\end{bmatrix}$에서 $\begin{cases}k_1-k_2=3\\-2k_1+k_2=-2\end{cases}$이고 $k_1=-1$, $k_2=-4$

이므로 $[\mathbf{x}]_S=\begin{bmatrix}-1\\-4\end{bmatrix}$이다.

(3) $\begin{bmatrix}2\\-1\\3\end{bmatrix}=k_1\begin{bmatrix}1\\-2\\1\end{bmatrix}+k_2\begin{bmatrix}-1\\0\\1\end{bmatrix}+k_3\begin{bmatrix}0\\1\\0\end{bmatrix}=\begin{bmatrix}k_1-k_2\\-2k_1+k_3\\k_1+k_2\end{bmatrix}$에서 $\begin{cases}k_1-k_2=2\\-2k_1+k_3=-1\\k_1+k_2=3\end{cases}$이고 $k_1=\frac{5}{2}$,

$k_2=\frac{1}{2}$, $k_3=4$이므로 $[\mathbf{x}]_S=\begin{bmatrix}\frac{5}{2}\\ \frac{1}{2}\\4\end{bmatrix}$이다.

(4) $\begin{bmatrix}3\\6\\-2\end{bmatrix}=k_1\begin{bmatrix}1\\1\\1\end{bmatrix}+k_2\begin{bmatrix}1\\-1\\1\end{bmatrix}+k_3\begin{bmatrix}1\\2\\2\end{bmatrix}=\begin{bmatrix}k_1+k_2+k_3\\k_1-k_2+2k_3\\k_1+k_2+2k_3\end{bmatrix}$에서 $\begin{cases}k_1+k_2+k_3=3\\k_1-k_2+2k_3=6\\k_1+k_2+2k_3=-2\end{cases}$이고 $k_1=12$,

$k_2=-4$, $k_3=-5$이므로 $[\mathbf{x}]_S=\begin{bmatrix}12\\-4\\-5\end{bmatrix}$이다.

(5) $\begin{bmatrix}2&4\\0&-1\end{bmatrix}=k_1\begin{bmatrix}1&0\\0&0\end{bmatrix}+k_2\begin{bmatrix}0&1\\0&0\end{bmatrix}+k_3\begin{bmatrix}0&0\\1&0\end{bmatrix}+k_4\begin{bmatrix}0&0\\0&1\end{bmatrix}$에서 $k_1=2$, $k_2=4$, $k_3=0$, $k_4=-1$

이므로 $[\mathbf{x}]_S=\begin{bmatrix}2\\4\\0\\-1\end{bmatrix}$이다.

(6) $\begin{bmatrix}-1&2\\3&-4\end{bmatrix}=k_1\begin{bmatrix}1&0\\0&0\end{bmatrix}+k_2\begin{bmatrix}1&-1\\0&0\end{bmatrix}+k_3\begin{bmatrix}0&2\\1&0\end{bmatrix}+k_4\begin{bmatrix}-3&0\\2&1\end{bmatrix}$, $\begin{cases}k_1-3k_4=-1\\-k_2+2k_3=2\\k_3+2k_4=3\\k_4=-4\end{cases}$이고

$k_1=-13$, $k_2=20$, $k_3=11$, $k_4=-4$이므로 $[\mathbf{x}]_S=\begin{bmatrix}-13\\20\\11\\-4\end{bmatrix}$이다.

(7) $-3+2x=k_1(1+x)+k_2(-1+x)=(k_1-k_2)+(k_1+k_2)x$ 에서 $k_1=-\frac{1}{2}$, $k_2=\frac{5}{2}$

이므로 $[\mathbf{x}]_S=\begin{bmatrix}-\frac{1}{2}\\ \frac{5}{2}\end{bmatrix}$이다.

(8) $-4+2x-3x^2=k_1(1+x^2)+k_2(1-x+x^2)+k_3(1+x)$

$=(k_1+k_2+k_3)+(-k_2+k_3)x+(k_1+k_2)x^2$ 에서

$\begin{cases} k_1+k_2+k_3=-4 \\ -k_2+k_3=\ \ 2 \\ k_1+k_2 \quad\ =-3 \end{cases}$ 이고 $k_1=0$, $k_2=-3$, $k_3=-1$이므로 $[\mathbf{x}]_S=\begin{bmatrix}0\\-3\\-1\end{bmatrix}$이다.

02. (1) $\begin{bmatrix}1&1\\1&0\end{bmatrix}_S=\begin{bmatrix}1\\1\\1\\0\end{bmatrix}$, $\begin{bmatrix}0&-1\\0&1\end{bmatrix}_S=\begin{bmatrix}0\\-1\\0\\1\end{bmatrix}$, $\begin{bmatrix}0&1\\1&1\end{bmatrix}_S=\begin{bmatrix}0\\1\\1\\1\end{bmatrix}$, $\begin{bmatrix}-1&0\\1&1\end{bmatrix}_S=\begin{bmatrix}-1\\0\\1\\1\end{bmatrix}$이고

$R=\left\{\begin{bmatrix}1\\1\\1\\0\end{bmatrix},\begin{bmatrix}0\\-1\\0\\1\end{bmatrix},\begin{bmatrix}0\\1\\1\\1\end{bmatrix},\begin{bmatrix}-1\\0\\1\\1\end{bmatrix}\right\}$이 $\mathbb{R}^4$의 기저이므로 S는 M_2의 기저

(2) $[x^2]_S=\begin{bmatrix}0\\0\\1\end{bmatrix}$, $[-1-3x+2x^2]_S=\begin{bmatrix}-1\\-3\\2\end{bmatrix}$, $[2+x]_S=\begin{bmatrix}2\\1\\0\end{bmatrix}$이고 $R=\left\{\begin{bmatrix}0\\0\\1\end{bmatrix},\begin{bmatrix}-1\\-3\\2\end{bmatrix},\begin{bmatrix}2\\1\\0\end{bmatrix}\right\}$이

$\mathbb{R}^3$의 기저이므로 S는 P_2의 기저

03. (1) $\begin{bmatrix}5\\4\end{bmatrix}=k_1\begin{bmatrix}0\\1\end{bmatrix}+k_2\begin{bmatrix}1\\2\end{bmatrix}=\begin{bmatrix}k_2\\k_1+2k_2\end{bmatrix}$에서 $k_1=-6$, $k_2=5$이고 $[\mathbf{x}]_S=\begin{bmatrix}-6\\5\end{bmatrix}$

$\begin{bmatrix}1\\5\end{bmatrix}=k_1\begin{bmatrix}0\\1\end{bmatrix}+k_2\begin{bmatrix}1\\2\end{bmatrix}=\begin{bmatrix}k_2\\k_1+2k_2\end{bmatrix}$에서 $k_1=3$, $k_2=1$이고 $[\mathbf{y}]_S=\begin{bmatrix}3\\1\end{bmatrix}$이다.

(2) $\begin{bmatrix}5\\4\end{bmatrix}=k_1\begin{bmatrix}1\\1\end{bmatrix}+k_2\begin{bmatrix}2\\3\end{bmatrix}=\begin{bmatrix}k_1+2k_2\\k_1+3k_2\end{bmatrix}$에서 $k_1=7$, $k_2=-1$이고 $[\mathbf{x}]_R=\begin{bmatrix}7\\-1\end{bmatrix}$

$\begin{bmatrix}1\\5\end{bmatrix}=k_1\begin{bmatrix}1\\1\end{bmatrix}+k_2\begin{bmatrix}2\\3\end{bmatrix}=\begin{bmatrix}k_1+2k_2\\k_1+3k_2\end{bmatrix}$에서 $k_1=-7$, $k_2=4$이고 $[\mathbf{y}]_R=\begin{bmatrix}-7\\4\end{bmatrix}$이다.

(3) $[\mathbf{x}+\mathbf{y}]_S=[\mathbf{x}]_S+[\mathbf{y}]_S=\begin{bmatrix}-6\\5\end{bmatrix}+\begin{bmatrix}3\\1\end{bmatrix}=\begin{bmatrix}-3\\6\end{bmatrix}$, $[3\mathbf{x}]_S=3[\mathbf{x}]_S=3\begin{bmatrix}-6\\5\end{bmatrix}=\begin{bmatrix}-18\\15\end{bmatrix}$

(4) $P=[I]_{R,S}=\big[[\mathbf{y}_1]_S, [\mathbf{y}_2]_S\big]$, $\mathbf{y}_1=-\mathbf{x}_1+\mathbf{x}_2$, $\mathbf{y}_2=-\mathbf{x}_1+2\mathbf{x}_2$이므로 $[\mathbf{y}_1]_S=\begin{bmatrix}-1\\1\end{bmatrix}$,

$[\mathbf{y}_2]_S=\begin{bmatrix}-1\\2\end{bmatrix}$이고 $P=\begin{bmatrix}-1&-1\\1&2\end{bmatrix}$이다.

(5) $P=\begin{bmatrix}-1&-1\\1&2\end{bmatrix}$이므로 S에서 R로의 전이행렬은 $Q=P^{-1}=\begin{bmatrix}-2&-1\\1&1\end{bmatrix}$이다.

(6) $[\mathbf{x}]_S=P[\mathbf{x}]_R=\begin{bmatrix}-1&-1\\1&2\end{bmatrix}\begin{bmatrix}3\\2\end{bmatrix}=\begin{bmatrix}-5\\7\end{bmatrix}$

(7) $[\mathbf{x}]_R=Q[\mathbf{x}]_S=\begin{bmatrix}-2&-1\\1&1\end{bmatrix}\begin{bmatrix}1\\1\end{bmatrix}=\begin{bmatrix}-3\\2\end{bmatrix}$

04. (1) $\begin{bmatrix}1&1\\1&1\end{bmatrix}=k_1\begin{bmatrix}1&0\\0&0\end{bmatrix}+k_2\begin{bmatrix}0&1\\1&0\end{bmatrix}+k_3\begin{bmatrix}0&2\\0&1\end{bmatrix}+k_4\begin{bmatrix}0&0\\1&1\end{bmatrix}=\begin{bmatrix}k_1&k_2+2k_3\\k_2+k_4&k_3+k_4\end{bmatrix}$ 에서

$k_1=1$, $k_2=\frac{1}{3}$, $k_3=\frac{1}{3}$, $k_4=\frac{2}{3}$이므로 $[\mathbf{x}]_S=\begin{bmatrix}1\\1/3\\1/3\\2/3\end{bmatrix}$이다.

$\begin{bmatrix}-2&3\\-1&2\end{bmatrix}=k_1\begin{bmatrix}1&0\\0&0\end{bmatrix}+k_2\begin{bmatrix}0&1\\1&0\end{bmatrix}+k_3\begin{bmatrix}0&2\\0&1\end{bmatrix}+k_4\begin{bmatrix}0&0\\1&1\end{bmatrix}=\begin{bmatrix}k_1&k_2+2k_3\\k_2+k_4&k_3+k_4\end{bmatrix}$ 에서

$k_1=-2$, $k_2=-1$, $k_3=2$, $k_4=0$이므로 $[\mathbf{y}]_S=\begin{bmatrix}-2\\-1\\2\\0\end{bmatrix}$이다.

(2) $\begin{bmatrix}1&1\\1&1\end{bmatrix}=k_1\begin{bmatrix}1&1\\0&0\end{bmatrix}+k_2\begin{bmatrix}1&0\\1&-1\end{bmatrix}+k_3\begin{bmatrix}1&0\\0&0\end{bmatrix}+k_4\begin{bmatrix}0&0\\1&1\end{bmatrix}=\begin{bmatrix}k_1+k_2+k_3&k_1\\k_2+k_4&-k_2+k_4\end{bmatrix}$ 에서

$k_1=1$, $k_2=0$, $k_3=0$, $k_4=1$이므로 $[\mathbf{x}]_R=\begin{bmatrix}1\\0\\0\\1\end{bmatrix}$이다.

$\begin{bmatrix}-2&3\\-1&2\end{bmatrix}=k_1\begin{bmatrix}1&1\\0&0\end{bmatrix}+k_2\begin{bmatrix}1&0\\1&-1\end{bmatrix}+k_3\begin{bmatrix}1&0\\0&0\end{bmatrix}+k_4\begin{bmatrix}0&0\\1&1\end{bmatrix}=\begin{bmatrix}k_1+k_2+k_3&k_1\\k_2+k_4&-k_2+k_4\end{bmatrix}$ 에서

$k_1=3$, $k_2=-\frac{3}{2}$, $k_3=-\frac{7}{2}$, $k_4=\frac{1}{2}$이므로 $[\mathbf{y}]_R=\begin{bmatrix}3\\-3/2\\-7/2\\1/2\end{bmatrix}$이다.

(3) $P=[I]_{R,S}=\left[\,[\mathbf{y}_1]_S,\ [\mathbf{y}_2]_S,\ [\mathbf{y}_3]_S,\ [\mathbf{y}_4]_S\right]$, $\mathbf{y}_1=\mathbf{x}_1+\frac{1}{3}\mathbf{x}_2+\frac{1}{3}\mathbf{x}_3-\frac{1}{3}\mathbf{x}_4$,

$\mathbf{y}_2=\mathbf{x}_1+\frac{4}{3}\mathbf{x}_2-\frac{2}{3}\mathbf{x}_3-\frac{1}{3}\mathbf{x}_4$, $\mathbf{y}_3=\mathbf{x}_1$, $\mathbf{y}_4=\mathbf{x}_4$이므로 $[\mathbf{y}_1]_S=\begin{bmatrix}1\\1/3\\1/3\\-1/3\end{bmatrix}$, $[\mathbf{y}_2]_S=\begin{bmatrix}1\\4/3\\-2/3\\-1/3\end{bmatrix}$,

$[\mathbf{y}_3]_S=\begin{bmatrix}1\\0\\0\\0\end{bmatrix}$, $[\mathbf{y}_4]_S=\begin{bmatrix}0\\0\\0\\1\end{bmatrix}$이고 $P=\begin{bmatrix}1&1&1&0\\1/3&4/3&0&0\\1/3&-2/3&0&0\\-1/3&-1/3&0&1\end{bmatrix}$이다.

(4) $P=\begin{bmatrix}1&1&1&0\\1/3&4/3&0&0\\1/3&-2/3&0&0\\-1/3&-1/3&0&1\end{bmatrix}$이므로 S에서 R로의 전이행렬은 $Q=P^{-1}=\begin{bmatrix}0&1&2&0\\0&1/2&-1/2&0\\1&-3/2&-3/2&0\\0&1/2&1/2&1\end{bmatrix}$

05. (1) $\begin{bmatrix}2\\-2\\-1\end{bmatrix}=k_1\begin{bmatrix}1\\1\\1\end{bmatrix}+k_2\begin{bmatrix}2\\3\\2\end{bmatrix}+k_3\begin{bmatrix}1\\5\\4\end{bmatrix}=\begin{bmatrix}k_1+2k_2+k_3\\k_1+3k_2+5k_5\\k_1+2k_2+4k_3\end{bmatrix}$, $\begin{cases}k_1+2k_2+k_3=2\\k_1+3k_2+5k_3=-2\\k_1+2k_2+4k_3=-1\end{cases}$ 에서

$$\left[\begin{array}{ccc|c}1&2&1&2\\1&3&5&-2\\1&2&4&-1\end{array}\right]\sim\left[\begin{array}{ccc|c}1&0&0&3\\0&1&0&0\\0&0&1&-1\end{array}\right]$$ 이므로 $k_1=3,\ k_2=0,\ k_3=-1$이고 $[\mathbf{x}]_S=\begin{bmatrix}3\\0\\-1\end{bmatrix}$

$$\begin{bmatrix}2\\3\\3\end{bmatrix}=k_1\begin{bmatrix}1\\1\\1\end{bmatrix}+k_2\begin{bmatrix}2\\3\\2\end{bmatrix}+k_3\begin{bmatrix}1\\5\\4\end{bmatrix}=\begin{bmatrix}k_1+2k_2+k_3\\k_1+3k_2+5k_5\\k_1+2k_2+4k_3\end{bmatrix},\ \begin{cases}k_1+2k_2+\ k_3=2\\k_1+3k_2+5k_3=3\\k_1+2k_2+4k_3=3\end{cases}$$ 에서

$$\left[\begin{array}{ccc|c}1&2&1&2\\1&3&5&3\\1&2&4&3\end{array}\right]\sim\left[\begin{array}{ccc|c}1&0&0&7/3\\0&1&0&-1/3\\0&0&1&1/3\end{array}\right]$$ 이므로 $k_1=7/3,\ k_2=-1/3,\ k_3=1/3$이고 $[\mathbf{y}]_S=\begin{bmatrix}7/3\\-1/3\\1/3\end{bmatrix}$

이다.

(2) $$\begin{bmatrix}2\\-2\\-1\end{bmatrix}=k_1\begin{bmatrix}1\\1\\0\end{bmatrix}+k_2\begin{bmatrix}1\\2\\0\end{bmatrix}+k_3\begin{bmatrix}1\\2\\1\end{bmatrix}=\begin{bmatrix}k_1+k_2+k_3\\k_1+2k_2+2k_5\\k_3\end{bmatrix},\ \begin{cases}k_1+\ k_2+\ k_3=\ 2\\k_1+2k_2+2k_3=-2\\k_3=-1\end{cases}$$ 에서

$k_1=6,\ k_2=-3,\ k_3=-1$이고 $[\mathbf{x}]_R=\begin{bmatrix}6\\-3\\-1\end{bmatrix}$

$$\begin{bmatrix}2\\3\\3\end{bmatrix}=k_1\begin{bmatrix}1\\1\\0\end{bmatrix}+k_2\begin{bmatrix}1\\2\\0\end{bmatrix}+k_3\begin{bmatrix}1\\2\\1\end{bmatrix}=\begin{bmatrix}k_1+k_2+k_3\\k_1+2k_2+2k_5\\k_3\end{bmatrix},\ \begin{cases}k_1+\ k_2+\ k_3=2\\k_1+2k_2+2k_3=3\\k_3=3\end{cases}$$ 에서

$k_1=1,\ k_2=-2,\ k_3=3$이고 $[\mathbf{y}]_R=\begin{bmatrix}1\\-2\\3\end{bmatrix}$ 이다.

(3) $[\mathbf{x}+\mathbf{y}]_S=[\mathbf{x}]_S+[\mathbf{y}]_S=\begin{bmatrix}3\\0\\-1\end{bmatrix}+\begin{bmatrix}7/3\\-1/3\\1/3\end{bmatrix}=\begin{bmatrix}16/3\\-1/3\\-2/3\end{bmatrix},\ [2\mathbf{x}]_S=2[\mathbf{x}]_S=2\begin{bmatrix}3\\0\\-1\end{bmatrix}=\begin{bmatrix}6\\0\\-2\end{bmatrix}$

(4) $P=\left[[\mathbf{y}_1]_S, [\mathbf{y}_2]_S, [\mathbf{y}_3]_S\right],\ \mathbf{y}_1=-\frac{4}{3}\mathbf{x}_1+\frac{4}{3}\mathbf{x}_2-\frac{1}{3}\mathbf{x}_3,\ \mathbf{y}_2=-\frac{10}{3}\mathbf{x}_1+\frac{7}{3}\mathbf{x}_2-\frac{1}{3}\mathbf{x}_3,$

$\mathbf{y}_3=-\mathbf{x}_1+\mathbf{x}_2$이므로 $[\mathbf{y}_1]_S=\begin{bmatrix}-4/3\\4/3\\-1/3\end{bmatrix},\ [\mathbf{y}_2]_S=\begin{bmatrix}-10/3\\7/3\\-1/3\end{bmatrix},\ [\mathbf{y}_3]_S=\begin{bmatrix}-1\\1\\0\end{bmatrix}$이고

$P=\begin{bmatrix}-4/3&-10/3&-1\\4/3&7/3&1\\-1/3&-1/3&0\end{bmatrix}$이다.

(5) $P=\begin{bmatrix}-4/3&-10/3&-1\\4/3&7/3&1\\-1/3&-1/3&0\end{bmatrix}$이므로 S에서 R로의 전이행렬은 $Q=P^{-1}=\begin{bmatrix}1&1&-3\\-1&-1&0\\1&2&4\end{bmatrix}$

(6) $[\mathbf{x}]_S=P[\mathbf{x}]_R=\begin{bmatrix}-4/3&-10/3&-1\\4/3&7/3&1\\-1/3&-1/3&0\end{bmatrix}\begin{bmatrix}3\\3\\-5\end{bmatrix}=\begin{bmatrix}-9\\6\\-2\end{bmatrix}$

(7) $[\mathbf{x}]_R=Q[\mathbf{x}]_S=\begin{bmatrix}1&1&-3\\-1&-1&0\\1&6&4\end{bmatrix}\begin{bmatrix}2\\2\\-1\end{bmatrix}=\begin{bmatrix}7\\-4\\10\end{bmatrix}$

연습문제 3.11

01. (1) 내적공간

(a) $\langle \mathbf{x}, \mathbf{y} \rangle = 6x_1y_1 + 2x_2y_2 = 6y_1x_1 + 2y_2x_2 = \langle \mathbf{y}, \mathbf{x} \rangle$

(b) $$\begin{aligned}\langle \mathbf{x}+\mathbf{y}, \mathbf{w} \rangle &= 6(x_1+y_1)w_1 + 2(x_2+y_2)w_2 \\ &= 6x_1w_1 + 6y_1w_1 + 2x_2w_2 + 2y_2w_2 \\ &= (6x_1w_1 + 2x_2w_2) + (6y_1w_1 + 2y_2w_2) \\ &= \langle \mathbf{x}, \mathbf{w} \rangle + \langle \mathbf{y}, \mathbf{w} \rangle\end{aligned}$$

(c) $$\begin{aligned}k\langle \mathbf{x}, \mathbf{y} \rangle &= k(6x_1y_1 + 2x_2y_2) \\ &= 6(kx_1)y_1 + 2(kx_2)y_2 = 6x_1(ky_1) + 2x_2(ky_2) \\ &= \langle k\mathbf{x}, \mathbf{y} \rangle = \langle \mathbf{x}, k\mathbf{y} \rangle\end{aligned}$$

(d) $\langle \mathbf{x}, \mathbf{x} \rangle = 6x_1^2 + 2x_2^2 \geq 0$, $\langle \mathbf{x}, \mathbf{x} \rangle = 6x_1^2 + 2x_2^2 = 0 \Leftrightarrow x_1 = x_2 = 0 \Leftrightarrow \mathbf{x} = \mathbf{0}$

(2) $\mathbf{x} = \begin{bmatrix} 1 \\ 1 \end{bmatrix}$, $\mathbf{y} = \begin{bmatrix} -1 \\ 1 \end{bmatrix}$이면 $\langle \mathbf{x}, \mathbf{y} \rangle = -2 \neq 0 = \langle \mathbf{y}, \mathbf{x} \rangle$이므로 내적공간이 아니다.

(3) 내적공간

(a) $\langle \mathbf{x}, \mathbf{y} \rangle = 2x_1y_1 + x_2y_2 + x_3y_3 = 2y_1x_1 + y_2x_2 + y_3x_3 = \langle \mathbf{y}, \mathbf{x} \rangle$

(b) $$\begin{aligned}\langle \mathbf{x}+\mathbf{y}, \mathbf{w} \rangle &= 2(x_1+y_1)w_1 + (x_2+y_2)w_2 + (x_3+y_3)w_3 \\ &= 2x_1w_1 + 2y_1w_1 + x_2w_2 + y_2w_2 + x_3w_3 + y_3w_3 \\ &= (2x_1w_1 + x_2w_2 + x_3w_3) + (2y_1w_1 + y_2w_2 + y_3w_3) \\ &= \langle \mathbf{x}, \mathbf{w} \rangle + \langle \mathbf{y}, \mathbf{w} \rangle\end{aligned}$$

(c) $$\begin{aligned}k\langle \mathbf{x}, \mathbf{y} \rangle &= k(2x_1y_1 + x_2y_2 + x_3y_3) \\ &= 2(kx_1)y_1 + (kx_2)y_2 + (kx_3)y_3 \\ &= 2x_1(ky_1) + x_2(ky_2) + x_3(ky_3) \\ &= \langle k\mathbf{x}, \mathbf{y} \rangle = \langle \mathbf{x}, k\mathbf{y} \rangle\end{aligned}$$

(d) $\langle \mathbf{x}, \mathbf{x} \rangle = 2x_1^2 + x_2^2 + x_3^2 \geq 0$이다. 그리고 $\langle \mathbf{x}, \mathbf{x} \rangle = 2x_1^2 + x_2^2 + x_3^2 = 0$이기 위한 필요충분조건은 $x_1 = x_2 = x_3 = 0$이므로 $\mathbf{x} = \mathbf{0}$이다.

(4) $k\langle \mathbf{x}, \mathbf{y} \rangle = k(x_1 + y_1) \neq kx_1 + y_1 = \langle k\mathbf{x}, \mathbf{y} \rangle$ 이므로 내적공간이 아니다.

(5) 내적공간

(a) $\langle A, B \rangle = x_1y_1 + x_2y_2 + x_3y_3 + x_4y_4 = y_1x_1 + y_2x_2 + y_3x_3 + y_4x_4 = \langle B, A \rangle$

(b) $\langle A+B, C\rangle = (x_1+y_1)w_1+(x_2+y_2)w_2+(x_3+y_3)w_3+(x_4+y_4)w_4$

$$= x_1w_1+y_1w_1+x_2w_2+y_2w_2+x_3w_3+y_3w_3+x_4w_4+y_4w_4$$

$$= (x_1w_1+x_2w_2+x_3w_3+x_4w_4)+(y_1w_1+y_2w_2+y_3w_3+y_4w_4)$$

$$= \langle A, C\rangle + \langle B, C\rangle$$

(c) $k\langle A, B\rangle = k(x_1y_1+x_2y_2+x_3y_3+x_4y_4)$

$$= (kx_1)y_1+(kx_2)y_2+(kx_3)y_3+(kx_4)y_4$$

$$= x_1(ky_1)+x_2(ky_2)+x_3(ky_3)+x_4(ky_4)$$

$$= \langle kA, B\rangle = \langle A, kB\rangle$$

(d) $\langle \mathbf{x}, \mathbf{x}\rangle = x_1^2+x_2^2+x_3^2+x_4^2 \geq 0$이다. 그리고 $\langle \mathbf{x}, \mathbf{x}\rangle = 2x_1^2+x_2^2+x_3^2+x_4^2 = 0$이기 위한 필요충분조건은 $x_1 = x_2 = x_3 = x_4 = 0$이므로 $\mathbf{x} = \mathbf{0}$이다.

02. $\| p(x)\|^2 = \| x\|^2 = \int_{-1}^{1} x^2 dx = \left[\frac{x^3}{3}\right]_{-1}^{1} = \frac{2}{3}$이므로 $\|\mathbf{p}\| = \sqrt{\frac{2}{3}}$

$\| q(x)\|^2 = \| x^2\|^2 = \int_{-1}^{1} x^4 dx = \left[\frac{x^5}{5}\right]_{-1}^{1} = \frac{2}{5}$이므로 $\|\mathbf{q}\| = \sqrt{\frac{2}{5}}$

$\langle \mathbf{p}, \mathbf{q}\rangle = \int_{-1}^{1} x^3 dx = 0$이므로 $\mathbf{p}$와 $\mathbf{q}$는 서로 직교한다.

03. $\langle \mathbf{x}+2\mathbf{y}, \mathbf{x}-2\mathbf{y}\rangle = \langle \mathbf{x}, \mathbf{x}-2\mathbf{y}\rangle + \langle 2\mathbf{y}, \mathbf{x}-2\mathbf{y}\rangle$

$$= \langle \mathbf{x}, \mathbf{x}\rangle - 2\langle \mathbf{x}, \mathbf{y}\rangle + 2\langle \mathbf{y}, \mathbf{x}\rangle - 4\langle \mathbf{y}, \mathbf{y}\rangle$$

$$= \|\mathbf{x}\|^2 - 4\|\mathbf{y}\|^2 = 9-100 = -91$$

04. $\langle \mathbf{x}+2\mathbf{y}, 3\mathbf{x}+\mathbf{y}\rangle = \langle \mathbf{x}, 3\mathbf{x}+\mathbf{y}\rangle + \langle 2\mathbf{y}, 3\mathbf{x}+\mathbf{y}\rangle$

$$= 3\langle \mathbf{x}, \mathbf{x}\rangle + \langle \mathbf{x}, \mathbf{y}\rangle + 6\langle \mathbf{y}, \mathbf{x}\rangle + 2\langle \mathbf{y}, \mathbf{y}\rangle$$

$$= 3\|\mathbf{x}\|^2 + 2\|\mathbf{y}\|^2 = 27+50 = 77$$

05. $(\|\mathbf{x}\| - \|\mathbf{y}\|)^2 = \|\mathbf{x}\|^2 - 2\|\mathbf{x}\|\|\mathbf{y}\| + \|\mathbf{y}\|^2$

$$\leq \langle \mathbf{x}, \mathbf{x}\rangle - 2\langle \mathbf{x}, \mathbf{y}\rangle + \langle \mathbf{y}, \mathbf{y}\rangle$$

$$= \langle \mathbf{x}-\mathbf{y}, \mathbf{x}-\mathbf{y}\rangle$$

$$= \|\mathbf{x}-\mathbf{y}\|^2$$

이므로 $\|\mathbf{x}-\mathbf{y}\| \geq \|\mathbf{x}\| - \|\mathbf{y}\|$이다.

연습문제 3.12

01. (1) $\langle \mathbf{x}_2, \mathbf{x}_3 \rangle = 6 \neq 0$이므로 직교집합 아님

(2) 직교집합

(3) 직교집합

(4) $\int_{-1}^{1} x\,dx = 0$, $\int_{-1}^{1}\left(\frac{3x^2}{2} - \frac{1}{2}\right)dx = 0$, $\int_{-1}^{1}\left(\frac{3x^3}{2} - \frac{x}{2}\right)dx = 0$이므로 직교집합

02. (1) $\|\mathbf{x}_1\| = 1$, $\|\mathbf{x}_2\| = 1$, $\|\mathbf{x}_3\| = 1$, $\langle \mathbf{x}_1, \mathbf{x}_3 \rangle = \frac{1}{\sqrt{3}} \neq 0$이므로 정규직교집합 아님

(2) 정규직교집합

(3) $\|\mathbf{x}_1\| \neq 1$, $\|\mathbf{x}_2\| \neq 1$, $\|\mathbf{x}_3\| \neq 1$ 정규직교집합 아님

03. $\langle \mathbf{x}_1, \mathbf{x}_2 \rangle = \langle \mathbf{x}_1, \mathbf{x}_3 \rangle = \langle \mathbf{x}_2, \mathbf{x}_3 \rangle = 0$, 모두 단위벡터이므로 정규직교기저

$$k_1 = \langle \mathbf{x}, \mathbf{x}_1 \rangle = 2,\ k_2 = \langle \mathbf{x}, \mathbf{x}_2 \rangle = 2\sqrt{2},\ k_3 = \langle \mathbf{x}, \mathbf{x}_3 \rangle = -\sqrt{2},$$

$$\mathbf{x} = 2\mathbf{x}_1 + 2\sqrt{2}\mathbf{x}_2 - \sqrt{2}\mathbf{x}_3,\quad [\mathbf{x}]_S = \begin{bmatrix} 2 \\ 2\sqrt{2} \\ -\sqrt{2} \end{bmatrix}$$

04. (1) $\mathbf{y}_1 = \frac{\mathbf{x}_1}{\|\mathbf{x}_1\|} = \begin{bmatrix} 1/\sqrt{2} \\ -1/\sqrt{2} \\ 0 \end{bmatrix}$, $\mathbf{w}_2 = \mathbf{x}_2 - \langle \mathbf{x}_2, \mathbf{y}_1 \rangle \mathbf{y}_1 = \begin{bmatrix} 1 \\ 1 \\ -1 \end{bmatrix}$,

$\mathbf{y}_2 = \frac{\mathbf{w}_2}{\|\mathbf{w}_2\|} = \begin{bmatrix} 1/\sqrt{3} \\ 1/\sqrt{3} \\ -1/\sqrt{3} \end{bmatrix}$, $\mathbf{w}_3 = \mathbf{x}_3 - \langle \mathbf{x}_3, \mathbf{y}_1 \rangle \mathbf{y}_1 - \langle \mathbf{x}_3, \mathbf{y}_2 \rangle \mathbf{y}_2 = \begin{bmatrix} 1/6 \\ 1/6 \\ 1/3 \end{bmatrix}$,

$\mathbf{y}_3 = \frac{\mathbf{w}_3}{\|\mathbf{w}_3\|} = \begin{bmatrix} \sqrt{6}/6 \\ \sqrt{6}/6 \\ \sqrt{6}/3 \end{bmatrix}$

(2) $\mathbf{y}_1 = \frac{\mathbf{x}_1}{\|\mathbf{x}_1\|} = \begin{bmatrix} 1/\sqrt{6} \\ 2/\sqrt{6} \\ 1/\sqrt{6} \end{bmatrix}$, $\mathbf{w}_2 = \mathbf{x}_2 - \langle \mathbf{x}_2, \mathbf{y}_1 \rangle \mathbf{y}_1 = \begin{bmatrix} 2/3 \\ -2/3 \\ 2/3 \end{bmatrix}$,

$\mathbf{y}_2 = \frac{\mathbf{w}_2}{\|\mathbf{w}_2\|} = \begin{bmatrix} 1/\sqrt{3} \\ -1/\sqrt{3} \\ 1/\sqrt{3} \end{bmatrix}$, $\mathbf{w}_3 = \mathbf{x}_3 - \langle \mathbf{x}_3, \mathbf{y}_1 \rangle \mathbf{y}_1 - \langle \mathbf{x}_3, \mathbf{y}_2 \rangle \mathbf{y}_2 = \begin{bmatrix} 3/2 \\ 0 \\ -3/2 \end{bmatrix}$,

$\mathbf{y}_3 = \frac{\mathbf{w}_3}{\|\mathbf{w}_3\|} = \begin{bmatrix} \sqrt{2}/2 \\ 0 \\ -\sqrt{2}/2 \end{bmatrix}$

연습문제 3.13

01. (1) $A^TA\mathbf{x}=A^T\mathbf{b} \Leftrightarrow \begin{bmatrix} 1 & 2 & -1 & 3 \\ -2 & -3 & 1 & -5 \\ 1 & -1 & 2 & 0 \end{bmatrix}\begin{bmatrix} 1 & -2 & 1 \\ 2 & -3 & -1 \\ -1 & 1 & 2 \\ 3 & -5 & 0 \end{bmatrix}\begin{bmatrix} x_1 \\ x_2 \\ x_3 \end{bmatrix}=\begin{bmatrix} 1 & 2 & -1 & 3 \\ -2 & -3 & 1 & -5 \\ 1 & -1 & 2 & 0 \end{bmatrix}\begin{bmatrix} 1 \\ 0 \\ 1 \\ 0 \end{bmatrix}$

$\Leftrightarrow \begin{bmatrix} 15 & -24 & -3 \\ -24 & 39 & 3 \\ -3 & 3 & 6 \end{bmatrix}\begin{bmatrix} x_1 \\ x_2 \\ x_3 \end{bmatrix}=\begin{bmatrix} 0 \\ -1 \\ 3 \end{bmatrix} \Leftrightarrow \mathbf{x}_0=\begin{bmatrix} x_1 \\ x_2 \\ x_3 \end{bmatrix}=\frac{1}{3}\begin{bmatrix} -8 \\ -5 \\ 0 \end{bmatrix}+t\begin{bmatrix} 5 \\ 3 \\ 1 \end{bmatrix},\ t\in\mathbb{R}$

(2) $A^TA\mathbf{x}=A^T\mathbf{b} \Leftrightarrow \begin{bmatrix} 1 & -1 & 1 & 0 \\ 1 & 0 & -1 & 1 \\ 1 & 1 & 0 & -1 \end{bmatrix}\begin{bmatrix} 1 & 1 & 1 \\ -1 & 0 & 1 \\ 1 & -1 & 0 \\ 0 & 1 & -1 \end{bmatrix}\begin{bmatrix} x_1 \\ x_2 \\ x_3 \end{bmatrix}=\begin{bmatrix} 1 & -1 & 1 & 0 \\ 1 & 0 & -1 & 1 \\ 1 & 1 & 0 & -1 \end{bmatrix}\begin{bmatrix} 0 \\ 1 \\ -1 \\ -2 \end{bmatrix}$

$\Leftrightarrow \begin{bmatrix} 3 & 0 & 0 \\ 0 & 3 & 0 \\ 0 & 0 & 3 \end{bmatrix}\begin{bmatrix} x_1 \\ x_2 \\ x_3 \end{bmatrix}=\begin{bmatrix} -2 \\ -1 \\ 3 \end{bmatrix} \Leftrightarrow \mathbf{x}_0=\begin{bmatrix} x_1 \\ x_2 \\ x_3 \end{bmatrix}=\frac{1}{3}\begin{bmatrix} -2 \\ -1 \\ 3 \end{bmatrix}$

(3) $A^TA\mathbf{x}=A^T\mathbf{b} \Leftrightarrow \begin{bmatrix} 1 & 2 & -2 \\ -1 & 3 & 3 \end{bmatrix}\begin{bmatrix} 1 & -1 \\ 2 & 3 \\ -2 & 3 \end{bmatrix}\begin{bmatrix} x_1 \\ x_2 \end{bmatrix}=\begin{bmatrix} 1 & 2 & -2 \\ -1 & 3 & 3 \end{bmatrix}\begin{bmatrix} 4 \\ 1 \\ 3 \end{bmatrix},\ A^TA=\begin{bmatrix} 9 & -1 \\ -1 & 19 \end{bmatrix},$

$(A^TA)^{-1}=\frac{1}{170}\begin{bmatrix} 19 & 1 \\ 1 & 9 \end{bmatrix},\ \mathbf{x}_0=(A^TA)^{-1}A^T\mathbf{b}=\frac{1}{170}\begin{bmatrix} 19 & 1 \\ 1 & 9 \end{bmatrix}\begin{bmatrix} 1 & 2 & -2 \\ -1 & 3 & 3 \end{bmatrix}\begin{bmatrix} 4 \\ 1 \\ 3 \end{bmatrix}=\frac{1}{85}\begin{bmatrix} 4 \\ 36 \end{bmatrix}$

(4) $A^TA\mathbf{x}=A^T\mathbf{b} \Leftrightarrow \begin{bmatrix} 1 & 1 & 2 \\ 2 & 1 & 3 \end{bmatrix}\begin{bmatrix} 1 & 2 \\ 1 & 1 \\ 2 & 3 \end{bmatrix}\begin{bmatrix} x_1 \\ x_2 \end{bmatrix}=\begin{bmatrix} 1 & 1 & 2 \\ 2 & 1 & 3 \end{bmatrix}\begin{bmatrix} 3 \\ 1 \\ 3 \end{bmatrix},\ A^TA=\begin{bmatrix} 6 & 9 \\ 9 & 14 \end{bmatrix},$

$(A^TA)^{-1}=\frac{1}{3}\begin{bmatrix} 14 & -9 \\ -9 & 6 \end{bmatrix},\ \mathbf{x}_0=(A^TA)^{-1}A^T\mathbf{b}=\frac{1}{3}\begin{bmatrix} 14 & -9 \\ -9 & 6 \end{bmatrix}\begin{bmatrix} 1 & 1 & 2 \\ 2 & 1 & 3 \end{bmatrix}\begin{bmatrix} 3 \\ 1 \\ 3 \end{bmatrix}=\frac{1}{3}\begin{bmatrix} -4 \\ 6 \end{bmatrix}$

(5) $A^TA\mathbf{x}=A^T\mathbf{b} \Leftrightarrow \begin{bmatrix} 3 & 1 & 2 \\ 1 & 2 & -1 \end{bmatrix}\begin{bmatrix} 3 & 1 \\ 1 & 2 \\ 2 & -1 \end{bmatrix}\begin{bmatrix} x_1 \\ x_2 \end{bmatrix}=\begin{bmatrix} 3 & 1 & 2 \\ 1 & 2 & -1 \end{bmatrix}\begin{bmatrix} 1 \\ 0 \\ -2 \end{bmatrix},\ A^TA=\begin{bmatrix} 14 & 3 \\ 3 & 6 \end{bmatrix},$

$(A^TA)^{-1}=\frac{1}{75}\begin{bmatrix} 6 & -3 \\ -3 & 14 \end{bmatrix},$

$\mathbf{x}_0=(A^TA)^{-1}A^T\mathbf{b}=\frac{1}{75}\begin{bmatrix} 6 & -3 \\ -3 & 14 \end{bmatrix}\begin{bmatrix} 3 & 1 & 2 \\ 1 & 2 & -1 \end{bmatrix}\begin{bmatrix} 1 \\ 0 \\ -2 \end{bmatrix}=\begin{bmatrix} -1/5 \\ 3/5 \end{bmatrix}$

(6) $A^TA\mathbf{x}=A^T\mathbf{b} \Leftrightarrow \begin{bmatrix} 1 & 1 & 1 & 0 \\ 1 & 0 & -1 & 1 \\ 1 & 1 & 0 & -1 \end{bmatrix}\begin{bmatrix} 1 & 1 & 1 \\ 1 & 0 & 1 \\ 1 & -1 & 0 \\ 0 & 1 & -1 \end{bmatrix}\begin{bmatrix} x_1 \\ x_2 \\ x_3 \end{bmatrix}=\begin{bmatrix} 1 & 1 & 1 & 0 \\ 1 & 0 & -1 & 1 \\ 1 & 1 & 0 & -1 \end{bmatrix}\begin{bmatrix} 0 \\ 0 \\ 2 \\ 0 \end{bmatrix}$

$\Leftrightarrow \begin{bmatrix} 3 & 0 & 2 \\ 0 & 3 & 0 \\ 2 & 0 & 3 \end{bmatrix}\begin{bmatrix} x_1 \\ x_2 \\ x_3 \end{bmatrix}=\begin{bmatrix} 2 \\ -2 \\ 0 \end{bmatrix} \Leftrightarrow \mathbf{x}_0=\begin{bmatrix} x_1 \\ x_2 \\ x_3 \end{bmatrix}=\begin{bmatrix} 6/5 \\ -2/3 \\ -4/5 \end{bmatrix}$

02. (1) $A^TA\mathbf{x}=\begin{bmatrix}1&1&1&1\\1&2&3&4\end{bmatrix}\begin{bmatrix}1&1\\1&2\\1&3\\1&4\end{bmatrix}\begin{bmatrix}a\\b\end{bmatrix}=\begin{bmatrix}1&1&1&1\\1&2&3&4\end{bmatrix}\begin{bmatrix}0\\3\\4\\4\end{bmatrix}=A^T\mathbf{b}$,

$A^TA=\begin{bmatrix}4&10\\10&30\end{bmatrix}$, $(A^TA)^{-1}=\begin{bmatrix}3/2&-1/2\\-1/2&1/5\end{bmatrix}$,

$\mathbf{x}_0=\begin{bmatrix}a\\b\end{bmatrix}=(A^TA)^{-1}A^T\mathbf{b}$

$=\begin{bmatrix}3/2&-1/2\\-1/2&1/5\end{bmatrix}\begin{bmatrix}1&1&1&1\\1&2&3&4\end{bmatrix}\begin{bmatrix}0\\3\\4\\4\end{bmatrix}=\begin{bmatrix}3/2&-1/2\\-1/2&1/5\end{bmatrix}\begin{bmatrix}11\\34\end{bmatrix}=\begin{bmatrix}-1/2\\13/10\end{bmatrix}$

최소제곱직선 $y=-\frac{1}{2}+\frac{13}{10}x$

(2) $A^TA\mathbf{x}=\begin{bmatrix}1&1&1&1\\2&5&7&8\end{bmatrix}\begin{bmatrix}1&2\\1&5\\1&7\\1&8\end{bmatrix}\begin{bmatrix}a\\b\end{bmatrix}=\begin{bmatrix}1&1&1&1\\2&5&7&8\end{bmatrix}\begin{bmatrix}1\\2\\3\\3\end{bmatrix}=A^T\mathbf{b}$, $A^TA=\begin{bmatrix}4&22\\22&142\end{bmatrix}$,

$(A^TA)^{-1}=\frac{1}{84}\begin{bmatrix}142&-22\\-22&4\end{bmatrix}$, $A^T\mathbf{b}=\begin{bmatrix}9\\57\end{bmatrix}$

$\mathbf{x}_0=\begin{bmatrix}a\\b\end{bmatrix}=(A^TA)^{-1}A^T\mathbf{b}=\frac{1}{84}\begin{bmatrix}142&-22\\-22&4\end{bmatrix}\begin{bmatrix}9\\57\end{bmatrix}=\begin{bmatrix}2/7\\5/14\end{bmatrix}$

최소제곱직선 $y=\frac{2}{7}+\frac{5}{14}x$

(3) $A^TA\mathbf{x}=\begin{bmatrix}1&1&1&1\\6.25&6.75&8.00&8.75\end{bmatrix}\begin{bmatrix}1&6.25\\1&6.75\\1&8.00\\1&8.75\end{bmatrix}\begin{bmatrix}a\\b\end{bmatrix}=\begin{bmatrix}1&1&1&1\\6.25&6.75&8.00&8.75\end{bmatrix}\begin{bmatrix}6.03\\5.62\\4.78\\4.34\end{bmatrix}=A^T\mathbf{b}$

$A^TA\mathbf{x}=\begin{bmatrix}4.00&29.75\\29.75&225.19\end{bmatrix}\begin{bmatrix}a\\b\end{bmatrix}=\begin{bmatrix}20.77\\151.84\end{bmatrix}=A^T\mathbf{b}$, $\begin{bmatrix}a\\b\end{bmatrix}=\begin{bmatrix}10.19\\-0.67\end{bmatrix}$

최소제곱직선 $y=10.19-0.67x$

03. (1) $A^TA\mathbf{x}=\begin{bmatrix}1&1&1&1\\-2&-1&1&2\\4&1&1&4\end{bmatrix}\begin{bmatrix}1&-2&4\\1&-1&1\\1&1&1\\1&2&4\end{bmatrix}\begin{bmatrix}a\\b\\c\end{bmatrix}=\begin{bmatrix}1&1&1&1\\-2&-1&1&2\\4&1&1&4\end{bmatrix}\begin{bmatrix}6\\0\\8\\17\end{bmatrix}=A^T\mathbf{b}$

$A^TA\mathbf{x}=\begin{bmatrix}4&0&10\\0&10&0\\10&0&34\end{bmatrix}\begin{bmatrix}a\\b\\c\end{bmatrix}=\begin{bmatrix}31\\30\\100\end{bmatrix}=A^T\mathbf{b}$, $\begin{bmatrix}a\\b\\c\end{bmatrix}=\begin{bmatrix}3/2\\3\\5/2\end{bmatrix}$,

이차곡선 $y=\frac{3}{2}+3x+\frac{5}{2}x^2$

(2) $A^TA\mathbf{x}=A^T\mathbf{b}$

$$\Leftrightarrow \begin{bmatrix} 1 & 1 & 1 & 1 & 1 \\ 0.10 & 0.20 & 0.30 & 0.40 & 0.50 \\ 0.01 & 0.04 & 0.09 & 0.16 & 0.25 \end{bmatrix} \begin{bmatrix} 1 & 0.10 & 0.01 \\ 1 & 0.20 & 0.04 \\ 1 & 0.30 & 0.09 \\ 1 & 0.40 & 0.16 \\ 1 & 0.50 & 0.25 \end{bmatrix} \begin{bmatrix} a \\ b \\ c \end{bmatrix} = \begin{bmatrix} 1 & 1 & 1 & 1 & 1 \\ 0.10 & 0.20 & 0.30 & 0.40 & 0.50 \\ 0.01 & 0.04 & 0.09 & 0.16 & 0.25 \end{bmatrix} \begin{bmatrix} -0.18 \\ 0.31 \\ 1.03 \\ 2.48 \\ 3.73 \end{bmatrix}$$

$$A^TA\mathbf{x} = \begin{bmatrix} 5 & 1.5 & 0.55 \\ 1.5 & 0.55 & 0.225 \\ 0.55 & 0.225 & 0.0979 \end{bmatrix} \begin{bmatrix} a \\ b \\ c \end{bmatrix} = \begin{bmatrix} 7.37 \\ 3.21 \\ 1.4326 \end{bmatrix} = A^T\mathbf{b}, \quad \begin{bmatrix} a \\ b \\ c \end{bmatrix} = \begin{bmatrix} -0.4 \\ 0.5 \\ 16.07 \end{bmatrix},$$

이차곡선 $y = 0.4 + 0.5x + 16.07x^2$

연습문제 4.1

01. (1) $T\begin{bmatrix} x_1+x_2 \\ y_1+y_2 \end{bmatrix} = \begin{bmatrix} (x_1+x_2)+1 \\ y_1+y_2 \\ 2(x_1+x_2)+(y_1+y_2) \end{bmatrix} \neq T\begin{bmatrix} x_1 \\ y_1 \end{bmatrix} + T\begin{bmatrix} x_2 \\ y_2 \end{bmatrix}$ 이므로 선형변환 아님

(2) $T\begin{bmatrix} x_1+x_2 \\ y_1+y_2 \end{bmatrix} = \begin{bmatrix} 2(x_1+x_2) \\ y_1+y_2 \end{bmatrix} = \begin{bmatrix} 2x_1 \\ y_1 \end{bmatrix} + \begin{bmatrix} 2x_2 \\ y_2 \end{bmatrix} = T\begin{bmatrix} x_1 \\ y_1 \end{bmatrix} + T\begin{bmatrix} x_2 \\ y_2 \end{bmatrix},$

$T\begin{bmatrix} kx_1 \\ ky_1 \end{bmatrix} = \begin{bmatrix} 2kx_1 \\ ky_1 \end{bmatrix} = k\begin{bmatrix} 2x_1 \\ y_1 \end{bmatrix} = kT\begin{bmatrix} x_1 \\ y_1 \end{bmatrix}$ 이므로 선형변환

(3) $T\begin{bmatrix} x_1+x_2 \\ y_1+y_2 \\ z_1+z_2 \end{bmatrix} = \begin{bmatrix} x_1+x_2 \\ z_1+z_2 \end{bmatrix} = \begin{bmatrix} x_1 \\ z_1 \end{bmatrix} + \begin{bmatrix} x_2 \\ z_2 \end{bmatrix} = T\begin{bmatrix} x_1 \\ y_1 \\ z_1 \end{bmatrix} + T\begin{bmatrix} x_2 \\ y_2 \\ z_2 \end{bmatrix},$

$T\begin{bmatrix} kx_1 \\ ky_1 \\ kz_1 \end{bmatrix} = \begin{bmatrix} kx_1 \\ kz_1 \end{bmatrix} = k\begin{bmatrix} x_1 \\ z_1 \end{bmatrix} = kT\begin{bmatrix} x_1 \\ y_1 \\ z_1 \end{bmatrix}$ 이므로 선형변환

(4) $T\begin{bmatrix} x_1+x_2 \\ y_1+y_2 \\ z_1+z_2 \end{bmatrix} = \begin{bmatrix} (x_1+x_2)+(y_1+y_2) \\ y_1+y_2 \\ (x_1+x_2)-(z_1-z_2) \end{bmatrix} = \begin{bmatrix} x_1+y_1 \\ y_1 \\ x_1-z_1 \end{bmatrix} + \begin{bmatrix} x_2+y_2 \\ y_2 \\ x_2-z_2 \end{bmatrix} = T\begin{bmatrix} x_1 \\ y_1 \\ z_1 \end{bmatrix} + T\begin{bmatrix} x_2 \\ y_2 \\ z_2 \end{bmatrix},$

$T\begin{bmatrix} kx_1 \\ ky_1 \\ kz_1 \end{bmatrix} = \begin{bmatrix} kx_1+ky_1 \\ ky_1 \\ kx_1-kz_1 \end{bmatrix} = k\begin{bmatrix} x_1+y_1 \\ y_1 \\ x_1-z_1 \end{bmatrix} = kT\begin{bmatrix} x_1 \\ y_1 \\ z_1 \end{bmatrix}$ 이므로 선형변환

(5) $T\begin{bmatrix} a_1+a_2 & b_1+b_2 \\ c_1+c_2 & d_1+d_2 \end{bmatrix} = (a_1+a_2)+(d_1+d_2) = (a_1+d_1)+(a_2+d_2) = T\begin{bmatrix} a_1 & b_1 \\ c_1 & d_1 \end{bmatrix} + T\begin{bmatrix} a_2 & b_2 \\ c_2 & d_2 \end{bmatrix}$

$T\begin{bmatrix} ka_1 & kb_1 \\ kc_1 & kd_1 \end{bmatrix} = ka_1 + kd_1 = k(a_1+d_1) = T\begin{bmatrix} a_1 & b_1 \\ c_1 & d_1 \end{bmatrix}$ 이므로 선형변환

(6) $T\begin{bmatrix} a_1+a_2 & b_1+b_2 \\ c_1+c_2 & d_1+d_2 \end{bmatrix} = \begin{vmatrix} a_1+a_2 & b_1+b_2 \\ c_1+c_2 & d_1+d_2 \end{vmatrix} \neq \begin{vmatrix} a_1 & b_1 \\ c_1 & d_1 \end{vmatrix} + \begin{vmatrix} a_2 & b_2 \\ c_2 & d_2 \end{vmatrix}$ 이므로 선형변환 아님

02. (1) $T\begin{bmatrix}1\\1\\-1\end{bmatrix}=T\left(\begin{bmatrix}1\\0\\0\end{bmatrix}+\begin{bmatrix}0\\1\\0\end{bmatrix}-\begin{bmatrix}0\\0\\1\end{bmatrix}\right)=T\begin{bmatrix}1\\0\\0\end{bmatrix}+T\begin{bmatrix}0\\1\\0\end{bmatrix}-T\begin{bmatrix}0\\0\\1\end{bmatrix}=\begin{bmatrix}1\\1\end{bmatrix}+\begin{bmatrix}2\\0\end{bmatrix}-\begin{bmatrix}2\\3\end{bmatrix}=\begin{bmatrix}1\\-2\end{bmatrix}$

(2) $T\begin{bmatrix}-1\\2\\-3\end{bmatrix}=T\left(-\begin{bmatrix}1\\0\\0\end{bmatrix}+2\begin{bmatrix}0\\1\\0\end{bmatrix}-3\begin{bmatrix}0\\0\\1\end{bmatrix}\right)=-T\begin{bmatrix}1\\0\\0\end{bmatrix}+2T\begin{bmatrix}0\\1\\0\end{bmatrix}-3T\begin{bmatrix}0\\0\\1\end{bmatrix}$

$=\begin{bmatrix}-1\\-1\end{bmatrix}+\begin{bmatrix}4\\0\end{bmatrix}-\begin{bmatrix}6\\9\end{bmatrix}=\begin{bmatrix}-3\\-10\end{bmatrix}$

(3) $T\begin{bmatrix}1\\2\\3\end{bmatrix}=T\left(\begin{bmatrix}1\\0\\0\end{bmatrix}+2\begin{bmatrix}0\\1\\0\end{bmatrix}+3\begin{bmatrix}0\\0\\1\end{bmatrix}\right)=T\begin{bmatrix}1\\0\\0\end{bmatrix}+2T\begin{bmatrix}0\\1\\0\end{bmatrix}+3T\begin{bmatrix}0\\0\\1\end{bmatrix}=\begin{bmatrix}1\\1\end{bmatrix}+\begin{bmatrix}4\\0\end{bmatrix}+\begin{bmatrix}6\\9\end{bmatrix}=\begin{bmatrix}11\\10\end{bmatrix}$

(4) $T\begin{bmatrix}x\\y\\z\end{bmatrix}=T\left(\begin{bmatrix}x\\0\\0\end{bmatrix}+\begin{bmatrix}0\\y\\0\end{bmatrix}+\begin{bmatrix}0\\0\\z\end{bmatrix}\right)=xT\begin{bmatrix}1\\0\\0\end{bmatrix}+yT\begin{bmatrix}0\\1\\0\end{bmatrix}+zT\begin{bmatrix}0\\0\\1\end{bmatrix}$

$=\begin{bmatrix}x\\x\end{bmatrix}+\begin{bmatrix}2y\\0\end{bmatrix}+\begin{bmatrix}2z\\3z\end{bmatrix}=\begin{bmatrix}x+2y+2z\\x+3z\end{bmatrix}$

03. $T(p(x)+q(x))=x(p(x)+q(x))=xp(x)+xq(x)=T(p(x))+T(q(x))$,

$T(kp(x))=x(kp(x))=kxp(x)=kT(p(x))$이므로 선형변환

04. (1) $T(3x^2-5x-2)=3T(x^2)-5T(x)-2T(1)$

$=3(2x^3+2x)-5x^2-2=6x^3-5x^2+6x-2$

(2) $T(ax^2+bx+c)=aT(x^2)+bT(x)+cT(1)$

$=a(2x^3+2x)+bx^2+c=2ax^3+bx^2+2ax+c$

05. $T\begin{bmatrix}x_1+x_2\\y_1+y_2\end{bmatrix}=\begin{bmatrix}x_1+x_2+k_1\\y_1+y_2+k_2\end{bmatrix}\neq T\begin{bmatrix}x_1\\y_1\end{bmatrix}+T\begin{bmatrix}x_2\\y_2\end{bmatrix}=\begin{bmatrix}x_1+k_1\\y_1+k_2\end{bmatrix}+\begin{bmatrix}x_2+k_1\\y_2+k_2\end{bmatrix}=\begin{bmatrix}x_1+x_2+2k_1\\y_1+y_2+2k_2\end{bmatrix}$

06. $T\begin{bmatrix}x_1\\x_2\\x_3\end{bmatrix}=\begin{bmatrix}2x_1+3x_2+x_3\\x_1+4x_2-x_3\end{bmatrix}=\begin{bmatrix}2&3&1\\1&4&-1\end{bmatrix}\begin{bmatrix}x_1\\x_2\\x_3\end{bmatrix}$이므로 T는 행렬변환

07. T가 선형변환이면 $T(k_1\mathbf{v}_1+k_2\mathbf{v}_2)=T(k_1\mathbf{v}_1)+T(k_2\mathbf{v}_2)=k_1T(\mathbf{v}_1)+k_2T(\mathbf{v}_2)$이다.

$T(k_1\mathbf{v}_1+k_2\mathbf{v}_2)=k_1T(\mathbf{v}_1)+k_2T(\mathbf{v}_2)$이면 $k_1=k_2=1$일 때 $T(\mathbf{v}_1+\mathbf{v}_2)=T(\mathbf{v}_1)+T(\mathbf{v}_2)$이고 $k_2=0$일 때 $T(k_1\mathbf{v}_1)=k_1T(\mathbf{v}_1)$이다. 따라서 T는 선형변환이다.

08. $A, B \in M_n$와 $k_1, k_2 \in \mathbb{R}$에 대하여

$$\begin{aligned} T(k_1A+k_2B) &= (k_1a_{11}+k_2b_{11})+(k_1a_{22}+k_2b_{22})+\cdots+(k_1a_{nn}+k_2b_{nn}) \\ &= k_1(a_{11}+a_{22}+\cdots+a_{nn})+k_2(b_{11}+b_{22}+\cdots+b_{nn}) \\ &= k_1T(A)+k_2T(B) \end{aligned}$$

연습문제 4.2

01. $\ker T = \left\{ \begin{bmatrix} x \\ 0 \end{bmatrix} \middle| \, x \in \mathbb{R} \right\}$, $\operatorname{Im} T = \left\{ \begin{bmatrix} 0 \\ y \end{bmatrix} \middle| \, y \in \mathbb{R} \right\}$

02. $\ker T = \left\{ \begin{bmatrix} 0 \\ 0 \end{bmatrix} \right\}$, $\operatorname{Im} T = \left\{ \begin{bmatrix} x+2y \\ x-y \end{bmatrix} \middle| \, x, y \in \mathbb{R} \right\}$

03. $\ker T = \left\{ s\begin{bmatrix} -6 \\ -3 \\ 1 \end{bmatrix} \middle| \, s \in \mathbb{R} \right\}$, $\operatorname{Im} T = \left\{ \begin{bmatrix} x-2y \\ y+3z \end{bmatrix} \middle| \, x, y, z \in \mathbb{R} \right\}$

04. $\ker T = \{0\}$, $\operatorname{Im} T = \{ax^3+bx^2+cx \,|\, a, b, c \in \mathbb{R}\}$

05. $\ker T = \{0\}$, $\operatorname{Im} T = V$

06. $\ker T = \left\{ s\begin{bmatrix} 3 \\ -1 \\ 1 \end{bmatrix} \middle| \, s \in \mathbb{R} \right\}$, $\dim(\ker T) = 1$, $\begin{bmatrix} x+2y-z \\ y+z \\ x+y-2z \end{bmatrix} = \begin{bmatrix} 1 & 2 & -1 \\ 0 & 1 & 1 \\ 1 & 1 & -2 \end{bmatrix}\begin{bmatrix} x \\ y \\ z \end{bmatrix}$, $A = \begin{bmatrix} 1 & 2 & -1 \\ 0 & 1 & 1 \\ 1 & 1 & -2 \end{bmatrix}$,

$\operatorname{rank}(T) = \operatorname{rank}(A) = \dim(\operatorname{Im} T) = 2$

07. $\begin{bmatrix} 3x-y \\ x+y \\ 5x+3y \end{bmatrix} = \begin{bmatrix} 0 \\ 0 \\ 0 \end{bmatrix}$이면 $\begin{bmatrix} x \\ y \end{bmatrix} = \begin{bmatrix} 0 \\ 0 \end{bmatrix}$이므로 $\ker T = \{0\}$이다. 따라서 T는 일대일이다.

08. (1) $\operatorname{rank}(T)+\operatorname{nullity}(T) = \operatorname{rank}(T)+2 = \dim(\mathbb{R}^3) = 3$이므로 $\operatorname{rank}(T) = 1$

(2) $\operatorname{rank}(T)+\operatorname{nullity}(T) = 3+\operatorname{nullity}(T) = \dim(\mathbb{R}^3) = 3$이므로 $\operatorname{nullity}(T) = 0$

09. T가 위로이면 $\operatorname{rank}(T) = n$이므로 $\operatorname{nullity}(T) = 0$이다. 따라서 $\ker T = \{0\}$이다.

연습문제 4.3

01. (1) $T\begin{bmatrix}1\\0\end{bmatrix}=\begin{bmatrix}1\\0\end{bmatrix}$, $T\begin{bmatrix}0\\1\end{bmatrix}=\begin{bmatrix}0\\1\end{bmatrix}$ 표준행렬 $A=\begin{bmatrix}1&0\\0&1\end{bmatrix}$

(2) $T\begin{bmatrix}1\\0\end{bmatrix}=\begin{bmatrix}2\\0\end{bmatrix}$, $T\begin{bmatrix}0\\1\end{bmatrix}=\begin{bmatrix}0\\-3\end{bmatrix}$, 표준행렬 $A=\begin{bmatrix}2&0\\0&-3\end{bmatrix}$

(3) $T\begin{bmatrix}1\\0\end{bmatrix}=\begin{bmatrix}3\\2\end{bmatrix}$, $T\begin{bmatrix}0\\1\end{bmatrix}=\begin{bmatrix}1\\1\end{bmatrix}$, 표준행렬 $A=\begin{bmatrix}3&1\\2&1\end{bmatrix}$

(4) $T\begin{bmatrix}1\\0\\0\end{bmatrix}=\begin{bmatrix}1\\0\end{bmatrix}$, $T\begin{bmatrix}0\\1\\0\end{bmatrix}=\begin{bmatrix}1\\1\end{bmatrix}$, $T\begin{bmatrix}0\\0\\1\end{bmatrix}=\begin{bmatrix}0\\1\end{bmatrix}$, 표준행렬 $A=\begin{bmatrix}1&1&0\\0&1&1\end{bmatrix}$

(5) $T\begin{bmatrix}1\\0\end{bmatrix}=\begin{bmatrix}3\\4\\-7\end{bmatrix}$, $T\begin{bmatrix}0\\1\end{bmatrix}=\begin{bmatrix}-1\\5\\2\end{bmatrix}$ 표준행렬 $A=\begin{bmatrix}3&-1\\4&5\\-7&2\end{bmatrix}$

(6) $T\begin{bmatrix}1\\0\\0\end{bmatrix}=\begin{bmatrix}1\\1\\0\end{bmatrix}$, $T\begin{bmatrix}0\\1\\0\end{bmatrix}=\begin{bmatrix}2\\5\\0\end{bmatrix}$, $T\begin{bmatrix}0\\0\\1\end{bmatrix}=\begin{bmatrix}1\\0\\1\end{bmatrix}$, 표준행렬 $A=\begin{bmatrix}1&2&1\\1&5&0\\0&0&1\end{bmatrix}$

02. (1) $T\begin{bmatrix}x\\y\end{bmatrix}=\begin{bmatrix}-y\\-x\end{bmatrix}$일 때 $T\begin{bmatrix}1\\0\end{bmatrix}=\begin{bmatrix}0\\-1\end{bmatrix}$, $T\begin{bmatrix}0\\1\end{bmatrix}=\begin{bmatrix}-1\\0\end{bmatrix}$이므로 표준행렬 $A=\begin{bmatrix}0&-1\\-1&0\end{bmatrix}$

(2) $T\begin{bmatrix}x\\y\end{bmatrix}=\begin{bmatrix}-x\\-y\end{bmatrix}$일 때 $T\begin{bmatrix}1\\0\end{bmatrix}=\begin{bmatrix}-1\\0\end{bmatrix}$, $T\begin{bmatrix}0\\1\end{bmatrix}=\begin{bmatrix}0\\-1\end{bmatrix}$이므로 표준행렬 $A=\begin{bmatrix}-1&0\\0&-1\end{bmatrix}$

(3) $T\begin{bmatrix}x\\y\end{bmatrix}=\begin{bmatrix}x\\0\end{bmatrix}$일 때 $T\begin{bmatrix}1\\0\end{bmatrix}=\begin{bmatrix}1\\0\end{bmatrix}$, $T\begin{bmatrix}0\\1\end{bmatrix}=\begin{bmatrix}0\\0\end{bmatrix}$이므로 표준행렬 $A=\begin{bmatrix}1&0\\0&0\end{bmatrix}$

(4) $T\begin{bmatrix}x\\y\end{bmatrix}=\begin{bmatrix}0\\y\end{bmatrix}$일 때 $T\begin{bmatrix}1\\0\end{bmatrix}=\begin{bmatrix}0\\0\end{bmatrix}$, $T\begin{bmatrix}0\\1\end{bmatrix}=\begin{bmatrix}0\\1\end{bmatrix}$이므로 표준행렬 $A=\begin{bmatrix}0&0\\0&1\end{bmatrix}$

(5) $T\begin{bmatrix}x\\y\end{bmatrix}=\begin{bmatrix}\frac{y}{a}\\ax\end{bmatrix}$일 때 $T\begin{bmatrix}1\\0\end{bmatrix}=\begin{bmatrix}0\\a\end{bmatrix}$, $T\begin{bmatrix}0\\1\end{bmatrix}=\begin{bmatrix}\frac{1}{a}\\0\end{bmatrix}$이므로 표준행렬 $A=\begin{bmatrix}0&\frac{1}{a}\\a&0\end{bmatrix}$

(6) $A=\begin{bmatrix}\cos\theta&-\sin\theta\\\sin\theta&\cos\theta\end{bmatrix}$이므로 $\theta=\frac{\pi}{4}$이면 $A=\frac{1}{\sqrt{2}}\begin{bmatrix}1&-1\\1&1\end{bmatrix}$

03. $T\begin{bmatrix}x\\y\end{bmatrix}=\begin{bmatrix}1&2\\3&6\end{bmatrix}\begin{bmatrix}x\\y\end{bmatrix}=\begin{bmatrix}x+2y\\3x+6y\end{bmatrix}=\begin{bmatrix}x'\\y'\end{bmatrix}$이므로 $y'=3x'$이다.

04. $T\begin{bmatrix}x\\2x+1\end{bmatrix}=\begin{bmatrix}1&1\\1&2\end{bmatrix}\begin{bmatrix}x\\2x+1\end{bmatrix}=\begin{bmatrix}3x+1\\5x+2\end{bmatrix}=\begin{bmatrix}x'\\y'\end{bmatrix}$이므로 $5x'-3y'+1=0$이다.

05. 표준행렬 $A=\begin{bmatrix}2&0&1\\0&3&-1\\1&5&0\end{bmatrix}$이므로 $A^{-1}=\dfrac{1}{7}\begin{bmatrix}5&5&-3\\-1&-1&2\\-3&-10&6\end{bmatrix}$이고

$$T^{-1}\begin{bmatrix}x\\y\\z\end{bmatrix}=A^{-1}\begin{bmatrix}x\\y\\z\end{bmatrix}=\frac{1}{7}\begin{bmatrix}5&5&-3\\-1&-1&2\\-3&-10&6\end{bmatrix}\begin{bmatrix}x\\y\\z\end{bmatrix}=\frac{1}{7}\begin{bmatrix}5x+5y-3z\\-x-y+2z\\-3x-10y+6z\end{bmatrix}$$

06. $T\begin{bmatrix}1\\1\\1\end{bmatrix}=\begin{bmatrix}0\\0\end{bmatrix}$, $T\begin{bmatrix}1\\1\\0\end{bmatrix}=\begin{bmatrix}0\\0\end{bmatrix}$, $T\begin{bmatrix}1\\0\\0\end{bmatrix}=\begin{bmatrix}1\\-1\end{bmatrix}$, $\left[\begin{array}{cc:ccc}1&1&0&0&1\\1&0&0&0&-1\end{array}\right]\sim\left[\begin{array}{cc:ccc}1&0&0&0&-1\\0&1&0&0&2\end{array}\right]$이므로

$$A=[T]_{S,R}=\begin{bmatrix}0&0&-1\\0&0&2\end{bmatrix}$$

07. $T\begin{bmatrix}1\\1\end{bmatrix}=\begin{bmatrix}1\\-1\\-2\end{bmatrix}$, $T\begin{bmatrix}2\\1\end{bmatrix}=\begin{bmatrix}2\\1\\-5\end{bmatrix}$, $\left[\begin{array}{ccc:cc}1&-1&0&1&2\\0&2&1&-1&1\\-1&1&1&-2&-5\end{array}\right]\sim\left[\begin{array}{ccc:cc}1&0&0&1&4\\0&1&0&0&2\\0&0&1&-1&-3\end{array}\right]$이므로

$$A=[T]_{S,R}=\begin{bmatrix}1&4\\0&2\\-1&-3\end{bmatrix}$$

08. $T\begin{bmatrix}1\\1\end{bmatrix}=\begin{bmatrix}2\\2\end{bmatrix}$, $T\begin{bmatrix}1\\2\end{bmatrix}=\begin{bmatrix}3\\6\end{bmatrix}$, $\left[\begin{array}{cc:cc}1&1&2&3\\1&2&2&6\end{array}\right]\sim\left[\begin{array}{cc:cc}1&0&2&0\\0&1&0&3\end{array}\right]$이므로 $A=[T]_S=\begin{bmatrix}2&0\\0&3\end{bmatrix}$

09. $T\begin{bmatrix}1\\0\\1\end{bmatrix}=\begin{bmatrix}1\\-1\\0\end{bmatrix}$, $T\begin{bmatrix}0\\1\\1\end{bmatrix}=\begin{bmatrix}-1\\1\\-1\end{bmatrix}$, $T\begin{bmatrix}1\\1\\0\end{bmatrix}=\begin{bmatrix}0\\0\\1\end{bmatrix}$,

$\left[\begin{array}{ccc:ccc}1&0&1&1&-1&0\\0&1&1&-1&1&0\\1&1&0&0&-1&1\end{array}\right]\sim\left[\begin{array}{ccc:ccc}1&0&0&1&-3/2&1/2\\0&1&0&-1&1/2&1/2\\0&0&1&0&1/2&-1/2\end{array}\right]$, $A=[T]_S=\begin{bmatrix}1&-3/2&1/2\\-1&1/2&1/2\\0&1/2&-1/2\end{bmatrix}$

10. $T(x)=x^2=1x^2+0x+0$, $T(1)=x=0x^2+1x+0$, $[T(x)]_R=\begin{bmatrix}1\\0\\0\end{bmatrix}$, $[T(1)]_R=\begin{bmatrix}0\\1\\0\end{bmatrix}$,

$A=[T]_{S,R}=\begin{bmatrix}1&0\\0&1\\0&0\end{bmatrix}$

11. $T(\mathbf{x}_1)=\begin{bmatrix}1&0\\0&0\end{bmatrix}$, $T(\mathbf{x}_2)=\begin{bmatrix}0&0\\1&0\end{bmatrix}$, $T(\mathbf{x}_3)=\begin{bmatrix}0&1\\0&0\end{bmatrix}$, $T(\mathbf{x}_4)=\begin{bmatrix}0&0\\0&1\end{bmatrix}$

$$T(\mathbf{x}_i) = a_{1i}\begin{bmatrix}1&0\\0&0\end{bmatrix} + a_{2i}\begin{bmatrix}0&0\\1&0\end{bmatrix} + a_{3i}\begin{bmatrix}0&1\\0&0\end{bmatrix} + a_{4i}\begin{bmatrix}0&0\\0&1\end{bmatrix},\quad [T(\mathbf{x}_i)]_S = \begin{bmatrix}a_{1i}\\a_{2i}\\a_{3i}\\a_{4i}\end{bmatrix},\ i=1,2,3,4$$

이므로 $A=[T]_S=\begin{bmatrix}1&0&0&0\\0&0&1&0\\0&1&0&0\\0&0&0&1\end{bmatrix}$이다.

12. S에 대한 T의 표준행렬은 $A=\begin{bmatrix}3&2\\1&1\end{bmatrix}$이고 R에서 S로의 전이행렬 $P=\begin{bmatrix}1&2\\-1&1\end{bmatrix}$이므로

$$P^{-1}=\begin{bmatrix}1/3&-2/3\\1/3&1/3\end{bmatrix},\quad [T]_R=A'=P^{-1}AP=\begin{bmatrix}1/3&-2/3\\1/3&1/3\end{bmatrix}\begin{bmatrix}3&2\\1&1\end{bmatrix}\begin{bmatrix}1&2\\-1&1\end{bmatrix}=\frac{1}{3}\begin{bmatrix}1&2\\1&11\end{bmatrix}$$

13. S에 대한 T의 표준행렬은 $A=\begin{bmatrix}2&1&0\\1&1&3\\0&-1&0\end{bmatrix}$, R에서 S로의 전이행렬 $P=\begin{bmatrix}-1&2&1\\0&1&1\\0&0&1\end{bmatrix}$,

$$P^{-1}=\begin{bmatrix}-1&2&-1\\0&1&-1\\0&0&1\end{bmatrix},\quad [T]_R=P^{-1}AP=\begin{bmatrix}-1&2&-1\\0&1&-1\\0&0&1\end{bmatrix}\begin{bmatrix}2&1&0\\1&1&3\\0&-1&0\end{bmatrix}\begin{bmatrix}-1&2&1\\0&1&1\\0&0&1\end{bmatrix}=\begin{bmatrix}0&2&8\\-1&4&6\\0&-1&-1\end{bmatrix}$$

14. (1) $|A|=|A||P^{-1}P|=|P^{-1}||A||P|=|P^{-1}AP|=|B|$

(2) $P^{-1}A^kP=(P^{-1}AP)^k=B^k$

(3) $\mathrm{tr}(A^k)=\mathrm{tr}(P^{-1}PA^k)=\mathrm{tr}(P^{-1}A^kP)=\mathrm{tr}(B^k)$

연습문제 5.1

01. (1) $|\lambda I_2-A|=\begin{vmatrix}\lambda-5&6\\-2&\lambda+2\end{vmatrix}=0 \Leftrightarrow (\lambda-1)(\lambda-2)=0$, 고윳값은 $\lambda_1=1$, $\lambda_2=2$,

$(\lambda I_2-A)\mathbf{x}=\mathbf{0}$으로부터 $\begin{cases}(\lambda-5)x+6y=0\\-2x+(\lambda+2)y=0\end{cases}$,

$\lambda_1=1$일 때 $\begin{cases}-4x+6y=0\\-2x+3y=0\end{cases} \Leftrightarrow x-\frac{3}{2}y=0$이므로 고유벡터는 $\mathbf{x}=s\begin{bmatrix}3/2\\1\end{bmatrix}$, $s\in\mathbb{R}\backslash\{0\}$,

$\lambda_2=2$일 때 $\begin{cases}-3x+6y=0\\-2x+4y=0\end{cases} \Leftrightarrow x-2y=0$이므로 고유벡터는 $\mathbf{x}=t\begin{bmatrix}2\\1\end{bmatrix}$, $t\in\mathbb{R}\backslash\{0\}$이다.

(2) $|\lambda I_2-A|=\begin{vmatrix}\lambda-3&-2\\-3&\lambda+2\end{vmatrix}=0 \Leftrightarrow (\lambda-4)(\lambda+3)=0$, 고윳값은 $\lambda_1=4$, $\lambda_2=-3$,

$(\lambda I_2 - A)\mathbf{x} = \mathbf{0}$으로부터 $\begin{cases}(\lambda-3)x \quad -2y=0\\ -3x+(\lambda+2)y=0\end{cases}$,

$\lambda_1 = 4$일 때 $\begin{cases} x-2y=0\\ -3x+6y=0\end{cases} \Leftrightarrow x-2y=0$이므로 고유벡터는 $\mathbf{x} = s\begin{bmatrix}2\\1\end{bmatrix}$, $s \in \mathbb{R}\backslash\{0\}$,

$\lambda_2 = -3$일 때 $\begin{cases}-6x-2y=0\\ -3x-\ \ y=0\end{cases} \Leftrightarrow x+\dfrac{1}{3}y=0$이므로 고유벡터는 $\mathbf{x} = t\begin{bmatrix}-1/3\\1\end{bmatrix}$, $t \in \mathbb{R}\backslash\{0\}$

이다.

(3) $|\lambda I_2 - A| = \begin{vmatrix}\lambda-3 & 0\\ -8 & \lambda+1\end{vmatrix} = 0 \Leftrightarrow (\lambda+1)(\lambda-3)=0$, 고윳값은 $\lambda_1 = 3$, $\lambda_2 = -1$,

$(\lambda I_2 - A)\mathbf{x} = \mathbf{0}$으로부터 $\begin{cases}(\lambda-3)x \qquad\qquad\quad =0\\ \quad -8x+(\lambda+1)y=0\end{cases}$,

$\lambda_1 = 3$일 때 $-2x+y=0$이므로 고유벡터는 $\mathbf{x} = s\begin{bmatrix}1/2\\1\end{bmatrix}$, $s \in \mathbb{R}\backslash\{0\}$,

$\lambda_2 = -1$일 때 $\begin{cases}-4x=0\\ -8x=0\end{cases} \Leftrightarrow x=0$이므로 고유벡터는 $\mathbf{x} = t\begin{bmatrix}0\\1\end{bmatrix}$, $t \in \mathbb{R}\backslash\{0\}$이다.

(4) $|\lambda I_2 - A| = \begin{vmatrix}\lambda-1 & 1\\ -2 & \lambda-4\end{vmatrix} = 0 \Leftrightarrow (\lambda-2)(\lambda-3)=0$, 고윳값은 $\lambda_1 = 2$, $\lambda_2 = 3$,

$(\lambda I_2 - A)\mathbf{x} = \mathbf{0}$으로부터 $\begin{cases}(\lambda-1)x+ \qquad\quad y=0\\ \quad -2x+(\lambda-4)y=0\end{cases}$,

$\lambda_1 = 2$일 때 $x+y=0$, 고유벡터는 $\mathbf{x} = s\begin{bmatrix}1\\-1\end{bmatrix}$, $s \in \mathbb{R}\backslash\{0\}$,

$\lambda_2 = 3$일 때 $2x+y=0$, 고유벡터는 $\mathbf{x} = t\begin{bmatrix}1\\-2\end{bmatrix}$, $t \in \mathbb{R}\backslash\{0\}$이다.

(5) $|\lambda I_3 - A| = \begin{vmatrix}\lambda-1 & -2 & -2\\ -1 & \lambda-2 & 1\\ -3 & 3 & \lambda\end{vmatrix} = 0 \Leftrightarrow (\lambda-3)^2(\lambda+3)=0$, 고윳값은 $\lambda_1 = 3$, $\lambda_2 = -3$,

$(\lambda I_3 - A)\mathbf{x} = \mathbf{0}$으로부터 $\begin{cases}(\lambda-1)x- \qquad 2y-2z=0\\ \quad -x+(\lambda-2)y+\ z=0\\ \quad -3x+ \qquad 3y+\lambda z=0\end{cases}$,

$\lambda_1 = 3$일 때 $\begin{cases}2x-2y-2z=0\\ -x+\ y+\ z=0\\ -3x+3y+3z=0\end{cases} \Leftrightarrow x-y-z=0$ 고유벡터는 $\mathbf{x} = s\begin{bmatrix}1\\1\\0\end{bmatrix} + t\begin{bmatrix}1\\0\\1\end{bmatrix}$, s,

$t \in \mathbb{R}\backslash\{0\}$이다.

$\lambda_2 = -3$일 때 $\begin{cases}-4x-2y-2z=0\\ -x-5y+\ z=0\\ -3x+3y-3z=0\end{cases} \Leftrightarrow \begin{cases}x-y+z=0\\ 3y-z=0\end{cases}$ 고유벡터는 $\mathbf{x} = r\begin{bmatrix}-2\\1\\3\end{bmatrix}$,

$r \in \mathbb{R}\backslash\{0\}$이다.

(6) $|\lambda I_3 - A| = \begin{vmatrix}\lambda-4 & 0 & -1\\ -2 & \lambda-1 & 0\\ 2 & 0 & \lambda-1\end{vmatrix} = 0 \Leftrightarrow (\lambda-1)(\lambda-2)(\lambda-3)=0$, 고윳값은 $\lambda_1 = 1$,

$\lambda_2=2$, $\lambda_3=3$, $(\lambda I_3-A)\mathbf{x}=\mathbf{0}$으로부터 $\begin{cases}(\lambda-4)x & -z=0\\ -2x+(\lambda-1)y & =0,\\ 2x & +(\lambda-1)z=0\end{cases}$

$\lambda_1=1$일 때 $\begin{cases}-3x-z=0\\ -2x \quad =0\\ 2x \quad =0\end{cases} \Leftrightarrow x=0,\ z=0$ 고유벡터는 $\mathbf{x}=s\begin{bmatrix}0\\1\\0\end{bmatrix}$, $s\in\mathbb{R}\backslash\{0\}$

$\lambda_2=2$일 때 $\begin{cases}-2x \quad -z=0\\ -2x+y \quad =0\\ 2x \quad +z=0\end{cases}$ 고유벡터는 $\mathbf{x}=t\begin{bmatrix}-1/2\\-1\\1\end{bmatrix}$, $t\in\mathbb{R}\backslash\{0\}$

$\lambda_3=3$일 때 $\begin{cases}-x \quad -z=0\\ -2x+2y \quad =0\\ 2x \quad +2z=0\end{cases}$ 고유벡터는 $\mathbf{x}=r\begin{bmatrix}-1\\-1\\1\end{bmatrix}$, $r\in\mathbb{R}\backslash\{0\}$

(7) $|\lambda I_3-A|=\begin{vmatrix}\lambda-2 & -1 & -1\\ -2 & \lambda-3 & -2\\ -1 & -1 & \lambda-2\end{vmatrix}=0 \Leftrightarrow (\lambda-5)(\lambda-1)^2=0$,

고윳값은 $\lambda_1=5$, $\lambda_2=1$, $(\lambda I_3-A)\mathbf{x}=\mathbf{0}$으로부터 $\begin{cases}(\lambda-2)x- & y- & z=0\\ -2x+(\lambda-3)y- & 2z=0,\\ -x- & y+(\lambda-2)z=0\end{cases}$

$\lambda_1=5$일 때

$\begin{cases}3x-y-z=0\\ -2x+2y-2z=0\\ -x-y+3z=0\end{cases} \Leftrightarrow \begin{cases}y-2z=0\\ x-z=0\end{cases}$ 고유벡터는 $\mathbf{x}=s\begin{bmatrix}1\\2\\1\end{bmatrix}$, $s\in\mathbb{R}\backslash\{0\}$이다.

$\lambda_2=1$일 때

$\begin{cases}x+y+z=0\\ 2x+2y+2z=0\\ x+y+z=0\end{cases} \Leftrightarrow x+y+z=0$ 고유벡터 $\mathbf{x}=r\begin{bmatrix}-1\\0\\1\end{bmatrix}+t\begin{bmatrix}-1\\1\\0\end{bmatrix}$, $r,\ t\in\mathbb{R}\backslash\{0\}$이다.

02. $|\lambda I_4-A|=\begin{vmatrix}\lambda & 0 & -2 & 0\\ -1 & \lambda & -1 & 0\\ 0 & -1 & \lambda+2 & 0\\ 0 & 0 & 0 & \lambda-1\end{vmatrix}=0 \Leftrightarrow (\lambda-1)^2(\lambda+1)(\lambda+2)=0$,

고윳값 $\lambda_1=1$일 때 $\mathbf{x}=s\begin{bmatrix}2\\3\\1\\0\end{bmatrix}+t\begin{bmatrix}0\\0\\0\\1\end{bmatrix}$, $s,\ t\in\mathbb{R}\backslash\{0\}$, A의 고유공간의 기저 $\left\{\begin{bmatrix}2\\3\\1\\0\end{bmatrix}, \begin{bmatrix}0\\0\\0\\1\end{bmatrix}\right\}$

$\lambda_2=-1$일 때 $\mathbf{x}=s\begin{bmatrix}-2\\1\\1\\0\end{bmatrix}$, $s\in\mathbb{R}\backslash\{0\}$, A의 고유공간의 기저 $\left\{\begin{bmatrix}-2\\1\\1\\0\end{bmatrix}\right\}$

$\lambda_3=-2$일 때 $\mathbf{x}=s\begin{bmatrix}-1\\0\\1\\0\end{bmatrix}$, $s\in\mathbb{R}\backslash\{0\}$, A의 고유공간의 기저 $\left\{\begin{bmatrix}-1\\0\\1\\0\end{bmatrix}\right\}$

03. 상삼각행렬 A의 대각성분이 고윳값이므로 $\lambda=1, 2, 0, 5$이다.

04. $|\lambda I-P^{-1}AP|=|\lambda P^{-1}P-P^{-1}AP|=|P^{-1}(\lambda I-A)P|$

$=|P^{-1}||\lambda I-A||P|=|P^{-1}||P||\lambda I-A|$

$=|\lambda I-A|$

05. $|\lambda I-A^T|=|(\lambda I-A)^T|=|\lambda I-A|$

06. $A\mathbf{x}=\lambda\mathbf{x}$, $\mathbf{x}\neq\mathbf{0}$ 양변에 A를 곱하면 $AA\mathbf{x}=A^2\mathbf{x}=A\lambda\mathbf{x}=\lambda A\mathbf{x}=\lambda\lambda\mathbf{x}=\lambda^2\mathbf{x}$ 이므로 λ^2은 A^2의 고윳값 $A^{n-1}A\mathbf{x}=A^n\mathbf{x}=A^{n-1}\lambda\mathbf{x}=\lambda A^{n-1}\mathbf{x}=\lambda\lambda^{n-1}\mathbf{x}=\lambda^n\mathbf{x}$ 이므로 λ^n은 A^n의 고윳값이다.

07. $|\lambda I_3-A|=\begin{vmatrix}\lambda+1 & 2 & 2\\ -1 & \lambda-2 & -1\\ 1 & 1 & \lambda\end{vmatrix}=0 \Leftrightarrow (\lambda-1)^2(\lambda+1)=0$,

A의 고윳값이 $\lambda_1=1$, $\lambda_2=-1$이므로 A^{25}의 고윳값은 $\lambda_1^{25}=1$, $\lambda_2^{25}=-1$이다.

08. $A\mathbf{x}=\lambda\mathbf{x}$, $\mathbf{x}\neq\mathbf{0}$ 양변에 A^{-1}를 곱하면 $A^{-1}A\mathbf{x}=\lambda A^{-1}\mathbf{x} \Rightarrow A^{-1}\mathbf{x}=\frac{1}{\lambda}\mathbf{x}$, $\mathbf{x}\neq\mathbf{0}$

따라서 $\lambda^{-1}=\frac{1}{\lambda}$은 A^{-1}의 고윳값이다.

09. P_2의 표준기저 $S=\{1, x, x^2\}$에 대한 T의 행렬은 $A=\begin{bmatrix}0 & 0 & -2\\ 1 & 2 & 1\\ 1 & 0 & 3\end{bmatrix}$, T의 고윳값은 A의 고윳값이므로 A의 특성방정식은 $|\lambda I_3-A|=\begin{vmatrix}\lambda & 0 & 2\\ -1 & \lambda-2 & -1\\ -1 & 0 & \lambda-3\end{vmatrix}=0 \Leftrightarrow (\lambda-1)(\lambda-2)^2=0$,

A의 고윳값은 $\lambda_1=1$, $\lambda_2=2$이다.

$(\lambda I_3-A)\mathbf{x}=\mathbf{0}$으로부터 $\begin{cases}(\lambda-1)x & & - & z=0\\ & (\lambda-1)y & & =0,\\ -x & & +(\lambda-1)z & =0\end{cases}$

$\lambda_1=1$일 때 $\mathbf{x}=s\begin{bmatrix}-2\\ 1\\ 1\end{bmatrix}$, $s\in\mathbb{R}\backslash\{0\}$,

$\lambda_2=2$일 때 $\mathbf{x}=s\begin{bmatrix}-1\\ 0\\ 1\end{bmatrix}+t\begin{bmatrix}0\\ 1\\ 0\end{bmatrix}$, $s, t\in\mathbb{R}\backslash\{0\}$

연습문제 5.2

01. (1) $|\lambda I_2 - A| = \begin{vmatrix} \lambda-7 & -8 \\ 4 & \lambda+5 \end{vmatrix} = (\lambda+1)(\lambda-3) = 0$, $\lambda_1 = -1$, $\lambda_2 = 3$,

각각 대응하는 고유벡터 $\mathbf{p}_1 = \begin{bmatrix} -1 \\ 1 \end{bmatrix}$, $\mathbf{p}_2 = \begin{bmatrix} -2 \\ 1 \end{bmatrix}$, $P = \begin{bmatrix} -1 & -2 \\ 1 & 1 \end{bmatrix}$, $D = \begin{bmatrix} \lambda_1 & 0 \\ 0 & \lambda_2 \end{bmatrix} = \begin{bmatrix} -1 & 0 \\ & 0\ 3 \end{bmatrix}$

(2) $|\lambda I_2 - A| = \begin{vmatrix} \lambda-5 & 3 \\ -2 & \lambda \end{vmatrix} - (\lambda-2)(\lambda-3) = 0$, $\lambda_1 = 2$, $\lambda_2 = 3$,

각각 대응하는 고유벡터 $\mathbf{p}_1 = \begin{bmatrix} 1 \\ 1 \end{bmatrix}$, $\mathbf{p}_2 = \begin{bmatrix} 3/2 \\ 1 \end{bmatrix}$, $P = \begin{bmatrix} 1 & 3/2 \\ 1 & 1 \end{bmatrix}$, $D = \begin{bmatrix} \lambda_1 & 0 \\ 0 & \lambda_2 \end{bmatrix} = \begin{bmatrix} 2 & 0 \\ 0 & 3 \end{bmatrix}$

(3) $|\lambda I_2 - A| = \begin{vmatrix} \lambda-1 & -1 \\ -1 & \lambda-1 \end{vmatrix} = \lambda(\lambda-2) = 0$, $\lambda_1 = 0$, $\lambda_2 = 2$,

각각 대응하는 고유벡터 $\mathbf{p}_1 = \begin{bmatrix} -1 \\ 1 \end{bmatrix}$, $\mathbf{p}_2 = \begin{bmatrix} 1 \\ 1 \end{bmatrix}$, $P = \begin{bmatrix} -1 & 1 \\ 1 & 1 \end{bmatrix}$, $D = \begin{bmatrix} \lambda_1 & 0 \\ 0 & \lambda_2 \end{bmatrix} = \begin{bmatrix} 0 & 0 \\ 0 & 2 \end{bmatrix}$

(4) $|\lambda I_2 - A| = \begin{vmatrix} \lambda-5 & -1 \\ -1 & \lambda-5 \end{vmatrix} = (\lambda-4)(\lambda-6) = 0$, $\lambda_1 = 4$, $\lambda_2 = 6$,

각각 대응하는 고유벡터 $\mathbf{p}_1 = \begin{bmatrix} -1 \\ 1 \end{bmatrix}$, $\mathbf{p}_2 = \begin{bmatrix} 1 \\ 1 \end{bmatrix}$, $P = \begin{bmatrix} -1 & 1 \\ 1 & 1 \end{bmatrix}$, $D = \begin{bmatrix} \lambda_1 & 0 \\ 0 & \lambda_2 \end{bmatrix} = \begin{bmatrix} 4 & 0 \\ 0 & 6 \end{bmatrix}$

(5) $|\lambda I_2 - A| = \begin{vmatrix} \lambda+2 & -5 \\ -5 & \lambda+2 \end{vmatrix} = (\lambda-3)(\lambda+7) = 0$, $\lambda_1 = 3$, $\lambda_2 = -7$,

각각 대응하는 고유벡터 $\mathbf{p}_1 = \begin{bmatrix} 1 \\ 1 \end{bmatrix}$, $\mathbf{p}_2 = \begin{bmatrix} 1 \\ -1 \end{bmatrix}$, $P = \begin{bmatrix} 1 & 1 \\ 1 & -1 \end{bmatrix}$, $D = \begin{bmatrix} \lambda_1 & 0 \\ 0 & \lambda_2 \end{bmatrix} = \begin{bmatrix} 3 & 0 \\ 0 & -7 \end{bmatrix}$

(6) $|\lambda I_3 - A| = \begin{vmatrix} \lambda & 0 & 2 \\ -1 & \lambda-2 & -1 \\ -1 & 0 & \lambda-3 \end{vmatrix} = (\lambda-1)(\lambda-2)^2 = 0$,

$\lambda_1 = 1$, $\lambda_2 = 2$, $(I_3 - A)\mathbf{x} = \mathbf{0}$ 으로부터 $\mathbf{x} = s\begin{bmatrix} -2 \\ 1 \\ 1 \end{bmatrix}$, $s \in \mathbb{R} \backslash \{0\}$ 이므로 $\lambda_1 = 1$에 대응하는 고유벡터는 $\mathbf{p}_1 = \begin{bmatrix} -2 \\ 1 \\ 1 \end{bmatrix}$, $(2I_3 - A)\mathbf{x} = \mathbf{0}$ 으로부터 $\mathbf{x} = s\begin{bmatrix} -1 \\ 0 \\ 1 \end{bmatrix} + t\begin{bmatrix} 0 \\ 1 \\ 0 \end{bmatrix}$, $s,\ t \in \mathbb{R} \backslash \{0\}$ 이므로 $\lambda_2 = 2$에 대응하는 고유벡터는 $\mathbf{p}_2 = \begin{bmatrix} -1 \\ 0 \\ 1 \end{bmatrix}$, $\mathbf{p}_3 = \begin{bmatrix} 0 \\ 1 \\ 0 \end{bmatrix}$, $\{\mathbf{p}_1, \mathbf{p}_2, \mathbf{p}_3\}$가 일차독립이므로 $P = \begin{bmatrix} -2 & -1 & 0 \\ 1 & 0 & 1 \\ 1 & 1 & 0 \end{bmatrix}$, $D = \begin{bmatrix} 1 & 0 & 0 \\ 0 & 2 & 0 \\ 0 & 0 & 2 \end{bmatrix}$ 이다.

(7) $|\lambda I_3 - A| = \begin{vmatrix} \lambda-2 & 0 & 0 \\ -1 & \lambda-3 & 0 \\ 3 & -5 & \lambda-3 \end{vmatrix} = (\lambda-2)(\lambda-3)^2 = 0$, $\lambda_1 = 2$, $\lambda_2 = 3$,

각각 대응하는 고유벡터 $\mathbf{p}_1 = \begin{bmatrix} 1 \\ -1 \\ 8 \end{bmatrix}$, $\mathbf{p}_2 = \begin{bmatrix} 0 \\ 0 \\ 1 \end{bmatrix}$ 이므로 세 개의 일차독립인 고유벡터를 갖지 않으므로 A는 대각화 가능하지 않다.

(8) $|\lambda I_3 - A| = \begin{vmatrix} \lambda+1 & -2 & -2 \\ -2 & \lambda-2 & -2 \\ 3 & 6 & \lambda+6 \end{vmatrix} = \lambda(\lambda+2)(\lambda+3) = 0$, $\lambda_1 = 0$, $\lambda_2 = -2$, $\lambda_3 = -3$

$-A\mathbf{x} = \mathbf{0}$ 로부터 $\mathbf{x} = s\begin{bmatrix} 0 \\ 1 \\ -1 \end{bmatrix}$, $s \in \mathbb{R} \setminus \{0\}$ 이므로 $\lambda_1 = 0$에 대응하는 고유벡터는 $\mathbf{p}_1 = \begin{bmatrix} 0 \\ 1 \\ -1 \end{bmatrix}$, $(-2I_3 - A)\mathbf{x} = \mathbf{0}$ 로부터 $\mathbf{x} = s\begin{bmatrix} 2 \\ -1 \\ 0 \end{bmatrix}$, $s \in \mathbb{R} \setminus \{0\}$ 이므로 $\lambda_2 = -2$에 대응하는 고유벡터는 $\mathbf{p}_2 = \begin{bmatrix} 2 \\ -1 \\ 0 \end{bmatrix}$, $(-3I_3 - A)\mathbf{x} = \mathbf{0}$ 로부터 $\mathbf{x} = s\begin{bmatrix} 1 \\ 0 \\ -1 \end{bmatrix}$, $s \in \mathbb{R} \setminus \{0\}$ 이므로 $\lambda_3 = -3$에 대응하는 고유벡터는 $\mathbf{p}_3 = \begin{bmatrix} 1 \\ 0 \\ -1 \end{bmatrix}$, $\{\mathbf{p}_1, \mathbf{p}_2, \mathbf{p}_3\}$가 일차독립이므로 $P = \begin{bmatrix} 0 & 2 & 1 \\ 1 & -1 & 0 \\ -1 & 0 & -1 \end{bmatrix}$, $D = \begin{bmatrix} 0 & 0 & 0 \\ 0 & -2 & 0 \\ 0 & 0 & -3 \end{bmatrix}$ 이다.

(9) $|\lambda I_3 - A| = \begin{vmatrix} \lambda-3 & 2 & 0 \\ 2 & \lambda-3 & 0 \\ 0 & 0 & \lambda-5 \end{vmatrix} = (\lambda-5)^2(\lambda-1) = 0$, $\lambda_1 = 5$, $\lambda_2 = 1$, $(5I_3 - A)\mathbf{x} = \mathbf{0}$ 로부터 $\mathbf{x} = s\begin{bmatrix} -1 \\ 1 \\ 0 \end{bmatrix} + t\begin{bmatrix} 0 \\ 0 \\ 1 \end{bmatrix}$, $s, t \in \mathbb{R} \setminus \{0\}$ 이므로 $\lambda_1 = 5$에 대응하는 고유벡터는 $\mathbf{p}_1 = \begin{bmatrix} -1 \\ 1 \\ 0 \end{bmatrix}$, $\mathbf{p}_2 = \begin{bmatrix} 0 \\ 0 \\ 1 \end{bmatrix}$, $(I_3 - A)\mathbf{x} = \mathbf{0}$ 로부터 $\mathbf{x} = s\begin{bmatrix} 1 \\ 1 \\ 0 \end{bmatrix}$, $s \in \mathbb{R} \setminus \{0\}$ 이므로 $\lambda_2 = 1$에 대응하는 고유벡터는 $\mathbf{p}_3 = \begin{bmatrix} 1 \\ 1 \\ 0 \end{bmatrix}$, $\{\mathbf{p}_1, \mathbf{p}_2, \mathbf{p}_3\}$가 일차독립이므로 $P = \begin{bmatrix} -1 & 0 & 1 \\ 1 & 0 & 1 \\ 0 & 1 & 0 \end{bmatrix}$, $D = \begin{bmatrix} 5 & 0 & 0 \\ 0 & 5 & 0 \\ 0 & 0 & 1 \end{bmatrix}$ 이다.

02. $|\lambda I_3 - A| = \begin{vmatrix} \lambda-3 & 1 & 0 \\ 1 & \lambda-2 & 1 \\ 0 & 1 & \lambda-3 \end{vmatrix} = (\lambda-1)(\lambda-3)(\lambda-4) = 0$, $\lambda_1 = 1$, $\lambda_2 = 3$, $\lambda_3 = 4$, $\lambda_1 = 1$에 대응하는 고유벡터는 $\mathbf{p}_1 = \begin{bmatrix} 1 \\ 2 \\ 1 \end{bmatrix}$, $\lambda_2 = 3$에 대응하는 고유벡터는 $\mathbf{p}_2 = \begin{bmatrix} 1 \\ 0 \\ -1 \end{bmatrix}$, $\lambda_3 = 4$에 대응하는 고유벡터는 $\mathbf{p}_3 = \begin{bmatrix} 1 \\ -1 \\ 1 \end{bmatrix}$, $\{\mathbf{p}_1, \mathbf{p}_2, \mathbf{p}_3\}$가 일차독립이므로 $P = \begin{bmatrix} 1 & 1 & 1 \\ 2 & 0 & -1 \\ 1 & -1 & 1 \end{bmatrix}$, $D = \begin{bmatrix} 1 & 0 & 0 \\ 0 & 3 & 0 \\ 0 & 0 & 4 \end{bmatrix}$,

$$A^n = PD^nP^{-1} = \begin{bmatrix} 1 & 1 & 1 \\ 2 & 0 & -1 \\ 1 & -1 & 1 \end{bmatrix} \begin{bmatrix} 1^n & 0 & 0 \\ 0 & 3^n & 0 \\ 0 & 0 & 4^n \end{bmatrix} \begin{bmatrix} 1/6 & 1/3 & 1/6 \\ 1/2 & 0 & -1/2 \\ 1/3 & -1/3 & 1/3 \end{bmatrix} \text{이다.}$$

03. $|\lambda I_3 - A| = \begin{vmatrix} \lambda-1 & 2 & -8 \\ 0 & \lambda+1 & 0 \\ 0 & 0 & \lambda+1 \end{vmatrix} = (\lambda-1)(\lambda+1)^2 = 0$, $\lambda_1 = 1$, $\lambda_2 = -1$ 각각에 대응하는 고유 벡터는 $\mathbf{p}_1 = \begin{bmatrix} 1 \\ 0 \\ 0 \end{bmatrix}$, $\mathbf{p}_2 = \begin{bmatrix} 1 \\ 1 \\ 0 \end{bmatrix}$, $\mathbf{p}_3 = \begin{bmatrix} -4 \\ 0 \\ 1 \end{bmatrix}$, $\{\mathbf{p}_1, \mathbf{p}_2, \mathbf{p}_3\}$가 일차독립이므로 $P = \begin{bmatrix} 1 & 1 & -4 \\ 0 & 1 & 0 \\ 0 & 0 & 1 \end{bmatrix}$, $D = \begin{bmatrix} 1 & 0 & 0 \\ 0 & -1 & 0 \\ 0 & 0 & -1 \end{bmatrix}$이다.

(1) $A^{1000} = PD^{1000}P^{-1} = \begin{bmatrix} 1 & 1 & -4 \\ 0 & 1 & 0 \\ 0 & 0 & 1 \end{bmatrix} \begin{bmatrix} 1^{1000} & 0 & 0 \\ 0 & (-1)^{1000} & 0 \\ 0 & 0 & (-1)^{1000} \end{bmatrix} \begin{bmatrix} 1 & -1 & 4 \\ 0 & 1 & 0 \\ 0 & 0 & 1 \end{bmatrix}$

$$= \begin{bmatrix} 1 & 1 & -4 \\ 0 & 1 & 0 \\ 0 & 0 & 1 \end{bmatrix} \begin{bmatrix} 1 & 0 & 0 \\ 0 & 1 & 0 \\ 0 & 0 & 1 \end{bmatrix} \begin{bmatrix} 1 & -1 & 4 \\ 0 & 1 & 0 \\ 0 & 0 & 1 \end{bmatrix} = \begin{bmatrix} 1 & 0 & 0 \\ 0 & 1 & 0 \\ 0 & 0 & 1 \end{bmatrix}$$

(2) $A^{-1000} = PD^{-1000}P^{-1} = \begin{bmatrix} 1 & 1 & -4 \\ 0 & 1 & 0 \\ 0 & 0 & 1 \end{bmatrix} \begin{bmatrix} 1^{-1000} & 0 & 0 \\ 0 & (-1)^{-1000} & 0 \\ 0 & 0 & (-1)^{-1000} \end{bmatrix} \begin{bmatrix} 1 & -1 & 4 \\ 0 & 1 & 0 \\ 0 & 0 & 1 \end{bmatrix}$

$$= \begin{bmatrix} 1 & 1 & -4 \\ 0 & 1 & 0 \\ 0 & 0 & 1 \end{bmatrix} \begin{bmatrix} 1 & 0 & 0 \\ 0 & 1 & 0 \\ 0 & 0 & 1 \end{bmatrix} \begin{bmatrix} 1 & -1 & 4 \\ 0 & 1 & 0 \\ 0 & 0 & 1 \end{bmatrix} = \begin{bmatrix} 1 & 0 & 0 \\ 0 & 1 & 0 \\ 0 & 0 & 1 \end{bmatrix}$$

(3) $A^{2301} = PD^{2301}P^{-1} = \begin{bmatrix} 1 & 1 & -4 \\ 0 & 1 & 0 \\ 0 & 0 & 1 \end{bmatrix} \begin{bmatrix} 1^{2301} & 0 & 0 \\ 0 & (-1)^{2301} & 0 \\ 0 & 0 & (-1)^{2301} \end{bmatrix} \begin{bmatrix} 1 & -1 & 4 \\ 0 & 1 & 0 \\ 0 & 0 & 1 \end{bmatrix}$

$$= \begin{bmatrix} 1 & 1 & -4 \\ 0 & 1 & 0 \\ 0 & 0 & 1 \end{bmatrix} \begin{bmatrix} 1 & 0 & 0 \\ 0 & -1 & 0 \\ 0 & 0 & -1 \end{bmatrix} \begin{bmatrix} 1 & -1 & 4 \\ 0 & 1 & 0 \\ 0 & 0 & 1 \end{bmatrix} = \begin{bmatrix} 1 & -2 & 8 \\ 0 & -1 & 0 \\ 0 & 0 & -1 \end{bmatrix}$$

(4) $A^{-2301} = PD^{-2301}P^{-1} = \begin{bmatrix} 1 & 1 & -4 \\ 0 & 1 & 0 \\ 0 & 0 & 1 \end{bmatrix} \begin{bmatrix} 1^{-2301} & 0 & 0 \\ 0 & (-1)^{-2301} & 0 \\ 0 & 0 & (-1)^{-2301} \end{bmatrix} \begin{bmatrix} 1 & -1 & 4 \\ 0 & 1 & 0 \\ 0 & 0 & 1 \end{bmatrix}$

$$= \begin{bmatrix} 1 & 1 & -4 \\ 0 & 1 & 0 \\ 0 & 0 & 1 \end{bmatrix} \begin{bmatrix} 1 & 0 & 0 \\ 0 & -1 & 0 \\ 0 & 0 & -1 \end{bmatrix} \begin{bmatrix} 1 & -1 & 4 \\ 0 & 1 & 0 \\ 0 & 0 & 1 \end{bmatrix} = \begin{bmatrix} 1 & -2 & 8 \\ 0 & -1 & 0 \\ 0 & 0 & -1 \end{bmatrix}$$

04. 특성방정식 $|\lambda I_2 - A| = \begin{vmatrix} \lambda-a & -b \\ -c & \lambda-d \end{vmatrix} = \lambda^2 - (a+d)\lambda + ad - bc = 0$이 서로 다른 두 개의 실근을 가지려면 $(a+d)^2 - 4(ad-bc) = (a-d)^2 + 4bc > 0$이다.

연습문제 5.3

01. $AA^T = I_3$ 이므로 (1), (2), (3) 직교행렬

02. (1) $|\lambda I_2 - A| = \begin{vmatrix} \lambda+2 & -5 \\ -5 & \lambda+2 \end{vmatrix} = (\lambda-3)(\lambda+7)=0$, $\lambda_1 = 3$, $\lambda_2 = -7$, 각각에 대응하는 고유벡터 $\mathbf{x}_1 = \begin{bmatrix} 1 \\ 1 \end{bmatrix}$, $\mathbf{x}_2 = \begin{bmatrix} -1 \\ 1 \end{bmatrix}$ 정규화하면 $\left\{ \frac{1}{\sqrt{2}} \begin{bmatrix} 1 \\ 1 \end{bmatrix}, \frac{1}{\sqrt{2}} \begin{bmatrix} -1 \\ 1 \end{bmatrix} \right\}$이고 $P = \frac{1}{\sqrt{2}} \begin{bmatrix} 1 & -1 \\ 1 & 1 \end{bmatrix}$ 이다.

(2) $|\lambda I_2 - A| = \begin{vmatrix} \lambda-6 & 2 \\ 2 & \lambda-3 \end{vmatrix} = (\lambda-7)(\lambda-2)=0$, $\lambda_1 = 7$, $\lambda_2 = 2$, 각각에 대응하는 고유벡터 $\mathbf{x}_1 = \begin{bmatrix} -2 \\ 1 \end{bmatrix}$, $\mathbf{x}_2 = \begin{bmatrix} 1 \\ 2 \end{bmatrix}$ 정규화하면 $\left\{ \frac{1}{\sqrt{5}} \begin{bmatrix} -2 \\ 1 \end{bmatrix}, \frac{1}{\sqrt{5}} \begin{bmatrix} 1 \\ 2 \end{bmatrix} \right\}$이고 $P = \frac{1}{\sqrt{5}} \begin{bmatrix} -2 & 1 \\ 1 & 2 \end{bmatrix}$이다.

(3) $|\lambda I_2 - A| = \begin{vmatrix} \lambda-3 & -1 \\ -1 & \lambda-3 \end{vmatrix} = (\lambda-4)(\lambda-2)=0$, $\lambda_1 = 4$, $\lambda_2 = 2$, 각각에 대응하는 고유벡터 $\mathbf{x}_1 = \begin{bmatrix} 1 \\ 1 \end{bmatrix}$, $\mathbf{x}_2 = \begin{bmatrix} -1 \\ 1 \end{bmatrix}$, 정규화하면 $\left\{ \frac{1}{\sqrt{2}} \begin{bmatrix} 1 \\ 1 \end{bmatrix}, \frac{1}{\sqrt{2}} \begin{bmatrix} -1 \\ 1 \end{bmatrix} \right\}$이고 $P = \frac{1}{\sqrt{2}} \begin{bmatrix} 1 & -1 \\ 1 & 1 \end{bmatrix}$이다.

(4) $|\lambda I_3 - A| = \begin{vmatrix} \lambda-1 & -1 & 0 \\ -1 & \lambda-1 & 0 \\ 0 & 0 & \lambda \end{vmatrix} = \lambda^2(\lambda-2)=0$, $\lambda_1 = 0$에 대응하는 고유벡터 $\mathbf{x}_1 = \begin{bmatrix} -1 \\ 1 \\ 0 \end{bmatrix}$, $\mathbf{x}_2 = \begin{bmatrix} 0 \\ 0 \\ 1 \end{bmatrix}$, $\lambda_2 = 2$에 대응하는 고유벡터는 $\mathbf{x}_3 = \begin{bmatrix} 1 \\ 1 \\ 0 \end{bmatrix}$이고 서로 직교하므로 정규화하면 $\left\{ \begin{bmatrix} -1/\sqrt{2} \\ 1/\sqrt{2} \\ 0 \end{bmatrix}, \begin{bmatrix} 0 \\ 0 \\ 1 \end{bmatrix}, \begin{bmatrix} 1/\sqrt{2} \\ 1/\sqrt{2} \\ 0 \end{bmatrix} \right\}$, $P = \begin{bmatrix} -1/\sqrt{2} & 0 & 1/\sqrt{2} \\ 1/\sqrt{2} & 0 & 1/\sqrt{2} \\ 0 & 1 & 0 \end{bmatrix}$이다.

(5) $|\lambda I_3 - A| = \begin{vmatrix} \lambda+2 & 0 & 36 \\ 0 & \lambda+3 & 0 \\ 36 & 0 & \lambda+23 \end{vmatrix} = (\lambda+3)(\lambda-25)(\lambda+50)=0$이므로 $\lambda_1 = 25$, $\lambda_2 = -3$, $\lambda_3 = -50$, 각각에 대응하는 고유벡터 $\mathbf{x}_1 = \begin{bmatrix} -4/3 \\ 0 \\ 1 \end{bmatrix}$, $\mathbf{x}_2 = \begin{bmatrix} 0 \\ 1 \\ 0 \end{bmatrix}$, $\mathbf{x}_3 = \begin{bmatrix} 3/4 \\ 0 \\ 1 \end{bmatrix}$이고 서로 직교하므로 정규화하면 $\left\{ \begin{bmatrix} -4/5 \\ 0 \\ 3/5 \end{bmatrix}, \begin{bmatrix} 0 \\ 1 \\ 0 \end{bmatrix}, \begin{bmatrix} 3/5 \\ 0 \\ 4/5 \end{bmatrix} \right\}$, $P = \begin{bmatrix} -4/5 & 0 & 3/5 \\ 0 & 1 & 0 \\ 3/5 & 0 & 4/5 \end{bmatrix}$이다.

(6) $|\lambda I_3 - A| = \begin{vmatrix} \lambda+1 & 1 & -1 \\ 1 & \lambda-2 & -4 \\ -1 & -4 & \lambda-2 \end{vmatrix} = \lambda(\lambda+3)(\lambda-6)=0$, $\lambda_1 = -3$, $\lambda_2 = 0$, $\lambda_3 = 6$, 각각에 대응하는 고유벡터 $\mathbf{x}_1 = \begin{bmatrix} -1 \\ -1 \\ 1 \end{bmatrix}$, $\mathbf{x}_2 = \begin{bmatrix} 2 \\ -1 \\ 1 \end{bmatrix}$, $\mathbf{x}_3 = \begin{bmatrix} 0 \\ 1 \\ 1 \end{bmatrix}$이고 서로 직교하므로 이것을

정규화하면 $\left\{\begin{bmatrix}-1/\sqrt{3}\\-1/\sqrt{3}\\1/\sqrt{3}\end{bmatrix}, \begin{bmatrix}2/\sqrt{6}\\-1/\sqrt{6}\\1/\sqrt{6}\end{bmatrix}, \begin{bmatrix}0\\1/\sqrt{2}\\1/\sqrt{2}\end{bmatrix}\right\}$, $P=\begin{bmatrix}-1/\sqrt{3} & 2/\sqrt{6} & 0\\-1/\sqrt{3} & -1/\sqrt{6} & 1/\sqrt{2}\\1/\sqrt{3} & 1/\sqrt{6} & 1/\sqrt{2}\end{bmatrix}$이다.

(7) $|\lambda I_3-A|=\begin{vmatrix}\lambda & -3 & -3\\-3 & \lambda & -3\\-3 & -3 & \lambda\end{vmatrix}=(\lambda+3)^2(\lambda-6)=0$, $\lambda_1=-3$, $\lambda_2=6$이다.

$\lambda_1=-3$에 대응하는 서로 직교하지 않는 고유벡터 $\mathbf{x}_1=\begin{bmatrix}-1\\1\\0\end{bmatrix}$, $\mathbf{x}_2=\begin{bmatrix}-1\\0\\1\end{bmatrix}$

Gram-Schmidt 정규직교화 과정을 이용하면 $\mathbf{y}_1=\dfrac{\mathbf{x}_1}{\|\mathbf{x}_1\|}=\dfrac{1}{\sqrt{2}}\begin{bmatrix}-1\\1\\0\end{bmatrix}$,

$\mathbf{y}_2=\dfrac{\mathbf{x}_2-\langle\mathbf{x}_2,\mathbf{y}_1\rangle\mathbf{y}_1}{\|\mathbf{x}_2-\langle\mathbf{x}_2,\mathbf{y}_1\rangle\mathbf{y}_1\|}=\dfrac{1}{\sqrt{6}}\begin{bmatrix}-1\\-1\\2\end{bmatrix}$, $\lambda_2=6$에 대응하는 고유벡터 $\mathbf{x}_3=\begin{bmatrix}1\\1\\1\end{bmatrix}$,

정규화하면 $\mathbf{y}_3=\dfrac{1}{\sqrt{3}}\begin{bmatrix}1\\1\\1\end{bmatrix}$, $P=\begin{bmatrix}-1/\sqrt{2} & -1/\sqrt{6} & 1/\sqrt{3}\\1/\sqrt{2} & -1/\sqrt{6} & 1/\sqrt{3}\\0 & 2/\sqrt{6} & 1/\sqrt{3}\end{bmatrix}$이다.

03. (1) $(AB)(AB)^T=ABB^TA^T=AIA^T=AA^T=I$

(2) $A^T(A^T)^T=A^TA=I$

연습문제 5.4

01. (1) 고윳값 $\lambda_1=1$, $\lambda_2=2$, $\mathbf{x}_1=\begin{bmatrix}1\\1\end{bmatrix}$, $\mathbf{x}_2=\begin{bmatrix}1\\2/3\end{bmatrix}$, $P=\begin{bmatrix}1 & 1\\1 & 2/3\end{bmatrix}$

$$A^5=PD^5P^{-1}=\begin{bmatrix}1 & 1\\1 & 2/3\end{bmatrix}\begin{bmatrix}1 & 0\\0 & 32\end{bmatrix}\begin{bmatrix}-2 & 3\\3 & -3\end{bmatrix}=\begin{bmatrix}94 & -93\\62 & -61\end{bmatrix}$$

(2) 고윳값 $\lambda_1=-1$, $\lambda_2=2$, $\mathbf{x}_1=\begin{bmatrix}1\\1\end{bmatrix}$, $\mathbf{x}_2=\begin{bmatrix}2\\1\end{bmatrix}$, $P=\begin{bmatrix}1 & 2\\1 & 1\end{bmatrix}$

$$A^5=PD^5P^{-1}=\begin{bmatrix}1 & 2\\1 & 1\end{bmatrix}\begin{bmatrix}-1 & 0\\ & 0\ 32\end{bmatrix}\begin{bmatrix}-1 & 2\\1 & -1\end{bmatrix}=\begin{bmatrix}65 & -66\\33 & -34\end{bmatrix}$$

(3) 고윳값 $\lambda_1=1$, $\mathbf{x}_1=\begin{bmatrix}0\\1\\2\end{bmatrix}$, $\mathbf{x}_2=\begin{bmatrix}1\\0\\0\end{bmatrix}$, $\lambda_2=2$, $\mathbf{x}_3=\begin{bmatrix}1\\0\\1\end{bmatrix}$, $P=\begin{bmatrix}0 & 1 & 1\\1 & 0 & 0\\2 & 0 & 1\end{bmatrix}$

$$A^5=PD^5P^{-1}=\begin{bmatrix}0 & 1 & 1\\1 & 0 & 0\\2 & 0 & 1\end{bmatrix}\begin{bmatrix}1 & 0 & 0\\0 & 1 & 0\\0 & 0 & 32\end{bmatrix}\begin{bmatrix}0 & 1 & 0\\1 & 2 & -1\\0 & -2 & 1\end{bmatrix}=\begin{bmatrix}1 & -62 & 31\\0 & 1 & 0\\0 & -62 & 32\end{bmatrix}$$

(4) 고윳값 $\lambda_1=1$, $\mathbf{x}_1=\begin{bmatrix}1\\2\\1\end{bmatrix}$, $\lambda_2=3$, $\mathbf{x}_2=\begin{bmatrix}1\\0\\-1\end{bmatrix}$, $\lambda_4=4$, $\mathbf{x}_3=\begin{bmatrix}1\\-1\\1\end{bmatrix}$, $P=\begin{bmatrix}1&1&1\\2&0&-1\\1&-1&1\end{bmatrix}$

$$A^5=PD^5P^{-1}=\begin{bmatrix}1&1&1\\2&0&-1\\1&-1&1\end{bmatrix}\begin{bmatrix}1&0&0\\0&3^5&0\\0&0&4^5\end{bmatrix}\begin{bmatrix}1/6&1/3&1/6\\1/2&0&-1/2\\1/3&-1/3&1/3\end{bmatrix}=\begin{bmatrix}643&-341&220\\-341&342&-341\\220&-341&643\end{bmatrix}$$

02. (1) G_k와 S_k를 k년 후 경기도의 인구와 서울의 인구라 하자.

$\mathbf{x}_k=\begin{bmatrix}G_k\\S_k\end{bmatrix}$, $A=\begin{bmatrix}0.9&0.1\\0.1&0.9\end{bmatrix}$라 하면 $\mathbf{x}_k=A\mathbf{x}_{k-1}$, $\mathbf{x}_k=A^k\mathbf{x}_0$, A의 고윳값 $\lambda_1=1$,

$\mathbf{x}_1=\begin{bmatrix}1\\1\end{bmatrix}$, $\lambda_2=0.8$, $\mathbf{x}_2=\begin{bmatrix}-1\\1\end{bmatrix}$, $A^k=PD^kP^{-1}$, $D^k=\begin{bmatrix}1&0\\0&0.8^k\end{bmatrix}\approx\begin{bmatrix}1&0\\0&0\end{bmatrix}$이라 하면

$$A^k=\frac{1}{2}\begin{bmatrix}1&-1\\1&1\end{bmatrix}\begin{bmatrix}1&0\\0&0.8^k\end{bmatrix}\begin{bmatrix}1&1\\-1&1\end{bmatrix}\approx\frac{1}{2}\begin{bmatrix}1&-1\\1&1\end{bmatrix}\begin{bmatrix}1&0\\0&0\end{bmatrix}\begin{bmatrix}1&1\\-1&1\end{bmatrix}=\frac{1}{2}\begin{bmatrix}1&1\\1&1\end{bmatrix}$$

$\mathbf{x}_k=A^k\mathbf{x}_0\approx\frac{1}{2}\begin{bmatrix}1&1\\1&1\end{bmatrix}\begin{bmatrix}G_0\\S_0\end{bmatrix}=\begin{bmatrix}\frac{1}{2}(G_0+S_0)\\\frac{1}{2}(G_0+S_0)\end{bmatrix}$이므로 오랜 기간 후 경기도 $\frac{1}{2}$, 서울 $\frac{1}{2}$

(2) G_k와 S_k를 k년 후 경기도의 인구와 서울의 인구라 하자.

$\mathbf{x}_k=\begin{bmatrix}G_k\\S_k\end{bmatrix}$, $A=\begin{bmatrix}0.8&0.1\\0.2&0.9\end{bmatrix}$라 하면 $\mathbf{x}_k=A\mathbf{x}_{k-1}$, $\mathbf{x}_k=A^k\mathbf{x}_0$, A의 고윳값 $\lambda_1=1$,

$\mathbf{x}_1=\begin{bmatrix}1\\2\end{bmatrix}$, $\lambda_2=0.7$, $\mathbf{x}_2=\begin{bmatrix}-1\\1\end{bmatrix}$, $A^k=PD^kP^{-1}$, $D^k=\begin{bmatrix}1&0\\0&0.7^k\end{bmatrix}\approx\begin{bmatrix}1&0\\0&0\end{bmatrix}$이라 하면

$$A^k=\frac{1}{3}\begin{bmatrix}1&-1\\2&1\end{bmatrix}\begin{bmatrix}1&0\\0&0.7^k\end{bmatrix}\begin{bmatrix}1&1\\-2&1\end{bmatrix}\approx\frac{1}{3}\begin{bmatrix}1&-1\\2&1\end{bmatrix}\begin{bmatrix}1&0\\0&0\end{bmatrix}\begin{bmatrix}1&1\\-2&1\end{bmatrix}=\frac{1}{3}\begin{bmatrix}1&1\\2&2\end{bmatrix}$$

$\mathbf{x}_k=A^k\mathbf{x}_0\approx\frac{1}{3}\begin{bmatrix}1&1\\2&2\end{bmatrix}\begin{bmatrix}G_0\\S_0\end{bmatrix}=\begin{bmatrix}\frac{1}{3}(G_0+S_0)\\\frac{2}{3}(G_0+S_0)\end{bmatrix}$이므로 오랜 기간 후 경기도 $\frac{1}{3}$, 서울 $\frac{2}{3}$

03. (1) $A=\begin{bmatrix}1&1\\4&-2\end{bmatrix}$의 고윳값 $\lambda_1=2$, $\lambda_2=-3$, 고유벡터 $\mathbf{x}_1=\begin{bmatrix}1\\1\end{bmatrix}$, $\mathbf{x}_2=\begin{bmatrix}1\\-4\end{bmatrix}$, 일반해는

$\mathbf{y}(t)=c_1\mathbf{x}_1e^{\lambda_1 t}+c_2\mathbf{x}_2e^{\lambda_2 t}=c_1\begin{bmatrix}1\\1\end{bmatrix}e^{2t}+c_2\begin{bmatrix}1\\-4\end{bmatrix}e^{-3t}$이므로 $\begin{cases}y_1(t)=c_1e^{2t}+c_2e^{-3t}\\y_2(t)=c_1e^{2t}-4c_2e^{-3t}\end{cases}$

$\begin{cases}1=c_1+c_2\\6=c_1-4c_2\end{cases}$에서 $c_1=2$, $c_2=-1$이므로 특수해는 $\begin{cases}y_1(t)=2e^{2t}-e^{-3t}\\y_2(t)=2e^{2t}+4e^{-3t}\end{cases}$

(2) $A=\begin{bmatrix}5&-6\\2&-2\end{bmatrix}$의 고윳값 $\lambda_1=2$, $\lambda_2=1$, 고유벡터 $\mathbf{x}_1=\begin{bmatrix}2\\1\end{bmatrix}$, $\mathbf{x}_2=\begin{bmatrix}3\\2\end{bmatrix}$,

일반해는 $\mathbf{y}(t)=c_1\mathbf{x}_1e^{\lambda_1 t}+c_2\mathbf{x}_2e^{\lambda_2 t}=c_1\begin{bmatrix}2\\1\end{bmatrix}e^{2t}+c_2\begin{bmatrix}3\\2\end{bmatrix}e^{t}$이므로 $\begin{cases}y_1(t)=2c_1e^{2t}+3c_2e^t\\y_2(t)=c_1e^{2t}+2c_2e^t\end{cases}$

$\begin{cases}1=2c_1+3c_2\\6=c_1+2c_2\end{cases}$에서 $c_1=-16$, $c_2=11$이므로 특수해는 $\begin{cases}y_1(t)=-32e^{2t}+33e^t\\y_2(t)=-16e^{2t}+22e^t\end{cases}$이다.

(3) $A=\begin{bmatrix}1&4\\2&3\end{bmatrix}$의 고윳값 $\lambda_1=5$, $\lambda_2=-1$, 고유벡터 $\mathbf{x}_1=\begin{bmatrix}1\\1\end{bmatrix}$, $\mathbf{x}_2=\begin{bmatrix}-2\\1\end{bmatrix}$, 일반해는

$\mathbf{y}(t)=c_1\mathbf{x}_1e^{\lambda_1 t}+c_2\mathbf{x}_2e^{\lambda_2 t}=c_1\begin{bmatrix}1\\1\end{bmatrix}e^{5t}+c_2\begin{bmatrix}-2\\1\end{bmatrix}e^{-t}$이므로 $\begin{cases}y_1(t)=c_1e^{5t}-2c_2e^{-t}\\y_2(t)=c_1e^{5t}+c_2e^{-t}\end{cases}$

$\begin{cases}0=c_1-2c_2\\0=c_1+c_2\end{cases}$에서 $c_1=0$, $c_2=0$이므로 특수해는 $\begin{cases}y_1(t)=0\\y_2(t)=0\end{cases}$이다.

(4) $A=\begin{bmatrix}1&3\\4&5\end{bmatrix}$의 고윳값 $\lambda_1=7$, $\lambda_2=-1$, 고유벡터 $\mathbf{x}_1=\begin{bmatrix}1\\2\end{bmatrix}$, $\mathbf{x}_2=\begin{bmatrix}-3\\2\end{bmatrix}$, 일반해는

$\mathbf{y}(t)=c_1\mathbf{x}_1e^{\lambda_1 t}+c_2\mathbf{x}_2e^{\lambda_2 t}=c_1\begin{bmatrix}1\\2\end{bmatrix}e^{7t}+c_2\begin{bmatrix}-3\\2\end{bmatrix}e^{-t}$이므로 $\begin{cases}y_1(t)=c_1e^{7t}-3c_2e^{-t}\\y_2(t)=2c_1e^{7t}+c_2e^{-t}\end{cases}$

$\begin{cases}2=c_1-3c_2\\1=2c_1+c_2\end{cases}$에서 $c_1=5/7$, $c_2=-3/7$이므로 특수해는 $\begin{cases}y_1(t)=5/7e^{7t}+9/7e^{-t}\\y_2(t)=10/7e^{7t}-3/7e^{-t}\end{cases}$이다.

(5) $A=\begin{bmatrix}5&-4\\3&-2\end{bmatrix}$의 고윳값 $\lambda_1=1$, $\lambda_2=2$, 고유벡터 $\mathbf{x}_1=\begin{bmatrix}1\\1\end{bmatrix}$, $\mathbf{x}_2=\begin{bmatrix}4\\3\end{bmatrix}$, 일반해는

$\mathbf{y}(t)=c_1\mathbf{x}_1e^{\lambda_1 t}+c_2\mathbf{x}_2e^{\lambda_2 t}=c_1\begin{bmatrix}1\\1\end{bmatrix}e^{t}+c_2\begin{bmatrix}4\\3\end{bmatrix}e^{2t}$이므로 $\begin{cases}y_1(t)=c_1e^{t}+4c_2e^{2t}\\y_2(t)=c_1e^{t}+3c_2e^{2t}\end{cases}$

$\begin{cases}0=c_1+4c_2\\1=c_1+3c_2\end{cases}$에서 $c_1=4$, $c_2=-1$이므로 특수해는 $\begin{cases}y_1(t)=4e^t-4e^{2t}\\y_2(t)=4e^t-3e^{2t}\end{cases}$이다.

(6) $A=\begin{bmatrix}-2&0&1\\-2&1&0\\4&0&1\end{bmatrix}$의 고윳값 $\lambda_1=1$, $\lambda_2=2$, $\lambda_3=-3$,

고유벡터 $\mathbf{x}_1=\begin{bmatrix}0\\1\\0\end{bmatrix}$, $\mathbf{x}_2=\begin{bmatrix}1\\-2\\4\end{bmatrix}$, $\mathbf{x}_3=\begin{bmatrix}2\\1\\-2\end{bmatrix}$,

일반해는 $\mathbf{y}(t)=c_1\mathbf{x}_1e^{\lambda_1 t}+c_2\mathbf{x}_2e^{\lambda_2 t}+c_3\mathbf{x}_3e^{\lambda_3 t}=c_1\begin{bmatrix}0\\1\\0\end{bmatrix}e^{t}+c_2\begin{bmatrix}1\\-2\\4\end{bmatrix}e^{2t}+c_3\begin{bmatrix}2\\1\\-2\end{bmatrix}e^{-3t}$이므로

$\begin{cases}y_1(t)=c_2e^{2t}+2c_3e^{-3t}\\y_2(t)=c_1e^t-2c_2e^{2t}+c_3e^{-3t}\\y_3(t)=4c_2e^{2t}-2c_3e^{-3t}\end{cases}$ $\begin{cases}0=c_2+2c_3\\1=c_1-2c_2+c_3\\-1=c_2-2c_3\end{cases}$에서 $c_1=1/2$, $c_2=-1/5$, $c_3=1/10$

이므로 특수해는 $\begin{cases} y_1(t) = -1/5e^{2t} + 1/5e^{-3t} \\ y_2(t) = 1/2e^t + 2/5e^{2t} + 1/10e^{-3t} \\ y_3(t) = -4/5e^{2t} - 1/5e^{-3t} \end{cases}$ 이다.

04. (1) $A = \begin{bmatrix} 0 & 1 & 0 \\ 0 & 0 & 1 \\ 6 & -11 & 6 \end{bmatrix}$, $\lambda_1 = 1$, $\lambda_2 = 2$, $\lambda_3 = 3$, 고유벡터 $\mathbf{x}_1 = \begin{bmatrix} 1 \\ 1 \\ 1 \end{bmatrix}$, $\mathbf{x}_2 = \begin{bmatrix} 1 \\ 2 \\ 4 \end{bmatrix}$, $\mathbf{x}_3 = \begin{bmatrix} 1 \\ 3 \\ 9 \end{bmatrix}$,

$\mathbf{y}(t) = c_1 \begin{bmatrix} 1 \\ 1 \\ 1 \end{bmatrix} e^t + c_2 \begin{bmatrix} 1 \\ 2 \\ 4 \end{bmatrix} e^{2t} + c_3 \begin{bmatrix} 1 \\ 3 \\ 9 \end{bmatrix} e^{3t}$ 에서 $y = y_1$ 이므로 $y(t) = y_1(t) = c_1 e^t + c_2 e^{2t} + c_3 e^{3t}$

(2) $A = \begin{bmatrix} 0 & 1 \\ -2 & 3 \end{bmatrix}$, $\lambda_1 = 1$, $\lambda_2 = 2$, $\mathbf{x}_1 = \begin{bmatrix} 1 \\ 1 \end{bmatrix}$, $\mathbf{x}_2 = \begin{bmatrix} 1 \\ 2 \end{bmatrix}$, $\mathbf{y}(t) = c_1 \begin{bmatrix} 1 \\ 1 \end{bmatrix} e^t + c_2 \begin{bmatrix} 1 \\ 2 \end{bmatrix} e^{2t}$ 에서 $y = y_1$

이므로 $y(t) = y_1(t) = c_1 e^t + c_2 e^{2t}$

(3) $A = \begin{bmatrix} 0 & 1 & 0 \\ 0 & 0 & 1 \\ 0 & 9 & 0 \end{bmatrix}$, $\lambda_1 = 0$, $\lambda_2 = 3$, $\lambda_3 = -3$, 고유벡터 $\mathbf{x}_1 = \begin{bmatrix} 1 \\ 0 \\ 0 \end{bmatrix}$, $\mathbf{x}_2 = \begin{bmatrix} 1 \\ 3 \\ 9 \end{bmatrix}$, $\mathbf{x}_3 = \begin{bmatrix} 1 \\ -3 \\ 9 \end{bmatrix}$,

$\mathbf{y}(t) = c_1 \begin{bmatrix} 1 \\ 0 \\ 0 \end{bmatrix} e^{0t} + c_2 \begin{bmatrix} 1 \\ 3 \\ 9 \end{bmatrix} e^{3t} + c_3 \begin{bmatrix} 1 \\ -3 \\ 9 \end{bmatrix} e^{-3t}$ 에서 $y = y_1$ 이므로

$y(t) = y_1(t) = c_1 + c_2 e^{3t} + c_3 e^{-3t}$

(4) $A = \begin{bmatrix} 0 & 1 & 0 \\ 0 & 0 & 1 \\ 0 & -2 & 3 \end{bmatrix}$, $\lambda_1 = 0$, $\lambda_2 = 1$, $\lambda_3 = 2$, 고유벡터 $\mathbf{x}_1 = \begin{bmatrix} 1 \\ 0 \\ 0 \end{bmatrix}$, $\mathbf{x}_2 = \begin{bmatrix} 1 \\ 1 \\ 1 \end{bmatrix}$, $\mathbf{x}_3 = \begin{bmatrix} 1 \\ 2 \\ 4 \end{bmatrix}$,

$\mathbf{y}(t) = c_1 \begin{bmatrix} 1 \\ 0 \\ 0 \end{bmatrix} e^{0t} + c_2 \begin{bmatrix} 1 \\ 1 \\ 1 \end{bmatrix} e^t + c_3 \begin{bmatrix} 1 \\ 2 \\ 4 \end{bmatrix} e^{2t}$ 에서 $y = y_1$ 이므로 $y(t) = y_1(t) = c_1 + c_2 e^t + c_3 e^{2t}$

연습문제 6.1

01. $z_1 + z_2 = 5 + 5i$, $2z_1 - z_2 = 2(2+7i) - (3-2i) = 1 + 16i$, $z_1 z_2 = 20 + 17i$, $\overline{z_1} = 2 - 7i$,

$|z| = \sqrt{2^2 + 7^2} = \sqrt{53}$, $\dfrac{z_1}{z_2} = \dfrac{(2+7i)(3+2i)}{(3-2i)(3+2i)} = \dfrac{-8+25i}{|3-2i|^2} = \dfrac{-8+25i}{13} = -\dfrac{8}{13} + \dfrac{25}{13}i$

02. (1) $a = 3$, $b = -2$

(2) $a + b = 3$, $a - b = 1$, $a = 2$, $b = 1$

03. (1) $(2-3i)^2-(2+3i)^2=-24i$

(2) $\dfrac{3+2i}{1-i}=\dfrac{(3+2i)(1+i)}{(1-i)(1+i)}=\dfrac{1}{2}+\dfrac{5}{2}i$

(3) $(1+i-1-i)^{50}=0$

(4) $\dfrac{i\sqrt{2}(1-i)}{\sqrt{2}+i}=\dfrac{(\sqrt{2}+\sqrt{2}i)(\sqrt{2}-i)}{(\sqrt{2}+i)(\sqrt{2}-i)}=\dfrac{2+\sqrt{2}}{3}+\dfrac{2-\sqrt{2}}{3}i$

04. $A+2B=\begin{bmatrix}1 & i\\ 1+i & 2\end{bmatrix}+2\begin{bmatrix}-i & 1\\ 1-2i & 0\end{bmatrix}=\begin{bmatrix}1-2i & 2+i\\ 3-3i & 2\end{bmatrix}$

$A-iB=\begin{bmatrix}1 & i\\ 1+i & 2\end{bmatrix}-i\begin{bmatrix}-i & 1\\ 1-2i & 0\end{bmatrix}=\begin{bmatrix}0 & 0\\ -1 & 2\end{bmatrix}$

$AB=\begin{bmatrix}1 & i\\ 1+i & 2\end{bmatrix}\begin{bmatrix}-i & 1\\ 1-2i & 0\end{bmatrix}=\begin{bmatrix}2 & 1\\ 3-5i & 1+i\end{bmatrix}$

$BA=\begin{bmatrix}-i & 1\\ 1-2i & 0\end{bmatrix}\begin{bmatrix}1 & i\\ 1+i & 2\end{bmatrix}=\begin{bmatrix}1 & 3\\ 1-2i & 2+i\end{bmatrix}$

$A^2-B^2=\begin{bmatrix}i & 3i\\ 3+3i & 3+i\end{bmatrix}-\begin{bmatrix}-2i & -i\\ -2-i & 1-2i\end{bmatrix}=\begin{bmatrix}3i & 4i\\ 5+4i & 2+3i\end{bmatrix}$

05. (1) $\begin{vmatrix}2+i & 1\\ 2 & -i\end{vmatrix}=-1-2i\neq 0,$

$$x=\dfrac{\begin{vmatrix}3i & 1\\ -1+3i & -i\end{vmatrix}}{-1-2i}=\dfrac{(4-3i)(-1+2i)}{(-1-2i)(-1+2i)}=\dfrac{2}{5}+\dfrac{11}{5}i,$$

$$y=\dfrac{\begin{vmatrix}2+i & 3i\\ 2 & -1+3i\end{vmatrix}}{-1-2i}=\dfrac{(-5-i)(-1+2i)}{(-1-2i)(-1+2i)}=\dfrac{7}{5}-\dfrac{9}{5}i$$

(2) $\begin{vmatrix}1 & 1 & 1\\ 1 & 1 & -1\\ 1 & -1 & 1\end{vmatrix}=-4\neq 0,$

$$x=\dfrac{\begin{vmatrix}3 & 1 & 1\\ 2+2i & 1 & -1\\ -1 & -1 & 1\end{vmatrix}}{-4}=\dfrac{-2-4i}{-4}=\dfrac{1}{2}+i,\quad y=\dfrac{\begin{vmatrix}1 & 3 & 1\\ 1 & 2+2i & -1\\ 1 & -1 & 1\end{vmatrix}}{-4}=\dfrac{-8}{-4}=2$$

$$z=\dfrac{\begin{vmatrix}1 & 1 & 3\\ 1 & 1 & 2+2i\\ 1 & -1 & -1\end{vmatrix}}{-4}=\dfrac{-2+4i}{-4}=\dfrac{1}{2}-i$$

06. (1) $\dfrac{z+\bar{z}}{2}=\dfrac{(a+bi)+(a-bi)}{2}=a=\mathrm{Re}(z)$

(2) $\dfrac{z-\bar{z}}{2i}=\dfrac{(a+bi)-(a-bi)}{2i}=b=\operatorname{Im}(z)$

07. $z=a+bi$, $z=\bar{z} \Leftrightarrow a+bi=a-bi \Leftrightarrow 2bi=0 \Leftrightarrow b=0 \Leftrightarrow z=a$

08. $z=a+bi$, $|z|=|a+bi|=\sqrt{a^2+b^2}=|a-bi|=|\bar{z}|$

09. (1) $\overline{z_1+z_2}=\overline{(a_1+b_1i)+(a_2+b_2i)}=(a_1+a_2)-(b_1+b_2)i=(a_1-bi)+(a_2-b_2)i$

$=\overline{z_1}+\overline{z_2}$

(2) $\overline{z_1z_2}=\overline{(a_1+b_1i)(a_2+b_2i)}=(a_1a_2-b_1b_2)-(a_1b_2+b_1a_2)i$

$\overline{z_1}\,\overline{z_2}=(a_1-b_1i)(a_2-b_2i)=(a_1a_2-b_1b_2)-(a_1b_2+b_1a_2)i$

(3) $\overline{\left(\dfrac{z_1}{z_2}\right)}=\overline{\left(\dfrac{z_1\overline{z_2}}{z_2\overline{z_2}}\right)}=\dfrac{\overline{z_1}z_2}{|z_2|^2}$, $\dfrac{\overline{z_1}}{\overline{z_2}}=\dfrac{\overline{z_1}z_2}{\overline{z_2}z_2}=\dfrac{\overline{z_1}z_2}{|z_2|^2}$

(4) $\overline{\overline{z_1}}=\overline{\overline{(a_1+b_1i)}}=\overline{(a_1-b_1i)}=a_1+b_1i=z_1$

연습문제 6.2

01. (1) $\langle \mathbf{u},\mathbf{v}\rangle=(2i)(\overline{-i})+(-i)(\overline{3i})=-5$,

$\|\mathbf{u}\|=\sqrt{|2i|^2+|-i|^2}=\sqrt{5}$, $\|\mathbf{v}\|=\sqrt{|-i|^2+|3i|^2}=\sqrt{10}$,

$\|\mathbf{u}-\mathbf{v}\|=\sqrt{|3i|^2+|-4i|^2}=5$

(2) $\langle \mathbf{u},\mathbf{v}\rangle=(3i)(\overline{3i})+(-1+2i)(\overline{1+2i})=12+4i$,

$\|\mathbf{u}\|=\sqrt{|3i|^2+|-1+2i|^2}=\sqrt{14}$, $\|\mathbf{v}\|=\sqrt{|3i|^2+|1+2i|^2}=\sqrt{14}$, $\|\mathbf{u}-\mathbf{v}\|=2$

(3) $\langle \mathbf{u},\mathbf{v}\rangle=(1+i)(2)+0+(2-i)\overline{(i)}=1$

$\|\mathbf{u}\|=\sqrt{|1+i|^2+|2-i|^2}=\sqrt{7}$, $\|\mathbf{v}\|=\sqrt{|2|^2+|3i|^2+|i|^2}=\sqrt{14}$,

$\|\mathbf{u}-\mathbf{v}\|=\sqrt{|-1+i|^2+|-3i|^2+|2-2i|^2}=\sqrt{19}$

(4) $\langle \mathbf{u},\mathbf{v}\rangle=(i)(0)+(i)\overline{(-i)}+(i)\overline{(-i)}=-2$,

$\|\mathbf{u}\|=\sqrt{|i|^2+|i|^2+|i|^2}=\sqrt{3}$, $\|\mathbf{v}\|=\sqrt{|-i|^2+|-i|^2}=\sqrt{2}$,

$\|\mathbf{u}-\mathbf{v}\|=\sqrt{|i|^2+|2i|^2+|2i|^2}=\sqrt{9}$

(5) $\langle \mathbf{u},\mathbf{v}\rangle=(1)(0)+(1)\overline{(2i)}+(-i)\overline{(i)}=-1-i$,

$\| \mathbf{u} \| = \sqrt{|1|^2+|1|^2+|-i|^2} = \sqrt{3}$, $\| \mathbf{v} \| = \sqrt{|2i|^2+|i|^2} = \sqrt{5}$,

$\| \mathbf{u}-\mathbf{v} \| = \sqrt{|1|^2+|1-2i|^2+|-2i|^2} = \sqrt{10}$

(6) $\langle \mathbf{u}, \mathbf{v} \rangle = (2i)(\overline{2-i})+0+(1+3i)\overline{(1+3i)} = 8+4i$,

$\| \mathbf{u} \| = \sqrt{|2i|^2+|1+3i|^2} = \sqrt{14}$, $\| \mathbf{v} \| = \sqrt{|2-i|^2+|1+3i|^2} = \sqrt{15}$,

$\| \mathbf{u}-\mathbf{v} \| = \sqrt{|-2+3i|^2} = \sqrt{13}$

02. $\langle \mathbf{u}_1, \mathbf{u}_2 \rangle = (i)(\bar{i})+0+(i)\overline{(-i)} = 0$, $\langle \mathbf{u}_1, \mathbf{u}_3 \rangle = (i)(\overline{-2i})+0+(i)\overline{(2i)} = 0$,

$\langle \mathbf{u}_1, \mathbf{u}_4 \rangle = (i)(\bar{i})+0+(i)\overline{(-i)} = 0$, $\langle \mathbf{u}_2, \mathbf{u}_3 \rangle = (i)(\overline{-2i})+(2i)(\overline{2i})+(-i)\overline{(2i)} = 0$,

$\langle \mathbf{u}_2, \mathbf{u}_4 \rangle = (i)(\bar{i})+0+(2i)\overline{(-i)}+(-i)(\overline{-i}) = 0$,

$\langle \mathbf{u}_3, \mathbf{u}_4 \rangle = (-2i)(\bar{i})+(3i)(\overline{2i})+(2i)\overline{(-i)}+(2i)(\overline{-i}) = 0$

연습문제 6.3

01. (1) $\overline{A} = \begin{bmatrix} -2i & 1-i \\ 2 & 2+i \\ 5-i & 1 \end{bmatrix}$, $A^* = (\overline{A})^T = \begin{bmatrix} -2i & 2 & 5-i \\ 1-i & 2+i & 1 \end{bmatrix}$

(2) $\overline{A} = \begin{bmatrix} 6 & 2-2i \\ 2+2i & 4 \end{bmatrix}$, $A^* = (\overline{A})^T = \begin{bmatrix} 6 & 2+2i \\ 2-2i & 4 \end{bmatrix}$

(3) $\overline{A} = \begin{bmatrix} 1-i & 2 \\ 2 & 3 \end{bmatrix}$, $A^* = (\overline{A})^T = \begin{bmatrix} 1-i & 2 \\ 2 & 3 \end{bmatrix}$

(4) $\overline{A} = \begin{bmatrix} 2 & -i & 0 \\ 0 & 1 & 5i \\ 1 & 1+i & 4 \end{bmatrix}$, $A^* = (\overline{A})^T = \begin{bmatrix} 2 & 0 & 1 \\ -i & 1 & 1+i \\ 0 & 5i & 4 \end{bmatrix}$

02. (1) $A \neq A^*$ Hermitian 아님, $AA^* \neq I_n$ unitary 아님, $AA^* \neq A^*A$ 정규행렬 아님

(2) $A = A^*$ Hermitian, $AA^* = A^*A$ 정규행렬, $AA^* \neq I_n$ unitary 아님

(3) $A \neq A^*$ Hermitian 아님, $AA^* = I_2 = A^*A$ unitary, $AA^* = A^*A$ 정규행렬

(4) $A \neq A^*$ Hermitian 아님, $AA^* \neq I_n$ unitary 아님, $AA^* = A^*A$ 정규행렬

03. $A = \begin{bmatrix} -1 & x & -i \\ 3-5i & 0 & y \\ z & 2+4i & 2 \end{bmatrix} = \begin{bmatrix} -1 & 3+5i & \bar{z} \\ \bar{x} & 0 & 2-4i \\ i & \bar{y} & 2 \end{bmatrix} = A^*$, $x = 3+5i$, $y = 2-4i$, $z = i$

04. $A=A^*$이므로 A는 Hermitiam행렬,

$$|\lambda I_4-A|=\begin{vmatrix}\lambda-1 & 2i & 0 & -2i\\ -2i & \lambda+1 & 2 & 0\\ 0 & 2 & \lambda-1 & 2\\ 2i & 0 & 2 & \lambda+1\end{vmatrix}=0 \Leftrightarrow (\lambda-3)^2(\lambda+3)^2=0,$$ 고윳값은 $\lambda_1=\lambda_2=3$,

$\lambda_3=\lambda_4=-3$, $\lambda_1=\lambda_2=3$에 대응하는 고유벡터는 $\mathbf{x}_1=\begin{bmatrix}i\\-1\\1\\0\end{bmatrix}$, $\mathbf{x}_2=\begin{bmatrix}2i\\-1\\0\\1\end{bmatrix}$, Gram–Schmidt

직교화 과정을 이용하면 정규직교고유벡터 $\mathbf{u}_1=\dfrac{1}{\sqrt{3}}\begin{bmatrix}i\\-1\\1\\0\end{bmatrix}$, $\mathbf{u}_2=\dfrac{1}{\sqrt{3}}\begin{bmatrix}i\\0\\-1\\1\end{bmatrix}$,

$\lambda_3=\lambda_4=-3$에 대응하는 고유벡터는 $\mathbf{x}_3=\begin{bmatrix}i\\2\\1\\0\end{bmatrix}$, $\mathbf{x}_4=\begin{bmatrix}-i\\-1\\0\\1\end{bmatrix}$, Gram–Schmidt 직교화 과정

을 이용하면 정규직교고유벡터 $\mathbf{u}_3=\dfrac{1}{\sqrt{6}}\begin{bmatrix}i\\2\\1\\0\end{bmatrix}$, $\mathbf{u}_4=\dfrac{1}{\sqrt{6}}\begin{bmatrix}-i\\0\\1\\2\end{bmatrix}$, $U=[\mathbf{u}_1\ \mathbf{u}_2\ \mathbf{u}_3\ \mathbf{u}_4]$라 하면

$$U=\begin{bmatrix}\frac{i}{\sqrt{3}} & \frac{i}{\sqrt{3}} & \frac{i}{\sqrt{6}} & \frac{-i}{\sqrt{6}}\\ \frac{-1}{\sqrt{3}} & 0 & \frac{2}{\sqrt{6}} & 0\\ \frac{1}{\sqrt{3}} & \frac{-1}{\sqrt{3}} & \frac{1}{\sqrt{6}} & \frac{1}{\sqrt{6}}\\ 0 & \frac{1}{\sqrt{3}} & 0 & \frac{2}{\sqrt{6}}\end{bmatrix},$$ $UU^*=I_4=U^*U$이므로 U는 unitary행렬이며

$$U^*AU=\begin{bmatrix}3 & 0 & 0 & 0\\ 0 & 3 & 0 & 0\\ 0 & 0 & -3 & 0\\ 0 & 0 & 0 & -3\end{bmatrix}=D$$는 대각행렬이다.

05. (1) $(A^*A)^*=A^*(A^*)^*=A^*A$, Hermitian

(2) $(AA^*)^*=(A^*)^*A^*=AA^*$, Hermitian

(3) $(A+A^*)^*=A^*+(A^*)^*=A^*+A=A+A^*$, Hermitian

(4) $(A-A^*)^*=A^*-(A^*)^*=A^*-A\neq A-A^*$, Hermitian 아님

06. Hermitian이면 $A=A^*$이므로 $a_{ii}=\overline{a_{ii}}$, $i=1, 2, \cdots, n$이다. 따라서 $a_{ii}\in\mathbb{R}$ 이다.

07. $(iA)^*=-iA^*=-iA$이므로 iA는 반–Hermitian

연습문제 6.4

01. (1) $|\lambda I_2 - A| = \begin{vmatrix} \lambda - i & 0 \\ -3 & \lambda - 2 \end{vmatrix} = 0 \Leftrightarrow (\lambda - i)(\lambda - 2) = 0$, $\lambda = i, 2$,

Jordan 표준형 $J_A = \begin{bmatrix} i & 0 \\ 0 & 2 \end{bmatrix}$

(2) $|\lambda I_3 - A| = \begin{vmatrix} \lambda - 2 & -1 & -1 \\ -1 & \lambda - 2 & -1 \\ -1 & -1 & \lambda - 2 \end{vmatrix} = 0 \Leftrightarrow (\lambda - 4)(\lambda - 1)^2 = 0$, $\lambda_1 = 4$, 중복도 1, $\lambda_2 = 1$,

중복도 2, Jordan 표준형 $J_A = \begin{bmatrix} 4 & 0 & 0 \\ 0 & 1 & 0 \\ 0 & 0 & 1 \end{bmatrix}$ 이다.

(3) $|\lambda I_4 - A| = \begin{vmatrix} \lambda - 1 & -1 & -1 & 0 \\ 0 & \lambda - 2 & 0 & 0 \\ 0 & 0 & \lambda - 1 & -1 \\ 0 & 0 & 0 & \lambda - 2 \end{vmatrix} = 0 \Leftrightarrow (\lambda - 2)^2(\lambda - 1)^2 = 0$,

$\lambda_1 = 2$, 중복도 2, $\lambda_2 = 1$, 중복도 2, Jordan 표준형 $J_A = \begin{bmatrix} 2 & 0 & 0 & 0 \\ 0 & 2 & 0 & 0 \\ 0 & 0 & 1 & 1 \\ 0 & 0 & 0 & 1 \end{bmatrix}$ 이다.

(4) $|\lambda I_4 - A| = \begin{vmatrix} \lambda - 2 & 4 & -2 & -2 \\ 2 & \lambda & -1 & -3 \\ 2 & 2 & \lambda - 3 & -3 \\ 2 & 6 & -3 & \lambda - 7 \end{vmatrix} = 0 \Leftrightarrow (\lambda - 4)^2(\lambda - 2)^2 = 0$,

$\lambda_1 = 4$, 중복도 2, $\lambda_2 = 2$, 중복도 2, Jordan 표준형 $J_A = \begin{bmatrix} 4 & 1 & 0 & 0 \\ 0 & 4 & 0 & 0 \\ 0 & 0 & 2 & 0 \\ 0 & 0 & 0 & 2 \end{bmatrix}$ 이다.

02. $J_A = \begin{bmatrix} \lambda & 1 & 0 & 0 & 0 \\ 0 & \lambda & 1 & 0 & 0 \\ 0 & 0 & \lambda & 1 & 0 \\ 0 & 0 & 0 & \lambda & 0 \\ 0 & 0 & 0 & 0 & \lambda \end{bmatrix}$

연습문제 7.1

01. (1) $U = \begin{bmatrix} 9 & 0 \\ 0 & 4 \end{bmatrix} = A$

(2) $U = \begin{bmatrix} 3 & -6 \\ 0 & 1 \end{bmatrix}$, $A = \begin{bmatrix} 3 & -3 \\ -3 & 1 \end{bmatrix}$

(3) $U=\begin{bmatrix}1&-4&3\\0&-1&-8\\0&0&0\end{bmatrix}$, $A=\dfrac{1}{2}\begin{bmatrix}2&-4&3\\-4&-2&-8\\3&-8&0\end{bmatrix}$

(4) $U=\begin{bmatrix}2&1&-2\\0&3&3\\0&0&1\end{bmatrix}$, $A=\begin{bmatrix}2&1/2&-1\\1/2&3&3/2\\-1&3/2&1\end{bmatrix}$

02. $\mathbf{x}=\begin{bmatrix}x\\y\end{bmatrix}$에 대하여 $A=\begin{bmatrix}17&-6\\-6&33\end{bmatrix}$, $B=[-30\ \ -20]$, $f=15$일 때 $\mathbf{x}^TA\mathbf{x}+B\mathbf{x}+f$

03. $\mathbf{x}^TA\mathbf{x}=[x_1\ x_2\ \cdots\ x_n]\begin{bmatrix}a_1^2&a_1a_2&a_1a_3&\cdots&a_1a_n\\a_1a_2&a_2^2&a_2a_3&\cdots&a_2a_n\\a_1a_3&a_2a_3&a_3^2&\cdots&a_3a_n\\\vdots&\vdots&\vdots&\ddots&\vdots\\a_1a_n&a_2a_n&a_3a_n&\cdots&a_n^2\end{bmatrix}\begin{bmatrix}x_1\\x_2\\\vdots\\x_n\end{bmatrix}$

연습문제 7.2

01. (1) $A=\begin{bmatrix}0&1\\1&0\end{bmatrix}$, $\begin{vmatrix}\lambda&-1\\-1&\lambda\end{vmatrix}=0 \Leftrightarrow \lambda^2-1=0$, 고윳값 $\lambda_1=-1$, $\lambda_2=1$, 대응하는 고유벡터

$\mathbf{x}_1=\begin{bmatrix}-1\\1\end{bmatrix}$, $\mathbf{x}_2=\begin{bmatrix}1\\1\end{bmatrix}$, $P=\dfrac{1}{\sqrt{2}}\begin{bmatrix}-1&1\\1&1\end{bmatrix}$, $\begin{bmatrix}x\\y\end{bmatrix}=P\begin{bmatrix}t_1\\t_2\end{bmatrix}=\dfrac{1}{\sqrt{2}}\begin{bmatrix}-1&1\\1&1\end{bmatrix}\begin{bmatrix}t_1\\t_2\end{bmatrix}$,

$\begin{cases}x=\dfrac{1}{\sqrt{2}}(-t_1+t_2)\\y=\dfrac{1}{\sqrt{2}}(t_1+t_2)\end{cases}$, $\mathbf{t}^TD\mathbf{t}=[t_1\ t_2]\begin{bmatrix}-1&0\\0&1\end{bmatrix}\begin{bmatrix}t_1\\t_2\end{bmatrix}=-t_1^2+t_2^2$

(2) $A=\begin{bmatrix}0&-3\\-3&8\end{bmatrix}$, $\begin{vmatrix}\lambda&3\\3&\lambda-8\end{vmatrix}=0 \Leftrightarrow (\lambda+1)(\lambda-9)=0$, 고윳값 $\lambda_1=-1$, $\lambda_2=9$, 대응하는

고유벡터 $\mathbf{x}_1=\begin{bmatrix}3\\1\end{bmatrix}$, $\mathbf{x}_2=\begin{bmatrix}1\\-3\end{bmatrix}$, $P=\dfrac{1}{\sqrt{10}}\begin{bmatrix}3&1\\1&-3\end{bmatrix}$, $\begin{bmatrix}x\\y\end{bmatrix}=P\begin{bmatrix}t_1\\t_2\end{bmatrix}=\dfrac{1}{\sqrt{10}}\begin{bmatrix}3&1\\1&-3\end{bmatrix}\begin{bmatrix}t_1\\t_2\end{bmatrix}$,

$\begin{cases}x=\dfrac{1}{\sqrt{10}}(3t_1+t_2)\\y=\dfrac{1}{\sqrt{10}}(t_1-3t_2)\end{cases}$, $\mathbf{t}^TD\mathbf{t}=[t_1\ t_2]\begin{bmatrix}-1&0\\0&9\end{bmatrix}\begin{bmatrix}t_1\\t_2\end{bmatrix}=-t_1^2+9t_2^2$

(3) $A=\begin{bmatrix}3&2\\2&0\end{bmatrix}$, $\begin{vmatrix}\lambda-3&-2\\-2&\lambda\end{vmatrix}=0 \Leftrightarrow (\lambda+1)(\lambda-4)=0$, 고윳값 $\lambda_1=-1$, $\lambda_2=4$, 대응하는

고유벡터 $\mathbf{x}_1=\begin{bmatrix}-1\\2\end{bmatrix}$, $\mathbf{x}_2=\begin{bmatrix}2\\1\end{bmatrix}$, $P=\dfrac{1}{\sqrt{5}}\begin{bmatrix}-1&2\\2&1\end{bmatrix}$, $\begin{bmatrix}x\\y\end{bmatrix}=P\begin{bmatrix}t_1\\t_2\end{bmatrix}=\dfrac{1}{\sqrt{5}}\begin{bmatrix}-1&2\\2&1\end{bmatrix}\begin{bmatrix}t_1\\t_2\end{bmatrix}$,

$$\begin{cases} x = \dfrac{1}{\sqrt{5}}(-t_1+2t_2) \\ y = \dfrac{1}{\sqrt{5}}(2t_1+t_2) \end{cases}, \quad \mathbf{t}^T D\mathbf{t} = [t_1 \ t_2]\begin{bmatrix} -1 & 0 \\ 0 & 4 \end{bmatrix}\begin{bmatrix} t_1 \\ t_2 \end{bmatrix} = -t_1^2+4t_2^2$$

(4) $A = \begin{bmatrix} 2 & -2 \\ -2 & -1 \end{bmatrix}$, $\begin{vmatrix} \lambda-2 & 2 \\ 2 & \lambda+1 \end{vmatrix} = 0 \Leftrightarrow (\lambda+2)(\lambda-3)=0$, 고윳값 $\lambda_1=-2$, $\lambda_2=3$, 대응하는 고유벡터 $\mathbf{x}_1 = \begin{bmatrix} 1 \\ 2 \end{bmatrix}$, $\mathbf{x}_2 = \begin{bmatrix} -2 \\ 1 \end{bmatrix}$, $P = \dfrac{1}{\sqrt{5}}\begin{bmatrix} 1 & -2 \\ 2 & 1 \end{bmatrix}$, $\begin{bmatrix} x \\ y \end{bmatrix} = P\begin{bmatrix} t_1 \\ t_2 \end{bmatrix} = \dfrac{1}{\sqrt{5}}\begin{bmatrix} 1 & -2 \\ 2 & 1 \end{bmatrix}\begin{bmatrix} t_1 \\ t_2 \end{bmatrix}$,

$$\begin{cases} x = \dfrac{1}{\sqrt{5}}(t_1-2t_2) \\ y = \dfrac{1}{\sqrt{5}}(2t_1+t_2) \end{cases}, \quad \mathbf{t}^T D\mathbf{t} = [t_1 \ t_2]\begin{bmatrix} -2 & 0 \\ 0 & 3 \end{bmatrix}\begin{bmatrix} t_1 \\ t_2 \end{bmatrix} = -2t_1^2+3t_2^2$$

(5) $A = \begin{bmatrix} 3 & -2 \\ -2 & 3 \end{bmatrix}$, $\begin{vmatrix} \lambda-3 & 2 \\ 2 & \lambda-3 \end{vmatrix} = 0 \Leftrightarrow (\lambda-5)(\lambda-1)=0$, 고윳값 $\lambda_1=5$, $\lambda_2=1$, 대응하는 고유벡터 $\mathbf{x}_1 = \begin{bmatrix} -1 \\ 1 \end{bmatrix}$, $\mathbf{x}_2 = \begin{bmatrix} 1 \\ 1 \end{bmatrix}$, $P = \dfrac{1}{\sqrt{2}}\begin{bmatrix} -1 & 1 \\ 1 & 1 \end{bmatrix}$, $\begin{bmatrix} x \\ y \end{bmatrix} = P\begin{bmatrix} t_1 \\ t_2 \end{bmatrix} = \dfrac{1}{\sqrt{2}}\begin{bmatrix} -1 & 1 \\ 1 & 1 \end{bmatrix}\begin{bmatrix} t_1 \\ t_2 \end{bmatrix}$,

$$\begin{cases} x = \dfrac{1}{\sqrt{2}}(-t_1+t_2) \\ y = \dfrac{1}{\sqrt{2}}(t_1+t_2) \end{cases}, \quad \mathbf{t}^T D\mathbf{t} = [t_1 \ t_2]\begin{bmatrix} 5 & 0 \\ 0 & 1 \end{bmatrix}\begin{bmatrix} t_1 \\ t_2 \end{bmatrix} = 5t_1^2+t_2^2$$

(6) $A = \begin{bmatrix} 1 & -1 & -1 \\ -1 & 1 & -1 \\ -1 & -1 & 1 \end{bmatrix}$, $\begin{vmatrix} \lambda-1 & 1 & 1 \\ 1 & \lambda-1 & 1 \\ 1 & 1 & \lambda-1 \end{vmatrix} = 0 \Leftrightarrow (\lambda+1)(\lambda-2)^2=0$,

고윳값 $\lambda_1=-1$에 대응하는 고유벡터 $\mathbf{x}_1 = \begin{bmatrix} 1 \\ 1 \\ 1 \end{bmatrix}$, 정규화하면 $\mathbf{y}_1 = \dfrac{1}{\sqrt{3}}\begin{bmatrix} 1 \\ 1 \\ 1 \end{bmatrix}$, $\lambda_2=2$(중복도 2)에 대응하는 고유벡터 $\mathbf{x}_2 = \begin{bmatrix} -1 \\ 1 \\ 0 \end{bmatrix}$, $\mathbf{x}_3 = \begin{bmatrix} -1 \\ 0 \\ 1 \end{bmatrix}$, Gram–Schmidt 정규직교화하면 $\mathbf{y}_2 = \dfrac{\mathbf{x}_2}{\|\mathbf{x}_2\|} = \dfrac{1}{\sqrt{2}}\begin{bmatrix} -1 \\ 1 \\ 0 \end{bmatrix}$, $\mathbf{y}_3 = \dfrac{\mathbf{x}_3 - \langle \mathbf{x}_3, \mathbf{y}_2 \rangle \mathbf{y}_2}{\|\mathbf{x}_3 - \langle \mathbf{x}_3, \mathbf{y}_2 \rangle \mathbf{y}_2\|} = \dfrac{1}{\sqrt{6}}\begin{bmatrix} -1 \\ -1 \\ 2 \end{bmatrix}$,

$$\begin{bmatrix} x \\ y \\ z \end{bmatrix} = P\begin{bmatrix} t_1 \\ t_2 \\ t_3 \end{bmatrix} = \begin{bmatrix} 1/\sqrt{3} & -1/\sqrt{2} & -1/\sqrt{6} \\ 1/\sqrt{3} & 1/\sqrt{2} & -1/\sqrt{6} \\ 1/\sqrt{3} & 0 & 2/\sqrt{6} \end{bmatrix}\begin{bmatrix} t_1 \\ t_2 \\ t_3 \end{bmatrix},$$

$$\begin{cases} x = \dfrac{1}{\sqrt{3}}t_1 - \dfrac{1}{\sqrt{2}}t_2 - \dfrac{1}{\sqrt{6}}t_3 \\ y = \dfrac{1}{\sqrt{3}}t_1 + \dfrac{1}{\sqrt{2}}t_2 - \dfrac{1}{\sqrt{6}}t_3 \\ z = \dfrac{1}{\sqrt{3}}t_1 + \dfrac{2}{\sqrt{6}}t_3 \end{cases}, \quad \mathbf{t}^T D\mathbf{t} = [t_1 \ t_2 \ t_3]\begin{bmatrix} -1 & 0 & 0 \\ 0 & 2 & 0 \\ 0 & 0 & 2 \end{bmatrix}\begin{bmatrix} t_1 \\ t_2 \\ t_3 \end{bmatrix} = -t_1^2+2t_2^2+2t_2^2$$

02. $\mathbf{t}^T D\mathbf{t} = kt_1^2 \Leftrightarrow \begin{bmatrix} t_1 & t_2 \end{bmatrix}\begin{bmatrix} k & 0 \\ 0 & 0 \end{bmatrix}\begin{bmatrix} t_1 \\ t_2 \end{bmatrix} = kt_1^2$ 이므로 대칭행렬 $A = \begin{bmatrix} a & b \\ b & c \end{bmatrix}$의 고윳값은 $\lambda_1 = k,\ \lambda_2 = 0$

이다. 따라서 $\begin{vmatrix} \lambda - a & -b \\ -b & \lambda - c \end{vmatrix} = 0 \Leftrightarrow \lambda^2 - (a+c)\lambda + ac - b^2 = 0$에서 $a + c = k,\ ac = b^2$

$k = 1$이면 $a + c = 1,\ ac = b^2$이고 $a(1-a) = b^2$이므로 $a - a^2 \geq 0$, 따라서 $0 \leq a \leq 1$이다.

연습문제 7.3

01. (1) $A = \begin{bmatrix} 5 & 2 & 0 \\ 2 & 6 & 2 \\ 0 & 2 & 7 \end{bmatrix}$, $|\lambda I_3 - A| = \begin{vmatrix} \lambda - 5 & -2 & 0 \\ -2 & \lambda - 6 & -2 \\ 0 & -2 & \lambda - 7 \end{vmatrix} = 0 \Leftrightarrow (\lambda - 9)(\lambda - 6)(\lambda - 2) = 0$이고

$\lambda_1 = 9,\ \lambda_2 = 6,\ \lambda_3 = 2$가 모두 양수이므로 양의 정부호

(2) $A = \begin{bmatrix} 3 & 1 & 1 \\ 1 & 0 & 2 \\ 1 & 2 & 0 \end{bmatrix}$, $|\lambda I_3 - A| = \begin{vmatrix} \lambda - 3 & -1 & -1 \\ -1 & \lambda & -2 \\ -1 & -2 & \lambda \end{vmatrix} = 0 \Leftrightarrow (\lambda - 1)(\lambda - 4)(\lambda + 2) = 0$이고

$\lambda_1 = 1,\ \lambda_2 = 4,\ \lambda_3 = -2$이므로 부정부호

(3) $A = \begin{bmatrix} 0 & 3 & 0 \\ 3 & 0 & 5 \\ 0 & 5 & 0 \end{bmatrix}$, $|\lambda I_3 - A| = \begin{vmatrix} \lambda & -3 & 0 \\ -3 & \lambda & -5 \\ 0 & -5 & \lambda \end{vmatrix} = 0 \Leftrightarrow \lambda(\lambda^2 - 36) = 0$이고

$\lambda_1 = 0,\ \lambda_2 = 6,\ \lambda_3 = -6$이므로 부정부호

(4) $A = \begin{bmatrix} 2 & -3 \\ -3 & 8 \end{bmatrix}$, $\Delta = \begin{vmatrix} 2 & -3 \\ -3 & 8 \end{vmatrix} = 7 > 0$, $a = 2 > 0$이므로 양의 정부호

(5) $A = \begin{bmatrix} 1 & 1 & 4 \\ 1 & 4 & 1 \\ 4 & 1 & 1 \end{bmatrix}$, $\Delta_1 = 1 > 0$, $\Delta_2 = \begin{vmatrix} 1 & 1 \\ 1 & 4 \end{vmatrix} = 3 > 0$, $\Delta_3 = \begin{vmatrix} 1 & 1 & 4 \\ 1 & 4 & 1 \\ 4 & 1 & 1 \end{vmatrix} = -54 < 0$, 부정부호

02. (1) $\Delta_1 = 2 > 0$, $\Delta_2 = \begin{vmatrix} 2 & 3 \\ 3 & 5 \end{vmatrix} = 1 > 0$, 양의 정부호

(2) $\Delta_1 = -2$, $(-1)^1\Delta_1 = (-1)^1(-2) > 0$, $\Delta_2 = \begin{vmatrix} -2 & 1 \\ 1 & -2 \end{vmatrix} = 3$, $(-1)^2\Delta_2 = (-1)^2 3 > 0$,

$\Delta_3 = \begin{vmatrix} -2 & 1 & 0 \\ 1 & -2 & 1 \\ 0 & 1 & -2 \end{vmatrix} = -4$, $(-1)^3\Delta_3 = (-1)^3(-4) > 0$이므로 음의 정부호

(3) $\Delta_1 = 2 > 0$, $\Delta_2 = \begin{vmatrix} 2 & -1 \\ -1 & 2 \end{vmatrix} = 3 > 0$, $\Delta_3 = \begin{vmatrix} 2 & -1 & -3 \\ -1 & 2 & 4 \\ -3 & 4 & 9 \end{vmatrix} = 1 > 0$이므로 양의 정부호

(4) $\Delta_1 = 2 > 0$, $\Delta_2 = \begin{vmatrix} 2 & -3 \\ -3 & 0 \end{vmatrix} = -9 < 0$, $\Delta_3 = \begin{vmatrix} 2 & -3 & 0 \\ -3 & 0 & 0 \\ 0 & 0 & 4 \end{vmatrix} = -36 < 0$이므로 부정부호

03. $\Delta = \begin{vmatrix} 1 & -2 \\ -2 & k \end{vmatrix} = k-4 > 0$, $a=1>0$이어야 하므로 $k>4$

04. (1) $\dfrac{\partial f}{\partial x} = 4y-6x=0$, $\dfrac{\partial f}{\partial y} = 4x-4y+4=0$, $\mathbf{c} = \begin{bmatrix} 2 \\ 3 \end{bmatrix}$, $\dfrac{\partial^2 f}{\partial x^2} = -6$, $\dfrac{\partial^2 f}{\partial y^2} = -4$, $\dfrac{\partial^2 f}{\partial x \partial y} = \dfrac{\partial^2 f}{\partial y \partial x} = 4$, $H(\mathbf{c}) = \begin{bmatrix} -6 & 4 \\ 4 & -4 \end{bmatrix}$, $\Delta_1 = -6 < 0$, $\Delta_2 = 8 > 0$이므로 음의 정부호이고, $f(2,3)=6$은 극댓값

(2) $\dfrac{\partial f}{\partial x} = 12-6x=0$, $\dfrac{\partial f}{\partial y} = -12-4y=0$, $\mathbf{c} = \begin{bmatrix} 2 \\ -3 \end{bmatrix}$, $\dfrac{\partial^2 f}{\partial x^2} = -6$, $\dfrac{\partial^2 f}{\partial y^2} = -4$, $\dfrac{\partial^2 f}{\partial x \partial y} = \dfrac{\partial^2 f}{\partial y \partial x} = 0$, $H(\mathbf{c}) = \begin{bmatrix} -6 & 0 \\ 0 & -4 \end{bmatrix}$, $\Delta_1 = -6 < 0$, $\Delta_2 = 24 > 0$이므로 음의 정부호이고, $f(2,-3)=40$은 극댓값

(3) $\dfrac{\partial f}{\partial x} = 4x+4=0$, $\dfrac{\partial f}{\partial y} = 2y-4=0$, $\mathbf{c} = \begin{bmatrix} -1 \\ 2 \end{bmatrix}$, $\dfrac{\partial^2 f}{\partial x^2} = 4$, $\dfrac{\partial^2 f}{\partial y^2} = 2$, $\dfrac{\partial^2 f}{\partial x \partial y} = \dfrac{\partial^2 f}{\partial y \partial x} = 0$, $H(\mathbf{c}) = \begin{bmatrix} 4 & 0 \\ 0 & 2 \end{bmatrix}$, $\Delta_1 = 4 > 0$, $\Delta_2 = 8 > 0$이므로 양의 정부호이고, $f(-1,2) = -1$은 극솟값

(4) $\dfrac{\partial f}{\partial x} = 4x+4y=0$, $\dfrac{\partial f}{\partial y} = 4x+2y=0$, $\mathbf{c} = \begin{bmatrix} 0 \\ 0 \end{bmatrix}$, $\dfrac{\partial^2 f}{\partial x^2} = 4$, $\dfrac{\partial^2 f}{\partial y^2} = 2$, $\dfrac{\partial^2 f}{\partial x \partial y} = \dfrac{\partial^2 f}{\partial y \partial x} = 4$, $H(\mathbf{c}) = \begin{bmatrix} 4 & 4 \\ 4 & 2 \end{bmatrix}$, $\Delta_1 = 4 > 0$, $\Delta_2 = -8 < 0$이고 부정부호이므로 $\mathbf{c} = \begin{bmatrix} 0 \\ 0 \end{bmatrix}$은 안장점

05. A가 양의 정부호이므로 고윳값 $\lambda_1, \lambda_2, \cdots, \lambda_n$은 모두 양수이고, A^2의 고윳값은 $\lambda_1^2, \lambda_2^2, \cdots, \lambda_n^2$이므로 모두 양수이다. 따라서 A^2은 양의 정부호이다. 그리고 A^{-1}의 고윳값은 $\dfrac{1}{\lambda_1}, \dfrac{1}{\lambda_2}, \cdots, \dfrac{1}{\lambda_n}$이고 모두 양수이므로 A^{-1}은 양의 정부호이다.

연습문제 7.4

01. (1) $x^2+5y^2-20=0 \Leftrightarrow \dfrac{x^2}{20}+\dfrac{y^2}{4}=1$, 타원

(2) $x^2-y^2-10=0 \Leftrightarrow \dfrac{x^2}{10}-\dfrac{y^2}{10}=1$, 쌍곡선

(3) $x^2-3y=0 \Leftrightarrow y=\dfrac{1}{3}x^2$, 포물선

02. (1) $2xy-1=0 \mathbf{x}^T A\mathbf{x} = [x\ y]\begin{bmatrix}0 & 1\\1 & 0\end{bmatrix}\begin{bmatrix}x\\y\end{bmatrix}=1$, $\begin{vmatrix}\lambda & -1\\-1 & \lambda\end{vmatrix}=0 \Leftrightarrow (\lambda+1)(\lambda-1)=0$, A의 고윳값 $\lambda_1=1$, $\lambda_2=-1$, $\mathbf{x}^T A\mathbf{x}=t_1^2-t_2^2=1$, $\lambda_1=1$, $\lambda_2=-1$에 대응하는 정규직교인 고유벡터 $\mathbf{y}_1=\frac{1}{\sqrt{2}}\begin{bmatrix}1\\1\end{bmatrix}$, $\mathbf{y}_2=\frac{1}{\sqrt{2}}\begin{bmatrix}-1\\1\end{bmatrix}$, $P=\frac{1}{\sqrt{2}}\begin{bmatrix}1 & -1\\1 & 1\end{bmatrix}=\begin{bmatrix}\cos\frac{\pi}{4} & -\sin\frac{\pi}{4}\\ \sin\frac{\pi}{4} & \cos\frac{\pi}{4}\end{bmatrix}$, t_1t_2-축은 $xy-$축을 반시계 방향으로 $\frac{\pi}{4}$만큼 회전, $\lambda_1\lambda_2=-1<0$이므로 t_1t_2-축의 표준위치에 있는 쌍곡선

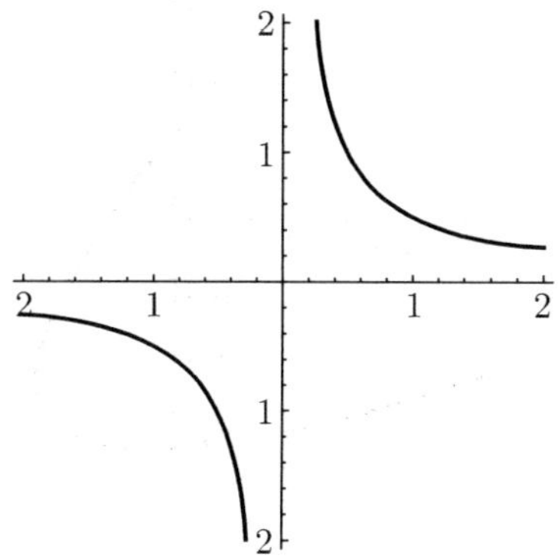

(2) $\mathbf{x}^T A\mathbf{x}=[x\ y]\begin{bmatrix}5 & -2\\-2 & 8\end{bmatrix}\begin{bmatrix}x\\y\end{bmatrix}=36$, $\begin{vmatrix}\lambda-5 & 2\\2 & \lambda-8\end{vmatrix}=0 \Leftrightarrow (\lambda-4)(\lambda-9)=0$, A의 고윳값 $\lambda_1=4$, $\lambda_2=9$, $\mathbf{x}^T A\mathbf{x}=4t_1^2+9t_2^2=36$, $\lambda_1=4$, $\lambda_2=9$에 대응하는 정규직교인 고유벡터 $\mathbf{y}_1=\frac{1}{\sqrt{5}}\begin{bmatrix}2\\1\end{bmatrix}$, $\mathbf{y}_2=\frac{1}{\sqrt{5}}\begin{bmatrix}-1\\2\end{bmatrix}$, $P=\frac{1}{\sqrt{5}}\begin{bmatrix}2 & -1\\1 & 2\end{bmatrix}$, t_1t_2-축은 $xy-$축을 반시계 방향으로 $\theta=\tan^{-1}\frac{1}{2}$만큼 회전, $\lambda_1\lambda_2=36>0$이므로 t_1t_2-축의 표준위치에 있는 타원

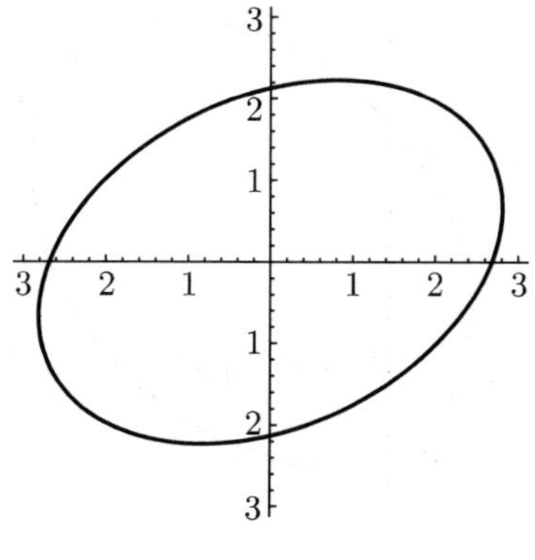

(3) $\mathbf{x}^T A\mathbf{x}+B\mathbf{x}=[x\ \ y]\begin{bmatrix}1&1\\1&1\end{bmatrix}\begin{bmatrix}x\\y\end{bmatrix}+[3\ \ 1]\begin{bmatrix}x\\y\end{bmatrix}=1$, $\begin{vmatrix}\lambda-1&-1\\-1&\lambda-1\end{vmatrix}=0 \Leftrightarrow \lambda(\lambda-2)=0$, A의 고윳값 $\lambda_1=2$, $\lambda_2=0$, 대응하는 정규직교인 고유벡터 $\mathbf{y}_1=\frac{1}{\sqrt{2}}\begin{bmatrix}1\\1\end{bmatrix}$, $\mathbf{y}_2=\frac{1}{\sqrt{2}}\begin{bmatrix}-1\\1\end{bmatrix}$, $P=\frac{1}{\sqrt{2}}\begin{bmatrix}1&-1\\1&1\end{bmatrix}$, $\mathbf{x}^T A\mathbf{x}=2t_1^2$, $B\mathbf{x}=BP\mathbf{t}=2\sqrt{2}\,t_1-\sqrt{2}\,t_2$, $2t_1^2+2\sqrt{2}\,t_1-\sqrt{2}\,t_2=1$, t_1t_2-축은 $xy-$축을 반시계 방향으로 $\theta=\tan^{-1}1$만큼 회전, $\lambda_1\lambda_2=0$이므로 t_1t_2-축의 t_1-축으로 $-\frac{1}{\sqrt{2}}$, t_2-축으로 $-\sqrt{2}$ 만큼 이동한 포물선

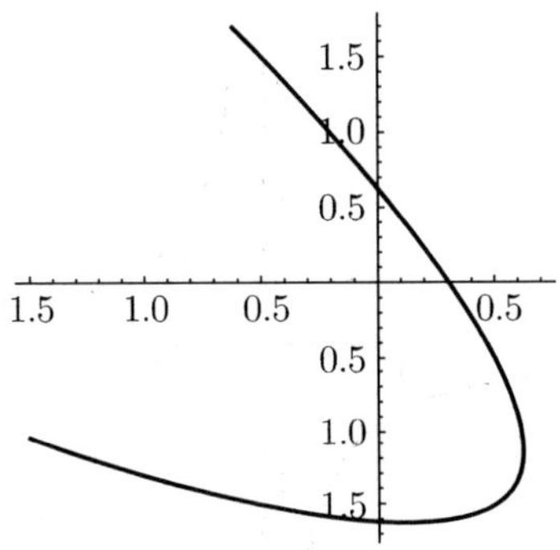

(4) $\mathbf{x}^T A\mathbf{x}+B\mathbf{x}=[x\ \ y]\begin{bmatrix}34&-12\\-12&41\end{bmatrix}\begin{bmatrix}x\\y\end{bmatrix}+[-40\ \ -30]\begin{bmatrix}x\\y\end{bmatrix}=25$, $\begin{vmatrix}\lambda-34&12\\12&\lambda-41\end{vmatrix}=0 \Leftrightarrow$ $(\lambda-25)(\lambda-50)=0$, A의 고윳값 $\lambda_1=25$, $\lambda_2=50$, 대응하는 정규직교인 고유벡터 $\mathbf{y}_1=\frac{1}{5}\begin{bmatrix}4\\3\end{bmatrix}$, $\mathbf{y}_2=\frac{1}{5}\begin{bmatrix}-3\\4\end{bmatrix}$, $P=\frac{1}{5}\begin{bmatrix}4&-3\\3&4\end{bmatrix}$, $\mathbf{x}^T A\mathbf{x}=25t_1^2+50t_2^2$, $B\mathbf{x}=BP\mathbf{t}=-50t_1$, $25t_1^2+50t_2^2-50t_1=25$, t_1t_2-축은 $xy-$축을 반시계 방향으로 $\theta=\tan^{-1}\frac{3}{4}$만큼 회전, $\lambda_1\lambda_2>0$이므로 t_1t_2-축의 t_1-축으로 1만큼 이동한 타원

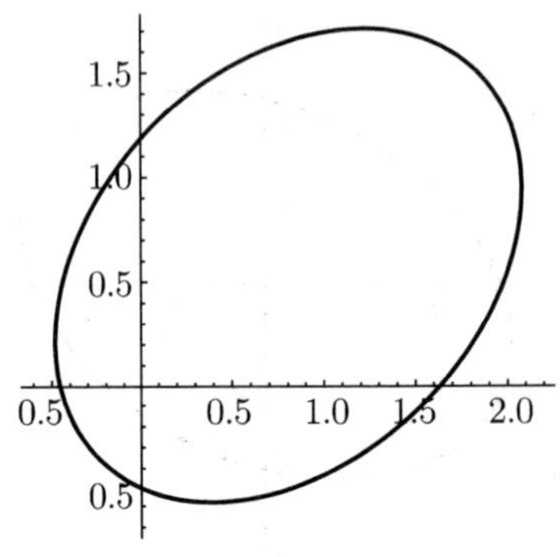

(5) $\mathbf{x}^TA\mathbf{x}+B\mathbf{x}=[x\ y]\begin{bmatrix}1 & -1\\ -1 & 1\end{bmatrix}\begin{bmatrix}x\\ y\end{bmatrix}+[4\sqrt{2}\ \ 0]\begin{bmatrix}x\\ y\end{bmatrix}=4$, $\begin{vmatrix}\lambda-1 & 1\\ 1 & \lambda-1\end{vmatrix}=0 \Leftrightarrow \lambda(\lambda-2)=0$,

A의 고윳값 $\lambda_1=0$, $\lambda_2=2$, 대응하는 정규직교인 고유벡터 $\mathbf{y}_1=\frac{1}{\sqrt{2}}\begin{bmatrix}1\\ 1\end{bmatrix}$, $\mathbf{y}_2=\frac{1}{\sqrt{2}}\begin{bmatrix}-1\\ 1\end{bmatrix}$, $P=\frac{1}{\sqrt{2}}\begin{bmatrix}1 & -1\\ 1 & 1\end{bmatrix}$, $\mathbf{x}^TA\mathbf{x}=2t_2^2$, $B\mathbf{x}=BP\mathbf{t}=4t_1-4t_2$, $2t_2^2+4t_1-4t_2=4$, t_1t_2-축은 xy-축을 반시계 방향으로 $\theta=\tan^{-1}1$만큼 회전, $\lambda_1\lambda_2=0$이므로 t_1t_2-축의 t_1-축으로 $3/2$, t_2-축으로 1만큼 이동한 포물선

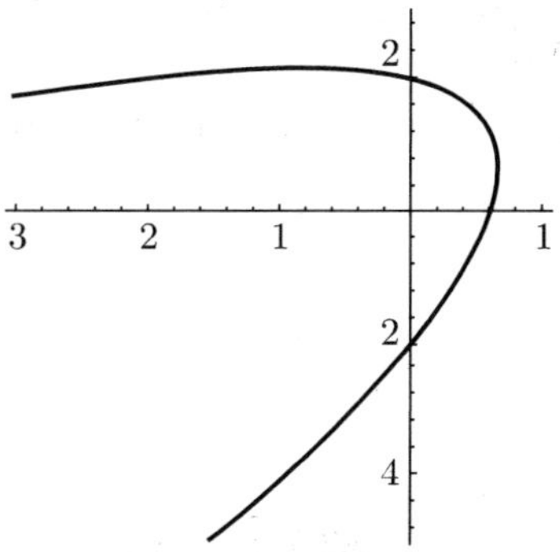

(6) $\mathbf{x}^TA\mathbf{x}=[x\ y]\begin{bmatrix}3 & -2\\ -2 & 6\end{bmatrix}\begin{bmatrix}x\\ y\end{bmatrix}=8$, $\begin{vmatrix}\lambda-3 & 2\\ 2 & \lambda-6\end{vmatrix}=0 \Leftrightarrow (\lambda-2)(\lambda-7)=0$, A의 고윳값 $\lambda_1=2$, $\lambda_2=7$, $\mathbf{x}^TA\mathbf{x}=2t_1^2+7t_2^2=8$, $\lambda_1=2$, $\lambda_2=7$에 대응하는 정규직교인 고유벡터 $\mathbf{y}_1=\frac{1}{\sqrt{5}}\begin{bmatrix}-2\\ 1\end{bmatrix}$, $\mathbf{y}_2=\frac{1}{\sqrt{5}}\begin{bmatrix}1\\ 2\end{bmatrix}$, $P=\frac{1}{\sqrt{5}}\begin{bmatrix}-2 & 1\\ 1 & 2\end{bmatrix}$, t_1t_2-축은 xy-축을 반시계 방향으로 $\theta=\tan^{-1}\left(-\frac{1}{2}\right)$만큼 회전, $\lambda_1\lambda_2=14>0$이므로 t_1t_2-축의 표준위치에 있는 타원

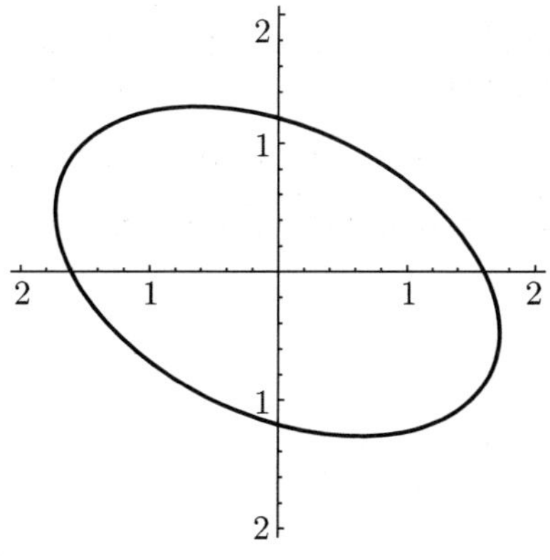

03. $[x\ y]\begin{bmatrix} a & b \\ b & c \end{bmatrix}\begin{bmatrix} x \\ y \end{bmatrix} + [d\ e]\begin{bmatrix} x \\ y \end{bmatrix} + f = 0$, $\begin{vmatrix} \lambda - a & -b \\ -b & \lambda - c \end{vmatrix} = 0 \Leftrightarrow (\lambda - a)(\lambda - c) - b^2 = 0$

$\Leftrightarrow \lambda^2 - (a+c)\lambda + ac - b^2 = 0$

(1) $ac - b^2 > 0$이면 두 고윳값이 같은 부호이므로 타원

(2) $ac - b^2 < 0$이면 두 고윳값이 다른 부호이므로 쌍곡선

(3) $ac - b^2 = 0$이면 두 고윳값 중 하나가 0이므로 포물선

04. (1) $\mathbf{x}^T A\mathbf{x} = [x\ y\ z]\begin{bmatrix} 2 & 0 & 0 \\ 0 & 2 & 3 \\ 3 & 0 & 10 \end{bmatrix}\begin{bmatrix} x \\ y \\ z \end{bmatrix} = 9$, $|\lambda I_3 - A| = \begin{vmatrix} \lambda - 2 & 0 & 0 \\ 0 & \lambda - 2 & -3 \\ 0 & -3 & \lambda - 10 \end{vmatrix} = 0$, 고윳값 $\lambda_1 = 1$,

$\lambda_2 = 2$, $\lambda_3 = 11$, $\mathbf{x}^T A\mathbf{x} = t_1^2 + 2t_2^2 + 11t_3^2 = 9$, 고윳값이 같은 부호이므로 $t_1t_2t_3$-축에서 타원면

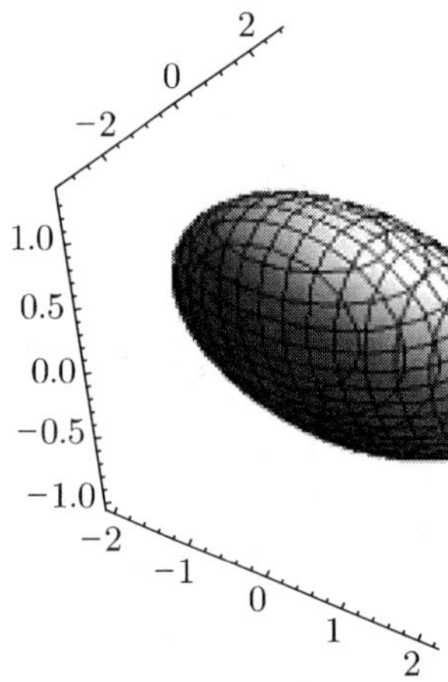

(2) $\mathbf{x}^T A\mathbf{x} = [x\ y\ z]\begin{bmatrix} 0 & 1 & 0 \\ 1 & 0 & 0 \\ 0 & 0 & 1 \end{bmatrix}\begin{bmatrix} x \\ y \\ z \end{bmatrix} = -1$, $|\lambda I_3 - A| = \begin{vmatrix} \lambda & -1 & 0 \\ -1 & \lambda & 0 \\ 0 & 0 & \lambda - 1 \end{vmatrix} = 0$,

고윳값 $\lambda_1 = 1$(중복도 2), $\lambda_2 = -1$, $\mathbf{x}^T A\mathbf{x} = t_1^2 + t_2^2 - t_3^2 = -1$, 고윳값이 둘은 같은 부호이고 하나는 다른 부호이므로 이엽쌍곡면

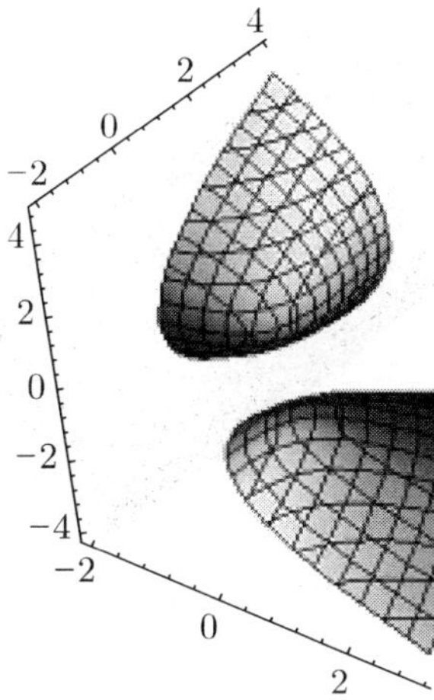

(3) $\mathbf{x}^T A\mathbf{x} + B\mathbf{x} - 1 = [x\ y\ z]\begin{bmatrix}0&0&1\\0&1&0\\1&0&0\end{bmatrix}\begin{bmatrix}x\\y\\z\end{bmatrix} + [0\ 2\ 0]\begin{bmatrix}x\\y\\z\end{bmatrix} - 1 = 0$, $|\lambda I_3 - A| = \begin{vmatrix}\lambda&0&-1\\0&\lambda-1&0\\-1&0&\lambda\end{vmatrix}$

$=0$, 고윳값 $\lambda_1 = 1$(중복도 2), $\lambda_2 = -1$, $t_1^2 + t_2^2 - t_3^2 = -2t_2 + 1 \Leftrightarrow t_1^2 + (t_2^2 - 1)^2 = t_3^2$

고윳값이 둘은 같은 부호이고 하나는 다른 부호이므로 타원뿔

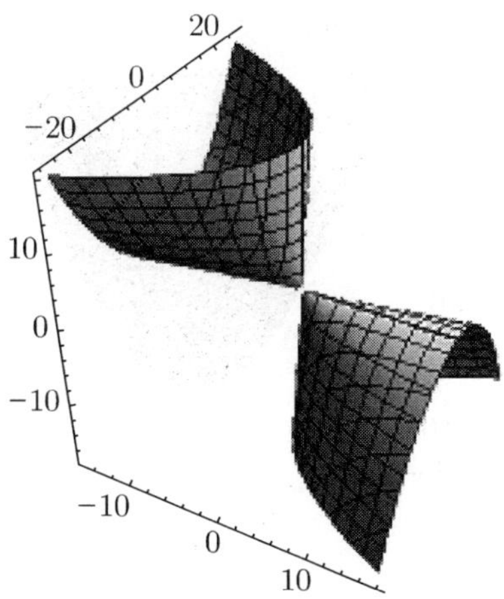

(4) $\mathbf{x}^T A\mathbf{x} = [x\ y\ z]\begin{bmatrix}3&0&3\\0&2&0\\3&0&3\end{bmatrix}\begin{bmatrix}x\\y\\z\end{bmatrix}$, $|\lambda I_3 - A| = \begin{vmatrix}\lambda-3&0&-3\\0&\lambda-2&0\\-3&0&\lambda-3\end{vmatrix} = 0$, $\lambda_1 = 0$, $\lambda_2 = 2$,

$\lambda_3 = 6$, $\mathbf{x}^T A\mathbf{x} = 2t_2^2 + 6t_3^2 = 1$, 고윳값이 둘은 같은 부호이고 하나는 0이므로 타원기둥면

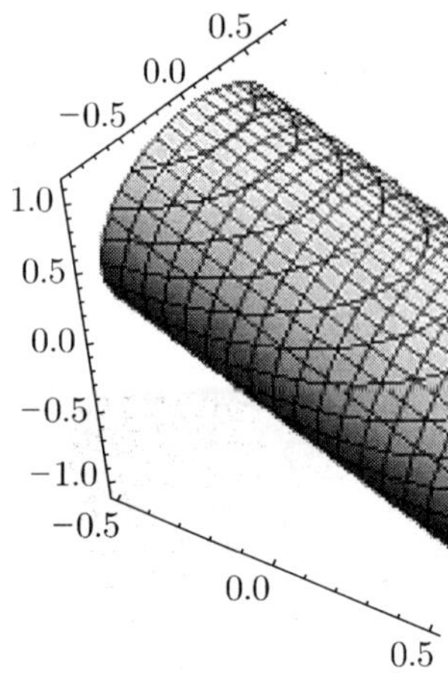

(5) $\mathbf{x}^T A\mathbf{x} + B\mathbf{x} = [x\ \ y\ \ z]\begin{bmatrix} 34 & -12 & 0 \\ -12 & 41 & 0 \\ 0 & 0 & 0 \end{bmatrix}\begin{bmatrix} x \\ y \\ z \end{bmatrix} + [0\ \ 0\ -1]\begin{bmatrix} x \\ y \\ z \end{bmatrix} = 0$, $|\lambda I_3 - A| = \begin{vmatrix} \lambda-34 & 12 & 0 \\ 12 & \lambda-41 & 0 \\ 0 & 0 & \lambda \end{vmatrix}$

$= 0$, $\lambda_1 = 50$, $\lambda_2 = 25$, $\lambda_3 = 0$, $50t_1^2 + 25t_2^2 = t_3$, 고윳값이 둘은 같은 부호이고 하나는 0이므로 타원포물면

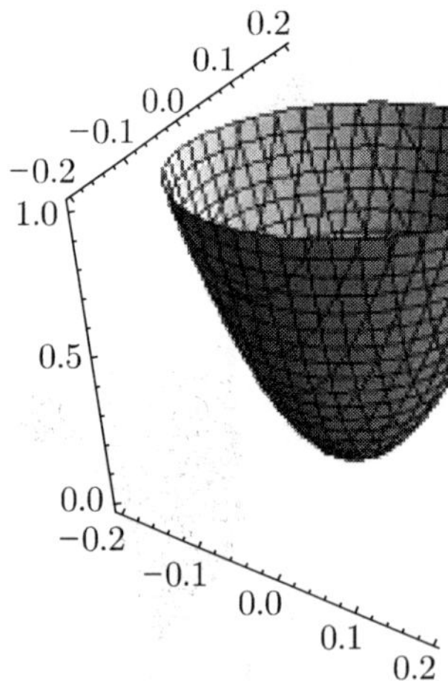

참고문헌

01. S. Andrill, D. Hecker, *Elementary linear algebra*, 4th, Academic Press.
02. H. Anton, *Elementary linear algebra*, 7th, John Wiley, 1993.
03. C. G. Cullen, *Linear algebra with applications*, 2th, Addison-Wesley, 1997.
04. J. B. Fraleigh, R. A. Beauregard, *Linear algebra*, 3th, Prentice Hall.
05. I. N. Herstein, D. J. Winter, *A Primer on linear algebra*, McGraw-Hill.
06. L. W. Johnson/Riess/Arnold, *Introduction to linear algebra*, Addison-Wesley.
07. J. H. Kwak, S. Hong, *Linear algebra*, 2th, Birkhäuser, 2004.
08. B. Kolman, D. R. Hill, *Elementary linear algebra*, 8th, Prentice Hall, 2004.
09. D. C. Lay, *Linear algebra and its applications*, 3th, Addison-Wesley.
10. S. J. Leon, *Linear algebra with applications*, 7th, Prentice Hall, 2005.
11. W. K. Nichoson, *Elementary linear algebra*, McGraw-Hill, 2003.
12. D. Poole, *Linear algebra: A mordern introduction*, 3th, Cengage.
13. G. Strang, *Linear algebra and its applications*, 4th, Thomson Learning.
14. F. Szabo, *Linear algebra An introduction using Mathematica*, Academic Press.
15. S. Venit, W. Bishop, *Elementary linear algebra*, 4th, PWS, 1996.
16. D. J. Wright, *Introduction to linear algebra*, McGraw-Hill, 2001.

찾아보기

ㅅ

ㅇ

기타

저자 소개

임영빈　동국대학교 다르마칼리지
조영덕　동국대학교 다르마칼리지
조덕빈　동국대학교 수학과
문성환　경북대학교 수학과

선형대수학

초판 1쇄 발행 | 2017년 09월 05일
초판 6쇄 발행 | 2025년 02월 10일

지은이 | 임영빈·조영덕·조덕빈·문성환
펴낸이 | 조승식
펴낸곳 | (주)도서출판 북스힐

등 록 | 1998년 7월 28일 제22-457호
주 소 | 서울시 강북구 한천로 153길 17
전 화 | (02) 994-0071
팩 스 | (02) 994-0073

홈페이지 | www.bookshill.com
이메일 | bookshill@bookshill.com

정가 20,000원

ISBN 979-11-5971-084-1

Published by bookshill, Inc. Printed in Korea.